高等学校教材

理论力学

（第2版）

○ 方棋洪　刘又文　主编
○ 方棋洪　冯慧　赵岩　彭神佑
张海成　刘又文　编著

中国教育出版传媒集团
高等教育出版社·北京

内容提要

本书根据教育部高等学校力学基础课程教学指导分委员会2019年修订的“理论力学课程教学基本要求”编写，包括全部必修基本内容和大部分选修专题内容。本书特点是：以质点系为模型，突出理论力学原理的普遍性，以刚体为主要应用对象，同时关注有关变形固体和流体问题，与后续材料力学、结构力学、弹性力学和流体力学等课程建立了自然的联系。与以往教材相比，明显不同之处还有：第一，各篇的理论体系均体现从一般到特殊的特点，理论严谨，结构紧凑，表述简洁，内容深广；第二，除重视理论分析外，特别注重理论的应用，如题型的归纳和分析、难点的剖析和梳理、难题的化简和求解；第三，全书贯穿创新训练的内容，理论部分引导探索思维，问题解析激发直觉与灵感，题型变换训练发散与联想，每章后的习题与讨论题提供了不同层次的训练素材。书中许多问题、例题与讨论题取自编者的教研成果。

本书分为3篇共9章。静力学篇包含力系的简化和力系的平衡两章；运动学篇包含点的复合运动和刚体的平面运动两章；动力学篇包含动量定理和动量矩定理、动能定理、达朗贝尔原理、虚位移原理与能量法、分析动力学基础五章。本书内容分为两个层次，以不带*号和带*号区分，前者为各类专业的必修内容，后者是供不同专业选用的专题内容。

本书可作为高等学校力学类、机械类、土木类、交通运输类、水利类、材料类、能源动力类等专业本科生教材或教学参考书。

图书在版编目（CIP）数据

理论力学 / 方棋洪，刘又文主编．-- 2版．--北京：高等教育出版社，2025．4．-- ISBN 978-7-04-063393-1

Ⅰ．O31

中国国家版本馆CIP数据核字第2024DC0730号

Lilun Lixue

策划编辑 葛 心　责任编辑 元 方　封面设计 张申申 裴一丹　版式设计 杜微言
责任绘图 李沛蓉　责任校对 刘丽娴　责任印制 刁 毅

出版发行 高等教育出版社
社 址 北京市西城区德外大街4号
邮政编码 100120
印 刷 北京市大天乐投资管理有限公司
开 本 787mm×1092mm 1/16
印 张 24.5
字 数 610千字
购书热线 010-58581118
咨询电话 400-810-0598
网 址 http://www.hep.edu.cn
http://www.hep.com.cn
网上订购 http://www.hepmall.com.cn
http://www.hepmall.com
http://www.hepmall.cn
版 次 2006年7月第1版
2025年4月第2版
印 次 2025年4月第1次印刷
定 价 56.00元

物 料 号 63393-00

新形态教材网使用说明

理论力学

(第2版)

方棋洪　刘又文　主编

1 计算机访问https://abooks.hep.com.cn/63393或手机微信扫描下方二维码进入新形态教材网。

2 注册并登录后，计算机端进入“个人中心”，点击“绑定防伪码”，输入图书封底防伪码（20位密码，刮开涂层可见），完成课程绑定；或手机端点击“扫码”按钮，使用“扫码绑图书”功能，完成课程绑定。

3 在“个人中心”→“我的学习”或“我的图书”中选择本书，开始学习。

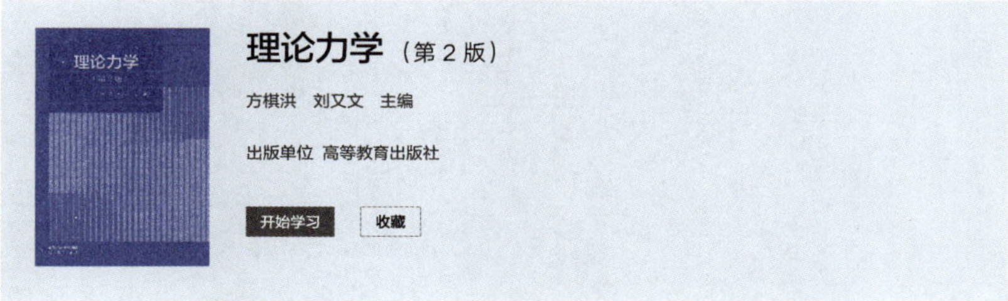

受硬件限制，部分内容可能无法在手机端显示，请按照提示通过计算机访问学习。如有使用问题，请直接在页面点击答疑图标进行咨询。

https://abooks.hep.com.cn/63393

第 2 版前言

2006 年出版的《理论力学》教材被湖南大学和国内一些高校选用，在近 20 年的教学实践中受到了广大师生的欢迎。教材内容丰富，特色鲜明，创新性强，具有良好的科学性，受到使用高校的高度评价。以该教材为基础的教学成果“理论力学课程研究型教学探索与优质教学资源建设”获得了 2008 年湖南省高等教育教学成果二等奖；以该教材为组成部分的教学成果获得 2009 年国家级教学成果二等奖。同时，该教材是教育部 2007 年度国家精品课程和 2013 年度第三批国家级精品资源共享课的主教材。

本书在第 1 版的基础上修订而成，继承和发扬了第 1 版理论严谨、结构紧凑、表述简洁、内容深广的特点，更正了行文不妥之处，改正了印刷错误等。主要有如下调整和补充：① 增加了理论力学课程思政相关内容；② 优化了部分公式的推导过程，使之更易于理解；③ 修正了正文、例题和习题中的计算错误及符号缺失等内容；④ 新增了部分习题和讨论题，为静力学、运动学、动力学等内容提供不同层次的学习素材；⑤ 以二维码链接的形式补充了所有思考题的解析，便于学生理解掌握相关知识；⑥ 基于本书特色，新增了计算模拟前沿知识“分子动力学基础”章节及相应的例题等，拓宽学生的科学视野。

本书立足基础力学创新教学，展现力学之美，丰富课程思政元素，实现育人元素与课程知识点的有机结合，为培养担当民族复兴大任的高素质创新人才服务。本书着力体现理论力学的基本模型和基本理论是一切力学课程的基础，以质点系为模型，导出普遍理论，以刚体系为主要应用对象，同时关注有关变形固体与流体问题，与后续材料力学、结构力学、弹性力学和流体力学等课程的相关内容自然衔接，建立了它们理论上的内在联系。本书具有如下特色：① 遵循一般导出特殊的原则，完善基础理论体系；② 扩展运动结构研究，加强动力冲击分析；③ 贯穿发散思维训练，注重创新能力培养；④ 引入现代科研成果，激励学生科技报国；⑤ 贯通后续课程内容，加强共享知识迁移；⑥ 引进创新递进实践，增强学生综合素质。

本书分为静力学、运动学和动力学三篇，共 9 章，由湖南大学理论力学课程组负责修订，参加修订和编写工作的有方棋洪（绪论，第 3、5 章），彭神佑（第 1、2 章），张海成（第 4、9 章），冯慧（第 6 章，习题），赵岩（第 7、8 章）。全书由方棋洪教授和刘又文教授统稿，担任主编。

本书虽经修订，但限于水平和条件，书中不足和疏漏在所难免，恳请读者批评指正。

编著者

2024 年 9 月

第1版前言

本教材是根据教育部最新制定的理论力学教学基本要求编写的，是作者二十多年教学经验与教学改革成果的体现之一，列入普通高等教育"十一五"国家级规划教材和"湖南省高等教育21世纪课程教材"建设项目。本教材着力体现的理论力学基本模型和基本理论是一切力学课程的基础，以质点系为模型，导出普遍理论，以刚体系为主要应用对象，同时涉及有关变形固体与流体问题，与后续的材料力学、结构力学和流体力学教材前后呼应，融会贯通，形成有机的知识整体。

本教材与以往工科教材明显的不同之处还有：其一，各篇的理论体系，均从一般到特殊，起点高，理论严谨，结构紧凑，表述简洁，内容较为深广；其二，除重视理论分析外，特别注重理论的应用，如题型的归纳和总结、难点的剖析和梳理、难题的分析和求解；其三，全书贯穿创新训练，正文论述引导探索思维，问题解析激发直觉与灵感，例题变换训练发散思维与联想。每章后的习题与讨论题提供了不同层次的训练素材，特别是例题解答后的思考问题和每章的讨论题，有的难度较大，可供课堂讨论和学有余力的学生课外训练。书中许多问题、例题与讨论题是作者的教学研究成果。

全书分为3篇共9章。静力学篇包含力系的简化和力系的平衡两章；运动学篇包含点的复合运动和刚体的平面运动两章；动力学篇包含动量定理和动量矩定理、动能定理、达朗贝尔原理、虚位移原理与能量法，分析动力学基础五章。考虑到不与结构力学内容重复，机械振动不另设专章，相关内容分散在第5章和第9章中。本书内容分为必修与专题两个层次，以不带*号和带*号表示，适用于不同专业的课程要求。与本教材密切配套的辅助课件《理论力学概念·题型与方法》内容包含概念答疑、思考解析与习题选解等。主教材习题号带方括号者在辅导课件中有详细解答。与本教材配套的还有多媒体电子教案，均以光盘形式与教材同时出版。

本教材在编写中参考了大量国内外优秀教材，并得到了全国高等学校教学研究中心、高等教育出版社、湖南省教育厅、湖南大学教务处及其他相关兄弟院校的大力支持和帮助；本书承北京航空航天大学谢传锋教授和中南大学林丽川教授审阅，并提出了许多宝贵修改意见，在此一并表示衷心感谢。

由于作者水平有限，书中不足和疏漏之处，恳请读者指正。

编著者

2005年12月于湖南大学

目　录

绪论

0.1 力学、工程力学与理论力学

力学是关于力、运动及其关系的科学。它是人类认识自然、改造自然的重要工具，研究自然界和工程中介质运动、变形、流动的宏微观行为，揭示力学过程及其与物理、化学、生物学等过程的相互作用规律，为人类认识自然和生命现象、进行工程设计提供理论和方法，是构成人类科学知识体系的重要组成部分。力学是与数学、物理、化学等平行的七大基础学科之一，又是应用科学与工程技术的基础，分为一般力学、固体力学、流体力学和工程力学 4 个分支学科。

自 1687 年牛顿发表《自然哲学的数学原理》，在前人研究成果的基础上，总结出牛顿三大定律和万有引力定律，至 1788 年拉格朗日发表名著《分析力学》，建立了约束系统动力学理论，为研究复杂系统提供了新的力学方法。这两大力学体系的形成和发展，构成了 20 世纪以前经典力学所经历的一个辉煌时代，推动了影响整个人类文明的第一次工业革命。20 世纪以来，经典力学取得丰硕成果，无论是导弹、飞机、海底隧道，还是高层建筑、远洋巨轮、海洋平台、机器人、高速列车等的诞生都充分运用了经典力学理论，并产生了多体系统动力学、弹性动力学、计算动力学等新学科。进入 21 世纪，力学面临新的机遇和挑战，不但孕育着理论体系的革命性突破，而且力学加计算机和人工智能将成为工程设计的重要手段。

工程力学着力解决国民经济、高新技术和国防安全中的关键力学问题。一方面，在传统重大工程（如航空、航天、机械、土木、交通等）领域继续发挥不可替代的作用；另一方面，在新能源、深空探测、超高速飞行、环境保护、海洋开发、人类健康等领域发挥重要支撑作用。

理论力学研究质点系模型的一般力学规律，只考虑肉眼可见的宏观物体运动，不考虑原子、电子等微观结构所遵循的量子力学规律；只考虑运动速度远远小于光速的情形，而不考虑运动速度接近光速的相对论效应。它是力学各分支学科的基础，对于解决自然界和工程中的相关问题是行之有效的。理论力学的研究内容通常分为 3 个部分：

静力学——研究力系的简化与受力物体的平衡条件；

运动学——研究点和刚体运动的几何性质，包括位移、轨迹、速度和加速度；

动力学——研究物体的运动与其所受力的关系，包括牛顿力学和分析力学。

力学在我国具有悠久的历史，是在漫长的岁月里不断地形成和发展的，其内容非常广泛，并取得许多重大成就。在我国古代，《墨经》中称天平为“衡木”，一端所悬的砝码曰“权”（主力），另一端悬的重物曰“重”（阻力），主力臂曰“标”，阻力臂曰“本”。春秋末年的《考工记》中记述了丰富的力学知识，包括惯性现象，车轮的滚动摩擦与轮子直径的关系，磬、钟一类板振动的力学知识等。他们针对车轮滚动提出的要求是“欲其朴属而微至，不朴属，无以为完久也，不微至，无以为戚速也。”指出对于车轮，要求它本身坚固，轮子与地面的接触面积小，坚固才能经久耐用，而与地面的接触面积小，才能转动得快。现代汽车的轮胎气压不足时，行驶的阻力会增加，就是这个原理。《墨经 · 经上》中还定义：“力，刑之所以奋也。”这里的“刑”可以理解为“形”，指人的身体，“奋”的原意是鸟张开翅膀从田野飞起。该句的意思是，力是使人的运动发生转移和变化的原因。这与牛顿惯性定理中力是改变物体运动状态的原因有异曲同工之妙。

我们的祖先创造了灿烂的文明，为民族争得了荣誉，使我们倍感骄傲和自豪，同时极大地增强了我们进一步开拓创新、勇攀科学高峰的信心和勇气。工程技术发展与力学学科发展紧密相连，与卓越科学家的奉献更是密不可分。近现代，一大批著名的力学家和教育家为了祖国科技的发展，奉献了自己的青春乃至生命。例如，著名力学家、“两弹一星功勋奖章”获得者郭永怀，在中国的人造卫星、航天工程、“两弹”事业中均做出了重要的贡献。近代力学事业的奠基人，中国“两弹一星功勋奖章”获得者，被誉为“中国航天之父”“中国导弹之父”的钱学森，冲破重重阻挠，报效祖国。由于钱学森的回国效力，中国导弹、原子弹的发射向前推进了至少 20 年。中国核武器研制的开拓者和奠基人邓稼先，隐姓埋名数十年，为中国核武器的发展做出了巨大的贡献。正是因为这些科学家的默默付出，才能让今天的中国屹立在世界民族之林。这些老一辈的科学家和教育学者为了我国科技事业的发展不顾艰难，勇往直前。作为在新世纪成长的大学生，应该向这些前辈学习，学好专业知识，建设好我们伟大的祖国。

0.2 理论力学的研究途径与方法

理论力学的研究途径可分为理论体系的建立和理论的工程应用两个方面。

理论力学的研究方法（图 0-1）包括：从实际对象经合理简化到力学模型的抽象化方法；从基本模型经数学推理到普遍定理的公理化方法，其中包含逻辑与演绎的方法；从数学模型经分析求解到理论解答的数学与计算机方法；误差检验的实验方法；等等。这些研究方法都是贯穿于理论力学中的重要科学方法。

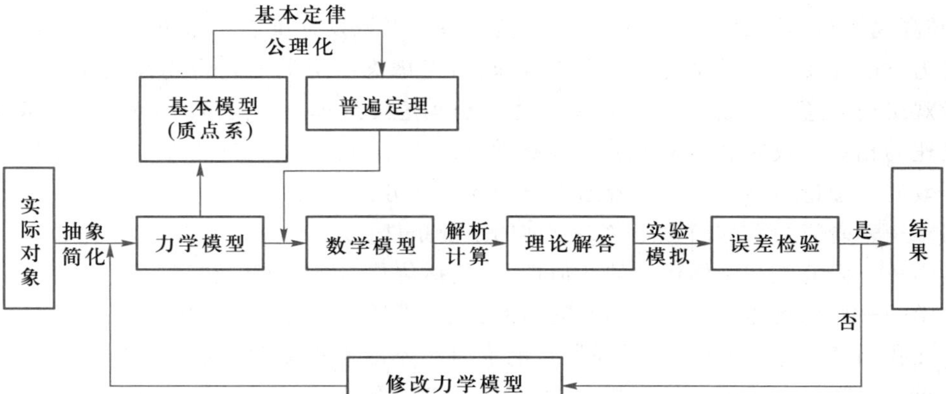

图 0-1 理论力学研究方法

0.3　学习理论力学的目的

理论力学的主要研究对象是实际工程的力学模型，例如静力学中的屋架结构、运动学中的平面机构、动力学中的振动系统。运用理论力学可以直接解决许多工程实际问题。

理论力学是工科专业一些后续课程的基础。例如材料力学、结构力学、弹性力学、流体力学、振动理论、土力学、混凝土结构、机械设计等，都以理论力学原理为基础。在建立这些课程的基本理论时可以直接应用理论力学的定理和公式。

学习理论力学十分有益于训练思维。学习者的思维能力可在如下几个方面得到提高：

① 抽象思维能力——一种在复杂事物面前去伪存真、抓住本质进行合理简化的能力。它将工程问题抽象为合理的力学模型，如图 0-2 所示的电动机偏心引起的支撑体振动可抽象为弹簧、阻尼、质量系统的振动。

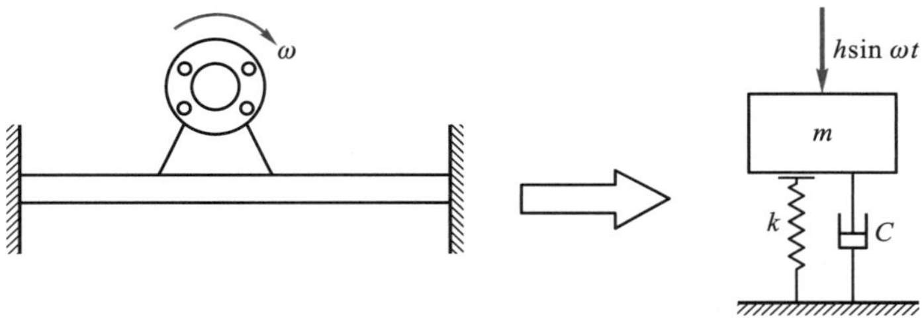

图 0-2　偏心电动机的振动模型

② 逻辑思维能力——一种由已知到未知的演绎、推理与判断的能力。这种集中性、收敛性和定向性的思维训练始终贯穿于传统教学的各个环节。

③ 创新思维能力——一种创造新思想、新方法、新产品的能力。这种发散性、开放性和多向性的创新思维能力训练在传统教学中没有得到重视。实践证明：在学习理论力学的过程中，通过启发式教学，能激发探索性思维；通过命题变换，能训练发散性思维；通过新颖灵活的思考题，能激发灵感与直觉思维；通过自我构思命题，能培养想象性思维；通过解决实际问题，能培养综合分析能力。

第一篇　静力学

引　言

静力学研究物体的平衡规律。在工程中,把物体相对于地球静止或作匀速直线平移运动的状态,称为**平衡**。

静力学的主要任务:确定平衡物体的外部和内部的机械作用。为了进行定量分析,把物体之间相互的机械作用抽象为**力**。力对被作用物体来说是定位矢量,其大小、方向与作用点称为**力的三要素**。作用在物体上的一群力称为**力系**。根据力系中诸力作用线的空间位置关系,可分为平行力系、汇交(共点)力系、力偶系、平面力系、空间力系等。

静力学的分析方法:在研究力的外效应时,把物体抽象为其内部各点间距离保持不变的**刚体**,使问题得到简化;在研究力对物体的内部效应时,这种理想化的刚体模型不再适用,应采用各点间距离可发生改变的**变形体**模型。变形体的平衡也是以刚体静力学为基础的,只是还需补充变形的几何条件与物理条件。本篇静力学主要研究刚体的平衡。

静力学的研究途径:首先,把受载的平衡物体从其所在位置隔离出来,用力取代周围物体对它的作用,简化为受力系作用的平衡刚体;其次,运用数学知识及静力学公理将力系简化,研究力系的整体特征,推演出作用在平衡刚体上的全部外力组成的**平衡力系**所满足的**平衡条件**；最后，运用这些条件，由已知荷载，求出物体所受的全部未知外力。

静力学研究两个基本问题：

① 力系的简化；

② 力系的平衡。

本篇静力学建立在力的矢量数学基础上，称为**矢量静力学**。它所涉及的物理量如力、力矩和力偶矩都是矢量，各矢量之间以简明的几何关系相联系。运用矢量在坐标轴上的投影，可将矢量关系转化为标量运算。除矢量静力学外，还有一种用解析方法表达的**分析静力学**，将在本书第 8 章中介绍。

第 1 章 力系的简化

研究力系对刚体作用的总效果，需要用最简单的力系进行等效替换，称为**力系的简化**。力系的简化是静力学的基础，也是动力学物体受力分析的基础。静力学是一个公理化体系，它的全部理论是从静力学公理出发，运用矢量数学进行力系的等效变换与简化而形成的。将工程中的受载构件分离出来，抽象为受力刚体，这是静力学的基本模型之一。建立这种模型的关键在于分析研究对象的周围诸物体对它的作用力性质，经过适当简化，确定其合力作用点的位置及作用线的方位，即对物体进行**受力分析**。

1.1 静力学公理

静力学中，最简力系的简化规则、最基本的平衡条件、力系效果的等价原理、物体之间的相互作用力关系及刚体平衡与变形体平衡的联系，经人们长期实践与反复验证，总结成为下列静力学公理。

公理 1　力的平行四边形法则

作用于物体上同一点的两个力的合力仍作用于该点，其合力矢等于这两个力矢的矢量和。 即力的合成与分解服从矢量加减的平行四边形法则 $\boldsymbol{F}_1+\boldsymbol{F}_2=\boldsymbol{F}$，如图 1-1a 所示。若将 $\boldsymbol{F}_2$ 平移，得力的三角形，则是求合力矢的力的**三角形法则**（如图 1-1b 所示）。由此也可求两力之差：$\boldsymbol{F}_1-\boldsymbol{F}_2=\boldsymbol{F}_1+(-\boldsymbol{F}_2)=\boldsymbol{F}'$，如图 1-1c 所示。

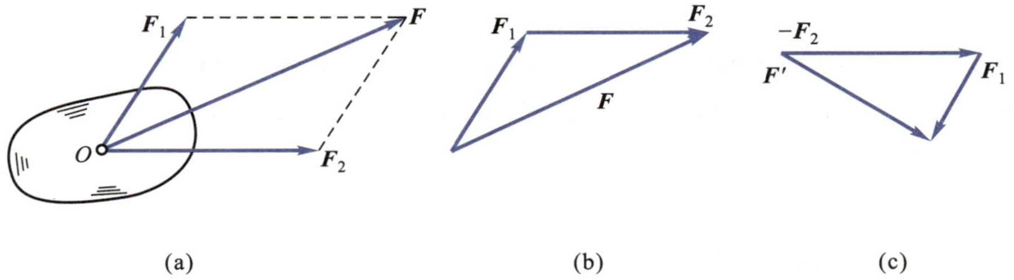

图 1-1　力的相加与相减

公理 1 给出了最基本力系的简化规则，是复杂力系简化的基础。

推广：力的多边形法则。可由矢量求和的多边形法则求多个共点力之和，如图 1-2 所示。即

$$\boldsymbol{F}_R=\boldsymbol{F}_1+\boldsymbol{F}_2+\cdots+\boldsymbol{F}_n=\sum_{i=1}^{n}\boldsymbol{F}_i \tag{1-1}$$

其中，$\boldsymbol{F}_R$ 为合力矢量，O 为合力作用点。

注意： 力多边形法则求合力，仅适用于汇交力系，且合力作用点仍在原力系汇交点。

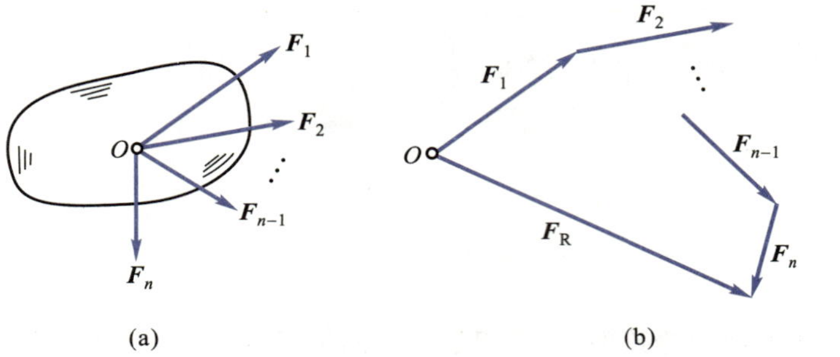

图 1-2 汇交力系合成

公理 2 二力平衡条件

作用在同一刚体上的两个力，使刚体平衡的必要且充分的条件是，此二力大小相等（等值）、方向相反（反向）、作用在同一直线上（共线）。

公理 2 给出了最基本力系的平衡关系。

应用公理 2，可确定某些未知力的方位。如图 1-3a 所示直杆 AD 和折杆 BC 相接触，在力 $\boldsymbol{F}$ 作用下处于静止，若不计自重，则构件 BC 仅在 B、C 两点处受力而平衡，故此二力等值、反向、共线，必沿 BC 连线方位，如图 1-3b 所示。我们把这种仅受二力作用而平衡的构件称为**二力构件**。

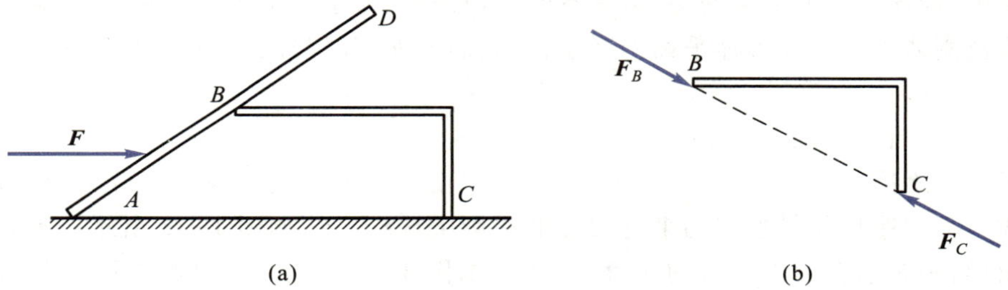

图 1-3 二力平衡构件

思考 1-1

① 如图 a 所示，轮心 O 用细绳拉住，置于粗糙斜面上，试分析斜面对轮 O 的作用力方向。

② 如图 b 所示，A、B 两球用轻质杆相连，静止于粗糙斜面上，若不计杆重，试分析 A、B 两端所受合外力的方位。

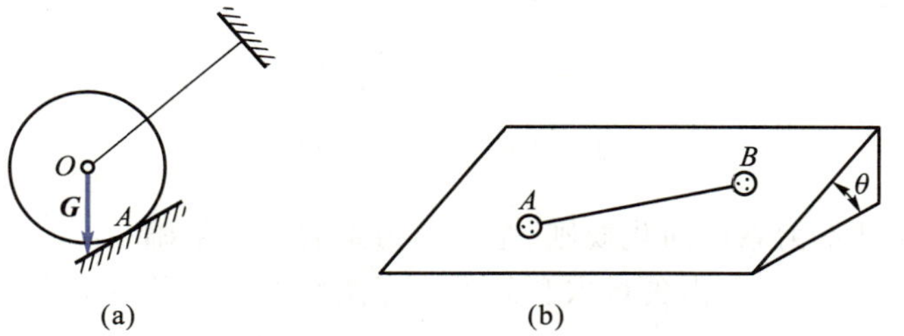

思考 1-1 图

公理 3 加减平衡力系原理

在已知力系上加上或减去任意平衡力系，并不改变原力系对刚体的作用。

公理 3 是力系等效替换的基础。

注意：在物体上加减平衡力系，必然引起力对物体内效应的改变，故加减平衡力系原理只适用于同一刚体。作用于不同刚体时，加减平衡力系原理不再适用。如图 1-4a 所示，若在图 1-3a 中加一对平衡力 $\boldsymbol{F}_1$ 和 $\boldsymbol{F}_1'$，则整体受力发生了很大变化。在涉及内力和变形的问题中，公理 3 也不再适用。如图 1-4b 所示，杆先在 B 处受力 $\boldsymbol{F}$，后在杆 B、C 两处加一对平衡力 $\boldsymbol{F}_1$ 和 $\boldsymbol{F}_1'$，则 A 端所受外力不变，AB 段内力不变，但 BC 段的内力与变形均改变。

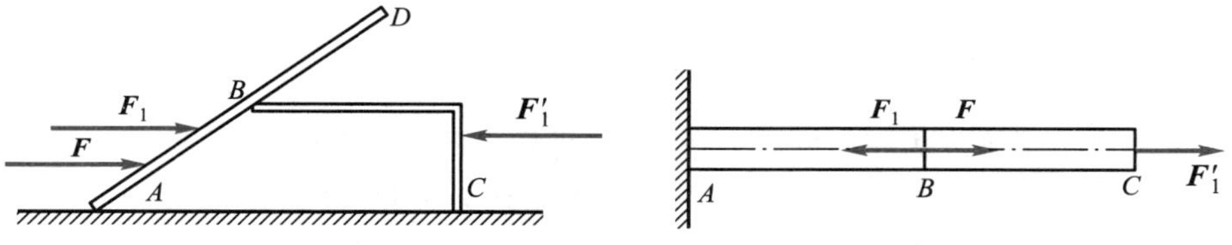

图 1-4　加减平衡力系原理不适用情形

推论 1　力对刚体的可传性

作用在刚体上某点的力，可以沿着它的作用线滑移到刚体内任意点，并不改变该力对刚体的作用效果。

证明：由公理 3，作如图 1-5 所示的等效变换，先在 B 处加一对平衡力$(\boldsymbol{F}_1, \boldsymbol{F}_2)$，并使 $\boldsymbol{F}_1 = \boldsymbol{F}_2 = \boldsymbol{F}$，然后减去一对平衡力$(\boldsymbol{F}, \boldsymbol{F}_1)$，只剩下 $\boldsymbol{F}_2$。

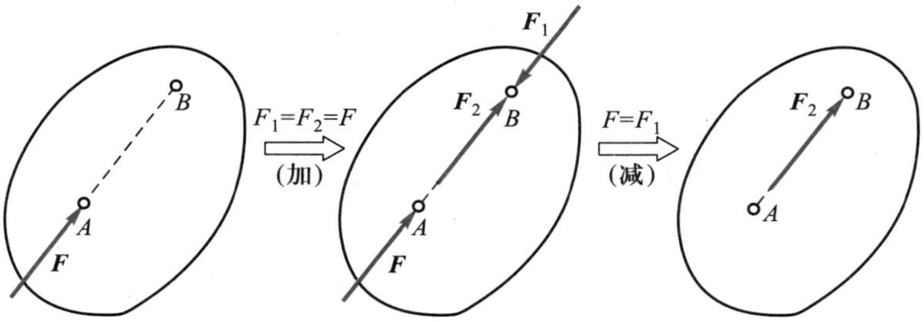

图 1-5　力对刚体可传

可见，力对刚体是滑移矢量，力的大小、方向和作用线是力对刚体的三要素。

需指出的是，力的可传性与公理 3 同样，只限于研究力的外效应。在图 1-3a 中，不可将力 $\boldsymbol{F}$ 滑移到杆 BC 上，因为滑移后改变了 B 处的内力，因而也改变了系统的 A 和 C 处的外力。在图 1-4b 中，若将杆 C 端的力 $\boldsymbol{F}_1'$传至 B 处，则 BC 段的内力与变形也会随之消失。又如图 1-6 所示，研究用绳拉住的杆 AB 受力时，重力 $\boldsymbol{G}$ 不能直接传到杆 AB 上。

推论 2　三力平衡汇交定理

若刚体受三力作用而平衡，且其中两力线相交，则此三力共面且汇交于一点。

证明：图 1-7 所示刚体受力 $\boldsymbol{F}_1$、$\boldsymbol{F}_2$、$\boldsymbol{F}_3$ 作用而处于平衡。先将力 $\boldsymbol{F}_1$、$\boldsymbol{F}_2$ 滑移至交点 O，并合成为力 $\boldsymbol{F}$，则 $\boldsymbol{F}_3$ 与 $\boldsymbol{F}$ 二力平衡，$\boldsymbol{F}_3$ 与 $\boldsymbol{F}$ 共线，故 $\boldsymbol{F}_3$ 与 $\boldsymbol{F}_1$、$\boldsymbol{F}_2$ 共面，且交于同一点 O。

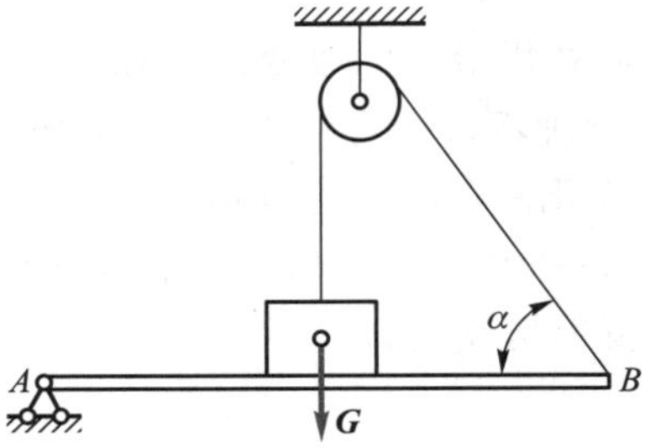

图 1-6　重力 $\boldsymbol{G}$ 不可传至杆 AB 上

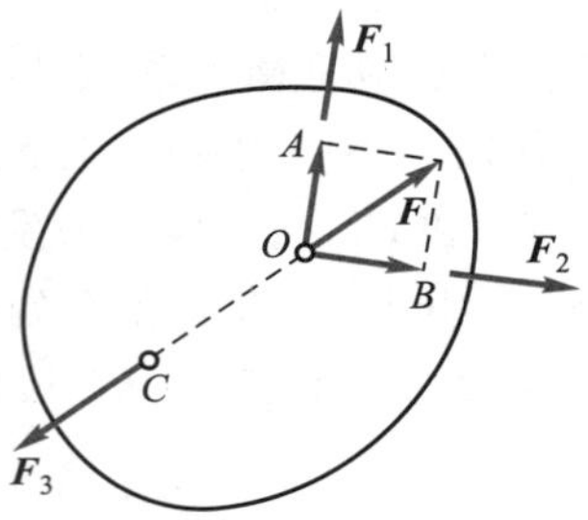

图 1-7　三力平衡汇交

该定理说明三个不平行力平衡的必要条件，容易推广到更一般的情形：刚体受 n 个力作用而平衡，若其中 $n-1$ 个力交于同一点，则第 n 个力的作用线必过此点（请读者自己证明）。

问题 1-1　试判断图示平衡系统中重杆 AB 对圆轮 O 的作用力方向，设接触点为 A、C。

答： 圆轮在 A、C、O 三点受三力作用而平衡，轮心 O 处重力 $\boldsymbol{G}$ 与 C 处外力交于 C 点，故杆在 A 处对轮的作用力必沿 AC 方向。

思考 1-2　*AB 杆（不计自重）在图示平面力系作用下能否平衡？*

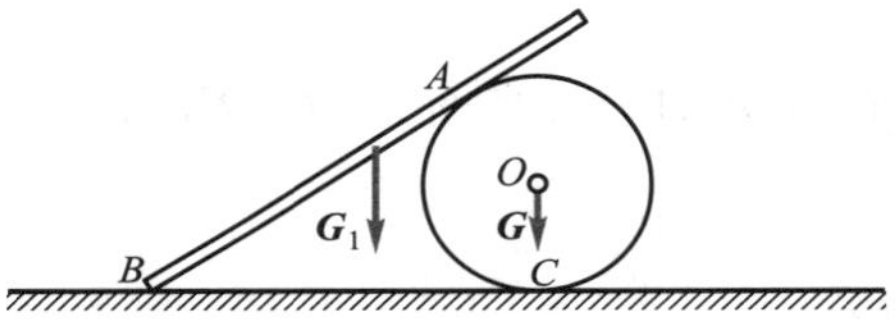

问题 1-1 图

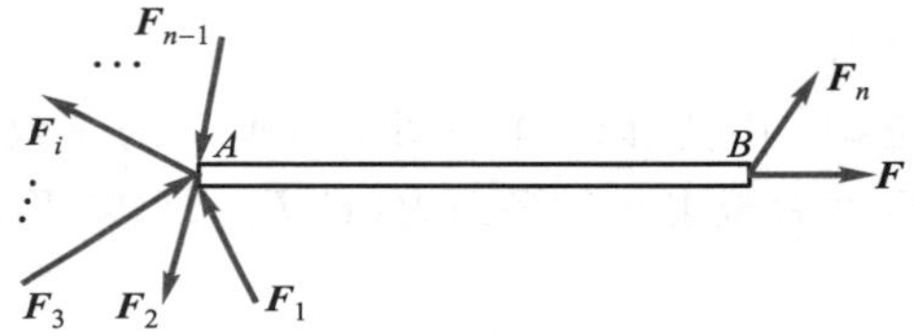

思考 1-2 图

公理 4　作用与反作用定律

两物体间的作用力与反作用力，总是等值、反向、共线地分别作用在这两个物体上。

公理 4 是研究两个或两个以上物体系统平衡的基础。

注意： 作用力与反作用力虽等值、反向、共线，但并不构成平衡，因为此二力分别作用在两个物体上。这是公理 4 与二力平衡条件的本质区别。

在图 1-3 中，画出了构件 BC 的受力图后，再画 AB 杆受力图时，B 处的反作用力 $\boldsymbol{F}'_B$ 必须与 $\boldsymbol{F}_B$ 等值、反向、共线，$\boldsymbol{F}_A$ 由三力汇交确定方位，如图 1-8 所示。

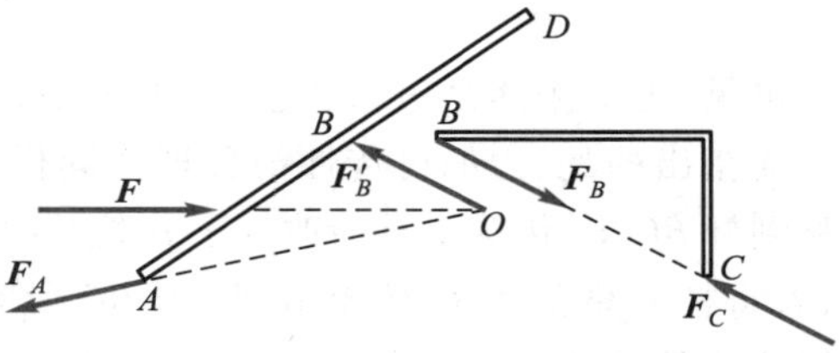

图 1-8　物体间的作用力与反作用力

问题 1-2　试确定图 a 所示砖夹中间两块砖之间及图 b 中完全对称的人字梯两边在 B 处的相互作用力方向。

答： 由对称性知，图 a 中间两块砖之间的摩擦力必为零（若不为零，则据公理 4 知两边摩擦力方向一个向上，另一个向下，出现不对称受力情况，这不可能出现）。同理推知，图 b 中梯子两边在 B 处相互作用力方向必为水平。

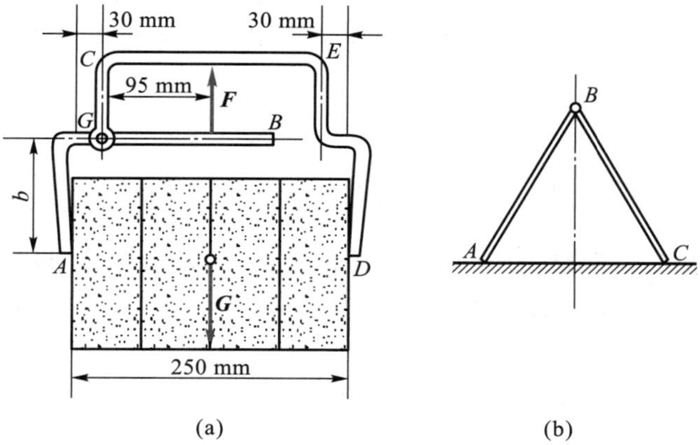

问题 1-2 图

公理 5　刚化原理

若变形体在某一力系作用下平衡,则将此变形体刚化后,其平衡状态不变。

公理 5 建立了刚体平衡条件与变形体平衡的联系,提供了用刚体模型研究变形体平衡的依据。

注意:刚体平衡条件对变形体来说必要而非充分,如图 1-9 所示的刚体受压平衡,相应变形体(软绳)受同样压力却不平衡。

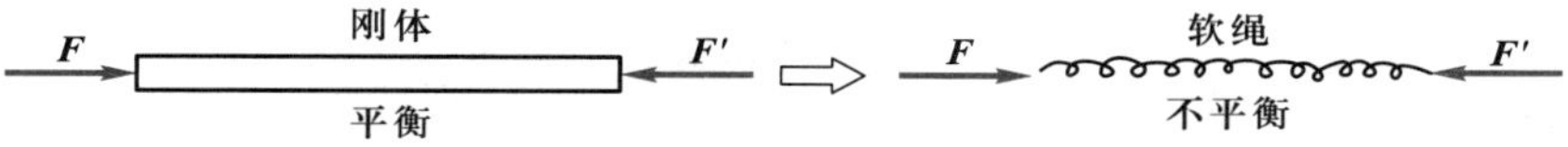

图 1-9　刚体平衡,相应变形体不一定平衡

还应指出,在小变形(变形体受力后,整个物体所有各点的位移都远远小于物体原有的尺寸)条件下,求变形体的外力和内力时,均在未变形状态对变形体刚化,这既简化计算,也符合工程精度要求。如图 1-10 所示,求力 $\boldsymbol{F}_B$大小时,将直杆 AB 刚化,不计 Δ 与 Δ_1、Δ_2 的微小位移影响。

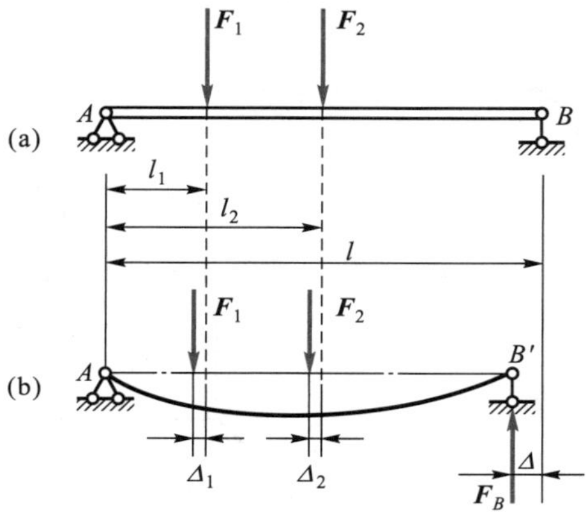

图 1-10　原形刚化求外力

思考 1-3　二力平衡条件、加减平衡力系原理、作用与反作用定律、力的平行四边形法则、力对刚体的可传性、三力平衡汇交定理，哪些只适用于刚体？哪些适用于变形体？哪些二者均适用？

1.2　力的投影、力矩与力偶

力对被作用物体是定位矢量，力对刚体是滑移矢量，二者均符合一般矢量的运算法则和性质。注意到矢量代数中所讨论的是既可滑动又可平移的自由矢量，可直接得出力的几个基本矢量性质。

1.2.1　力的投影

1. 力在平面上的投影

如图 1-11 所示，力 $\boldsymbol{F}$ 在平面 xOy 上的投影 $\boldsymbol{F}_{xy}$ 仍为矢量，其模为

$$F_{xy}=F\cos\varphi \tag{1-2}$$

2. 力在轴上的投影

如图 1-11 所示，将 $\boldsymbol{F}_{xy}$ 向 x 轴投影，得有向线段 F_x，由矢量在轴上投影的定义可知，F_x 为力 $\boldsymbol{F}$ 在 x 轴上的投影，是标量。力在轴上投影有如下两种方法。

（1）直接投影法

若已知力 $\boldsymbol{F}$ 与 x 轴正方向的夹角 α，则

$$F_x=F\cos\alpha \tag{1-3}$$

（2）两次投影法

若已知力 $\boldsymbol{F}$ 与轴所在平面的夹角 φ，且此力在平面上的投影与 x 轴夹角为 θ，则

$$F_x=F\cos\varphi\cos\theta \tag{1-4}$$

如图 1-12 所示，力 $\boldsymbol{F}$ 作用在棱长为 2、3、4 的长方体顶面上，则 $\boldsymbol{F}$ 在 x、y、z 三个坐标轴上的投影分别为

$$F_x=\frac{3}{5}F,\quad F_y=-\frac{4}{5}F,\quad F_z=0$$

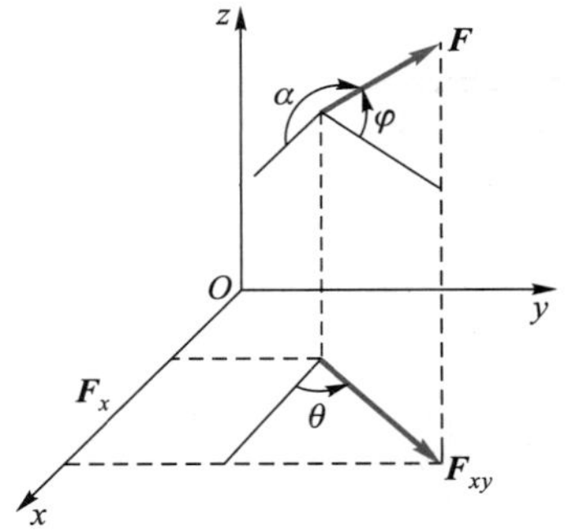

图 1-11　力的投影

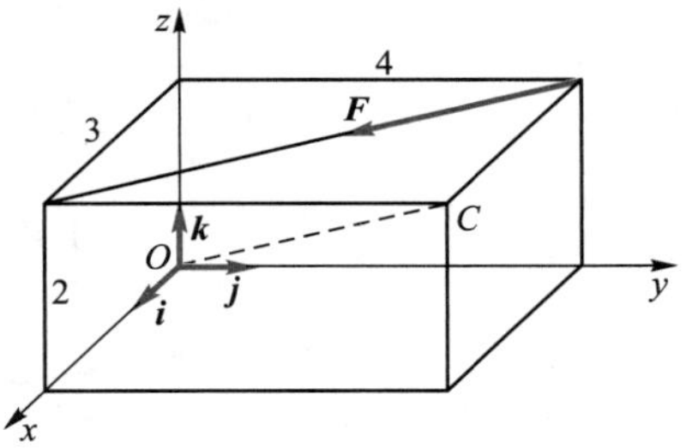

图 1-12　长方体顶面力的投影

在直角坐标系中，有

$$\boldsymbol{F}=F_x\boldsymbol{i}+F_y\boldsymbol{j}+F_z\boldsymbol{k} \tag{1-5}$$

式中 $\boldsymbol{i}$、$\boldsymbol{j}$、$\boldsymbol{k}$ 为相应坐标轴正方向的单位矢量。

图 1-12 中，$\boldsymbol{F}=\frac{3}{5}F\boldsymbol{i}-\frac{4}{5}F\boldsymbol{j}$。

顺便指出，力在某轴上的投影也可表示为力与该轴单位矢量的标量积，如 $F_x=\boldsymbol{F}\cdot\boldsymbol{i}=\frac{3}{5}F$。

思考 1-4 如何求图 1-12 中力 $\boldsymbol{F}$ 在 OC 轴上的投影？

3. 合力投影定理

将图 1-2 中汇交力系合成的力多边形置于直角坐标系 $Oxyz$ 中，则

$$\boldsymbol{F}_i=F_{ix}\boldsymbol{i}+F_{iy}\boldsymbol{j}+F_{iz}\boldsymbol{k} \qquad (i=1,2,\cdots,n)$$

$$\boldsymbol{F}_R=F_{Rx}\boldsymbol{i}+F_{Ry}\boldsymbol{j}+F_{Rz}\boldsymbol{k}$$

将它们代入式(1-1)中，并比较等式两边 $\boldsymbol{i}$、$\boldsymbol{j}$、$\boldsymbol{k}$ 的系数得（以下均略去求和号下的下标 i）

$$F_{Rx}=\sum F_{ix}, \quad F_{Ry}=\sum F_{iy}, \quad F_{Rz}=\sum F_{iz}$$

此即**合力投影定理：合力在某轴上的投影，等于各分力在同一轴上投影的代数和。**

合力的大小为

$$F_R=\sqrt{(\sum F_{ix})^2+(\sum F_{iy})^2+(\sum F_{iz})^2}$$

方向余弦为

$$\cos(\boldsymbol{F}_R,\boldsymbol{i})=\frac{\sum F_{ix}}{F_R}, \quad \cos(\boldsymbol{F}_R,\boldsymbol{j})=\frac{\sum F_{iy}}{F_R}, \quad \cos(\boldsymbol{F}_R,\boldsymbol{k})=\frac{\sum F_{iz}}{F_R}$$

思考 1-5 力沿两坐标轴的分量是否等于该力在相应坐标轴上的投影？

1.2.2 力矩

一般来说，力对刚体有移动效应，也有使刚体绕某点（或轴）转动的效应，例如汽车的挡位操纵杆，如图 1-13a 所示。力的这种转动效应的度量，叫作**力矩**。

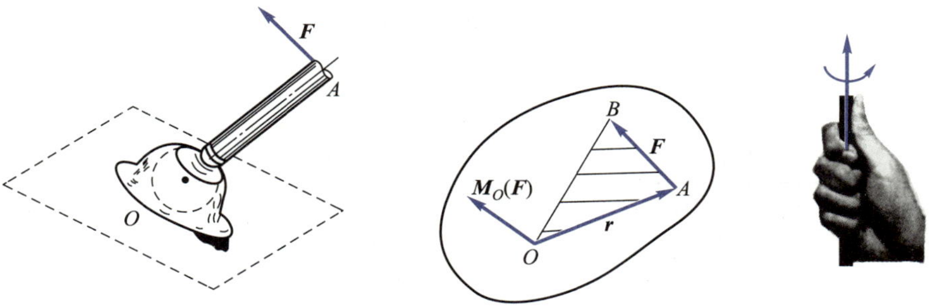

(a) (b) (c)

图 1-13 力对点之矩

1. 力对点之矩

如图 1-13b 所示，力 $\boldsymbol{F}$ 作用在刚体上 A 点，支点 O 到 A 点的矢径为 $\boldsymbol{r}$。实践证明，力使刚体

绕矩心 O 点转动的效应取决于下列三要素：

(1) 力矩的大小

$$M_O = rF\sin(\boldsymbol{r},\boldsymbol{F}) \tag{1-6}$$

(2) 力矩的方位

在力 $\boldsymbol{F}$ 与矩心 O 确定的平面，力矩使刚体绕过该平面的矩心的法向轴转动。

(3) 力矩的转向

力使刚体绕该矩心法向轴转动的方向，可由右手螺旋法则确定的矢量方向确定。如图 1-13c 所示。

可见，力 $\boldsymbol{F}$ 对 O 点之矩可表示为 $\boldsymbol{r}$ 与 $\boldsymbol{F}$ 的矢量积，即

$$\boldsymbol{M}_O(\boldsymbol{F}) = \boldsymbol{r}\times\boldsymbol{F} \tag{1-7}$$

显然，力对点之矩与矩心位置相关，是**定位矢量**，它从矩心 O 作出，见图 1-13b。

2. 力对轴之矩

如图 1-14 所示，考察力 $\boldsymbol{F}$ 对 z 轴之矩：过作用点 A 作平面 S 垂直于 z 轴，交 z 轴于 O 点，再将 $\boldsymbol{F}$ 正交分解，且分力 $\boldsymbol{F}_1$ 平行于 z 轴，由力的等效原理得

$$M_z(\boldsymbol{F}) = M_z(\boldsymbol{F}_1) + M_z(\boldsymbol{F}_2)$$

因

$$M_z(\boldsymbol{F}_1) = 0,\quad \boldsymbol{F}_2 = \boldsymbol{F}_{xy}$$

故

$$M_z(\boldsymbol{F}) = M_z(\boldsymbol{F}_{xy}) \tag{1-8}$$

其中，$\boldsymbol{F}_{xy}$是 $\boldsymbol{F}$ 在 S 平面内的投影。由此定义：**力对轴之矩等于此力在垂直于该轴的平面上的投影对该轴与该平面交点之矩**。一般规定为对轴之矩是标量，其正负号由右手螺旋法则确定，与该轴正向一致时为正，反之为负。

在图 1-14 中，分力 $\boldsymbol{F}_1$ 对 O 点之矩并不为零，而对 z 轴之矩却等于零，能否先求出 $\boldsymbol{M}_O(\boldsymbol{F})$，再由此来求 $M_z(\boldsymbol{F})$ 呢？为此，考察如图 1-15 所示一般情形，试求力 $\boldsymbol{F}$ 对任意 z 轴之矩 $M_z(\boldsymbol{F})$，不妨在 z 轴上任取一点 O，并以 O 为原点建立图示坐标系，有

$$\boldsymbol{r} = x\boldsymbol{i}+y\boldsymbol{j}+z\boldsymbol{k}$$

$$\boldsymbol{F} = F_x\boldsymbol{i}+F_y\boldsymbol{j}+F_z\boldsymbol{k}$$

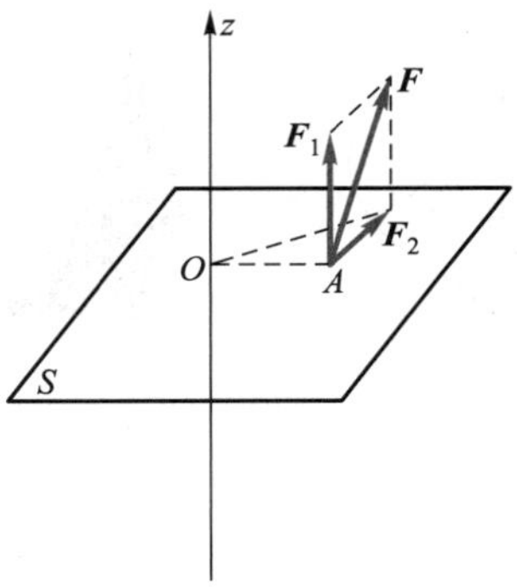

图 1-14　先投影，再取矩

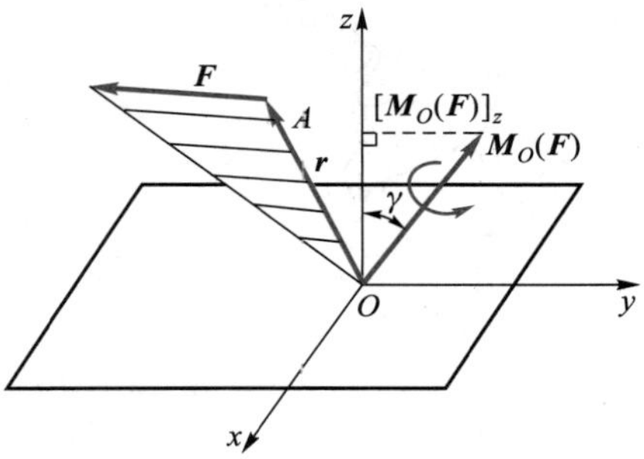

图 1-15　先取矩，再投影

则

$$\boldsymbol{M}_O(\boldsymbol{F})=M_{Ox}\boldsymbol{i}+M_{Oy}\boldsymbol{j}+M_{Oz}\boldsymbol{k}=\boldsymbol{r}\times\boldsymbol{F}$$

$$=\begin{vmatrix}\boldsymbol{i} & \boldsymbol{j} & \boldsymbol{k}\\ x & y & z\\ F_x & F_y & F_z\end{vmatrix}=(yF_z-zF_y)\boldsymbol{i}+(zF_x-xF_z)\boldsymbol{j}+(xF_y-yF_x)\boldsymbol{k}$$

可见，力矩 $\boldsymbol{M}_O(\boldsymbol{F})$ 在 x、y、z 三轴上的投影分别为

$$\left.\begin{aligned}[\boldsymbol{M}_O(\boldsymbol{F})]_x&=yF_z-zF_y\\ [\boldsymbol{M}_O(\boldsymbol{F})]_y&=zF_x-xF_z\\ [\boldsymbol{M}_O(\boldsymbol{F})]_z&=xF_y-yF_x\end{aligned}\right\}$$

由上述力对轴之矩的定义可知，上式右端就是力 $\boldsymbol{F}$ 对相应轴之矩，即

$$\left.\begin{aligned}M_x(\boldsymbol{F})&=[\boldsymbol{M}_O(\boldsymbol{F})]_x\\ M_y(\boldsymbol{F})&=[\boldsymbol{M}_O(\boldsymbol{F})]_y\\ M_z(\boldsymbol{F})&=[\boldsymbol{M}_O(\boldsymbol{F})]_z\end{aligned}\right\} \tag{1-9}$$

即力对轴之矩等于此力对该轴上任一点之矩在该轴上的投影。

在实际运算中，常常根据具体情况选用这两种求力对轴之矩的方法。如图 1-16 所示，已知长方体棱长为 a、b、c，力 $\boldsymbol{F}$ 沿端面对角线方向，试求 $M_x(\boldsymbol{F})$、$M_y(\boldsymbol{F})$、$M_z(\boldsymbol{F})$、$M_{AC}(\boldsymbol{F})$。

由式(1-8)可得

$$M_x(\boldsymbol{F})=-\frac{Fac}{\sqrt{b^2+c^2}}$$

$M_y(\boldsymbol{F})=0$（因为力 $\boldsymbol{F}$ 作用线与 y 轴相交）

$$M_z(\boldsymbol{F})=\frac{Fab}{\sqrt{b^2+c^2}}$$

由式(1-9)可得

$$M_{AC}(\boldsymbol{F})=[\boldsymbol{M}_C(\boldsymbol{F})]_{AC}=\frac{Fabc}{\sqrt{a^2+b^2+c^2}\cdot\sqrt{b^2+c^2}}$$

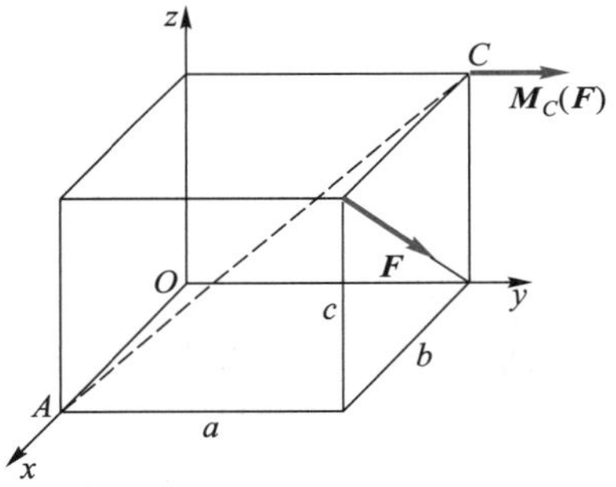

图 1-16　力对轴之矩实例

注意：在计算力对某轴之矩时，力沿作用线滑移后，对该轴之矩不变；力的作用线与某轴平行或相交时，该力对该轴之矩为零；按右手螺旋法则表示力矩方向，大拇指与坐标轴正向一致时，力对轴之矩为正，反之为负。

对于平面力系，力对点之矩 $\boldsymbol{M}_O(\boldsymbol{F})$ 的方向垂直于力系所在平面，取其在 z 轴上的投影值，视为代数量。力对点之矩即力对轴之矩。根据转向规定逆时针方向为正（力偶矩矢沿 z 轴正向），顺时针方向为负（力偶矩矢沿 z 轴负向）。

3. 合力矩定理

设 $\boldsymbol{F}_1,\boldsymbol{F}_2,\cdots,\boldsymbol{F}_n$ 为汇交力系，$\boldsymbol{F}_{\mathrm{R}}$ 为其合力，矩心 O 至汇交点 A 的矢径为 $\boldsymbol{r}$，则

$$\boldsymbol{M}_O(\boldsymbol{F})=\boldsymbol{r}\times\boldsymbol{F}_{\mathrm{R}}=\boldsymbol{r}\times\sum\boldsymbol{F}_i=\sum\boldsymbol{r}\times\boldsymbol{F}_i=\sum\boldsymbol{M}_O(\boldsymbol{F}_i)$$

故

$$\boldsymbol{M}_O(\boldsymbol{F}_{\mathrm{R}})=\sum\boldsymbol{M}_O(\boldsymbol{F}_i) \tag{1-10}$$

此即合力矩定理:**合力对任一点之矩等于各分力对同一点之矩的矢量和**。顺便指出,此处合力矩定理由汇交力系推导得出,对于一般力系亦成立,只需将合力替换成 1.3 节中的力系主矢。

将式(1-10)在任意 x 轴上投影,并注意到式(1-9),便得到对于该轴的合力矩定理

$$M_x(\boldsymbol{F}_R)=\sum M_x(\boldsymbol{F}_i) \tag{1-11}$$

即**合力对任意轴之矩等于各分力对同一轴之矩的代数和**。

事实上,前文叙述力对轴之矩的定义时(见图 1-14),已应用了这一定理。

1.2.3 力偶

1. 力偶的概念

由两个等值、反向的平行力构成的力系,叫作**力偶**,如图 1-17 所示,记为$(\boldsymbol{F},\boldsymbol{F}')$。容易证明,一个力偶无论怎样简化,都不能合成为一个力,所以一个力偶不能与一个力等效,也不能与一个力构成平衡。力偶与力一样,是一个基本力学量。

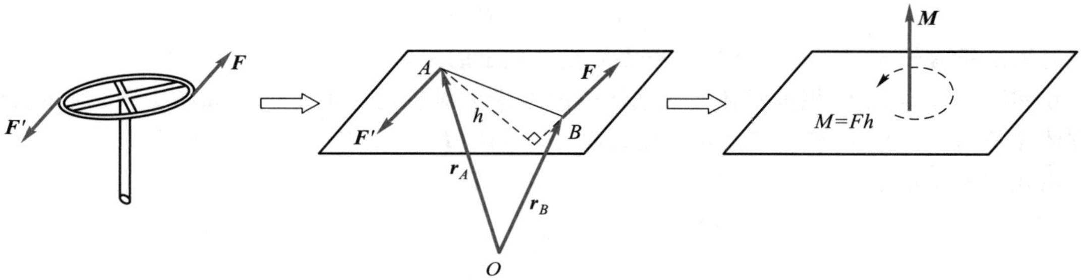

图 1-17 力偶矩矢概念

2. 力偶矩矢

力偶使物体绕某点产生转动。这种转动效应的大小,由构成该力偶的两个力对该点力矩之和——**力偶矩矢**来度量。

在图 1-17 中,力偶$(\boldsymbol{F},\boldsymbol{F}')$对任一点 O 之矩为

$$\boldsymbol{M}_O(\boldsymbol{F},\boldsymbol{F}')=\boldsymbol{r}_B\times\boldsymbol{F}+\boldsymbol{r}_A\times\boldsymbol{F}'$$

而

$$\boldsymbol{r}_B=\boldsymbol{r}_A+\overrightarrow{AB},\quad \boldsymbol{F}=-\boldsymbol{F}',\quad \overrightarrow{AB}=-\overrightarrow{BA}$$

故

$$\boldsymbol{M}_O(\boldsymbol{F},\boldsymbol{F}')=\overrightarrow{AB}\times\boldsymbol{F}=\overrightarrow{BA}\times\boldsymbol{F}' \tag{1-12}$$

可见,力偶矩矢与矩心 O 的位置无关,**力偶矩矢对于刚体是自由矢量**,经滑移和平移后,不改变对刚体的运动效应。力偶矩通常用矢量 $\boldsymbol{M}$ 表示,也可用圆弧形箭头表示在作用面内的转向,如图 1-17 中所示,力偶矩的大小为

$$M=Fh \tag{1-13}$$

其方向用右手法则确定。构成力偶的两平行力所确定的平面表示力偶矩的空间方位。力偶矩的大小、作用面方位和转向决定力偶对刚体的作用效果,称为**力偶的三要素**。

由力偶矩定义易知,**力偶对轴之矩等于该力偶矩矢在该轴上的投影**。

问题 1-3　图示正三角形斜面内作用力偶矩大小为 M 的力偶，试求该力偶对 x、y、z 轴之矩。

答： 该正三角形斜面的法线 n 相对 x、y、z 轴的方向余弦均为$\frac{\sqrt{3}}{3}$，故

$$M_x = M_y = M_z = \frac{\sqrt{3}}{3}M$$

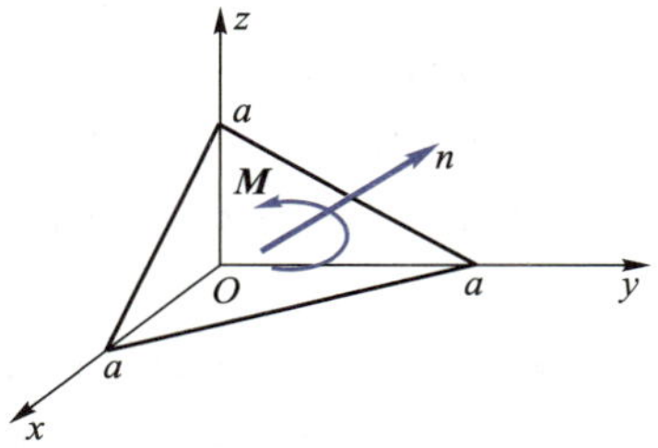

问题 1-3 图

3. 合力偶矩定理

设刚体上作用力偶矩为 $\boldsymbol{M}_1, \boldsymbol{M}_2, \cdots, \boldsymbol{M}_n$ 的 n 个力偶，这种由若干个力偶组成的力系，称为**力偶系**，如图 1-18a 所示。因各力偶矩为自由矢量，故可将它们平移至任一点 A，如图 1-18b所示，由共点矢量合成得合力偶矩，即**合力偶矩定理：力偶系合成的结果为一合力偶，其合力偶矩 $\boldsymbol{M}$ 等于各力偶矩的矢量和。**

$$\boldsymbol{M} = \sum \boldsymbol{M}_i \tag{1-14}$$

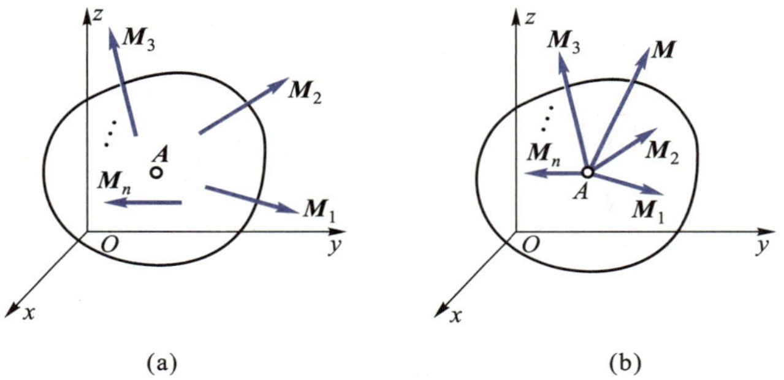

图 1-18　合力偶矩定理

由式(1-14)得合力偶矩矢在各直角坐标轴上的投影为

$$\left.\begin{aligned} M_x &= \sum M_{ix} \\ M_y &= \sum M_{iy} \\ M_z &= \sum M_{iz} \end{aligned}\right\} \tag{1-15}$$

合力偶矩的大小和方向余弦分别为

$$\left.\begin{aligned} M &= \sqrt{M_x^2 + M_y^2 + M_z^2} \\ \cos(\boldsymbol{M}, \boldsymbol{i}) &= \frac{M_x}{M} \\ \cos(\boldsymbol{M}, \boldsymbol{j}) &= \frac{M_y}{M} \\ \cos(\boldsymbol{M}, \boldsymbol{k}) &= \frac{M_z}{M} \end{aligned}\right\} \tag{1-16}$$

对于平面 Oxy 上的力偶系，其力偶矩矢平行于 z 轴，一般忽略其方向，取其在 z 轴上的投影值，视为代数量。根据转向规定逆时针方向为正（力偶矩矢沿 z 轴正向），顺时针方向为负（力偶矩矢沿 z 轴负向）。平面力偶系（$\boldsymbol{M}_1,\boldsymbol{M}_2,\cdots,\boldsymbol{M}_n$）的合成结果为该力偶系所在平面上的一个力偶，合力偶矩 M 等于各分力偶矩的代数和，即

$$M=\sum M_i \tag{1-17}$$

问题 1-4　图示滑轮静止，则力 $\boldsymbol{F}$ 与力偶 M 相平衡，对吗？

答：不对。一个力不能与力偶相平衡，应是支座 O 处向上的作用力 $\boldsymbol{F}_{Oy}$ 与力 $\boldsymbol{F}$ 构成的力偶与 M 平衡。

思考 1-6　图示螺旋压榨机上，力偶（$\boldsymbol{F},\boldsymbol{F}'$）与压榨反抗力 $\boldsymbol{F}_{\mathrm{N}}$ 平衡，对吗？

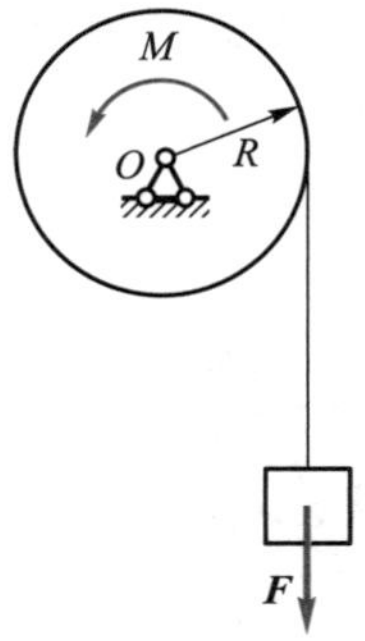

问题 1-4 图

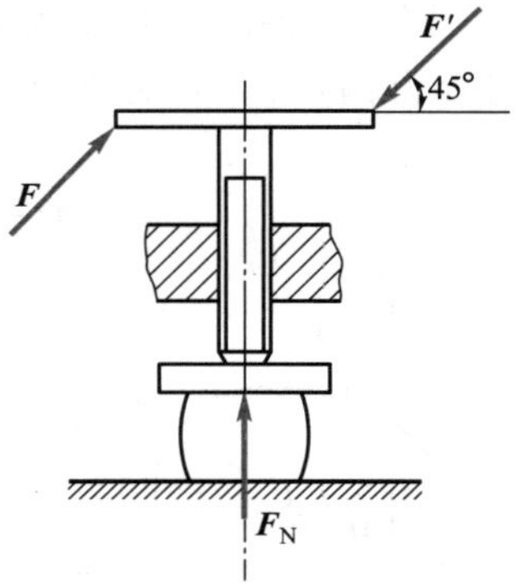

思考 1-6 图

1.3　力系的简化

在实际工程中，物体的受力情况往往比较复杂，为了研究力系对刚体的总效应，需要将力系等效简化，这在分析物体的外力和内力、研究力系对物体的平衡条件与运动效应时，均具有重要的意义。

1.3.1　力的平移定理

如前所述，作用在刚体上的力沿着其作用线滑移后，不改变它对刚体的效应；作用在刚体上的力偶在同一刚体内进行任意滑移和平移，也不影响该力偶对刚体的作用效果。那么，作用在刚体上的力能否平移？怎样进行等效平移呢？

如图 1-19 所示，设力 $\boldsymbol{F}$ 作用于刚体上 A 点，由加减平衡力系原理可知，在另一点 B 可加上一对平衡力 $\boldsymbol{F}'$ 与 $\boldsymbol{F}''$，且 $\boldsymbol{F}'/\!/\boldsymbol{F}$，$\boldsymbol{F}'=-\boldsymbol{F}''=\boldsymbol{F}$，这样可视为力 $\boldsymbol{F}$ 平移到 B 点，记为 $\boldsymbol{F}'$，其余两力（$\boldsymbol{F}$，$\boldsymbol{F}''$）构成一力偶，其力偶矩 $\boldsymbol{M}=\overrightarrow{BA}\times\boldsymbol{F}$。

这就是力的平移定理：**作用于刚体上的力可以平移到该刚体内任一点，但为了保持原力对刚体的效应不变，必须附加一力偶，该附加力偶的力偶矩等于原力对新作用点之矩。**

如图 1-20 所示，用扳手拧紧螺栓时，螺栓除受大小为 F 的力外，还受力偶矩大小为 $M=Fl$ 的力偶作用。

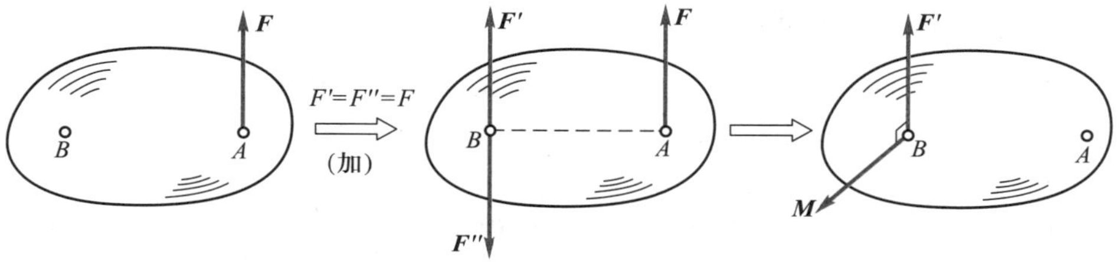

图 1-19　力的平移

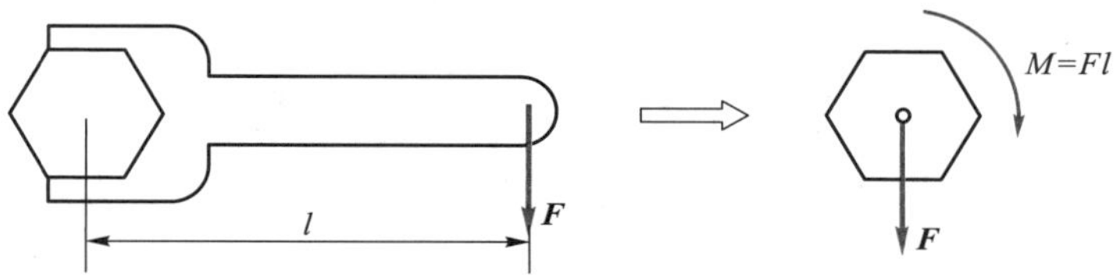

图 1-20　扳手拧紧螺栓的受力

又如图 1-21a 所示**梁**(受横向载荷的**杆**)承受均布载荷,将它们向梁的中点平移,两边附加力偶构成平衡力偶系,去掉之后,便得图 1-21b 所示等效简化情形。

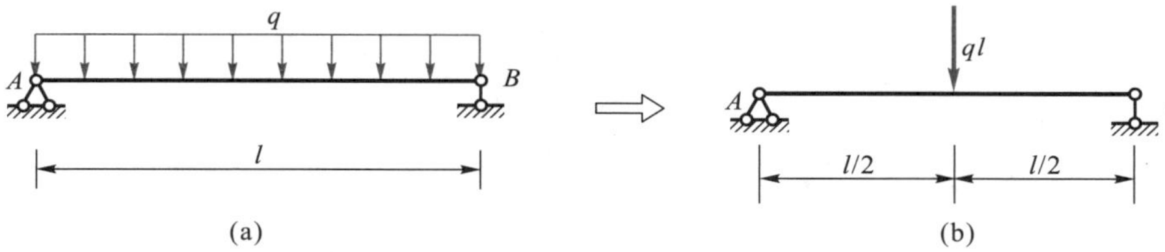

图 1-21　均布载荷向中点平移

注意:力的平移定理仅适用于同一刚体。研究变形体的内力和变形时,力平移后,内力和变形均发生改变。在图 1-22a 中,力 $\boldsymbol{F}$ 从 AB 移至 BC 上后,A、B、C 三处受力均改变;图 1-22b 中力 $\boldsymbol{F}$ 作用于 B 处时,AB 段弯曲,BC 段作刚体位移;力 $\boldsymbol{F}$ 从 B 处平移至 C 后,AB 段弯曲不变,BC 段的内力与变形均发生变化。

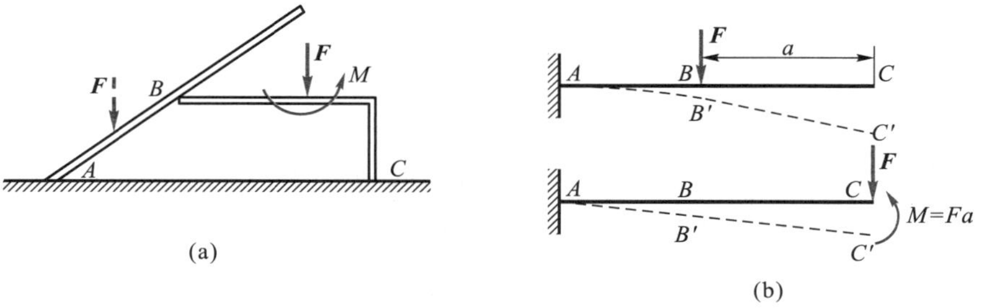

图 1-22　不在同一刚体上的力平移

1.3.2 一般力系向一点的简化

运用力的平移定理，把一般力系中的各力向任选的一点（简化中心）平移，便转化为与原力系等效的一个汇交力系和一个附加力偶系，将它们分别合成，就得到作用在简化中心的一个力和一个附加力偶。

如图 1-23a 所示，空间一般力系 $\boldsymbol{F}_1, \boldsymbol{F}_2, \cdots, \boldsymbol{F}_n$ 作用于同一刚体上，各力作用点矢径为 $\boldsymbol{r}_1, \boldsymbol{r}_2, \cdots, \boldsymbol{r}_n$。选刚体上任一点 O 作为简化中心，并建立 $Oxyz$ 直角坐标系，先将各力向 O 点平移，得到一个作用于 O 点的汇交力系 $\boldsymbol{F}'_1, \boldsymbol{F}'_2, \cdots, \boldsymbol{F}'_n$ 和一个附加的力偶系 $\boldsymbol{M}_{O1}, \boldsymbol{M}_{O2}, \cdots, \boldsymbol{M}_{On}$，如图 1-23b 所示。其中

$$\boldsymbol{F}'_i = \boldsymbol{F}_i$$

$$\boldsymbol{M}_{Oi} = \boldsymbol{M}_O(\boldsymbol{F}_i) = \boldsymbol{r}_i \times \boldsymbol{F}_i \quad (i=1,2,\cdots,n)$$

再将此汇交力系和力偶系分别合成，便得到作用在简化中心 O 的一个合力 $\boldsymbol{F}'_{\mathrm{R}}$ 和一个合力偶矩矢为 $\boldsymbol{M}_O$ 的附加力偶，如图 1-23c 所示。

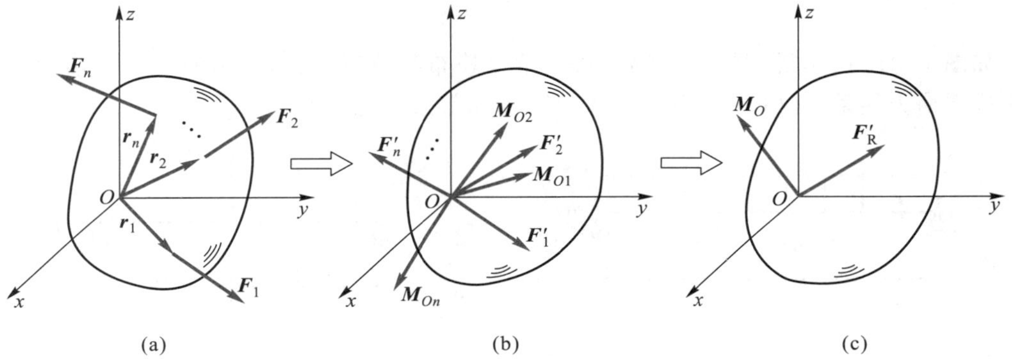

图 1-23 一般力系向一点简化

注意：平移到 O 点的各力 $\boldsymbol{F}'_i (i=1,2,\cdots,n)$ 与 $\boldsymbol{F}_i$ 虽大小、方向相同，但作用点不同。

为了能用原力系的特征量来表示力系向 O 点简化的结果，引入表征原力系整体特征的如下两个矢量：

主矢

$$\boldsymbol{F}_{\mathrm{R}} = \sum \boldsymbol{F}_i \tag{1-18}$$

主矩

$$\boldsymbol{M}_O = \sum \boldsymbol{M}_O(\boldsymbol{F}_i) \tag{1-19}$$

显然，主矢 $\boldsymbol{F}_{\mathrm{R}} = \sum \boldsymbol{F}_i = \sum \boldsymbol{F}'_i$，与简化中心的位置无关，是力系简化过程中的一个不变量；而主矩 $\boldsymbol{M}_O$ 一般与简化中心 O 的位置有关，称为力系对 O 点的主矩。

问题 1-5 在空间能否找到两个不同的简化中心，使某力系的主矢和主矩完全相同？

答：能找到。以力系向某一简化中心简化所得到的主矢作用线上的任意一点为另一简化中心，主矩不变。可见，使某力系主矢和主矩完全相同的简化中心有无穷多个。

综上所述，一般力系向任意点简化，一般可得到一个力和一个力偶，该力通过简化中心，其大

小和方向等于该力系主矢，该力偶矩矢大小和方向等于该力系对简化中心的主矩。

如图 1-23 所示，在直角坐标系中，将式(1-18)与式(1-19)的两边分别沿坐标轴投影，容易得到主矢和主矩的解析表示，其大小与方向余弦的表达式类似于 1.2.1 中的合力与 1.2.3 中的合力偶。

应用力系的简化原理可以简化物体的受力分析。例如图 1-24a 所示悬臂梁，在平面外力系作用下，固定端 CA 段的约束力亦为平面一般力系，如图 1-24b 所示；将该分布力向 A 点简化，得到作用于 A 点的合力 $\boldsymbol{F}_A$ 和附加合力偶 $\boldsymbol{M}_A$，如图 1-24c 所示；若将 $\boldsymbol{F}_A$ 沿 x、y 正交坐标轴分解，则得如图 1-24d 所示结果。

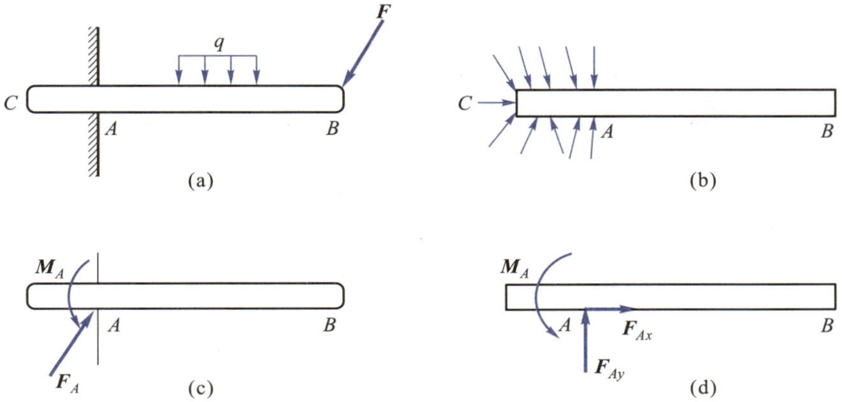

图 1-24 固定端受力简化

又如图 1-25a 所示，直杆受空间外力系作用，杆中任意垂直于轴的横截面亦受到一个空间分布力系作用，并与外力系相平衡，如图 1-25b 所示，为了最终求出该空间分布力系，可先将此力系向横截面形心 O 简化，再将所得合力与合力偶沿坐标轴正交分解，由平衡条件求得横截面上的**内力**分量，如图 1-25c 所示。我们把沿轴线 y 的分力 $\boldsymbol{F}_{Oy}$ 称为**轴力**，与轴线垂直的两个分力 $\boldsymbol{F}_{Ox}$ 和 $\boldsymbol{F}_{Oz}$ 称为**剪力**；沿轴线的分力偶 $\boldsymbol{M}_{Oy}$ 称为**扭矩**，与轴线垂直的两个分力偶 $\boldsymbol{M}_{Ox}$ 和 $\boldsymbol{M}_{Oz}$ 称为**弯矩**。至于各内力分量对应的内力分布，需要结合杆的几何变形及变形与受力的物理关系才能求得。后续的材料力学课程将介绍这些内容。

1.3.3 力系的最简形式

一般力系向任意点简化，一般可以得到作用在简化中心的一个力和一个力偶。试问该结果包含哪些特殊情形？能否进一步简化？根据原力系对于简化中心的主矢和主矩可能出现的几种不同情况讨论如下：

① 若 $\boldsymbol{F}_{\mathrm{R}}=0$ 且 $\boldsymbol{M}_O=0$，则原力系与零力系等效，原力系处于平衡。

② 若 $\boldsymbol{F}_{\mathrm{R}}=0$，而 $\boldsymbol{M}_O\neq0$，则原力系与一力偶等效，可简化为一个力偶。由于力偶矩对刚体是自由矢量，所以当力系主矢为零时，其主矩与简化中心位置无关，该力系本质上是一个力偶系，其简化结果是一个力偶。

③ 若 $\boldsymbol{F}_{\mathrm{R}}\neq0$，而 $\boldsymbol{M}_O=0$，则原力系简化为作用在简化中心 O 的一个力。这显然是最简形式，

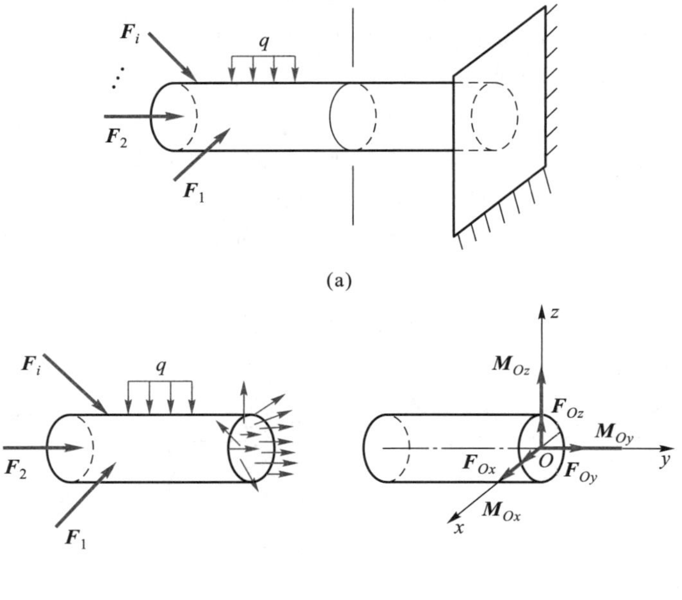

图 1-25 杆横截面内力简化

当简化中心的位置不在该合力线上时，原力系的主矢和主矩均不为零。

④ 若 $\boldsymbol{F}_{\mathrm{R}} \neq 0$，且 $\boldsymbol{M}_O \neq 0$，则原力系简化为作用在简化中心 O 的一个力和一个力偶。这种情形一般还可以进一步简化：

a. 若 $\boldsymbol{F}_{\mathrm{R}} \perp \boldsymbol{M}_O$（见图 1-26），即 $\boldsymbol{F}_{\mathrm{R}} \cdot \boldsymbol{M}_O = 0$，则进行如图 1-26 所示的等效变换后，力系进一步简化为作用在另一简化中心 O_1 处的一个力 $\boldsymbol{F}'_{\mathrm{R}}$。显然，这是最简形式。矢量 $\overrightarrow{OO_1} = \dfrac{\boldsymbol{F}_{\mathrm{R}} \times \boldsymbol{M}_O}{F_{\mathrm{R}}^2}$；若在 O 点建立直角坐标系 $Oxyz$，设点 $P(x, y, z)$ 为合力作用线上的任一点，则合力作用线方程为

$$\frac{F_{\mathrm{R}x}}{x - x_{O_1}} = \frac{F_{\mathrm{R}y}}{y - y_{O_1}} = \frac{F_{\mathrm{R}z}}{z - z_{O_1}} \tag{1-20}$$

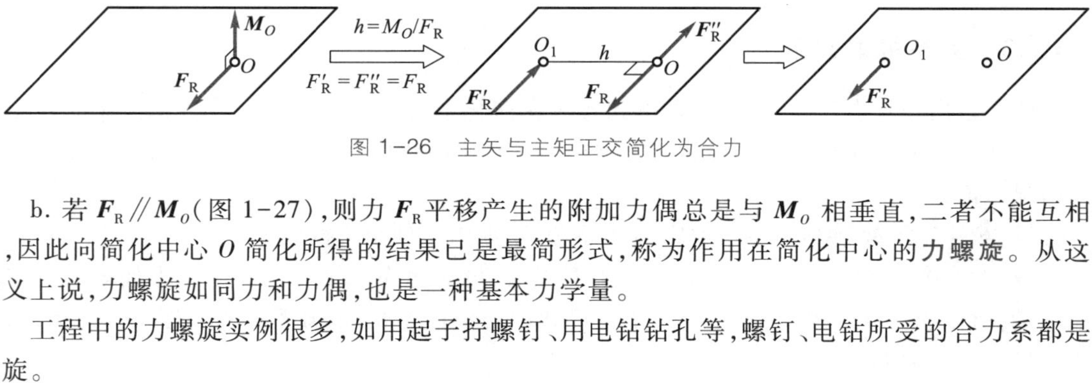

图 1-26 主矢与主矩正交简化为合力

b. 若 $\boldsymbol{F}_{\mathrm{R}} /\!/ \boldsymbol{M}_O$（图 1-27），则力 $\boldsymbol{F}_{\mathrm{R}}$ 平移产生的附加力偶总是与 $\boldsymbol{M}_O$ 相垂直，二者不能互相抵消，因此向简化中心 O 简化所得的结果已是最简形式，称为作用在简化中心的**力螺旋**。从这个意义上说，力螺旋如同力和力偶，也是一种基本力学量。

工程中的力螺旋实例很多，如用起子拧螺钉、用电钻钻孔等，螺钉、电钻所受的合力系都是力螺旋。

c. 当 $\boldsymbol{F}_{\mathrm{R}}$ 不垂直也不平行于 $\boldsymbol{M}_O$（图 1-28a）时，将 $\boldsymbol{M}_O$ 分解为与 $\boldsymbol{F}_{\mathrm{R}}$ 方向平行与垂直的两个分

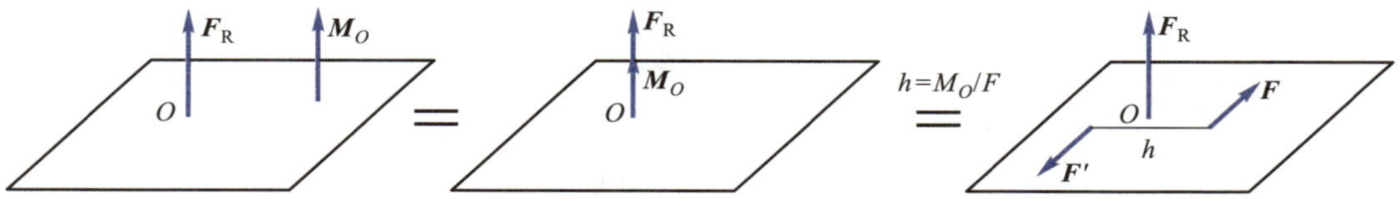

图 1-27　主矢与主矩平行简化为力螺旋

量,即 $\boldsymbol{M}_O=\boldsymbol{M}_{O\perp}+\boldsymbol{M}_{O/\!/}$,先将 $\boldsymbol{F}_R$ 与 $\boldsymbol{M}_{O\perp}$ 按情形 a 简化为作用在 O' 点处的一个力 $\boldsymbol{F}'_R$,如图 1-28b 所示;最后将 $\boldsymbol{M}_{O/\!/}$ 移至 O' 处,按情形 b 构成一个作用在点 O' 处的力螺旋,如图 1-28c 所示。力螺旋中力的作用线称为力螺旋的中心轴,在以 O 为原点的直角坐标系中,其作用线方程为

$$\frac{F_{Rx}}{x-x_{O'}}=\frac{F_{Ry}}{y-y_{O'}}=\frac{F_{Rz}}{z-z_{O'}} \tag{1-21}$$

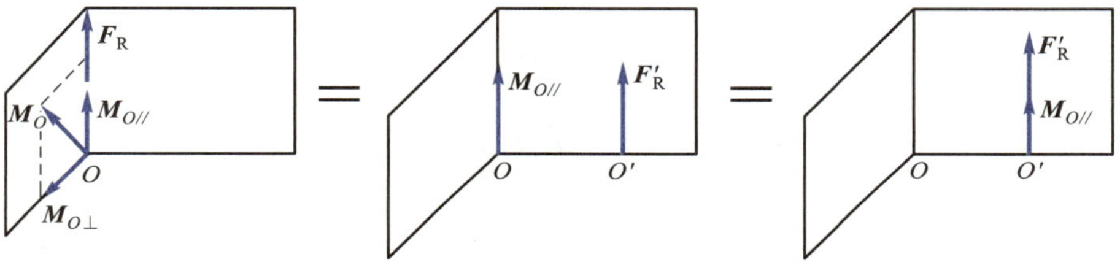

(a)　(b)　(c)

图 1-28　主矢与主矩斜交简化为移动力螺旋

力偶矩 $\boldsymbol{M}_{O/\!/}$ 可写为

$$\boldsymbol{M}_{O/\!/}=p\boldsymbol{F}_R$$

其中

$$p=\frac{\boldsymbol{F}_R\cdot\boldsymbol{M}_O}{F_R^2} \tag{1-22}$$

p 为**力螺旋参数**,完全由力系对于简化中心 O 的主矢与主矩确定。

综上所述,一般力系简化的最简形式有平衡、合力偶、合力、力螺旋四种情形。**力系的主矢与主矩是否正交,是判断某力系能否进一步简化成一个力的条件。**

注意:平面力系情况下,由于主矢与主矩正交,平面力系简化的最简形式只有平衡、合力偶、合力三种情况。

问题 1-6　图示力系(各力大小相等)沿正方体棱边作用,试问该力系向 O 点简化的结果是什么。

答:三力向 O 点平移后,合力与合力偶矩矢均沿对角线 OA 方向,此力与力偶组成一力螺旋。

问题 1-7　如图所示圆板受 4 个力作用,且乘积 $F_1AB=F_2BC=F_3CD=F_4AD=$常数,试求该力系的合力作用线。

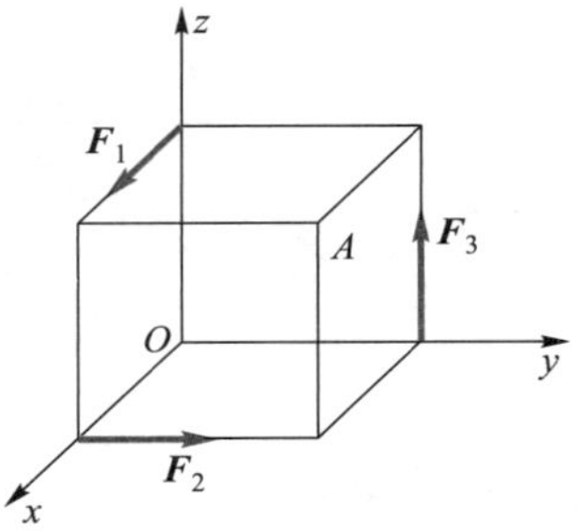

问题 1-6 图

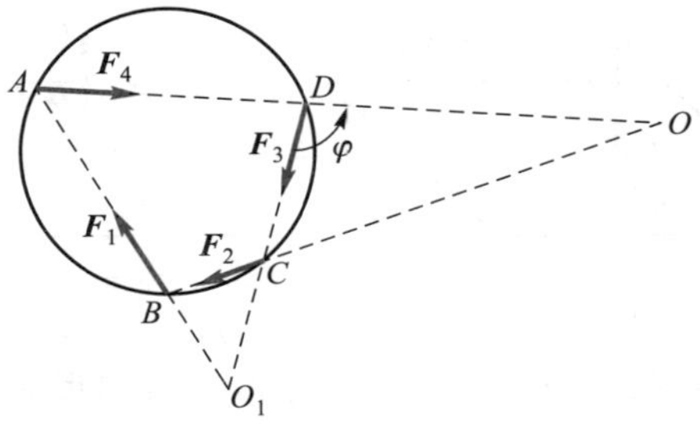

问题 1-7 图

答：因为 $\sum M_O(\boldsymbol{F}_i)=F_3OD\sin\varphi-F_1OB\sin\varphi=\sin\varphi(F_3OD-F_1OB)$，而

$$\frac{F_1}{F_3}=\frac{CD}{AB}=\frac{OD}{OB}$$

得

$$\sum M_O(\boldsymbol{F}_i)=0$$

故合力线必过 O 点。

同理可得 $\sum M_{O_1}(\boldsymbol{F}_i)=0$，故合力线必过 O_1 点，合力作用线为 OO_1 直线。

思考 1-7

① 空间汇交力系、空间力偶系、平面一般力系、空间平行力系能够简化为力螺旋吗？空间一般力系简化为合力或合力偶的条件分别是什么？

② 若某空间力系向不共线的三点 A、B、C 简化的主矩相同，试分析该力系的最简形式。

③ 在图 1-25a 所示的杆中取出一个边长为 Δ 的正方体，将每个正方形面上的力系向其中心简化，保留一阶微量后的受力情形如何？试画出简化结果。

例 1-1 试求图 a 所示平面力系的简化结果。

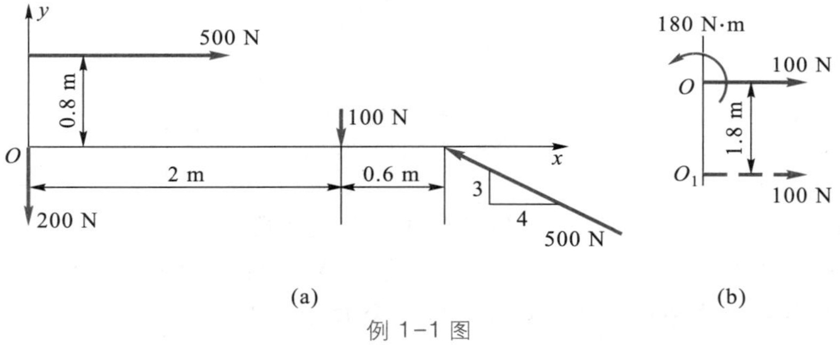

例 1-1 图

解：选 O 点为简化中心，则主矢大小为

$$F_R=\sqrt{(\sum F_x)^2+(\sum F_y)^2}$$
$$=\sqrt{\left(500\text{ N}-500\text{ N}\times\frac{4}{5}\right)^2+\left(500\text{ N}\times\frac{3}{5}-200\text{ N}-100\text{ N}\right)^2}=100\text{ N}$$

方向沿 x 轴正向。而主矩

$$M_O=\sum M_O(\boldsymbol{F}_i)=-500\text{ N}\times0.8\text{ m}-100\text{ N}\times2\text{ m}+500\text{ N}\times\frac{3}{5}\times2.6\text{ m}=180\text{ N}\cdot\text{m}\qquad(\circlearrowleft)$$

故该平面力系向 O 点的简化结果如图 b 所示，而最简结果为作用在 O_1 点的一个力，如图 b 中虚线所示。

例 1-2 如图所示，沿长方体不相交且不平行的棱上作用三个大小等于 F 的力。问棱长 a、b、c 满足什么关系时，该力系能简化为一个力，并求该力的作用线方程。

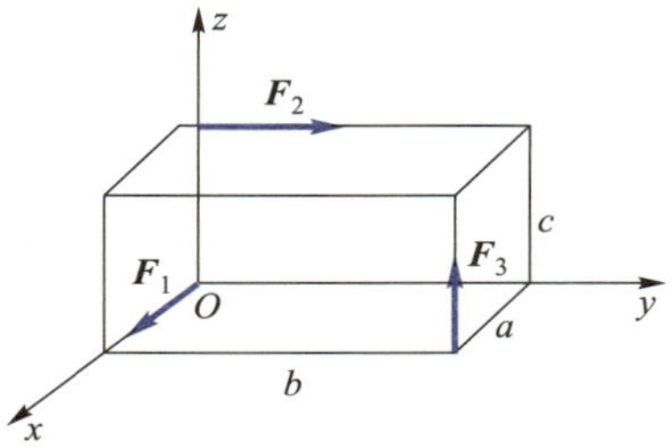

例 1-2 图

解： 选图示坐标原点 O 为简化中心，则

$$\sum F_x = F,\quad \sum F_y = F,\quad \sum F_z = F$$

$$\sum M_x = Fb - Fc,\quad \sum M_y = -Fa,\quad \sum M_z = 0$$

令

$$\boldsymbol{F}_{\mathrm{R}} \cdot \boldsymbol{M}_O = (\sum F_x)\cdot \sum M_x + (\sum F_y)\cdot \sum M_y + (\sum F_z)\cdot \sum M_z = 0$$

即

$$F(Fb - Fc) + F(-Fa) + F\times 0 = 0$$

故 $b-c-a=0$ 时，该力系可简化为一个力。

设 (x,y,z) 为该力作用线上任一点，其矢径为 $\boldsymbol{r}$，则由 $\boldsymbol{r}\times\boldsymbol{F}_{\mathrm{R}} = \boldsymbol{M}_O$，有

$$\begin{vmatrix} \boldsymbol{i} & \boldsymbol{j} & \boldsymbol{k} \\ x & y & z \\ F & F & F \end{vmatrix} = F(b-c)\boldsymbol{i} - Fa\boldsymbol{j}$$

比较上式两边 $\boldsymbol{i}$、$\boldsymbol{j}$、$\boldsymbol{k}$ 系数，并将 $b-c-a=0$ 代入，得

$$\begin{cases} x - y = 0 \\ z - x + a = 0 \end{cases}$$

为所求合力作用线方程。

1.4 物体的重心、质心和形心

由物理学知道，忽略地球转动影响时，地球上物体中的每个微小质量部分均受到指向地球中心的万有引力（即重力）作用。由于地球半径很大，故这组引力可视为平行力系，平行力系可简化为一合力，该合力作用点就是物体的**重心**。

如图 1-29 所示，设任一个质量微团的位置矢径为 $\boldsymbol{r}_i$，所受重力为 $\boldsymbol{G}_i$，重心 C 的位置矢径为 $\boldsymbol{r}_C$，总重力为

$$\boldsymbol{G} = \sum \boldsymbol{G}_i \qquad (1-23)$$

由合力矩定理得

$$\boldsymbol{r}_C \times \boldsymbol{G} = \sum \boldsymbol{r}_i \times \boldsymbol{G}_i$$

即

$$\boldsymbol{r}_C \times G\boldsymbol{k} = \sum \boldsymbol{r}_i \times G_i \boldsymbol{k}\ (\boldsymbol{k}\ 为\ z\ 轴的单位矢量)$$

故

$$(G\boldsymbol{r}_C - \sum G_i \boldsymbol{r}_i)\times \boldsymbol{k} = 0$$

由于坐标原点及坐标方向 $\boldsymbol{k}$ 的任意性，故

$$G\boldsymbol{r}_C - \sum G_i \boldsymbol{r}_i = 0$$

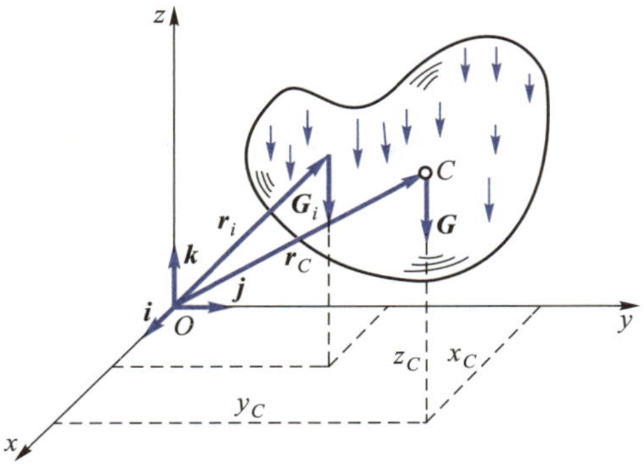

图 1-29 物体的重心

或

$$\boldsymbol{r}_C=\frac{\sum G_i\boldsymbol{r}_i}{G} \tag{1-24}$$

此即物体**重心位置的矢径公式**,可理解为物体各重量微团位置的加权平均值。将式(1-24)在图1-29所示正交坐标轴上投影,得**重心位置的直角坐标公式**:

$$\left.\begin{aligned} x_C&=\frac{\sum G_ix_i}{G}\\ y_C&=\frac{\sum G_iy_i}{G}\\ z_C&=\frac{\sum G_iz_i}{G}\end{aligned}\right\} \tag{1-25}$$

该式也可直接由对轴的合力矩定理得出。当物体被分割的微小部分趋近于零时,式(1-25)中的有限求和便成为定积分。若将 $G_i=m_ig$、$G=mg$ 代入式(1-25),则当重力加速度 g 为常量时,便得物体的**质心坐标公式**:

$$\left.\begin{aligned} x_C&=\frac{\sum m_ix_i}{m}\\ y_C&=\frac{\sum m_iy_i}{m}\\ z_C&=\frac{\sum m_iz_i}{m}\end{aligned}\right\} \tag{1-26}$$

若将 $m_i=V_i\rho$(其中 V_i 为微元体积,ρ 为密度)代入式(1-26),则当 ρ 为常量时,$m=V\rho$(V 为物体体积),此时物体质心的位置只取决于其形状,称为**形心**,**物体形心坐标公式**为

$$\left.\begin{aligned} x_C&=\frac{\sum V_ix_i}{V}\\ y_C&=\frac{\sum V_iy_i}{V}\\ z_C&=\frac{\sum V_iz_i}{V}\end{aligned}\right\} \tag{1-27}$$

可见,当 g、ρ 同时为常量时,物体的重心、质心、形心三心重合。

当物体是面密度为 ρ 的均质薄平板时,将板面置于 Oxy 平面,由式(1-27),并约去板厚度,有

$$\left.\begin{aligned} x_C&=\frac{\sum A_ix_i}{A}\\ y_C&=\frac{\sum A_iy_i}{A}\end{aligned}\right\} \tag{1-28}$$

式中:A 为板的总面积;A_i 为微元面积。式(1-28)就是面积形心的坐标公式。

值得指出,物体的**质心**是物体质量的中心,物体的**形心**是物体形状的中心,它们与重心是三个相互独立的中心,只是在一定条件下可以彼此重合。

思考 1-8 试写出物体质心和形心位置的矢径公式,并说明其意义。

例 1-3 试求图示均质平板(实线部分)的重心位置。

解: ① 分割法——将平板分割成两个重心位置已知的矩形Ⅰ和Ⅱ,在 Oxy 平面内,重心与形心位置重合,两矩形的形心坐标为 $C_1(8,88)$,$C_2(50,8)$,由式(1-28)得

$$x_C=\frac{A_1x_1+A_2x_2}{A}$$

$$=\frac{(160-16)\ \text{cm}\times16\ \text{cm}\times8\ \text{cm}+100\ \text{cm}\times16\ \text{cm}\times50\ \text{cm}}{(100+160-16)\ \text{cm}\times16\ \text{cm}}=25.2\ \text{cm}$$

$$y_C=\frac{A_1y_1+A_2y_2}{A}$$

$$=\frac{(160-16)\ \text{cm}\times16\ \text{cm}\times88\ \text{cm}+100\ \text{cm}\times16\ \text{cm}\times8\ \text{cm}}{(100+160-16)\ \text{cm}\times16\ \text{cm}}=55.2\ \text{cm}$$

重心在平板的质量对称平面(平行于 Oxy 平面)上。

② 负面(体)积法——将平板假想地补全成一完整的矩形,被挖掉部分(虚线)相当于存在反向重力,将其提起;或把其相应的面(体)积视为负值。此时,$A_1=160\ \text{cm}\times100\ \text{cm}=16\ 000\ \text{cm}^2$,$A_2=-(160-16)\ \text{cm}\times(100-16)\ \text{cm}=-12\ 096\ \text{cm}^2$,故

$$x_C=\frac{A_1x_1+A_2x_2}{A_1+A_2}=\frac{16\ 000\ \text{cm}^2\times50\ \text{cm}-12\ 096\ \text{cm}^2\times58\ \text{cm}}{16\ 000\ \text{cm}^2-12\ 096\ \text{cm}^2}=25.2\ \text{cm}$$

$$y_C=\frac{A_1y_1+A_2y_2}{A_1+A_2}=\frac{16\ 000\ \text{cm}^2\times80\ \text{cm}-12\ 096\ \text{cm}^2\times88\ \text{cm}}{16\ 000\ \text{cm}^2-12\ 096\ \text{cm}^2}=55.2\ \text{cm}$$

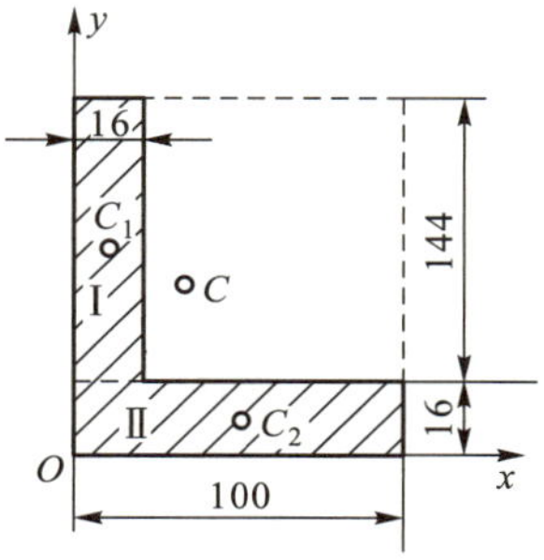

例 1-3 图(尺寸单位:cm)

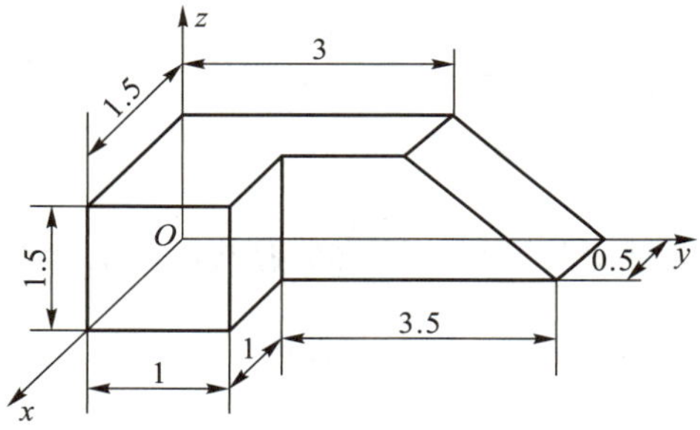

例 1-4 图(尺寸单位:m)

例 1-4 试求图示均质混凝土基础的重心位置,尺寸如图。

解: 因为均质,重心与形心重合,将基础分割为一个长方体与一个四棱柱(或两个长方体与一个三棱柱),由式(1-27)得

$$x_C=\frac{\sum V_ix_i}{V}$$

$$=\frac{1\ \text{m}\times1\ \text{m}\times1.5\ \text{m}\times1\ \text{m}+\dfrac{1}{2}\times(3+4.5)\ \text{m}\times1.5\ \text{m}\times0.5\ \text{m}\times0.25\ \text{m}}{1\ \text{m}\times1\ \text{m}\times1.5\ \text{m}+\dfrac{1}{2}\times(3+4.5)\ \text{m}\times1.5\ \text{m}\times0.5\ \text{m}}$$

$$=0.511\ \text{m}$$

$$y_C = \frac{\sum V_i y_i}{V}$$

$$= \frac{1\ \text{m}\times 1\ \text{m}\times 1.5\ \text{m}\times 0.5\ \text{m}+3\ \text{m}\times 0.5\ \text{m}\times 1.5\ \text{m}\times 1.5\ \text{m}+\frac{1}{2}\times(1.5\ \text{m})^2\times 0.5\ \text{m}\times 3.5\ \text{m}}{4.312\,5\ \text{m}^3}$$

$$= 1.413\ \text{m}$$

$$z_C = \frac{\sum V_i z_i}{V}$$

$$= \frac{(1\times 1+3\times 0.5)\ \text{m}^2\times 1.5\ \text{m}\times 0.75\ \text{m}+\frac{1}{2}\times(1.5\ \text{m})^2\times 0.5\ \text{m}\times 0.5\ \text{m}}{4.312\,5\ \text{m}^3}$$

$$= 0.717\ \text{m}$$

需要指出的是，工程中一些外形不规则或非均质构件的重心位置，难以用计算法确定，常采用**悬挂法**、**称重法**测定。

问题 1-8 如图所示薄壁钢筒重心高度为 H，质量为 m，底半径为 r，现向桶内缓慢浇注密度为 ρ 的混凝土，欲使其共同重心最低，试求混凝土的浇注高度 h。

答：空桶与注入的混凝土的重心均在桶的对称轴上。开始注入后，桶与混凝土的共同重心亦在该轴上，但共同重心在空桶重心的下方，而且随着注入混凝土的增加，共同重心不断下移。当它移到最低位置时，混凝土高度正好等于共同重心高度 h，按两平行力合力作用点的求法，得

$$\pi r^2 h\rho g \cdot \frac{h}{2} = mg(H-h)$$

解得

$$h = \frac{-m+\sqrt{m^2+2\pi r^2\rho mH}}{\pi r^2\rho}$$

另外，也可用共同重心极值求得共同重心坐标为：$z_C(h)=\dfrac{\sum m_i z_i}{\sum m_i}=\dfrac{\rho\pi r^2 h\cdot\dfrac{h}{2}+mH}{\rho\pi r^2 h+m}$，共同重心最低时满足：$z_C'(h)=0$。解得 h 相同。

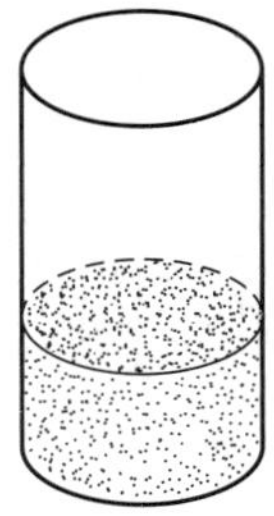

问题 1-8 图

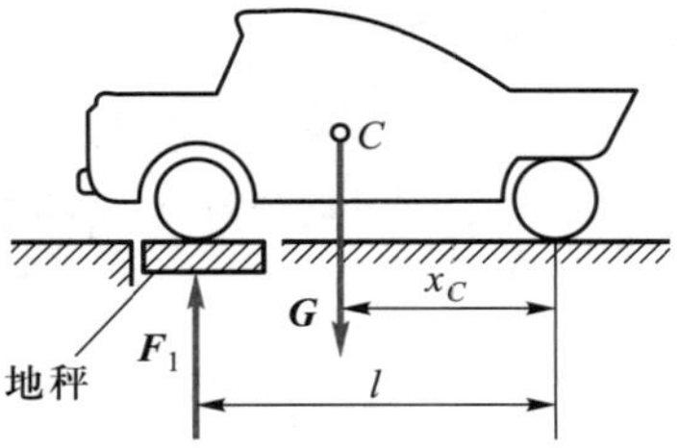

思考 1-9 图

思考 1-9 怎样利用地秤（秤面可升降）测算如图所示汽车的重心位置？已知 G、l、H（秤面升降高度）、r（轮半径）。

例 1-5 求平行力系的中心。图示简支梁承受三角形分布和抛物线形分布载荷，试求合力作用点。

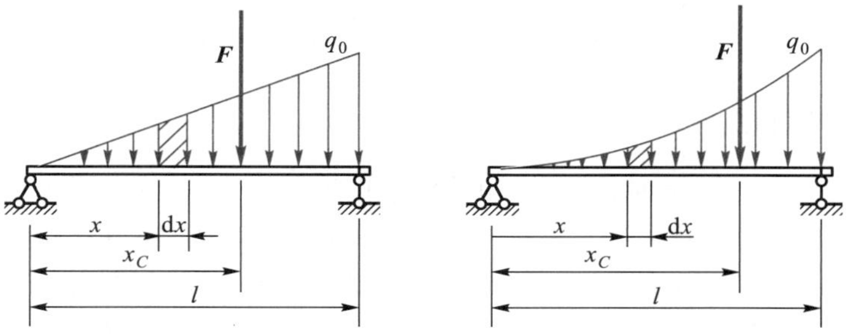

例 1-5 图

解：设合力为 $\boldsymbol{F}$，其作用点距梁左端的距离为 x_C，根据合力矩定理，有

$$Fx_C = \int_0^l q(x)x\mathrm{d}x$$

因

$$F = \int_0^l q(x)\mathrm{d}x$$

故

$$x_C = \frac{\int_0^l q(x)x\mathrm{d}x}{\int_0^l q(x)\mathrm{d}x} \tag{1-29}$$

对于图 a 所示三角形分布载荷，有 $q(x)=q_0\dfrac{x}{l}$，代入式(1-29)，有

$$x_C = \frac{\dfrac{1}{l}\int_0^l q_0x^2\mathrm{d}x}{\dfrac{1}{l}\int_0^l q_0x\mathrm{d}x} = \frac{2}{3}l$$

对于图 b 所示抛物线形分布载荷，有 $q(x)=q_0\dfrac{x^2}{l^2}$，代入式(1-29)，有

$$x_C = \frac{\dfrac{1}{l^2}\int_0^l q_0x^3\mathrm{d}x}{\dfrac{1}{l^2}\int_0^l q_0x^2\mathrm{d}x} = \frac{3}{4}l$$

1.5 物体的受力分析

工程构件一般都受到周围其他物体对它的运动限制，这些限制构件自由运动的周围物体称为**约束**，约束对构件产生的机械作用称为**约束力**。在分析构件的受力状态时，首先要把受约束的处于非自由状态的**研究对象**从所在系统中分离出来，使它成为不受约束的**自由体**，然后在去掉约束处加上相应的约束力，再加上所有已知的使物体产生运动或运动趋势的**主动力**，这样就构成了研究对象的力学模型——**受力图**。

画受力图的关键是确定各类约束力的作用位置与方位，它是在实践基础上，通过分析约束在接触处对物体位移的阻碍方向，并将分布约束力系经合理简化而确定的。

1.5.1 受力的简化——分布力与集中力

在物理学中，表示物体受力时，一般认为力集中作用于一点，这种力称为**集中力**。

实际上，任何物体间的作用力都分布在有限的面积上或体积内，应为**分布力**。集中力实质上是分布力作用范围很小时的简化结果。另一方面，分布力的分布规律一般比较复杂，也需要进行简化。

图 1-30a 所示为静置在地面上的汽车轮胎，其所受路面的力作用在以宽度为 b 所对应的小面积内，在研究轮轴受力时，可将其简化为集中合力 $\boldsymbol{F}_{\mathrm{R}}$。而在研究车轮与地面的动力作用时，须考虑二者间的分布力。

图 1-30b 所示水坝受到的静水压力分布在坝与水的接触面上，压强沿水的深度呈线性变化。作为近似计算，可将坝体简化为单位宽度的变截面梁。原来作用在坝体上的静水压力，可以简化为变截面梁上的线性分布载荷，如图 1-30b 中的虚线三角形所示。在分析坝体的平衡时，可用集中力 $\boldsymbol{F}_{\mathrm{R}}$ 代替此分布力。$\boldsymbol{F}_{\mathrm{R}}$ 的大小与作用位置类同例 1-5 图 a 所示的简化结果。

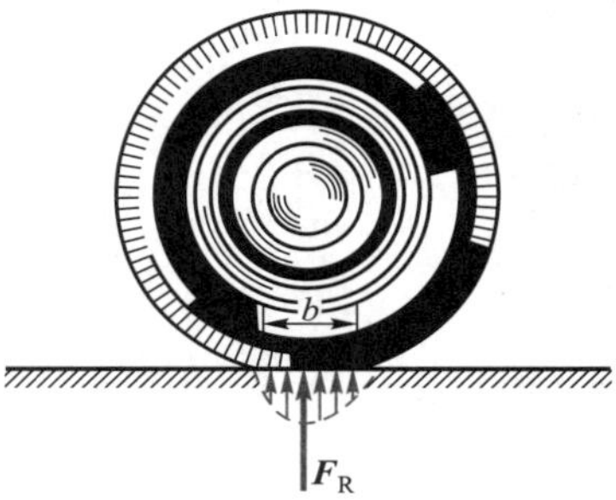

(a) 轮胎

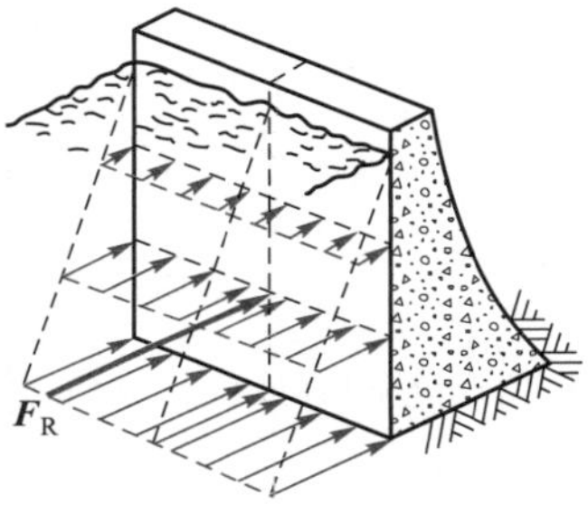

(b) 水坝

图 1-30 分布力简化实例

思考 1-10 试分析图示均质物块所受斜面作用的分布力及其简化结果。

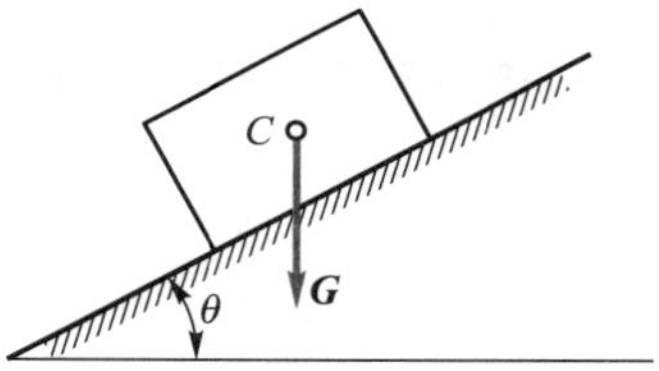

思考 1-10 图

图 1-31a 所示为绕在固定圆轮上的一段绳子。绳与轮之间的正压力分别如图 1-31b 和 c 所示，这是分布力。在分别研究绳与轮的平衡时，一般不将其简化为集中力。

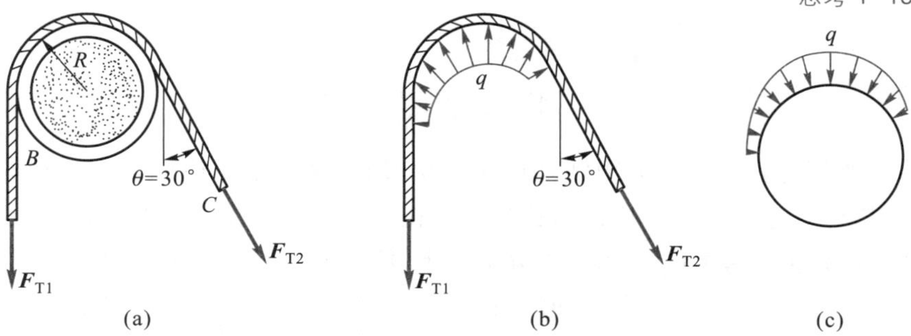

图 1-31 绳与轮之间的压力

1.5.2 典型约束模型

物体之间的连接方式复杂多样，为了进行受力分析，需要将这些连接方式理想化，通常抽象为几种典型的约束模型。

1. **理想刚性约束**

当物体变形可以忽略时，约束与被约束体之间的接触可假设为刚性，常见如下几种。

（1）光滑面

当物体与固定约束（图 1-32a）或活动约束（图 1-32b）间的接触表面非常光滑，摩擦可以忽略不计时，就可简化为**光滑面约束**。它只能阻碍物体沿两接触面法线 n 方向往约束内部的运动，不能阻碍物体沿切线 τ 方向的运动。因此，光滑面约束力作用在接触点处，沿两接触面公法线方位，并指向受力物体，称为**法向力**，记为 $\boldsymbol{F}_{\mathrm{N}}$。

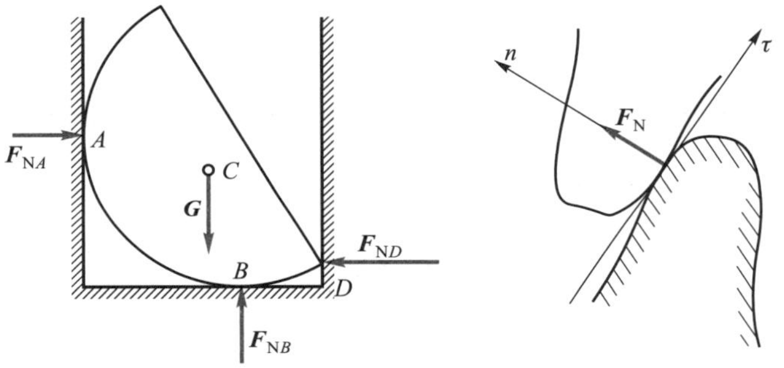

(a) 方槽　　(b) 齿轮

图 1-32　光滑面约束

（2）光滑铰链

用光滑销钉和圆孔组成的局部结构，称为**光滑圆柱铰链**，如图 1-33a 所示结构中的 A、B、C 处，其结构简图见图 1-33b。因忽略摩擦，销钉与圆柱孔间的约束本质上属光滑面约束，只能限制物体移动，不能阻碍转动。当圆孔与销钉的接触点位置不能事先确定时，通常用两个正交分力表示其约束力。这些分力的指向可事先任意假定，最后由计算结果的正负确定，如图 1-33c 所示。

工程中，通常将铰链约束分为：连接两物体的**中间铰链**（图 1-33b 中 C 处，图 1-33c 中的 $\boldsymbol{F}'_{Cx}$、$\boldsymbol{F}'_{Cy}$ 表示相应反作用力）；其中一物体为地面或机架时的**固定铰支座**（图 1-33b 中 A、B 处）；在固定铰支座底部安装一排滚轮的**可动铰支座**，其简图通常有如图 1-33d 右图所示的三种表达形式，约束力只有法向力 $\boldsymbol{F}_{Ay}$。此外，还有空间类型的**球铰**，如图 1-34a 所示，其一方为球头，另一方为相应的球窝，如汽车上的变速操纵杆便可视为这类约束。球铰的简图如图 1-34b 所示，约束力可简化为通过球心 O，大小和方向待定的三个分力，如图 1-34c 所示。

图 1-35a 所示为钢筋混凝土屋架与柱子相连接的实际结构，两构件外伸的钢筋头要先搭接或点焊，再浇筑混凝土；图 1-35b 为其简化的约束形式，左端为固定圆柱铰，这是因为上述连接的转动阻力较小；右端为可动铰，表示屋架可左右伸缩。这样简化，不但符合实际约束情形，也便于

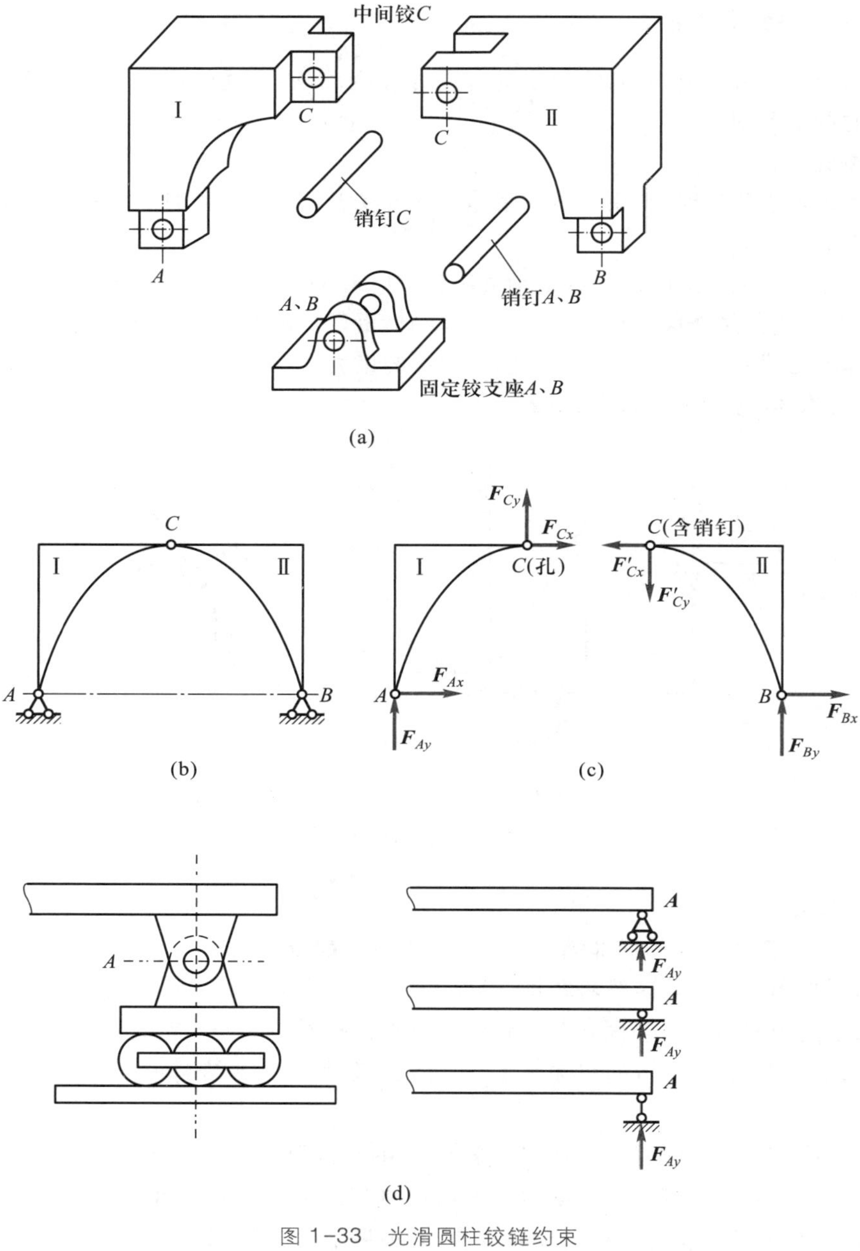

图 1-33　光滑圆柱铰链约束

得到计算结果。计算时,通常将工程结构中的许多铆接点和焊接点简化为铰接点。

(3) 连杆

用不计自重的刚性杆在两端用铰链连接的约束装置,称为**连杆约束**,如图 1-36a 中 BC 杆。显然,此处的 BC 杆是只受两个力作用而平衡的**二力杆**,它对构件 ACD 的约束力方位沿 B、C 两点连线,各杆受力如图 1-36b 所示。

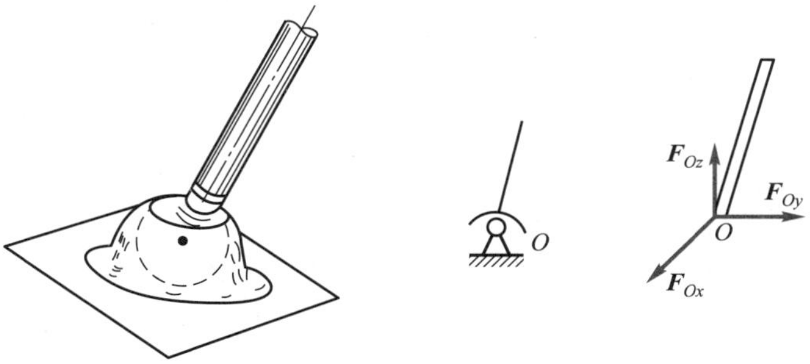

(a)　(b)　(c)

图 1-34　球铰的简化

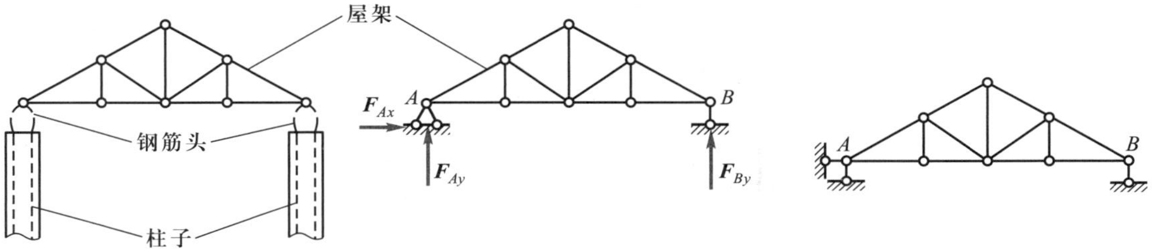

(a)　(b)　(c)

图 1-35　屋架约束简化

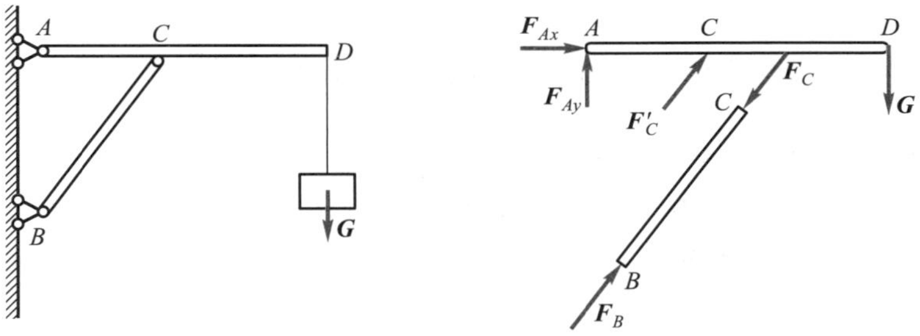

(a)　(b)

图 1-36　连杆约束

当把重物 G 移到 BC 杆上时(如图 1-37a 所示),不计自重的 ACD 杆就成为二力杆,各杆受力如图 1-37b 所示。

可见,对结构进行受力分析时,不必事先分析二力杆的受力,而把它作为一种约束,可直接画出它对其他物体的约束力。

顺便指出,铰链约束可用连杆代替,如图 1-35c 所示,其中固定铰支座用 2 根互不平行的连杆代替,可动铰支座 B 用 1 根垂直于支承面的连杆代替,在本教材及后续结构力学中常常如此。

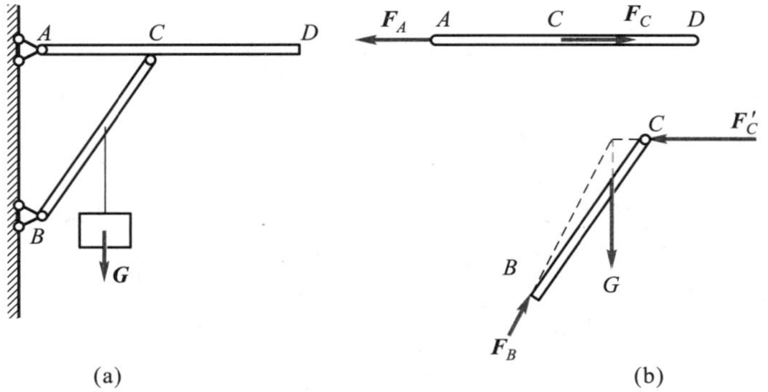

图 1-37　连杆约束变化

（4）固定端

如图 1-38a 所示，深插墙内的杆端既不能移动，也不能转动，这类约束称为**固定端约束**。其约束力已在对力系简化时进行了说明（图 1-24），其简化结果如图 1-38b 所示。

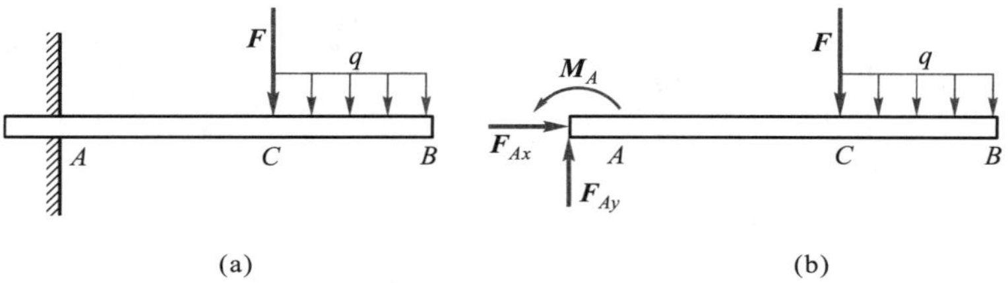

图 1-38　固定端约束力

2. **理想柔性约束**

工程中的另一类约束刚性较小，其变形不可忽略，通常有如下两种模型。

（1）柔索

理想化的**柔索**十分柔软又不可伸长，它仅限制被约束体沿使柔索伸长方向的运动，因而其约束力沿柔索只为拉力。绳子、胶带、链条等并不是理想化的柔索，但可简化成这种约束。假想地切开胶带轮中的胶带，由于它是被预拉后套在两胶带轮上的，所以无论在胶带的紧边上，还是松边上，所受力都是拉力（图 1-39）。

（2）弹性基础

图 1-40 所示为一种简单的弹性基础约束，梁 AB 在 A 端和 B 端所受的约束力与梁在该端的

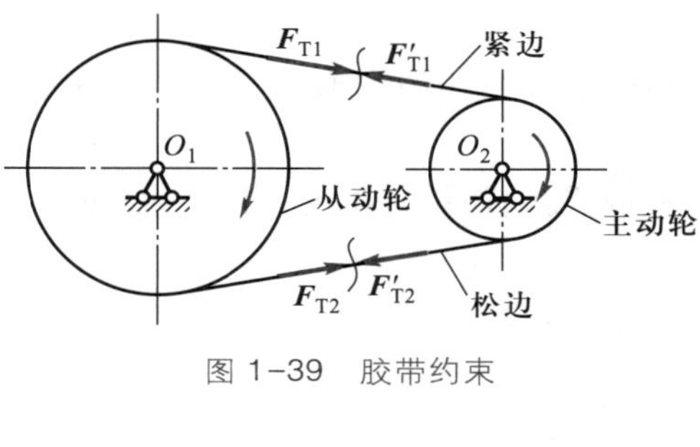

图 1-39　胶带约束

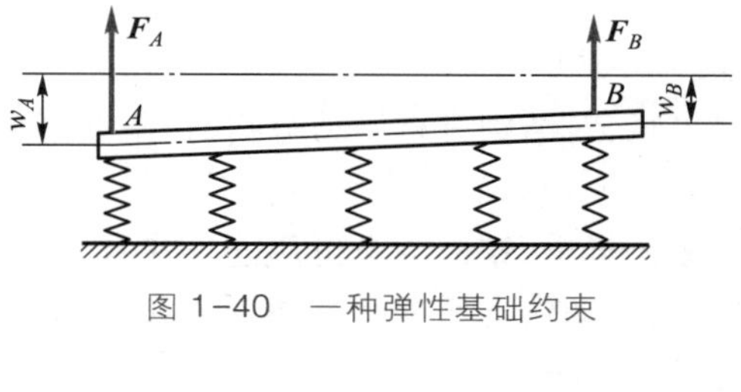

图 1-40　一种弹性基础约束

沉陷位移 w_A、w_B 有关，设 $F_A=-kw_A$，$F_B=-kw_B$。其中 k 称为弹性基础系数。铁路钢轨放在枕木上，钢轨受到弹性基础约束。

工程结构中的约束形式多种多样，大多可简化为上述几种情形。对于其他约束形式，可根据约束对位移的限制性质及力系的简化原理，来判断其约束力的方位和作用形式。

1.5.3 研究对象和受力图

对工程结构进行受力分析时，首先要根据求解问题的需要，选定其中某个构件或某几个构件的组合体作为**研究对象**；把它从周围约束中分离出来，画出其轮廓简图，称为取**自由体**；再画上已知的全部主动力，然后在解除约束处画上相应的约束力，便得到**受力图**。这一过程称为物体的受力分析。

例 1-6 在如图所示的提升系统中，若不计各构件自重，试画出杆 AC、杆 BC，滑轮 C 及销钉 C 的受力图。

解： 各构件受力如图 b 所示。其中 AC、BC 为二力杆，可假设它们均受拉；销钉 C 同时受到杆 AC、杆 BC 的反作用力及轮 C 的作用力 $\boldsymbol{F}_{Cx}$、$\boldsymbol{F}_{Cy}$；轮 C 除受到绳的拉力外，还在孔 C 处受销钉 C 的反作用力 $\boldsymbol{F}'_{Cx}$ 和 $\boldsymbol{F}'_{Cy}$。

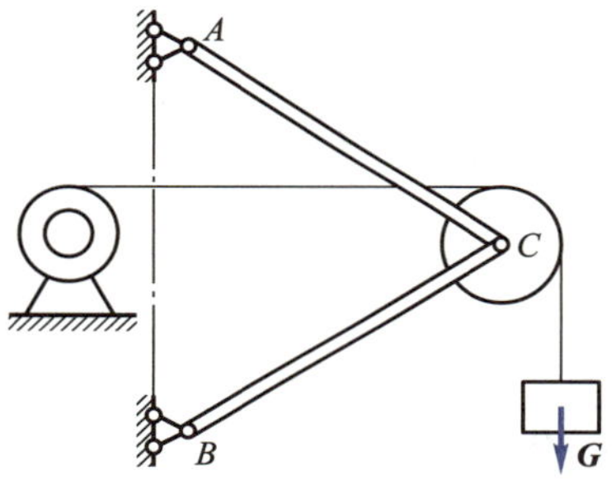

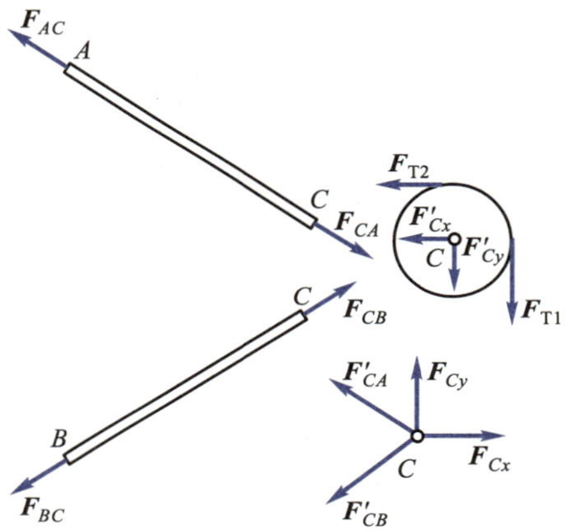

例 1-6 图

注意： 通过分析铰链结构可知，同一铰相联结的几个不同物体间并不直接发生作用，而是通过销钉发生相互作用。在实际分析时，因销钉很小，可以假想地把销钉附着于其中任一物体上，这样便可视为该物体与被销钉连接的物体直接发生相互作用，从而简化研究过程。

例 1-7 如图所示结构中，A 为固定端，O 为固定铰，B、D 为中间铰，E 为可动铰。不计自重，试画出各构件受力图。

解： OC 为二力杆，$\boldsymbol{F}_D /\!/ \boldsymbol{F}_E$，构成力偶与 $\boldsymbol{M}$ 平衡，按杆 DE、杆 AB、杆 BD 顺次画出各构件受力如图 b 所示。

注意： 此处杆 DE 由力偶平衡，确定约束力 $\boldsymbol{F}_D$ 方位，均布力 q 在同一刚体上可向一点简化，但不能事先跨越两构件而向 B 点简化。中间铰 B、D 拆开后销钉附在其中一物上，可简化受力分析。

思考 1-11

① 例 1-6 中，若将销钉附着于轮心 C 或 AC 杆端 C，各构件受力图有何变化？本质上有无区别？

② 若考虑各构件自重，例 1-6 各构件的受力情形将怎样改变？

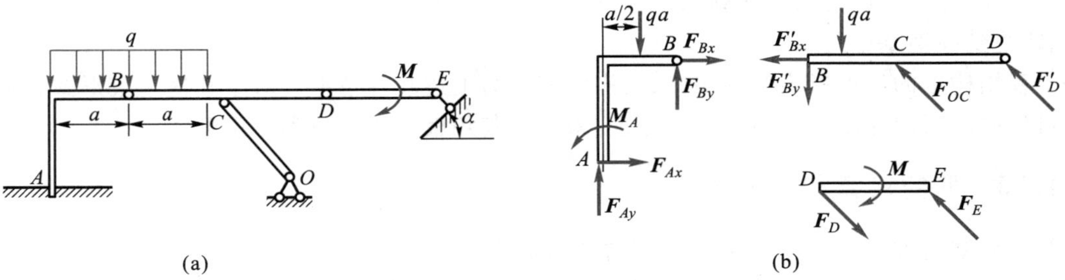

例 1-7 图

例 1-8　画出图示结构中各构件受力图，未画重力的物体不计自重。

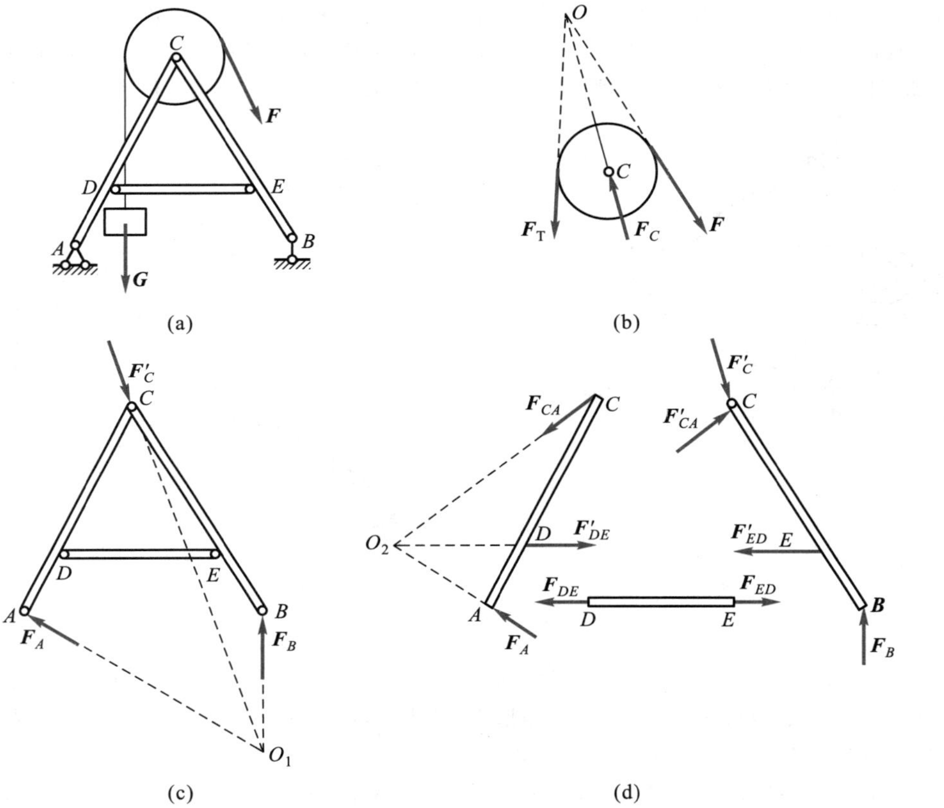

例 1-8 图

解：先分析轮 C：由三力汇交，确定销钉 C 对轮心 C 处的约束力 F_C 的方向，如图 b 所示，销钉附着在 BC 杆端 C；再分析三角架 ABC：F_B 沿法向，由三力汇交确定 F_A 方位，如图 c 所示，DE 为二力杆，AC 杆受力如图 d 所示；最后分析杆 BC：C 端销钉受到轮 C 与杆 AC 的反作用力 F'_C 与 F'_{CA} 作用，其合力与其他二力构成三力汇交，如图 d 所示。

注意：在一般情形下，圆柱形铰约束力可分解为两个正交分量，不必苛求确定其合力的方位，这样处理，常常便于在下一章中用平衡方程求解。

例 1-9　画出图 a 所示结构中各构件的受力图(不计自重)。

解：将结构拆开，圆圈表示销钉附着位置。先分析二力构件 CE 及 CA 受力，再分析杆 ED、杆 CD 受力情况；最后分析三角板受力情况。注意各构件之间的作用力与反作用力等值、反向。各构件受力如图 b 所示。

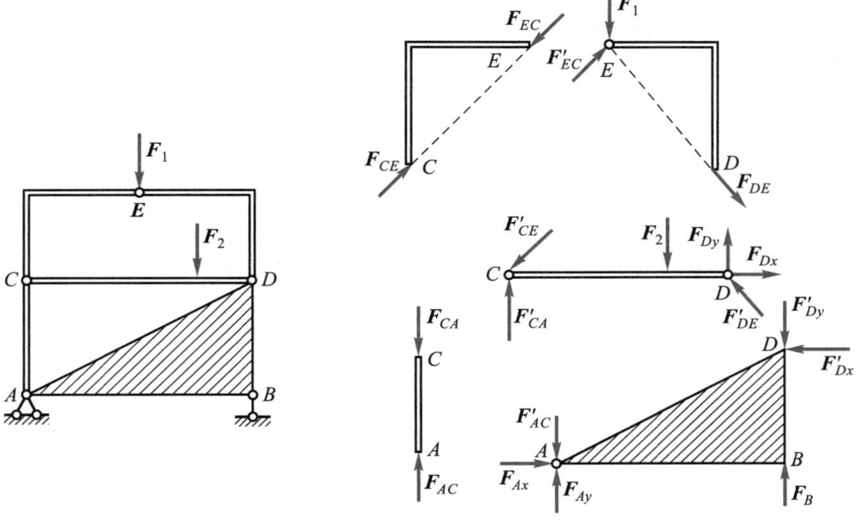

例 1-9 图

注意：

① 拆铰时，应明确销钉位置，最好附着在其中某一构件上。

② 铰处集中力可放在任一构件上，但宜画在销钉所附着构件上。

例 1-10 如图 a 所示，均质杆 AB、BC 所受重力分别为 $\boldsymbol{G}_1$、$\boldsymbol{G}_2$，其 B 端相互铰接，搁置于铅垂光滑墙面，A、C 处分别为球铰支座，试画其整体及杆 AB 的受力图。

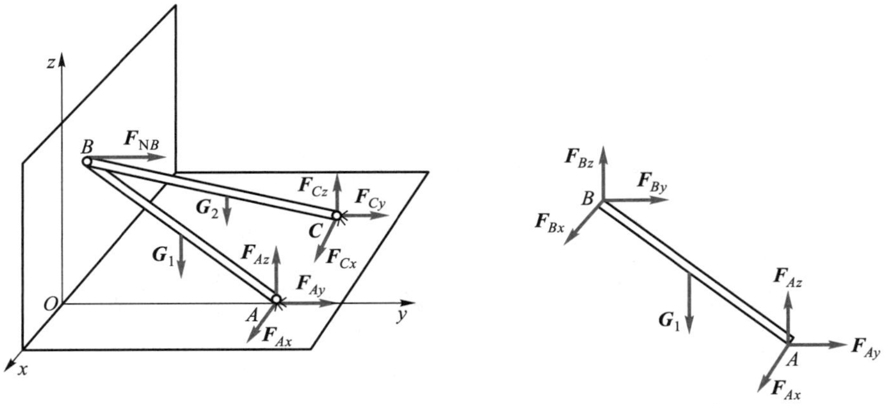

例 1-10 图

解：整体受力如图 a 所示，其中 $\boldsymbol{F}_{NB}$ 为墙面的法向约束力，A、C 处为球铰，约束力各用三个分力表示。杆 AB 受力如图 b 所示，其中 B 处的约束力应视为铰 B 对杆 AB 的作用，并用三个正交分量表示（已设 $\boldsymbol{F}_{NB}$ 作用在 BC 杆端）。而球铰 A 处约束力应与图 a 所示的完全相同。

习　题

1-1　已知力 $\boldsymbol{F}=2\ \mathrm{N}\boldsymbol{i}+6\ \mathrm{N}\boldsymbol{j}+9\ \mathrm{N}\boldsymbol{k}$，试求：

① 力的坐标分量；

② 力的投影；

③ 力的大小；

④ 力的方向余弦；

⑤ 沿该力方向的单位矢量。

1-2　小车受到三个水平力的作用，如图所示，已知 $F_1=150\ \mathrm{N}$，$F_2=100\ \mathrm{N}$，问 F_3 等于多大时，才能使合力沿 x 方向，并计算此合力的大小。

1-3　图中，力 $\boldsymbol{F}=-4\boldsymbol{i}-3\boldsymbol{j}-5\boldsymbol{k}$，矢径 $\boldsymbol{r}=3\boldsymbol{i}+2\boldsymbol{j}+4\boldsymbol{k}$，试求：

① 力 $\boldsymbol{F}$ 对点 A 之力矩；

② 力 $\boldsymbol{F}$ 对点 F 之力矩；

③ 力 $\boldsymbol{F}$ 对三坐标轴之力矩；

④ 力 $\boldsymbol{F}$ 在 $\boldsymbol{r}$ 方向的投影。

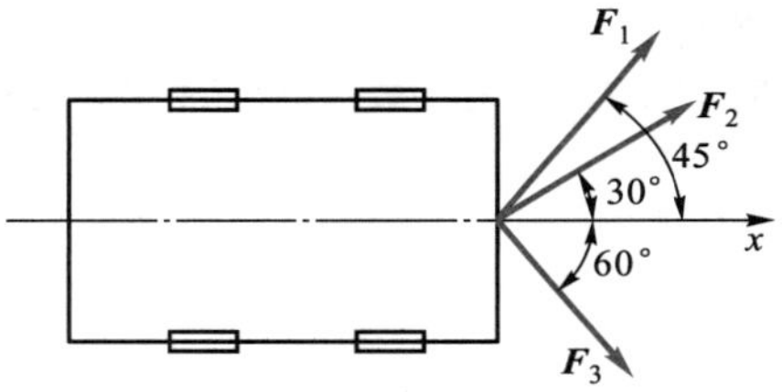

题 1-2 图

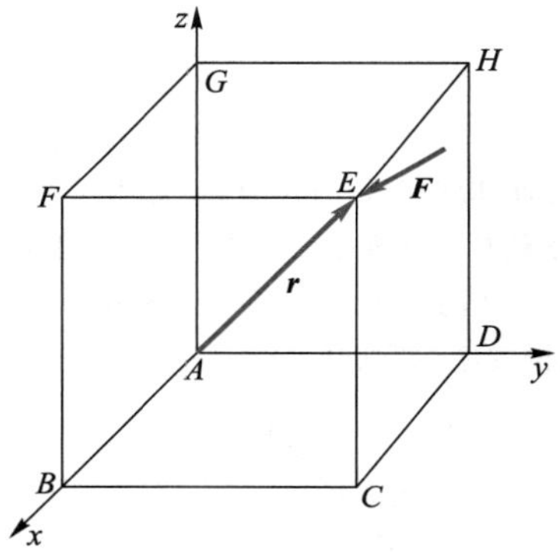

题 1-3 图

1-4　分别计算图 a 和图 b 中分布载荷对 A 点之力矩。

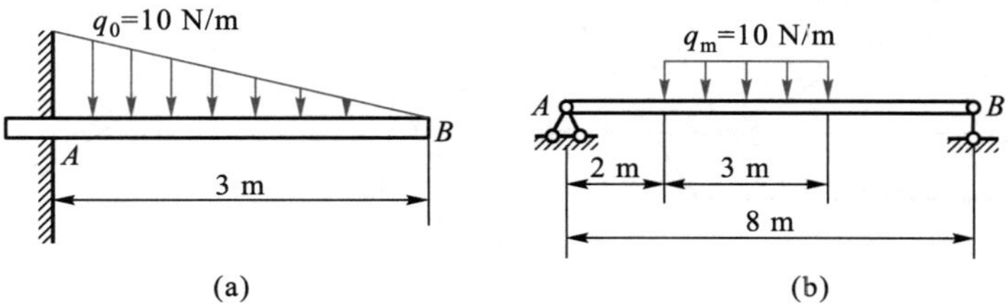

题 1-4 图

1-5　图中点 A 作用三个与坐标轴方位一致的分力，试求其合力对原点 O 之力矩，合力对 z 轴之矩。

1-6　图示曲杆上作用两个力偶，试求其合力偶；若令此合力偶的两力分别作用在 A、B 两点，问这两力的方向应该怎样选取，才能使力为最小。图中长度单位是 mm。

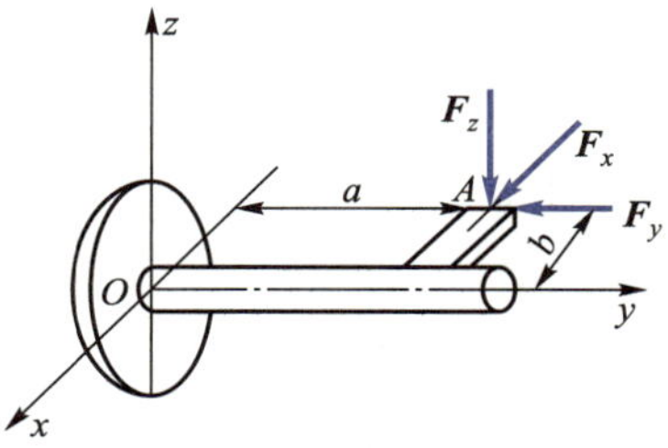

题 1-5 图

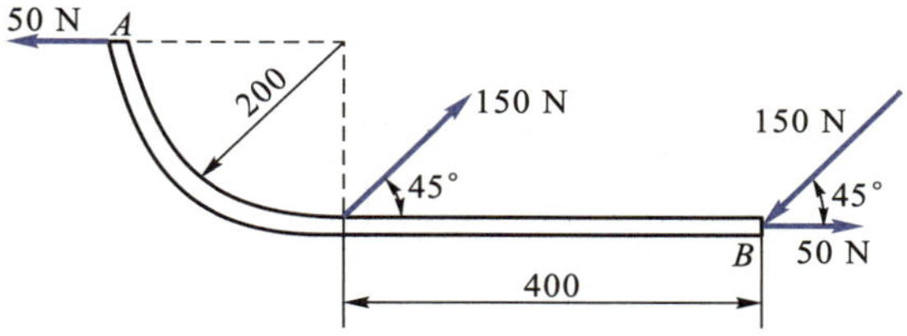

题 1-6 图

1-7 三力偶如图所示，已知 $F_1=F_1'=100$ N，力偶臂 $h_1=200$ mm，$F_2=F_2'=120$ N，$h_2=300$ mm，$F_3=F_3'=80$ N，$h_3=180$ mm，求其合力偶矩。

1-8 如图所示，力偶 $\boldsymbol{M}_1$ 和 $\boldsymbol{M}_2$ 分别作用于平面 ABC 和平面 ACD，已知 $M_1=M_2=M$，求合力偶矩。

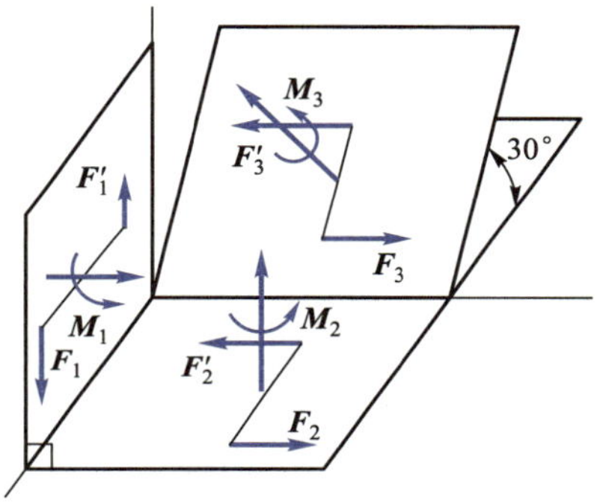

题 1-7 图

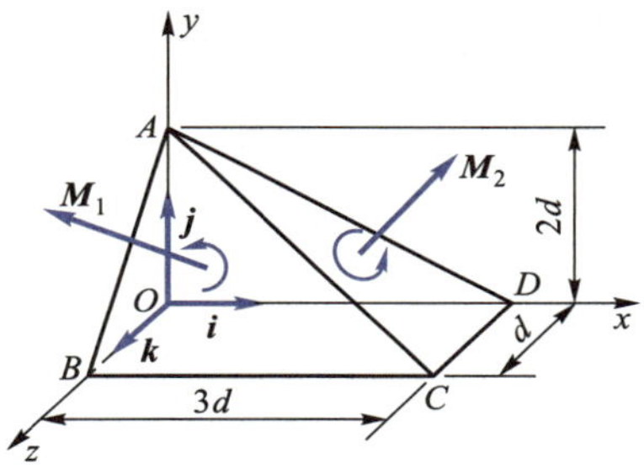

题 1-8 图

1-9 图示绳索拔桩装置。绳索的 E、C 两点拴在架子上，B 点与拴在桩 A 上的绳索 AB 连接，在 D 点加一铅垂向下的力 $\boldsymbol{F}$。AB 可视为铅垂，DB 可视为水平，已知 $\theta=0.1$ rad，力 $F=800$ N，试求绳 AB 中产生的拔桩力（当 θ 很小时，$\tan\theta\approx\theta$）。

1-10 四连杆机构 $CABD$ 的 CD 端固定，A、B、C、D 各点为铰链，因此 $ABCD$ 的形状是可变的。今在铰 A 上作用力 $\boldsymbol{F}_1$、铰 B 上作用力 $\boldsymbol{F}_2$，使机构在图所示位置处于平衡。若各杆重量忽略不计，试求力 $\boldsymbol{F}_1$ 与 $\boldsymbol{F}_2$ 的大小关系。

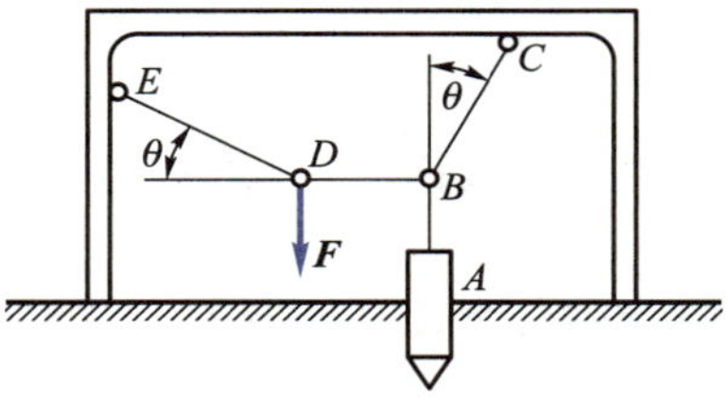

题 1-9 图

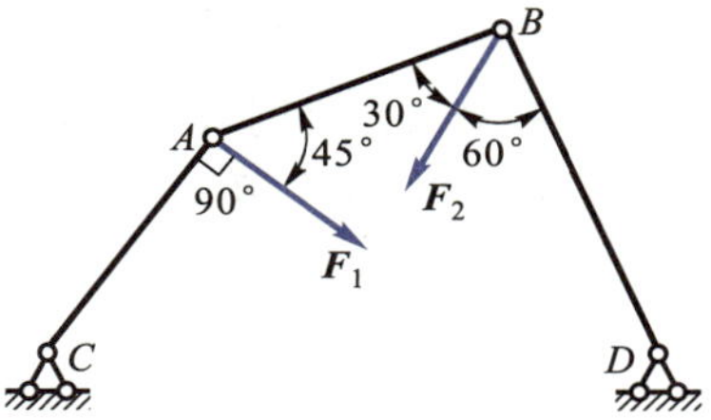

题 1-10 图

1-11 三力作用在正方形上，各力的大小、方向及位置如图所示，试求合力的大小、方向及位置。分别以 O 点和 B 点为简化中心，讨论选不同的简化中心对结果是否有影响。

1-12 图示等边三角形 ABC，边长为 l，现在其三顶点沿三边作用 3 个力，已知 $F_1=F_2=F_3=F$，试求此力系的简化结果。

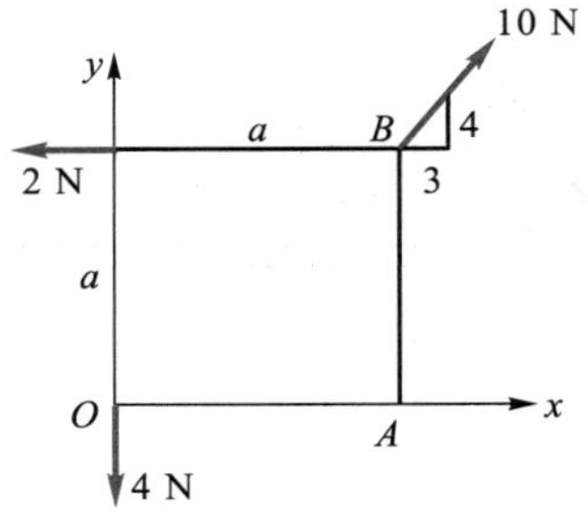

题 1-11 图

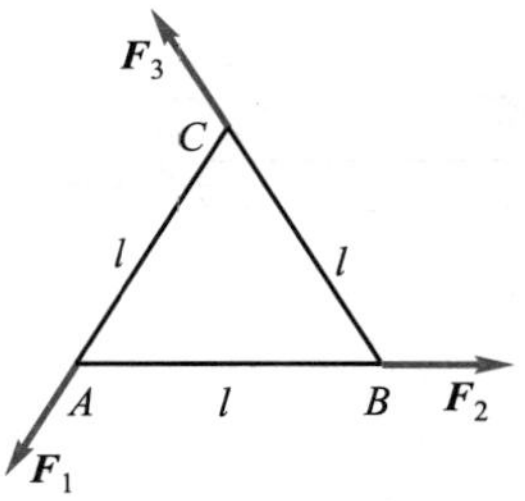

题 1-12 图

1-13 沿着直棱边作用 5 个力，如图所示。已知 $F_1=F_3=F_4=F_5=F$，$F_2=\sqrt{2}F$，$OA=OC=a$，$OB=2a$。试将此力系简化。

1-14 图示某厂房排架的柱子，承受吊车传来的力 $F_P=176$ kN，屋顶传来的力 $F_Q=30$ kN，试求该两力向底面中心 O 简化的结果。图中长度单位是 mm。

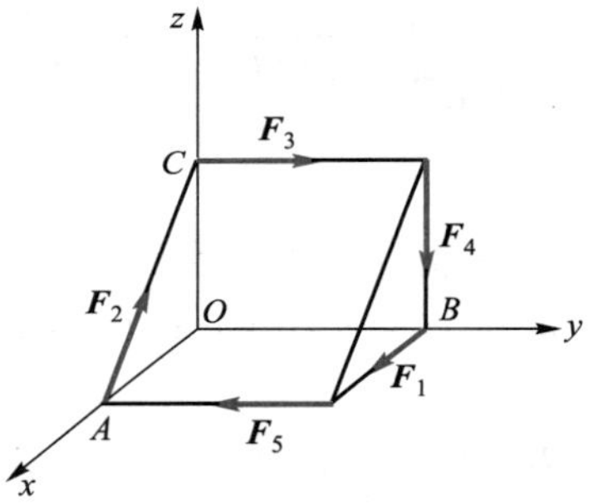

题 1-13 图

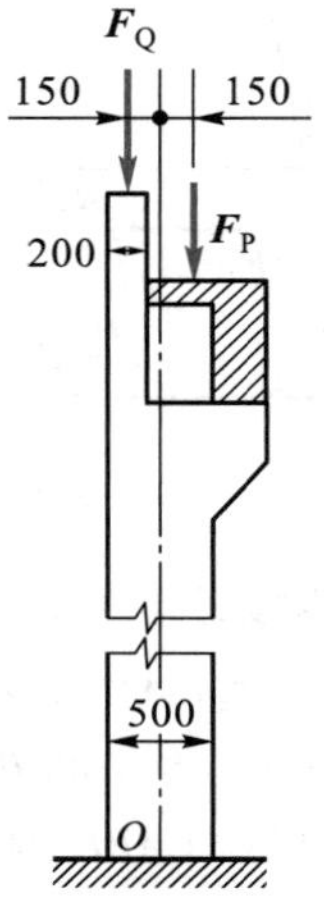

题 1-14 图

1-15 如图所示，已知挡土墙自重 $G=400$ kN，土压力 $F=320$ kN，水压力 $F_P=176$ kN，试求这些力向底面中心 O 简化的结果及其最简形式。

1-16 图示某桥墩顶部受到两边桥梁传来的铅垂力 $F_1=1\ 940$ kN，$F_2=800$ kN，以及制动力 $F_T=193$ kN，桥墩自重 $G=5\ 280$ kN，风力 $F_P=140$ kN，各力作用线位置如图所示，试求这些力向基底截面中心 O 简化的结果及其最简形式。

1-17 平面图形尺寸如图所示，试分别建立适当坐标系，求其形心坐标（图中长度单位均为 mm）。

1-18 试求图示阴影部分的形心位置（图中长度单位为 m）。

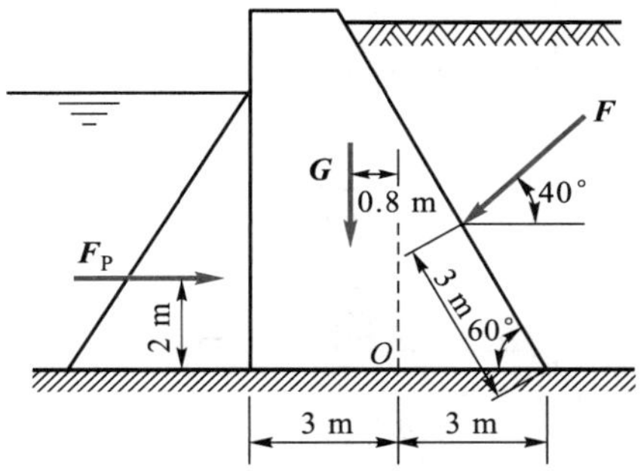

题 1-15 图

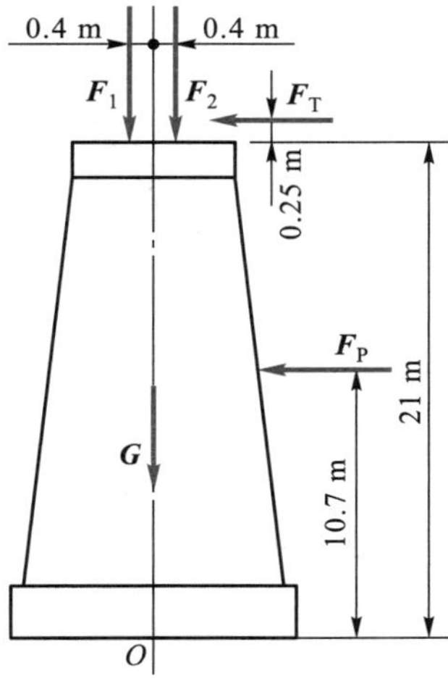

题 1-16 图

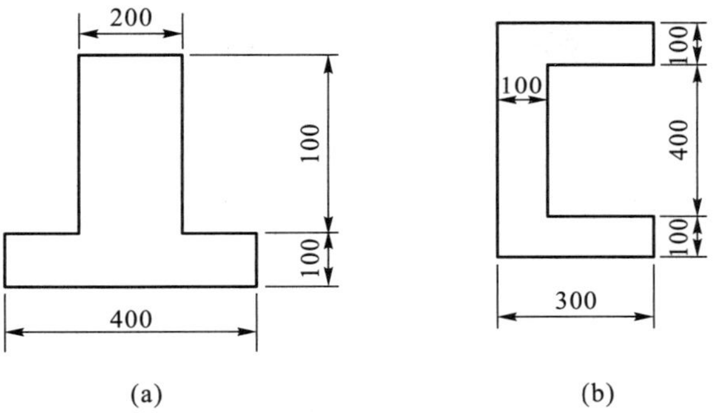

题 1-17 图

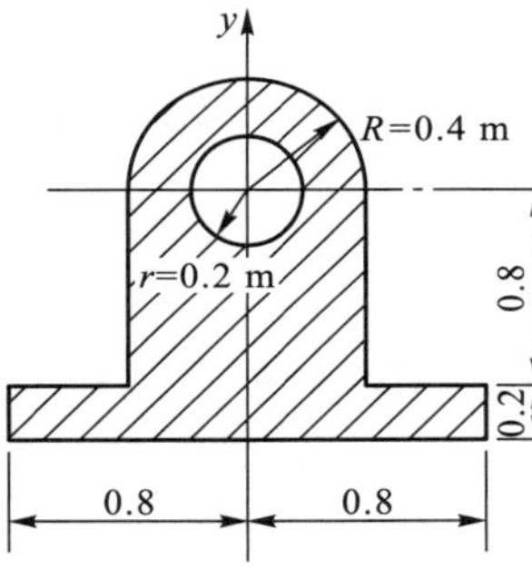

题 1-18 图

1-19 一悬臂圈梁，其轴线为 $r=4$ m 的 1/4 圆弧，梁上作用着垂直均布载荷，$q=2$ kN/m。求该均布载荷的合力及其作用线位置。

1-20 试求图示均质混凝土基础重心的位置。

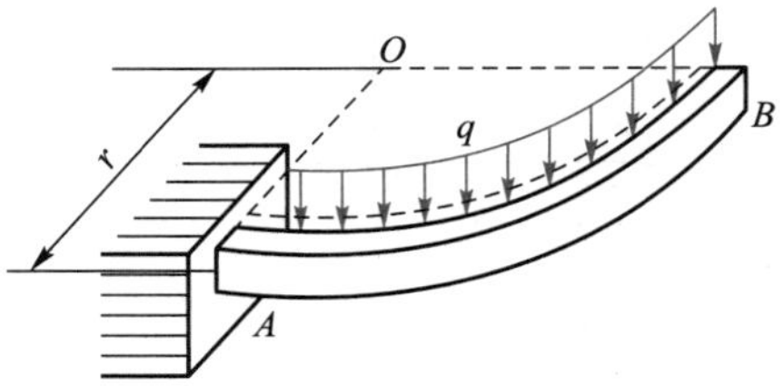

题 1-19 图

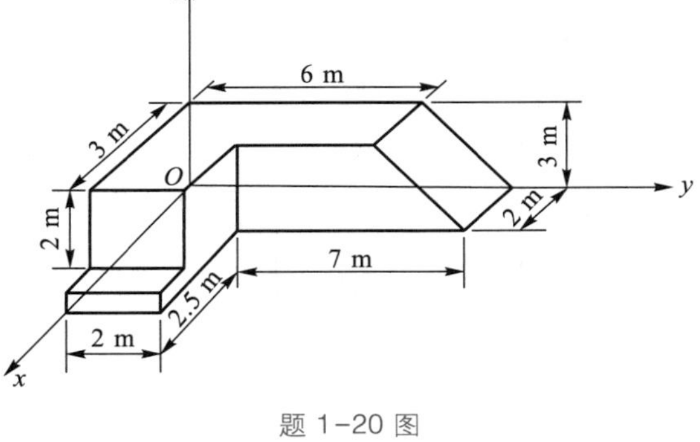

题 1-20 图

1-21 画出图中指定物体的受力图。设各接触处均为光滑接触，未画重力的物体均不计重量。

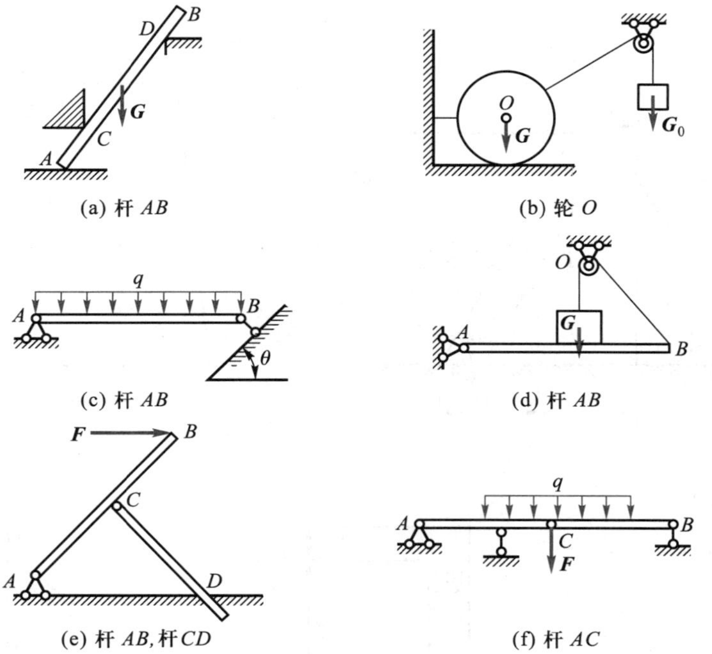

(a) 杆 AB
(b) 轮 O
(c) 杆 AB
(d) 杆 AB
(e) 杆 AB, 杆 CD
(f) 杆 AC

题 1-21 图

1-22 图示矩形板，D 处为铰链。试求：

① 力 $\boldsymbol{F}$ 对点 D 之力矩；

② 欲得到与①相同的力矩，在点 C 应加水平力的大小和指向；

③ 要得到与①相同的力矩，在点 C 应加的最小力。

1-23 长方体棱边分别为 $a=1$ m，$b=2$ m，$c=2$ m。在 4 个顶点 A、B、C、E 上作用 4 个力，$F_1=30$ N，$F_2=10$ N，$F_3=20$ N，$F_4=20$ N，方向如图所示。试求此力系简化结果。

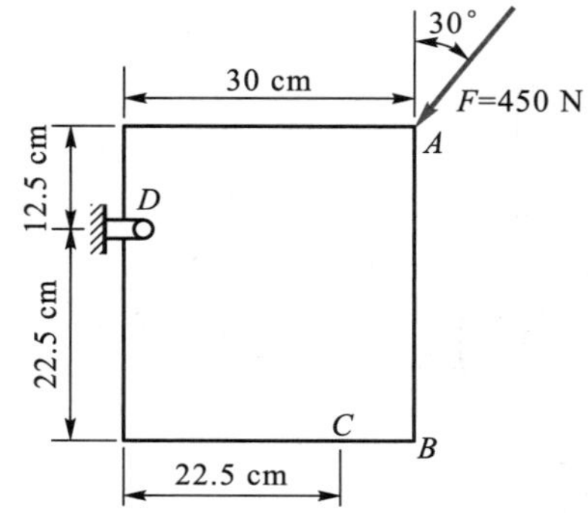

题 1-22 图

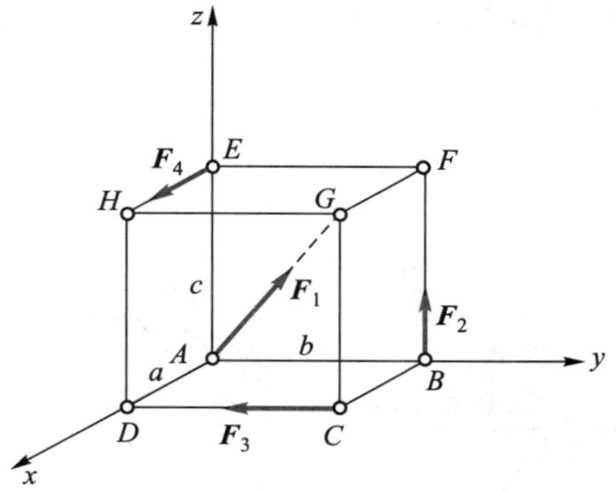

题 1-23 图

1-24 图示力系中，$F_1=100$ N，$F_2=F_3=100\sqrt{2}$ N，$F_4=300$ N，$a=2$ m。试求此力系的简化结果。

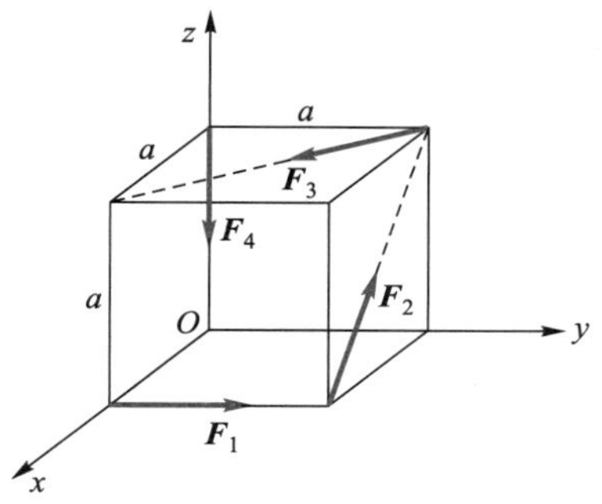

题 1-24 图

1-25 化简力系 $\boldsymbol{F}_1(F,2F,3F)$、$\boldsymbol{F}_2(3F,3F,F)$，此二力分别作用在点 $A_1(a,0,0)$、$A_2(0,a,0)$。

1-26 画出图中每个标注字符的物体的受力图及各分图的整体受力图。未画重力的物体其重量均不计，所有接触处均为光滑接触。

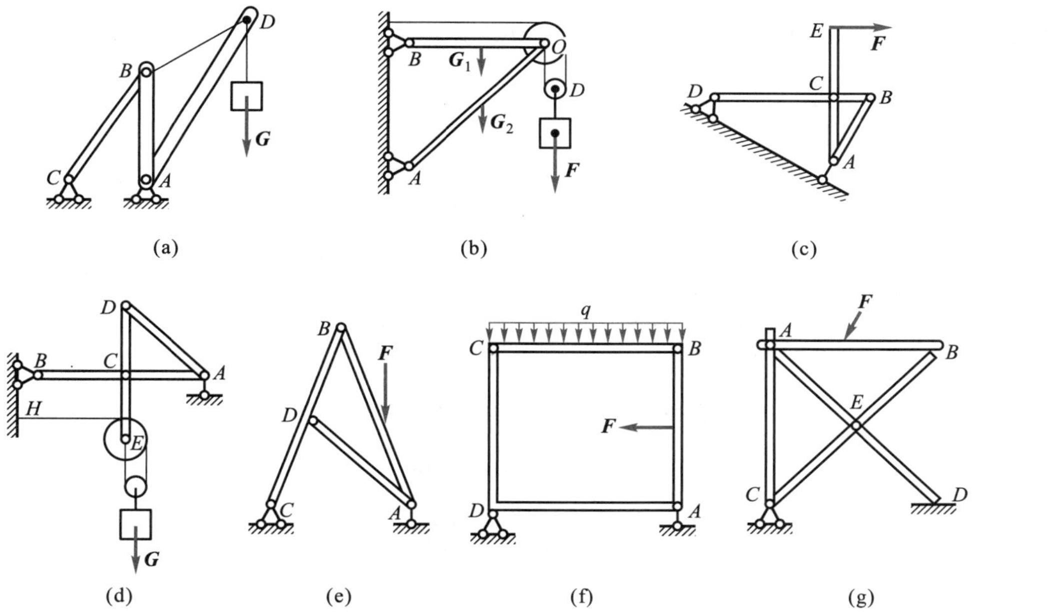

题 1-26 图

讨论题

1-27 在边长为 a 的正方体上沿棱边作用 6 个力，如图所示，各力大小均为 F，试将此力系化为最简形式。

1-28 在图示力系中，$F_1=F_2=F$，$M=Fa$，且 $OA=OD=OE=a$，$OB=OC=2a$，试求此力系的最简结果。

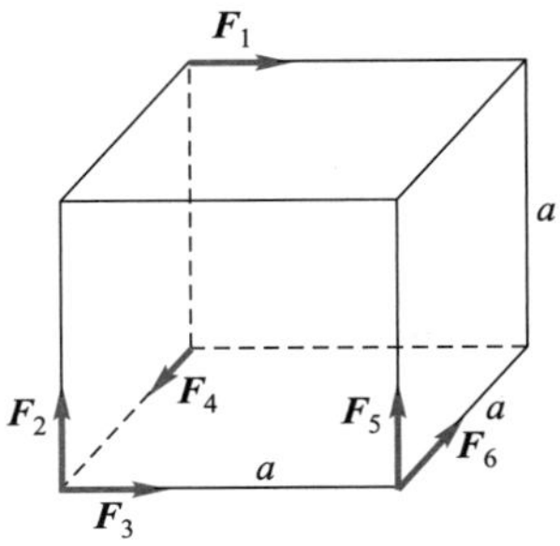

题 1-27 图

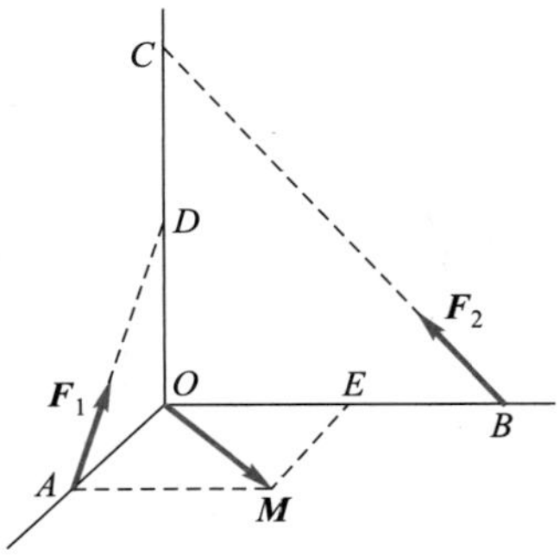

题 1-28 图

1-29 均质杆 AB 的长度为 l，重量为 G，一端 A 靠在光滑的墙上，另一端用软绳 BC 拉住，如图所示。设 $BC=a$，$a>l>\dfrac{a}{2}$，求平衡时 A 端的位置。

1-30 图示圆轮 A、B 用不计重量的直杆铰接后置于光滑斜面，已知 A、B 重量分别为 G_A、G_B，斜面倾角分别为 φ、β，且 $\varphi+\beta\neq 90°$。试求平衡时杆 AB 与水平线的交角 θ。

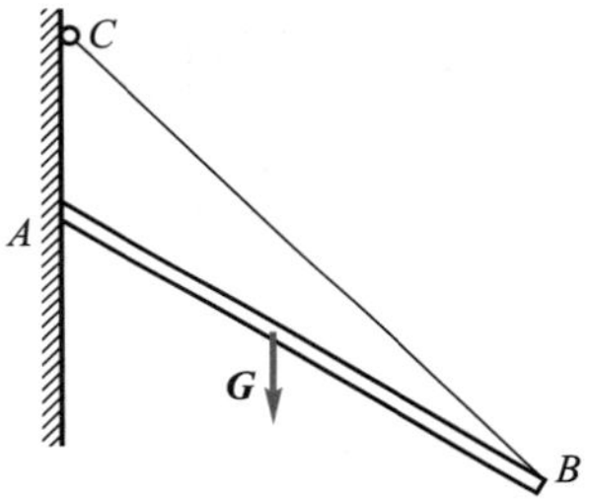

题 1-29 图

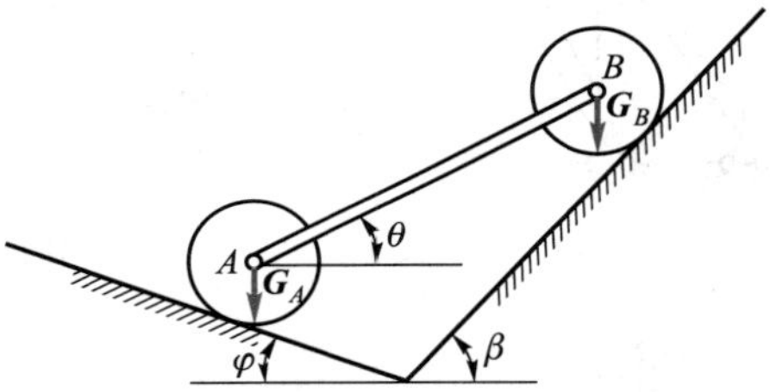

题 1-30 图

1-31 试用三力平衡汇交定理确定图示结构中各构件的约束力方位，并画出受力图。

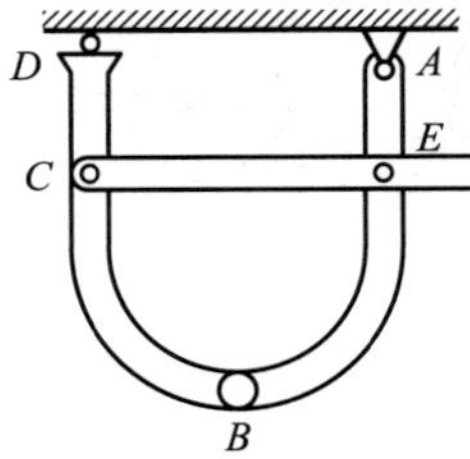

题 1-31 图

1-32 图示长方体的三条边长分别为 30 cm、40 cm、50 cm，且 $AI=10$ cm，$EJ=20$ cm，$HK=10$ cm。坐标轴 x_1、y_1、z_1 分别经过 I、J、K 点。力 $\boldsymbol{F}$ 沿对角线 OC，且 $F=20$ kN，试求力 $\boldsymbol{F}$ 在 x_1 轴上的投影及力 $\boldsymbol{F}$ 沿 x_1 轴的分力大小。

1-33 图示作用于长方体上的三个力 $\boldsymbol{F}_1$、$\boldsymbol{F}_2$、$\boldsymbol{F}_3$ 等效于通过 O 点的一个力螺旋，已知这三个力分别与 x、y、z 轴平行，且 $F_2=F_3=150$ N，试求力 $\boldsymbol{F}_1$ 的大小及 a 的长度，并求该力螺旋中力偶矩的大小。

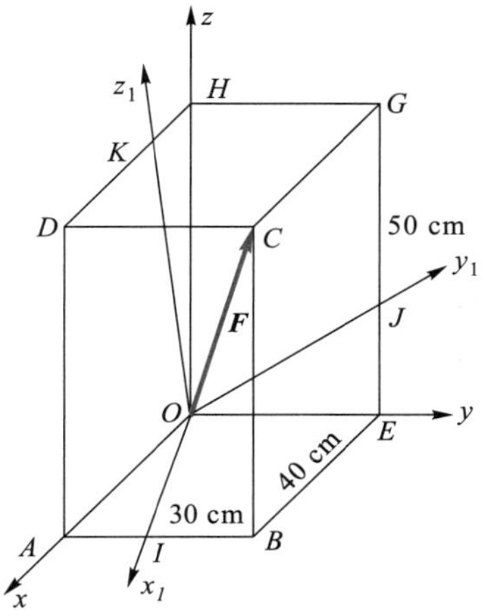

题 1-32 图

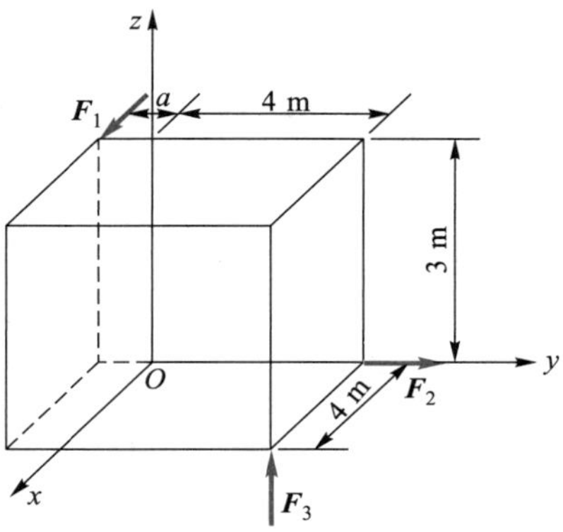

题 1-33 图

1-34 如图所示正方体边长为 a，其上作用两个力 $\boldsymbol{F}_1$、$\boldsymbol{F}_2$，其大小均为 F，试求该力系的主矢量在 OB'方向的投影，力系对轴 CA'之矩及该力系简化可能得到的最小主矩。

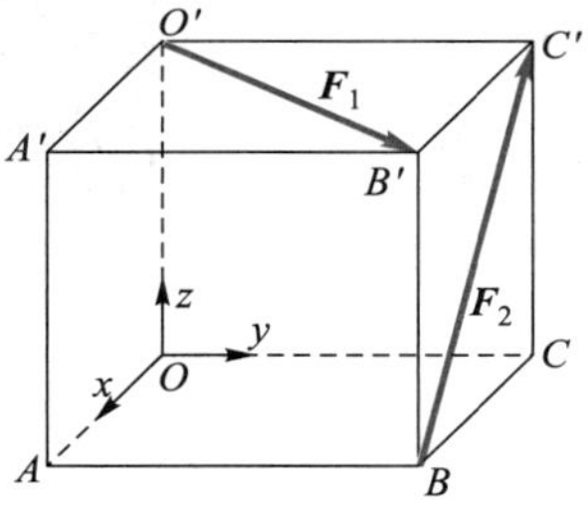

题 1-34 图

1-35 如图所示，边长为 a、b、c 的长方体，顶点 A 和 C 处分别作用有大小均为 P 的力 $\boldsymbol{F}_1$、$\boldsymbol{F}_2$，试求：

① 力 $\boldsymbol{F}_2$ 对轴 AD_1 的力矩大小；

② 力 $\boldsymbol{F}_1$ 和 $\boldsymbol{F}_2$ 所构成的力螺旋中的力偶矩矢大小。

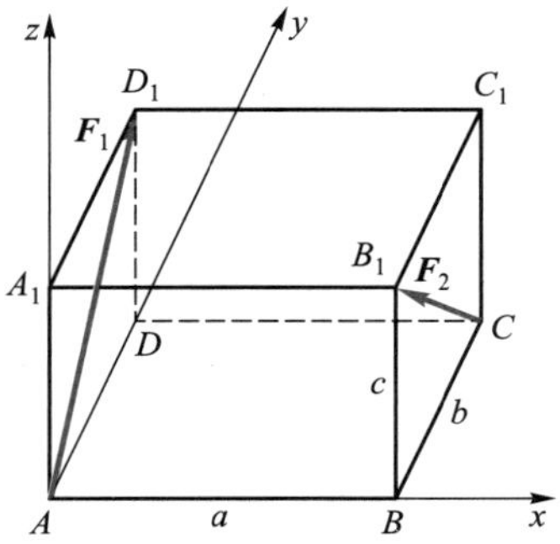

题 1-35 图

1-36 图示正方体边长为 c，其上作用四个力 $\boldsymbol{F}_1$、$\boldsymbol{F}_2$、$\boldsymbol{F}_3$、$\boldsymbol{F}_4$，其中各力大小关系为 $F_1=F_2=F_a$，$F_3=F_4=F_b$。试计算：

① 力系对轴 OA 之矩的大小；

② 若此力系可简化为一个力，则 $\boldsymbol{F}_a$ 与 $\boldsymbol{F}_b$ 的数量关系；

③ 若 $F_a=F_b=F$，力系简化为一力螺旋，则其中力偶矩的大小。

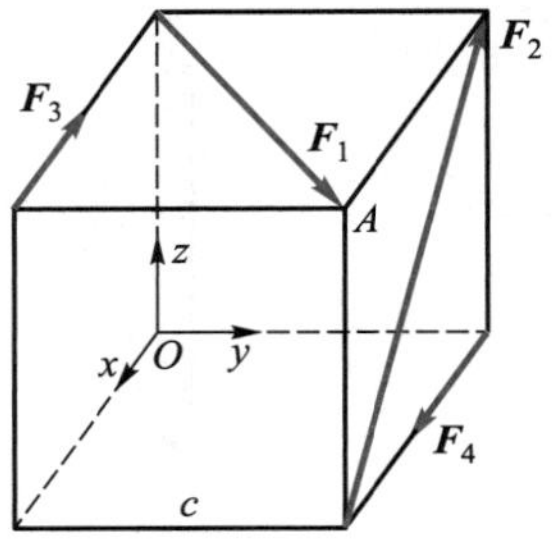

题 1-36 图

第 1 章思考解析　　第 1 章习题参考答案

第 2 章 力系的平衡

力系的平衡是静力学的核心内容。本章由一般力系的简化结果得出一般力系平衡的几何条件及其解析表达形式——**平衡方程**,并由此导出各类特殊力系的独立平衡方程;运用平衡条件,求解各类物体系统的平衡问题,确定物体的受力状态或平衡位置。

2.1 一般力系的平衡原理

广义地说,不改变物体运动状态的力系称为**平衡力系**,平衡力系所需满足的条件称为力系的**平衡条件**。刚体在平衡力系作用下既可能保持静止状态,也可能保持惯性运动状态(例如绕中心轴匀速转动)。因此,只有在静力学中,力系的平衡条件对同一刚体才是必要而又充分的。

2.1.1 一般力系的平衡条件

根据空间一般力系的简化结果,得到空间一般力系平衡的充分必要条件是,力系的主矢和对任一点 O 的主矩均为零,即

$$\boldsymbol{F}_{\mathrm{R}}=0 \quad \text{且} \quad \boldsymbol{M}_{O}=0 \tag{2-1}$$

故一般力系平衡的几何条件是,**力系简化的力矢多边形和力偶矩矢多边形同时封闭**。

问题 2-1 图 a 中三力构成三角形 ABC,图 b 中四力构成平行四边形 $ABCD$,则受力圆板平衡吗?

答: 图 a 中,主矢 $\boldsymbol{F}_{\mathrm{R}}=0$,而主矩 $\boldsymbol{M}_{A}\neq 0$,圆板不平衡;图 b 中,主矢 $\boldsymbol{F}_{\mathrm{R}}=0$ 且主矩 $\boldsymbol{M}_{O}=0$,圆板平衡。

思考 2-1 图示力系各力分别沿正方体棱边作用且大小相等,试加一力使其平衡。

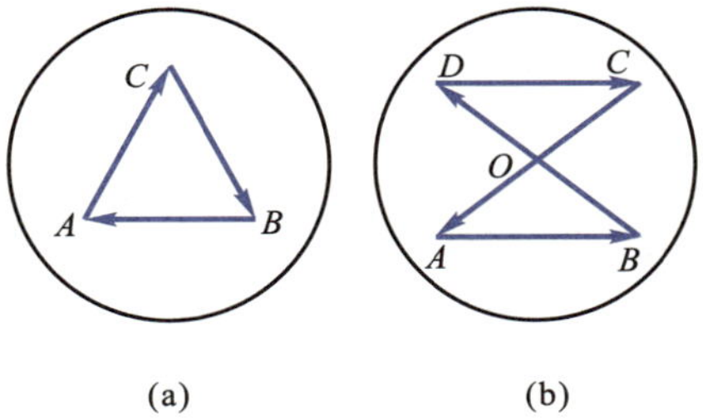

问题 2-1 图

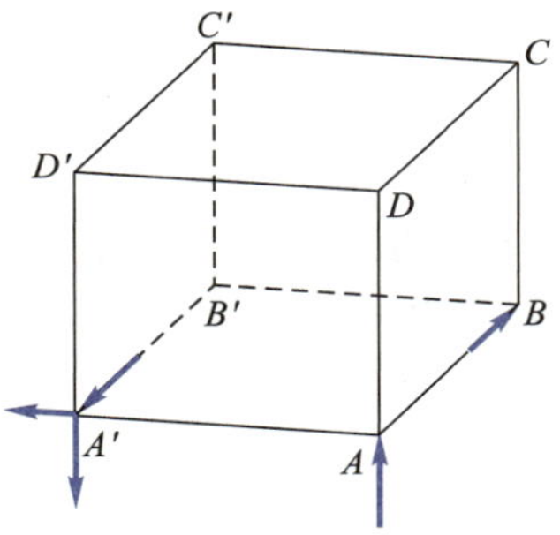

思考 2-1 图

如图 1-23 所示,以力系的简化中心 O 为原点,建立直角坐标系 $Oxyz$,由式(2-1)分别向各坐

标轴投影得

$$\left.\begin{array}{l}\sum F_x=0,\sum F_y=0,\sum F_z=0\\ \sum M_x=0,\sum M_y=0,\sum M_z=0\end{array}\right\}\qquad(2-2)$$

式(2-2)称为空间一般力系平衡方程的基本形式。它表明,空间一般力系平衡的充分必要条件是,力系中各力在三个坐标轴上投影的代数和及对三个坐标轴力矩的代数和同时等于零。一般来说,应用这组方程于单个平衡刚体,可求得相应空间一般力系平衡问题的 6 个未知量。顺便指出,一般力系的平衡方程组还有四矩式(4 个力矩方程,2 个投影方程)、五矩式和六矩式,这些方程组的独立补充条件比较复杂,不过它们在求解已知的平衡问题时并不重要。

2.1.2 特殊力系的平衡方程

各种特殊力系的平衡方程都可以由式(2-2)导出,只要从中去掉由各种特殊力系的几何性质所自动满足的方程即可。

1. 平面一般力系

图 2-1 所示平面一般力系(设各力线位于 Oxy 平面内),显然各力在 z 轴上的投影为零,即恒有 $\sum F_z=0$,各力对 x 轴和 y 轴之力矩均为零,即恒有 $\sum M_x=0$, $\sum M_y=0$。在平衡方程组(2-2)中去掉这三个已经自动满足的方程,便得到以下平衡方程:

$$\left.\begin{array}{l}\sum F_x=0\\ \sum F_y=0\\ \sum M_O=0\end{array}\right\}\qquad(2-3)$$

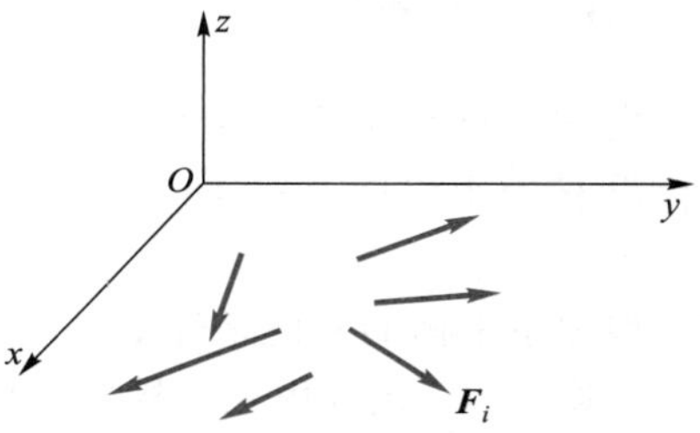

图 2-1 平面一般力系

可以证明,与式(2-3)等价的平衡方程组还有二矩式:

$$\left.\begin{array}{l}\sum F_x=0\\ \sum M_A=0\\ \sum M_B=0\end{array}\right\}\qquad(2-4)$$

其中,A、B 两矩心连线不能与 x 轴相垂直。也可等价为三矩式:

$$\left.\begin{array}{l}\sum M_A=0\\ \sum M_B=0\\ \sum M_C=0\end{array}\right\}\qquad(2-5)$$

其中,A、B、C 三矩心不能共线。

类似地,容易得到以下特殊力系的平衡方程。

2. 空间汇交力系

$$\left.\begin{array}{l}\sum F_x=0\\ \sum F_y=0\\ \sum F_z=0\end{array}\right\}\qquad(2-6)$$

3. 空间平行力系(力线平行于 z 轴)

$$\left.\begin{aligned}\sum F_z=0\\ \sum M_x=0\\ \sum M_y=0\end{aligned}\right\}\tag{2-7}$$

4. 空间力偶系

$$\left.\begin{aligned}\sum M_x=0\\ \sum M_y=0\\ \sum M_z=0\end{aligned}\right\}\tag{2-8}$$

5. 平面汇交力系(力线在 Oxy 平面内)

$$\left.\begin{aligned}\sum F_x=0\\ \sum F_y=0\end{aligned}\right\}\tag{2-9}$$

6. 平面平行力系(力线在 Oxy 平面内且平行于 x 轴)

$$\left.\begin{aligned}\sum F_x=0\\ \sum M_O=0\end{aligned}\right\}\tag{2-10}$$

7. 平面力偶系

$$\sum M_O=0\tag{2-11}$$

需要指出的是,在研究给定的平衡力系时,各种力系平衡方程的形式可任意选用。因为,平衡力系各力在任何方向的投影之和及对任何轴的力矩之和均为零,只要适当选取投影轴及力矩轴列出相应平衡方程,便可解出所求量。注意,选择投影轴和力矩轴时不能违反上述有关补充规定,以保证所列出的平衡方程互相独立。各种力系独立平衡方程的个数是判断相应平衡问题是否可解的重要依据,这在解题中常常用到。

问题 2-2 图示 a、b、c 三个问题可解吗?

① 求图 a 中三绳的张力;

② 求图 b 中四杆的内力;

③ 求图 c 中七杆的内力。

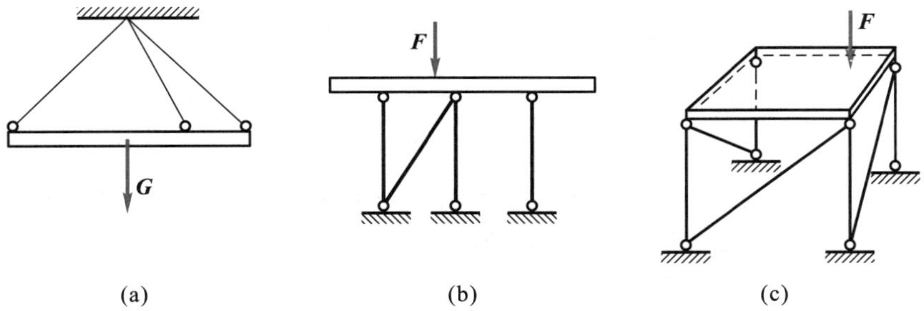

(a) (b) (c)

问题 2-2 图

答:图 a 为平面汇交力系,有 3 个未知力,只有两个独立平衡方程,不可解;同理,图 b 和图 c 中均缺少一个方程,不可仅由静力平衡方程得解。这类问题还需在后续课程中考虑绳与杆的变形，建立补充方程联合求解。

思考 2-2　指出下列各空间力系独立平衡方程的数目：

① 各力线均平行于某平面；

② 各力线均平行于某直线；

③ 各力线均相交于某直线；

④ 各力线分别汇交于某两点；

⑤ 一个平面任意力系加一个平行于此任意力系所在平面的平行力系；

⑥ 一个平面任意力系加一个垂直于此平面力系所在平面的平行力系。

下面讨论几个简单平衡问题，说明平衡条件的应用。

例 2-1　图 a 所示水平横梁，A 处为固定铰支座，B 处为可动铰支座，试求支座 A、B 的约束力。

解：研究横梁，其受力如图 b 所示，其中 E 点处的集中力为三角形分布载荷的简化结果。

由 $\sum F_x=0$，有

$$F_{Ax}=0$$

由 $\sum M_A=0$，有

$$F_B\times 2\ \text{m}+2\ \text{kN}\times 1\ \text{m}-\frac{3}{2}\ \text{kN}\times 1\ \text{m}-1\ \text{kN}\cdot\text{m}=0$$

故

$$F_B=\frac{1}{4}\ \text{kN}$$

由 $\sum F_y=0$，有

$$F_{Ay}+F_B-2\ \text{kN}-\frac{3}{2}\ \text{kN}=0$$

故

$$F_{Ay}=\frac{13}{4}\ \text{kN}$$

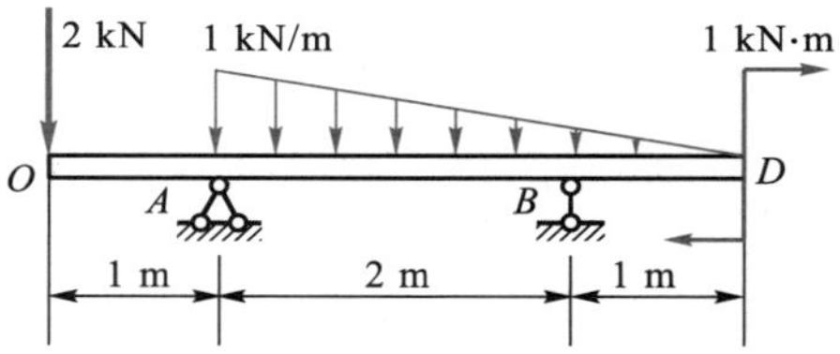

(a)

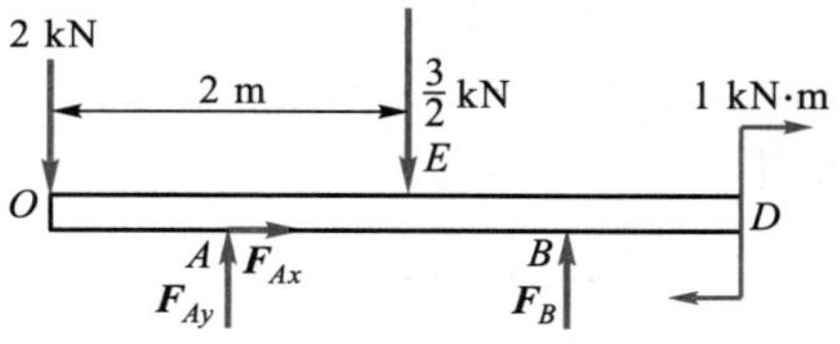

(b)

例 2-1 图

例 2-2　图示移动式起重机自重（不包括平衡锤重量）$G=500$ kN，其重心 O 距离右轨 1.5 m，悬臂最大长度为 10 m，最大起重量 $G_1=250$ kN。欲使跑车满载或空载时起重机均不致翻倒，求平衡锤的最小重量及平衡锤到左轨的最大距离 x。跑车自重可忽略不计。

解：研究整体，其受力如图所示，各力组成一平面平行力系。

满载时，$G_1=250$ kN，由 $\sum M_B=0$，有

$$G_0\times(x+3\ \text{m})=F_A\times 3\ \text{m}+G\times 1.5\ \text{m}+G_1\times 10\ \text{m}$$

故

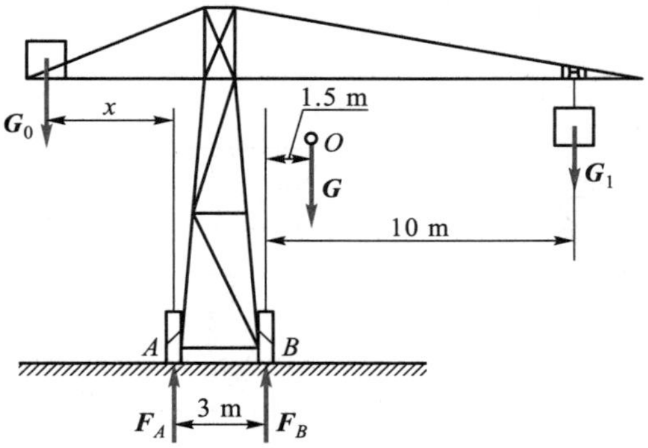

例 2-2 图

$$F_A=\frac{G_0\times(x+3\ \mathrm{m})-1.5\ \mathrm{m}\times G-10\ \mathrm{m}\times G_1}{3\ \mathrm{m}}$$

起重机不向右翻倒的条件是 $F_A\geqslant 0$，即

$$G_0\times(x+3\ \mathrm{m})\geqslant 1.5\ \mathrm{m}\times G+10\ \mathrm{m}\times G_1 \tag{a}$$

空载时，$G_1=0$，由 $\sum M_A=0$，有

$$F_B\times 3\ \mathrm{m}+G_0\times x=G\times 4.5\ \mathrm{m}$$

故

$$F_B=\frac{4.5\ \mathrm{m}\times G-G_0x}{3\ \mathrm{m}}$$

起重机不向左边翻倒的条件是 $F_B\geqslant 0$，即

$$G_0x\leqslant 4.5\ \mathrm{m}\times G \tag{b}$$

将 $G=500\ \mathrm{kN}$，$G_1=250\ \mathrm{kN}$ 代入式(a)、式(b)，得

$$G_0\geqslant\frac{1\ 000}{3}\ \mathrm{kN}$$

故

$$G_{0,\min}=\frac{1\ 000}{3}\ \mathrm{kN}$$

将 $G_{0,\min}=\dfrac{1\ 000}{3}\ \mathrm{kN}$ 代入式(b)，得

$$x\leqslant\frac{2\ 250}{1\ 000}\times 3\ \mathrm{m}=6.75\ \mathrm{m}$$

故

$$x_{\max}=6.75\ \mathrm{m}$$

注意：此处 $G_{0,\min}$ 和 $x_{\max}$ 均为临界值。设计时，应适当取值，使 $G_0>G_{0\min}$，$x<x_{\max}$，并验证式(a)、式(b)两个不等式同时成立。

例 2-3 如图所示，卷扬机卷筒支于 A、B 两轴承上，力 F 的作用线与筒及曲柄轴线均互相垂直，卷筒匀速卷起一重量 $G=450\ \mathrm{N}$ 的物体。各处尺寸单位为 cm，若不计摩擦与卷扬机自重，试求在图示位置平衡时力 $\boldsymbol{F}$ 的大小及 A、B 轴承的约束力。

解：研究整体，其受力如图所示，由 $\sum M_y=0$，有

$$G\times 8\ \mathrm{cm}-F\times 30\ \mathrm{cm}=0$$

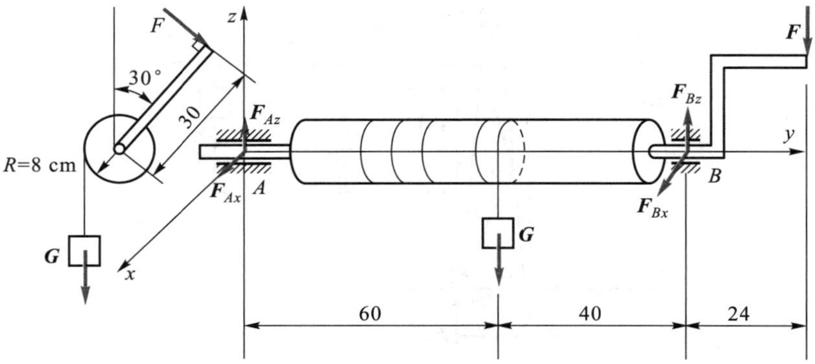

例 2-3 图

故

$$F=120\ \text{N}$$

由 $\sum M_x=0$,得

$$F_{Bz}\times 100\ \text{cm}-G\times 60\ \text{cm}-F\sin 30^\circ\times 124\ \text{cm}=0$$

故

$$F_{Bz}=344.4\ \text{N}$$

由 $\sum M_z=0$,得

$$-F_{Bx}\times 100\ \text{cm}+F\cos 30^\circ\times 124\ \text{cm}=0$$

故

$$F_{Bx}=128.9\ \text{N}$$

由 $\sum F_z=0$,得

$$F_{Bz}-G+F_{Az}-F\sin 30^\circ=0$$

故

$$F_{Az}=165.6\ \text{N}$$

由 $\sum F_x=0$,得

$$F_{Ax}+F_{Bx}-F\cos 30^\circ=0$$

故

$$F_{Ax}=-24.98\ \text{N}$$

其方向与图示相反。

例 2-4 图 a 所示起重装置中,已知物重 $G=20$ kN,不计杆、绳、滑轮 B 自重及滑轮 B 的尺寸,求平衡时 AB 和 BC 杆的内力。

解: 研究滑轮 B,其受力如图 b 所示,因不计 B 轮尺寸,作用于其上的力系可视为平面汇交力系。由滑轮平衡知,滑轮两边绳之张力大小 $F_{T1}=F_{T2}=G$。

由 $\sum F_x=0$,得

$$F_{BC}+G\cos 60^\circ+G\cos 30^\circ=0$$

故

$$F_{BC}=-\frac{G}{2}(1+\sqrt{3})\approx -27.3\ \text{kN}$$

由 $\sum F_y=0$,得

$$F_{AB}+G\cos 30^\circ-G\cos 60^\circ=0$$

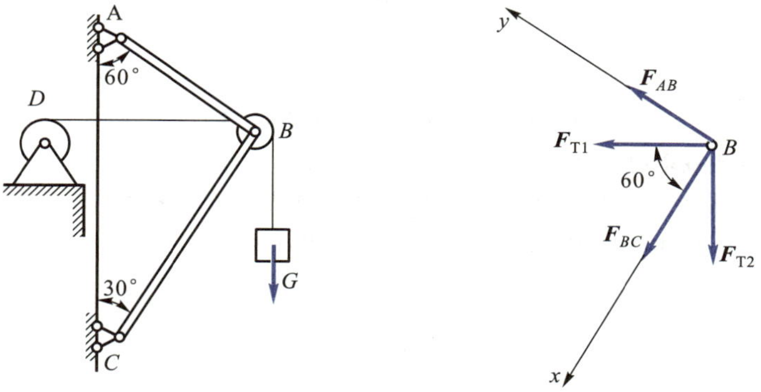

(a) 起重装置　　(b) 滑轮B受力图

例 2-4 图

故

$$F_{AB}=\frac{G}{2}(1-\sqrt{3})\approx -7.3\ \text{kN}$$

注意：此处先设 AB、BC 两杆受拉，算出结果为负值，说明它们实际受压。投影轴可任选，常选与某些未知力相垂直的轴，一般可避免解联立方程组。

例 2-5　图 a 所示支架由三根互相垂直的杆刚接而成，两圆盘直径均为 d，分别固定于两水平杆端，盘面与杆垂直。竖直杆 AB 长度为 l，在图示载荷下试确定轴承 A、B 的约束力，其中 $F_1=F_1'=F_2=F_2'=F$。

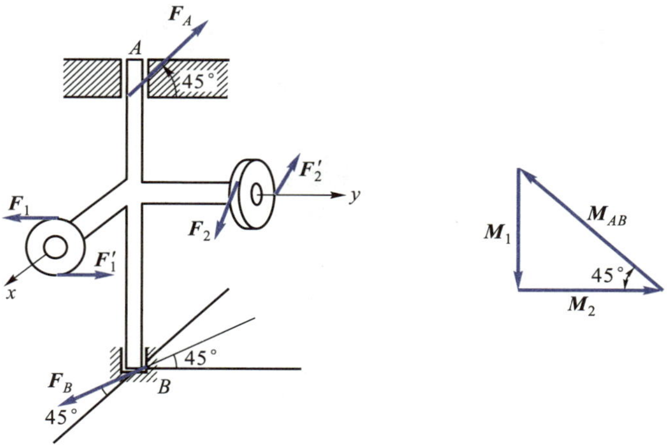

(a)　　(b)

例 2-5 图

解：研究整体，因主动力是两个力偶矩大小为 $M_1=M_2=Fd$ 的力偶，A、B 两处约束力必构成一力偶与主动合力偶相平衡。由力偶矢三角形（见图 b）知，约束力偶矩 $\boldsymbol{M}_{AB}$ 的大小为

$$M_{AB}=\sqrt{2}Fd$$

故

$$F_A = F_B = \frac{M_{AB}}{l} = \frac{\sqrt{2}Fd}{l}$$

其方向如图 a 所示。

注意：运用力偶系平衡的几何条件解空间三力偶问题十分简便，先由力偶矩矢三角形求出未知力偶矩矢的大小和方向，再用右手法则确定约束力的方向。

例 2-6 如图所示曲杆有两个直角，$\angle ABC = \angle BCD = 90°$，平面 ABC 与平面 BCD 垂直，杆端 D 为球铰支座，A 端由轴承支持，三力偶矩矢沿 AB、BC、DC 轴向作用，若 $AB=a$，$BC=b$，$CD=c$，且已知 M_2 和 M_3，试求平衡时力偶矩大小 M_1 及 A、D 处约束力。

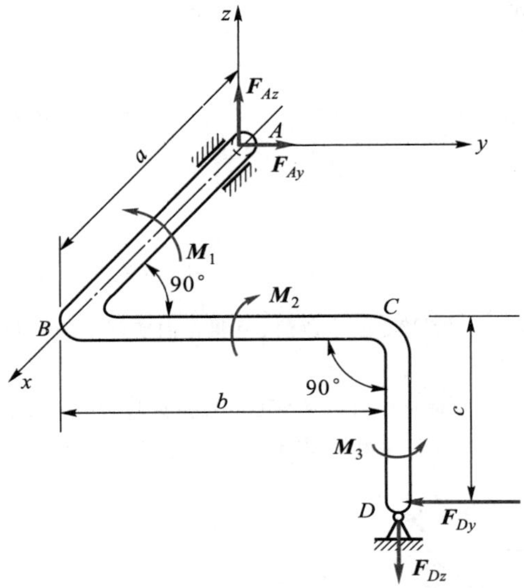

例 2-6 图

解：研究曲杆整体，由 A 处的约束性质及力偶平衡理论可知，A、D 处的约束力必构成力偶，如图所示，且 $F_{Az}=F_{Dz}$，$F_{Ay}=F_{Dy}$。

由 $\sum M_z = 0$，有 $M_3 = F_{Dy}a$，故

$$F_{Dy} = F_{Ay} = \frac{3M}{a}$$

由 $\sum M_y = 0$，有 $M_2 = F_{Dz}a$，故

$$F_{Dz} = F_{Az} = \frac{M_2}{a}$$

由 $\sum M_x = 0$，故

$$M_1 = F_{Dy}c + F_{Dz}b = \frac{c}{a}M_3 + \frac{b}{a}M_2$$

注意：多于三力偶的平衡问题不便用几何法；求约束力偶对各轴之力矩时，可按力偶定义（即力偶对各轴之力矩等于组成力偶的两个力对该轴之矩的和）来计算，也可完全按空间一般力系平衡问题求解，显然前者较简单。

例 2-7 如图 a 所示，等截面梁受横向载荷 $q(x)$ 作用，试求该梁垂直于轴线的横截面上内力的平衡微分方程。

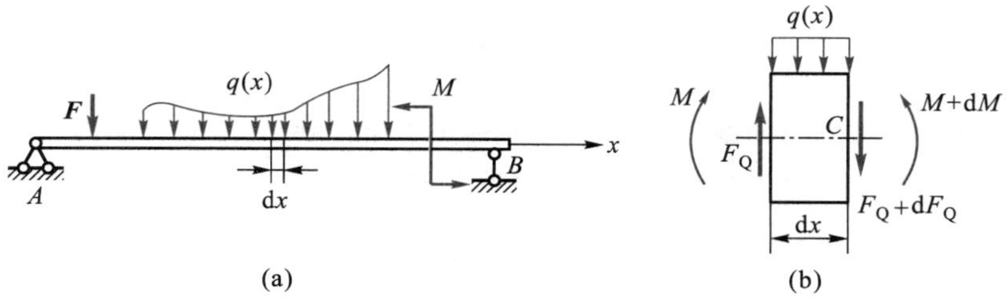

例 2-7 图

解：先将整体受力简化为梁的纵向对称面内的平面力系（图 a 所示），再简化横截面内力。由于 B 端为可动铰支座，横截面上不产生轴向内力。取梁的微段 dx，其受力如图 b 所示，内力 F_Q（称为剪力）、内力偶 M（称为弯矩）是横截面上分布内力的简化结果，且均设为正（内力的正负号不能按坐标定出，应重新规定，以使同一截面左右两边的同一内力正负相同），$q(x)$ 可视为常量（因 dx 很小）。

由 $\sum F_y=0$，得

$$F_Q(x)-[F_Q(x)+\mathrm{d}F_Q(x)]-q(x)\mathrm{d}x=0$$

由 $\sum M_C=0$，得

$$-M(x)+[M(x)+\mathrm{d}M(x)]-F_Q(x)\mathrm{d}x+q(x)\mathrm{d}x\frac{\mathrm{d}x}{2}=0$$

略去上式中的二阶微量 $q(x)\mathrm{d}x\dfrac{\mathrm{d}x}{2}$，由以上两式得

$$\left.\begin{aligned}\frac{\mathrm{d}F_Q(x)}{\mathrm{d}x}&=-q(x)\\ \frac{\mathrm{d}M(x)}{\mathrm{d}x}&=F_Q(x)\end{aligned}\right\}\tag{2-12}$$

这组方程由刚体平衡条件导出，是材料力学和结构力学中分析梁内力的基础。

例 2-8 试导出理想流体（无黏性）的静力平衡微分方程。设单位质量体积力为 $\boldsymbol{f}$。

解：在静止流体中取一个无限小的六面体微团，边长分别为 dx、dy、dz，受体积力 $\boldsymbol{F}=\rho\Delta V\boldsymbol{f}$ 及 6 个侧面上的表面压力作用。考察左右两侧面中点的压强大小如图所示，并视为整个侧面的平均压强。由 $\sum F_y=0$，有

$$p\mathrm{d}x\mathrm{d}z-\left(p+\frac{\partial p}{\partial y}\mathrm{d}y\right)\mathrm{d}x\mathrm{d}z+\rho f_y\mathrm{d}x\mathrm{d}y\mathrm{d}z=0$$

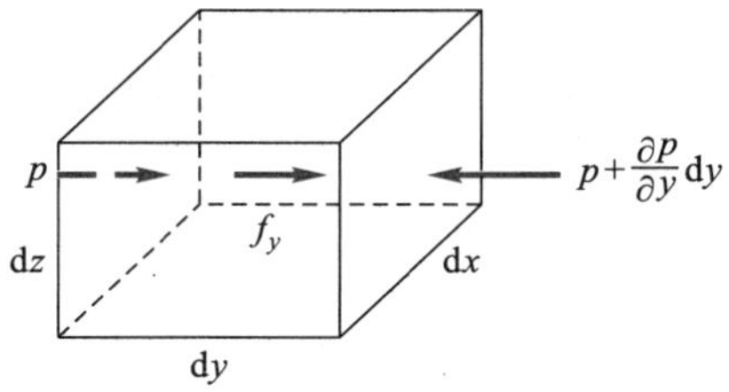

例 2-8 图

故

$$f_y-\frac{1}{\rho}\frac{\partial p}{\partial y}=0$$

同理可得

$$f_x-\frac{1}{\rho}\frac{\partial p}{\partial x}=0$$

$$f_z-\frac{1}{\rho}\frac{\partial p}{\partial z}=0$$

故有

$$f_x\boldsymbol{i}+f_y\boldsymbol{j}+f_z\boldsymbol{k}=\frac{1}{\rho}\left(\frac{\partial p}{\partial x}\boldsymbol{i}+\frac{\partial p}{\partial y}\boldsymbol{j}+\frac{\partial p}{\partial z}\boldsymbol{k}\right)$$

即

$$\boldsymbol{f}=\frac{1}{\rho}\nabla p \tag{2-13}$$

这就是**静止理想流体的平衡微分方程**，也由刚体平衡条件导出，是欧拉于 1755 年首先提出的。

例 2-9 如图示悬链线。图 a 所示柔软绳索两端对称悬挂于重力场中，已知绳索单位长度的重量为 q，试求平衡时绳索的形状。

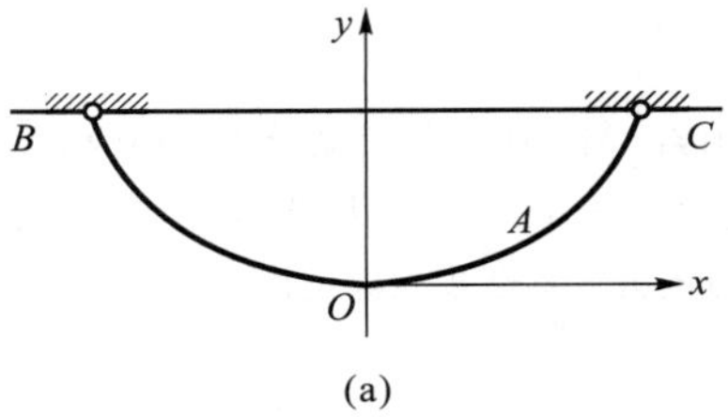

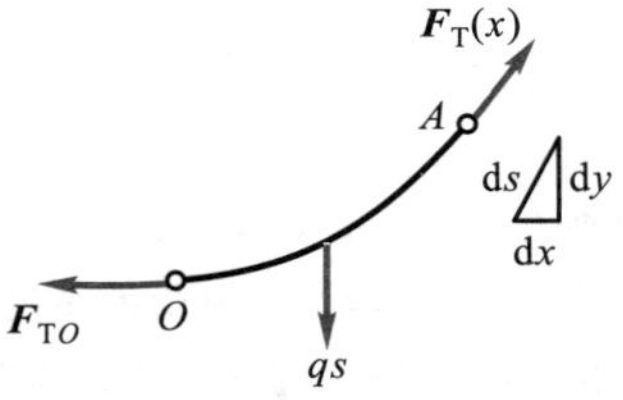

例 2-9 图

解：取绳索最低点 O 为坐标原点，研究任意 OA 弧段索，其受力如图 b 所示。

由 $\sum F_x=0$，得

$$F_{\mathrm{T}}(x)\frac{\mathrm{d}x}{\mathrm{d}s}=F_{\mathrm{T}O} \tag{a}$$

由 $\sum F_y=0$，得

$$F_{\mathrm{T}}(x)\frac{\mathrm{d}y}{\mathrm{d}s}=qs \tag{b}$$

式中，s 为 OA 弧长。

由式(a)和式(b)消去 $F_{\mathrm{T}}(x)$，得

$$y'=\frac{\mathrm{d}y}{\mathrm{d}x}=\frac{qs}{F_{\mathrm{T}O}}$$

两边对 x 求导数，得

$$\frac{\mathrm{d}y'}{\mathrm{d}x}=\frac{q}{F_{\mathrm{T}O}}\frac{\mathrm{d}s}{\mathrm{d}x}=\frac{q}{F_{\mathrm{T}O}}\sqrt{1+(y')^2}$$

分离变量后，从 O 到 A 点积分得

$$\operatorname{arcsh} y'=\frac{q}{F_{\mathrm{T}O}}x$$

即

$$y'=\operatorname{sh}\left(\frac{q}{F_{\mathrm{T}O}}x\right)$$

再积分，并由 $x=0$ 时 $y=0$，得

$$y=\frac{F_{\mathrm{T}O}}{q}\left(\operatorname{ch}\frac{qx}{F_{\mathrm{T}O}}-1\right) \tag{2-14}$$

此即为**悬链线方程**。其中，$F_{\mathrm{T}O}$可由 OC 段平衡求得。

思考 2-3

① 若例 2-9 中悬挂点 B、C 不等高，有何变化？

② 对于图示悬索桥（载荷 q 沿水平方向均匀分布），试求钢索曲线形状。

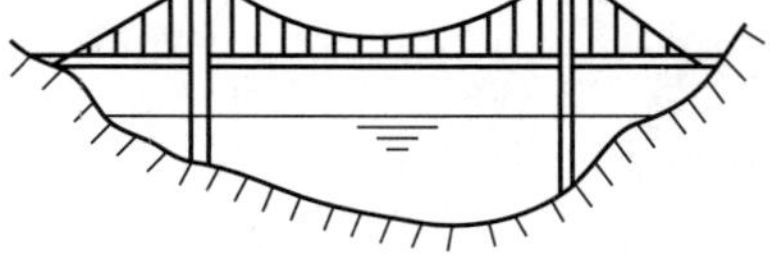

思考 2-3 图

2.2 物体系统的平衡问题

工程系统通常由多个物体组成，要应用平衡条件求出平衡系统中各构件的全部未知外力，首先需要判断这些未知外力能否仅用静力平衡方程全部解出。只有在可解的前提下，才能在运用刚体平衡条件的范围内进行求解。

2.2.1 静定与超静定问题的概念

考察能否用静力平衡条件求出一个平衡的物体系统中每个构件的全部外力，从数学意义上说，就是要分析描述平衡系统的独立平衡方程的个数与系统中全部未知量个数。对于几何不变系统，当两者数目相等时可解，这种平衡系统称为**静定**的；反之，若未知量个数多于独立平衡方程个数，则仅用静力平衡方程不能求出全部未知量，这种系统称为**静不定**的，又叫**超静定**的。全部未知量个数与全部独立平衡方程数之差，通常称为系统的**超静定次数**。如图 2-2a 所示横梁，其受力如图 2-2b 所示，为平面一般力系，其中 $\boldsymbol{F}_{Ax}$、$\boldsymbol{F}_{Ay}$、$\boldsymbol{M}_{A}$、$\boldsymbol{F}_{By}$ 为 4 个未知约束力，而独立平衡方程只有 3 个，故该系统为一次**超静定系统**。

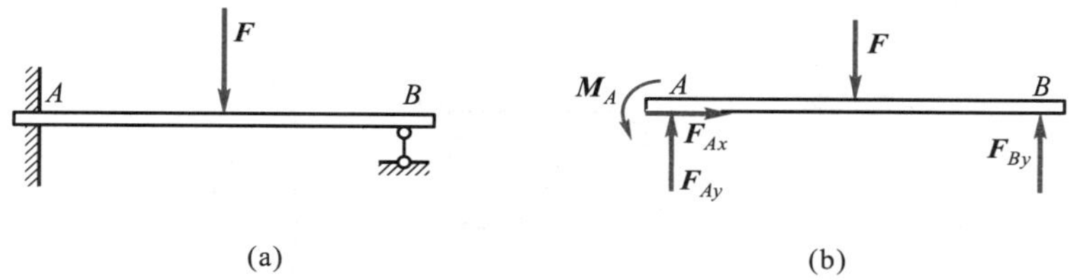

图 2-2 一次超静定系统

对于由 n 个承受平面力系的构件所组成的平面几何不变系统，其独立平衡方程个数为 $3n$，全部未知量个数为 x，则

① 当 $x=3n$ 时，为静定系统。如图 2-3a 中，$x=6$，$3n=3\times2=6$，该系统为**静定结构**。

② 当 $x>3n$ 时，为超静定系统。如图 2-3b 中，$x=7$，$3n=3\times2=6$，该系统为一次**超静定结构**。

对于平面机构系统，有 $x<3n$，系统可动。如图 2-3c 中，$x=5$，$3n=6$，该系统为有一个自由度的机构，这种系统显然不能作为结构使用。

本章主要研究静定系统。

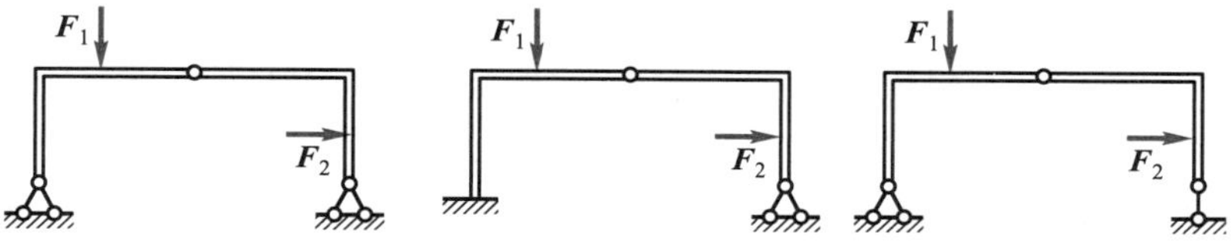

(a) 静定结构　　(b) 超静定结构　　(c) 可动机构

图 2-3 三种类型系统

注意：在计算未知量个数时，对于联结两个以上物体的铰（称为复铰），应按拆开时的单铰数计算未知力个数，如图 2-4a 所示，D 铰应视为两个单铰，未知量个数为 4。在计算独立方程个数时，需先判断力系的类型，如图 2-4b 所示力系属平面汇交力系，只有两个独立平衡方程，为二次超静定系统。

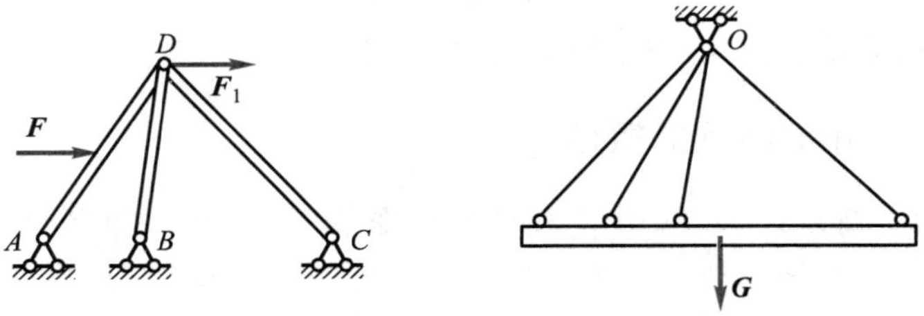

图 2-4　复铰与超静定系统

顺便指出，所谓超静定系统，仅仅指由刚体平衡方程不能确定全部未知外力的系统。当把相应物体视为变形体，并引入变形协调方程时，全部外力都能确定。

思考 2-4　试判断图中各系统是否静定。

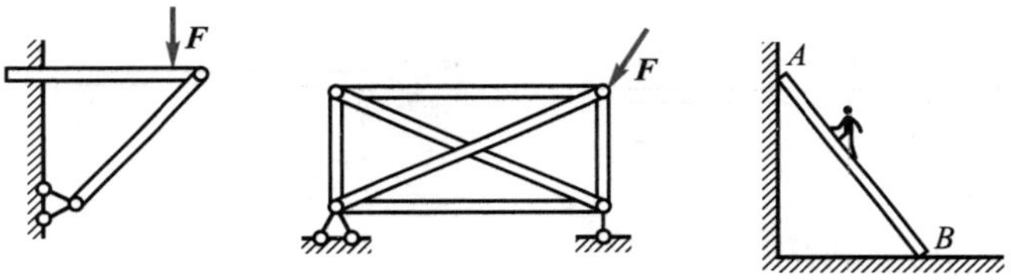

思考 2-4 图

例 2-10　简单超静定问题。如图 a 所示刚性杆用三根刚度系数均为 k 的弹簧水平悬吊。今在 D 处作用铅垂方向力 $\boldsymbol{F}$，不计杆重，试求 3 根弹簧的内力。

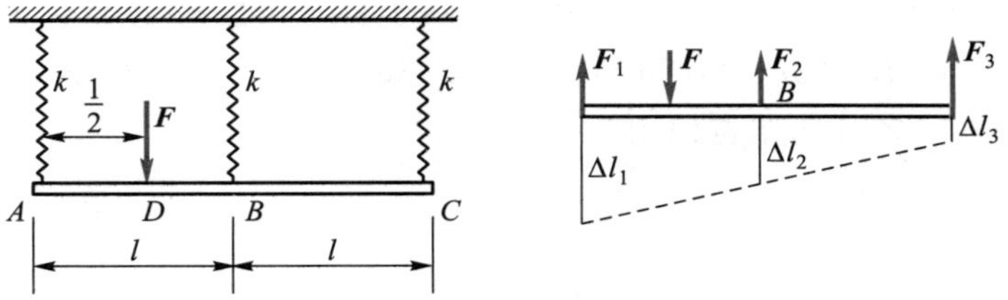

例 2-10 图

解：本题所涉及的力系属平面平行力系，有三个未知力，只有两个独立平衡方程，是一次超静定问题，尚需建立一个补充方程。设系统受力后，位移如图 b 所示。

由 $\sum F_y = 0$，有

$$F_1 + F_2 + F_3 = F \tag{a}$$

由 $\sum M_B = 0$，可得

$$F_1-F_3=\frac{F}{2} \tag{b}$$

又

$$\Delta l_2=\frac{1}{2}(\Delta l_1+\Delta l_3)$$

将 $F_i=k\Delta l_i(i=1,2,3)$ 代入上式，可得

$$2F_2=F_1+F_3 \tag{c}$$

联立式(a)、式(b)、式(c)得

$$F_1=\frac{7}{12}F,\quad F_2=\frac{1}{3}F,\quad F_3=\frac{1}{12}F$$

思考 2-5　例 2-10 图 a 中，若有 n 根弹簧悬吊，如何求解？

注意：

① 求解超静定问题的关键是，由变形情况，通过物理关系，建立包含未知力的补充方程，再与静力平衡方程联立求解。

② 所设未知力的方向与物体变形假设方向要一致。

2.2.2　物体系统平衡问题的解法

理论力学主要研究静定的物体系统的平衡问题。

1. 一般步骤

求解物体系统的平衡问题，从整体上说，可分为三个步骤：

① 根据具体问题的已知条件与所求目标，确定先求什么后求什么的整体思路，通常是先分析整体后考虑局部，或先分析局部再研究整体。

② 将所选择的研究对象从所在系统中分离出来，根据分离处的约束性质与已知载荷，正确画出受力图。要注意简化力系的条件。

③ 根据受力图提供的力系几何特征，选取适当的投影轴和力矩轴，列出独立的平衡方程求解。为了尽量使平衡方程中只含一个未知量，可选与多个未知力相垂直的轴为投影轴，选与多个未知力相交或平行的轴为力矩轴。

2. 典型例题

(1) 整体“静定”型

例 2-11　图 a 所示结构中，C、E 处为光滑接触，销钉 A、B 穿透其连接的各构件，已知尺寸 a、b，铅垂力 $\boldsymbol{F}$ 可以随 x 的变化而平移。不计自重，求杆 AB 所受的力。

解：先研究整体，其受力如图 a 所示。

由 $\sum F_x=0$，得

$$F_{Ax}=0$$

由 $\sum M_E=0$，得

$$F(b-x)-F_{Ay}b=0$$

故

$$F_{Ay}=\frac{b-x}{b}F \tag{a}$$

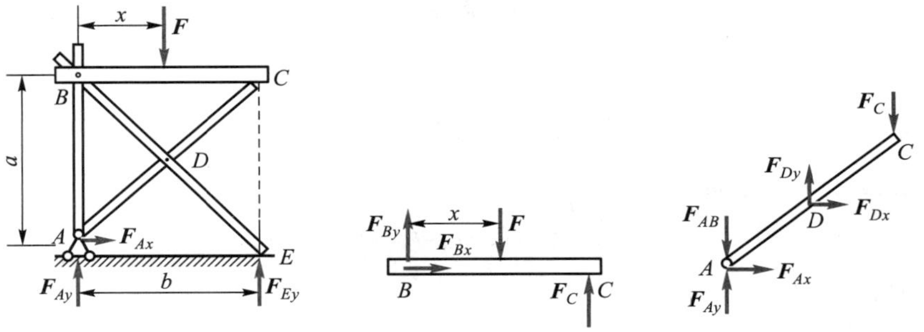

例 2-11 图

再研究杆 BC,其受力如图 b 所示。由 $\sum M_B=0$,得

$$F_C b=Fx$$

故

$$F_C=\frac{Fx}{b} \tag{b}$$

最后研究杆 AC,其受力如图 c 所示,其中 $\boldsymbol{F}_{AB}$为杆 AB 对销钉 A 的作用力(AB 是二力杆)。由 $\sum M_D=0$,得

$$F_{AB}\frac{b}{2}=(F_{Ay}+F_C)\frac{b}{2} \tag{c}$$

将式(a)和式(b)代入式(c),得

$$F_{AB}=\frac{b-x}{b}F+\frac{Fx}{b}=F$$

可见,AB 杆受力与 x 无关。

注意:本题中结构属整体"静定"型,先由整体求出铰 A 的约束力。AB 为二力杆,它所受销钉 A 对它的约束力与其 A 端对销钉的反作用力等值、反向;A 处销钉附在杆 AC 上,使分析过程简化。

思考 2-6 对于例 2-11,若先研究杆 BC,再研究杆 BE,如何求出 $\boldsymbol{F}_{AB}$?若从研究销钉 A 平衡入手,如何求出 $\boldsymbol{F}_{AB}$?

(2) 局部"静定"型

例 2-12 图 a 所示铰接横梁。已知载荷 q、力偶矩 M 和尺寸 a,试求杆的固定端 A 及可动铰 C 端的约束力。

解:先研究杆 BC,其受力如图 b 所示。

由 $\sum M_B=0$,有

$$F_C 2a=qa\frac{a}{2}+M$$

故

$$F_C=\frac{qa}{4}+\frac{M}{2a} \tag{a}$$

再研究整体,其受力如图 c 所示。

由 $\sum F_x=0$,得

$$F_{Ax}=0$$

由 $\sum F_y=0$,得

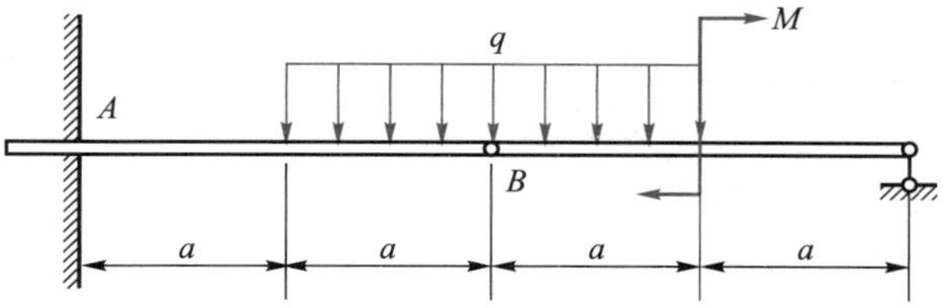

(a)

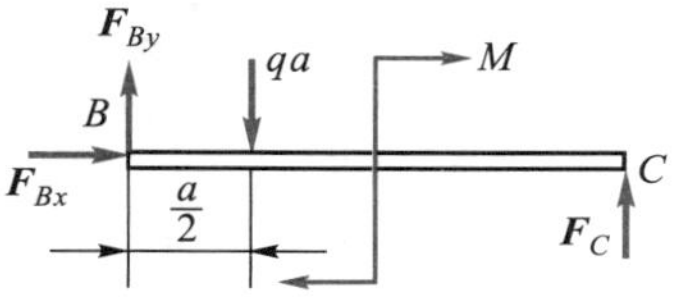

(b)

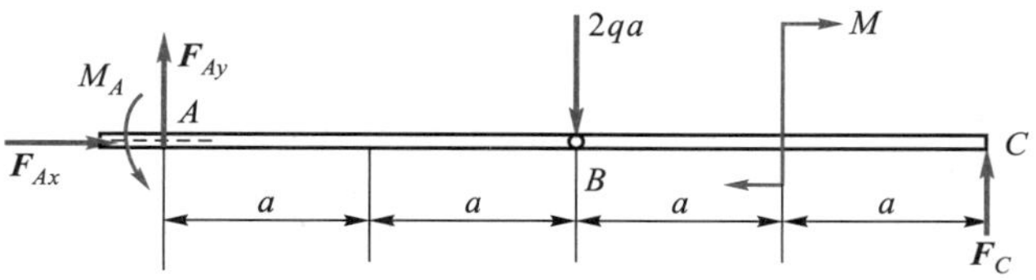

(c)

例 2-12 图

$$F_{Ay}+F_C-2qa=0 \tag{b}$$

由 $\sum M_A=0$，得

$$M_A+F_C4a-2qa2a-M=0 \tag{c}$$

式(a)、式(b)、式(c)联立求解，得

$$F_{Ay}=\frac{7qa}{4}-\frac{M}{2a},\quad M_A=3qa^2-M$$

注意：分析整体“超静定”系统时，可先分析局部“静定”部分，求出相应外力。分布力 q 的简化，只能在可视为刚体的研究对象上进行，如图 b、图 c 所示。

思考 2-7 对于例 2-12，若在铰 B 处再加一力 $\boldsymbol{F}$(如图所示)，则哪些约束力会变化？

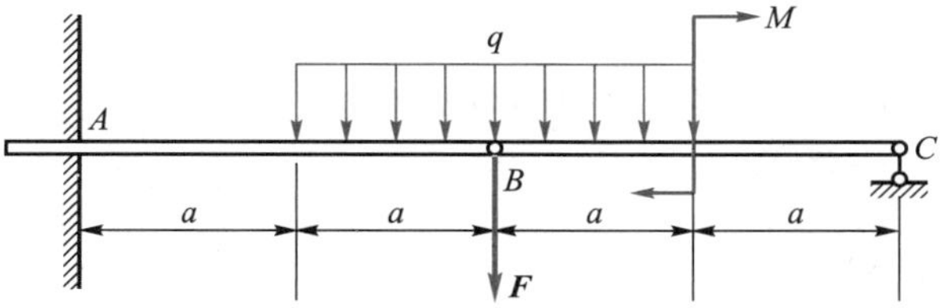

思考 2-7 图

（3）力偶系平衡问题

例 2-13 图 a 所示结构中，杆 DE 的 D 端为铰，E 端光滑搁置，且 $DE/\!/AC$，$AB=3l$，$BC=4l$，$\angle B=90°$，力偶矩为 M，求 A、C 铰支座的约束力。

解：先研究杆 DE，其受力如图 b 所示。$\boldsymbol{F}_E\perp BC$，与杆 AB 平行，$\boldsymbol{F}_E$ 与 $\boldsymbol{F}_D$ 组成一力偶。再研究杆 AB，其受力如图 c 所示。由 $\sum M_B=0$ 得 $\boldsymbol{F}_{Ax}=0$。最后研究整体，其受力如图 a 所示。因铰 A 对 AB 杆约束力为 $\boldsymbol{F}_A$，方向沿 AB，它与铰 C 对杆 BC 约束力 $\boldsymbol{F}_C$ 组成一力偶。由 $\sum M=0$，得 $F_C=F_A=\dfrac{M}{4l}$。

注意：力偶只能由力偶平衡，由此确定 D、C 处约束力方向；将杆端力沿杆轴向正交分解，常使求解简便，如图 c 所示。

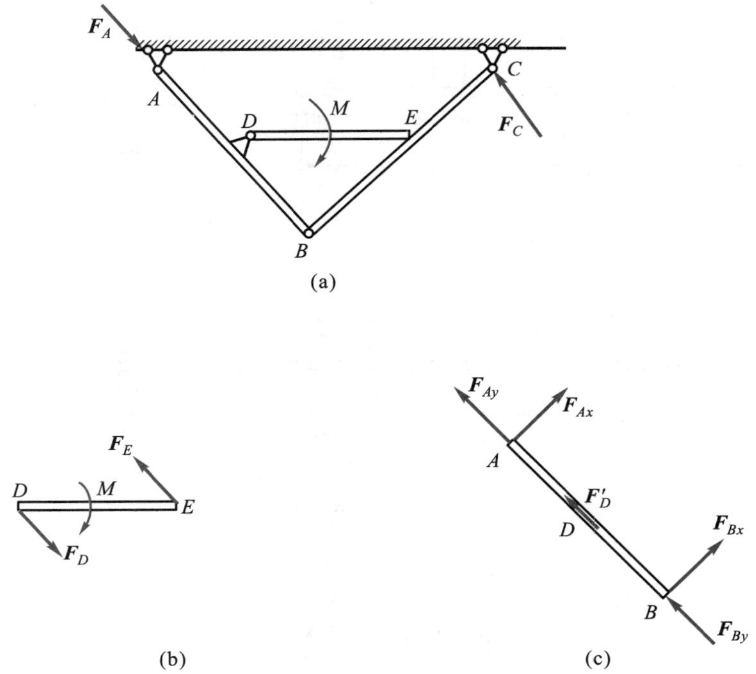

例 2-13 图

思考 2-8 图示光滑导槽机构，杆 CE 上的销钉 E 可沿导槽滑动。不计杆重，试分析平衡时两力偶矩 M_1 和 M_2 大小相等的条件。

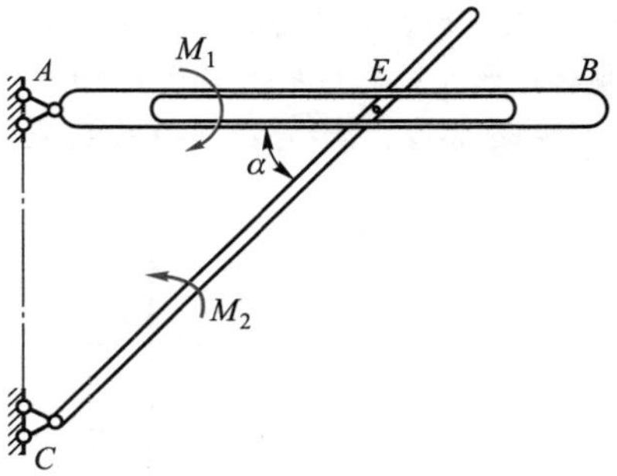

思考 2-8 图

（4）平面多跨结构

例 2-14 图 a 所示平面刚架中，E、F、G 为中间铰，A、D 为固定铰支座，B、C 为可动铰支座，不计自重，在水平力 $\boldsymbol{F}$ 作用下，求支座 A、B、C、D 处的约束力。

解：依次研究构件 CFG、BEF 和 AE，其受力如图 b 所示（GD 为二力构件）。先由半拱 AE 的力三角形，得

$$F_A = F_E = \frac{\sqrt{2}}{2}F$$

再由构件 BEF 的力三角形，得

$$F_B = \sqrt{2}F_E = F, \quad F_F = F_E = \frac{\sqrt{2}}{2}F$$

最后，由构件 CFG 的力三角形，得

$$F_C = \sqrt{2}F_F = F, \quad F_G = \frac{\sqrt{2}}{2}F_C = \frac{\sqrt{2}}{2}F = F_D$$

注意：解此题时需先确定二力构件 GD 的受力方位，其指向可事先假设，再从右向左依次确定各构件所受力的方向。计算时从受已知力的 AE 构件开始，依次求出各约束力大小。

由此可见，几何法用于求解三力平衡问题时，一般可归结为解三角形，运算简便；对于三力以

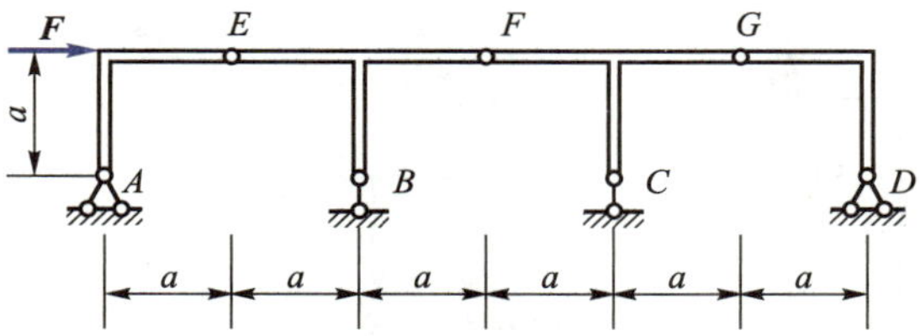

(a)

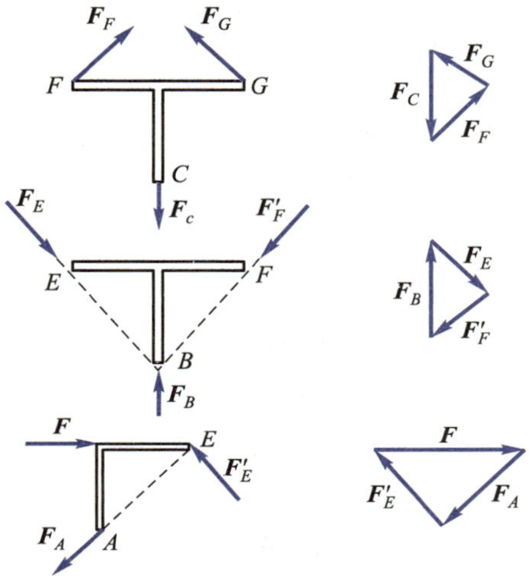

(b)

例 2-14 图

上的汇交力系平衡问题，相应的力多边形几何求解复杂，大多采用平衡方程求解。

思考 2-9

① 例 2-14 结构中，若在铰 G 处增加铅垂向下的力 $\boldsymbol{F}$，结果如何？

② 若在 EG 段受均布载荷 q，如何求解？

③ 若如图所示三跨结构扩大为 n 跨，支座约束力有何规律？

(5) 平面多层结构

例 2-15 图 a 所示为三层铰结构，不计自重，$F_1=F_2=F$，试求铰支座 A、B 处的约束力。

解： 首先研究整体，其受力如图 a 所示。由 $\sum M_B=0$，得

$$F_{Ay}\cdot 2a+F\cdot 3a-Fa=0$$

故

$$F_{Ay}=-F$$

又由 $\sum F_y=0$，得

$$F_{Ay}+F_{By}-F=0$$

故

$$F_{By}=2F$$

由 $\sum F_x=0$，得

$$F_{Ax}+F_{Bx}+F=0 \tag{a}$$

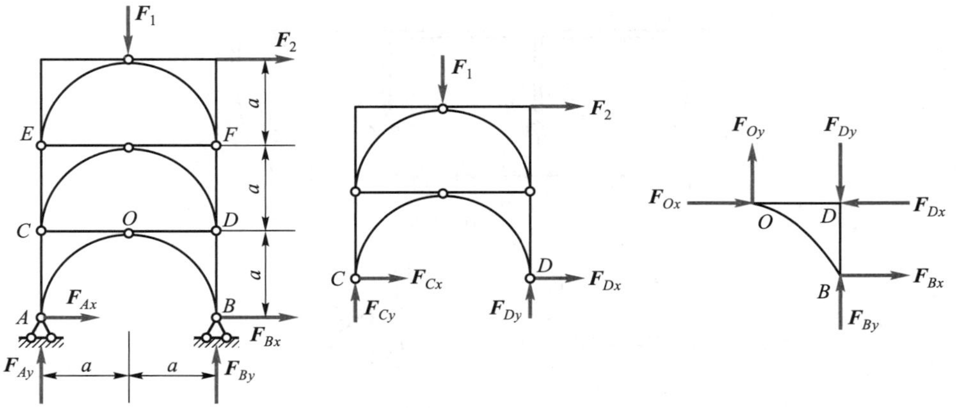

例 2-15 图

其次，研究上部两层结构，其受力如图 b 所示。由 $\sum M_C=0$，得

$$F_{Dy}2a=Fa+F2a$$

故

$$F_{Dy}=\frac{3}{2}F$$

最后研究构件 OBD，其受力如图 c 所示。由 $\sum M_O=0$，得

$$F_{Bx}a+F_{By}a=F_{Dy}a$$

故

$$F_{Bx}=\frac{3}{2}F-2F=-\frac{1}{2}F \tag{b}$$

将式（b）代入式（a）解得

$$F_{Ax}=-\frac{F}{2}$$

思考 2-10

① 若考虑例 2-15 中结构自重，如何求解？

② 若有如图所示的 n 层结构，如何求解？

③ 若 A、B 铰支座不在同一水平高度上，又如何求解？

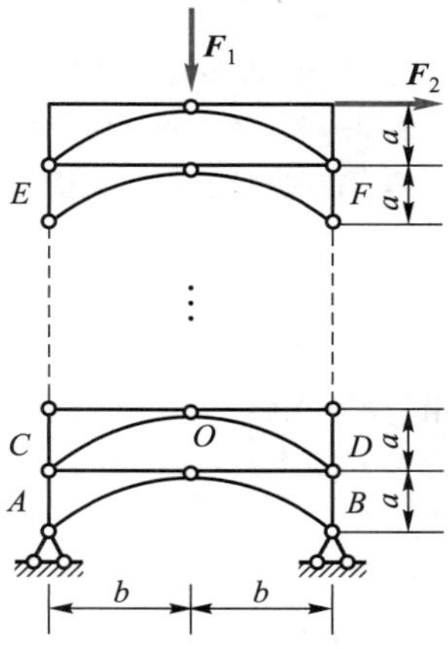

思考 2-10 图

（6）空间结构

例 2-16 图 a 所示三棱柱重量 $G=100$ kN，力偶矩 $M=50\sqrt{2}$ kN · m，作用在斜面 $CDEF$ 内，边长 $a=2$ m，试求支承杆 1、2、3 的内力。

解：研究三棱柱，受力如图 b 所示，设各支承杆均受拉力作用。

由 $\sum M_z=0$，得

$$M\cos 45°-F_2\cos 45°a=0$$

将 M 值代入得

$$F_2=25\sqrt{2}\ \text{kN}$$

由 $\sum M_y = 0$,得

$$-F_1 a - F_2 \cos 45° a - G \frac{a}{2} = 0$$

将 F_2 值代入得

$$F_1 = -75 \text{ kN}$$

再由 $\sum F_x = 0$,得

$$F_3 = 0$$

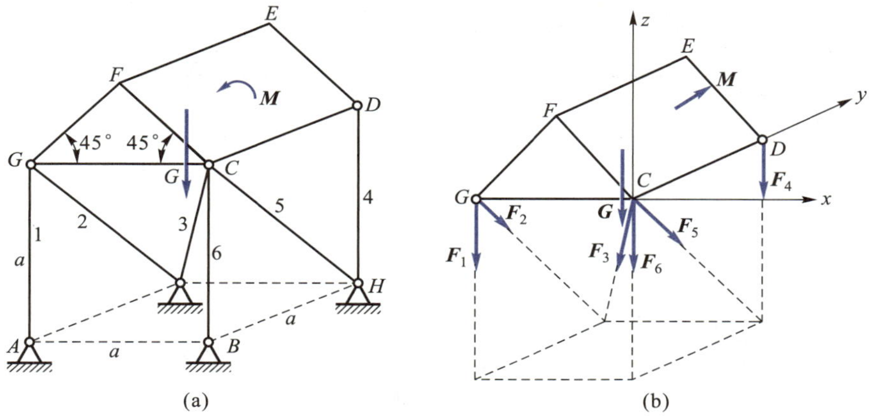

例 2-16 图

注意: 巧选投影轴与力矩轴,避免联立代数方程,可使求解大为简化。

(7) 平面静定桁架

桁架是由二力杆铰接,且外力作用在节点(铰接点)的特殊物体系统,是一类工程结构的简化模型。如图 2-5 中的钢屋架和桥梁结构等是由直杆在两端彼此铆接、焊接,或用螺栓连接而成的几何不变结构,具有结构轻、用料省等优点。实验和计算证明,该类结构简化为桁架计算内力是偏于安全的。这里只介绍求解各杆轴线与作用力线共面的平面静定桁架内力的方法。

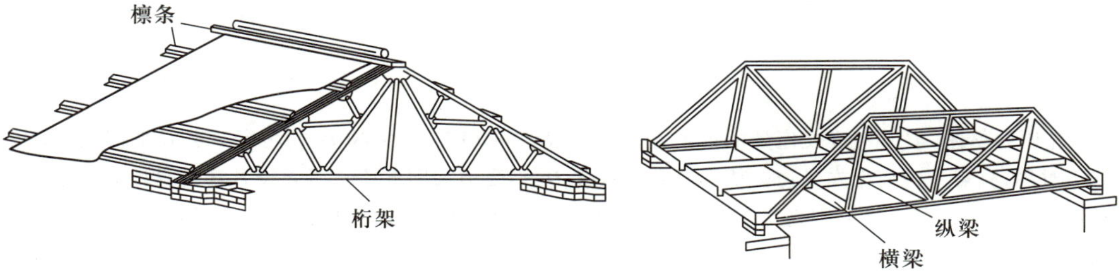

(a) 钢屋架　　(b) 桥梁结构

图 2-5　实际桁架结构

计算桁架内力时,按照选取研究对象不同,常用如下两种方法:

① **节点法**——依次选铰接点为研究对象,求各杆内力。

② **截面法**——假想将桁架截开,研究其中一部分平衡,求出被截杆内力。

内力的正负不能按同一坐标来规定,因为杆的同一横截面左右两边的内力必须同号,这就需要重新定义内力的正负。这里规定二力杆受拉时为正，受压时为负。

例 2-17　试求图示屋架中各杆的内力。

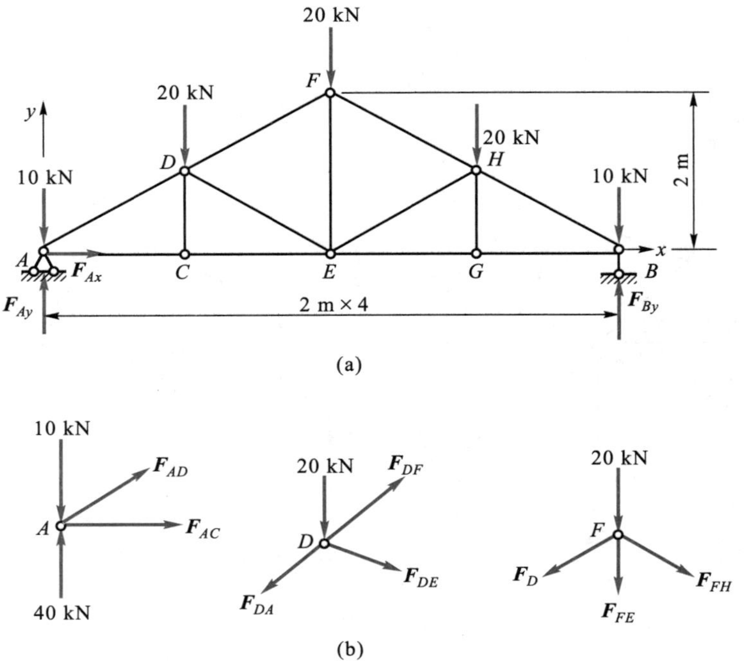

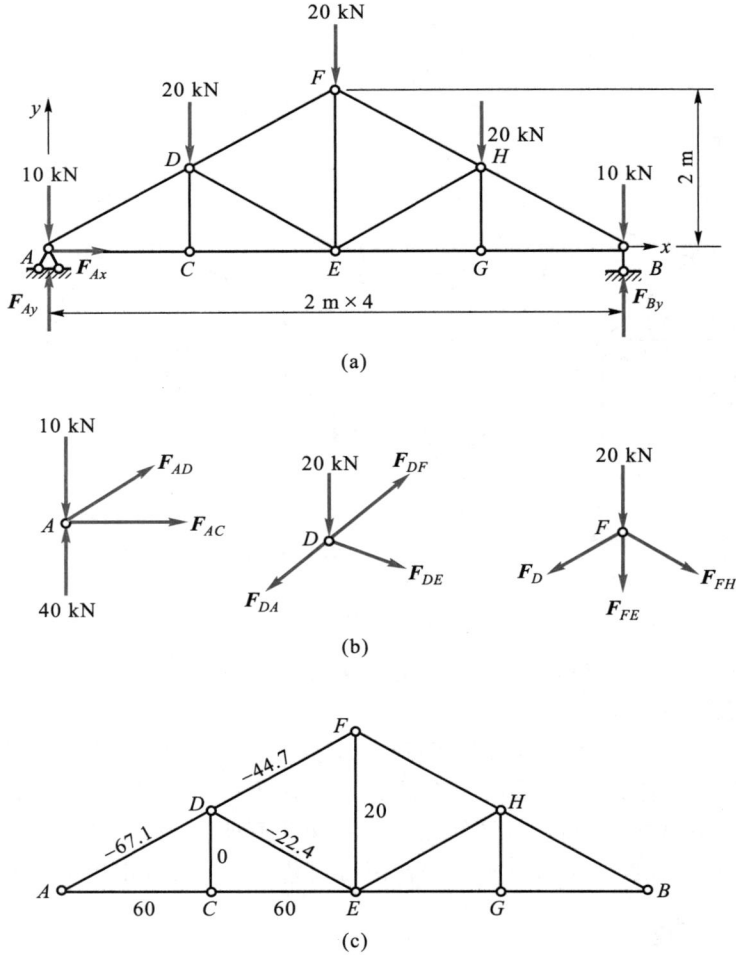

例 2-17 图

解：先研究整体，求出 A、B 支座处的约束力，$F_{Ax}=0$，$F_{Ay}=40$ kN，$F_{By}=40$ kN。考察节点 C 平衡，易知 $F_{DC}=0$。由于对称，只需考虑桁架左半边。依次研究节点 A、D、F，受力如图 b 所示。并设各杆均受拉力作用。

对各节点平面汇交力系分别列出 $\sum F_x=0$，$\sum F_y=0$ 的平衡方程，依次求出诸杆内力，结果如图 c 所示，负号表示该杆受压。

注意：

① 设正——分析桁架内力时，先设各杆均受拉。计算结果为正值时表示受拉，为负值时表示受压。

② 零杆——内力为零的杆。考察桁架中的节点平衡。图 2-6a、b、c 所示的三种情形中存在零杆。由此知例 2-17图 a 所示桁架中，CD、GH 二杆都是零杆。

思考 2-11

① 指出图 a、b 所示桁架中的零杆，图 b 中 $F_1=F_2$；

② 试用作图法求出图 c 所示桁架中 BF 杆的内力。

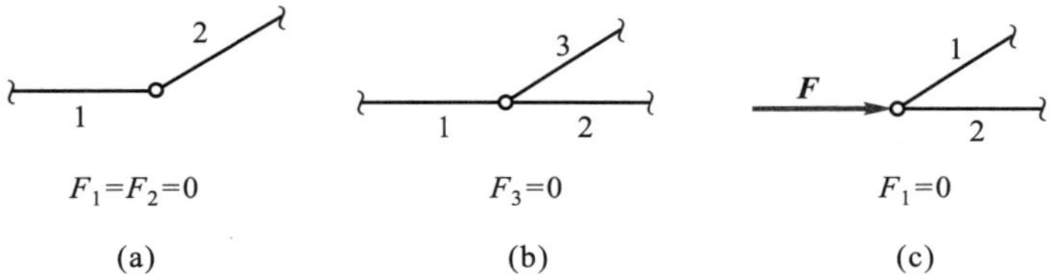

图 2-6　桁架"零杆"情形

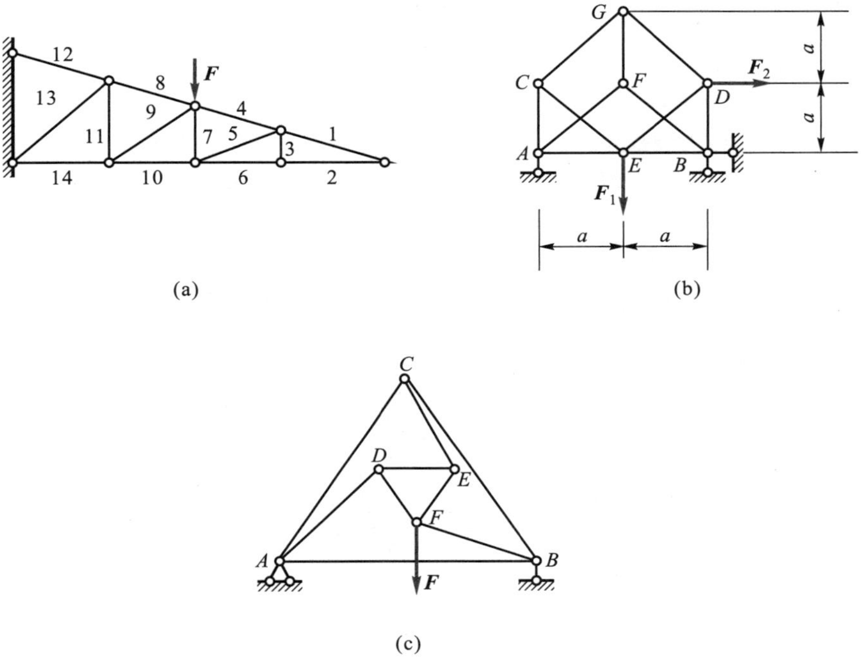

思考 2-11 图

例 2-18　试求图 a 所示桁架中 1、2 杆内力。

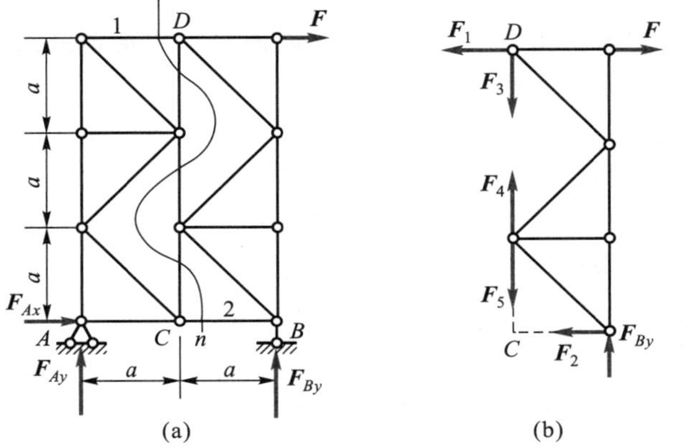

例 2-18 图

解：先研究整体。由 $\sum M_A=0$，求得 $F_{By}=1.5F$。再作 $n—n$ 截面，将桁架一分为二，如图 a 所示。再研究右半部分，其受力如图 b 所示。

由 $\sum M_C=0$，得

$$F_1 \cdot 3a+F_{By}a=F \cdot 3a$$

将 F_{By} 代入得

$$F_1=\frac{F}{2}$$

由 $\sum F_x=0$，得

$$-F_1-F_2+F=0$$

故

$$F_2=\frac{F}{2}$$

注意：用截面所分开的桁架两部分是静力学等价的，可任取其一进行研究；作曲线截面，应尽量使不需求解的未知内力共线，可减少方程中的未知量；若某杆被连续截断两次，可去掉此杆（相当于去掉一对平衡力）。

思考 2-12　在求图示桁架中杆 1、2、3 的内力时：

① 作图示 Ⅰ—Ⅰ 截面，研究下半部分，为什么求不出杆 2 的内力 $\boldsymbol{F}_2$？

② 如何作一封闭截面（围线），从同一研究对象中求出杆 1、2、3 的内力？

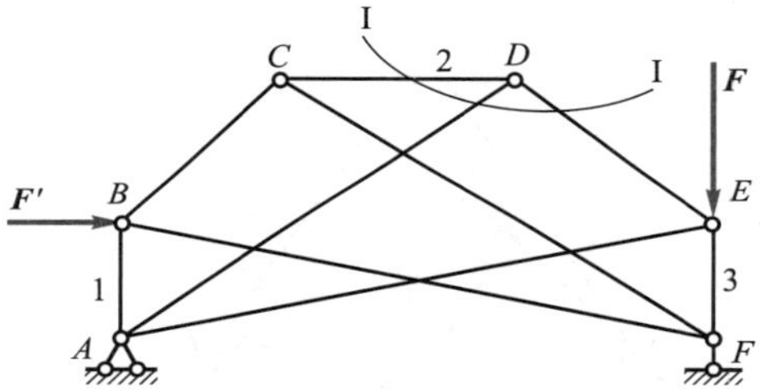

思考 2-12 图

2.3　考虑摩擦的物体平衡

实际上，两个相互接触的物体产生相对运动或具有相对运动趋势时，在接触处会产生一种阻碍运动的相互作用，称为**摩擦阻力**。摩擦阻力分为阻碍滑动的**滑动摩擦力**与阻碍滚动的**滚动摩擦力偶**两种形式，它们同属于干摩擦类型。

摩擦是普遍存在的，理想光滑面实际上不存在。在所研究的问题中，当摩擦的影响小到可以忽略时，可采用光滑接触模型，以简化分析过程；反之，则需考虑摩擦力与滚动摩擦力偶的作用。

摩擦现象极其复杂，目前已有人提出“摩擦学”是一个边缘学科的观点，并对其进行研究。这里介绍经典摩擦理论，该理论可用于一般工程问题。

2.3.1　滑动摩擦

物体 A 受力如图 2-7a 所示。平衡时，**静摩擦力** $\boldsymbol{F}_\mathrm{S}$ 的方位沿接触面的切向，其大小在 0 到 $F_{\max}$ 之间，即 $0 \leqslant F_\mathrm{S} \leqslant F_{\max}$，由平衡条件确定；其指向可事先任意假定，最后由计算结果的正负确定。当推力 $\boldsymbol{F}_P$ 增大，使物体 A 处于向右滑动的临界状态时，**最大静摩擦力**大小为

$$F_{max}=F_N f_S \tag{2-15}$$

式中，f_S 为**静摩擦因数**。此时，F_{max}的方向与物体运动趋向相反，一般可事先判定。

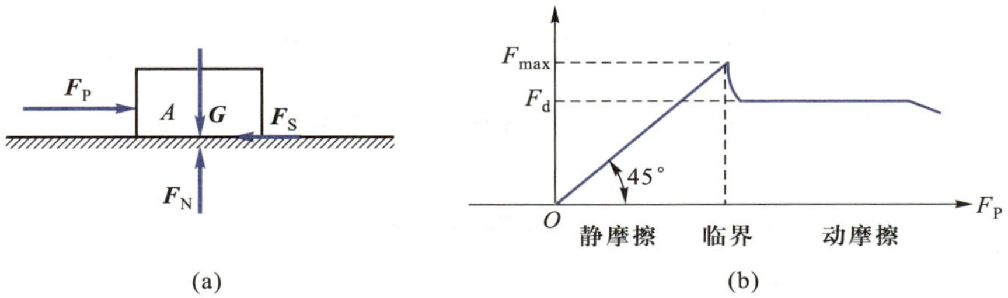

图 2-7 滑动摩擦实验

物体滑动后，受**动摩擦力**作用，大小为

$$F_d=F_N f \tag{2-16}$$

式中，f 为**动摩擦因数**，一般 $f<f_S$。图 2-7b 所示为**干摩擦**实验曲线，工程中常常忽略 f 与 f_S 之间的差别。

上述规律是法国物理学家库仑于 18 世纪总结的，称为**库仑摩擦定律**。

2.3.2 摩擦角与自锁

为了直观地描述滑动摩擦力，现引入其相应的几何概念。如图 2-8a 所示，物体 A 平衡时，$F_S=F_P$。我们把约束力 $\boldsymbol{F}_N$ 和 $\boldsymbol{F}_S$ 的合力称为**全约束力** $\boldsymbol{F}_R$，$\boldsymbol{F}_R=\boldsymbol{F}_N+\boldsymbol{F}_S$。当 $F_S<F_{max}$时，$\boldsymbol{F}_R$ 作用于 A 点，三力 $m\boldsymbol{g}$、$\boldsymbol{F}_P$、$\boldsymbol{F}_R$ 汇交于 O 点，随着力 $\boldsymbol{F}_P$ 增大，力 $\boldsymbol{F}_S$ 随之增大，$\boldsymbol{F}_R$ 与法线方向的夹角 φ 也增大，同时 $\boldsymbol{F}_R$ 的作用点 A 前移；当 $F_{max}=F_N f_S$ 时，A 移至 A_m，φ 达到最大值 φ_m。我们把全约束力与法向所成的最大夹角 φ_m 叫作**摩擦角**，显然有

$$\tan\varphi_m=\frac{F_{max}}{F_N}=\frac{F_N f_S}{F_N}=f_S \tag{2-17}$$

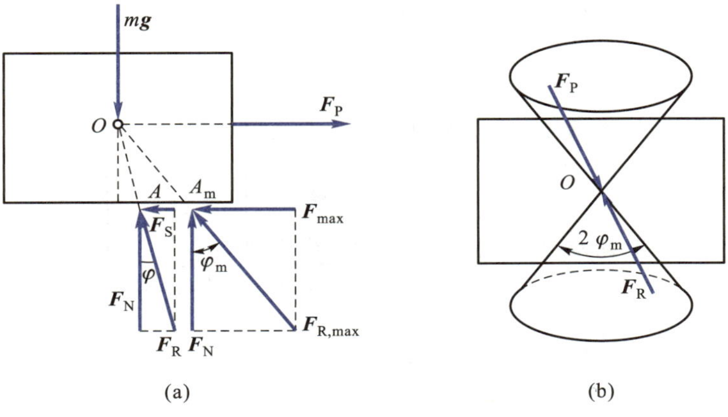

图 2-8 摩擦角与摩擦锥

可以设想，连续改变作用线过 O 点的力 $\boldsymbol{F}_P$ 在水平面内的方向，$\boldsymbol{F}_R$ 的方向也随之改变。若各方向摩擦因数相同，则在临界状态下，$\boldsymbol{F}_R$ 的作用线在空间形成顶角为 $2\varphi_m$ 的正圆锥面，称为**摩擦锥**，如图 2-8b 所示。

全约束力以外的其他力统称为**主动力**。在一般情况下，主动力的合力与全约束力构成二力平衡，该二力等值、反向、共线。所以，当主动力合力作用线在摩擦角 φ_m 之内时，$\varphi<\varphi_m$，$\tan\varphi<\tan\varphi_m$，即 $\dfrac{F_S}{F_N}<f_S$，$F_S<F_Nf_S=F_{max}$，物体不滑动，这种现象称为**自锁**。

问题 2-3 如图 a 所示，已知物体 A 与水平面间的摩擦因数 $f_S=\dfrac{\sqrt{3}}{2}$，且 $F_1=F_2=F$。如物体 A 不被翻倒，试判断它是否自锁。

答：主动力合力 $\boldsymbol{F}_R$ 与法向夹角 $\varphi=30°$，如图 b 所示，$\tan\varphi=\tan 30°=\dfrac{\sqrt{3}}{3}<\dfrac{\sqrt{3}}{2}=f_S=\tan\varphi_m$，故 $\varphi<\varphi_m$，物体 A 自锁。

问题 2-4 如图所示，无论夹力 $\boldsymbol{F}_P$ 多大，小球在夹板中不滑动的条件是什么？

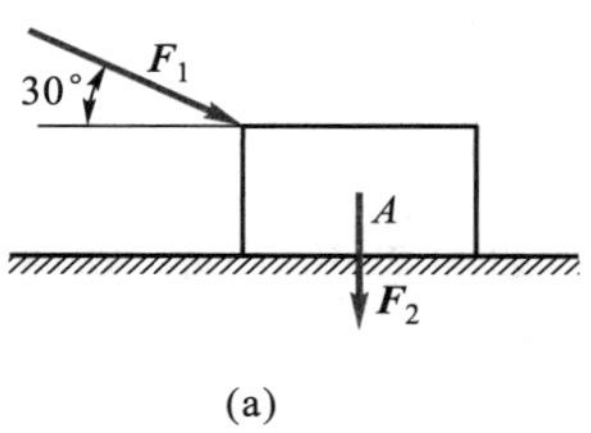

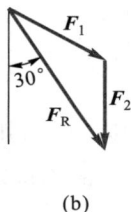

问题 2-3 图

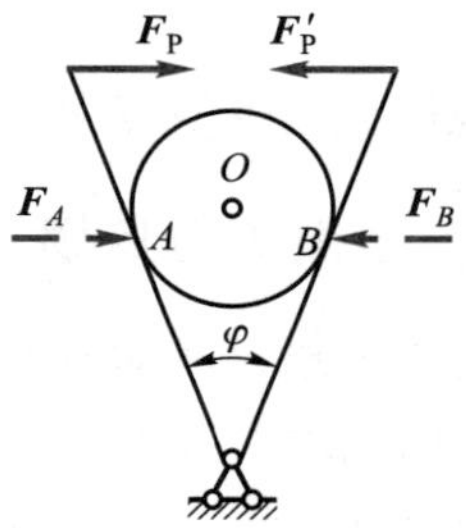

问题 2-4 图

答：当夹力很大时，夹板对小球的作用力 $\boldsymbol{F}_A$ 与 $\boldsymbol{F}_B$ 也很大，可不计小球自重，小球视为二力平衡，如图所示，其自锁条件显然是 $\dfrac{\varphi}{2}\leqslant\varphi_m$。

思考 2-13 试分别求图 a 和图 b 所示楔块与尖劈的自锁条件。

思考 2-14

① 图 a 所示螺栓夹紧器自锁的条件是 $\arctan\dfrac{l}{2\pi r}\leqslant\varphi_m$，为什么？

② 求图 b 所示升降机械不发生自锁的条件。

③ 攀登电线杆所用的脚套钩结构如图 c 所示。脚套钩与电线杆间的摩擦因数为 f_S，不计脚套钩自重，保证登杆人安全的条件是 $l\geqslant\dfrac{h}{2f_S}$，为

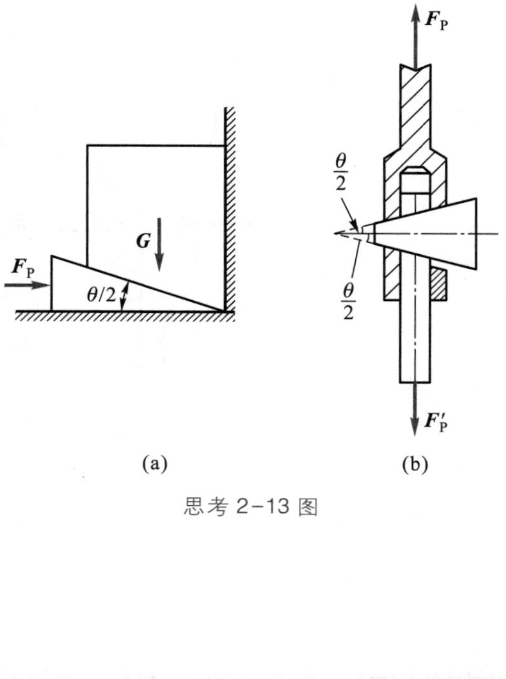

思考 2-13 图

什么？

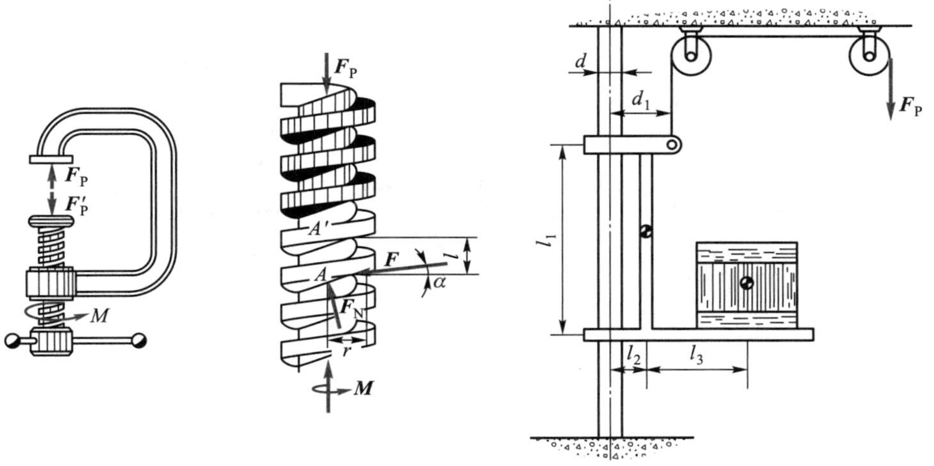

(a) 螺栓夹紧器　　　　(b) 升降机械

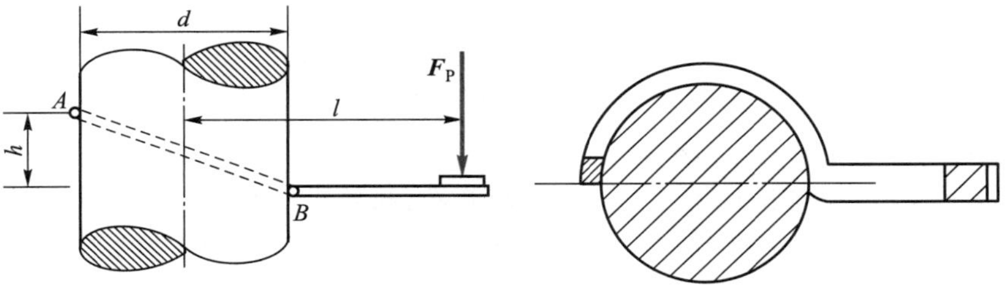

(c) 脚套钩

思考 2-14 图

2.3.3　滚动摩擦

1. 滚动摩擦力偶

在实际工程中，常见大滚轮在推力作用下平衡的现象，例如在推力作用下不动的压路机碾子、受推力而静止的汽车车轮等，如果采用刚性接触约束模型（如图 2-9 所示），因 $\sum M_A \neq 0$，则轮不能平衡，与上述事实相矛盾。这就需要修改刚体模型，考虑接触处的变形，重新分析滚轮所受约束力。

实验和观察结果证明，圆轮受水平推力 $\boldsymbol{F}_T$ 作用时，与水平面接触处发生挤压变形，接触面受平面分布力系作用，如图 2-10a 所示。由平衡条件 $\sum M_O = 0$ 得知，该约束力系的合力 $\boldsymbol{F}_R$ 过轮心 O，如图 2-10b 所示。将 $\boldsymbol{F}_N$ 和 $\boldsymbol{F}_S$ 向 A 点平移，如图 2-10c 所示，略去 $\boldsymbol{F}_S$ 平移产生的高阶小附加力偶，得附加力偶矩 $M_f = F_N a = F_S r$，称为**滚动摩擦力偶**，简称**滚阻力偶**，其大小和方向完

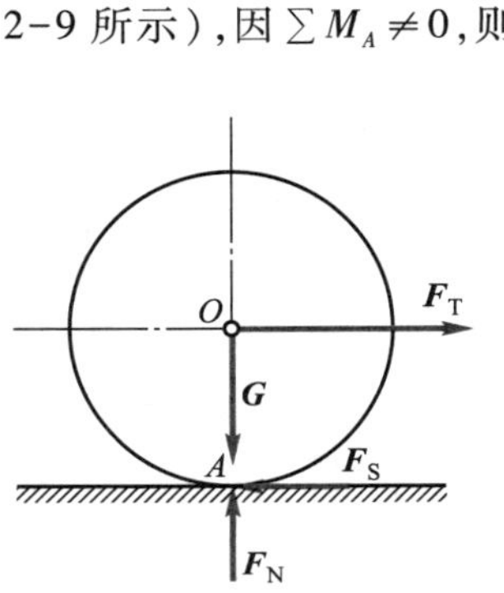

图 2-9　滚轮刚性接触模型

全由外力平衡条件确定。

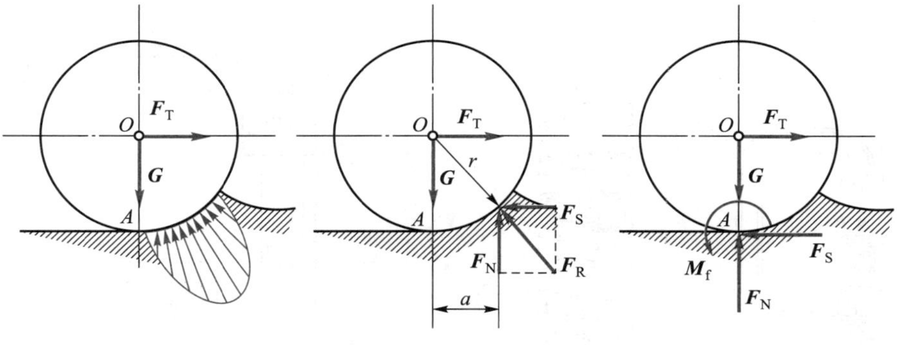

图 2-10　滚轮实际接触模型

2. **滚动摩擦系数**

实验证明：$0 \leq M_f \leq M_{f,max}$。$M_{f,max}$对应临界平衡状态，称为**最大滚阻力偶**，此时法向约束力 $\boldsymbol{F}_N$ 的前移量 a 达到最大值 δ，δ 称为**滚动摩擦系数**，简称**滚阻系数**，具有长度的量纲，单位常用 mm。于是

$$M_{f,max} = F_N \delta \qquad (2-18)$$

称为**滚动摩擦定律**，也是库仑于 18 世纪发现的。

值得指出的是，库仑理论认为 δ 是一个材料常数，与轮半径及法向压力无关。而研究结果表明，δ 与这些因素均有关。滚阻力偶一般较小，在许多工程问题中常常忽略不计。

2.3.4　典型摩擦平衡问题

考虑摩擦的平衡问题可分为四种类型：平衡的判断、临界平衡、平衡范围与考虑滚阻的问题。其中，核心是临界平衡问题，其关键在于临界平衡状态的判断。下面通过实例予以说明。

1. **平衡判断问题**

例 2-19　图 a 所示折梯立于水平地面上，已知 A、B 两端摩擦因数 $f_{SA} = 0.2$，$f_{SB} = 0.6$，不计梯重，试问重量为 G 的人能否安全爬至 AC 中点 D 处。

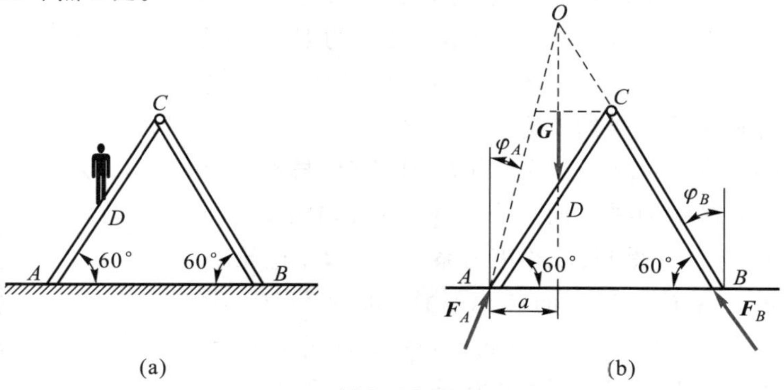

例 2-19 图

解： 设人爬至 AC 中点 D 时系统平衡，受力如图 b 所示，其中 G 为人所受重力。BC 是二力杆，故全约束力 $\boldsymbol{F}_B$ 沿 BC 方向作用，而 $\varphi_B=30°$，则

$$\tan\varphi_B=\tan 30°=\frac{\sqrt{3}}{3}<0.6=f_{SB}=\tan\varphi_{mB}$$

故 $\varphi_B<\varphi_{mB}$，B 处能自锁。此外，由三力平衡，$\boldsymbol{F}_A$ 应沿 AO 作用线，如图 b 所示。此时

$$\tan\varphi_A=\frac{a}{3\sqrt{3}a}=\frac{\sqrt{3}}{9}<0.2=f_{SA}=\tan\varphi_{mA}$$

故 $\varphi_A<\varphi_{mA}$，A 处也自锁，所以人能安全爬至 AC 中点 D 处。

注意： 对于摩擦平衡判断问题，可先假设平衡，求出 F_S，再与 $F_{S,max}$ 比较大小；也可考察主动力合力是否作用在摩擦角内，进行判断。

思考 2-15

① 例 2-19 中人沿 AC 最多能爬多高？

② 人爬至梯顶铰 C 处的条件是什么？

③ 采用哪些办法可保证人安全爬顶？

2. 临界平衡问题

例 2-20 图 a 所示圆鼓和楔块，已知圆鼓重量为 G，半径为 r，楔块倾角为 θ，摩擦因数为 f_S，不计楔重及其与水平面间的摩擦，试求推动圆鼓的最小水平力 $\boldsymbol{F}$。

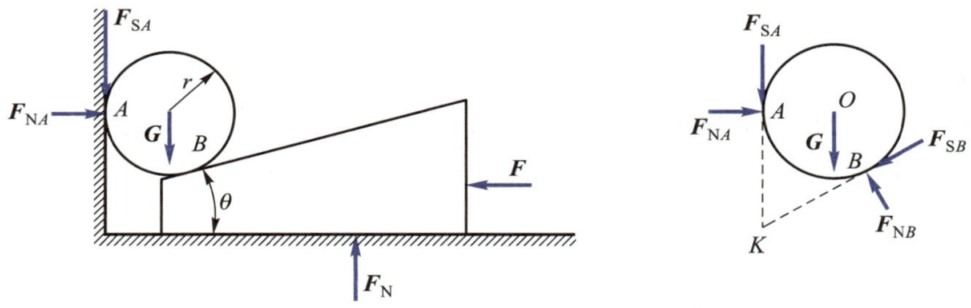

例 2-20 图

解： 先研究整体，其受力如图 a 所示。

由 $\sum F_x=0$，得

$$F=F_{NA}$$

再研究圆鼓，其受力如图 b 所示，临界平衡有两种可能情形：

（1）若 $F_{SB}=F_{NB}f_S$，B 处先滑动，则由 $\sum F_x=0$，得

$$F_{NA}-F_{NB}\sin\theta-F_{SB}\cos\theta=0$$

由 $\sum M_A=0$，得

$$F_{NB}r\cos\theta-F_{SB}r(1+\sin\theta)-Gr=0$$

解之，得

$$F_{NA}=\frac{\sin\theta+f_S\cos\theta}{\cos\theta-f_S-f_S\sin\theta}G$$

（2）若 $F'_{SA}=F'_{NA}f_S$，则由 $\sum M_B=0$，得

$$-F'_{NA}r\cos\theta+F'_{SA}r(1+\sin\theta)+Gr\sin\theta=0$$

故

$$F'_{NA}=\frac{\sin\theta}{\cos\alpha-f_S-f_S\sin\theta}G$$

显然

$$F'_{NA}<F_{NA}$$

故

$$F_{min}=F'_{NA}$$

注意：多点摩擦系统的临界平衡状态常见如下两种类型：多点同时滑动或先后滑动。本例属于后一种类型。简单问题易直观判断，复杂情况可结合自由度进行判断。某点滑动时，相当于去掉一个约束，系统处于临界状态时至少具有一个自由度。

问题 2-5 例 2-20 中能否事先判断圆鼓 A 处先滑动？

答：因该系统静定，其临界状态只需一点（A 或 B）处滑动。再次考察圆鼓受力（见例 2-20 图 b）。由 $\sum M_K=0$，易知

$$F_{NA}<F_{NB}$$

故

$$F_{A,max}<F_{B,max}$$

由 $\sum M_O=0$，知

$$F_{SA}=F_{SB}$$

故 A 处必先滑动。

思考 2-16

① 若在例 2-20 的楔块上有两个圆鼓，如图 a 所示，其中 $G_1=G_2$，则相应结果如何？

② 试判断图 b 所示系统可能的临界平衡状态（设各处 f_S 相同）。

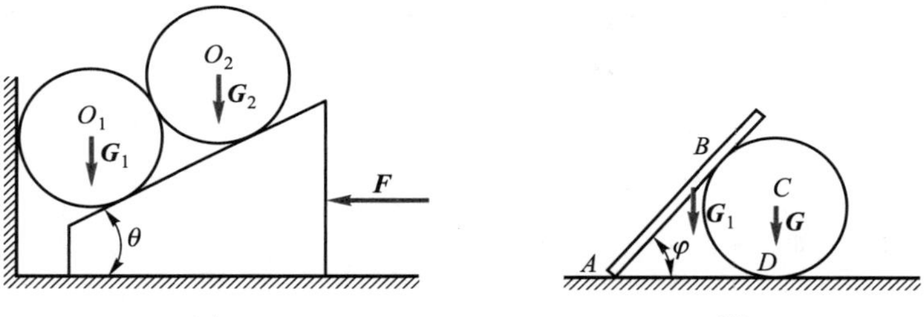

思考 2-16 图

3. 平衡范围问题

例 2-21 图 a 所示滑块连杆铰接系统中，滑块 A、B 重量均为 100 N，摩擦因数 $f=0.5$，试求平衡时作用在铰 C 的铅垂向下力 $\boldsymbol{F}$ 的大小。

解：先设滑块 A 不动，滑块 B 处于下滑临界状态，$F_{SB}=F_{NB}f$，滑块 B 受力如图 b 所示。

由 $\sum F_y=0$，得

$$F_{NB}-100\cos 30°-F_{BC}\cos 60°=0$$

由 $\sum F_x=0$，得

$$F_{NB}f+F_{BC}\cos 30°-100\ \text{N}\cdot\cos 60°=0$$

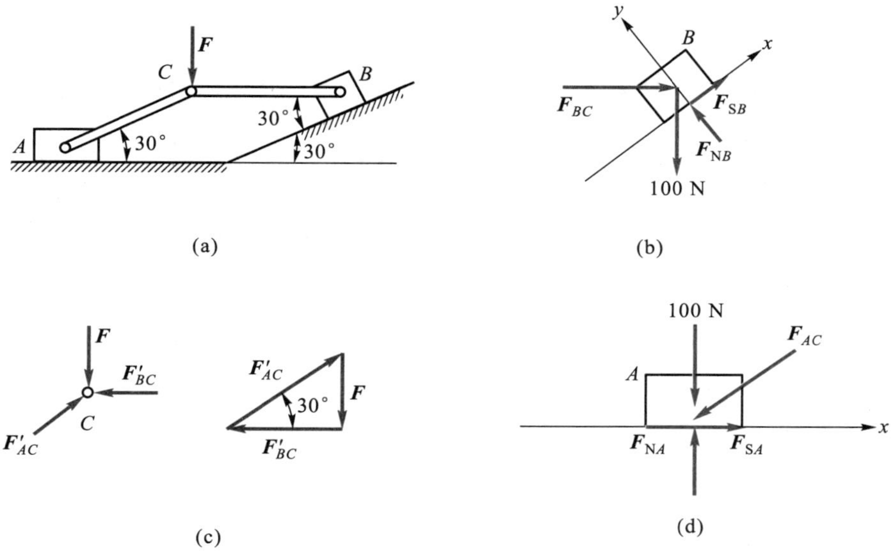

例 2-21 图

解得

$$F_{BC}=6\ \mathrm{N}$$

研究铰 C,其受力如图 c 所示。由力三角形得

$$F_1=F_{BC}\tan 30°=3.64\ \mathrm{N}$$

再分析两种可能的上临界状态:

① A 不动,B 上滑,则图 b 中 $\boldsymbol{F}_{SB}$反向,可类似求得 $F_2=87.4\ \mathrm{N}$。

② B 不动,A 左滑,受力如图 d 所示,且 $F_{SA}=F_{NA}f$。

由 $\sum F_x=0$,得

$$F_{NA}f-F_{AC}\cos 30°=0$$

由 $\sum F_y=0$,得

$$F_{NA}-100\ \mathrm{N}-F_{AC}\cos 60°=0$$

解得

$$F_{AC}=\frac{200(2\sqrt{3}+1)}{11}\ \mathrm{N}$$

$$F_3=F_{AC}\cos 30°=40.6\ \mathrm{N}$$

故 $F_1\leqslant F\leqslant F_3$,此即为所求。

注意: 求平衡范围时,常转化为求上、下临界状态;亦可由不等式$|F_S|\leqslant F_{max}$求解。

4. 考虑滚阻的问题

例 2-22 如图所示,已知轮半径 $r=1$ cm,轮重 $G=10$ N,两杆长均为 l,不计杆重。摩擦因数 $f=0.02$,滚阻系数 $\delta=0.1$ mm。试求平衡时力 $\boldsymbol{F}$ 的最大值及此时两轮所受摩擦力与滚阻力偶。

解: 研究整体平衡时,受力如图 a 所示。由 $\sum F_x=0$ 得

$$F_{SA}=F_{SB}$$

分别研究两轮平衡易知:$M_{fA}=F_{SA}r$,$M_{fB}=F_{SB}r$,故 $M_{fA}=M_{fB}$。

考察整体平衡,由 $\sum M_E=0$ 及 $\sum M_D=0$,得

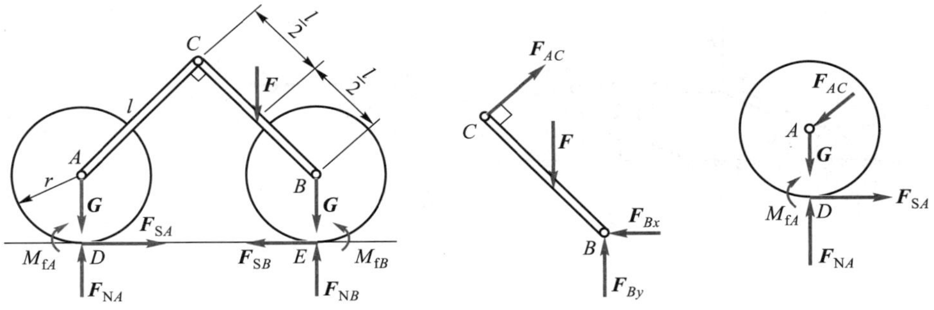

例 2-22 图

$$F_{NA}=\frac{1}{4}F+10\ \text{N},\quad F_{NB}=\frac{3}{4}F+10\ \text{N}$$

可见,平衡破坏时,轮 A 必先滑动或先滚动。

研究 BC 杆,其受力如图 b 所示,易求出

$$F_{AC}=\frac{\sqrt{2}}{4}F,\quad F_{Bx}=\frac{F}{4},\quad F_{By}=\frac{3}{4}F \tag{a}$$

再研究轮 A,其受力如图 c 所示,有如下两种可能临界状态:

① 设轮 A 先滚动,$M_{fA}=F_{NA}\delta$,由 $\sum M_D=0$,求得 F_{AC}后代入式(a),得力 $\boldsymbol{F}$ 此时之值 $F_1=0.404$ N。

② 设轮 A 先滑动,$F_{SA}=F_{NA}f$,由 $F_{SA}=F_{SB}=F_{Bx}=\frac{1}{4}F$,求得此时力 $\boldsymbol{F}$ 之值 $F_2=0.82$ N。故

$$F_{max}=F_1=0.404\ \text{N}$$

从而此时

$$M_{fA}=M_{fB}=F_{NA}\delta=1.01\ \text{N}\cdot\text{mm}$$

$$F_{SA}=F_{SB}=\frac{1}{4}F_{max}=0.101\ \text{N}$$

注意:考虑同时有多点摩擦和多点滚阻的临界平衡状态时,也存在各点同时滚动与不同时滚动两类临界状态情况。本例中所运用的判断方法有一定推广意义。

思考 2-17

① 若例 2-22 中 A、B 两轮滚阻系数不同,则有怎样的情形?

② 试分析汽车与自行车车轮在匀速行驶时的滚动摩阻力偶与滑动摩擦力方向。

例 2-23 如图所示,汽车重量 $G=15$ kN,车轮直径 d 为 600 mm,静止于某阻碍物前。若不计车轮自重,试求发动机应给予后轮多大的力偶矩,方能使前轮越过高度为 80 mm 的阻碍物。并求此时后轮与地面的静摩擦因数应为多大才不至打滑。

解:先研究后轮 B,受力如图 b 所示。由 $\sum M_B=0$,得 $F_B=M/r$。 (1)

再研究整体,考虑越过阻碍物的起始临界状态,前轮 A 刚好离地,并不计轮重,受力如图 c 所示,前轮受阻碍约束力 $\boldsymbol{F}_{NA}$过轮心 A,后轮为主动轮,摩擦力向前。

由 $\sum M_A=0$,有

$$-G\times 1\ 200\ \text{mm}+F_{NB}\times 2\ 400\ \text{mm}-F_B\times 300\ \text{mm}=0 \tag{2}$$

由 $\sum F_y=0$,有

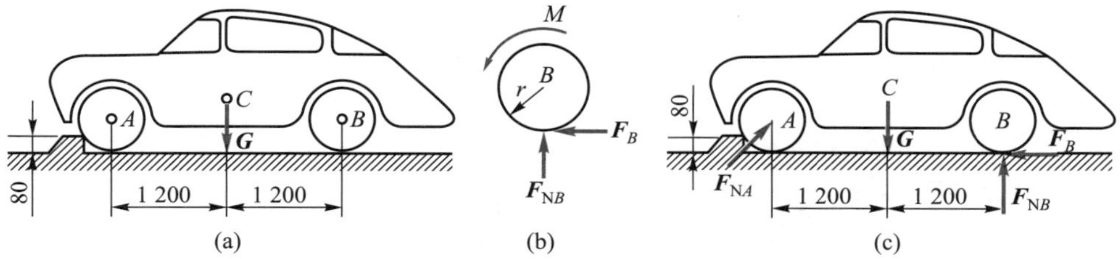

例 2-23 图

$$F_{NA}\cos\varphi + F_{NB} = G \tag{3}$$

由 $\sum F_x = 0$，有

$$F_{NA}\sin\varphi = F_B \tag{4}$$

式(4)代入式(3)，得

$$F_{NB} = G - F_B\cot\varphi \tag{5}$$

式(5)代入式(1)，得

$$F_B = \frac{4G}{1+8\cot\varphi} = 6.23\ \text{kN}$$

代入式(5)，得

$$F_{NB} = 8.28\ \text{kN}$$

故

$$f_S \geqslant F_B / F_{NB} = 0.752$$

且

$$M = F_B r = 1.87\ \text{N}\cdot\text{m}$$

思考 2-18

① 若考虑车轮质量，最小摩擦因数有何变化？

② 若汽车为前后轮同时驱动，结果又有何变化？

③ 若考虑滚动摩阻，相应结果如何？

习　题

2-1　试求图示梁在已知力偶作用下，支座 A、B 处的约束力。

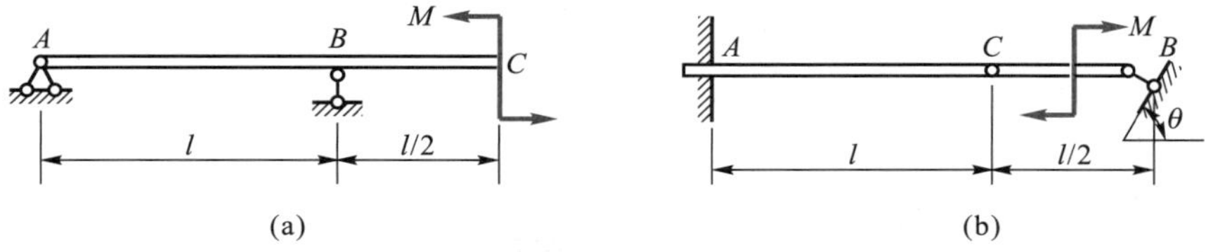

题 2-1 图

2-2　图示均匀圆环，重量为 200 N，直径为 300 mm，用三根长均为 250 mm 的绳悬挂在屋顶上。若 $\alpha = 120°$，$\beta = 150°$，$\gamma = 90°$，试确定每根绳的拉力。

2-3　齿轮箱两个外伸轴上作用的力偶如图所示，为保持齿轮箱平衡，求螺栓 A、B 处所提供的约束力的垂直分力。

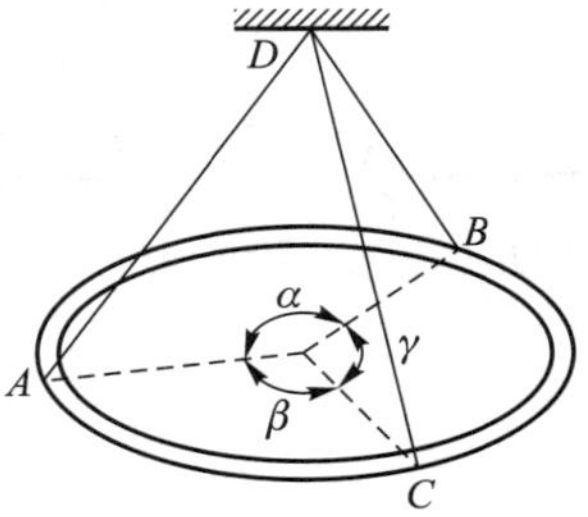

题 2-2 图

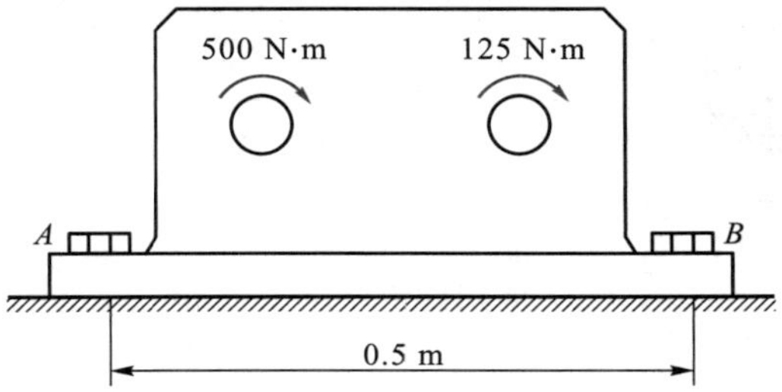

题 2-3 图

2-4 图示结构中,各构件的自重略去不计,构件 AB 上作用一力偶,其力偶矩 $M=800\ \mathrm{N\cdot m}$,求 A、C 处的约束力。

2-5 如图所示,起重机 ABC 中有铅垂转动轴 AB,起重机重量 $G=3.5\ \mathrm{kN}$,重心在 D。在 C 处吊有重量 $G_1=10\ \mathrm{kN}$ 的物体。试求滑动轴承 A 和止推轴承 B 的约束力。

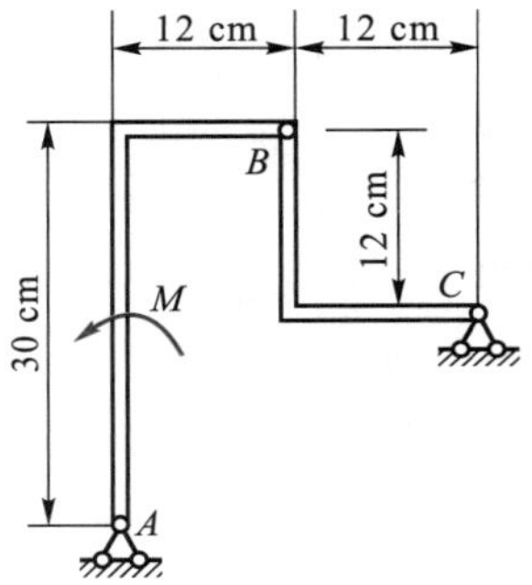

题 2-4 图

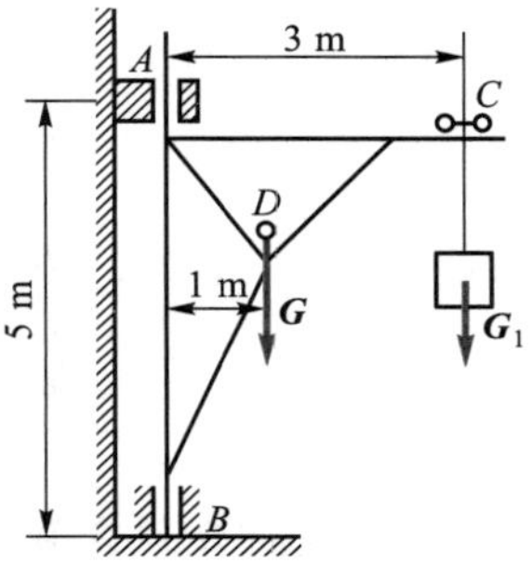

题 2-5 图

2-6 如图所示,钥匙的截面为直角三角形,其直角边 $AB=d_1$,$BC=d_2$。设在钥匙上作用一个力偶矩为 M 的力偶。试求其顶点 A、B、C 对锁孔边上的压力。不计摩擦,且钥匙与锁孔之间的缝隙很小。

2-7 如图所示,一便桥自由地放置在支座 C 和 D 上,支座间的距离 $CD=2d=6\ \mathrm{m}$。单位长度桥面重量为 $\frac{5}{3}\ \mathrm{kN/m}$。试求当汽车从上面驶过而不致使桥面翻转时桥的悬臂部分的最大长度 l。设汽车前后轮的负重分别为 20 kN 和 40 kN,两轮间的距离为 3 m。

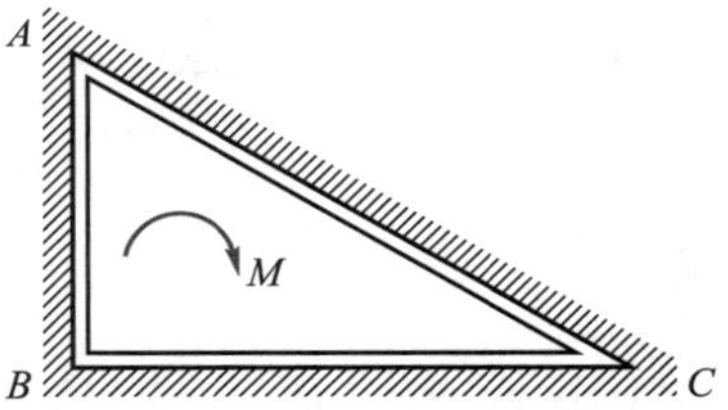

题 2-6 图

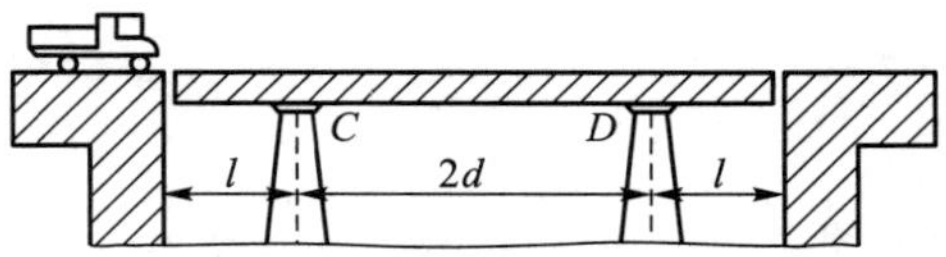

题 2-7 图

2-8 试求图示静定梁在 A、B、C 处的全部约束力。已知 d、q 和 M。注意比较和讨论图 a、b、c 所示三梁的约束力及图 d 和图 e 所示的两梁的约束力。

2-9 如图所示，悬臂梁 AB 一端砌在墙内，在自由端装有滑轮以匀速吊起重物 D。设重物重量为 G，AB 长度为 b，斜绳与铅垂线夹角为 θ。若不计梁、滑轮及绳的自重，试求固定端 A 的约束力。

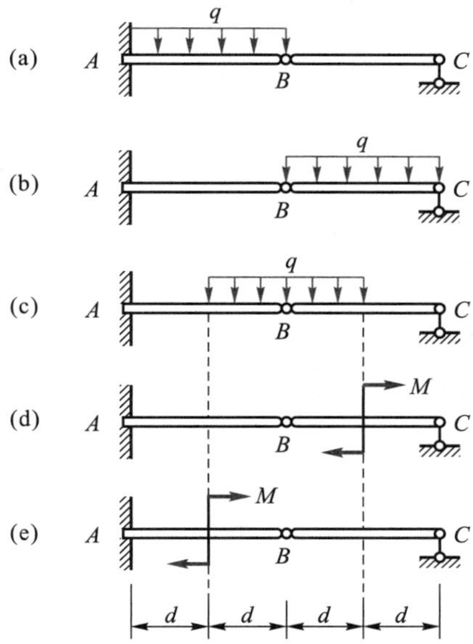

题 2-8 图

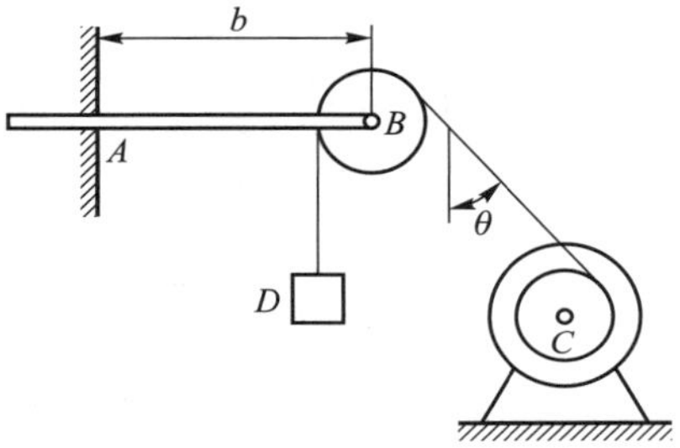

题 2-9 图

2-10 图示组合梁由 AC 和 DC 两段铰接而成，起重机置于梁上。已知起重机重量 $G=50$ kN，重心在铅垂线 EC 上，起重荷载 $F=10$ kN，若不计梁重，求支座 A、B、D 三处的约束力。

2-11 如图所示，厂房构架为三铰拱架。桥式吊车顺着厂房（垂直于纸面方向）沿轨道行驶，吊车梁的重量 $G_1=20$ kN，其重心在梁的中点。跑车和起吊重物的重量 $G_2=60$ kN。每个拱架的重量 $G_3=60$ kN，其重心在点 D、E，正好与吊车梁的轨道在同一铅垂面上。风压的合力为 10 kN，方向水平。试求当跑车距离左边轨道 2 m 时，铰链点 A、B 的约束力。

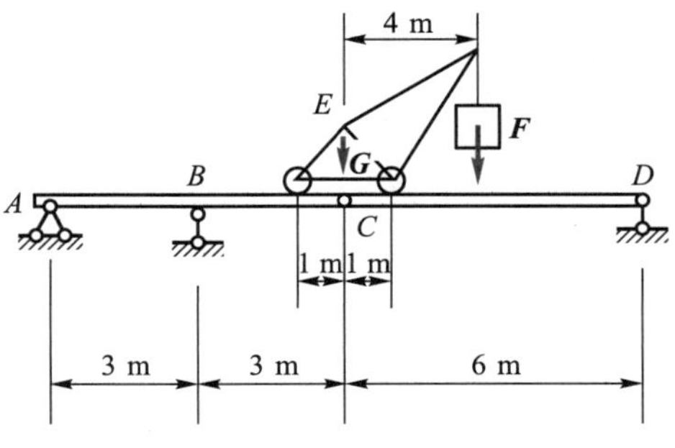

题 2-10 图

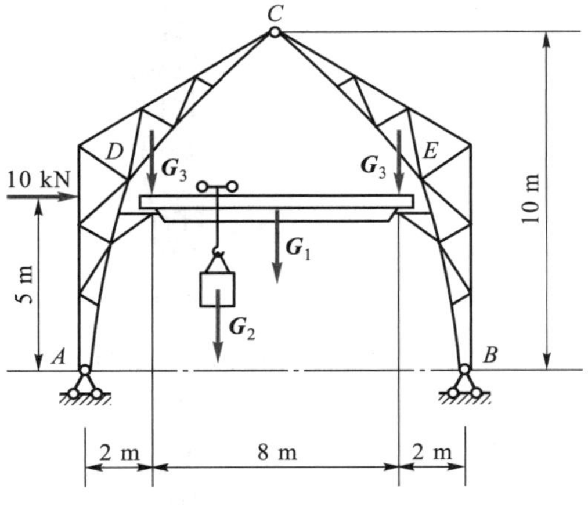

题 2-11 图

2-12 图示汽车台秤简图，BCF 为整体台面，杠杆可绕轴 O 转动，B、C、D 均为铰链，杆 CD 处于水平位置。试求平衡时砝码重量 G_1 与汽车重量 G_2 的关系。

2-13 图示为一测量导弹喷气推力的试验台，导弹点火后，由测力表测出 K 处的拉力为 $\boldsymbol{F}_T$，导弹重量为 G。试求推力 $\boldsymbol{F}$ 和 D 处的约束力。

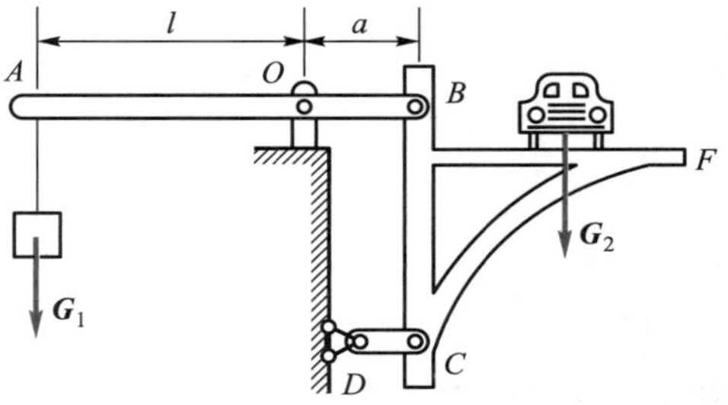

题 2-12 图

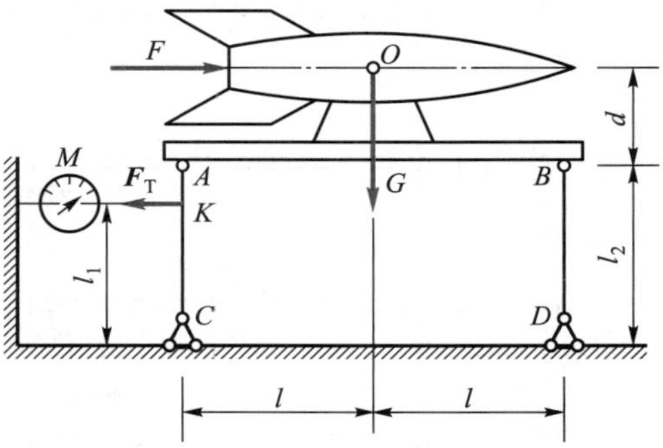

题 2-13 图

2-14 如图所示，体重为 G 的体操运动员在吊环上做十字支撑。已知 l、θ、d（两肩关节间距）和 $\boldsymbol{G}_1$（两臂总重）。假设手臂为均质杆，试求肩关节的受力。

2-15 如图所示，圆柱形的杯子倒扣着两个重球，每个球重量为 G，半径为 r，杯子半径为 R，$r<R<2r$。若不计各接触面间的摩擦，试求杯子不致翻倒的最小杯重量 G_{min}。

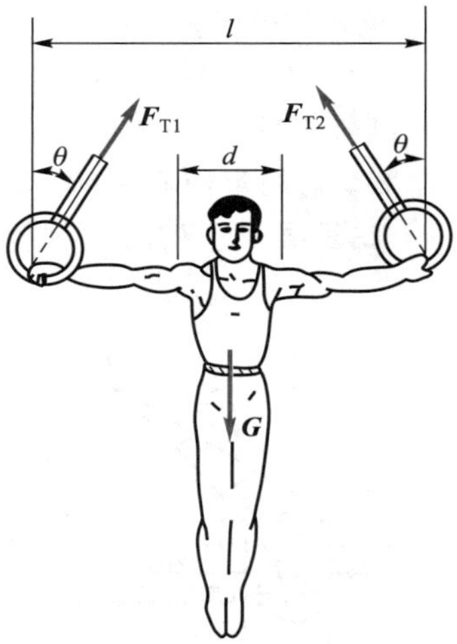

题 2-14 图

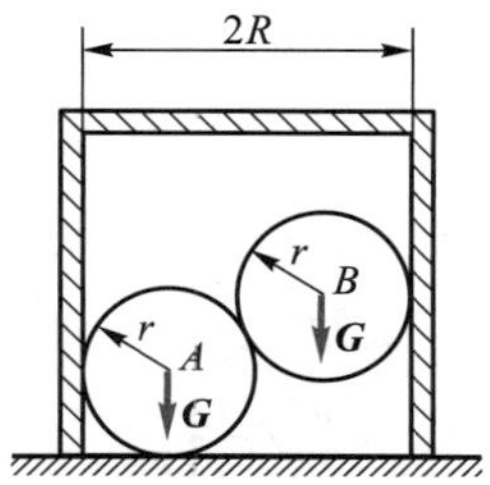

题 2-15 图

2-16 如图所示均质杆 AB，重量为 G，一端用球铰链 A 固定，另一端用软绳 BC、BD 拉住，位于水平位置，求绳子中的拉力。若再加上一根软绳 BE，能否求出这三根绳子中的拉力？为什么？

2-17 一重量为 210 N 的轮子放置如图所示，在轮轴上绕有软绳并挂有重物 A。设接触处的摩擦因数为 0.25，轮子半径为 20 cm，轮轴的半径为 10 cm，求平衡时重物 A 的最大重量。

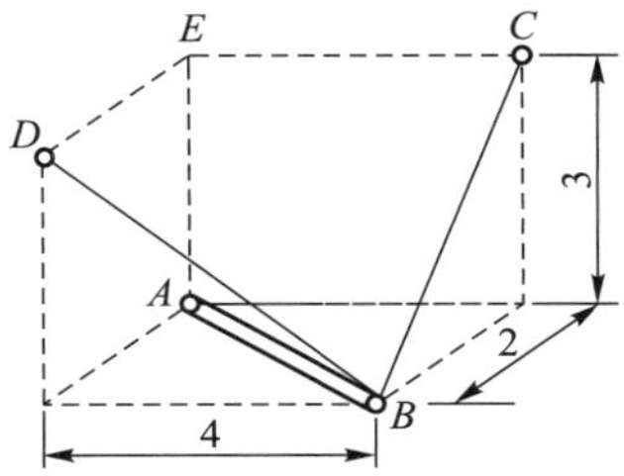

题 2-16 图

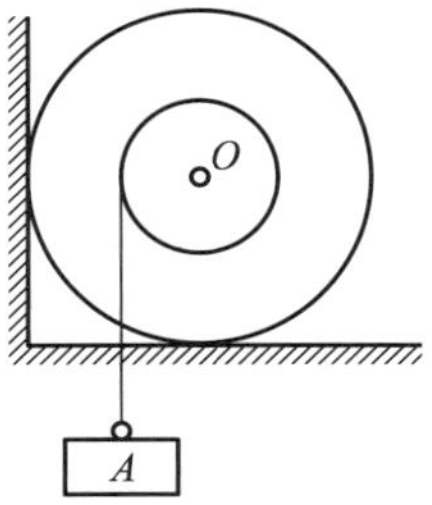

题 2-17 图

2-18 一梯子长 4 m，重心在其中点，搁置位置如图 a、b 所示，$\theta=\arctan\dfrac{4}{3}$。如果接触处的摩擦因数均为 0.40，则梯子能否保持平衡？如果平衡，能否求出接触处的约束力？设梯子的重量为 G。

2-19 一叠纸片按图示形状堆叠，其露出的自由端用纸粘连，成为两叠彼此独立的纸本 A 和 B。每张纸重 0.06 N，纸片总数有 200 张，纸与纸之间及纸与桌面之间的摩擦因数都是 0.2。假设其中一叠纸是固定的，试求拉出另一叠纸所需的水平力 $\boldsymbol{F}_{\mathrm{P}}$。

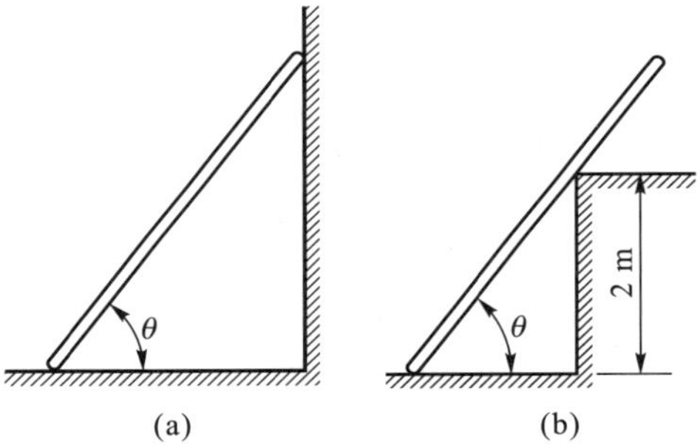

题 2-18 图

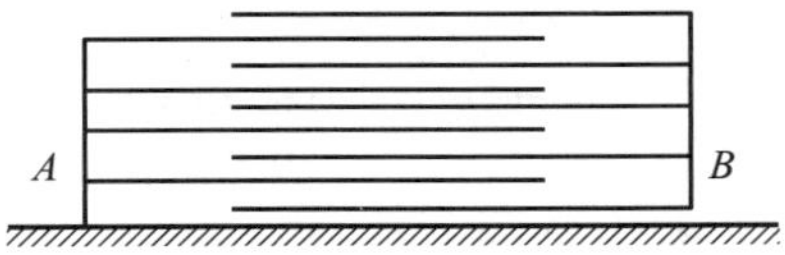

题 2-19 图

2-20 一起重用的夹具由 ABC 和 DEF 两相同杆件组成，并由杆 BE 连接，B 和 E 都是铰链，尺寸如图所示。此夹具依靠摩擦力提起重物，试问要提起重物，静摩擦因数 f_s 至少应为多大。

2-21 重量为 500 N 的物体 A 放在粗糙斜面上，如图所示。已知 $\beta=25°$，斜面与物体间的摩擦因数 $f=0.2$，求：

① 使物体向上滑动所需力 $\boldsymbol{F}$ 的最小值；

② 阻止物体向下滑动所需力 $\boldsymbol{F}$ 的最小值。

2-22 尖劈起重装置如图所示，尖劈 A 的顶角为 θ，在滑块 B 上受力 $\boldsymbol{F}_{\mathrm{Q}}$ 的作用。尖劈 A 和滑块 B 之间的静摩擦因数为 f（有滚珠处摩擦不计）。若不计 A 块、B 块的重量，试求能保持装置平衡的力 $\boldsymbol{F}$ 的范围。

2-23 压延机由两轮构成，两轮的直径 $d=50$ cm，两轮间的间隙 $a=0.5$ cm。两轮反向转动，如图所示。已知烧红的铁板与铸铁轮间的摩擦因数 $f=0.1$，问能压延铁板的最大厚度 b 是多少。

2-24 如图所示，重量为 G 的均匀捧一端搁在粗糙地面上，摩擦因数为 f，另一端系一绳，此绳通过滑轮挂一重量为 G_1 的物块。不计滑轮摩擦，保持角 θ 不变，求 G_1 的最大值。

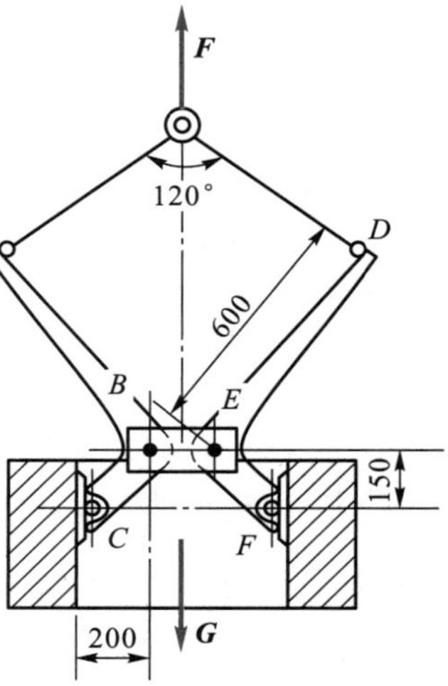

题 2-20 图

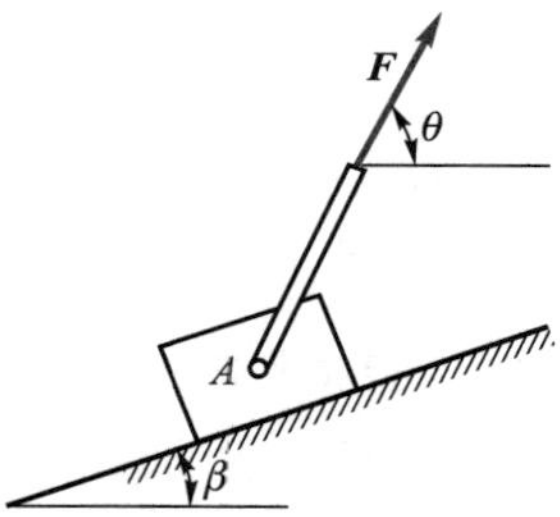

题 2-21 图

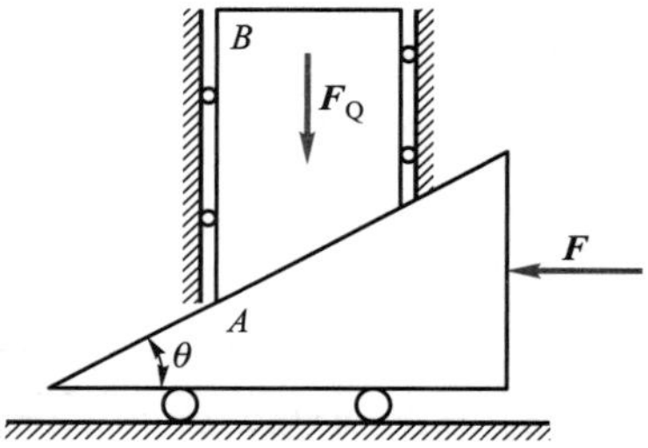

题 2-22 图

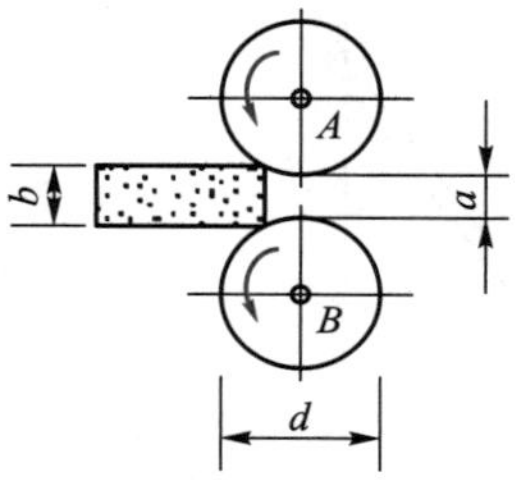

题 2-23 图

2-25 如图所示,机床上为了迅速装卸工件 A,常采用图示偏心轮夹具。已知偏心轮直径是 d,偏心轮与台面间的摩擦因数是 f。把手柄压下并在杠杆 BC 平行于台面时放手,偏心轮不会自动松开,此时点 O 在 BC 的延长线上。试问偏心距 e 应多大。轴上摩擦和偏心轮重量略去不计。

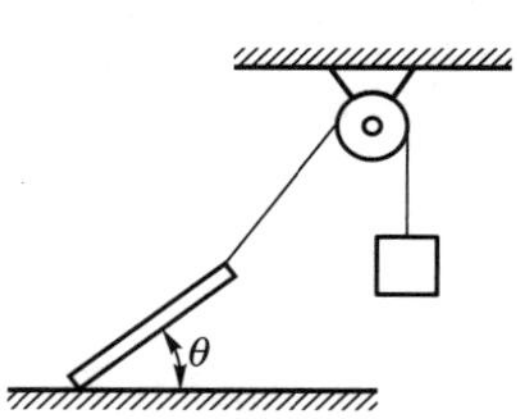

题 2-24 图

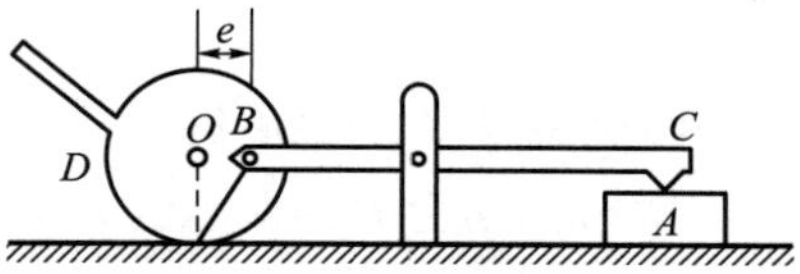

题 2-25 图

2-26 厂房屋架结构如图所示,其上承受铅垂均布载荷。若不计各构件重量,试求杆 1、2、3 的受力。

2-27 结构由 AB、BC 和 CD 三部分组成,所受载荷及尺寸如图所示。试求 A、B、C 和 D 处的约束力。

2-28 如图所示,构件 AC、BE 在 C 处用销钉结合,此二构件在 A 点及 B 点用销钉支撑在铅垂的墙壁上,F 点有一个 200 kN 载荷,固定于 D 点的绳索绕过滑轮 E 吊一个 300 kN 载荷,DK 水平,试求 A、B 处的约束力及对各构件的作用力。

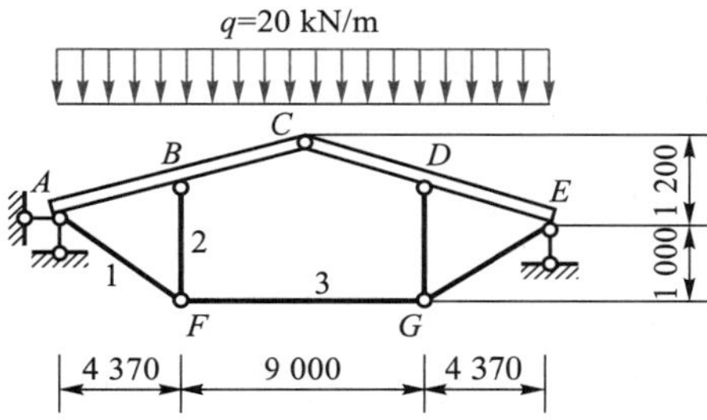

题 2-26 图(尺寸单位:mm)

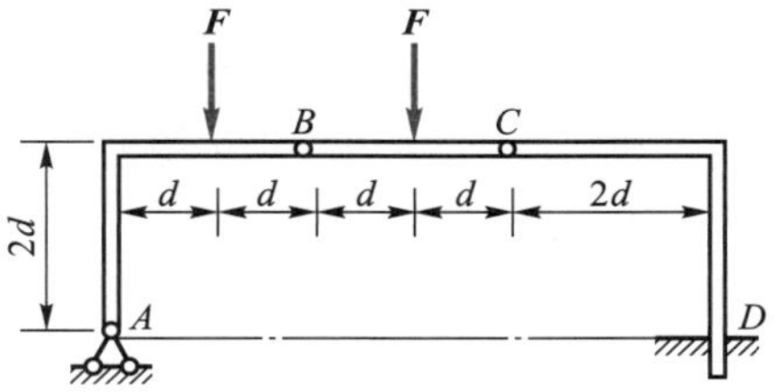

题 2-27 图

2-29 三铰拱架尺寸及所受载荷如图所示,已知 $F_1=100$ N,$F_2=120$ N,$M=250$ N·m,$q=20$ N/m,$\theta=60°$,求铰链支座 A 和 B 的约束力。

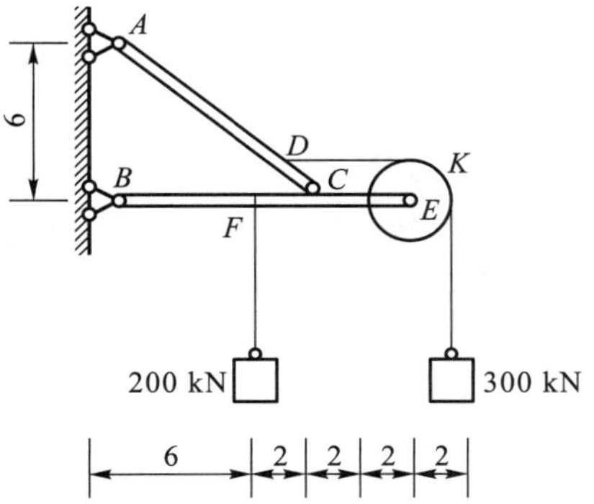

题 2-28 图(尺寸单位:m)

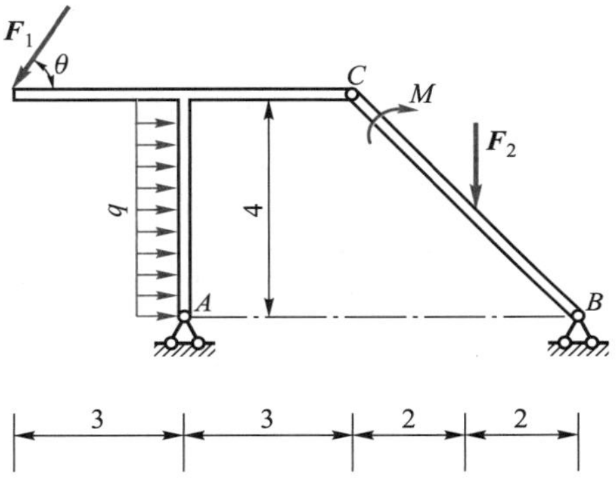

题 2-29 图(尺寸单位:m)

2-30 平面受力构件的尺寸及角度如图所示。左边 T 字形杆 ABD 的 A 端插入地下,AD 部分受均布载荷作用,单位长度载荷的大小为 q,B 端与斜杆 BC 铰接。在 BC 杆中点 O 安装一滑轮,跨过滑轮用一细绳挂一重量为 G 的重物,绳的另一端固定于 ABD 的 E 点。试求 A、C 处支座约束力及约束力偶,并求 B 处内力。

2-31 如图所示起重装置,鼓轮 O 上作用一力矩 $M=320$ N·m,提升重物 E 的重量 $G=1\ 000$ N,鼓轮重量 $G_1=200$ N,半径 $r=10$ cm。支架中各杆的重量均不计,鼓轮为均质圆盘。试求 B 处链杆约束力。

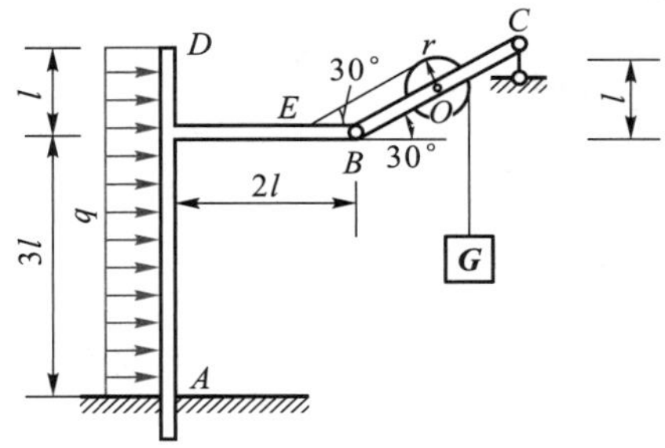

题 2-30 图

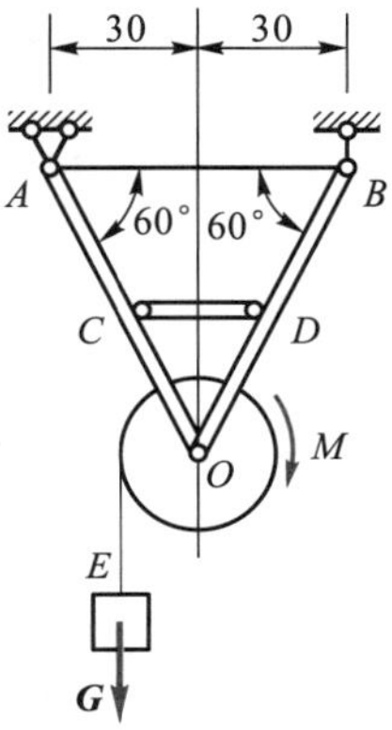

题 2-31 图(尺寸单位:cm)

2-32 平面结构如图所示，A、B 为固定铰链支座，杆长 $AC=BD=2a$。已知 $a=1\ \text{m}$，$\theta=30°$，在铰链 D 处作用一垂直载荷 $F_Q=1\ \text{kN}$，在 AC 杆中作用一水平载荷 $F_P=0.4\ \text{kN}$，各杆件自重不计。求支座 A、B 的约束力及各构件的外力。

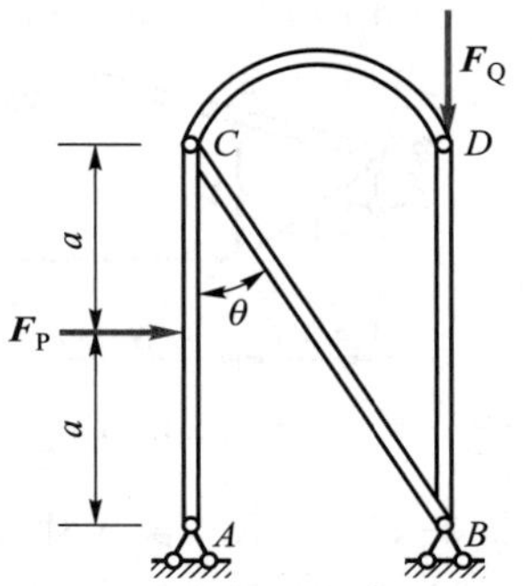

题 2-32 图

2-33 如图所示，夹钳手柄的倾斜角为 θ，外力为 $F_P'=F_P$。试求夹钳施加给物体的力。

2-34 如图所示，已知作用于镗刀杆刀头上的切削力 $F_z=5\ \text{kN}$，径向力 $F_y=1.5\ \text{kN}$，轴向力 $F_x=0.75\ \text{kN}$，而刀尖位于 Oxy 平面内。试求镗刀杆根部 O 处的约束力。

2-35 作用在齿轮上的啮合力 $\boldsymbol{F}$ 推动皮带轮绕水平轴 AB 匀速转动。已知皮带紧边的拉力为 200 N，松边的拉力为 100 N，尺寸如图所示。试求力 $\boldsymbol{F}$ 的大小和轴承 A、B 的约束力。

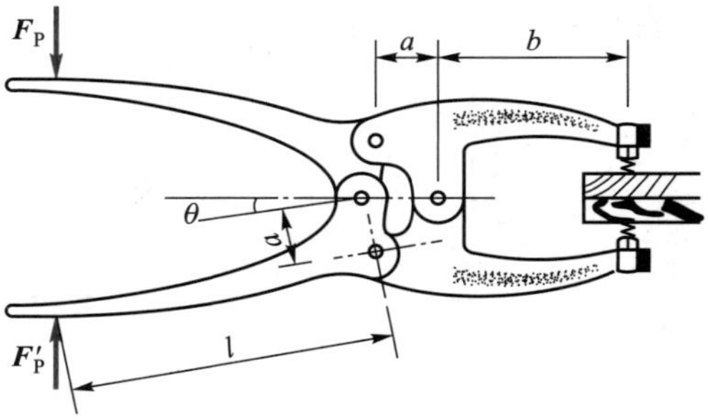

题 2-33 图

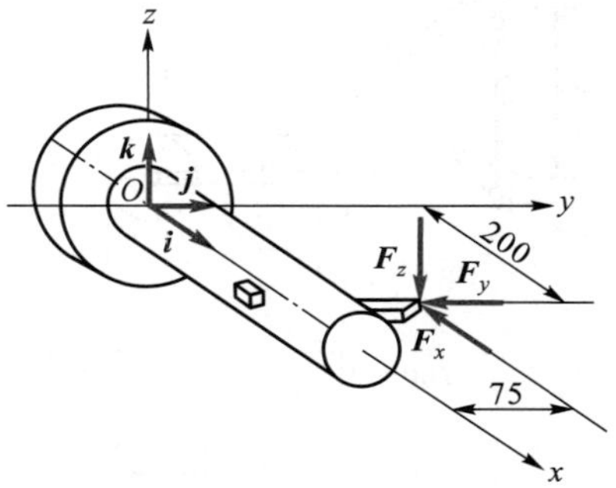

题 2-34 图（尺寸单位：mm）

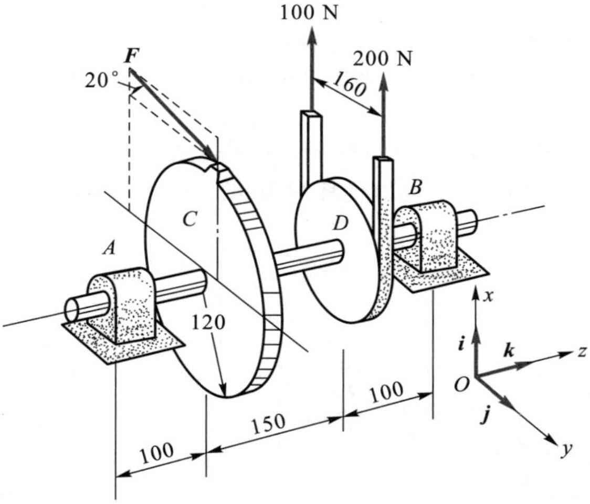

题 2-35 图（尺寸单位：mm）

2-36 正方形板 $ABCD$ 由 6 根直杆支撑于水平位置，若在点 A 沿 AD 方向作用水平力 $\boldsymbol{F}$，尺寸如图所示，不计板重和杆重，试求各杆的受力。

2-37 图示桁架的载荷 F_P 和尺寸 d 均已知。试求杆件 FK 和 JO 的受力。

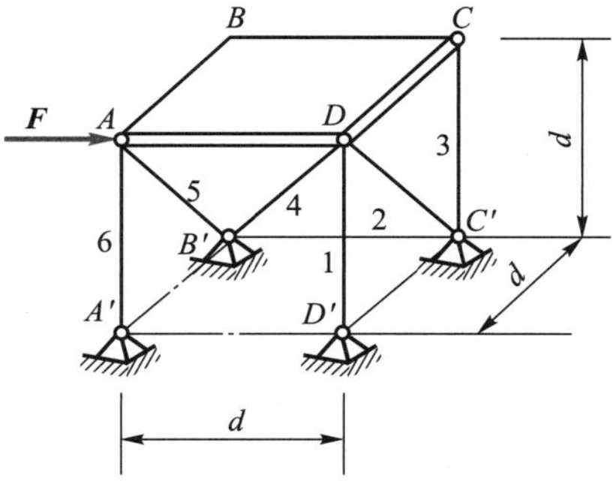

题 2-36 图

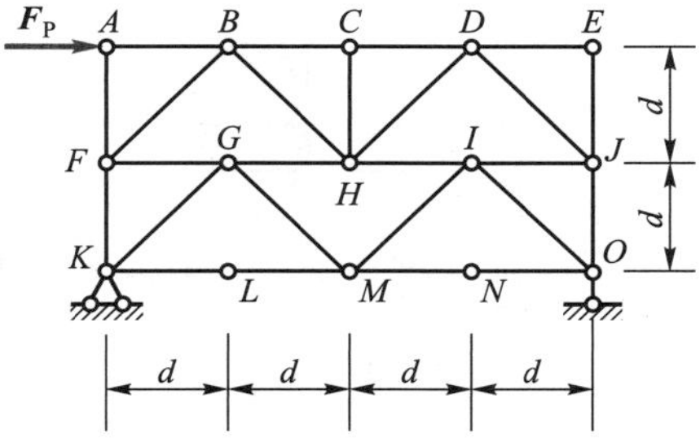

题 2-37 图

2-38 如图所示，桁架所受的载荷 F_P 和尺寸 d 均已知。试求杆 1、2、3 的受力。

2-39 重物由桁架支承，如图所示。计算杆 AB 的内力。

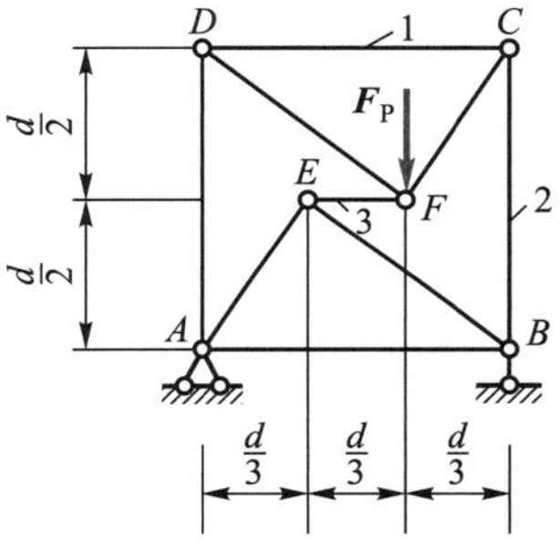

题 2-38 图

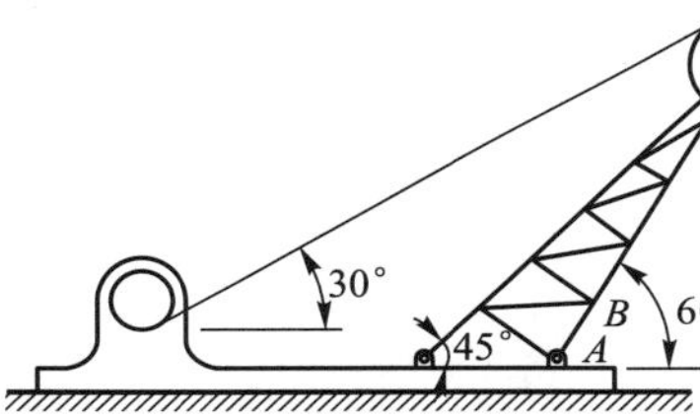

题 2-39 图

2-40 求出如图所示两桁架中杆 AB 的内力。

2-41 求图所示桁架支座上的约束力，其中 $F_1=F_2=F$。

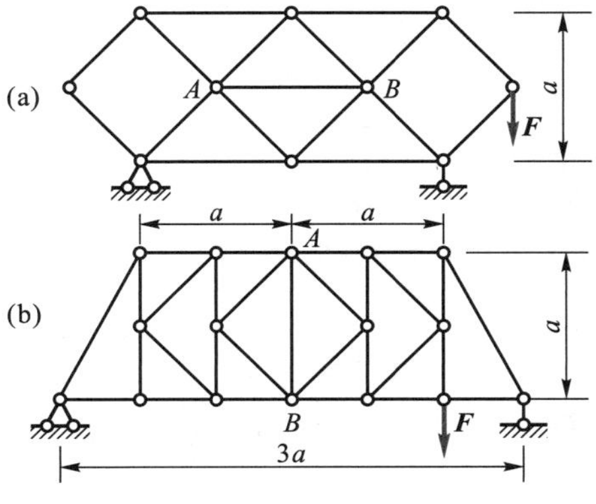

题 2-40 图

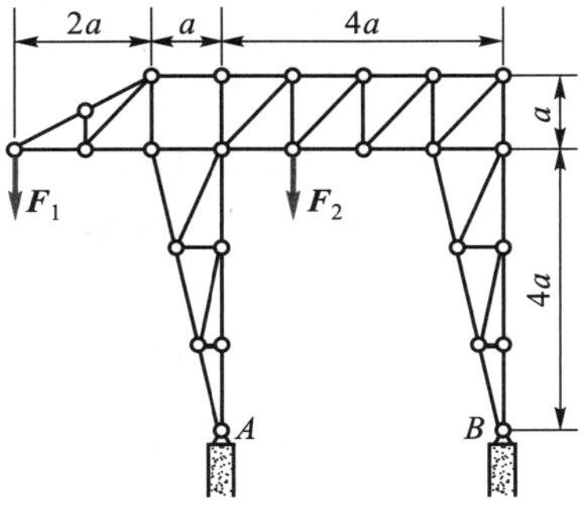

题 2-41 图

2-42 一桁架的支承及载荷如图所示，其中 $F_1=F_2=F_3=F$。求当 $b=2a$ 时支座 A、B 上的约束力。讨论当 $b=a$ 时的情况。

2-43 图示起重机中，已知 $AD=DB=1\ \text{m}$，$CD=1.5\ \text{m}$，$CM=1\ \text{m}$，机身与平衡锤 E 共重 $G_0=100$

kN，重力作用线在平面 LMN 中，到机身轴线 MN 距离为 0.5 m，起重量为 $G=30$ kN，试求当平面 LMN 平行于 AB 时车轮对轨道的压力。

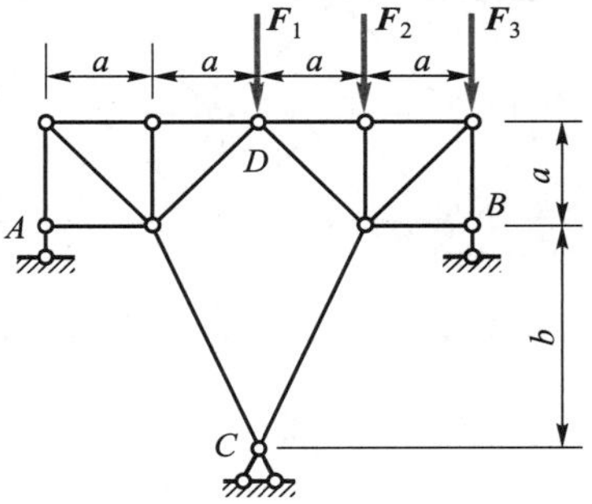

题 2-42 图

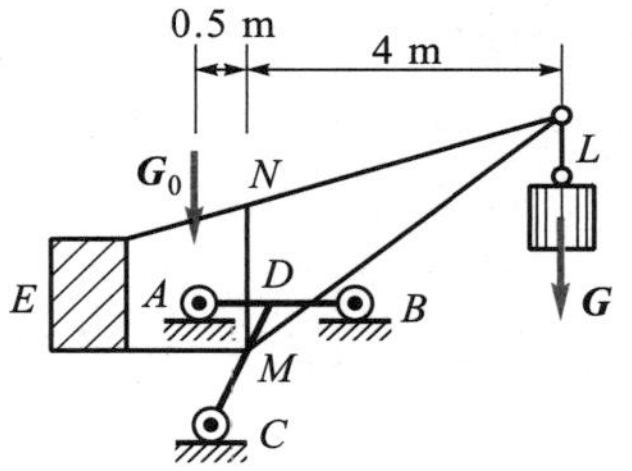

题 2-43 图

2-44 图示矩形板 $ABCD$ 固结在一柱子上，柱子下端固定。板上作用两集中力 $\boldsymbol{F}_1$、$\boldsymbol{F}_2$ 和集度为 q 的分布力。已知 $F_1=2$ kN，$F_2=4$ kN，$q=400$ N/m。求固定端 O 的约束力。

2-45 图示板 $ABDC$ 的 A 处用球铰支承。B 处用铰链与墙相连（x 方向无约束力），CD 中点 E 系一绳，使板在水平位置平衡。GE 平行于 z 轴。已知板重 $G_1=8$ kN，$G_2=2$ kN，试求 A、B 两处的约束力及绳子的张力。

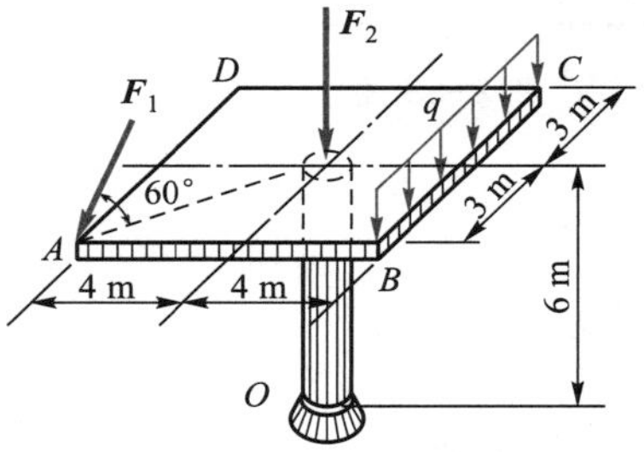

题 2-44 图

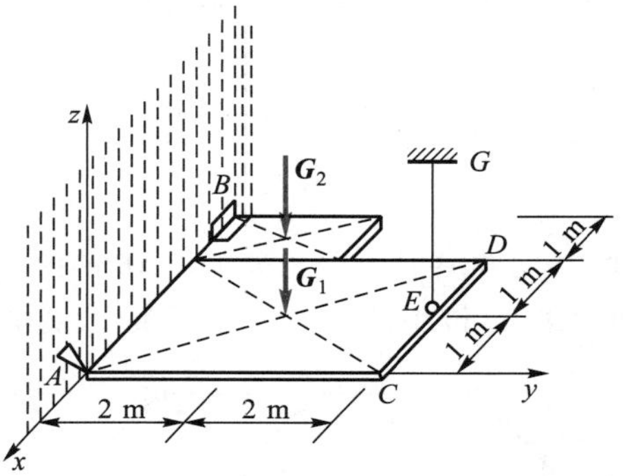

题 2-45 图

2-46 如图所示，物块 A 的重量 $G=6$ kN，设绕线轮 B 与 A 块间的摩擦因数 $f_1=0.2$，轮与地面的摩擦因数 $f_2=0.5$，轮 B 半径分别为 $R_1=20$ cm，$R_2=40$ cm，轮的重量 $G=2$ kN，试求轮 B 运动时拉力 $\boldsymbol{F}_P$ 的最小值。

2-47 如图所示，均质杆 AB 的重量为 G，长度为 l，A 端用球铰固定，B 端靠在铅垂墙上。球铰 A 与墙的距离 $OA=a$，若杆端 B 与墙面间的摩擦因数为 f，问 θ 多大时，端 B 将开始沿墙壁滑动。

2-48 图示为凸轮顶杆机构，在凸轮上作用有力偶，其力偶矩的大小为 M，顶杆上作用有力 $\boldsymbol{F}_Q$。已知顶杆与导轨之间的静摩擦因数为 f_s，偏心距为 e，凸轮与顶杆之间的摩擦可忽略不计。要使顶杆在导轨中向上运动而不致被卡住，试求滑道的长度 l。

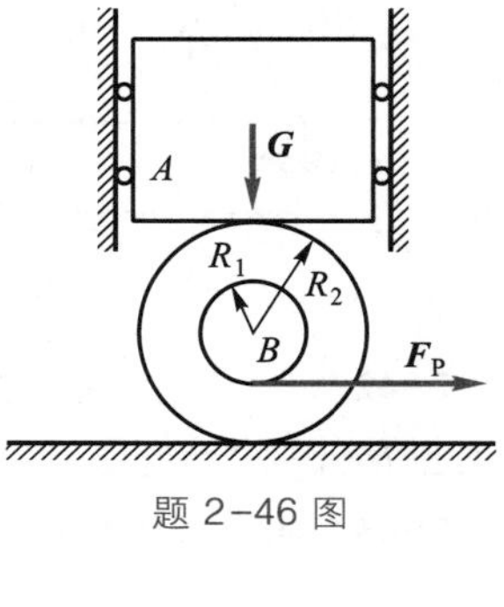

题 2-46 图

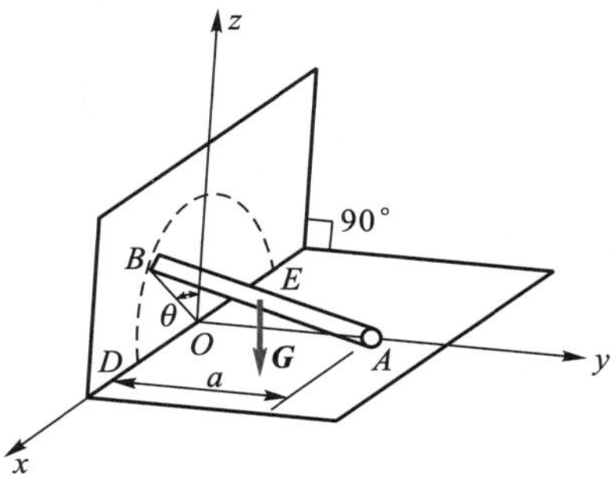

题 2-47 图

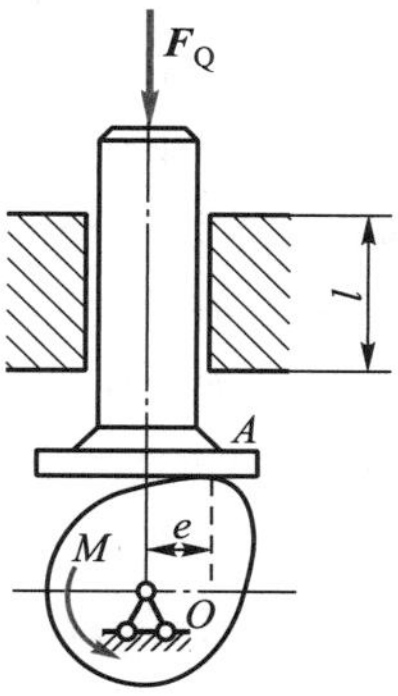

题 2-48 图

2-49 如图所示，用矩形钢箍来防止受拉伸载荷作用的两块木条料的相对滑动，设钢箍与木料、木料与木料之间的静摩擦因数均为 0.30，且所有接触面同时产生相对滑动，$F_P = 800$ N。试求能够阻止滑动的钢箍最大尺寸 h 及相应的正压力。

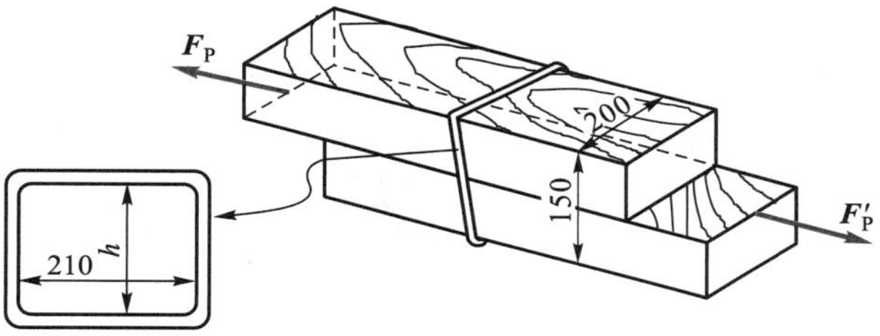

题 2-49 图

2-50 如图所示，重量为 981 N 的滚轮被铲车推动，沿倾角为 20°的斜面匀速上升。如 A、B 两处的静摩擦因数 $f_{SA} = 0.18$，$f_{SB} = 0.45$，动摩擦因数 $f_A = 0.15$，$f_B = 0.4$，试求作用于滚轮上的法线约束力 $\boldsymbol{F}_{NA}$ 和 $\boldsymbol{F}_{NB}$。

2-51 图示螺栓将两平板连接在一起，螺纹为矩形，螺栓的平均直径 $d = 20$ mm，螺距为 3 mm，螺栓与螺母间的摩擦因数 $f_s = 0.15$，螺栓中的拉力 $F_T = 40$ kN。试求松开螺栓所需作用的最小力矩。

题 2-50 图

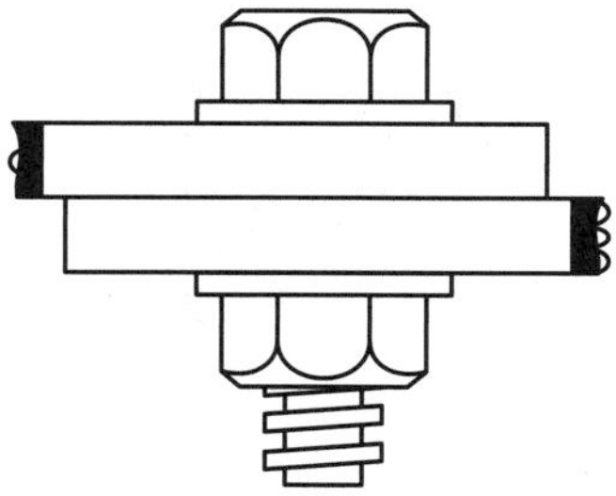

题 2-51 图

2-52 如图所示，为了在较软的地面上移动一重量为 1 kN 的木箱，可先在地面铺上木板，然后在木箱与木板间放进钢管作为滚子。若钢管直径 $d = 50$ mm，钢管与木板或木箱间的滚动摩擦系数均为 0.25 cm，试求推动木箱所需的水平力 $\boldsymbol{F}_P$。若不用钢管，使木箱直接在木板上滑动，已知木箱与木板间的静滑动摩擦因数为 0.4，试求推动木箱所需的水平力 $\boldsymbol{F}_P$。

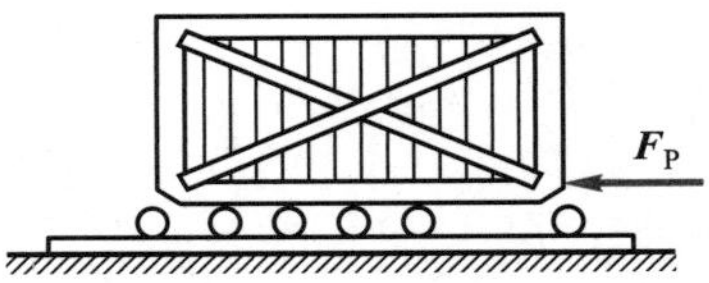

题 2-52 图

2-53 如图所示，平板闸门长度 $l=12$ m（为垂直于图面方向的长度），高 $h=8$ m，重量为 400 kN，安置在铅垂滑槽内。A、B 为滚轮，半径为 100 mm，滚轮与滑槽间的滚动摩擦系数 $\delta=0.7$ mm，接触面 C 处为光滑接触。闸门由起重机启闭，试求：

① 闸门未启动时（即 $F_T=0$）A、B、C 三点的约束力；

② 开启闸门所需的力 $\boldsymbol{F}_T$（力 $\boldsymbol{F}_T$ 通过闸门重心）。

2-54 均质杆 B 端放置于水平地面，A 端靠在铅垂墙面上，杆重 22.2 N，几何尺寸如图所示。设 B 端不滑动，求 A 端不滑动时的最小静摩擦因数。

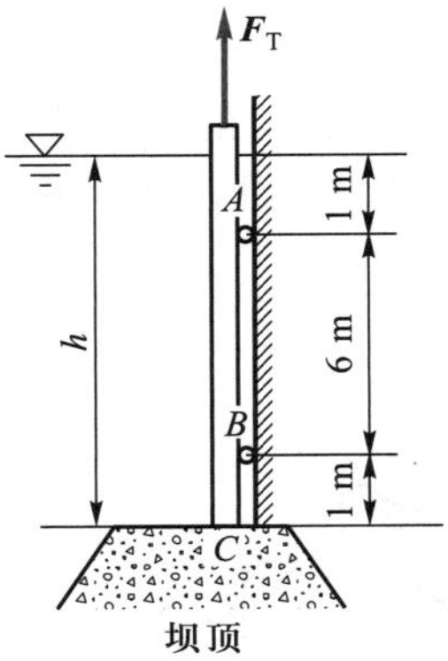

题 2-53 图

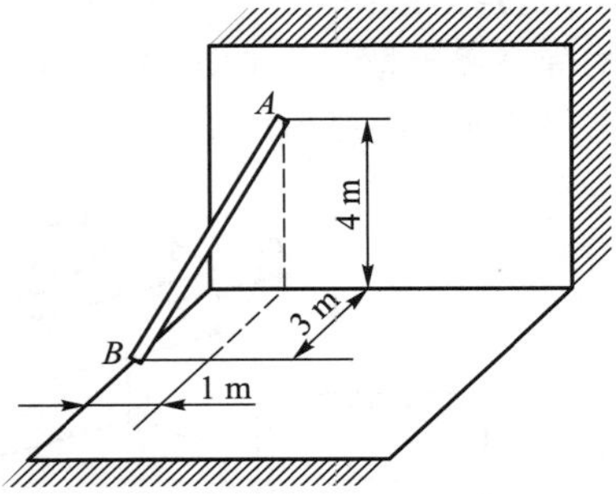

题 2-54 图

2-55 一半径为 R、重量为 G_1 的滚轴轮静止在水平面上，如图所示。在半径为 r 的轮轴上缠有细绳，此绳跨过定滑轮 A，绳端系一重量为 G_2 的物体。绳 AB 与铅垂线成 θ 角。求轮与水平面接触点 C 处的滚动摩擦力偶、滑动摩擦力和法向约束作用力。

2-56 如图示圆轮半径为 R，重量为 P，在其铅垂直径的上端 B 点处作用水平力 $\boldsymbol{F}$，轮与水平面间的滚动摩擦系数为 δ，轮与水平面间的滑动摩擦因数为 μ。求轮子只滚不滑的条件。

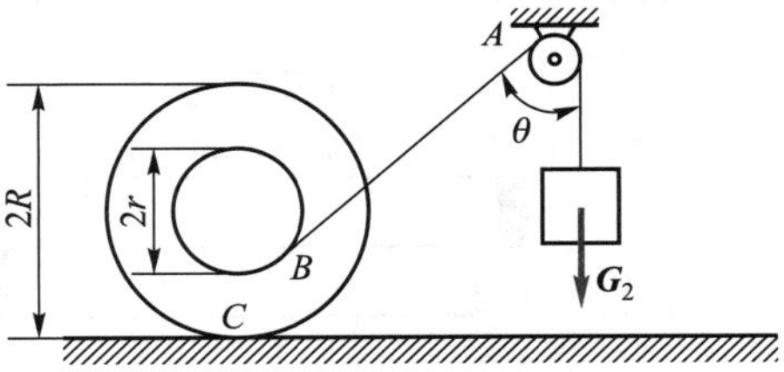

题 2-55 图

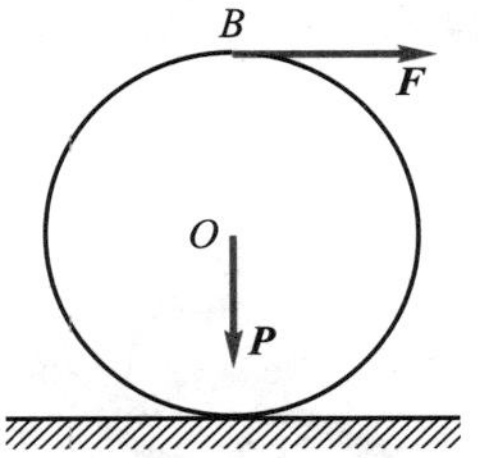

题 2-56 图

讨论题

2-57 图示结构由等长构件 AE、EG、BD、DK 及杆 DE 铰接而成。C、H 分别为各等长构件的中点。已知载荷 $\boldsymbol{F}_P$。这是桁架结构吗？若要求杆 DE 受力，可否用图示的截面法求解？请求出正确结果。若向上类似铰接 3 根杆，或 $3n$ 根杆，$\boldsymbol{F}_P$ 作用于顶铰上，情形又如何变化？

2-58 均质杆 AB 重为 G，一端用球铰链固定于地面，一端靠在光滑墙上，并用绳子 BC 拉住，如图所示。已知 $a=0.7\ \text{m}, b=0.3\ \text{m}, c=0.4\ \text{m}, \theta=45°, G=200\ \text{N}$。

① 求 $\boldsymbol{F}_{TB}$ 与 $\boldsymbol{F}_{NB}$；并问当 θ 多大时，绳子的拉力为最小。

② 如果除去绳子 BC 而由杆与墙之间的摩擦力来维持平衡，求摩擦因数的最小值。

③ 设②中的均质杆 AB 长度为 2.5 m，A 端与墙脚的距离为 2 m，B 端与墙之间的摩擦因数为 0.5，求平衡时 OB 与铅垂线交角的最大值。

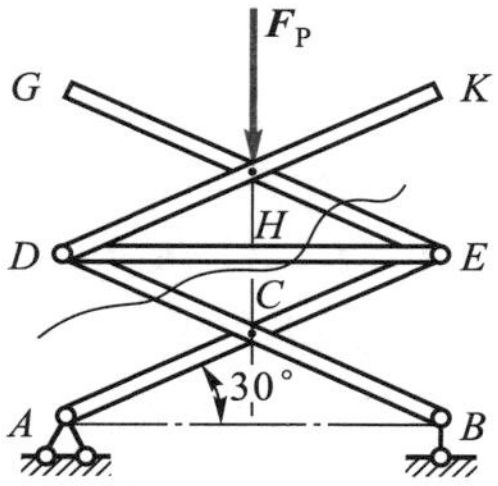

题 2-57 图

2-59 正方形薄板 $ABCD$ 由球铰链 A 及三根连杆 CE、CF、DF 支持于水平位置，如图所示。试证：

① 当铅垂力 $\boldsymbol{F}$ 作用于 B 点时，板不能平衡；

② 当铅垂力作用于板的中点 O 时，则系统为静不定问题。

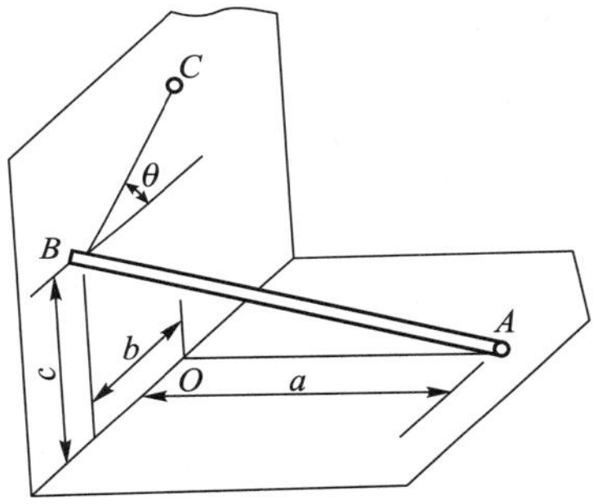

题 2-58 图

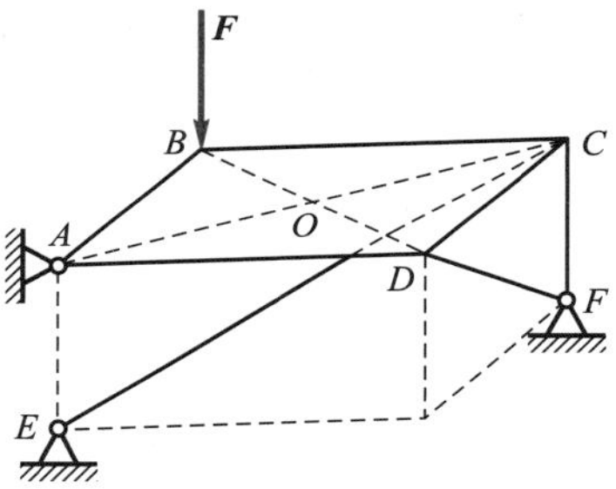

题 2-59 图

2-60 弯杆 $ABCD$ 的两端 A、D 分别由球铰链固定于地面及墙上，并用软绳 EF 拉住，如图所示。设在 C 点有一铅垂向下的力 $\boldsymbol{F}$ 作用，不计弯杆的重量，计算绳子的拉力 $\boldsymbol{F}_T$。试改变软绳的一端在墙上的位置，使绳子的拉力有极小值，求此极小值。

2-61 如图所示，三个相同的钢球，每个质量为 m，堆放在一段圆管内。圆管静置在水平面上，其高度略大于球的半径，三个球轻微地相互接触。

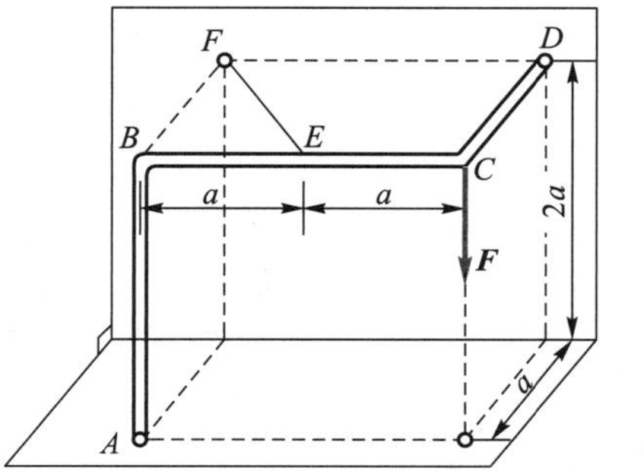

题 2-60 图

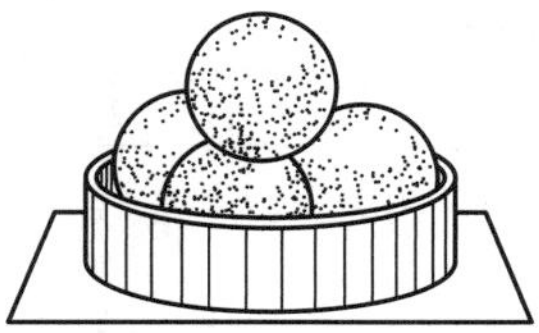

题 2-61 图

① 若在三球的上面再放上第四个相同的球，并设各接触处摩擦因数为零，试求下面的三个球对圆管的作用力。

② 若设各接触处摩擦因数相同，用手竖直轻轻上提圆筒，能将 4 个球一起提起来，则所需的最小摩擦因数为多少？

③ 若给定摩擦因数 $f_s = 3/\sqrt{15}$，保持上面球的质量不变而改变其半径，试求能将 4 球提起的该球半径变化范围。

2-62 由 AB、BC、DE 三杆及方块 C 所组成的系统如图 a 所示。$AB = BC = AC = l$，$BD = BE = DE = l/2$。设方块与水平面间的摩擦角为 30°，其余的摩擦力及所有的重量均可略去不计。

① 问当 DE 杆上有一力偶作用时系统能否平衡。

② 如果在 DE 杆上作用一铅垂力 $\boldsymbol{F}$，如图 b 所示，问此力作用于何处时，方块 C 与水平面间的摩擦力等于零。

③ 设铅垂力 $\boldsymbol{F}$ 离开 D 点的距离为 x，求系统平衡时 x 的范围。

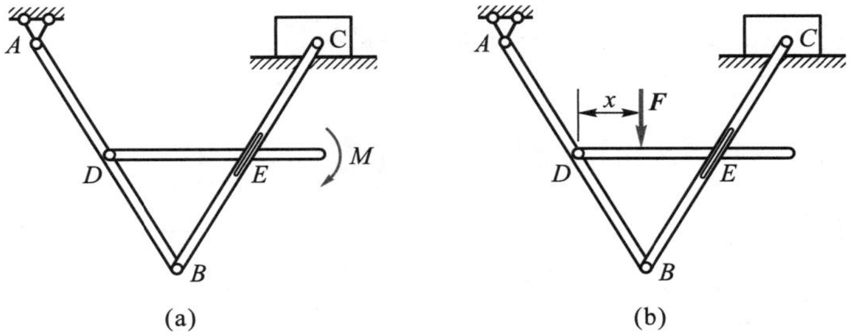

题 2-62 图

2-63 一车重 14 kN，重心位于如图所示的 C 点，C 点距地面高度为 0.8 m，车轮的直径为 60 cm，重量可以不计。

① 发动机应给予后轮多大的力偶矩，方能使前轮越过高 6 cm 的砖块？此时后轮与地面间的摩擦因数应为多大才不至于打滑？图中，$l_1 = l_2 = 1.20$ m。

② 如果作用于后轮的力偶矩不是由车内的发动机提供的，而来自车外，那么力偶矩多大？摩擦因数多大？

③ 若地面有坡度，倾角为 θ，再回答①、②两个问题。

2-64 如图所示，已知均质杆长度为 l，搁置于半径为 R 的圆柱上，摩擦因数均为 f，杆的重心与圆柱重心在同一竖直平面内，求平衡时，杆与地面倾角 θ 应满足的条件。

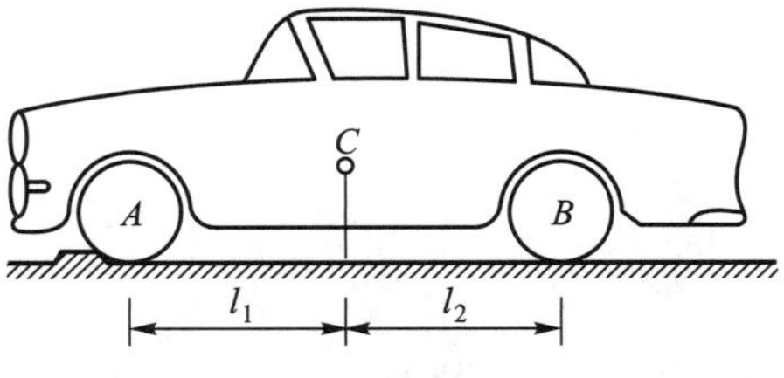

题 2-63 图

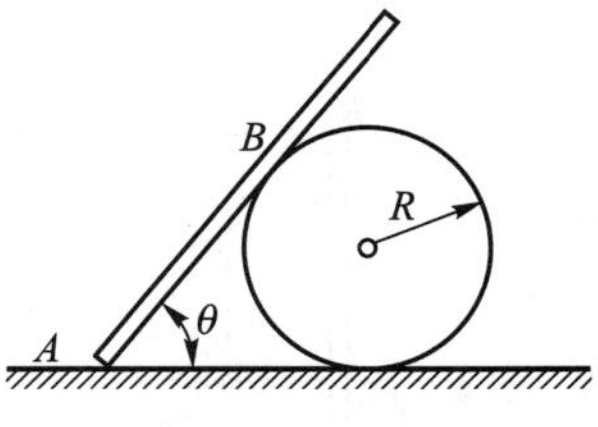

题 2-64 图

2-65 如图 a 所示，三个相同的均质圆柱对称放置，试求：

① 各处光滑时，圆柱不至于倒塌的 θ 最小值；

② 各处摩擦因数 $f_s = \dfrac{1}{\sqrt{3}}$ 时，维持平衡的临界倾角 θ；

③ 若将斜面改变为对称的可动夹板，如图 b 所示，且设圆柱半径 $r=10$ cm，$\theta=60°$，$OA=OB=100$ cm，$f_s=\dfrac{1}{\sqrt{3}}$，O_1O_2 水平，不计夹板自重，试求平衡时力 $\boldsymbol{F}$ 的大小。

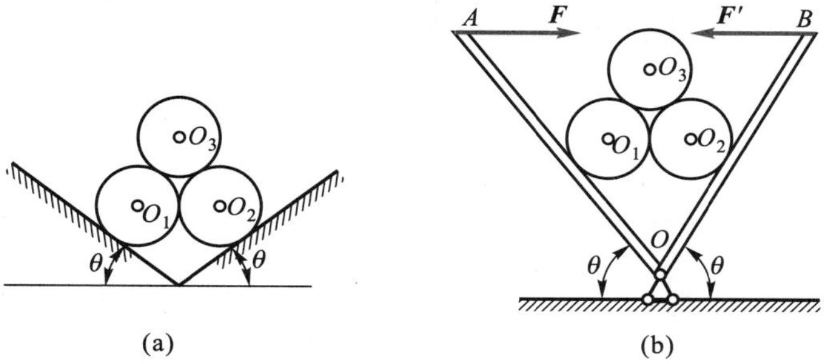

题 2-65 图

2-66 图示均质轮轴重量为 G，半径为 R，轮轴上鼓轮半径为 r，在鼓轮上缠绕轻质绳经过定滑轮系以重物，各处摩擦因数均为 f，θ 角已知，试求平衡时重物的最大重量 G_0。

2-67 图示刚性滑道用 n 根相同的弹簧等距离悬挂，滑道上有一重量为 G 的小车来回移动。试证明，若弹簧根数为奇数，则中间弹簧所受拉力与小车移动位置无关（不计滑道自重）。

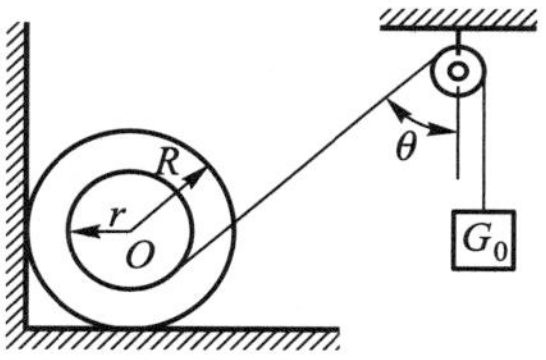

题 2-66 图

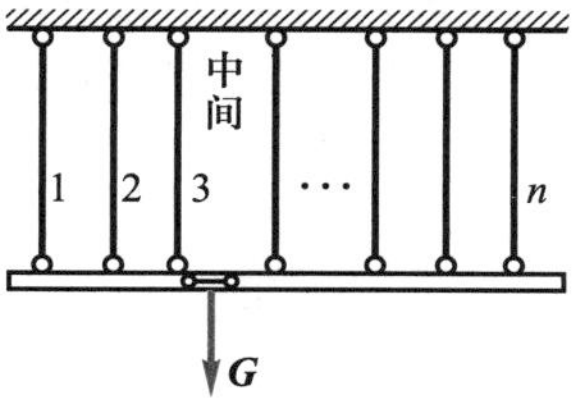

题 2-67 图

2-68 如图所示两个相同的圆柱 A、B 置于倾角为 θ 的斜面上，力 $\boldsymbol{F}$ 平行斜面并通过圆心 A，已知圆柱重量 $G_A=G_B=100$ N，图中各处摩擦因数 $f_s=0.7$，试求平衡时 $\boldsymbol{F}$ 的大小。

2-69 试求图示平面桁架中 34 杆的内力，其中 $F_1=F_2$。

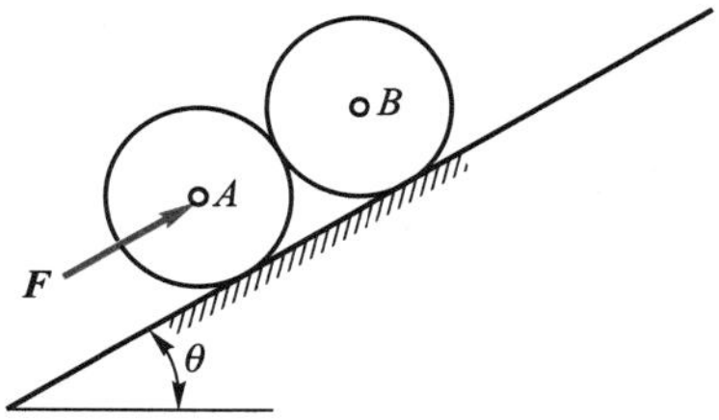

题 2-68 图

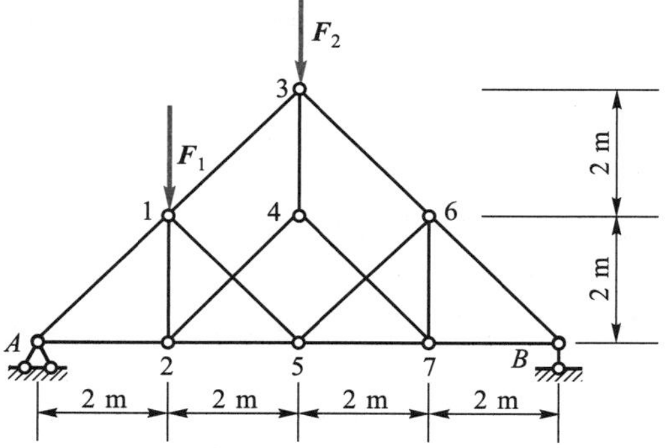

题 2-69 图

2-70 试求图示平面桁架中 1、2 两杆的内力。

2-71 如图所示，质量均为 m 的 n 个均质圆柱体（$n>3$）依次搁置在倾角为 30°的斜面上，并用铅垂设置的铰支板挡住。若已知圆柱半径为 r，板长为 l，各圆柱与斜面及挡板之间的摩擦因数 $f_s=\frac{1}{3}$，且不计各圆柱之间的摩擦，试求维持系统平衡时的最大水平力 $\boldsymbol{F}$，并求 $n=10$ 时的 $\boldsymbol{F}$ 值。

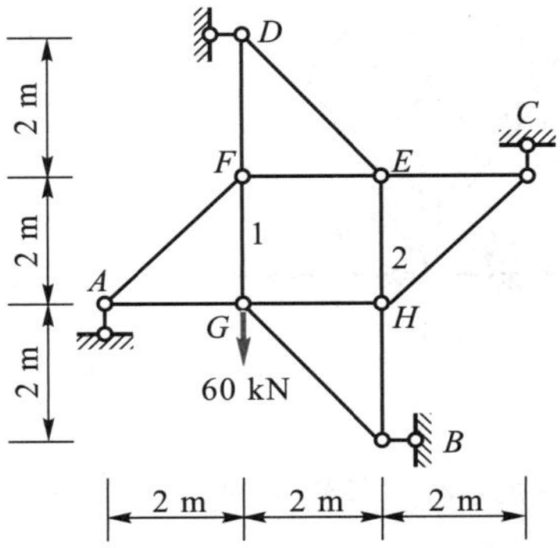

题 2-70 图

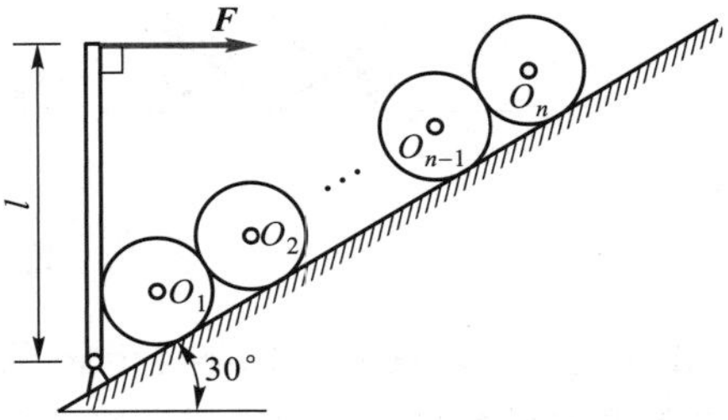

题 2-71 图

2-72 如图所示，半径为 r 的圆轮和边长为 $2r$ 的方块用一根轻质杆 O_1O_2 连接圆心和方块中心，圆轮和方块可绕连接点无摩擦转动，两者重量均为 G，方块置于水平倾角为 45°的斜面上，圆轮置于水平面上，在圆轮上作用一个力偶矩为 M、顺时针转向的力偶，已知杆与水平面的夹角为 30°，两接触面的滑动摩擦因数均为 f，试求该系统可能出现的临界平衡状态，并求出每一状态摩擦因数满足的条件及相应力偶矩 M 的大小。

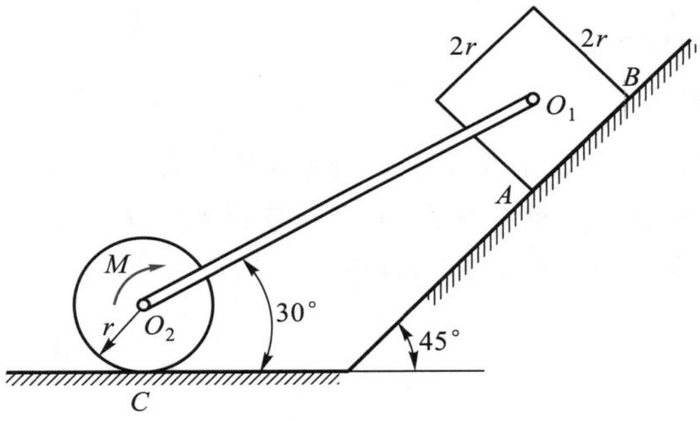

题 2-72 图

2-73 一个均质对称的酒杯支架放在水平面上，其正视图和俯视图如图所示，支架是由六个挂杯点（杯的重心位置）A、B、C、D、E、F 等分半径为 R 的圆。已知每个酒杯的重量为 G，支架的总重量为 $6G$。要求在任何挂杯或取杯情况时支架不倾倒，则设计支架底座圆盘的半径 r 至少应为多少？

2-74 如图 a 所示，设胶带与轮之间的摩擦因数为 μ，轮半径为 r，胶带包角为 β，已知 $F_{T1}>F_{T2}$，则：

（1）胶带不滑动情况下的 $F_{T1}:F_{T2}$ 为多少？

（2）已知绳绕树两圈（图 b），绳和树的摩擦因数 $\mu=0.5$，$F_{T2}=500$ N，求使绳子不打滑的 F_{T1} 的最大值。

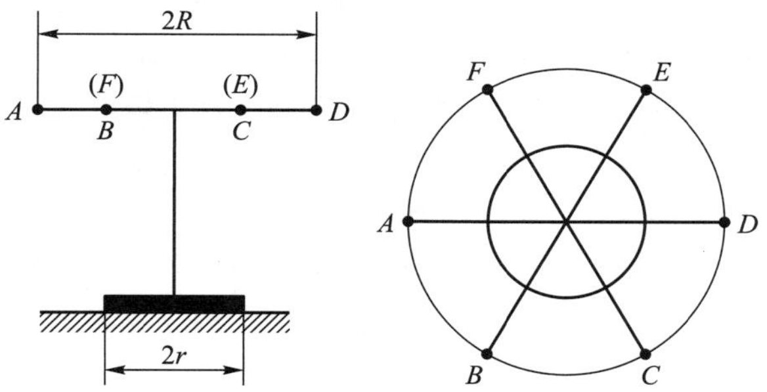

题 2-73 图

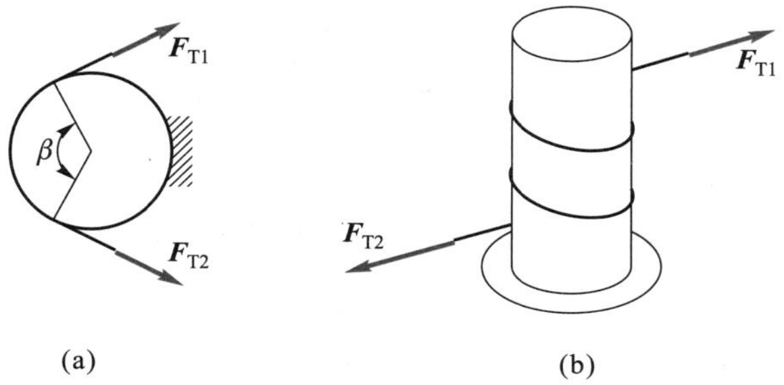

题 2-74 图

2-75 如图所示，均质杆折成直角，两边长均为 $2l$，将它放在长度为 $AB=a=0.4l$ 的桌子边缘上，忽略摩擦，求均质杆平衡时 β 角的可能取值。

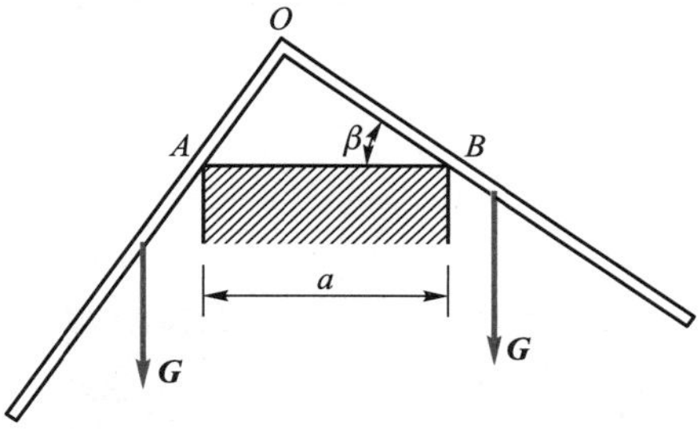

题 2-75 图

2-76 长度为 l，重量 $G=1$ kN 的均质板搁在倾角为 60°的 V 型水渠上，如图所示。板与斜面间的摩擦角为 15°。试求可以通过该桥的人的最大体重。

题 2-76 图

2-77 如图所示，均质轮 O 置于水平地面上，杆 HC 搁置于轮和地面上，杆与地面的夹角为 $60°$，轮与杆及水平面之间的接触点 A、B 和 C 处均存在摩擦，使得杆与轮能保持平衡。现将不计大小的物块 D 轻置于杆 HC 上的 A 点，两者之间光滑接触，物块 D 自 A 点由静止沿杆加速下滑。设轮 O 与物块 D 的质量均为 m，杆的重心位于 AC 中点 E，且 $AC=l$，轮与杆始终保持静止，试分析下述问题：

(1) 轮与杆始终保持静止的条件之一是两者之间的静摩擦因数最小应为多少？

(2) 设杆的质量也为 m，且 A 与 C 处的摩擦足够大，则 B 处静摩擦因数的最小值等于多少？

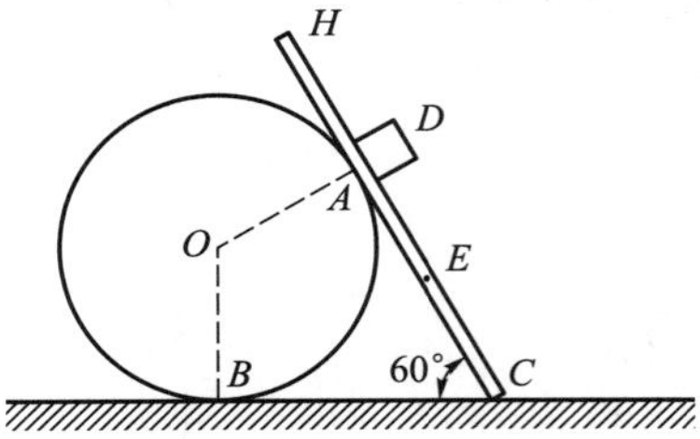

题 2-77 图

2-78 在越野行驶中，常以很低的车速去克服某些障碍物，如台阶、壕沟等。试求障碍物与后轮驱动汽车参数间的关系。

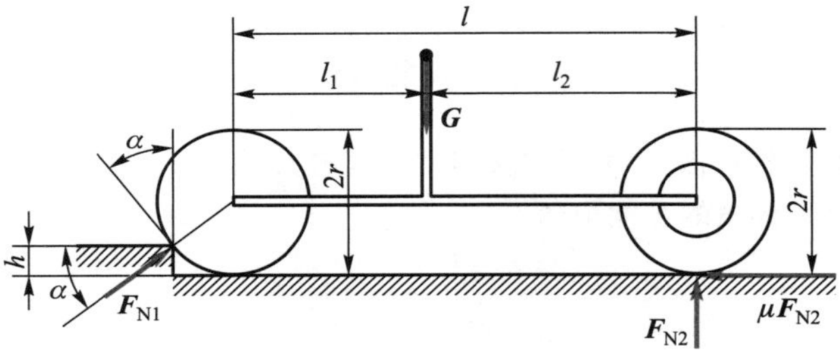

题 2-78 图

第 2 章思考解析　　第 2 章习题参考答案

第二篇　运动学

引　言

运动学研究点与刚体运动的几何性质，包括点的运动方程、运动轨迹、速度和加速度及刚体的转动方程、角速度和角加速度等。运动学不涉及力，是纯粹的几何学，一方面为动力学提供运动分析基础，另一方面能直接应用于工程实际，例如传动机构的运动设计等。

在运动学中，一般将物体抽象为几何点或刚体。当物体的形状和尺寸在所研究问题中不起主要作用时，可忽略其形状和大小。例如，研究人造卫星运行轨道时，可将其视为一个几何点；而研究卫星的运动姿态时，则又须将其视为一定尺寸的刚体。研究机构的运动时，各构件的形状和尺寸起决定作用，而它们的小变形可忽略不计，常将其视为刚体系。

物体的运动总是相对于某一物体而言的，这个物体称为**参考体**。将坐标系固连在参考体上，就构成了**参考坐标系**。在工程问题中，常常将参考系固连在地球上。对于不同的参考系，同一物体的运动情况通常不相同，这就是运动的相对性；运用运动合成方法处理运动学问题，可使复杂问题变得简单。

本篇在物理学基础上，主要研究两个方面问题：

① 点的复合运动；

② 刚体的平面运动。

运动学有如下两种研究方法：**几何法**建立各瞬时物体运动量的几何关系，直观形象，便于分析特定瞬时的运动性质；**解析法**从建立运动方程出发，运用微积分获得各运动量的解析表达，显示运动的时间历程，也便于计算机求解。

第 3 章 点的复合运动

在物理学中，研究了点相对于一个参考系的运动。在实际中，常常需要在具有相对运动的不同参考系中观察同一物体的运动，物体相对于甲参考系的运动可视为该物体相对乙参考系的运动和乙参考系相对甲参考系运动的**复合运动**。本章在物理运动学基础上，运用矢量分析方法研究点相对于两个不同参考系的运动量之间的数量关系，并且运用这种关系分析工程中的各类点的复合运动问题。

3.1 运动学基础

本节在物理学基础上，归纳总结点的运动描述方法，刚体平移和定轴转动规律及其工程应用，为研究点的复合运动打下基础。

3.1.1 点的运动描述

点相对于某一参考系的运动量随时间的变化规律，包括点的运动方程、运动轨迹、速度和加速度，常用矢径法和坐标法进行描述。

1. 矢径法

（1）运动方程

选参考系上某固定点 O 为原点，自点 O 向动点 M 作矢量 $\boldsymbol{r}$，称为**矢径**。如图 3-1 所示，当动点 M 运动时，矢径 $\boldsymbol{r}$ 随时间 t 连续变化，即

$$\boldsymbol{r}=\boldsymbol{r}(t) \tag{3-1}$$

式(3-1)称为动点 M 的**矢径式运动方程**。矢径 $\boldsymbol{r}$ 的矢端曲线就是 M 点的**运动轨迹**。

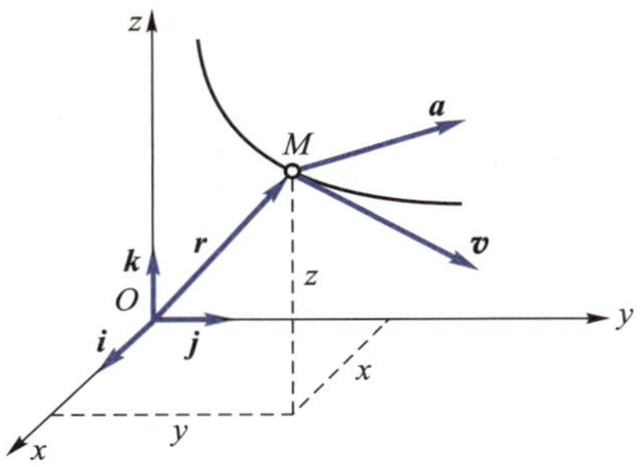

图 3-1 点的运动描述

（2）速度

动点 M 的**速度**是矢量，**等于它的矢径 $\boldsymbol{r}$ 对时间 t 的一阶导数**，即

$$\boldsymbol{v}=\frac{\mathrm{d}\boldsymbol{r}}{\mathrm{d}t} \tag{3-2}$$

其方位沿轨迹上 M 点的切线，指向点运动的一方，如图 3-1所示。

（3）加速度

动点 M 的**加速度**，**等于它的速度矢量 $\boldsymbol{v}$ 对时间 t 的一阶导数，即它的矢径 $\boldsymbol{r}$ 对时间 t 的二阶导数**，其方向一般指向轨迹的凹侧。

$$a=\frac{\mathrm{d}\boldsymbol{v}}{\mathrm{d}t}=\frac{\mathrm{d}^2\boldsymbol{r}}{\mathrm{d}t^2} \tag{3-3}$$

2. 坐标法

坐标可分为直角坐标和曲线坐标两大类，曲线坐标包括弧坐标、柱坐标和球坐标等，它们均可用来描述点的运动。

（1）直角坐标法

① 运动方程。通常以固定点 O 为原点，建立直角坐标系 $Oxyz$，取 $\boldsymbol{i}$、$\boldsymbol{j}$、$\boldsymbol{k}$ 分别为沿 x、y、z 轴正向的单位矢量，它们均为常矢量，且

$$\boldsymbol{r}=x\boldsymbol{i}+y\boldsymbol{j}+z\boldsymbol{k} \tag{3-4}$$

则动点 M 在空间的位置可用它的三个直角坐标 x、y、z 表示，如图 3-1 所示，即

$$\left.\begin{aligned}x&=f_1(t)\\y&=f_2(t)\\z&=f_3(t)\end{aligned}\right\} \tag{3-5}$$

式(3-5)称为动点 M 的**直角坐标形式运动方程**。从这组方程中消去时间 t 后，便可得到动点的轨迹方程。

② 速度。由式(3-4)对时间 t 求导数，有

$$\boldsymbol{v}=\frac{\mathrm{d}\boldsymbol{r}}{\mathrm{d}t}=\frac{\mathrm{d}x}{\mathrm{d}t}\boldsymbol{i}+\frac{\mathrm{d}y}{\mathrm{d}t}\boldsymbol{j}+\frac{\mathrm{d}z}{\mathrm{d}t}\boldsymbol{k}$$

设动点 M 的速度矢量 $\boldsymbol{v}$ 在 x、y、z 轴上的投影分别为 v_x、v_y、v_z，即

$$\boldsymbol{v}=v_x\boldsymbol{i}+v_y\boldsymbol{j}+v_z\boldsymbol{k} \tag{3-6}$$

可见

$$\left.\begin{aligned}v_x&=\frac{\mathrm{d}x}{\mathrm{d}t}=\dot{x}\\v_y&=\frac{\mathrm{d}y}{\mathrm{d}t}=\dot{y}\\v_z&=\frac{\mathrm{d}z}{\mathrm{d}t}=\dot{z}\end{aligned}\right\} \tag{3-7}$$

上式表明，**动点的速度在某坐标轴上的投影等于相应坐标对时间的一阶导数**。

速度的大小和方向余弦分别为

$$v=\sqrt{v_x^2+v_y^2+v_z^2}=\sqrt{\dot{x}^2+\dot{y}^2+\dot{z}^2} \tag{3-8}$$

$$\left.\begin{aligned}\cos(\boldsymbol{v},\boldsymbol{i})&=\frac{v_x}{v}\\\cos(\boldsymbol{v},\boldsymbol{j})&=\frac{v_y}{v}\\\cos(\boldsymbol{v},\boldsymbol{k})&=\frac{v_z}{v}\end{aligned}\right\} \tag{3-9}$$

③ 加速度。同理，可得加速度的表达式

$$\boldsymbol{a}=a_x\boldsymbol{i}+a_y\boldsymbol{j}+a_z\boldsymbol{k} \tag{3-10}$$

$$a_x=\dot{v}_x=\ddot{x},\quad a_y=\dot{v}_y=\ddot{y},\quad a_z=\dot{v}_z=\ddot{z} \tag{3-11}$$

上式表明，**动点的加速度在某坐标轴上的投影等于相应坐标对时间的二阶导数。**

而加速度的大小与方向余弦分别为

$$a=\sqrt{a_x^2+a_y^2+a_z^2}=\sqrt{\ddot{x}^2+\ddot{y}^2+\ddot{z}^2} \tag{3-12}$$

$$\left.\begin{aligned}\cos(\boldsymbol{a},\boldsymbol{i})&=\frac{a_x}{a}\\ \cos(\boldsymbol{a},\boldsymbol{j})&=\frac{a_y}{a}\\ \cos(\boldsymbol{a},\boldsymbol{k})&=\frac{a_z}{a}\end{aligned}\right\} \tag{3-13}$$

注意：所选坐标原点应为固定点。$\dot{x}$、$\ddot{x}$，$\dot{\varphi}$、$\ddot{\varphi}$ 分别与 x、φ 的正方向一致。

问题 3-1　如图所示半径为 r 的圆轮沿水平面滚动，$\varphi=\omega t$，轮缘 M 点的如下运动方程对吗？

$$\left.\begin{aligned}x&=-r\sin\omega t\\ y&=r(1-\cos\omega t)\end{aligned}\right\}$$

答：不对。因为由上述方程：$t=0$ 时，$x=y=0$；而 $t>0$ 时，$x<0$，显然该坐标原点 O 随着轮移动。正确答案为**旋轮线**（摆线）参数方程：

$$\left.\begin{aligned}x&=r(\omega t-\sin\omega t)\\ y&=r(1-\cos\omega t)\end{aligned}\right\}$$

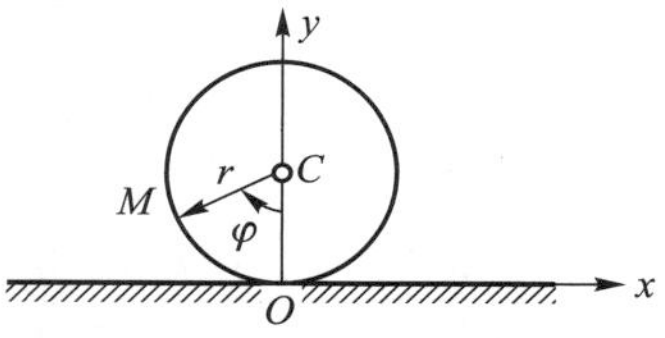

问题 3-1 图

思考 3-1　图 a 中 $\dfrac{\mathrm{d}x}{\mathrm{d}t}=u$，图 b 中 $\dfrac{\mathrm{d}\varphi}{\mathrm{d}t}=\omega$。对吗？为什么？

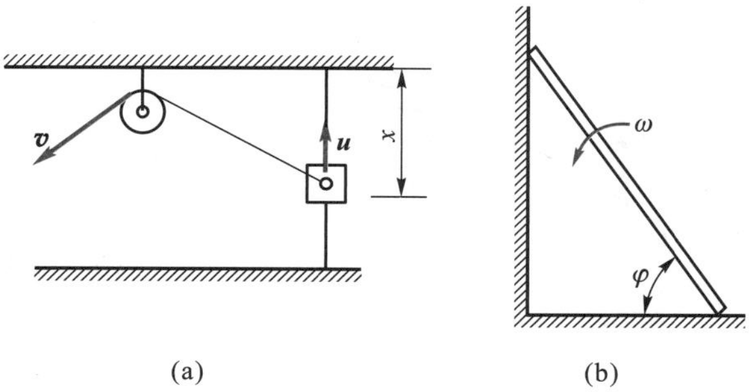

思考 3-1 图

（2）弧坐标法

若动点 M 沿空间已知曲线 AB 运动，可采用沿曲线的弧长坐标描述点的运动，为此建立相应的**自然轴系**。如图 3-2 所示，在点 M 和轨迹上的邻近点 M_1 分别作切线，设两切线的单位矢量分别为 $\boldsymbol{\tau}$ 和 $\boldsymbol{\tau}_1$，将 $\boldsymbol{\tau}_1$ 平移至点 M，则 $\boldsymbol{\tau}$ 和 $\boldsymbol{\tau}_1$ 决定一平面。当 M_1 趋近于 M 时，这个平面趋于一极限位置，这个极限平面称为曲线在点 M 的**密切面**。

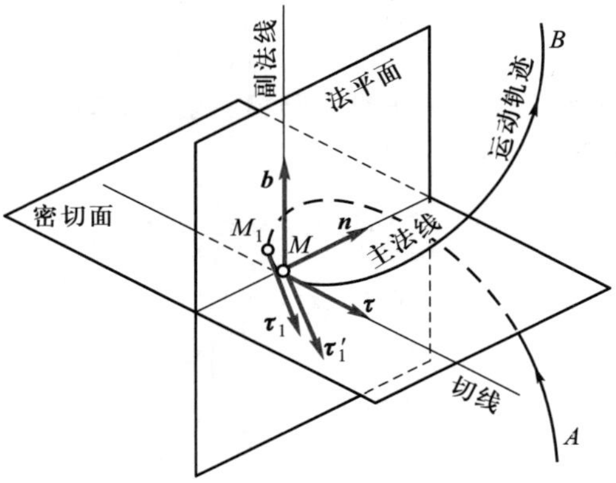

图 3-2　自然轴系

过点 M 作垂直于切线 $\boldsymbol{\tau}$ 的平面，称为曲线在点 M 的**法平面**，法平面与密切面的交线称为点 M 的**主法线**。过点 M 且垂直于切线及主法线的直线称为**副法线**，取 $\boldsymbol{\tau}$、$\boldsymbol{n}$ 和 $\boldsymbol{b}$ 分别表示沿切线、主法线和副法线方向的单位矢量，当动点沿轨迹运动时，它们都是大小不变、方向改变的变矢量，且有

$$\boldsymbol{b}=\boldsymbol{\tau}\times\boldsymbol{n}$$

以点 M 为原点，以切线、主法线和副法线为坐标轴组成的正交坐标系称为曲线在点 M 的自然轴系。它是一个随动点位置而改变的坐标系，点的运动描述如下：

① 运动方程。在动点 M 的已知轨迹上任选一点 O 为原点，并规定在点 O 的某一侧为正向，则点 M 在轨迹上的位置可用轨迹弧长（即**弧坐标**）s 表示，如图 3-3 所示，即

$$s=f(t) \tag{3-14}$$

式（3-14）称为动点 M 的弧坐标形式的运动方程。

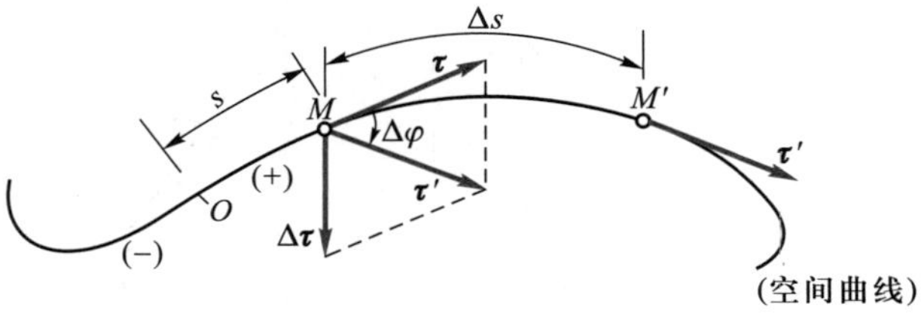

图 3-3　弧坐标

② 速度。由 $\boldsymbol{v}=\dfrac{\mathrm{d}\boldsymbol{r}}{\mathrm{d}t}=\dfrac{\mathrm{d}\boldsymbol{r}}{\mathrm{d}s}\cdot\dfrac{\mathrm{d}s}{\mathrm{d}t}$，而 $\left|\dfrac{\mathrm{d}\boldsymbol{r}}{\mathrm{d}s}\right|=\lim\limits_{\Delta s\to 0}\left|\dfrac{\Delta\boldsymbol{r}}{\Delta s}\right|=1$，且当 $\Delta t\to 0$ 时，$\dfrac{\Delta\boldsymbol{r}}{\Delta s}$ 的方向即为 $\boldsymbol{\tau}$ 的方向，故有 $\dfrac{\mathrm{d}\boldsymbol{r}}{\mathrm{d}s}=\boldsymbol{\tau}$，于是

$$\boldsymbol{v}=\frac{\mathrm{d}s}{\mathrm{d}t}\boldsymbol{\tau}=v\boldsymbol{\tau} \tag{3-15}$$

其中 $v=\dfrac{\mathrm{d}s}{\mathrm{d}t}=\dot{s}$，表示速度在该点自然轴系切线方向的投影。

③ 加速度。

$$\boldsymbol{a}=\frac{\mathrm{d}\boldsymbol{v}}{\mathrm{d}t}=\ddot{s}\boldsymbol{\tau}+v\frac{\mathrm{d}\boldsymbol{\tau}}{\mathrm{d}t}$$

上式右端第一项为反映速度大小变化的分量,其方向沿切线,称为**切向加速度**,记为 $\boldsymbol{a}_\tau$。考察第二项中单位矢量 $\boldsymbol{\tau}$ 对时间的导数,如图 3-3 所示。

$$\frac{\mathrm{d}\boldsymbol{\tau}}{\mathrm{d}t}=\lim_{\Delta t\to 0}\frac{\Delta\boldsymbol{\tau}}{\Delta t},\quad |\Delta\boldsymbol{\tau}|=2|\boldsymbol{\tau}|\sin\frac{\Delta\varphi}{2}=1\cdot\Delta\varphi \qquad (因为|\boldsymbol{\tau}|=1)$$

故 $\left|\frac{\mathrm{d}\boldsymbol{\tau}}{\mathrm{d}t}\right|=\frac{\mathrm{d}\varphi}{\mathrm{d}t}$,$\frac{\mathrm{d}\boldsymbol{\tau}}{\mathrm{d}t}$的方向垂直于 $\boldsymbol{\tau}$,即为 $\boldsymbol{n}$ 主法线方向,如图 3-2 所示。故

$$\frac{\mathrm{d}\boldsymbol{\tau}}{\mathrm{d}t}=\dot{\varphi}\boldsymbol{n}=\frac{v}{\rho}\boldsymbol{n}$$

式中,ρ 为轨迹在点 M 处的曲率半径。其中,$\dot{\varphi}=\frac{\mathrm{d}\varphi}{\mathrm{d}s}\frac{\mathrm{d}s}{\mathrm{d}t}=\frac{v}{\rho}$。

可见,**变单位矢量对时间的导数等于一个与原方向垂直的矢量,该矢量的模等于该单位矢量转动的角速度大小**。

于是,$v\frac{\mathrm{d}\boldsymbol{\tau}}{\mathrm{d}t}=\frac{v^2}{\rho}\boldsymbol{n}$,沿主法线正向,反映速度方向的变化率,称为**法向加速度**,记为 $\boldsymbol{a}_n$,故有

$$\boldsymbol{a}=\boldsymbol{a}_\tau+\boldsymbol{a}_n=\frac{\mathrm{d}v}{\mathrm{d}t}\boldsymbol{\tau}+\frac{v^2}{\rho}\boldsymbol{n} \tag{3-16}$$

上式表明**动点的加速度等于它的切向加速度和法向加速度的矢量和**。它们位于密切面内,在副法线方向的分量恒为零,如图 3-4 所示。

问题 3-2 点 M 沿螺旋线自外向内运动,如图所示。它走过的弧长与时间的一次方成正比。试分析它的加速度是越来越大,还是越来越小。

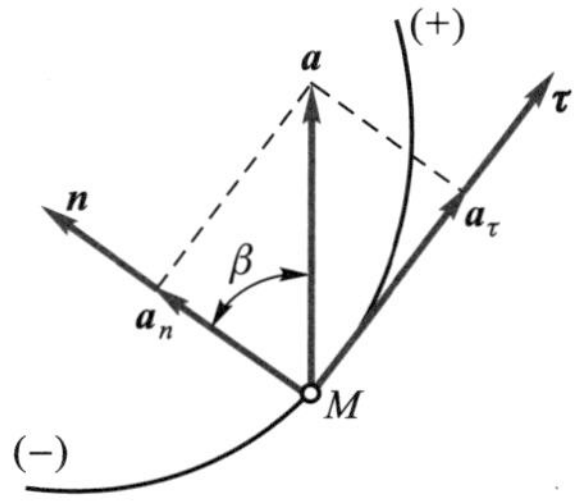

图 3-4 点沿曲线运动的加速度

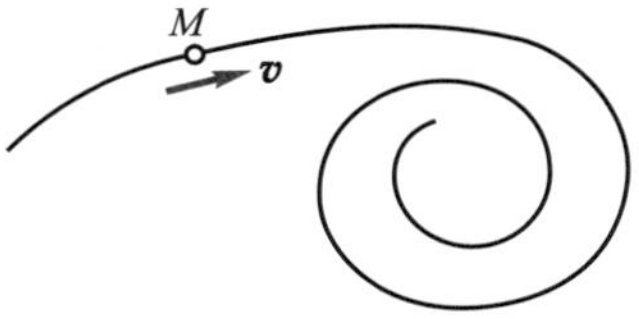

问题 3-2 图

答: 由题意 $s=vt$(式中 v 为比例常数),因此

$$\frac{\mathrm{d}s}{\mathrm{d}t}=v=常数,\quad a_\tau=\frac{\mathrm{d}v}{\mathrm{d}t}=0$$

故该点的全加速度大小就等于其法向加速度的大小,即 $a=a_n=\frac{v^2}{\rho}$。当点 M 沿螺旋线自外向内运动时,轨迹的曲率半径 ρ 越来越小,加速度 a 越来越大。相反,当点 M 沿螺旋线自内向外作匀速率运动时,其加速度越来越小。

问题 3-3 点作曲线运动时，下述说法对吗？

① 若切向加速度在切线上的投影为正，则点作加速运动；

② 若切向加速度与速度在切线上投影的正负符号相同，则点作加速运动；

③ 若切向加速度为零，则速度为常矢量。

答：点沿曲线加速运动，其切向加速度与速度投影的正负符号一致时，点作加速运动，反之作减速运动，故说法①不对，说法②正确。点作曲线运动，其切向加速度为零时，其法向加速度不一定为零，即速度方向仍然改变，故说法③错误。

思考 3-2

① 自然轴系和直角坐标系有何异同？

② 弧坐标法是否只适用于描述点作平面曲线运动？

③ 弧坐标法中$\frac{\mathrm{d}r}{\mathrm{d}t}$和$\frac{\mathrm{d}\boldsymbol{r}}{\mathrm{d}t}$，$\frac{\mathrm{d}v}{\mathrm{d}t}$和$\frac{\mathrm{d}\boldsymbol{v}}{\mathrm{d}t}$，$\left|\frac{\mathrm{d}\boldsymbol{v}}{\mathrm{d}t}\right|$和$\frac{\mathrm{d}|\boldsymbol{v}|}{\mathrm{d}t}$有何不同？

（3）柱坐标法

动点的运动也可用柱坐标 φ、ρ 和 z 表示。取 $\boldsymbol{\rho}_0$、$\boldsymbol{\varphi}_0$ 和 $\boldsymbol{k}$ 分别为三个柱坐标的单位矢量，其中 $\boldsymbol{\rho}_0$、$\boldsymbol{\varphi}_0$ 分别指向 ρ 和 φ 增大的方向，$\boldsymbol{k}$ 沿 z 轴正向，如图 3-5 所示。

M 点的运动方程为

$$\left.\begin{aligned}\varphi&=\varphi(t)\\ \rho&=\rho(t)\\ z&=z(t)\end{aligned}\right\}\tag{3-17}$$

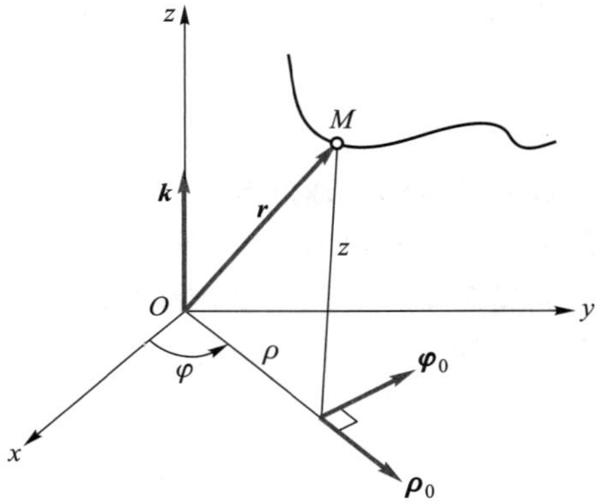

图 3-5 圆柱坐标法

速度为

$$\begin{aligned}\boldsymbol{v}&=\frac{\mathrm{d}\boldsymbol{r}}{\mathrm{d}t}=\frac{\mathrm{d}}{\mathrm{d}t}(\rho\boldsymbol{\rho}_0+z\boldsymbol{k})\\&=\frac{\mathrm{d}\rho}{\mathrm{d}t}\boldsymbol{\rho}_0+\rho\frac{\mathrm{d}\boldsymbol{\rho}_0}{\mathrm{d}t}+\frac{\mathrm{d}z}{\mathrm{d}t}\boldsymbol{k}\end{aligned}$$

而$\frac{\mathrm{d}\boldsymbol{\rho}_0}{\mathrm{d}t}=\frac{\mathrm{d}\varphi}{\mathrm{d}t}\boldsymbol{\varphi}_0$，于是

$$\boldsymbol{v}=v_\rho\boldsymbol{\rho}_0+v_\varphi\boldsymbol{\varphi}_0+v_z\boldsymbol{k}=\frac{\mathrm{d}\rho}{\mathrm{d}t}\boldsymbol{\rho}_0+\rho\frac{\mathrm{d}\varphi}{\mathrm{d}t}\boldsymbol{\varphi}_0+\frac{\mathrm{d}z}{\mathrm{d}t}\boldsymbol{k}\tag{3-18}$$

加速度为

$$\boldsymbol{a}=\frac{\mathrm{d}\boldsymbol{v}}{\mathrm{d}t}=\left(\frac{\mathrm{d}^2\rho}{\mathrm{d}t^2}\boldsymbol{\rho}_0+\frac{\mathrm{d}\rho}{\mathrm{d}t}\frac{\mathrm{d}\boldsymbol{\rho}_0}{\mathrm{d}t}\right)+\left(\frac{\mathrm{d}\rho}{\mathrm{d}t}\frac{\mathrm{d}\varphi}{\mathrm{d}t}\boldsymbol{\varphi}_0+\rho\frac{\mathrm{d}^2\varphi}{\mathrm{d}t^2}\boldsymbol{\varphi}_0+\rho\frac{\mathrm{d}\varphi}{\mathrm{d}t}\frac{\mathrm{d}\boldsymbol{\varphi}_0}{\mathrm{d}t}\right)+\left(\frac{\mathrm{d}^2z}{\mathrm{d}t^2}\boldsymbol{k}+\frac{\mathrm{d}z}{\mathrm{d}t}\frac{\mathrm{d}\boldsymbol{k}}{\mathrm{d}t}\right)$$

而$\frac{\mathrm{d}\boldsymbol{\varphi}_0}{\mathrm{d}t}=-\frac{\mathrm{d}\varphi}{\mathrm{d}t}\boldsymbol{\rho}_0$，$\frac{\mathrm{d}\boldsymbol{\rho}_0}{\mathrm{d}t}=\frac{\mathrm{d}\varphi}{\mathrm{d}t}\boldsymbol{\varphi}_0$，$\frac{\mathrm{d}\boldsymbol{k}}{\mathrm{d}t}=0$，故

$$\begin{aligned}\boldsymbol{a}&=a_\rho\boldsymbol{\rho}_0+a_\varphi\boldsymbol{\varphi}_0+a_z\boldsymbol{k}\\&=\left[\frac{\mathrm{d}^2\rho}{\mathrm{d}t^2}-\rho\left(\frac{\mathrm{d}\varphi}{\mathrm{d}t}\right)^2\right]\boldsymbol{\rho}_0+\left[2\frac{\mathrm{d}\rho}{\mathrm{d}t}\frac{\mathrm{d}\varphi}{\mathrm{d}t}+\rho\frac{\mathrm{d}^2\varphi}{\mathrm{d}t^2}\right]\boldsymbol{\varphi}_0+\frac{\mathrm{d}^2z}{\mathrm{d}t^2}\boldsymbol{k}\end{aligned}\tag{3-19}$$

特别地，当动点的**运动轨迹**为平面曲线时，因 $v_z=a_z=0$，柱坐标公式简化为极坐标形式。

思考 3-3

① 试推导公式 $\dfrac{\mathrm{d}\boldsymbol{\varphi}_0}{\mathrm{d}t}=-\dfrac{\mathrm{d}\varphi}{\mathrm{d}t}\boldsymbol{\rho}_0$，$\dfrac{\mathrm{d}\boldsymbol{\rho}_0}{\mathrm{d}t}=\dfrac{\mathrm{d}\varphi}{\mathrm{d}t}\boldsymbol{\varphi}_0$。由这两式可以得出一个什么结论？

② 试推导球坐标中点的速度和加速度公式。

3.1.2　点的运动问题

点的运动问题通常分为两类：一类是由运动方程求速度和加速度，采用微分方法；另一类是由速度或加速度求运动规律与轨迹，采用积分方法；混合问题则用微积分方法。

例 3-1　椭圆规的曲柄 OC 绕 O 以匀角速度 ω 转动，其端点 C 与规尺 AB 的中点用铰链连接，而规尺的两端 A、B 分别在相互垂直的滑槽中运动，如图所示。已知 $OC=AC=BC=l$，$CM=a$，$\varphi=\omega t$，试求规尺上笔尖点 M 的运动方程、运动轨迹、速度和加速度。

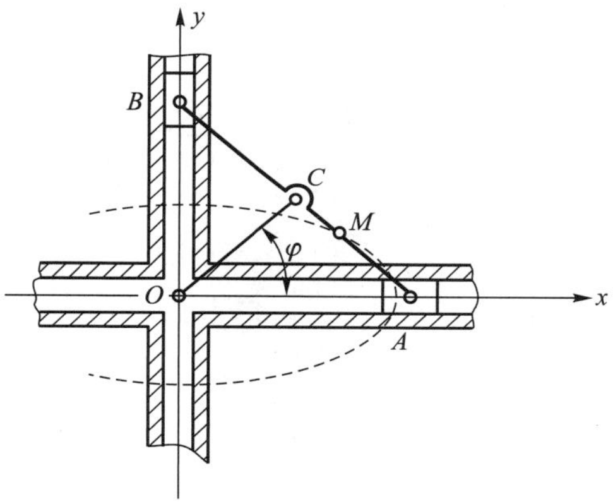

例 3-1 图

解： 建立图示坐标系，点 M 的运动方程为

$$x=(l+a)\cos\omega t$$

$$y=(l-a)\sin\omega t$$

由以上二式消去时间 t，得**轨迹方程**

$$\frac{x^2}{(l+a)^2}+\frac{y^2}{(l-a)^2}=1$$

可见，点 M 的轨迹是一个椭圆，因此杆 AB 又叫椭圆规尺。

点 M 的速度分量大小为

$$v_x=\frac{\mathrm{d}x}{\mathrm{d}t}=-\omega(l+a)\sin\omega t$$

$$v_y=\frac{\mathrm{d}y}{\mathrm{d}t}=\omega(l-a)\cos\omega t$$

加速度为

$$a_x=\frac{\mathrm{d}v_x}{\mathrm{d}t}=-\omega^2(l+a)\cos\omega t$$

$$a_y=\frac{\mathrm{d}v_y}{\mathrm{d}t}=-\omega^2(l-a)\sin\omega t$$

思考 3-4 例 3-1 图中点 M 沿椭圆运行一周的过程中何时加速,何时减速?

例 3-2 图示套筒滑杆机构中,杆 AB 以匀速 $\boldsymbol{v}$ 向上运动,试用弧坐标法建立杆端点 C 的运动方程,并求 $\varphi=\frac{\pi}{4}$ 时点 C 的速度和加速度。已知 $OC=l, OD=b$。

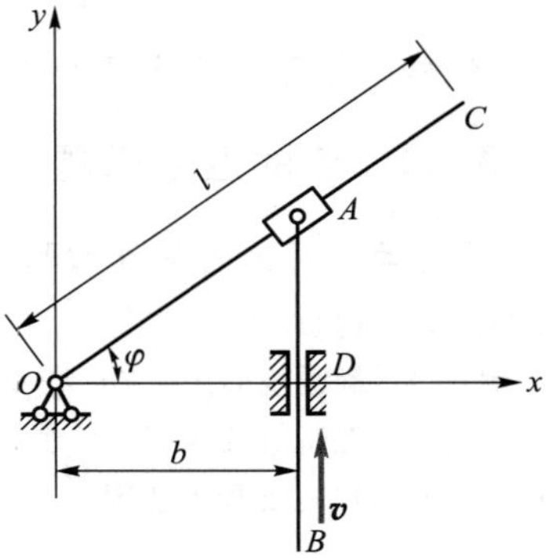

例 3-2 图

解: 以 $\varphi=0$ 时 C 点在 x 轴上的位置为其弧坐标的原点,得运动方程

$$s=l\varphi=l\arctan\frac{vt}{b}$$

取 C 点运动朝向的一方为切线的正向,则 C 点速度 $\boldsymbol{v}_C$ 的大小在切线方向的投影为

$$v_C=\frac{\mathrm{d}s}{\mathrm{d}t}=l\frac{\mathrm{d}\varphi}{\mathrm{d}t}=l\frac{v/b}{1+(vt/b)^2}$$

加速度分量大小为

$$a_C^{\tau}=\frac{\mathrm{d}^2s}{\mathrm{d}t^2}=l\cdot\frac{\mathrm{d}^2\varphi}{\mathrm{d}t^2}=l\cdot\frac{2v^3t/b^3}{[1+(vt/b)^2]^2}$$

$$a_C^{n}=\frac{v_C^2}{l}=\frac{lv^2/b^2}{[1+(vt/b)^2]^2}$$

当 $\varphi=\frac{\pi}{4}$ 时, $\tan\frac{\pi}{4}=\frac{vt}{b}=1$,代入上式,得

$$v_C=\frac{lv}{2b}$$

$$a_C^{\tau}=\frac{lv^2}{2b^2},\quad a_C^{n}=\frac{lv^2}{4b^2}$$

故

$$a_C=\sqrt{(a_C^n)^2+(a_C^{\tau})^2}=\frac{\sqrt{5}lv^2}{4b^2}$$

注意: 用本小节所述的解析方法求点在某瞬时的速度和加速度时,须先确定点在任意瞬时的运动方程,切不可对某瞬时值求微分。

思考 3-5 动点 M 沿如图所示螺旋线 $x=2\cos 4t, y=2\sin 4t, z=4t$ 运动。式中,长度单位为 m,时间单位为 s。试证明动点轨迹的曲率半径为 2.5 m,并写出动点的弧坐标运动方程、切向加速度与法向加速度。

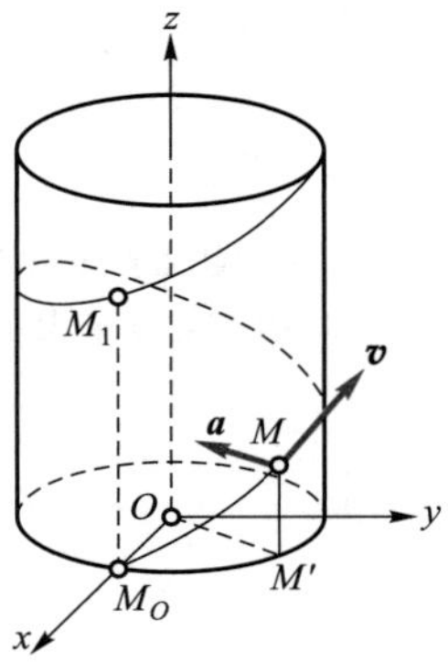

思考 3-5 图

例 3-3 试用柱坐标表示思考 3-5 中动点的运动方程,并求动点的速度和加速度大小。

解: 由已知条件可知,动点在柱坐标中的运动方程为

$$\rho=\sqrt{x^2+y^2}=2\ \mathrm{m}, \varphi=4t\ \mathrm{rad},\ z=4t\ \mathrm{m} \qquad (\mathrm{a})$$

动点速度的柱坐标分量大小由式(3-18)和式(a)求得

$$v_\rho = \frac{\mathrm{d}\rho}{\mathrm{d}t} = 0$$

$$v_\varphi = \rho\frac{\mathrm{d}\varphi}{\mathrm{d}t} = 2\times 4\ \mathrm{m/s} = 8\ \mathrm{m/s} \tag{b}$$

$$v_z = \frac{\mathrm{d}z}{\mathrm{d}t} = 4\ \mathrm{m/s}$$

加速度分量大小由式(3-19)和式(a)求得

$$a_\rho = \frac{\mathrm{d}^2\rho}{\mathrm{d}t^2} - \rho\left(\frac{\mathrm{d}\varphi}{\mathrm{d}t}\right)^2 = -2\times 4^2\ \mathrm{m/s^2} = -32\ \mathrm{m/s^2}$$

$$a_\varphi = 2\frac{\mathrm{d}\rho}{\mathrm{d}t}\cdot\frac{\mathrm{d}\varphi}{\mathrm{d}t} + \rho\frac{\mathrm{d}^2\varphi}{\mathrm{d}t^2} = 0$$

$$a_z = \frac{\mathrm{d}^2 z}{\mathrm{d}t^2} = 0$$

动点的速度和加速度大小分别为

$$v = \sqrt{v_\rho^2 + v_\varphi^2 + v_z^2} = \sqrt{80}\ \mathrm{m/s}$$

$$a = \sqrt{a_\rho^2 + a_\varphi^2 + a_z^2} = 32\ \mathrm{m/s^2}$$

例 3-4 图示凸轮顶杆机构中，已知凸轮绕 O 轴的转动角速度 ω 为常数，顶杆 AB 与 O 共线，可沿滑槽上下运动，要使顶杆以匀速率 u 上升一段距离，试设计凸轮相应段 CD 的轮廓线。

解： 在凸轮上建立极坐标(ρ,φ)如图，由已知条件有

$$\frac{\mathrm{d}\varphi}{\mathrm{d}t} = \omega,\ \frac{\mathrm{d}\rho}{\mathrm{d}t} = u \tag{a}$$

且有 $t=0$ 时，$\varphi=0$，$\rho=R$，将式(a)积分，并代入初始条件，得

$$\varphi = \omega t,\quad \rho = ut + R \tag{b}$$

由式(b)消去时间 t，得

$$\rho = R + \frac{u\varphi}{\omega}$$

故 CD 段为阿基米德螺线。

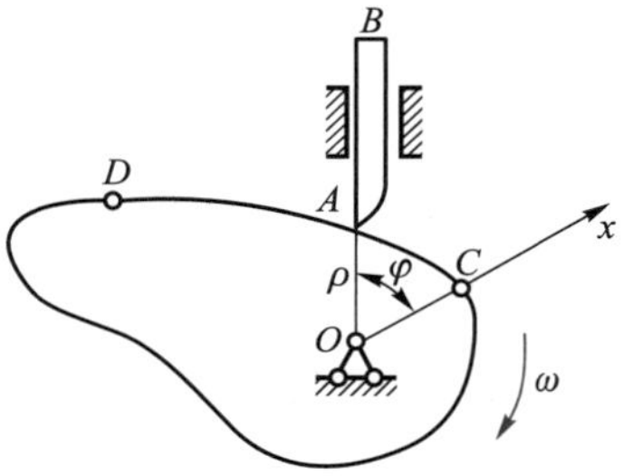

例 3-4 图

思考 3-6 若采用直角坐标，如何求解例 3-4？

可见，上述点的运动描述方法中，矢径法简便直观，常用于理论推导，坐标法采用标量形式，便于微积分，常用于问题求解。根据具体问题的特点，点的运动描述还可采用极坐标、球坐标等。值得特别注意的是，这些曲线坐标中的单位矢量往往随时间改变方向。

3.1.3 刚体平移

物理学中定义，**刚体平移时，刚体内任一直线始终与其最初位置保持平行。**

如图 3-6 所示，设刚体平移，从参考空间某一固定点 O 向刚体内任意两点 A、B 作矢量 $\boldsymbol{r}_A$ 和 $\boldsymbol{r}_B$，两矢量间的关系为

$$\boldsymbol{r}_A = \boldsymbol{r}_B + \boldsymbol{r}_{BA} \tag{3-20}$$

由刚体平移定义知，式中 $\boldsymbol{r}_{BA}$ 为常矢量。因此，把点 B 的轨迹沿 $\boldsymbol{r}_{BA}$ 方向平移距离 BA，就能与点 A 的轨迹完全重合。

将式(3-20)对时间连续求二次导数，并注意到 $\boldsymbol{r}_{BA}$ 为常矢量，有

$$\boldsymbol{v}_A = \boldsymbol{v}_B \tag{3-21}$$

$$\boldsymbol{a}_A=\boldsymbol{a}_B \tag{3-22}$$

可见，**刚体平移时，其上各点的轨迹形状相同，且相互平行，在同一瞬时，各点的速度相同，加速度也相同**。刚体的平移问题可以归结为其上任一点的运动问题来研究。

问题 3-4 搅拌机构如图所示，已知 $O_1A=O_2B=R$，$O_1O_2=AB$，杆 O_1A 以不变角速度 ω 转动，试求构件 BAM 上 M 点的轨迹、速度和加速度。

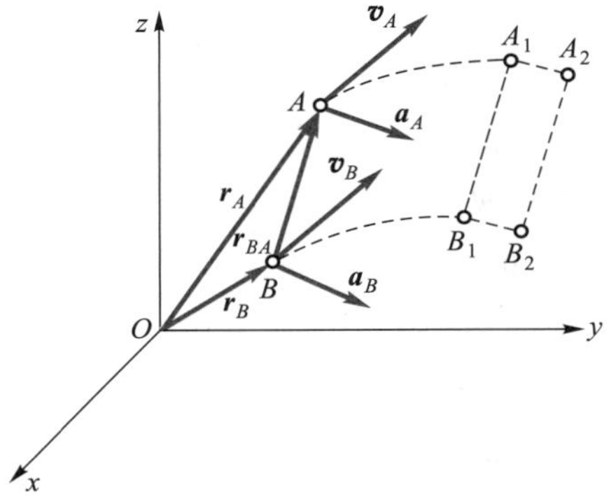

图 3-6 刚体平移描述

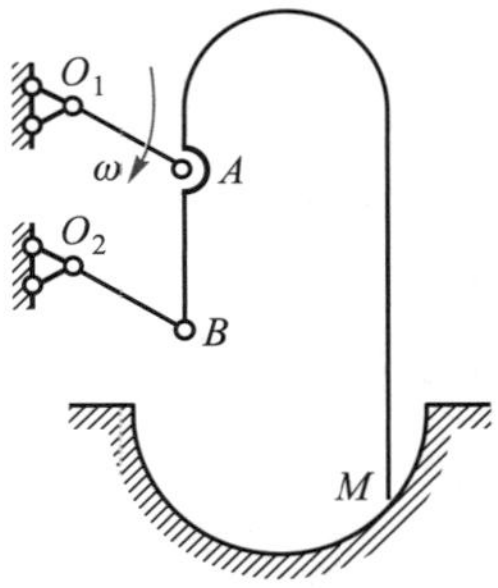

问题 3-4 图

答：点 M 与点 A 运动轨迹形状相同，是半径为 R 的圆弧；且 $\boldsymbol{v}_M=\boldsymbol{v}_A$，$v_M=R\omega$，$\boldsymbol{a}_M=\boldsymbol{a}_A$，$a_M=R\omega^2$。

思考 3-7

① 水平曲线铁轨上行驶的火车车厢是否为平移运动？

② 平移刚体上各点的运动轨迹一定是平行直线吗？

③ 试列举几种实际生活中的平移运动。

3.1.4 刚体定轴转动

物理学中定义，**刚体定轴转动时，刚体内或其延伸部分有一始终不动的直线**。该固定直线称为**转轴**，不在转轴上的各点均绕转轴作圆周运动。例如，砂轮、电风扇等均作定轴转动。

问题 3-5 如图 a 所示沿圆弧滚动的齿轮 O 及图 b 中沿圆弧滑动的杆 AB 是否作定轴转动？

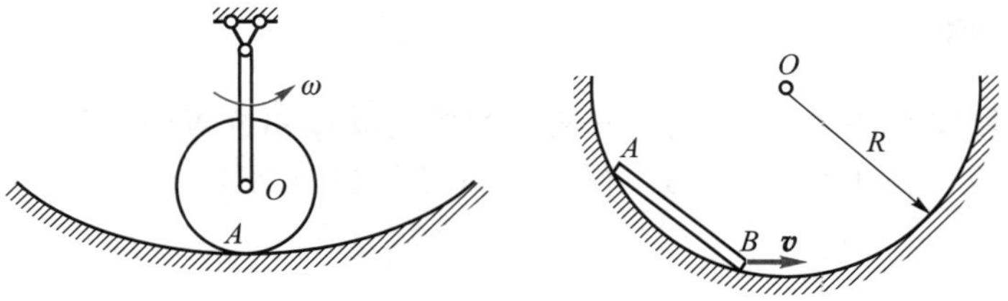

(a) (b)

问题 3-5 图

答：图 a 中轮 O 各瞬时的不动直线 A（过 A 点垂直于纸面的直线）沿轨道连续变动，不是作定轴转动；而图 b 中杆 AB 的延伸部分在 O 处的垂直线固定不动，故 AB 杆作定轴转动。

思考 3-8 各点都作圆周运动的刚体，一定是作定轴转动吗？

1. 刚体的转动方程、角速度与角加速度

如图 3-7 所示，设刚体绕 z 轴转动，过 z 轴作定平面 Ⅰ 和与刚体固连的运动平面 Ⅱ，两平面间的夹角 φ 称为刚体的转角或**角位移**，它是代数量，其正、负号按右手法则确定，单位是 rad。刚体转动时，转角 φ 是时间的单值连续函数，即

$$\varphi=\varphi(t) \tag{3-23}$$

式(3-23)称为**刚体定轴转动方程**。

设刚体在 $\mathrm{d}t$ 时间内转过微小转角 $\mathrm{d}\varphi$，可用矢量 $\mathrm{d}\boldsymbol{\varphi}$ 表示，该矢量沿 z 轴，指向按右手法则确定。以 $\boldsymbol{k}$ 表示沿 z 轴正向的单位矢量，则有

$$\mathrm{d}\boldsymbol{\varphi}=\mathrm{d}\varphi\boldsymbol{k}$$

将上式两端同除 $\mathrm{d}t$，则有 $\dfrac{\mathrm{d}\boldsymbol{\varphi}}{\mathrm{d}t}=\dfrac{\mathrm{d}\varphi}{\mathrm{d}t}\boldsymbol{k}$，即

$$\boldsymbol{\omega}=\omega\boldsymbol{k} \tag{3-24}$$

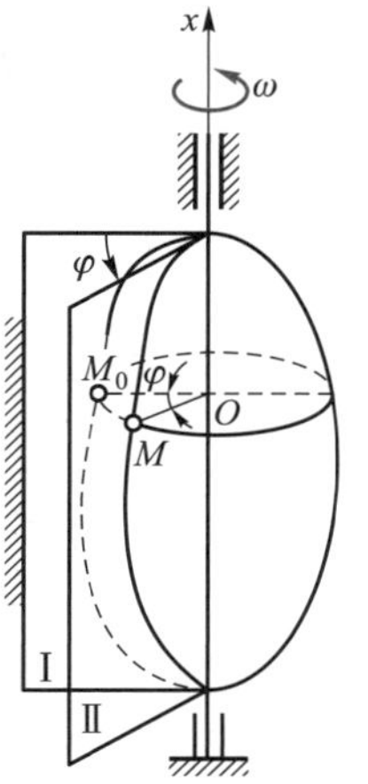

图 3-7 刚体定轴转动

式中，$\omega=\dfrac{\mathrm{d}\varphi}{\mathrm{d}t}$，表示角速度的大小，为代数量，单位是弧度/秒(rad/s)；$\boldsymbol{\omega}$ 则为刚体的**角速度**矢量。

机器中的转动零部件在稳定工作时，一般作匀角速转动，转动的快慢常用转速 n 表示。n 的单位为 r/min(转/分)。转速 n 与角速度大小 ω 的关系是

$$\omega=\frac{2\pi n}{60}=\frac{\pi n}{30} \tag{3-25}$$

将式(3-24)对时间 t 求一阶导数，有 $\dfrac{\mathrm{d}\boldsymbol{\omega}}{\mathrm{d}t}=\dfrac{\mathrm{d}\omega}{\mathrm{d}t}\boldsymbol{k}$，即

$$\boldsymbol{\alpha}=\alpha\boldsymbol{k} \tag{3-26}$$

式中

$$\alpha=\frac{\mathrm{d}\omega}{\mathrm{d}t}=\frac{\mathrm{d}^2\varphi}{\mathrm{d}t^2} \tag{3-27}$$

表示**角加速度**的大小，单位是 $\mathrm{rad/s^2}$(弧度/秒^2)；$\boldsymbol{\alpha}=\dfrac{\mathrm{d}\boldsymbol{\omega}}{\mathrm{d}t}$则为刚体的**角加速度**矢量。

显然，当 ω 与 α 正负相同时，$\boldsymbol{\omega}$ 与 $\boldsymbol{\alpha}$ 方向相同，刚体加速转动；当 ω 与 α 正负相反时，$\boldsymbol{\omega}$ 与 $\boldsymbol{\alpha}$ 方向相反，刚体减速转动。

2. 转动刚体内各点速度和加速度的矢积表示

转动刚体的角速度矢量 $\boldsymbol{\omega}=\omega\boldsymbol{k}$，角加速度矢量 $\boldsymbol{\alpha}=\alpha\boldsymbol{k}$，如图 3-8 所示，从转轴上任一点 O 作动点 M 的矢径 $\boldsymbol{r}$，考察 M 点的速度，其大小为

$$v=R\omega=r\omega\sin\theta$$

式中，R 是 M 点到转动轴的垂直距离，θ 是 $\boldsymbol{\omega}$ 与 $\boldsymbol{r}$ 的夹角。速度 $\boldsymbol{v}$ 的方向垂直于 $\boldsymbol{r}$ 和 $\boldsymbol{\omega}$ 构成的平面，且符合右手法则，如图 3-8a 所示，故

$$\boldsymbol{v}=\boldsymbol{\omega}\times\boldsymbol{r} \tag{3-28}$$

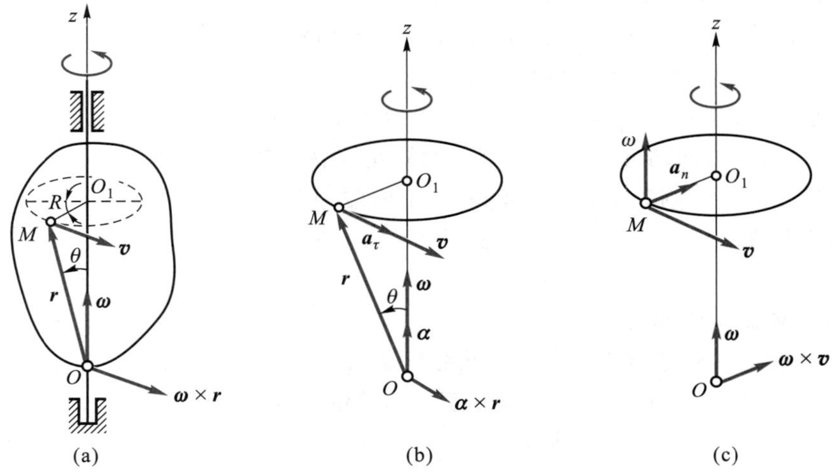

图 3-8　转动刚体内点的运动

将式(3-28)对时间 t 求导数,即得加速度表示式

$$\frac{\mathrm{d}\boldsymbol{v}}{\mathrm{d}t}=\frac{\mathrm{d}}{\mathrm{d}t}(\boldsymbol{\omega}\times\boldsymbol{r})=\frac{\mathrm{d}\boldsymbol{\omega}}{\mathrm{d}t}\times\boldsymbol{r}+\boldsymbol{\omega}\times\frac{\mathrm{d}\boldsymbol{r}}{\mathrm{d}t}$$

即

$$\boldsymbol{a}=\boldsymbol{\alpha}\times\boldsymbol{r}+\boldsymbol{\omega}\times\boldsymbol{v} \tag{3-29}$$

式(3-29)中,右端第一项 $\boldsymbol{\alpha}\times\boldsymbol{r}$ 的大小为

$$|\boldsymbol{\alpha}\times\boldsymbol{r}|=r\alpha\sin\theta=R\alpha \tag{3-30}$$

方向按右手法则确定,即沿点 M 的轨迹切线,指向与 α 转向一致,如图 3-8b 所示,故为点 M 的切向加速度,即

$$\boldsymbol{a}_\tau=\boldsymbol{\alpha}\times\boldsymbol{r} \tag{3-31}$$

式(3-29)右端第二项 $\boldsymbol{\omega}\times\boldsymbol{v}$ 的大小为

$$|\boldsymbol{\omega}\times\boldsymbol{v}|=\omega v\sin(\boldsymbol{\omega},\boldsymbol{v})=\omega v\sin 90^\circ=R\omega^2$$

方向按右手法则确定,即沿点 M 的轨迹法线,指向圆心 O_1,如图 3-8c 所示,故为点 M 的法向加速度,即

$$\boldsymbol{a}_n=\boldsymbol{\omega}\times\boldsymbol{v} \tag{3-32}$$

由于 $\boldsymbol{a}_\tau\perp\boldsymbol{a}_n$,故点 M 的全加速度 $\boldsymbol{a}$ 的大小为

$$a=\sqrt{a_\tau^2+a_n^2}=R\sqrt{\alpha^2+\omega^4} \tag{3-33}$$

它与法线夹角的正切为

$$\tan\theta=\frac{a_\tau}{a_n}=\frac{\alpha}{\omega^2} \tag{3-34}$$

问题 3-6　对于图示鼓轮的角速度,如下计算对吗?

因为

$$\tan\varphi=\frac{x}{R}$$

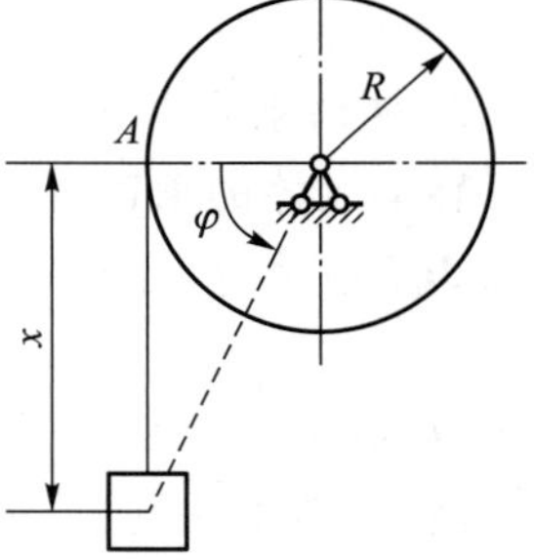

问题 3-6 图

所以

$$\omega=\frac{d\varphi}{dt}=\frac{d}{dt}\left(\arctan\ \frac{x}{R}\right)$$

答：不对。上式中的 φ 不是转动刚体对应于 x 的转角。正确计算是设刚体转动 φ_1，则

$$x=s=R\varphi_1$$

即

$$\varphi_1=\frac{x}{R}$$

$$\omega=\frac{d\varphi_1}{dt}=\frac{d}{dt}\left(\frac{x}{R}\right)$$

思考 3-9 问题 3-6 图中绳子和轮缘上的接触点 A 的加速度有何不同？

例 3-5 汽车雨刮器用两个曲柄 O_1A 和 O_2B 与连杆 AB 分别在 A、B 处铰接，雨刷则固连在 AB 上，如图所示。已知 $O_1A=O_2B=r$，$AB=O_1O_2$，曲柄的摆动规律是 $\varphi=\frac{\pi}{4}\sin 2\pi t$，求任一瞬时雨刷端点 C 的速度和加速度，并在图中表示出来。

解：由题意知 O_1ABO_2 是一平行四边形，连杆 AB 连同雨刷平移，故有

$$\boldsymbol{v}_C=\boldsymbol{v}_A,\quad \boldsymbol{a}_C=\boldsymbol{a}_A$$

曲柄的角速度和角加速度大小分别为

$$\omega=\frac{d\varphi}{dt}=\frac{\pi^2}{2}\cos 2\pi t\ \text{rad/s}$$

$$\alpha=\frac{d\omega}{dt}=-\pi^3\sin 2\pi t\ \text{rad/s}^2$$

C、A 两点的速度和加速度如图，其大小分别为

$$v_C=v_A=r\omega=\frac{\pi^2}{2}r\cos 2\pi t\ \text{m/s}$$

$$a_C^\tau=a_A^\tau=r\alpha=-\pi^3 r\sin 2\pi t\ \text{m/s}^2$$

$$a_C^n=a_A^n=r\omega^2=\frac{\pi^4}{4}r\ \cos^2 2\pi t\ \text{m/s}^2$$

$$a_C=\sqrt{(a_C^\tau)^2+(a_C^n)^2}=r\sqrt{\pi^6\sin^2 2\pi t+\frac{\pi^8}{16}\cos^4 2\pi t}\ \text{m/s}^2$$

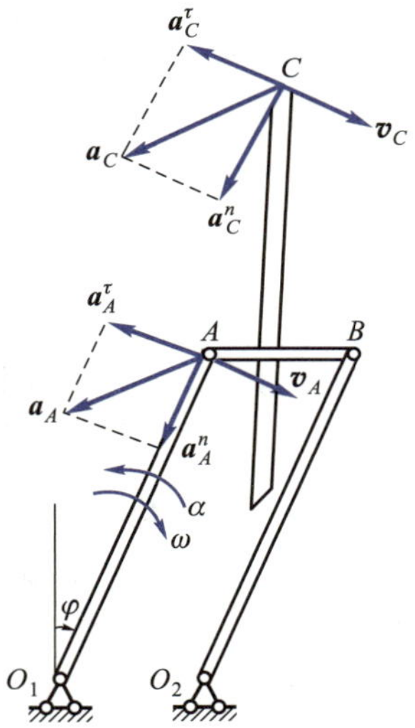

例 3-5 图

例 3-6 图示圆轮，其轮缘上点的全加速度矢量与半径线夹角恒为 60°，且初始时轮的角速度为 ω_0，角位移为零，试求角速度 ω 随转角 φ 及转角 φ 随时间 t 的变化规律。

解：由 $\tan\theta=\frac{\alpha}{\omega^2}=\sqrt{3}$，以及 $\alpha=\frac{d\omega}{dt}=\omega\frac{d\omega}{d\varphi}$，得

$$\frac{d\omega}{\omega}=\sqrt{3}\,d\varphi$$

将上式两端积分，即

$$\int_{\omega_0}^{\omega}\frac{d\omega}{\omega}=\int_0^{\varphi}\sqrt{3}\,d\varphi$$

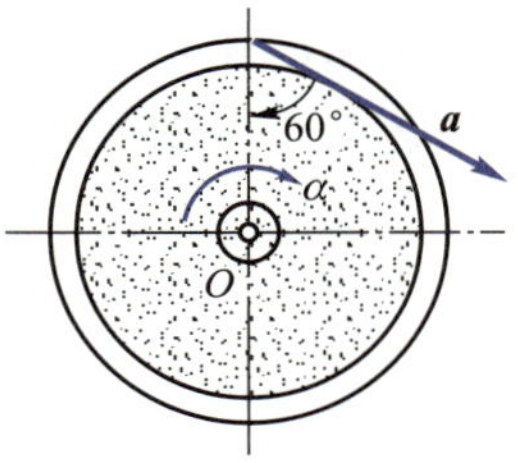

例 3-6 图

得

$$\omega=\omega_0 e^{\sqrt{3}\varphi}$$

此即角速度 ω 随转角 φ 的变化规律。又由

$$\omega=\frac{d\varphi}{dt}=\omega_0 e^{\sqrt{3}\varphi}$$

得

$$e^{-\sqrt{3}\varphi}d\varphi=\omega_0 dt$$

对上式两端积分,得

$$\int_0^{\varphi} e^{-\sqrt{3}\varphi}d\varphi=\int_0^t \omega_0 dt$$

得

$$\varphi=\frac{1}{\sqrt{3}}\ln\left(\frac{1}{1-\sqrt{3}\omega_0 t}\right)$$

此即转角 φ 随时间 t 的变化规律。

思考 3-10 图示卷带圆盘,已知胶带厚度为 a,速度大小 v 为常数,如何求圆盘转动的角加速度?

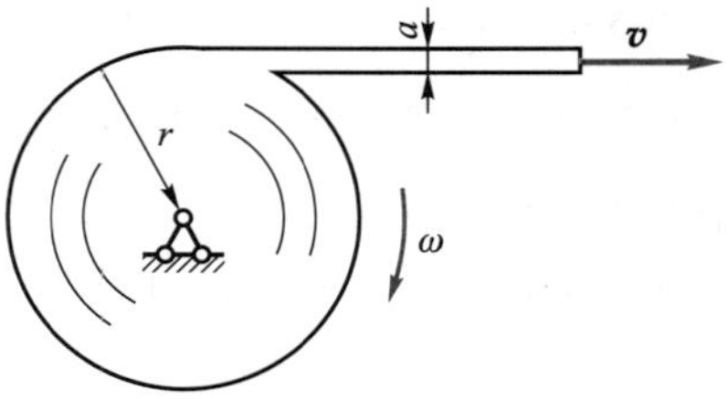

思考 3-10 图

3. 定轴轮系的传动

工程中,常利用轮系传动提高或降低机械的转速,最常见的定轴轮系有齿轮轮系和胶带轮系。圆柱齿轮传动分为外啮合和内啮合两种,分别如图 3-9a 和 b 所示。

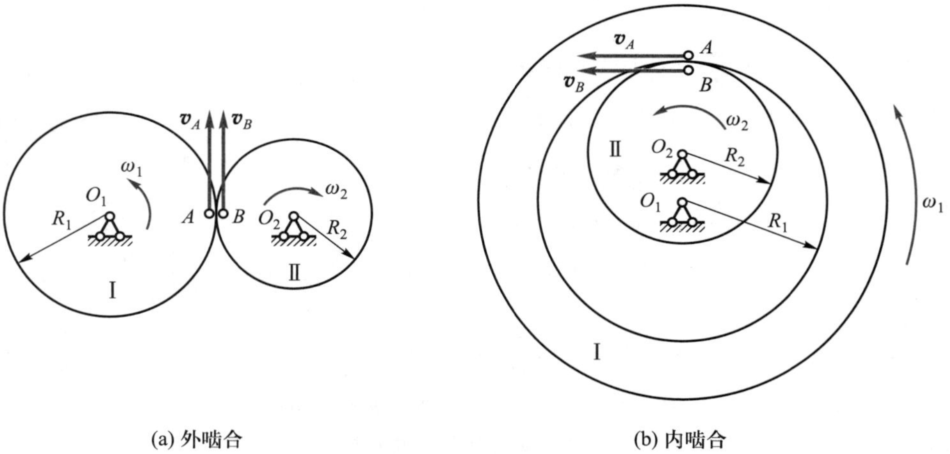

图 3-9 圆柱齿轮传动

设 ω_1、R_1 和 Z_1,ω_2、R_2 和 Z_2 分别表示Ⅰ、Ⅱ两齿轮的角速度、节圆半径及齿数,并且两轮在各自接触点 A、B 处无相对滑动,则两齿轮在接触处应满足的运动学条件为

$$v_A=v_B$$

即

$$R_1\omega_1=R_2\omega_2$$

或

$$\frac{\omega_1}{\omega_2}=\frac{R_2}{R_1}$$

为保证两齿轮正常啮合，两轮的相邻齿距必须相等，即$\frac{2\pi R_1}{Z_1}=\frac{2\pi R_2}{Z_2}$，于是

$$\frac{\omega_1}{\omega_2}=\frac{R_2}{R_1}=\frac{Z_2}{Z_1}$$

设轮 Ⅰ 是主动轮，轮 Ⅱ 是从动轮，且令 $i_{12}=\frac{\omega_1}{\omega_2}$，称为两轮的传动比，则有

$$i_{12}=\frac{\omega_1}{\omega_2}=\frac{R_2}{R_1}=\frac{Z_2}{Z_1} \tag{3-35a}$$

上式表明，**两轮的传动比即两轮角速度大小之比，与两轮的节圆半径或齿数成反比。** 式(3-35a)定义的传动比是两个角速度大小的比值，与转向无关，不仅适用于圆柱齿轮传动，也适用于传动轴线呈任意角的圆锥齿轮传动、摩擦轮传动和胶带轮传动。

在某些情况下，为了区分轮系中各轮的转向，规定统一的转向为正，各轮角速度视为代数量，传动比也因此视为代数量。

$$i_{12}=\frac{\omega_1}{\omega_2}=\pm\frac{R_2}{R_1}=\pm\frac{Z_2}{Z_1} \tag{3-35b}$$

式中，正号代表内啮合传动，如图 3-9b 所示；负号代表外啮合传动，如图 3-9a 所示。

例 3-7 齿轮减速器由 4 个齿轮组成，如图所示，其中轮 Ⅱ 与轮 Ⅲ 安装在同一轴上。各轮的齿数分别为 $Z_1=36$，$Z_2=112$，$Z_3=32$，$Z_4=128$；主动轮 Ⅰ 的转数 $n_1=1\ 450$ r/min。试求总传动比 i_{14} 及从动轮 Ⅳ 的转速 n_4。

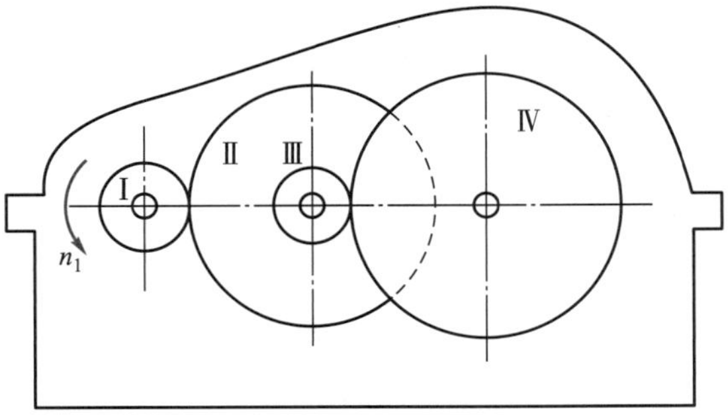

例 3-7 图

解：设各转速分别为 n_1、n_2、n_3、n_4，依题意有 $n_2=n_3$。由传动比公式，有

$$i_{12}=\frac{n_1}{n_2}=-\frac{Z_2}{Z_1}$$

及

$$i_{34}=\frac{n_3}{n_4}=-\frac{Z_4}{Z_3}$$

从而总传动比为

$$i_{14}=\frac{n_1}{n_4}=\frac{n_1}{n_2}\cdot\frac{n_3}{n_4}=(-1)^2\frac{Z_2\cdot Z_4}{Z_1\cdot Z_3}$$

代入已知数据，得

$$i_{14}=\frac{112\times128}{36\times32}=12.4$$

而从动轮Ⅳ的转速为

$$n_4=\frac{n_1}{i_{14}}=\frac{1\ 450\ \text{r/min}}{12.4}=117\ \text{r/min}$$

由 i_{14} 和 n_4 的正负可见，从动轮Ⅳ与主动轮Ⅰ的转向相同。

3.2 点的复合运动概念

3.2.1 点的绝对运动、相对运动和牵连运动

工程中，点的复合运动实例很多。如图 3-10 所示桥式起重机，当桥不动时，重物 M 一方面随小车水平运动，另一方面又相对小车铅垂运动。对于地面上的观察者来说，点 M 的轨迹是一平面曲线；对于小车来说，相对轨迹则是一铅垂直线。又如图 3-11 所示曲柄滑道机构中的滑块 A，它相对机座的运动是绕铰链 O 的圆周运动，而相对于滑道则是沿滑槽的水平直线运动。可见同一个点在不同参考系中观察到的运动不同，这就是运动的相对性。

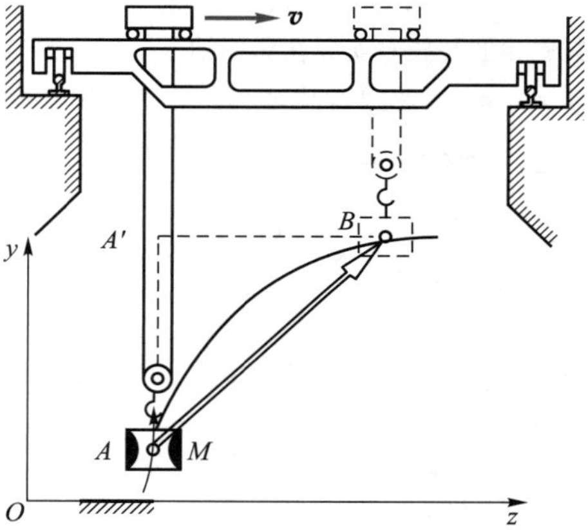

图 3-10　桥式起重机

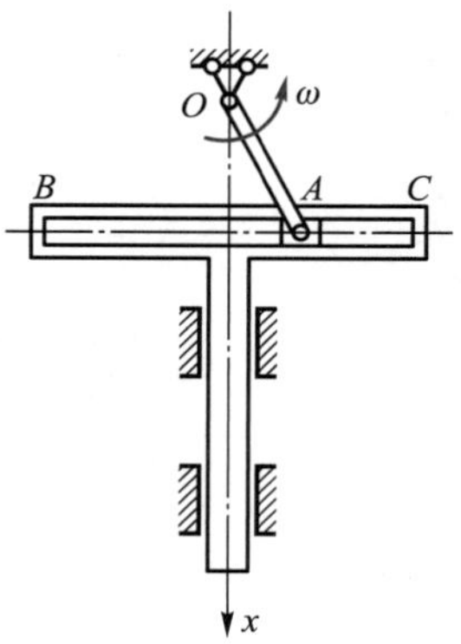

图 3-11　曲柄滑道机构

为了研究一个动点相对两个不同参考系运动量之间的数量关系，需要建立如下模型：一个**动点**——研究对象；两个坐标系——一个是定坐标系 $Oxyz$，通常选与地球固连的坐标系为**定系**，另一个是与相对于定系有运动的动坐标系 $O'x'y'z'$，简称**动系**。于是构成动点的如下三种运动：**动点相对于定系的运动，称为动点的绝对运动；动点相对于动系的运动，称为动点的相对运动；动系相对于定系的运动，称为牵连运动**。图 3-11 中选滑块 A 为动点时，固结于滑道的坐标系为动系，则滑块的绝对运动是绕支座 O 的圆周运动，滑块的相对运动是沿滑槽的直线运动，T 形杆的铅垂平移则是牵连运动。

注意:动点的绝对运动和相对运动都是指点的运动,其轨迹可以是直线、圆周或一般曲线,而动点的牵连运动则是指动系(相当于刚体)的运动,可以是平移、定轴转动或其他刚体运动。同时,定系也可以固连于运动物体上。

3.2.2 动点的运动方程、三种速度和加速度

为了寻找动点相对于定系和动系的运动量之间的关系,需要在动系上找一个确定的参考点,通常把**某瞬时动系上与动点重合的点选为参考点**,并称之为**牵连点**。值得注意,牵连点在某瞬时是动系上的固定点,与动点之间存在相对运动;但不同瞬时牵连点随动点变动位置。这样,可以在点的三种运动概念的基础上进一步定义动点的运动方程、三种速度和三种加速度。如图 3-12 所示,分别在定系和动系中任选一确定点 O 和 O'。动点 M 在两个坐标系中的位置变化可分别用其矢径表示,即动点的绝对运动矢径为

$$\boldsymbol{r}=\boldsymbol{r}(t) \tag{3-36}$$

动点的相对运动矢径为

$$\boldsymbol{r}'=\boldsymbol{r}'(t) \tag{3-37}$$

点 O'相对定点 O 的矢径为

$$\boldsymbol{r}_{O'}=\boldsymbol{r}_{O'}(t)$$

在任一瞬时 t,三矢径存在如下关系:

$$\boldsymbol{r}(t)=\boldsymbol{r}_{O'}(t)+\boldsymbol{r}'(t) \tag{3-38}$$

式(3-38)称为动点 M 的**矢量形式运动方程**。

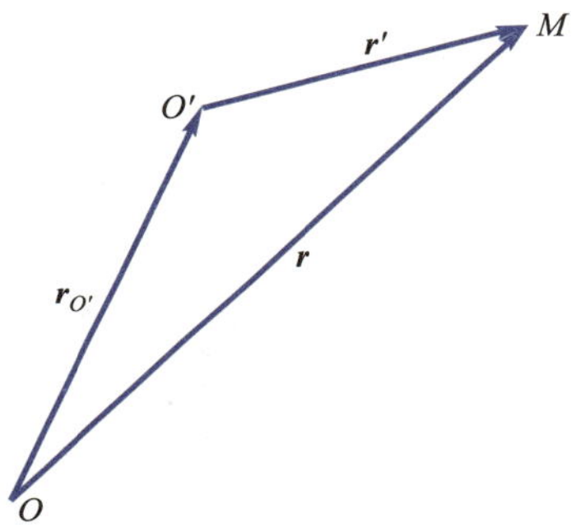

图 3-12 动点的运动矢径关系

动点相对于定系的速度和加速度分别称为动点的**绝对速度**和**绝对加速度**,分别表示为

$$\left.\begin{aligned}\boldsymbol{v}_a&=\frac{\mathrm{d}\boldsymbol{r}}{\mathrm{d}t}\\ \boldsymbol{a}_a&=\frac{\mathrm{d}\boldsymbol{v}_a}{\mathrm{d}t}\end{aligned}\right\} \tag{3-39}$$

动点相对于动系的速度和加速度,分别称为动点的**相对速度**和**相对加速度**,用**相对导数**表示为

$$\left.\begin{aligned}\boldsymbol{v}_r&=\frac{\tilde{\mathrm{d}}\boldsymbol{r}'}{\mathrm{d}t}\\ \boldsymbol{a}_r&=\frac{\tilde{\mathrm{d}}\boldsymbol{v}_r}{\mathrm{d}t}\end{aligned}\right\} \tag{3-40}$$

牵连点相对于定系的速度和加速度,分别称为动点的**牵连速度**和**牵连加速度**。用**条件导数**表示为

$$\left.\begin{aligned}\boldsymbol{v}_e&=\left.\frac{\mathrm{d}\boldsymbol{r}}{\mathrm{d}t}\right|_{\boldsymbol{r}'\text{不变}}\\ \boldsymbol{a}_e&=\left.\frac{\mathrm{d}\boldsymbol{v}_e}{\mathrm{d}t}\right|_{\boldsymbol{r}'\text{不变}}\end{aligned}\right\} \tag{3-41}$$

在分析点的复合运动问题时，适当选取动点和动系后，需要确定三种运动矢量的方位。而找出动点的**绝对轨迹**、**相对轨迹**和**牵连点的绝对轨迹**是确定三种速度和加速度方位的关键。下面分析几个实例。

问题 3-7 试分析动点的三种速度和加速度：图 a 中 A 车沿半径 R 作圆周运动，速度大小为常量 v_1，B 车沿直线运动，速度大小为常量 v_2，选 B 车为动点，动系固结于 A 车上。图 b 中直杆铰接于轮心 O，轮 O 沿斜面滚动，斜面沿水平面滑动，速度和加速度如图所示，选轮心 O 为动点，斜面为动系。

答： 图 a 中动系定轴转动，动点 B 速度为：$\boldsymbol{v}_a=\boldsymbol{v}_2$，$v_e=OB\cdot\dfrac{v_1}{R}$，方向如图所示；加速度为：$\boldsymbol{a}_a=\boldsymbol{a}_B=0$，$a_e=OB\left(\dfrac{v_1}{R}\right)^2$，方向如图所示。

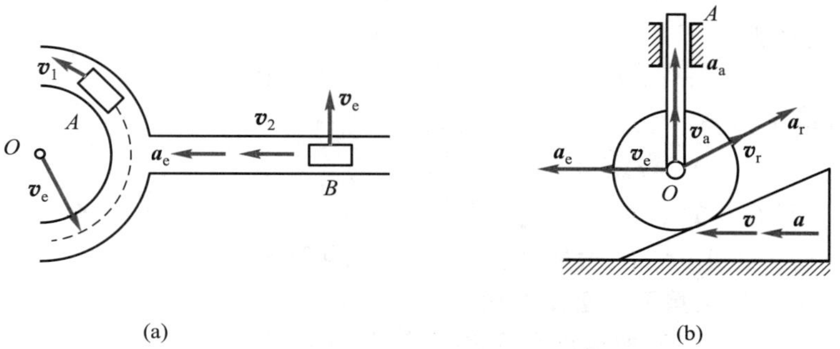

问题 3-7 图

图 b 中，动系平移，动点 O 的绝对轨迹沿 OA 直线，$\boldsymbol{v}_a$、$\boldsymbol{a}_a$ 如图所示；O 的相对轨迹为平行于斜面的直线，$\boldsymbol{v}_r$、$\boldsymbol{a}_r$ 如图所示，其指向可以假设；牵连点的轨迹为过 O 点的水平线，$\boldsymbol{v}_e=\boldsymbol{v}$，$\boldsymbol{a}_e=\boldsymbol{a}$，方向如图所示。

思考 3-11 试分析图 a 和图 b 中动点的三种速度和加速度。图 a 中偏心圆轮绕 O_1 轴转动，角速度与角加速度如图所示，OA 杆搁置于轮缘上，并绕 O 轴转动，选轮心 C 为动点，动系固结于 OA 杆上。图 b 中曲柄 OA 的角速度和角加速度如图所示，选滑块 B 为动点，动系固结于 OA 杆上。

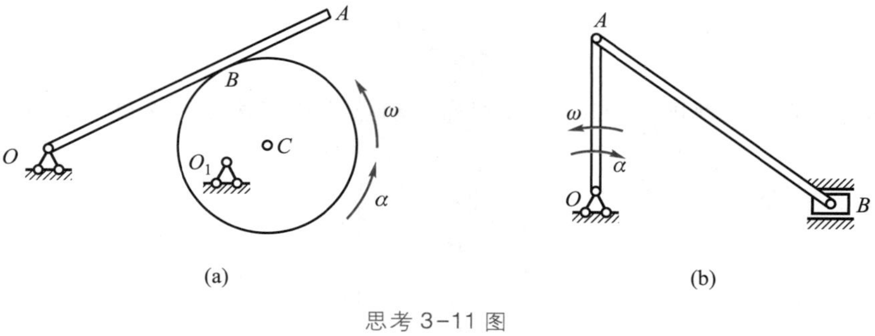

思考 3-11 图

3.3 点的运动合成定理

动点的三种速度之间的数量关系和动点的三种加速度之间的数量关系需要从最一般的情形进行推证。为此建立点的复合运动一般模型,先考察动点运动量的坐标表示,再研究运动量的定量关系。

3.3.1 动点运动量的坐标表示

如图 3-13 所示,$Oxyz$ 为定系,$O'x'y'z'$为作任意运动的动系,M 为动点。设动点的绝对运动方程为

$$\left.\begin{aligned} x &= x(t) \\ y &= y(t) \\ z &= z(t) \end{aligned}\right\}$$

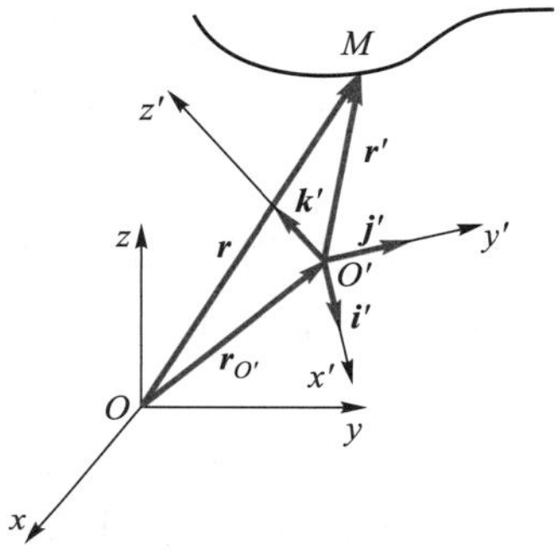

图 3-13 点的复合运动模型

动点的相对运动方程为

$$\left.\begin{aligned} x' &= x'(t) \\ y' &= y'(t) \\ z' &= z'(t) \end{aligned}\right\}$$

由上述动点的相对运动定义,有

$$\boldsymbol{v}_{\mathrm{r}} = \frac{\tilde{\mathrm{d}}\boldsymbol{r}'}{\mathrm{d}t} = \frac{\mathrm{d}\boldsymbol{r}'}{\mathrm{d}t}\Bigg|_{\boldsymbol{i}',\boldsymbol{j}',\boldsymbol{k}'\text{为常矢}}$$

$$= \frac{\mathrm{d}}{\mathrm{d}t}(x'\boldsymbol{i}'+y'\boldsymbol{j}'+z'\boldsymbol{k}')\Bigg|_{\boldsymbol{i}',\boldsymbol{j}',\boldsymbol{k}'\text{为常矢}}$$

$$= \dot{x}'\boldsymbol{i}'+\dot{y}'\boldsymbol{j}'+\dot{z}'\boldsymbol{k}'$$

$$\boldsymbol{a}_{\mathrm{r}} = \frac{\tilde{\mathrm{d}}\boldsymbol{v}_{\mathrm{r}}}{\mathrm{d}t} = \ddot{x}'\boldsymbol{i}'+\ddot{y}'\boldsymbol{j}'+\ddot{z}'\boldsymbol{k}'$$

$$\boldsymbol{v}_{\mathrm{e}} = \frac{\mathrm{d}\boldsymbol{r}}{\mathrm{d}t}\Bigg|_{x',y',z'\text{为常数}} = \dot{\boldsymbol{r}}_{O'}+x'\dot{\boldsymbol{i}}'+y'\dot{\boldsymbol{j}}'+z'\dot{\boldsymbol{k}}'$$

$$\boldsymbol{a}_{\mathrm{e}} = \frac{\mathrm{d}\boldsymbol{v}_{\mathrm{e}}}{\mathrm{d}t}\Bigg|_{x',y',z'\text{为常数}} = \ddot{\boldsymbol{r}}_{O'}+x'\ddot{\boldsymbol{i}}'+y'\ddot{\boldsymbol{j}}'+z'\ddot{\boldsymbol{k}}'$$

3.3.2 点的速度合成定理与加速度合成定理

1. 速度合成定理

继续考察图 3-13 中动点 M 的绝对运动,其绝对矢径为

$$\boldsymbol{r} = \boldsymbol{r}_{O'}+x'\boldsymbol{i}'+y'\boldsymbol{j}'+z'\boldsymbol{k}'$$

动点的绝对速度为

$$\boldsymbol{v}_{\mathrm{a}} = \frac{\mathrm{d}\boldsymbol{r}}{\mathrm{d}t} = \dot{\boldsymbol{r}}_{O'}+x'\dot{\boldsymbol{i}}'+y'\dot{\boldsymbol{j}}'+z'\dot{\boldsymbol{k}}'+\dot{x}'\boldsymbol{i}'+\dot{y}'\boldsymbol{j}'+\dot{z}'\boldsymbol{k}' \tag{3-42a}$$

注意到 3.3.1 中 $\boldsymbol{v}_r$ 和 $\boldsymbol{v}_e$ 的表达式，得

$$\boldsymbol{v}_a=\boldsymbol{v}_e+\boldsymbol{v}_r \tag{3-42b}$$

这就是**点的速度合成定理**。该定理表明，**动系任意运动时，动点的绝对速度等于其牵连速度与相对速度的矢量和**。

2. **加速度合成定理**

由式(3-42a)对时间 t 求绝对导数，有

$$\boldsymbol{a}_a=\dot{\boldsymbol{v}}_e+\dot{\boldsymbol{v}}_r$$

矢量：

$$\boldsymbol{a}_a=\dot{\boldsymbol{v}}_a=\ddot{\boldsymbol{r}}_{O'}+x'\ddot{\boldsymbol{i}}'+y'\ddot{\boldsymbol{j}}'+z'\ddot{\boldsymbol{k}}'+\ddot{x}'\boldsymbol{i}'+\ddot{y}'\boldsymbol{j}'+\ddot{z}'\boldsymbol{k}'+2(\dot{x}'\dot{\boldsymbol{i}}'+\dot{y}'\dot{\boldsymbol{j}}'+\dot{z}'\dot{\boldsymbol{k}}')$$

注意到 3.3.1 中 $\boldsymbol{a}_e$ 和 $\boldsymbol{a}_r$ 的坐标表达式，得

$$\boldsymbol{a}_a=\boldsymbol{a}_e+\boldsymbol{a}_r+2(\dot{x}'\dot{\boldsymbol{i}}'+\dot{y}'\dot{\boldsymbol{j}}'+\dot{z}'\dot{\boldsymbol{k}}') \tag{3-43}$$

① 当动系平移时，$\dot{\boldsymbol{i}}'=\dot{\boldsymbol{j}}'=\dot{\boldsymbol{k}}'=0$。

由式(3-43)，有

$$\boldsymbol{a}_a=\boldsymbol{a}_e+\boldsymbol{a}_r \tag{3-44}$$

这就是**动系平移时点的加速度合成定理**。该定理表明：**动系平移时，动点的绝对加速度等于其牵连加速度和相对加速度的矢量和**。

② 动系定轴转动时，由式(3-28)易得如下**泊松公式**：

$$\dot{\boldsymbol{i}}'=\frac{\mathrm{d}\boldsymbol{i}'}{\mathrm{d}t}=\boldsymbol{\omega}\times\boldsymbol{i}',\quad \dot{\boldsymbol{j}}'=\boldsymbol{\omega}\times\boldsymbol{j}',\quad \dot{\boldsymbol{k}}'=\boldsymbol{\omega}\times\boldsymbol{k}'$$

故

$$2(\dot{x}'\dot{\boldsymbol{i}}'+\dot{y}'\dot{\boldsymbol{j}}'+\dot{z}'\dot{\boldsymbol{k}}')=2\boldsymbol{\omega}\times(\dot{x}'\boldsymbol{i}'+\dot{y}'\boldsymbol{j}'+\dot{z}'\boldsymbol{k}')=2\boldsymbol{\omega}\times\boldsymbol{v}_r$$

定义科氏加速度为

$$\boldsymbol{a}_C=2\boldsymbol{\omega}\times\boldsymbol{v}_r \tag{3-45}$$

该加速度是法国工程师科里奥利斯(Coriolis)于 1832 年研究水轮机时发现的。人们为了纪念他，将该加速度命名为**科里奥利斯加速度**，简称**科氏加速度**。其方向由右手法则确定，如图 3-14 所示；其大小为

$$a_C=2\omega v_r\sin(\boldsymbol{\omega},\boldsymbol{v}_r)$$

当 $\boldsymbol{\omega}\perp\boldsymbol{v}_r$ 时，$a_C=2\omega v_r$；当 $\boldsymbol{\omega}/\!/\boldsymbol{v}_r$ 时，$a_C=0$。

故

$$\boldsymbol{a}_a=\boldsymbol{a}_e+\boldsymbol{a}_r+\boldsymbol{a}_C \tag{3-46}$$

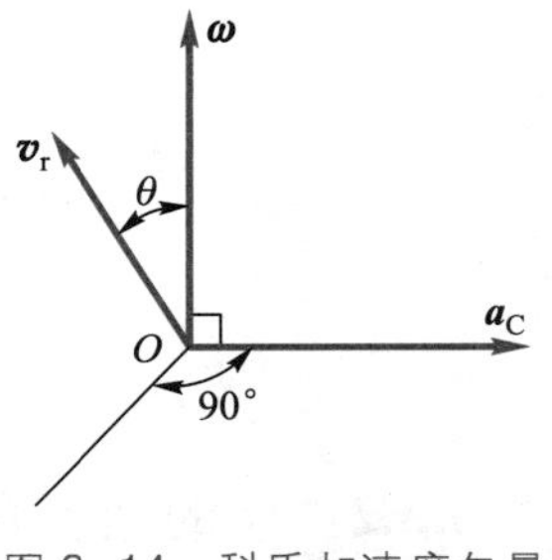

图 3-14　科氏加速度矢量

这就是**动系定轴转动时点的加速度合成定理**。该定理表明：**动系定轴转动时，动点的绝对加速度等于其牵连加速度、相对加速度和科氏加速度的矢量和**。

在一般情形下，动点的三种轨迹为曲线时，$\boldsymbol{a}_a$、$\boldsymbol{a}_e$、$\boldsymbol{a}_r$ 均可分解为切向和法向两个分量，法向分量的大小 a_a^n、a_e^n、a_r^n 及 a_C 的大小均由速度确定。式(3-46)中的三个加速度切向分量大小可由式(3-46)的投影方程求解。平面矢量方程可列两个独立投影方程，求解两个未知量；而空间矢量方程投影可求三个未知量。值得指出，式(3-46)可推广于动系平面运动及空间任意运动情形

[可由式(3-43)导出],也可依次用于有多个动系的点的多重复合运动问题。

思考 3-12 图示圆盘转动角速度 $\boldsymbol{\omega}$ 及小球 M 沿直径滑槽运动的相对速度 $\boldsymbol{v}_r$ 的大小均为常量,试比较小球在槽中 1(轮心)、2(轮缘)两处的科氏加速度的大小。

问题 3-8 图示圆盘半径为 R,以匀角速度 $\boldsymbol{\omega}$ 绕轴 O 转动,动点 M 沿圆盘的边缘向相反方向匀速运动,其相对速度大小 $v_r = R\omega$。因此,在定系中观察,M 为"不动点"。试用此例说明,当牵连运动为定轴转动时,$\boldsymbol{a}_a \neq \boldsymbol{a}_e + \boldsymbol{a}_r$。

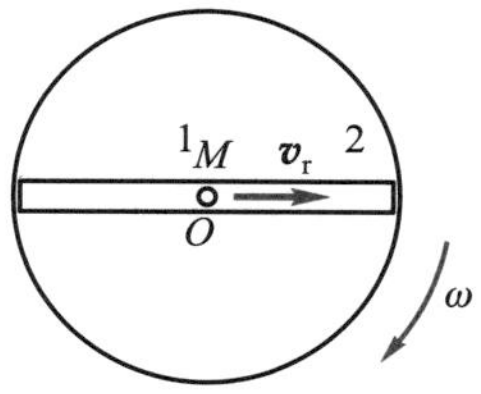

思考 3-12 图

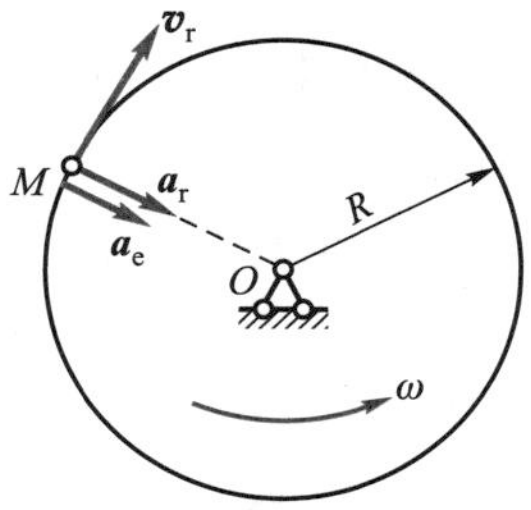

问题 3-8 图

答: 动点 M 的相对运动为以 O 为圆心、R 为半径的匀速圆周运动,故相对加速度 $\boldsymbol{a}_r$ 的大小为

$$a_r = \frac{v_r^2}{R} = R\omega^2$$

方向由 M 指向 O。动点的牵连点的加速度 $\boldsymbol{a}_e$ 大小为

$$a_e = R\omega^2$$

方向也由 M 指向 O,与 $\boldsymbol{a}_r$ 的方向相同,故有

$$a_e + a_r = 2R\omega^2$$

而 $a_a = 0$,可见动系定轴转动时

$$\boldsymbol{a}_e + \boldsymbol{a}_r \neq \boldsymbol{a}_a$$

3.4 点的复合运动问题

3.4.1 点的复合运动的研究方法

运用点的速度合成定理和加速度合成定理,求解点的复合运动问题一般遵循如下步骤和原则:

首先,根据具体问题特征,合理选择动点和动系(通常选地面为定系,也可选运动物体为定系),其原则是:**动点相对于动系要有运动;动点的相对轨迹要简明,便于分析速度和加速度方位。** 例如思考 3-11 图 a 所示偏心轮摆杆机构中,选 OA 杆为动系,轮心 C 为动点,其相对轨迹为过 C 点而平行于 OA 的直线;若选轮上与杆的接触点 B 为动点,则相对轨迹变得很复杂,给相对加速度分量方位的确定带来困难,不便于求解。

其次,**根据动点的三种轨迹,画出动点的速度或加速度矢量图**,这在 3.3 节中已作了论述。

最后，由速度合成定理与加速度合成定理，建立投影方程求未知量的大小。在选择投影轴时，尽量避免不需要求的未知量出现在投影方程中，也要注意方程两边分别投影的正负号。

问题 3-9 图示偏心轮顶杆机构中，ω 为常量，选杆端 A 为动点，动系固结于偏心轮 O，加速度分析如图所示，由点的加速度合成定理在 x 方向投影得：$a_a\cos\theta + a_C = a_r^n + a_e\cos\theta$。对吗？

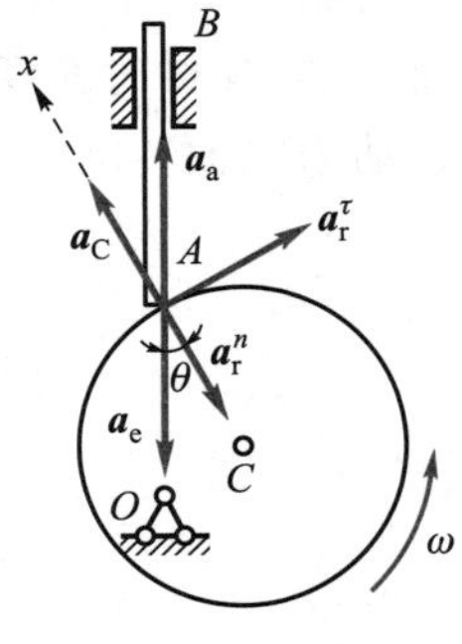

问题 3-9 图

答：不对。应为

$$a_a\cos\theta = a_C - a_r^n - a_e\cos\theta$$

思考 3-13 问题 3-9 图中，按如下方案，如何分析动点的加速度？试比较各种选择方案的特点。

① 若选 AB 杆为动系，轮上接触点 A 为动点；

② 平移动系固结于轮心 C，选杆端 A 为动点；

③ 动系固结于 AB 杆，轮心 C 为动点。

3.4.2 典型复合运动问题

例 3-8 A、B、C 三条船在邻近海域直线航行，今在 B 船上测得 A、C 两船的相对速度分别为 $\boldsymbol{v}_{AB} = 14\boldsymbol{i} - 7\boldsymbol{j}$，$\boldsymbol{v}_{CB} = -16\boldsymbol{i} - 20\boldsymbol{j}$，$\boldsymbol{i}$、$\boldsymbol{j}$ 为 B 船上 x、y 直角坐标轴方向的单位矢量。试求 A、C 两船相对速度 $\boldsymbol{v}_{AC}$。

解：选船 B 为定系，船 C 为动系，船 A 为动点，由

$$\boldsymbol{v}_a = \boldsymbol{v}_e + \boldsymbol{v}_r$$

有

$$\boldsymbol{v}_{AB} = \boldsymbol{v}_{CB} + \boldsymbol{v}_{AC}$$

故

$$\boldsymbol{v}_{AC} = \boldsymbol{v}_{AB} - \boldsymbol{v}_{CB} = 30\boldsymbol{i} + 13\boldsymbol{j}$$

注意：本题型特点为，求无关联物体的相对运动，可选运动物体为定系。

思考 3-14

① 若例 3-5 中所测量为加速度，如何求解？

② 若 C 船沿圆弧航行，又如何求解？

例 3-9 图示机构中 O_1、O_2、A、B 处均为铰链，$AB = O_1O_2$，$O_1A = O_2B = 48$ cm，$R = 24$ cm，O_1A 杆转动方程为 $\varphi = \dfrac{\pi}{4}t$，小球 M 在环形管中按 $\widehat{OM} = s = 3\pi t^2$（单位为 cm）规律运动，试求 $t = 2$ s 时，小球 M 的速度和加速度。

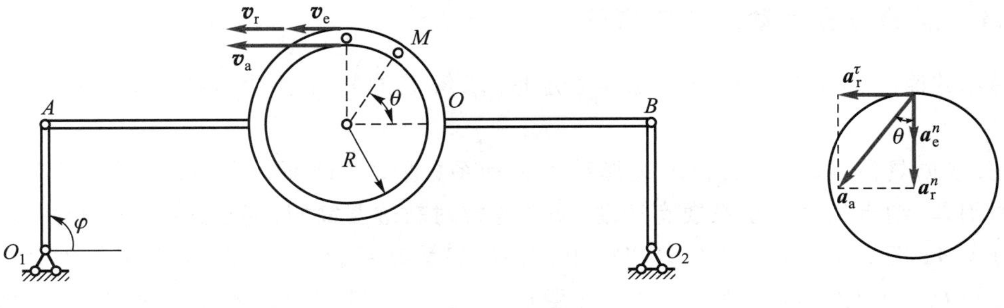

(a) (b)

例 3-9 图

解：选环形管为动系，小球 M 为动点，$t=2$ s 时，有

$$\varphi=\frac{\pi}{2},\quad s=12\pi\ \text{cm},\quad \theta=\frac{s}{R}=\frac{\pi}{2}$$

动点 M 速度如图 a，由

$$\boldsymbol{v}_a=\boldsymbol{v}_e+\boldsymbol{v}_r$$

其中

$$v_e=O_1A\dot{\varphi}=12\pi\ \text{cm/s}\qquad v_r=\dot{s}=12\pi\ \text{cm/s}$$

故

$$v_a=24\pi\ \text{cm/s}$$

方向如图 a 所示。

动点 M 的加速度如图 b 所示，由

$$\boldsymbol{a}_a=\boldsymbol{a}_e+\boldsymbol{a}_r^n+\boldsymbol{a}_r^\tau$$

其中

$$a_r^n=\frac{\dot{s}^2}{R}=6\pi^2\ \text{cm/s}^2,\quad a_r^\tau=\ddot{s}=6\pi\ \text{cm/s}^2,\quad a_e^n=O_1A\dot{\varphi}^2=3\pi^2\ \text{cm/s}^2$$

所以

$$a_a=\sqrt{(a_e^n+a_r^n)^2+(a_r^\tau)^2}=3\pi\sqrt{4+9\pi}\ \text{cm/s}^2,\quad \theta=\arctan\frac{2}{3\pi}$$

注意：本题型特点为，小球（动点）在运动物体上运动，相对轨迹明显。常选大物为动系。

思考 3-15 例 3-9 中小球 M 为什么没有科氏加速度？若将环形管固定在 O_1A 杆的 A 端，其他条件不变，结果如何？

例 3-10 牛头刨床的急回机构如图 a 所示。曲柄 OA 的 A 端与滑块铰接，当曲柄 OA 绕轴 O 转动时，滑块在摇杆 O_1B 上滑动，并带动摇杆 O_1B 绕轴 O_1 摆动。设曲柄长 $OA=r$，以匀角速度 ω 转动，两轴间距离 $OO_1=l$。求当曲柄转至水平位置时摇杆的角速度 ω_1 和角加速度 α_1。

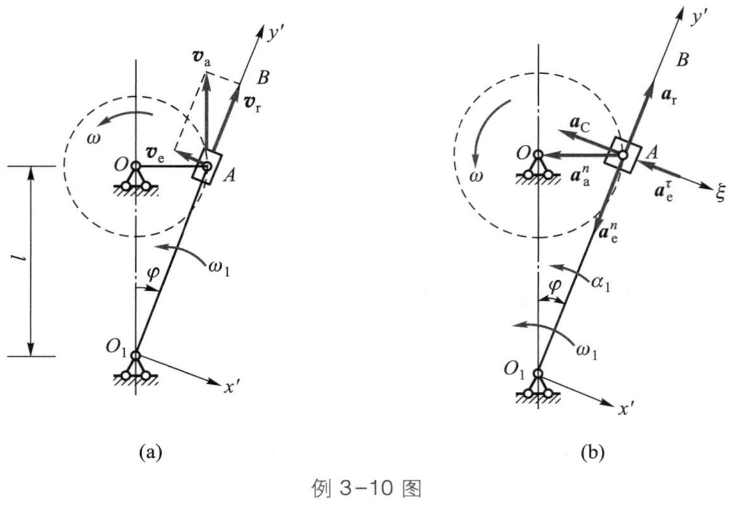

例 3-10 图

解：选曲柄端点 A 为动点，动系 $O_1x'y'$ 固结在摇杆 O_1B 上。点 A 的绝对轨迹是以点 O 为圆心 OA 为半径的圆周；相对轨迹是沿 O_1B 的直线；牵连点轨迹则是以 O_1 为圆心 O_1A 为半径的圆弧。由此画出速度如图 a 所示，由

$$\boldsymbol{v}_a=\boldsymbol{v}_e+\boldsymbol{v}_r$$

其中，$v_a=r\omega$，由图 a 所示几何关系，得

$$v_e=v_a\sin\varphi=r\omega\frac{r}{\sqrt{r^2+l^2}}$$

故

$$\omega_1=\frac{v_e}{O_1A}=\frac{r^2}{r^2+l^2}\omega \tag{a}$$

ω_1 为逆时针转向。动点的相对速度为

$$v_r=v_a\cos\varphi=r\omega\frac{l}{\sqrt{r^2+l^2}} \tag{b}$$

其方向沿 O_1B 向上。

动点 A 的加速度如图 b 所示，且有

$$\boldsymbol{a}_a=\boldsymbol{a}_e+\boldsymbol{a}_r+\boldsymbol{a}_C \tag{c}$$

因动点 A 作匀速圆周运动，故 $\boldsymbol{a}_a=\boldsymbol{a}_a^n$，其大小为 $a_a^n=r\omega^2$，方向由 A 指向 O；由于牵连运动为定轴转动，牵连法向加速度 $\boldsymbol{a}_e^n$ 的大小为 $a_e^n=O_1A\cdot\omega_1^2=\dfrac{r^4}{(r^2+l^2)^{3/2}}\omega^2$，方向由 A 指向 O_1；牵连切向加速度 $\boldsymbol{a}_e^\tau$ 大小未知，但它垂直 O_1A，假设指向如图 b 所示（应与 α_1 转向一致）。因相对运动为直线运动，故 $\boldsymbol{a}_r$ 沿 OA，大小未知，假设指向如图 b 所示。而科氏加速度 $\boldsymbol{a}_C$ 的大小为 $a_C=2\omega_1v_r\sin 90°=\dfrac{2\omega^2r^3l}{(r^2+l^2)^{3/2}}$，方向由右手法则确定，如图 b 所示。将式（c）向 ξ 轴投影，得

$$-a_a^n\cos\varphi=-a_e^\tau-a_C$$

由此解得

$$a_e^\tau=-a_C+a_a^n\cos\varphi=\frac{rl(l^2-r^2)}{(r^2+l^2)^{3/2}}\omega^2$$

式中，$l^2-r^2>0$，故 a_e^τ 为正值。

摇杆 O_1A 的角加速度为

$$\alpha_1=\frac{a_e^\tau}{O_1A}=\frac{rl(l^2-r^2)}{(r^2+l^2)^2}\omega^2$$

α_1 的转向为逆时针。

注意：本题型特点为，两物体接触，其中一物体上接触点不变。常选不变接触点为动点，动系固结于另一物体上。

问题 3-10 如何用解析法求解例 3-10？

答：图示任意位置，有

$$\tan\varphi=\frac{r\sin\omega t}{l-r\cos\omega t}$$

两边对时间 t 求导，可得 $\dot{\varphi}$、$\ddot{\varphi}$，其转向如图，再根据导数结果的正负，确定 ω_1、α_1 的转向。

思考 3-16

① 试用上述解析法求出例 3-10 的结果，并比较两种方法的特点。

② 在例 3-10 中，能否取摇杆 O_1B 上的点 A 为动点，动系固结在曲柄 OA 上？若这样选取动点和建立动系，又如何求解？

思考 3-17 平底顶杆凸轮机构如图所示，顶杆 AB 可沿导轨上下移动，偏心圆盘绕轴 O 转动，工作时顶杆的平底始终接触凸轮表面，试问应如何选取动点和建立动系求顶杆加速度。若取凸轮的接触点为动点，动系固连在平底顶杆上，或取平底顶杆的接触点为动点，动系固结在凸轮上，行吗？试列出可行的几种求解方法。

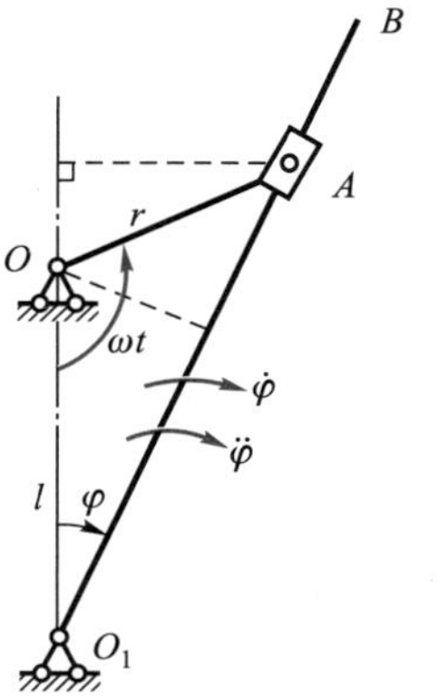

问题 3-10 图

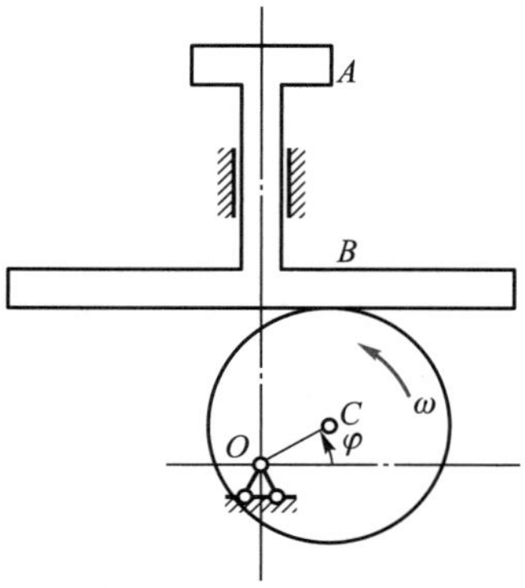

思考 3-17 图

例 3-11 如图 a 所示机构中，圆盘与导杆 OA 可绕同一 O 轴转动，并由圆盘上的导槽与销钉控制运动，销钉 M 可沿两导槽相对运动，已知圆盘和导杆的角速度分别为 $\omega_1=9$ rad/s，$\omega_2=3$ rad/s，试求图示位置销钉 M 的加速度大小。

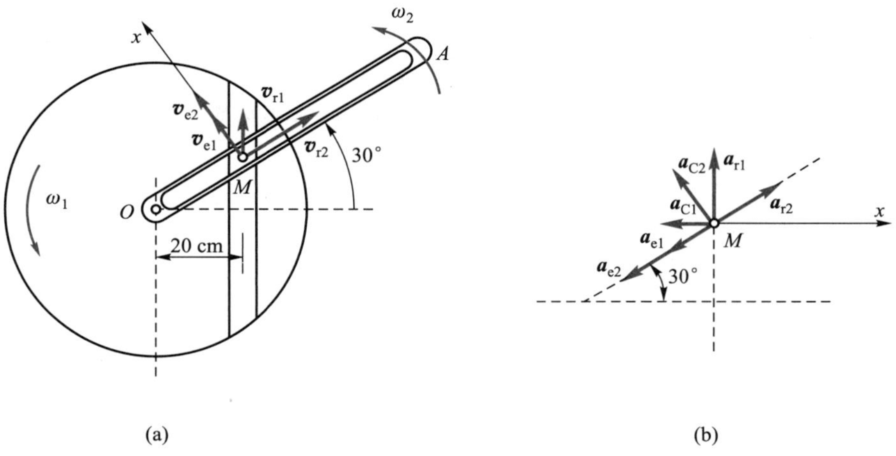

例 3-11 图

解：分别选圆盘和导杆为动系，销钉 M 为动点，速度如图 a 所示。由

$$\boldsymbol{v}_M=\boldsymbol{v}_{e1}+\boldsymbol{v}_{r1}=\boldsymbol{v}_{e2}+\boldsymbol{v}_{r2} \tag{a}$$

其中，$v_{e1}=OM\cdot\omega_1=120\sqrt{3}$ cm/s，$v_{e2}=OM\cdot\omega_2=40\sqrt{3}$ cm/s。

由式(a)在图示 x 轴上投影得

$$v_{e2}=v_{e1}+v_{r1}\cos 30°$$

代入数据得

$$v_{r1}=-160 \text{ cm/s}$$

式(a)在 OM 方向投影,得

$$v_{r2}=v_{r1}\cos 60°=-80\ \text{cm/s}$$

动点 M 的加速度如图 b 所示。由

$$\boldsymbol{a}_M=\boldsymbol{a}_{e1}+\boldsymbol{a}_{r1}+\boldsymbol{a}_{C1}=\boldsymbol{a}_{e2}+\boldsymbol{a}_{r2}+\boldsymbol{a}_{C2} \tag{b}$$

其中

$$a_{e1}=OM\omega_1^2=1\ 080\sqrt{3}\ \text{cm/s}^2$$

$$a_{e2}=OM\omega_2^2=120\sqrt{3}\ \text{cm/s}^2$$

$$a_{C1}=2\omega_1 v_{r1}=-2\ 880\ \text{cm/s}^2$$

$$a_{C2}=2\omega_2 v_{r2}=-480\ \text{cm/s}^2$$

式(b)向 x 轴投影,得

$$a_{r2}\cos 30°-a_{e2}\cos 30°-a_{C2}\cos 60°=-a_{C1}-a_{e1}\cos 30°$$

代入已知数据得

$$a_{r2}=800\sqrt{3}\ \text{cm/s}^2$$

故

$$a_M=\sqrt{(a_{r2}-a_{e2})^2+a_{C2}^2}=1\ 272\ \text{cm/s}^2$$

注意:本题型特点为,两物体相互接触,均无固定接触点,也无特殊点。可采用**“一个动点,两个动系”**联合求解。

思考 3-18 例 3-11 中能否先选圆盘为定系、导杆为动系,然后再选圆盘为动系、地面为定系进行求解?

思考 3-19 图示两圆环分别绕 O_1、O_2 轴转动,已知角速度 ω_1、ω_2 均为常量,如何求两圆环接触点 M 的速度和加速度?

例 3-12 空气压缩机的工作轮以匀角速度 ω 绕轴 O 转动,空气以大小不变的相对速度 $\boldsymbol{v}_r$ 沿弯曲的叶片流动,如图所示。曲线 AB 在点 C 的曲率半径为 ρ,在点 C 处的法线与半径所成的夹角为 φ,半径 $OC=r$,求在点 C 处气体分子的绝对速度 $\boldsymbol{v}_a$ 和绝对加速度 $\boldsymbol{a}_a$。

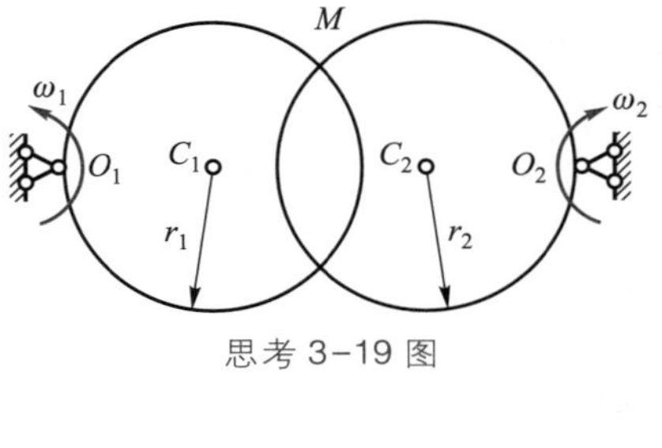

思考 3-19 图

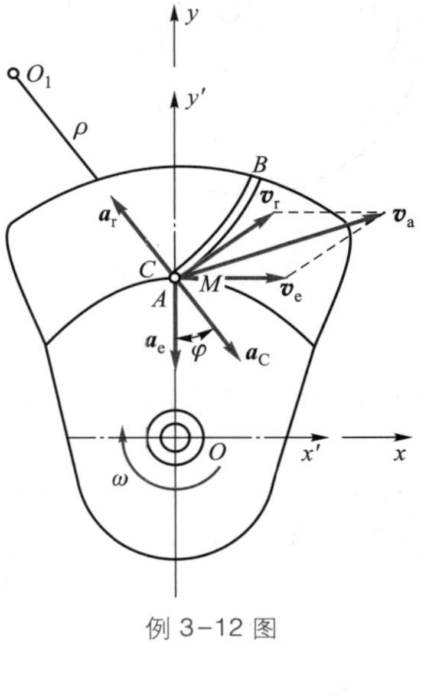

例 3-12 图

解：选在点 C 处的气体分子 M 为动点，将动系 $Ox'y'$固结在工作轮上，故牵连运动为定轴转动，速度如图所示。由

$$\boldsymbol{v}_a=\boldsymbol{v}_e+\boldsymbol{v}_r \tag{a}$$

其中 $v_e=r\omega$，v_r 已知，故

$$v_a=\sqrt{v_e^2+v_r^2-2v_e\cdot v_r\cos(180°-\varphi)}=\sqrt{r^2\omega^2+v_r^2+2r\omega v_r\cos\varphi}$$

$$\sin(\boldsymbol{v}_a,\boldsymbol{i}')=\frac{v_r}{v_a}\sin(180°-\varphi)=\frac{v_r\sin\varphi}{\sqrt{r^2\omega^2+v_r^2+2r\omega v_r\cos\varphi}}$$

M 点的加速度如图所示，由于气体分子 M 相对于叶片作匀速曲线运动，故只有相对法向加速度 $\boldsymbol{a}_r^n$，其大小为 $a_r^n=\dfrac{v_r^2}{\rho}$，方向沿法线由 C 指向 O_1。由于动系作匀速定轴转动，故牵连点 C 作匀速圆周运动，因而只有牵连法向加速度 $\boldsymbol{a}_e^n$，其大小为 $a_e^n=r\omega^2$，方向沿半径由 C 指向轴心 O；又由于动系作定轴转动，故有科氏加速度 $\boldsymbol{a}_C$，其大小为 $a_C=2\omega v_r\sin 90°=2\omega v_r$，方向垂直于 $\boldsymbol{v}_r$ 指向右下方。由

$$\boldsymbol{a}_a=\boldsymbol{a}_e^n+\boldsymbol{a}_r^n+\boldsymbol{a}_C \tag{b}$$

分别向轴 x'和轴 y'投影，得

$$a_{ax'}=0-a_r^n\sin\varphi+a_C\sin\varphi=\left(-\frac{v_r^2}{\rho}+2\omega v_r\right)\sin\varphi$$

$$a_{ay'}=-a_e^n+a_r^n\cos\varphi-a_C\cos\varphi=\left(\frac{v_r^2}{\rho}-2\omega v_r\right)\cos\varphi-r\omega^2$$

由此求得绝对加速度的大小和方向为

$$a_a=\sqrt{a_{ax'}^2+a_{ay'}^2}=\sqrt{\left(\frac{v_r^2}{\rho}-2\omega v_r\right)^2-\alpha r\omega^2\left(\frac{v_r^2}{\rho}-2\omega v_r\right)\cos\varphi+r^2\omega^4}$$

$$\tan(\boldsymbol{a}_a,\boldsymbol{i}')=\frac{a_{ay'}}{a_{ax'}}=-\cot\varphi+\frac{r\omega^2}{\left(\dfrac{v_r^2}{\rho}-2\omega v_r\right)\sin\varphi}$$

习　题

3-1　如下计算对吗？错在哪里？

① 图 a 中取动点为滑块 A，动参考系为杆 OC，则

$$v_e=\omega\cdot OA,\quad v_a=v_e\cos\varphi$$

② 图 b 中 $v_{BC}=v_e=v_a\cos 60°$，$v_a=\omega r$，

因为 ω 为常量，所以 v_{BC}为常量，$a_{BC}=\dfrac{\mathrm{d}v_{BC}}{\mathrm{d}t}=0$。

③ $a_a^\tau=\dfrac{\mathrm{d}v_a}{\mathrm{d}t}$，$a_a^n=\dfrac{v_a^2}{\rho_a}$，$a_e^\tau=\dfrac{\mathrm{d}v_e}{\mathrm{d}t}$，$a_e^n=\dfrac{v_e^2}{\rho_e}$，$a_r^\tau=\dfrac{\mathrm{d}v_r}{\mathrm{d}t}$，$a_r^n=\dfrac{v_r^2}{\rho_r}$。其中，$\rho_a$、$\rho_r$ 分别是动点的绝对轨迹和相对轨迹在该点的曲率半径；ρ_e 为牵连点绝对轨迹在该点的曲率半径。

3-2　在图示平行四边形机构中，$O_1A=O_2B=\dfrac{1}{2}O_1O_2=\dfrac{1}{2}AB=l$，已知 O_1A 以匀角速度 ω 转动，并通过 AB 上套筒 C 带动 CD 杆在铅垂槽内平移。如以 O_1A 杆为动参考系，在图示位置时 O_1A、O_2B 为铅垂，AB 水平，C 在 AB 之中点，试分析此瞬时套筒上销钉 C 点的速度和加速度。

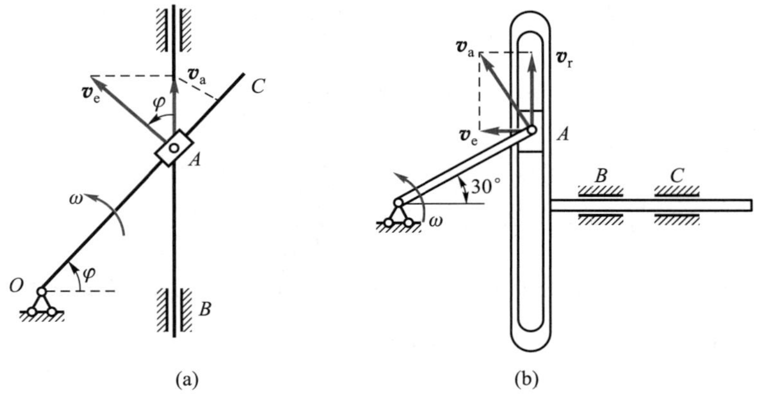

题 3-1 图

3-3 如图所示半圆弧齿轮 C 以匀速 $\boldsymbol{v}$ 向右运动，通过滚轮 A 使杆 AB 沿导槽上下运动。运动开始时，B、A、C 位于同一铅垂线上。已知滚轮的半径为 r，凸轮的半径为 R。求在任意时刻 t 杆端 A 点的运动方程、速度和加速度。

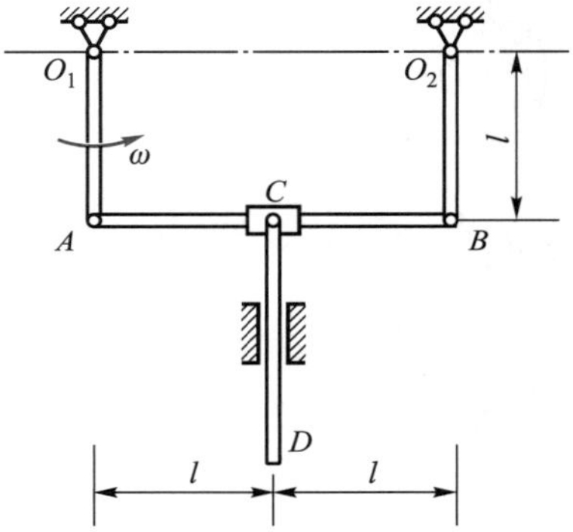

题 3-2 图

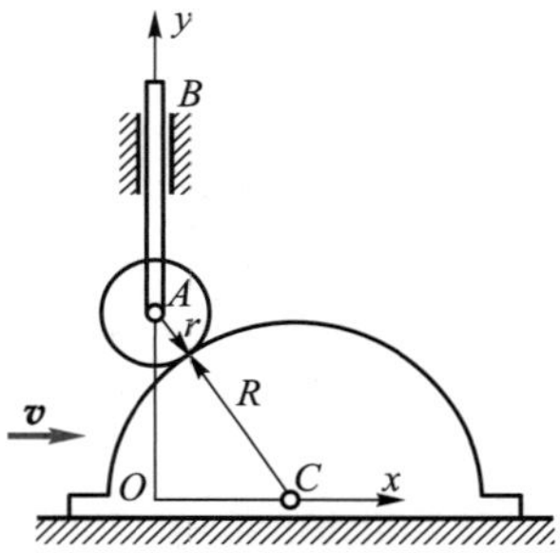

题 3-3 图

3-4 如图所示直角杆 OAB 绕轴 O 逆时针转动，$\varphi=\omega t$，ω 为常量。滑块 C 和轮 D 与杆 CD 铰接，杆 CD 可在水平导槽中滑动。轮 D 的半径为 r，$OA=CD=2r$。求轮心 D 的运动方程、速度与加速度。

3-5 如图所示，一动点从点 O 开始沿半径为 R 的圆周作匀加速运动，初速度为零。当动点的法向加速度的大小等于切向加速度的大小的两倍时，求动点走过的弧长 s 所对应的圆心角 φ 的值。

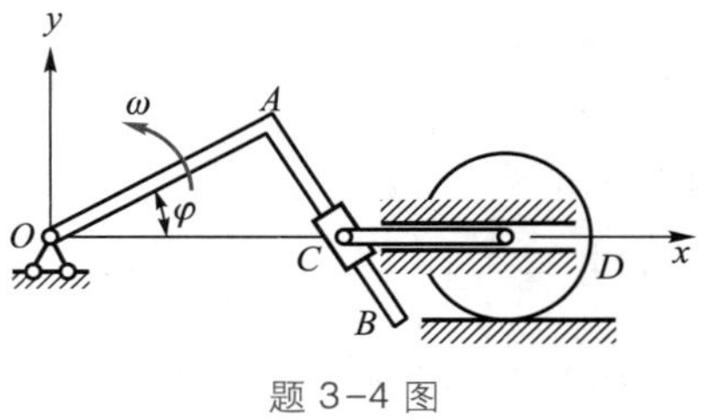

题 3-4 图

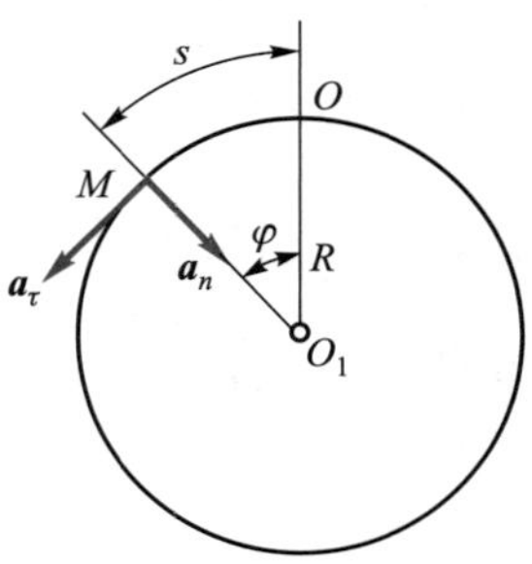

题 3-5 图

3-6 如图所示，一直杆以匀角速度 ω_0 绕其固定端 O 转动，沿此杆有一滑块以匀速 v_0 滑动。设运动开始时，杆在水平位置，滑块在点 O，求滑块的轨迹（用极坐标表示）。

3-7 如果上题中的滑块 M 沿杆运动的速度与距离 OM 成正比，比例常数为 k，试求滑块的轨迹（用极坐标表示，假定 $\varphi=0$ 时，$\rho=r_0$）。

3-8 螺线画规如图所示，杆 QQ' 和曲柄 OA 铰接，并经过固定于点 B 的套筒。取点 B 为极坐标系的极点，直线 BO 为极轴，已知极角 $\varphi=kt$（k 为常数），$BO=AO=b$，$AM=c$。试求点 M 的极坐标形式的运动方程、轨迹方程及速度和加速度的大小。

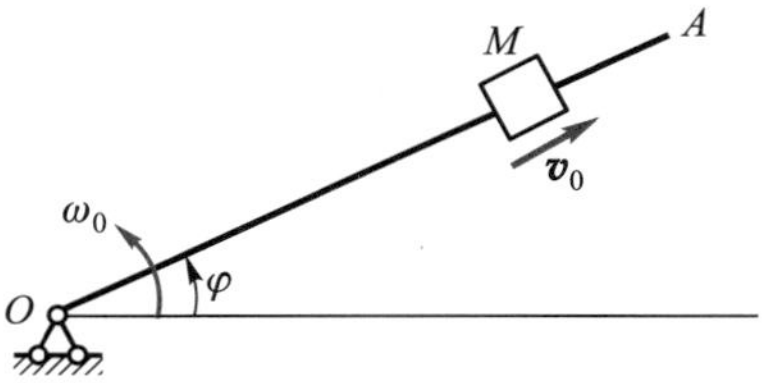

题 3-6 图

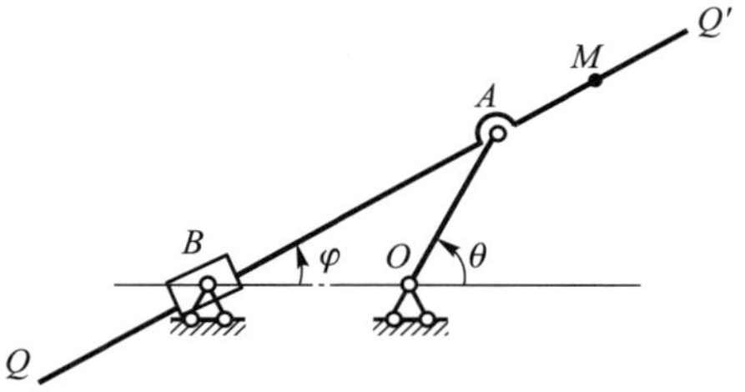

题 3-8 图

3-9 已知点的运动方程为：$x=3t$，$y=0.5t^2+2t$。其中，x、y 的单位为 m，t 的单位为 s。求 $t=2$ s 时，该点的速度、加速度及曲率半径。

3-10 点在平面上运动，运动方程为

$$x=2\sin\frac{\pi}{3}t,\quad y=4+4\sin\frac{\pi}{3}t$$

① 试求轨迹的直角坐标方程 $y=f(x)$；

② 设 $t=0$ 时，$s=0$；坐标 s 的起点和 $t=0$ 时点的位置一致。s 的正方向相当于 x 增大的方向，试求点的运动方程 $s=g(t)$、点的速度和切向加速度与时间的函数关系。

3-11 一点的运动轨迹为平面曲线，其速度在 y 轴上的投影保持常量 C。试求证点的加速度的大小为 $a=v^3/C\rho$。其中，v 为速度，ρ 为曲率半径。

3-12 一点作螺旋运动如图所示，其柱坐标运动方程为

$$r=R,\quad \varphi=\omega t,\quad z=ut$$

其中，R、ω、u 为常数。试求该点的 $\boldsymbol{v}$、$\boldsymbol{a}$、$\boldsymbol{a}_\tau$、$\boldsymbol{a}_n$ 和曲率半径 ρ，并证明：

① $\boldsymbol{a}$ 在垂直于 z 轴的平面内并指向轴 z；

② $\rho=R/\sin^2\gamma$，γ 为点的速度 $\boldsymbol{v}$ 与轴 z 的夹角。

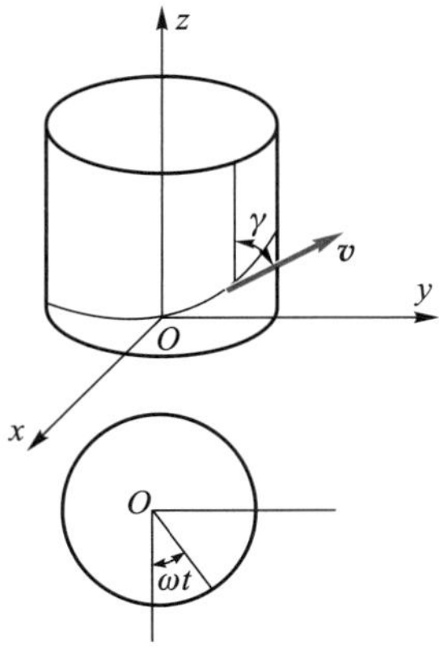

题 3-12 图

3-13 如图所示，飞机 P 在任一时刻的经度为 $\psi(t)$，纬度为 $\lambda(t)$，高度为 $h(t)$，其在地心坐标系中的球坐标运动方程为

$$r=R+h(t),\quad \theta=\pi/2-\lambda(t),\quad \varphi=\Omega(t)+\psi(t)$$

其中 R 是地球半径，Ω 是地球自转角速度。试求飞机的东向、北向和天向的速度分量，用 h、λ 和 ψ 表示。

若飞机以等高 h 飞行，相对地球的航速为 $v(t)$，求下列两种情形下飞机的加速度分量：

① 沿经线由南向北；

② 沿纬线由西向东。

3-14 如图所示，长度为 l 的细杆 OA 可绕轴 O 转动，其端点 A 紧靠在物块 B 的侧面上。若 B 以匀速 $\boldsymbol{v}_0$ 向右运动，试求杆 OA 的角速度和角加速度，假设初瞬时杆 OA 铅垂。

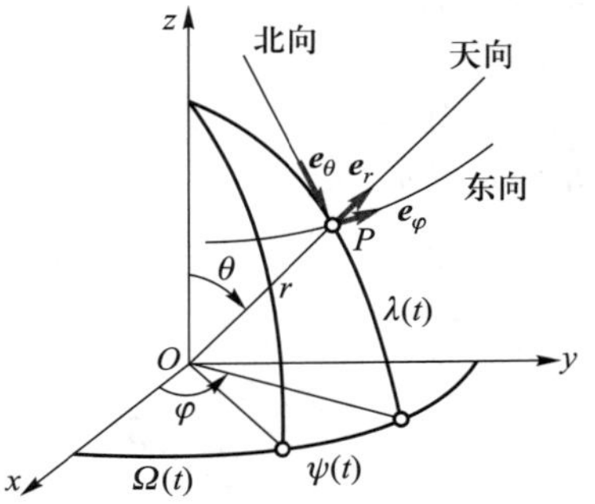

题 3-13 图

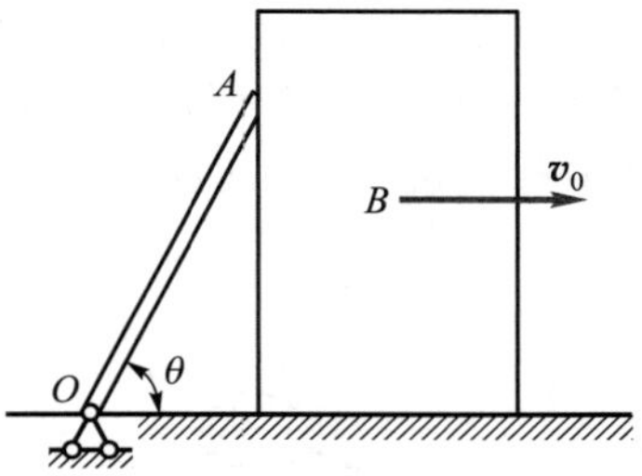

题 3-14 图

3-15 如图所示，两轮Ⅰ、Ⅱ的半径分别为 $r_1=0.1\ \mathrm{m}$，$r_2=0.15\ \mathrm{m}$。平板 AB 放置在两轮上。已知轮Ⅰ在某瞬时的角速度和角加速度分别为 $\omega=2\ \mathrm{rad/s}$，$\alpha=0.5\ \mathrm{rad/s^2}$，求：

① 求板移动的速度和加速度；

② 轮Ⅱ边缘上一点 C 的速度和加速度。

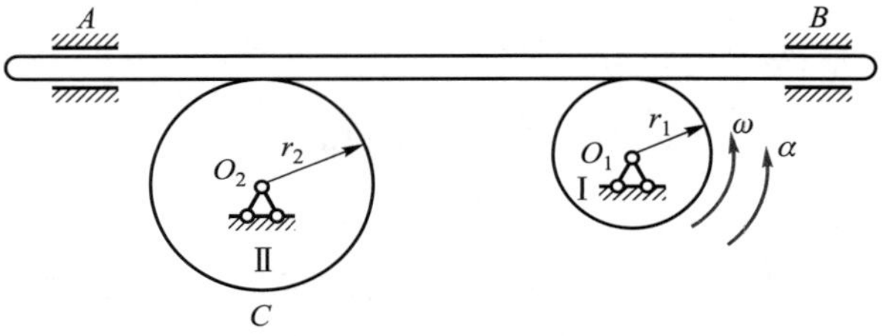

题 3-15 图

3-16 在图所示起重机构中，已知齿轮Ⅰ、Ⅱ的节圆半径分别为 R_1 和 R_2，鼓轮Ⅲ的半径为 R_3，设重物 M 自静止以匀加速度 $\boldsymbol{a}$ 下落，试求齿轮Ⅱ的转动方程。

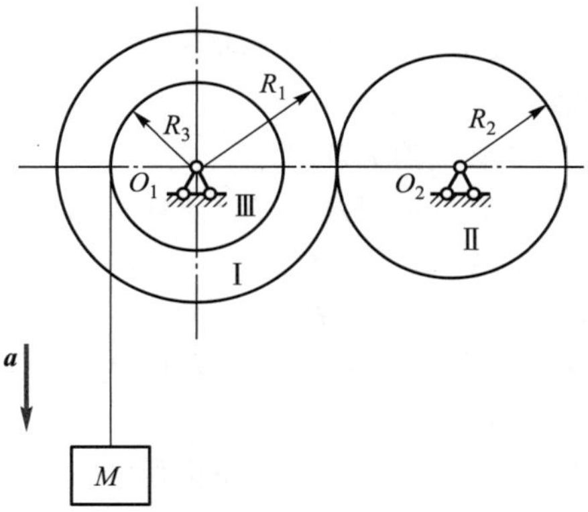

题 3-16 图

3-17 如图所示仪表机构中，已知各齿轮的齿数为 $Z_1=6$，$Z_2=24$，$Z_3=8$，$Z_4=32$，齿轮 5 的节圆半

径为 $R=4$ cm。求齿条 BC 下移 1 cm 时，指针 OA 转过的角度 φ。

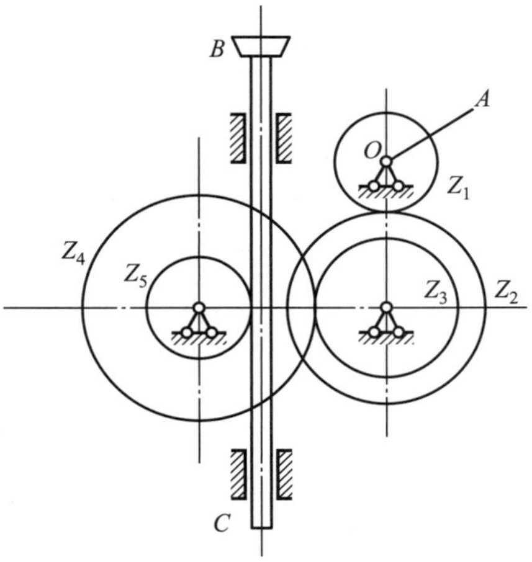

题 3-17 图

3-18 在图 a、b、c 中，若都取板为动系，则各图中动点 M 的科氏加速度 a_C 的大小都为 $2\omega v_r$，而方向如图示，对吗？

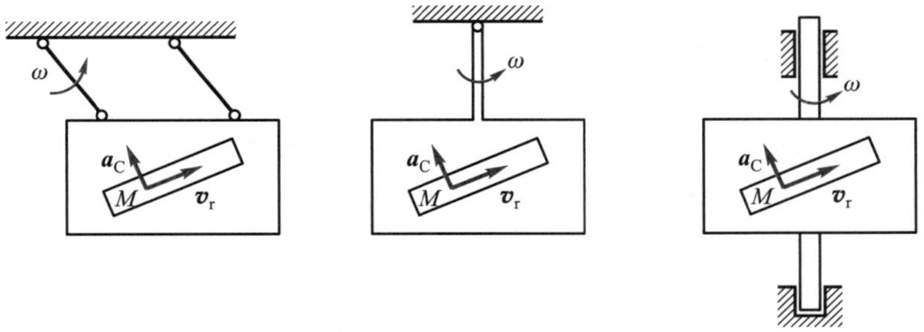

题 3-18 图

3-19 图示半径为 r 的圆管，以匀角速度 ω 绕 AB 轴转动，小球 M 以匀速率 u 在圆管内运动。试分别写出如下结果。

动点：

动坐标：

相对运动：

牵连运动：

牵连速度：

相对速度：

牵连加速度：

相对加速度：

科氏加速度：

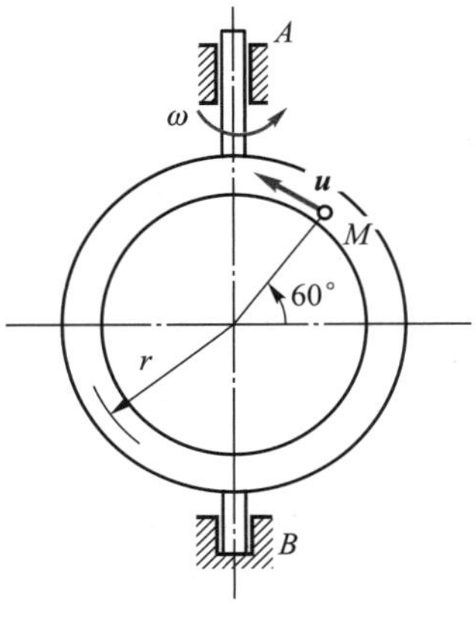

题 3-19 图

3-20 如图所示曲柄-摇杆机构中，曲柄 OA 以角速度 ω_0、角加

速度 α_0 绕轴 O 转动，从而带动摇杆 O_1B 绕轴 O_1 作往复转动。若以滑块 A 为动点，杆 O_1B 为动系，则各项加速度如图所示。试问：

① 科氏加速度 $\boldsymbol{a}_C=2\boldsymbol{\omega}\times\boldsymbol{v}_r$，此 $\boldsymbol{\omega}$ 应为杆 OA 的角速度 $\boldsymbol{\omega}_0$，还是杆 O_1B 的角速度 $\boldsymbol{\omega}_{01}$？

② 为求杆 O_1B 的角加速度 α_{01} 与块 A 的相对加速度 $\boldsymbol{a}_r$，写出的下式正确吗？

$$a_n \cdot \cos\varphi + a_e^\tau + a_C - a_\tau \cdot \sin\varphi = 0$$

3-21 如图所示为曲柄滑杆机构。已知曲柄 OA 以匀角速度 ω 绕轴 O 转动，滑槽与水平线的夹角 $\theta=30°$，$OA=r$，试求当 $\varphi=30°$时滑杆 CB 的运动速度和加速度，以及滑块 A 相对于滑杆的运动速度和加速度。

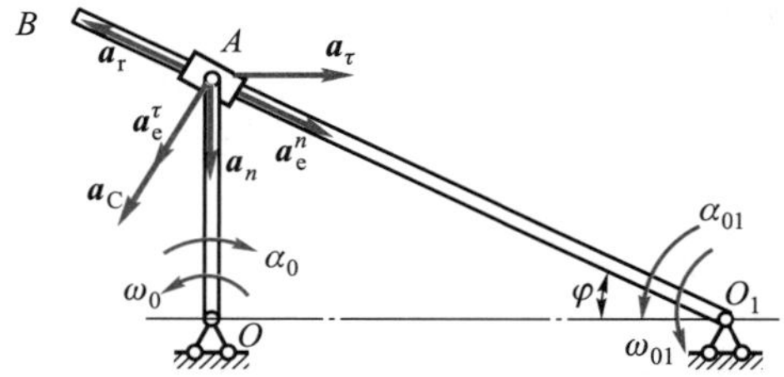

题 3-20 图

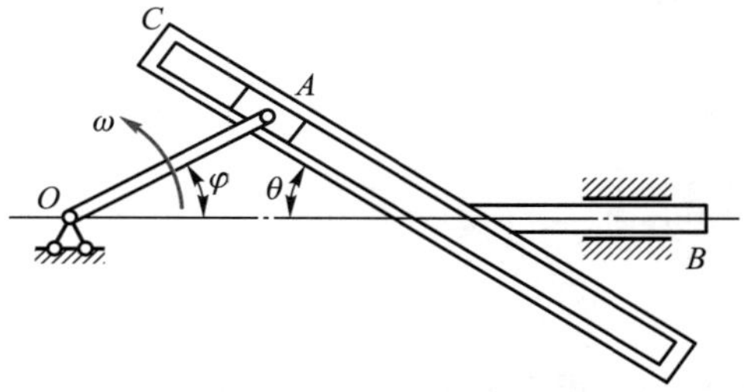

题 3-21 图

3-22 如图所示铰接四边形机构中，$O_1A=O_2B=100$ cm，$O_1O_2=AB$，杆 O_1A 以匀角速度 $\omega=2$ rad/s 绕轴 O_1 转动，杆 AB 上有一套筒 C，此筒与杆 CD 相铰接，机构各部件都在同一铅垂面内。求当 $\varphi=60°$时杆 CD 的速度和加速度。

3-23 如图所示曲柄滑道机构中，曲柄长 $OA=10$ cm，以匀角速度 $\omega=20$ rad/s 绕轴 O 转动，通过铰接在曲柄上的滑块 A 带动 T 形杆 $BCDE$ 作往复运动。求当曲柄与水平线夹角 $\varphi=45°$时，T 形杆的速度和加速度。

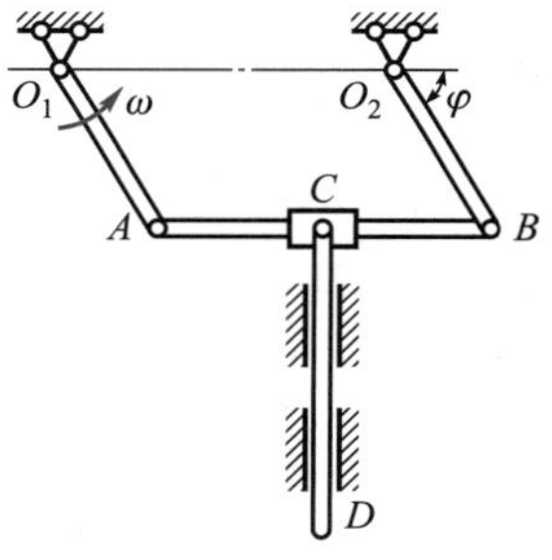

题 3-22 图

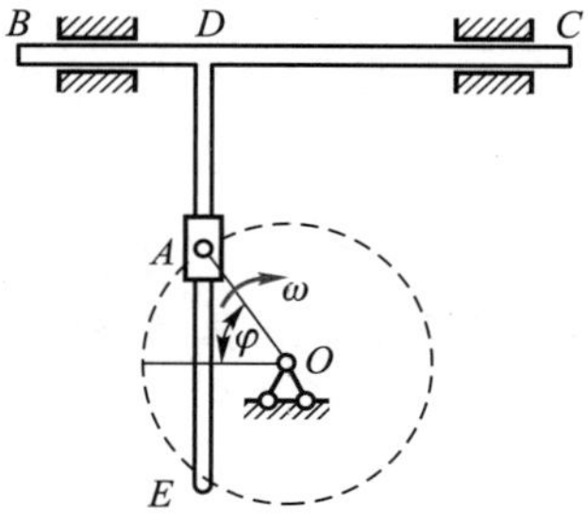

题 3-23 图

3-24 如图所示机构中，曲柄 $OA=0.4$ m，以匀角速度 $\omega=0.5$ rad/s 绕轴 O 转动。由于曲柄的 A 端推动水平板 B，而使滑杆 C 沿铅垂方向运动。求当曲柄与水平线间的夹角 $\theta=30°$时，滑杆 C 的速度和加速度。

3-25 小车沿水平方向向右作加速运动，其加速度 $a=0.493\ \text{m/s}^2$。在小车上有一轮绕轴 O 转动，转动的规律为 $\varphi=t^2$（t 以 s 计，φ 以 rad 计）。当 $t=1$ s 时，轮缘上点 A 的位置如图所示。如轮的半径 $r=0.2$ m，求此时点 A 的绝对加速度。

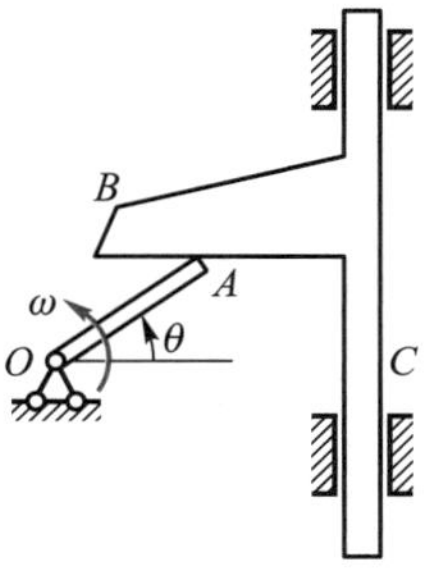

题 3-24 图

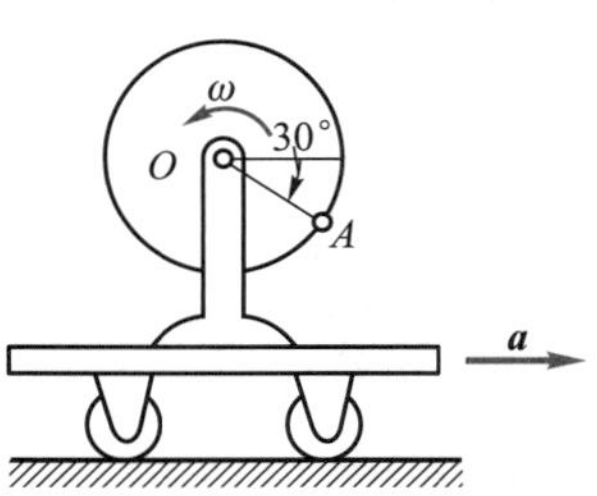

题 3-25 图

3-26 如图所示，水平直线 AB 在半径为 r 的固定圆平面上以匀速 $\boldsymbol{v}$ 铅垂地落下。求套在这直线和圆周的交点处小环 M 的速度和加速度。

3-27 摇杆 OC 绕轴 O 转动，拨动固定在齿条 AB 上的销钉 K 而使齿条在铅垂导轨内移动，齿条再带动半径为 $r=100$ mm 的齿轮 D。连线 OO_1 是水平的，$OO_1=l=400$ mm。在图示位置，$\varphi=30°$，摆杆角速度 $\omega=0.5$ rad/s，角加速度 $\alpha=1$ rad/s^2。试求这时齿轮 D 的角速度及角加速度。

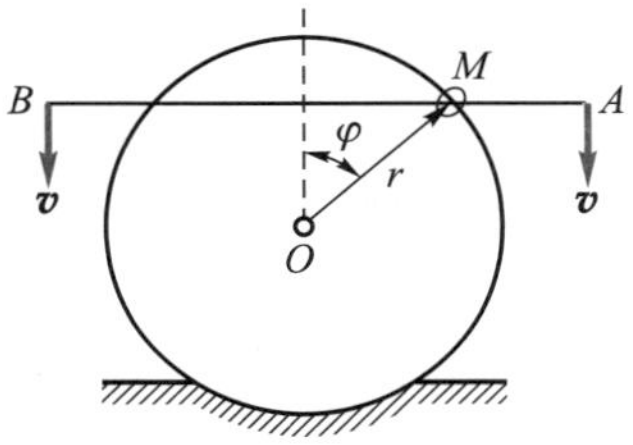

题 3-26 图

3-28 图示机构中，已知 $AA'=BB'=r$，且 $AB=A'B'$。曲柄 AA' 以匀角速度 ω 绕轴 A' 转动，当 $\theta=60°$ 时，槽杆 CE 位置铅垂。求此时 CE 的角速度及角加速度（$h=\sqrt{3}\ r$）。

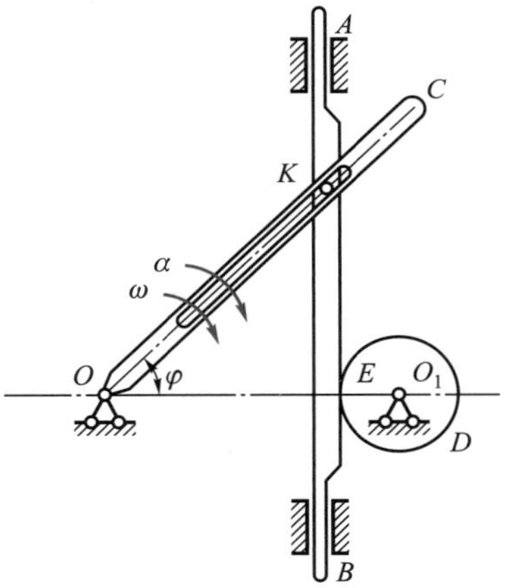

题 3-27 图

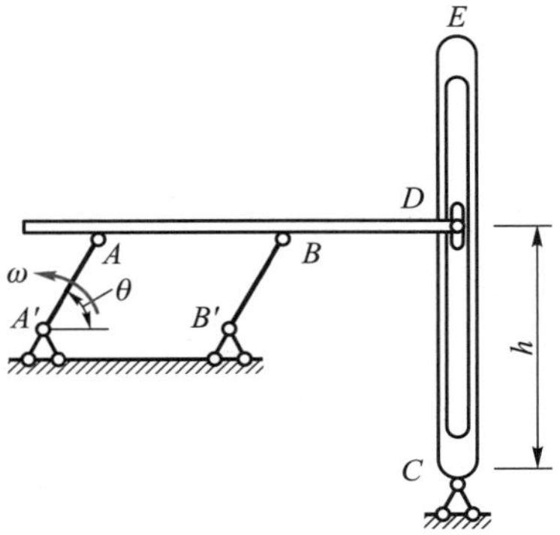

题 3-28 图

3-29 在图所示机构中，汽缸 CD 固定在与水平面成 30°角的斜面上，$CO=h$。在图示位置时 $\varphi=60°$，摇杆的角速度为 ω，角加速度为 α。试求该瞬时活塞 B 的运动速度和加速度。

3-30 大圆环固定不动，其半径 $R=0.5$ m。小圆环 M 套在杆 AB 及大圆环上，如图所示，当 $\theta=30°$ 时，杆 AB 的角速度 $\omega=2$ rad/s，角加速度 $\alpha=2$ rad/s^2。试求该瞬时，小圆环 M 沿大圆环滑动的速度、加速度及小圆环沿杆 AB 滑动的速度。

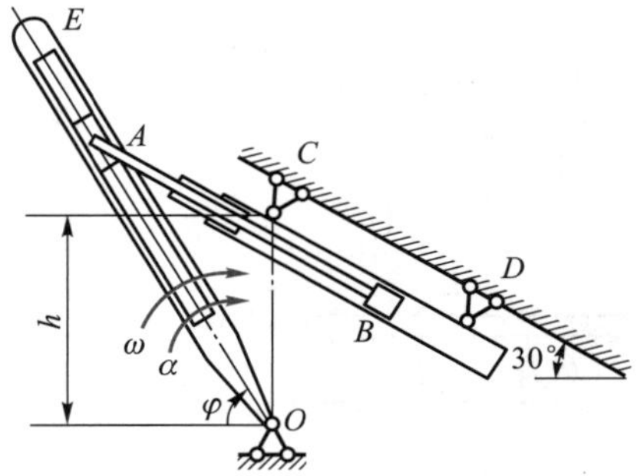

题 3-29 图

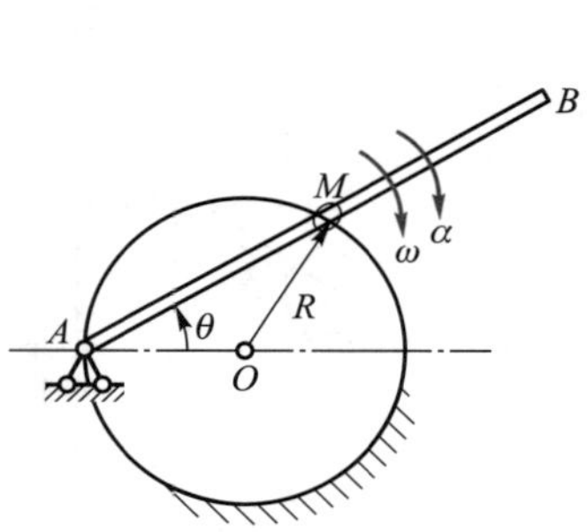

题 3-30 图

3-31 图示偏心轮摇杆机构中，摇杆 O_1A 借助于弹簧压在半径为 R 的偏心轮 C 上。偏心轮 C 绕轴 O 往复摆动，从而带动摇杆绕轴 O_1 摆动。设 $OC\perp OO_1$ 时，$\theta=60°$，轮 C 的角速度为 $\boldsymbol{\omega}$，角加速度为 0，求此时摇杆 O_1A 的角速度 $\boldsymbol{\omega}_1$ 和角加速度 $\boldsymbol{\alpha}_1$。

3-32 如图所示，水以 12 m/s 的速度在半径为 $R=40$ cm 的圆弧形管 OB 内流动，此管又以转速 $n=120$ r/min绕轴 O 转动。如 OM 弧形对应的圆心角 $\angle OCM=30°$，求 M 点处水的绝对加速度。

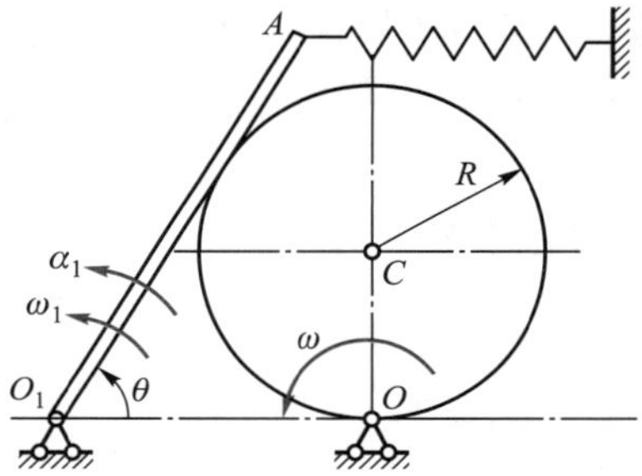

题 3-31 图

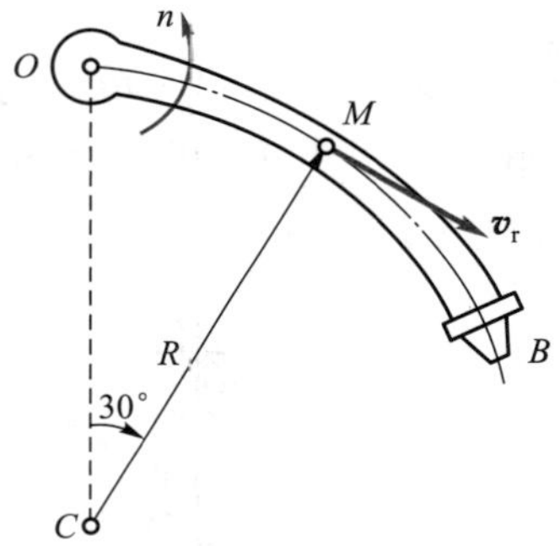

题 3-32 图

3-33 如图所示，点 M 以大小不变的相对速度 $\boldsymbol{v}_r$ 沿管子运动，管子中部弯成半径为 R 的半圆周，并绕半圆周的直径上的固定轴 AB 以匀角速度转动，在点 M 由 C 运动到 D 的时间内，管绕轴 AB 转过半转。试求点 M 的绝对加速度的大小（表示为角 φ 的函数）。

3-34 如图所示，一半径为 $r=200$ mm 的圆盘，绕通过点 O 且垂直于图平面的轴转动，物块 M 以匀速 $v_r=400$ mm/s 沿圆盘边缘相对圆盘运动。在图示位置，圆盘的角速度 $\omega=2$ rad/s，角加速度 $\alpha=4$ rad/s^2。求物块 M 的绝对速度和绝对加速度。

3-35 如图所示，长方形板 $ABCD$ 以匀角速度 $\omega=\dfrac{\pi}{2}$ rad/s 绕固定边 CD 转动。点 M 沿边 AB 按规律 $\xi=b\sin\dfrac{\pi}{2}t$（长度以 m 计，时间以 s 计，角度以 rad 计）作相对运动。已知 $DA=CB=b$。求 $t=1$ s 时点 M 的绝对加速度的大小。

3-36 如图所示，圆盘以匀角速度 $\omega=2$ rad/s 绕轴 O_1O_2 转动。点 M 沿圆盘的半径 OA 离圆心作相对运动，其运动规律是 $OM=4t^2$（长度以 cm 计，时间以 s 计）。半径 OA 与轴 O_1O_2 夹角为 60°。求在 $t=1$ s 时点 M 的绝对加速度的大小。

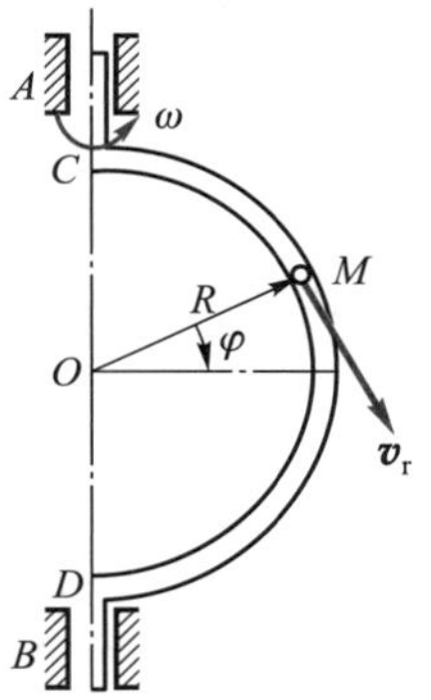

题 3-33 图

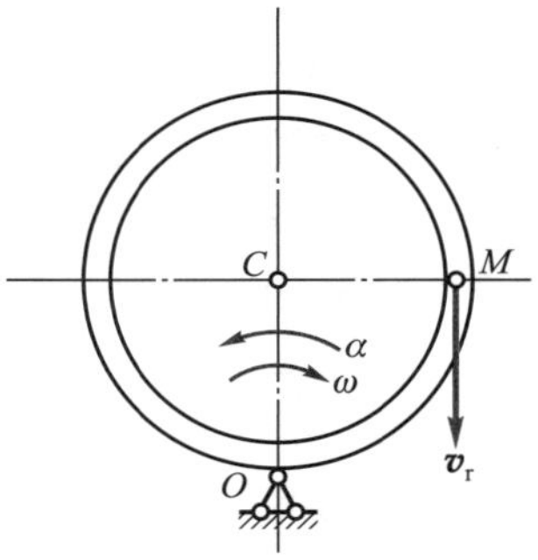

题 3-34 图

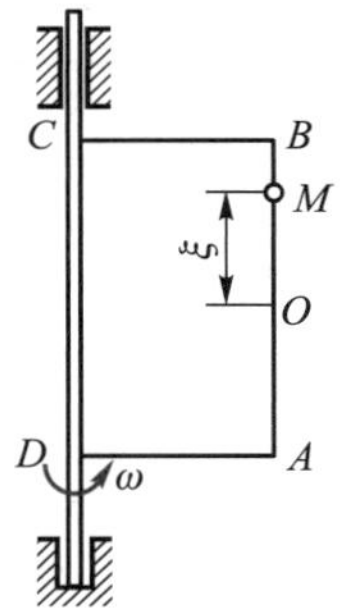

题 3-35 图

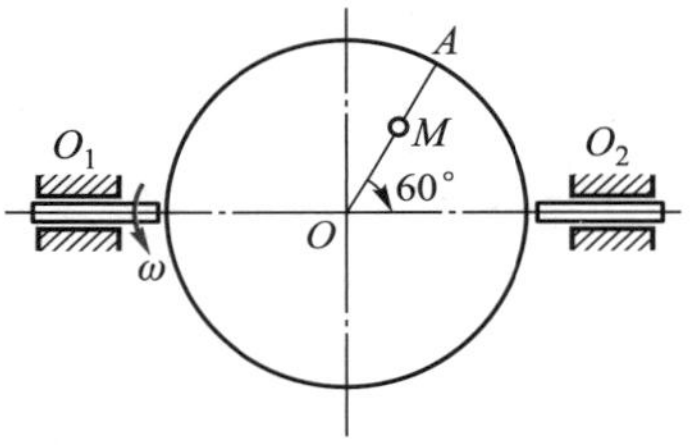

题 3-36 图

3-37 如图所示，斜面 AB 与水平面间夹角为 45°，以 0.1 m/s^2 的加速度沿 Ox 轴向右运动。物块 M 以匀相对加速度$\sqrt{2}/10\ m/s^2$ 沿斜面滑下，斜面与物块的初速都是零。物块的初位置为：坐标 $x=0$，$y=h$。求物块的绝对运动方程、运动轨迹、速度和加速度。

3-38 如图所示小环 M 沿杆 OA 运动，杆 OA 绕轴 O 转动，从而使小环在 Oxy 平面内具有如下运动方程（x、y 的单位为 mm）：

$$x=10\sqrt{3}\ t$$

$$y=10\sqrt{3}\ t^2$$

求 $t=1$ s 时，小环 M 相对杆 OA 的速度和加速度，杆 OA 转动的角速度及角加速度。

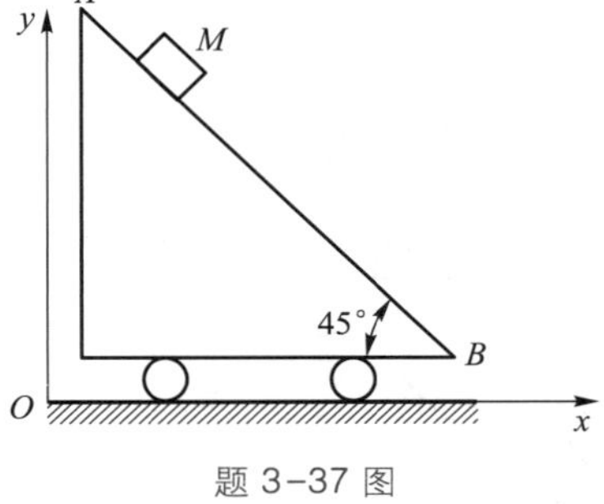

题 3-37 图

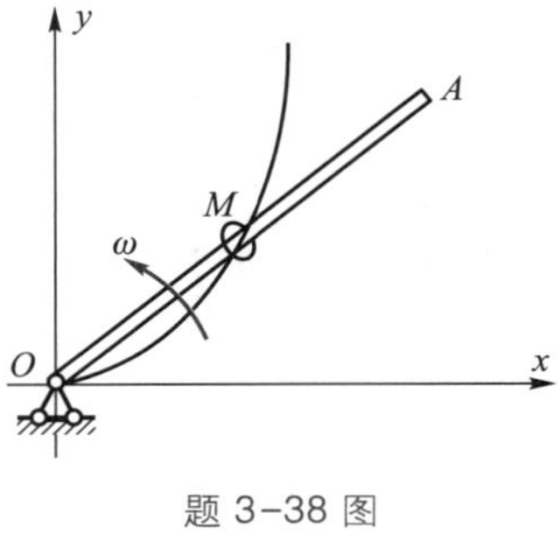

题 3-38 图

3-39 如图所示，圆轮沿着倾角为 30°的斜面滚动，轮心 O 按规律 $x=10t^2$（x 以 cm 计）运动，x 轴平行于斜面。在轮心 O 铰接着绕垂直于图面的水平轴 O 摆动的均质杆 OA，其摆动规律为 $\varphi=\pi\sin(\pi t/6)/3$（$\varphi$ 以 rad 计），且 $OA=36$ cm。试求 $t=1$ s 时杆端 A 的速度和加速度。

3-40 如图所示，某电动车的速度为 $\boldsymbol{v}_O=72$ km/h，其车轮半径为 $R=1$ m，车轮沿直线轨道滚动而不滑动。试求：(1) 当轮缘上点 M 所在半径与速度 $\boldsymbol{v}_O$ 方向成角（$\pi/2+\alpha$）时该点速度 $\boldsymbol{v}$ 的大小和方向。(2) 作出点 M 的速度矢端图，并求此矢端上表象点的速度 $\boldsymbol{v}_1$。

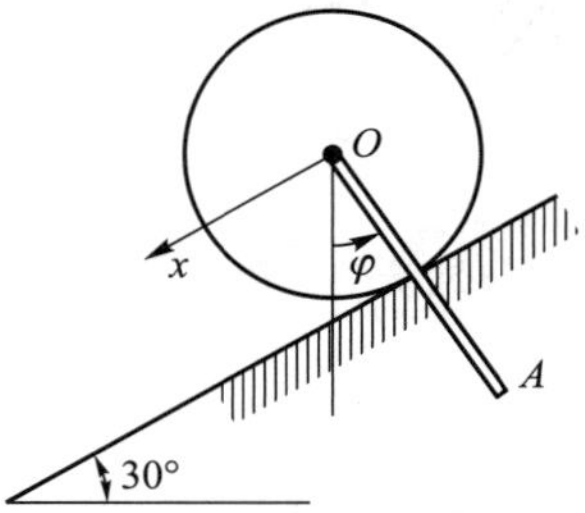

题 3-39 图

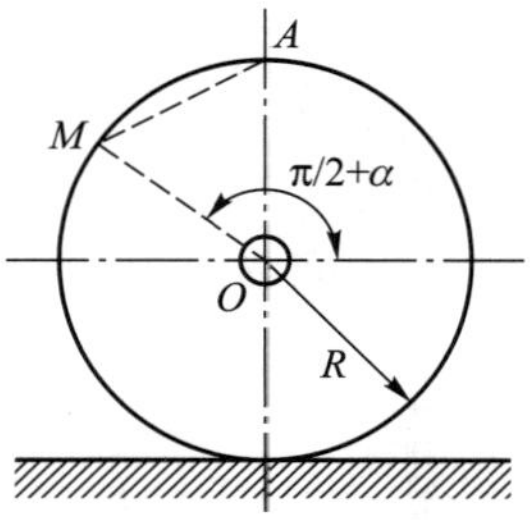

题 3-40 图

3-41 如图所示，汽车以加速度 $a=2$ m/s^{2}沿直线道路行驶。汽车纵轴上装有半径为 $R=0.25$ m 的飞轮，图示瞬时飞轮的角速度 $\omega=4$ rad/s，角加速度 $\alpha=4$ rad/s。求该瞬时飞轮外轮上一点的绝对加速度。

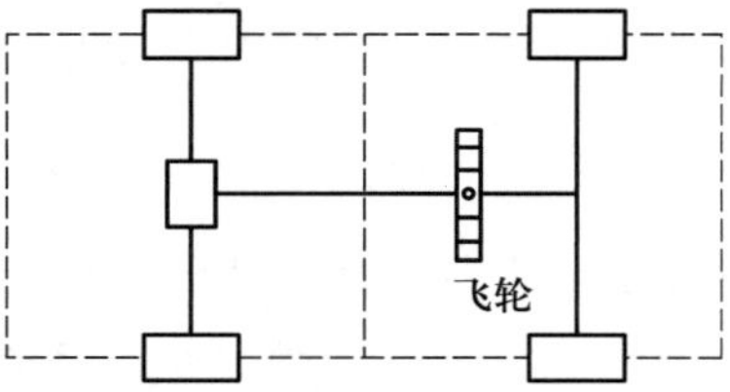

题 3-41 图

3-42 如图所示，减速器由 3 个齿轮组成。第一齿轮（齿数为 $Z_1=20$）固定在主动轴 Ⅰ 上，其转速 $n_1=4\ 500$ r/min；第二齿轮（Z_2）套在与从动轴 Ⅱ 固连的轴上；第三齿轮是内啮合定齿轮（$Z_3=70$），试求从动轴和滚动齿轮的转数。

3-43 如图所示，某自行车上的链条传动装置由链条绕过齿数为 26 的齿轮 A 和齿数为 9 的齿轮 B 构成。齿轮 B 固定在自行车的后轮 C 上，后轮直径为 70 cm。设齿轮 A 每秒转动一周，后轮 C 沿直线道路滚动而不滑动，试求自行车的速度。

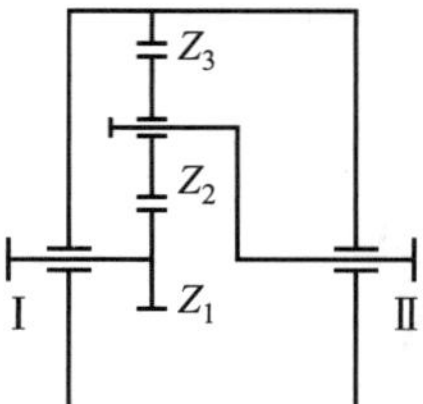

题 3-42 图

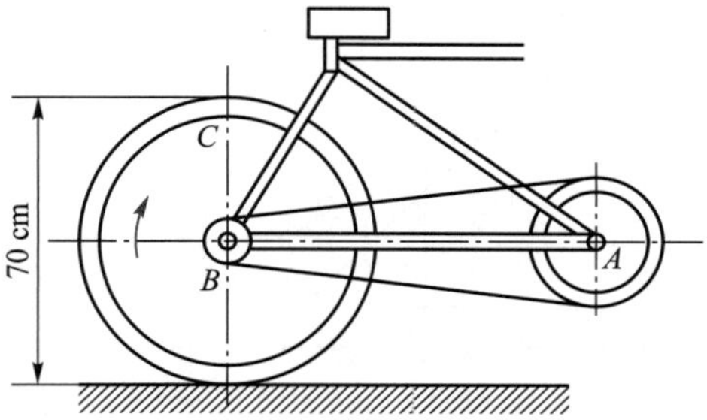

题 3-43 图

3-44 如图所示,半径 $R=0.5$ m 的车轮沿直线轨道滚动而不滑动。某瞬时轮心 O 的速度是 $v_O=0.5$ m/s,加速度 $a_O=-0.5$ m/s^2。试求在该瞬时:(1) 轮上速度瞬心 C 的加速度 a_C;(2) 点 M 的加速度;(3) M 点轨迹的曲率半径。已知 $OM=MC=0.5R$。

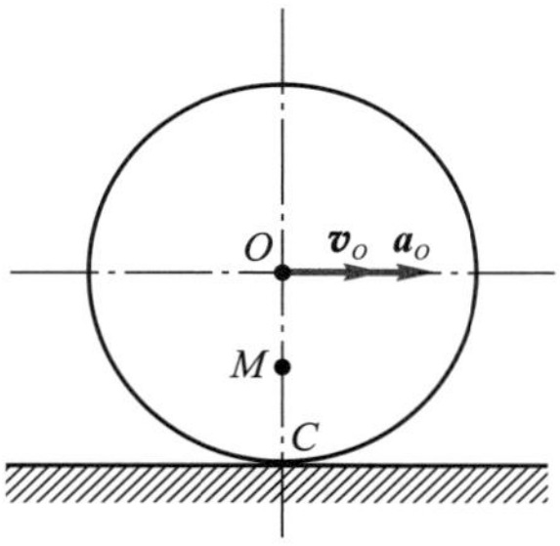

题 3-44 图

讨论题

3-45 如图所示,直线 AB 以大小为 v_1、a_1 的速度和加速度沿垂直于 AB 的方向向上移动;直线 CD 以大小为 v_2、a_2 的速度和加速度沿垂直于 CD 的方向向左上方移动。如两直线间的交角为 θ,求套在两直线交点处的小环 M 的速度和加速度大小。

3-46 如图所示,一仓库高 25 m,宽 40 m。今在距仓库为 l,距地面高 5 m 的 A 处抛一石块,使石块能抛过屋顶。试求距离 l 为多长时所需初速度 $\boldsymbol{v}_0$ 大小为最小。

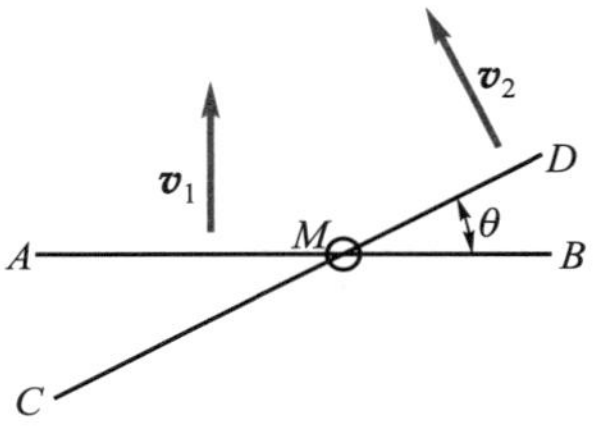

题 3-45 图

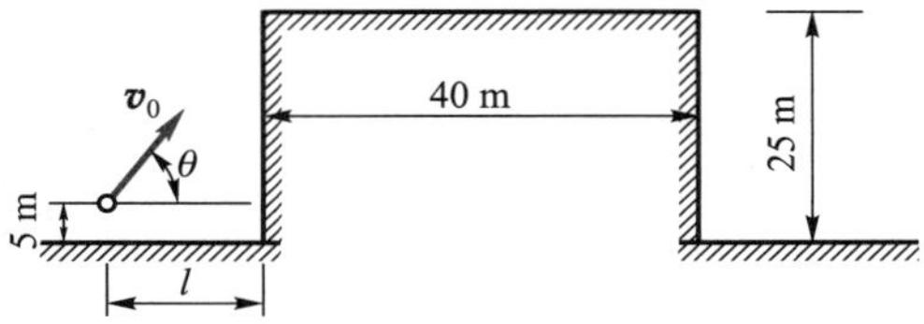

题 3-46 图

3-47 如图所示,船在地球表面运动,速度 $\boldsymbol{v}$ 为常量,并与经线的交角恒等于 β。若以 θ 表示船的重心和地心连线与地球南北轴的交角,试求船的加速度与角 θ 的关系。

3-48 如图所示,半径分别为 r_1 和 r_2 的轮 Ⅰ 和 Ⅱ,铰接于杆 AB 两端。两轮在半径为 R 的固定曲面上运动,图示位置点 A 的加速度为 $\boldsymbol{a}_A$,$\boldsymbol{a}_A$ 与连线 OA 的夹角为 60°,试求:

① 杆 AB 的角速度和角加速度;

② 点 B 的加速度。

3-49 在图示平面内,半径 $R=4\sqrt{3}$ cm 的圆盘以匀角速度 $\omega=1.5$ rad/s 绕 O 轴转动,并带动螺旋弹簧使杆紧压在盘上,杆绕 O_1 轴转动。试确定机构在图示位置时,D 点的速度和加速度。图示位置 $\varphi=30°$,$O_1D=4$ cm。

3-50 半径为 R 的两圆环 O_1 和 O_2 分别绕圆环上的固定点 A 与 B 以相同的角速度 ω、角加速度 α 沿图示方向运动,$AB=3R$。当 A、O_1、O_2、B 四点位于同一直线时,求交点 M 的速度和加速度。

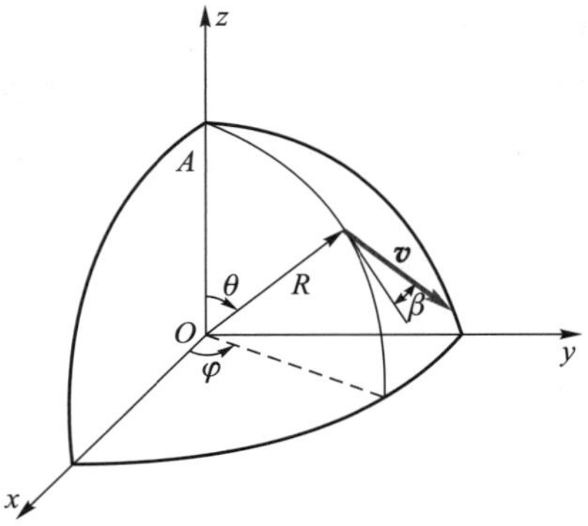

题 3-47 图

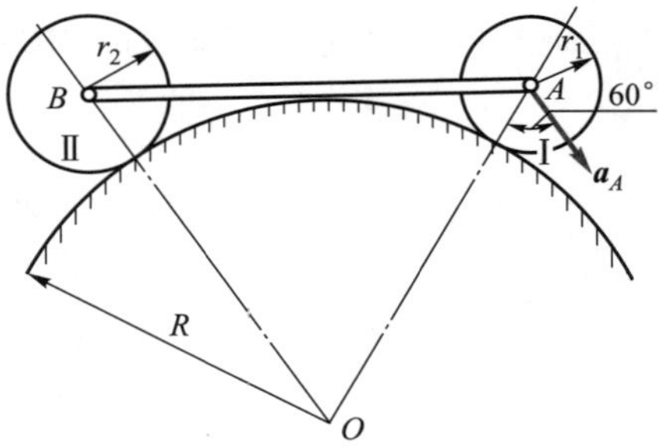

题 3-48 图

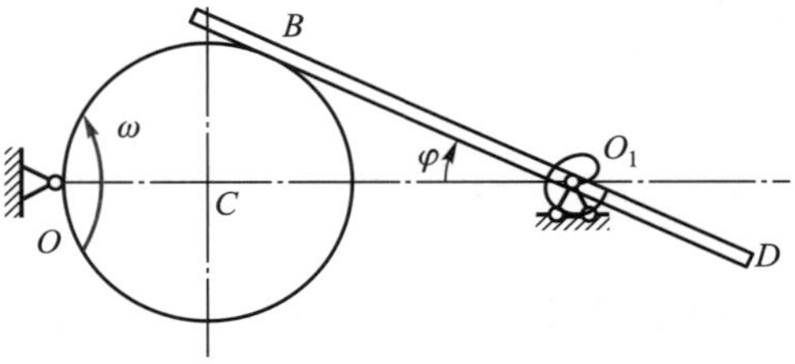

题 3-49 图

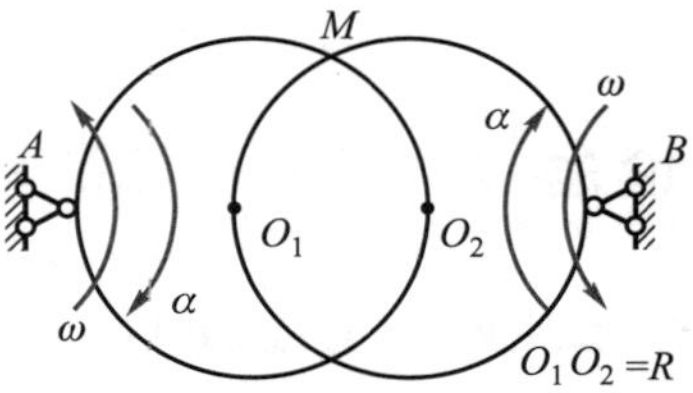

题 3-50 图

3-51 如图所示，销钉 M 能在 DBE 杆的竖直槽内滑动，同时又能在 OA 杆的槽内滑动。DBE 杆以等速度 $v_1=10\ \mathrm{cm/s}$ 向右运动，OA 杆以等角速度 $\omega=1\ \mathrm{rad/s}$ 顺时针转动，设某时刻 OA 与水平夹角 $\theta=45°$，OM 的距离 $l=10\ \mathrm{cm}$，求 M 点的绝对运动轨迹在此位置的曲率半径。

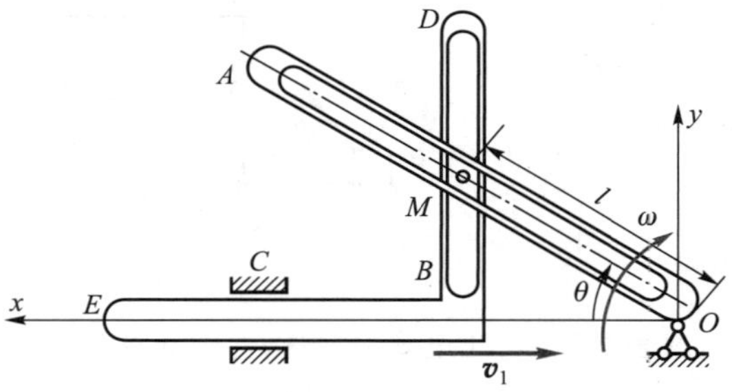

题 3-51 图

3-52 习题 3-2 中，若选 O_1A 杆为动系，套筒 C 为动点，试求套筒 C 的相对速度和相对加速度。

第 3 章思考解析　　第 3 章习题参考答案

第 4 章
刚体的平面运动

刚体的运动包括平移、定轴转动、平面运动、定点转动和**一般运动**。平移和定轴转动是刚体的两种基本运动。本章研究工程中常见的刚体的平面运动，例如图 4-1 中，沿直线轨道行驶小车的车轮和车厢，曲柄连杆机构中的曲柄 OA、连杆 AB 和滑块 B 均作平面运动。

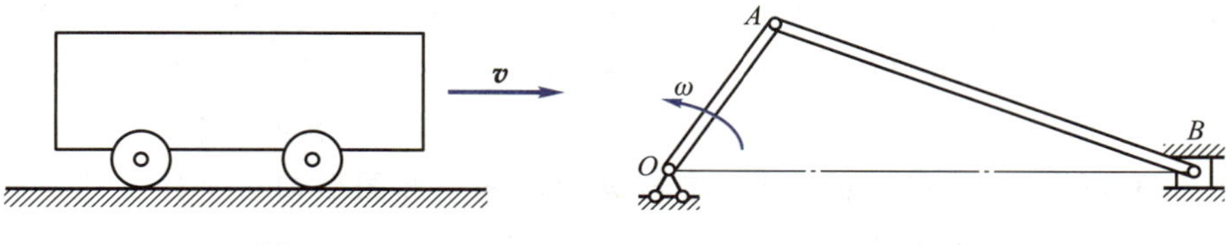

图 4-1　刚体平面运动实例

刚体内任意点与某个固定平面始终保持等距离的刚体运动称为刚体平面运动。与点的复合运动类似，刚体相对定系的绝对运动也可以看作刚体相对动系的相对运动和动系相对定系的牵连运动的合成。在平面运动刚体某轴上固连一个平移动系，刚体的平面运动就可理解为随动系平移和相对动系定轴转动的合成。

4.1　刚体平面运动方程

如图 4-2 所示刚体作平面运动，过刚体内任意点 P 作平面 Π 平行于固定平面 Π_0，它与刚体相交截出一刚性**平面图形** S，当刚体内任意点始终保持与平面 Π_0 等距离时，此截面必保持在 Π 平面内运动。在 P 点作垂直于平面 Π_0 的直线 P_1P_2，则此直线上所有点的运动均与点 P 的运动相同。因此，刚体的平面运动可用此平面图形 S 在自身平面内的运动完全表达。

如图 4-3 所示，以 Π 平面内的确定点 O 为原点建立定坐标系 $Oxyz$，令 Oxy 坐标面与平面 Π 重合，Oz 轴沿平面 Π 的法线。在平面图形内任选一点 A 作为**基点**，从基点 A 向任意方向作固结于平面图形的射线 AB，称为**基线**。于是平面图形在平面 Π 内的位置可由基点 A 的直角坐标 x_A、y_A 及基线相对 Ox 轴的倾角 φ 完全确定。它们是时间 t 的单值连续函数

$$\left.\begin{aligned} x_A &= x_A(t) \\ y_A &= y_A(t) \\ \varphi &= \varphi(t) \end{aligned}\right\} \tag{4-1}$$

这就是**刚体平面运动的运动方程**。

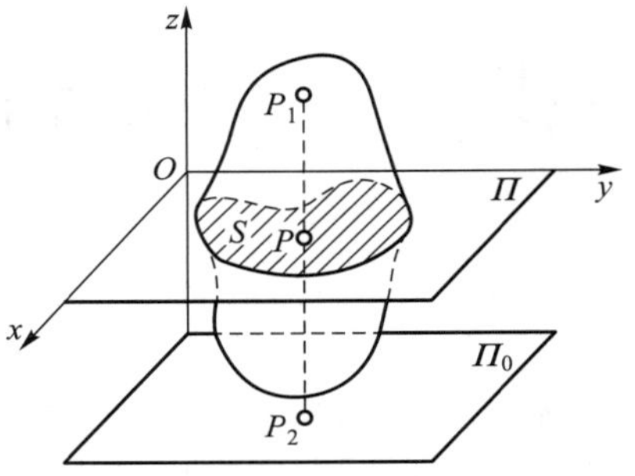

图 4-2　刚体平面运动简化

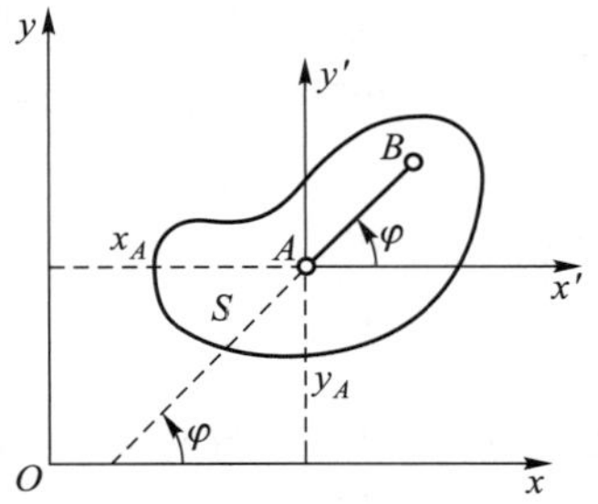

图 4-3　平面图形的运动描述

在式(4-1)中,若 φ 保持不变,则简化为平移;若 x_A、y_A保持不变,则简化为绕 A 轴的定轴转动。因此,刚体的平面运动可以分解为平移和定轴转动。在基点 A 固连平移直角坐标系 $Ax'y'z'$,且各轴分别与定坐标系 $Oxyz$ 的对应轴平行(图 4-3),则**平面图形的平面运动(绝对运动)可分解为以基点 A 为原点的平移坐标系的平移(牵连运动),和平面图形相对平移坐标系的定轴转动(相对运动)**。式(4-1)对时间求一阶和二阶导数,可分别求得平面图形随基点 A 运动的速度和加速度分量及绕基点 A 转动的角速度和角加速度

$$\left.\begin{aligned}\dot{x}_A=\dot{x}_A(t)\,,\ \dot{y}_A=\dot{y}_A(t)\,,\ \dot{\varphi}=\dot{\varphi}(t)\\ \ddot{x}_A=\ddot{x}_A(t)\,,\ \ddot{y}_A=\ddot{y}_A(t)\,,\ \ddot{\varphi}=\ddot{\varphi}(t)\end{aligned}\right\}\qquad(4-2)$$

注意:平移坐标系可以完全固结于某个实际的参考体上,也可能只有一根轴与实际物体相联结。如图 4-4 所示,沿直线滚动的自行车车轮和圆盘,基点均取在轴心或盘心上,对于前者,平移坐标系 $Ax'y'z'$可理解为与自行车车架固结;对于后者,平移动系 $Ax'y'$仅与轮心轴 A 相联结。但两个坐标系的运动都与各自的基点 A 相同。

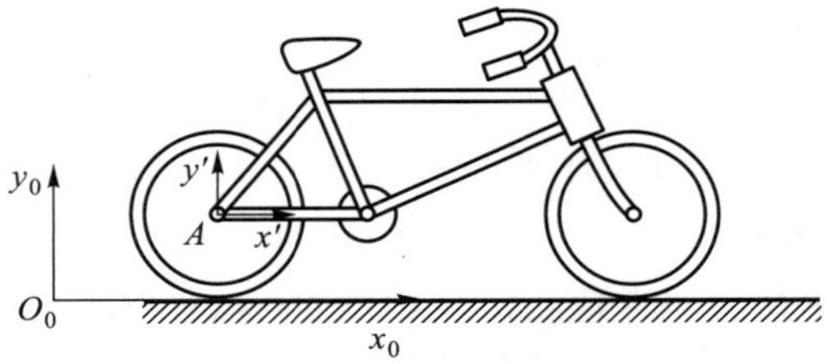

(a)

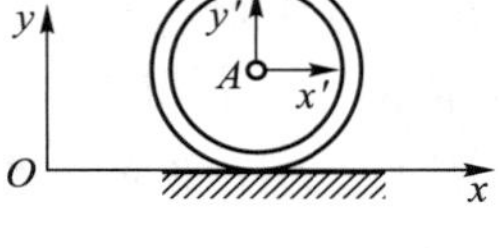

(b)

图 4-4　以轮心为基点的平移坐标系

基点 A 的选择是完全任意的。在平面图形上任取两点 A 和 A'为基点来分解运动(图 4-5)。因为,A、A'两点的运动状态不同,所以两个平移坐标系 $Ax'y'z'$和 $A'x'y'z'$的平移状态也不同。由于在任一瞬时 Ax'轴和 $A'x'$轴必相互平行,因此平面图形上任一基线(如 AA')对于 Ax'和 $A'x'$轴的转角必然相同,即都等于 φ。由此可知:**平面图形上基点的运动与基点的选择有关,而相对基点的转动与基点的选择无关。**

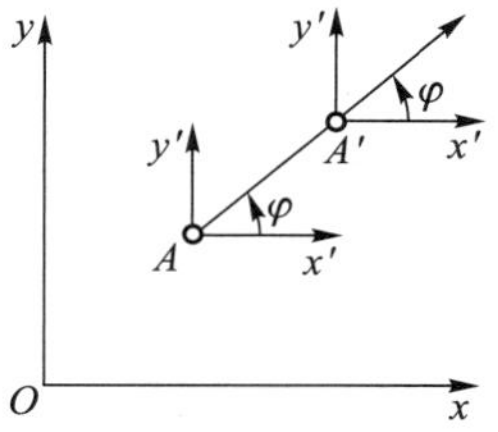

图 4-5　平面图形的不同基点

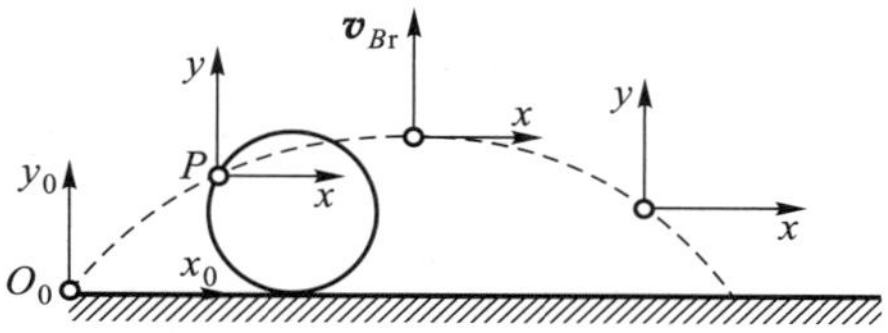

图 4-6　轮缘上点为基点

在处理具体问题时，应尽量选平面图形上运动已知且轨迹简单的基点。例如图 4-4b 所示圆盘，如将盘心选作基点，计算比较方便；若改选盘边缘上的一点 P 为基点（图 4-6），则由于基点作摆线运动，计算要复杂得多。

问题 4-1　试证明平面图形绕基点的转角、角速度、角加速度与基点选择无关。

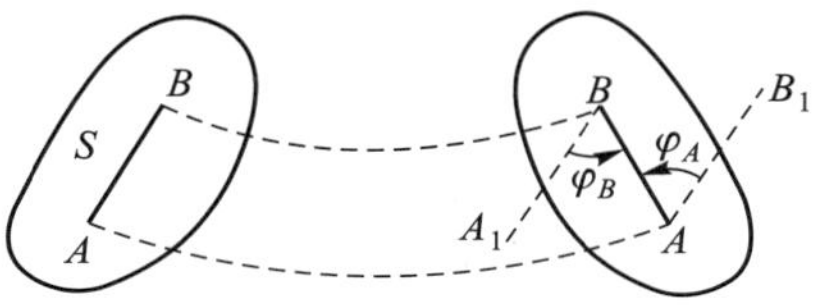

问题 4-1 图

答： 如图所示，平面图形 S 随基点 A 平移至 AB_1 位置，再转到 AB，转角为 φ_A；随基点 B 平移至 BA_1 位置，再转至 BA，转角为 φ_B。因 $A_1B /\!/ AB_1$，故有 $\varphi_A = \varphi_B$，$\dot{\varphi}_A = \dot{\varphi}_B$，$\ddot{\varphi}_A = \ddot{\varphi}_B$。

思考 4-1　已知平面图形 S 的运动方程，试写出 S 上给定点 M 的运动方程，以及该点的速度和加速度的解析表达式。

4.2　平面图形上各点的速度与加速度

平面图形的运动是由随基点的平移和绕基点的转动合成的，可应用点的复合运动方法来分析平面图形上任意两点的速度关系和加速度关系。

4.2.1　基点法

1. 速度基点法

如图 4-7 所示，某瞬时平面图形上 A 点的速度和加速度分别为 $\boldsymbol{v}_A$、$\boldsymbol{a}_A$，平面图形的角速度和角加速度分别为 ω、α。试求平面图形上任一点 B 的速度和加速度。设 A 点为基点，建立 $Ax'y'$ 平移动系，选 B 点为动点，B 点的相对运动为绕 A 点的圆周运动，牵连速度 $\boldsymbol{v}_e = \boldsymbol{v}_A$，相对速度 $\boldsymbol{v}_r$ 用 $\boldsymbol{v}_{BA}$ 表示，称为绕基点作圆周运动的速度，其大小为 $v_r = v_{BA} = AB\omega$，方向垂直于 AB（见图 4-7）。由速度合成定理

$$\boldsymbol{v}_a = \boldsymbol{v}_e + \boldsymbol{v}_r$$

有

$$\boldsymbol{v}_B=\boldsymbol{v}_A+\boldsymbol{v}_{BA} \tag{4-3}$$

该式表明，**平面图形上任意点的速度等于基点的速度和该点绕基点作圆周运动速度的矢量和**。这种求平面图形上任一点速度的方法称为**速度基点法**。

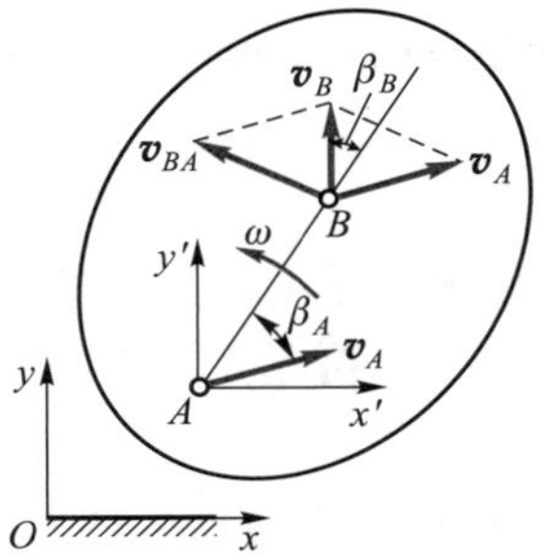

图 4-7　速度基点法

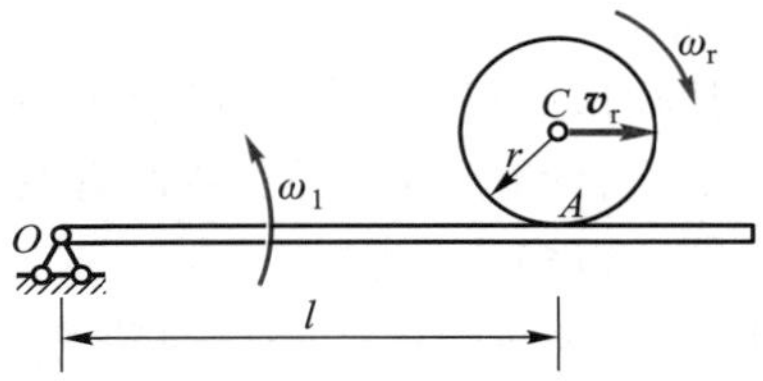

问题 4-2 图

注意：速度基点法中 $v_{BA}=AB\omega$，该 ω 为平面图形的绝对角速度。

问题 4-2　如图所示，杆绕轴 O 转动，角速度为 ω_1，圆轮在杆上滚动，轮心 C 相对杆的速度为 $\boldsymbol{v}_r$，则 $v_{CA}=v_r$吗？

答：速度基点法公式中

$$v_{CA}=r\omega=r(\omega_r-\omega_1)$$

而

$$v_r=r\omega_r$$

故

$$v_{CA}\neq v_r$$

例 4-1　车轮沿固定直线轨道只滚不滑（又称纯滚动），如图所示，设轮的半径为 R，轮心速度为 $\boldsymbol{v}_0$，试求轮缘上的点 D、A 和 B 的速度。

解：车轮作平面运动。先取轮心 O 为基点，研究接触点 P 的速度如图，有

$$\boldsymbol{v}_P=\boldsymbol{v}_0+\boldsymbol{v}_{PO} \tag{a}$$

由于轮只滚不滑，显然 $\boldsymbol{v}_P=0$，因此有 $v_{PO}=PO\cdot\omega=R\omega=v_0$，$\boldsymbol{v}_{PO}$方向与 $\boldsymbol{v}_0$相反，从而有

$$\omega=\frac{v_0}{R} \tag{b}$$

再研究点 D、A 和 B 的速度如图。且 $v_{DO}=v_{AO}=v_{BO}=R\omega=v_0$，由各点速度的几何关系得

$$v_D=\sqrt{2}\,v_0,\quad v_A=2v_0,\quad v_B=\sqrt{2}\,v_0$$

其方向如图所示。

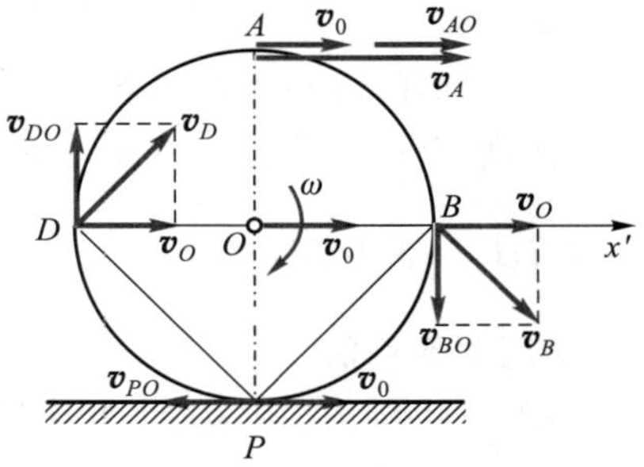

例 4-1 图

问题 4-3　对于例 4-1，在求得轮的角速度 ω 以后，若改选 P 点为基点来分析点 D、A、B 的速度，情况将如何？

答：改选 P 点为基点，注意到 $\boldsymbol{v}_P=0$，点 D、A 和 B 的速度分别为

$$\boldsymbol{v}_D=\boldsymbol{v}_P+\boldsymbol{v}_{DP}=\boldsymbol{v}_{DP}$$

$$\boldsymbol{v}_A=\boldsymbol{v}_P+\boldsymbol{v}_{AP}=\boldsymbol{v}_{AP}$$

$$\boldsymbol{v}_B=\boldsymbol{v}_P+\boldsymbol{v}_{BP}=\boldsymbol{v}_{BP}$$

可见，各点速度就与它们随轮子绕该基点作定轴转动一样（例 4-1 图），因而求解过程得以简化。且有

$v_D=v_{DP}=DP\cdot\omega=\sqrt{2}R\dfrac{v_0}{R}=\sqrt{2}v_0$，方向垂直 DP 指向右上方；

$v_A=v_{AP}=AP\cdot\omega=\sqrt{2}R\dfrac{v_0}{R}=2v_0$，方向垂直 AP 指向右；

$v_B=v_{BP}=BP\cdot\omega=\sqrt{2}R\dfrac{v_0}{R}=\sqrt{2}v_0$，方向垂直 BP 指向右下。

可见，如此求得的各点速度大小和方向与例 4-1 完全一致。

2. 加速度基点法

在图 4-7 中仍选 $Ax'y'$ 为平移动系，B 点为动点，加速度如图 4-8 所示，由动系平移时点的加速度合成定理，有

$$\boldsymbol{a}_{\mathrm{a}}=\boldsymbol{a}_{\mathrm{e}}+\boldsymbol{a}_{\mathrm{r}}$$

其中，$\boldsymbol{a}_{\mathrm{a}}=\boldsymbol{a}_B$，$\boldsymbol{a}_{\mathrm{e}}=\boldsymbol{a}_A$，$\boldsymbol{a}_{\mathrm{r}}=\boldsymbol{a}_{\mathrm{r}}^{\tau}+\boldsymbol{a}_{\mathrm{r}}^{n}=\boldsymbol{a}_{BA}^{\tau}+\boldsymbol{a}_{BA}^{n}$，于是得到

$$\boldsymbol{a}_B=\boldsymbol{a}_A+\boldsymbol{a}_{BA}^{\tau}+\boldsymbol{a}_{BA}^{n} \tag{4-4}$$

其中，$a_{BA}^{\tau}=AB\alpha$，$a_{BA}^{n}=AB\omega^2$。

式(4-4)表明，**平面图形上任一点的加速度等于基点的加速度与该点绕基点圆周运动的切向加速度和法向加速度的矢量和。**

问题 4-4 如图所示，半径为 r_1 的圆轮在半径为 r_2 的圆柱面上纯滚动，已知轮心 C 的速度大小 $v_C=v$ 为常数，试求轮上接触点 P 的加速度。

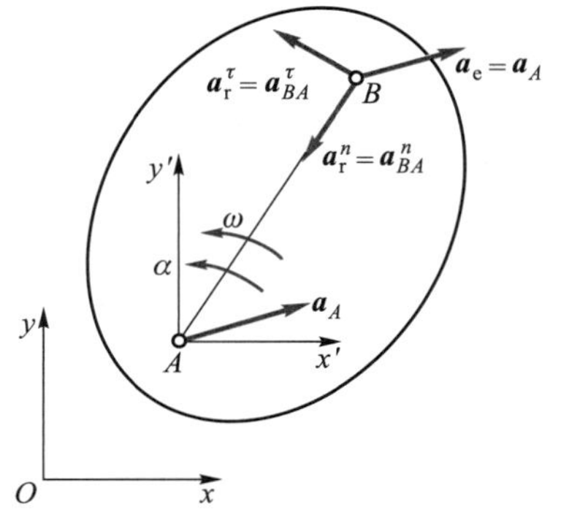

图 4-8 加速度基点法

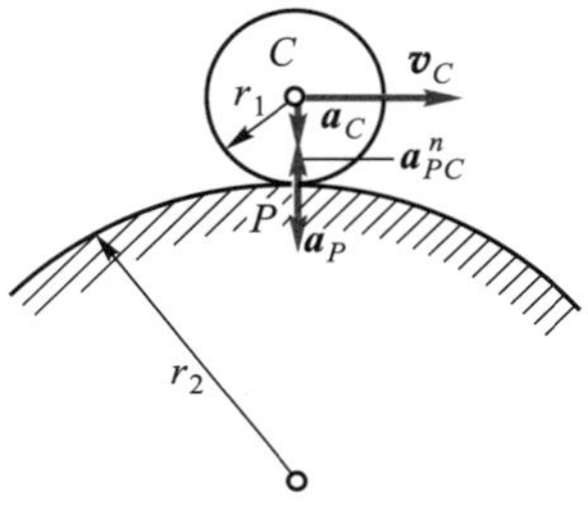

问题 4-4 图

答：轮心 C 作匀速圆周运动，$a_C=\dfrac{v^2}{r_1+r_2}$，方向如图；选轮心 C 为基点，则 $\boldsymbol{a}_P=\boldsymbol{a}_C+\boldsymbol{a}_{PC}^n$，而 $a_{PC}^n=\dfrac{v^2}{r_1}$，方向如图，故 $a_P=a_{PC}^n-a_C=\dfrac{r_2v^2}{r_1(r_1+r_2)}$，方向由点 P 指向轮心 C。

思考 4-2 问题 4-4 图中，若 v_C 不为常数，$\boldsymbol{a}_P$ 有何变化？

例 4-2 在曲柄连杆机构中，试求当曲柄运动到图示铅垂位置时，连杆 AB 上任一点 M 的加速度。已知 $OA=r$，$AB=2r$，ω 为常数。

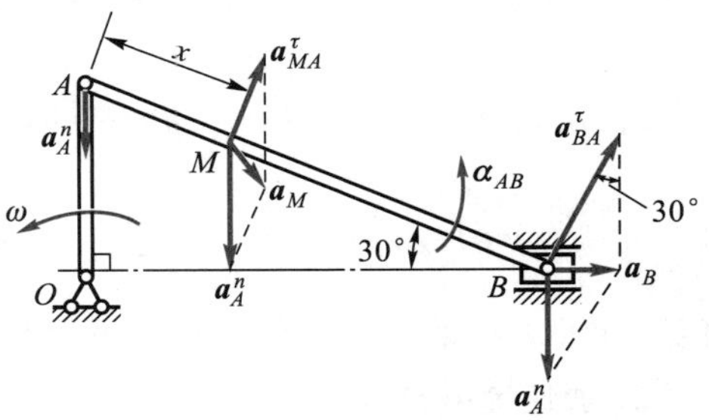

例 4-2 图

解：由于 $\boldsymbol{v}_A /\!/ \boldsymbol{v}_B$，且不垂直于连线 AB，故连杆 AB 作**瞬时平移**，其角速度为零，其上各点的速度相同，都等于点 A 的速度大小 $r\omega$。设点 M 到点 A 的距离为 x，取 A 为基点，M 点和 B 点加速度如图，且有

$$\boldsymbol{a}_M=\boldsymbol{a}_A^n+\boldsymbol{a}_{MA}^\tau \tag{a}$$

及

$$\boldsymbol{a}_B=\boldsymbol{a}_A^n+\boldsymbol{a}_{BA}^\tau \tag{b}$$

由点 B 加速度矢量图的几何关系，有

$$a_{BA}^\tau=\frac{a_A^n}{\cos 30°}=\frac{2}{3}\sqrt{3}r\omega^2$$

故

$$\alpha_{AB}=\frac{a_{AB}^\tau}{AB}=\frac{\sqrt{3}}{3}\omega^2$$

再将式(a)分别向水平和铅垂方向投影，得

$$a_{Mx}=a_{MA}^\tau\sin 30°=\frac{1}{2}x\alpha_{AB}=\frac{\sqrt{3}}{6}\omega^2x$$

$$a_{My}=a_{MA}^\tau\cos 30°-a_A^n=\frac{\sqrt{3}}{2}x\alpha_{AB}-r\omega^2=-\frac{\omega^2}{2}(2r-x)$$

于是，$\boldsymbol{a}_M$ 的大小为

$$a_M=\sqrt{a_{Mx}^2+a_{My}^2}=\frac{\sqrt{3}}{3}\omega^2\sqrt{3(r^2-rx)+x^2}$$

$\boldsymbol{a}_M$ 与水平轴的夹角为

$$\theta=\arctan\frac{a_{My}}{a_{Mx}}=\arctan\left[\frac{-\sqrt{3}(2r-x)}{x}\right]$$

可见，连杆 AB 上任一点的加速度大小和方向均与点的位置坐标 x 有关。这就证实了：**瞬时平移时，图形上虽然各点速度相同，但各点的加速度不相同。这是刚体的瞬时平移与刚体平移的重要区别。**

思考 4-3 如何用解析法求例 4-2 图中 M 点的运动方程、速度和加速度？

4.2.2 瞬心法

基点法中常选速度和加速度已知的点为基点。我们要问,能否选平面图形上速度或加速度为零的点为基点?若能如此,基点法就会变得更为简单。下面讨论这个问题。

1. **速度瞬心法**

如果平面图形上有瞬时速度为零的一点,则称其为**速度瞬心**,简称**瞬心**,用 C_v表示。若取速度瞬心 C_v为基点,由于基点的速度为零,即 $\boldsymbol{v}_{C_v}=0$,则平面图形上任一 M 点的速度可表示成

$$\boldsymbol{v}_M=\boldsymbol{v}_{MC_v} \tag{4-5}$$

即图形上任一点 M 的速度 $\boldsymbol{v}_M$就是 M 点绕速度瞬心 C_v作圆周运动的速度 $\boldsymbol{v}_{MC_v}$。在此瞬时,图形上各点速度的分布规律就像绕基点 C_v作定轴转动一样(图 4-9)。设平面图形的角速度为 ω,则

$$v_M=v_{MC_v}=MC_v\cdot\omega$$

这种选择速度瞬心为基点求平面图形上任一点速度的方法,实质上是速度基点法的特殊形式,称为**速度瞬心法**,简称**瞬心法**。

只要平面图形在某一瞬时的角速度 ω 不等于零,那么平面图形上必存在一个速度瞬心。证明如下:

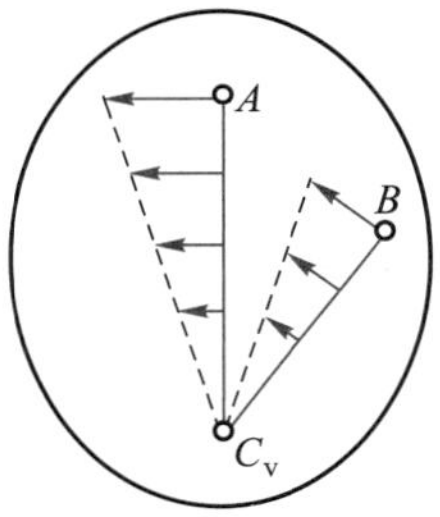

图 4-9　速度瞬心法

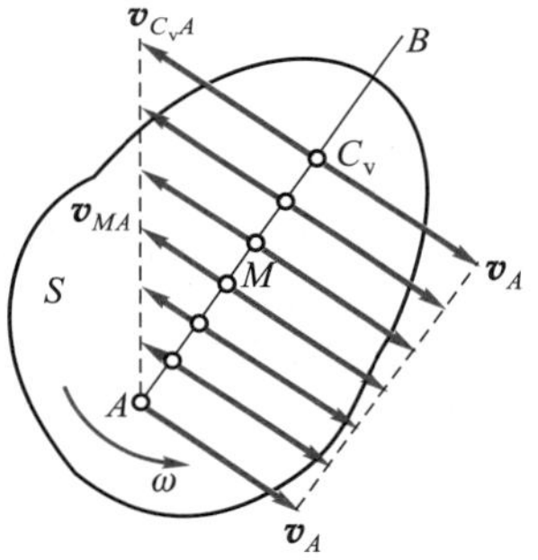

图 4-10　平面图形的速度瞬心

设图形上 A 点的速度为 $\boldsymbol{v}_A$,过 A 点将 $\boldsymbol{v}_A$顺 ω 的转向转 90°,得垂线 AB(图 4-10),在 AB 上取一点 C_v,使得

$$AC_v=\frac{v_A}{\omega}$$

由速度基点法得

$$\boldsymbol{v}_{C_v}=\boldsymbol{v}_A+\boldsymbol{v}_{C_vA}$$

因为 $\boldsymbol{v}_A$和 $\boldsymbol{v}_{C_vA}$方向相反,且 $v_{C_vA}=AC_v\cdot\omega=v_A$,所以 $\boldsymbol{v}_{C_v}=0$。这就证明了在一般情形下平面图形的速度瞬心唯一存在。

必须指出,速度瞬心在平面图形上的位置是随时间而连续变化的,其轨迹叫作**动瞬心轨迹**。速度瞬心在固定平面上的轨迹称为**定瞬心轨迹**。如问题 4-4 图所示,圆轮在固定曲面上作无滑动滚动(纯滚动)时,轮上接触点 P 与固定面接触点速度相同且均为零,故为速度瞬心。这里半径为 r_1的圆周是动瞬心轨迹,而半径为 r_2的圆弧是定瞬心轨迹。

用瞬心法求平面图形上点的速度时，先要确定速度瞬心的位置。由速度瞬心的定义可总结出求瞬心的两条原则：**一是速度瞬心必在过某点且垂直于该点速度的直线上；二是沿该垂直线各点速度大小为线性分布。**

问题 4-5 如图 a、b、c、d、e 中，已知平面图形上 A、B 两点速度，试分别求速度瞬心 C_v。

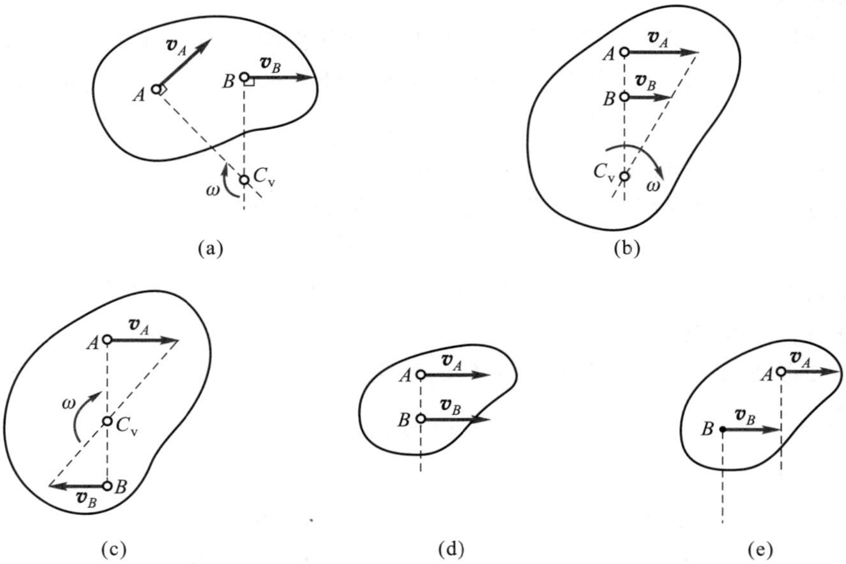

问题 4-5 图

答： 根据上述两条求速度瞬心的原则，求得图 a、b、c 的瞬心如图；图 d 中 $\boldsymbol{v}_A \underline{\underline{/\!/}} \boldsymbol{v}_B$，瞬心在无限远处，且 $\omega=0$；图 e 中两垂线平行，瞬心在无穷远处，平面图形为瞬时平移。

思考 4-4 试求图 a、b、c 中各平面运动刚体的速度瞬心 C_v。

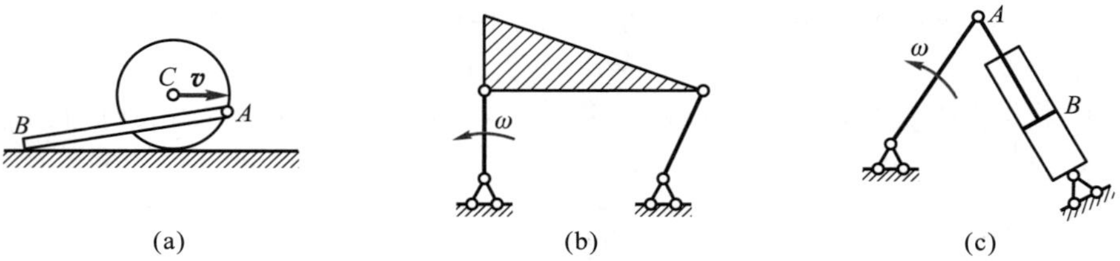

思考 4-4 图

思考 4-5 图示杆 AB 沿墙角在铅垂平面滑落，试画出其动瞬心轨迹和定瞬心轨迹。

必须指出，瞬时平移与平移是不同的，瞬时平移的平面图形仅在这一瞬时其上各点的速度相同，且 $\omega=0$，而另一瞬时则不相同，而且即使在此瞬时，各点的加速度并不一定相同，且 $\alpha\neq0$；而平移在每一瞬时，刚体上各点的速度相同，加速度也相同，且 $\alpha=0$。

例 4-3 长度为 l 的杆 AB，A 端靠在铅垂墙面，B 端铰接在半径为 R 的圆盘中心，圆盘沿水平地面纯滚动。在图示位置，已知杆 A 端的速度为 v_A，求此时杆 B 端的速度、杆 AB 的角速度、杆 AB 中点 D 的速度和圆盘的角速度。

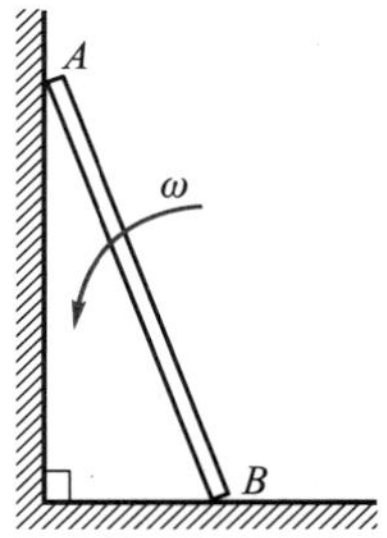

思考 4-5 图

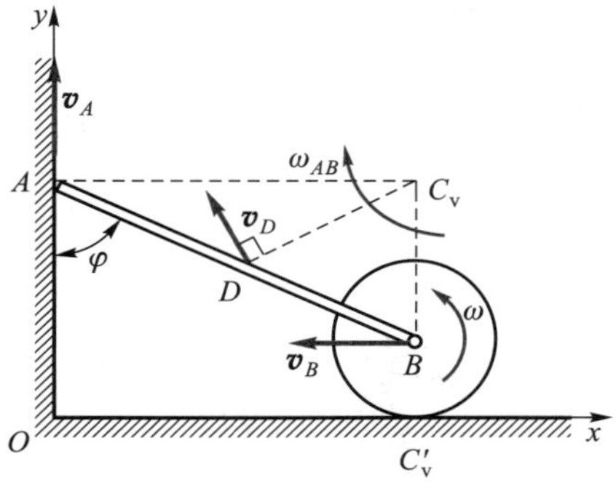

例 4-3 图

解：选杆 AB 为研究对象，分别作 A 和 B 两点速度的垂线，这两条线的交点 C_v 就是杆 AB 的速度瞬心，如图所示。杆 AB 的角速度为

$$\omega_{AB}=\frac{v_A}{AC_v}=\frac{v_A}{l\sin\varphi}$$

B 点的速度大小为

$$v_B=BC_v\cdot\omega_{AB}=l\cos\varphi\omega_{AB}=v_A\cot\varphi$$

D 点的速度大小为

$$v_D=DC_v\cdot\omega_{AB}=\frac{l}{2}\omega_{AB}=\frac{v_A}{2\sin\varphi}$$

其方向垂直于 CD。

圆盘的速度瞬心在圆盘与地面的接触点 C_v'，圆盘的角速度为

$$\omega=\frac{v_B}{R}=\frac{v_A}{R}\cot\varphi$$

*2. 加速度瞬心法

某瞬时平面图形上加速度为零的点，称为**加速度瞬心**。如图 4-11 所示，已知平面图形 S 的角速度和角加速度分别为 ω 和 α，A 点加速度为 $\boldsymbol{a}_A$，设 C_a 为加速度瞬心，以 A 为基点，C_a 点的加速度为

$$\boldsymbol{a}_{C_a}=\boldsymbol{a}_A+\boldsymbol{a}_{C_aA}^{\tau}+\boldsymbol{a}_{C_aA}^{n}=0$$

即

$$\boldsymbol{a}_{C_aA}^{\tau}+\boldsymbol{a}_{C_aA}^{n}=-\boldsymbol{a}_A$$

注意到 $a_{C_aA}^{\tau}=C_aA\alpha$，$a_{C_aA}^{n}=C_aA\omega^2$，可得

$$C_aA=\frac{a_A}{\sqrt{\alpha^2+\omega^4}},\quad \tan\varphi=\frac{\alpha}{\omega^2}$$

可见在一般情形下，平面图形上加速度瞬心 C_a 是唯一存在的。

取加速度瞬心为基点，研究平面图形上各点加速度的方法，实质上是加速度基点法的特殊形式，称为**加速度瞬心法**。此时，由于基点加速度为零，图形上各点的加速度就等于它们随图形绕加速度瞬心转动的加速度，即各点的加速度分布就如同图形绕加速度瞬心作定轴转动时一样，如图 4-12 所示。

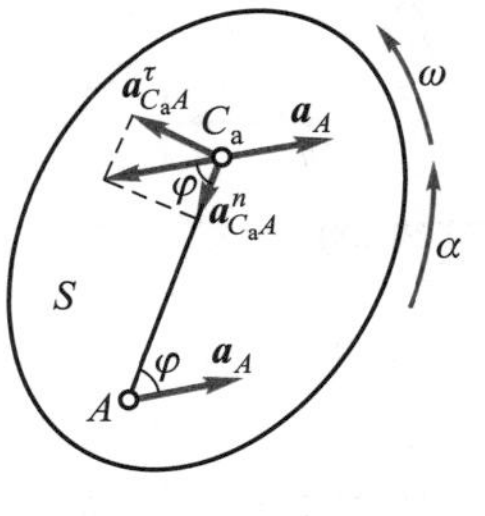

图 4-11　加速度瞬心

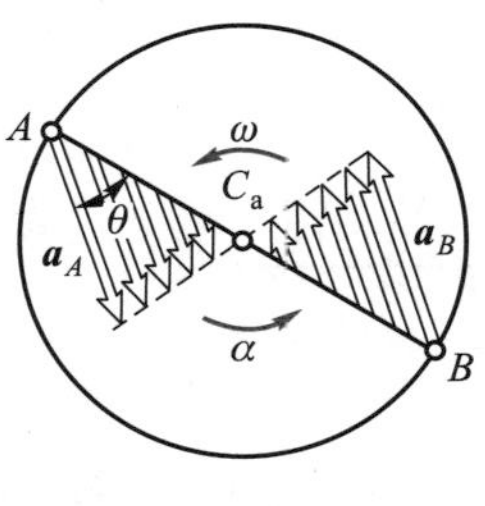

图 4-12　加速度瞬心法

由于加速度瞬心的确定不像速度瞬心那么容易，一般很少采用；但在特殊情况下（如 $\omega=0$ 或 $\alpha=0$ 时）加速度瞬心容易找到。例如，圆轮在平面上匀速纯滚动时，其轮心 O 显然为加速度瞬心 C_a，轮上各点加速度均指向 C_a，如图 4-13 所示。可见平面图形上加速度瞬心与速度瞬心一般是两个不同的点，而且加速度瞬心的速度一般不为零，而速度瞬心的加速度一般也不为零。

例 4-4　图示为一滑槽连杆机构，滑块 A 沿水平滑槽作匀速直线运动，其速度为 $\boldsymbol{v}_A$，连杆 AB 长度为 l，在图示瞬时，连杆与铅垂线夹角为 φ。试求此时连杆上任一点 M 的加速度，以及速度瞬心 C_v 的加速度大小和方向。

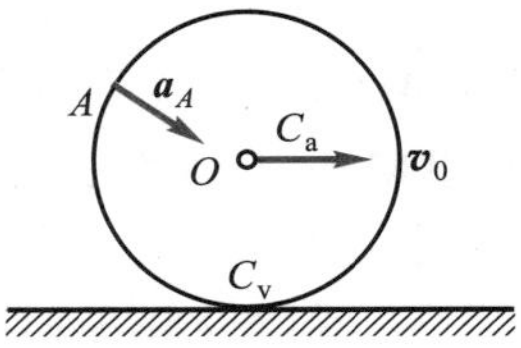

图 4-13　匀速纯滚动圆轮的 C_a 与 C_v

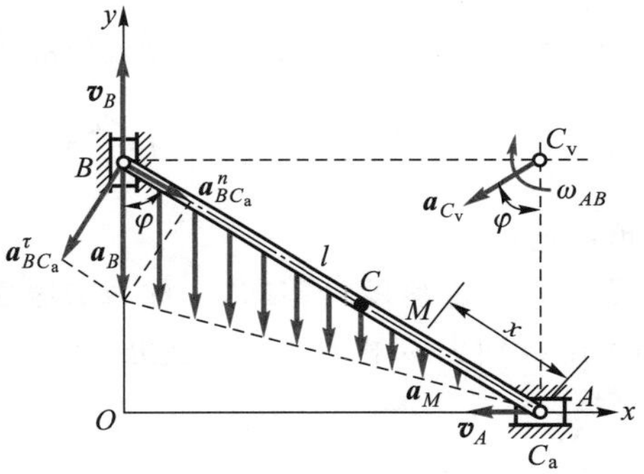

例 4-4 图

解：连杆的速度瞬心在图示 C_v 处，杆的角速度为

$$\omega_{AB}=\frac{v_A}{AC_v}=\frac{v_A}{l\cos\varphi}$$

转向为顺时针。因连杆上的点 A 作匀速直线运动，故其加速度 $\boldsymbol{a}_A=0$，此点即为连杆的加速度瞬心 C_a，取它为基点，点 B 加速度如图所示，且有

$$\boldsymbol{a}_B=\boldsymbol{a}^{n}_{BC_a}+\boldsymbol{a}^{\tau}_{BC_a}$$

式中，$a_{BC_a}^n = AB \cdot \omega_{AB}^2 = \dfrac{v_A^2}{l\cos^2\varphi}$，由几何关系求得

$$a_{BC_a}^\tau = a_{BC_a}^n \tan\varphi = \frac{v_A^2 \sin\varphi}{l\cos^3\varphi}$$

连杆的角加速度为

$$\alpha_{AB} = \frac{a_{BC_a}^\tau}{BC_a} = \frac{v_A^2 \sin\varphi}{l^2\cos^3\varphi}$$

转向为逆时针。设连杆上任一点 M 到加速度瞬心 C_a 的距离为 x，则其加速度 $\boldsymbol{a}_M$ 的大小为

$$a_M = MC_a\sqrt{\omega_{AB}^4 + \alpha_{AB}^2} = x\frac{v_A^2}{l^2\cos^3\varphi}$$

方向与 $\boldsymbol{a}_B$ 的一致，铅垂向下，与 AB 连线的夹角也为 φ。显然，速度瞬心 C_v 的加速度 $\boldsymbol{a}_{C_v}$ 的大小为

$$a_{C_v} = C_vC_a\sqrt{\omega_{AB}^4 + \alpha_{AB}^2} = l\cos\varphi\frac{v_A^2}{l^2\cos^3\varphi} = \frac{v_A^2}{l\cos^2\varphi} \neq 0$$

其方向指向连杆 AB 中点 C，如图所示。

思考 4-6 平面图形的速度瞬心和加速度瞬心何时出现重合？试用加速度瞬心法求解例 4-2。

4.2.3 投影形式

由基点法获得的平面图形速度和加速度合成式(4-3)和式(4-4)都是矢量式。下面研究它们在何方向、何种条件下能得到简单实用的投影形式。

1. 速度投影法

将式(4-3)向连线 AB 投影，因 $\boldsymbol{v}_{BA}$ 始终垂直于 AB，其投影恒等于零，于是有

$$[\boldsymbol{v}_B]_{AB} = [\boldsymbol{v}_A]_{AB} \tag{4-6}$$

该式表明，**平面图形上任意两点的速度在这两点连线上的投影相等**。这实质上是速度基点法公式的投影形式，称为**速度投影定理**。它反映了刚体上任何两点距离不变的物理性质。

若已知图形上一点速度的大小和方向，又知另一点速度的方位，用此定理可十分方便地求得该点速度的大小并确定其指向，这种方法称为**速度投影法**。

思考 4-7 图示平面图形上 A、B 两点的速度方向能否实现？

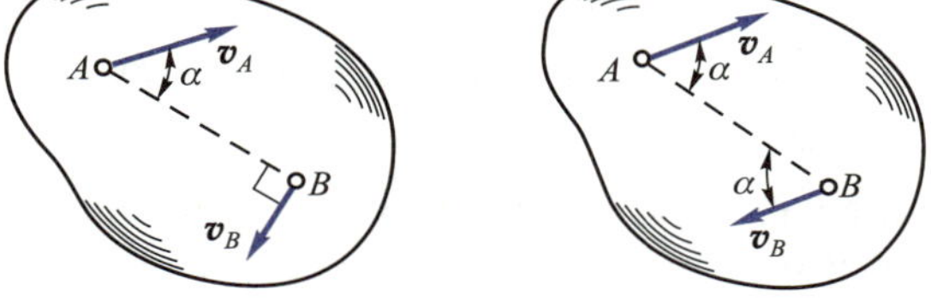

思考 4-7 图

2. **加速度投影形式**

将式(4-4)向图 4-8 中 AB 投影,注意到 $\boldsymbol{a}_{BA}^{\tau} \perp AB$,得

$$[\boldsymbol{a}_B]_{AB}=[\boldsymbol{a}_A]_{AB}+[\boldsymbol{a}_{BA}^{n}]_{AB}$$

可见,当 $\omega \neq 0$ 时

$$a_{BA}^{n}\neq 0,\quad [\boldsymbol{a}_B]_{AB}\neq[\boldsymbol{a}_A]_{AB}$$

当 $\omega=0$ 时

$$[\boldsymbol{a}_B]_{AB}=[\boldsymbol{a}_A]_{AB} \tag{4-7}$$

这说明加速度投影形式一般不具有简单形式,只有当平面图形的角速度在某瞬时等于零时,这一简单形式才成立。

问题 4-6 在图 a、b 所示瞬时,ω_1 与 ω_2,α_1 与 α_2 是否相等?已知 $O_1A=O_2B$,且二杆平行。

答: 对于图 a,杆 AB 平移,故有 $v_B=v_A$,即

$$O_1A\cdot\omega_1=O_2B\cdot\omega_2 \tag{a}$$

且有 $a_B=a_A$,即

$$O_1A\sqrt{\omega_1^4+\alpha_1^2}=O_2B\sqrt{\omega_2^4+\alpha_2^2} \tag{b}$$

因 $O_1A=O_2B$,由式(a)得 $\omega_1=\omega_2$,又由式(b)得 $\alpha_1=\alpha_2$。

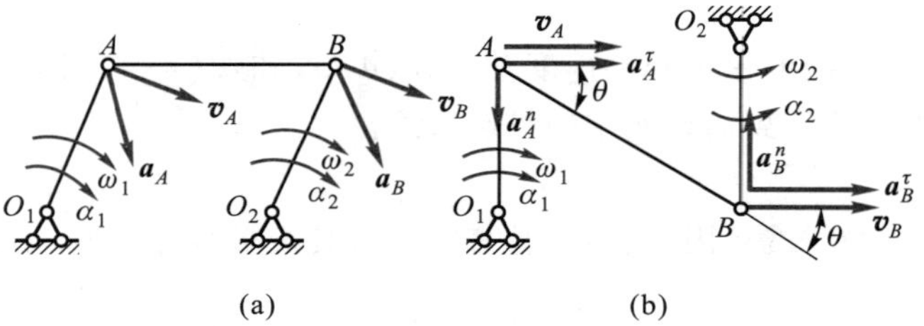

问题 4-6 图

对于图 b,杆 AB 瞬时平移,$\omega_{AB}=0$,且 $v_B=v_A$,故 $\omega_1=\omega_2$。由 $[\boldsymbol{a}_B]_{AB}=[\boldsymbol{a}_A]_{AB}$,有

$$a_B^{\tau}\cos\theta-a_B^{n}\sin\theta=a_A^{\tau}\cos\theta+a_A^{n}\sin\theta$$

或

$$a_B^{\tau}=a_A^{\tau}+(a_A^{n}+a_B^{n})\tan\theta=a_A^{\tau}+2a_A^{n}\tan\theta$$

因 $\theta\neq 0$,且 $a_A^{n}=O_1A\cdot\omega_1^2\neq 0$,故 $a_B^{\tau}\neq a_A^{\tau}$,即 $O_1A\cdot\alpha_1\neq O_2B\cdot\alpha_2$,得 $\alpha_1\neq\alpha_2$。

例 4-5 图示冲床力学模型,当曲柄 OA 以匀角速度 ω 绕轴 O 转动时,带动连杆 AB 使杆 O_1B 绕轴 O_1 摆动,又通过连杆 BD 带动滑块 D 沿铅垂滑槽上下运动。已知 $OA=r$,$AB=l_1$,$O_1B=BD=l$,在图示位置时 AB 水平,其余各杆几何位置如图所示,试求此时连杆 AB、BD 的角速度,以及滑块 D 的速度。

解: 曲柄 OA 及杆 O_1B 作定轴转动,$\boldsymbol{v}_A$ 的方向已知,且 $v_A=r\omega$;$v_B\perp O_1B$,且由速度投影定理可确定它指向左下方。

连杆 AB 作平面运动，过点 A 和 B 作 $\boldsymbol{v}_A$ 和 $\boldsymbol{v}_B$ 的垂线，其交点 C_{AB} 为杆 AB 的速度瞬心，于是有

$$\omega_{AB}=\frac{v_A}{AC_{AB}}=\frac{r}{l_1}\omega$$

转向为顺时针，且有 $v_B=BC_{AB}\cdot\omega_{AB}=r\omega$。

连杆 BD 也作平面运动，由于 $\boldsymbol{v}_B$ 和 $\boldsymbol{v}_D$ 方向已知，故易确定杆 BD 的速度瞬心 C_{BD} 如图所示，于是有

$$\omega_{BD}=\frac{v_B}{BC_{BD}}=\frac{r\omega}{l}$$

转向为逆时针。而

$$v_D=DC_{BD}\cdot\omega_{BD}=r\omega$$

指向向下。

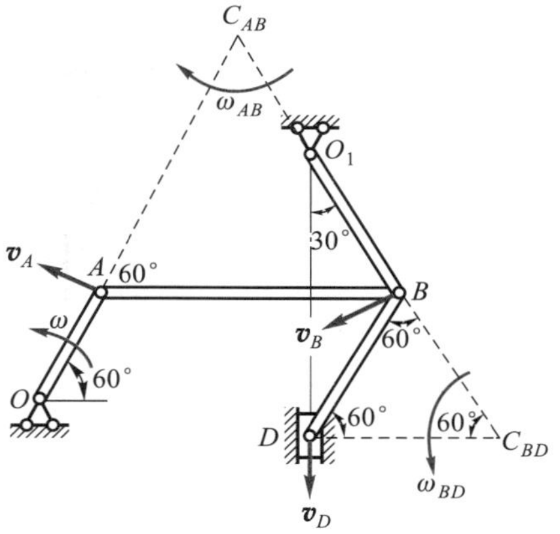

例 4-5 图

此例说明，在同一瞬时，**同一系统中，平面运动的各个刚体一般具有不同的速度瞬心、不同的角速度和不完全相同的转向**。

思考 4-8　*如何求例 4-5 中连杆 AB、BD 的角加速度和滑块 D 的加速度？*

综上所述，平面运动刚体的速度问题只求速度大小时，速度投影法十分简便；需求角速度时宜用速度瞬心法；当速度方向不能事先确定时，就用基点法。加速度问题一般用基点法，特殊情形可用瞬心法和投影形式。

4.3　平面机构的运动分析

4.3.1　一般分析方法

由若干平面构件用约束连接而成的几何可变系统称为**平面机构**，它是机械工程的简化模型。从已知的主动构件入手，通过对联结点和刚体的运动分析，确定所有构件的运动状态，称为**机构的运动分析**。当两构件之间的联结点为滑移式（滑块、套筒等）时，一般需要用点的复合运动方法进行分析；两物体间为无滑动滚动的接触点时，在接触点处速度相同，切向加速度相等，而法向加速度一般不相等。分析平面运动刚体时，先考虑采用投影法和瞬心法，遇到困难时再用基点法。

4.3.2　典型机构分析

例 4-6　行星轮传动机构如图 a 所示，已知 O、B 两圆轮的半径为 $r_1=r_2=30\sqrt{3}$ cm，曲柄 $O_1A=75$ cm，$AB=150$ cm，曲柄角速度 $\omega_0=6$ rad/s，图示瞬时 $\alpha=60°$，$\beta=90°$，试求该瞬时 OB 杆的角速度和角加速度。

解：本题涉及角加速度，宜用瞬心法求构件 AB 的角速度。O_1A 和 OB 杆为定轴转动，$\boldsymbol{v}_A$、$\boldsymbol{v}_B$ 如图 a 所示，AB 构件平面运动，其速度瞬心在 C_v 点，有

$$\omega_{AB}=\frac{v_A}{AC_v}=\frac{75\times 6}{300}\text{rad/s}=1.5\text{ rad/s}$$

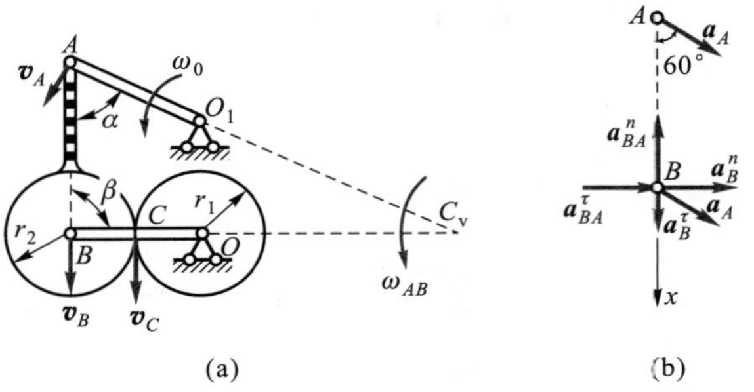

例 4-6 图

所以

$$v_B = BC_v \cdot \omega_{AB}$$

故

$$\omega_{OB} = \frac{v_B}{r_1 + r_2} = \frac{150\sqrt{3} \times 1.5}{60\sqrt{3}} \text{rad/s} = 3.75 \text{ rad/s}$$

构件 AB 作平面运动，A 点绕 O_1 作匀速圆周运动，取 A 点为基点，B 点的加速度如图 b 所示，且有

$$\boldsymbol{a}_B = \boldsymbol{a}_B^\tau + \boldsymbol{a}_B^n = \boldsymbol{a}_A + \boldsymbol{a}_{BA}^\tau + \boldsymbol{a}_{BA}^n \tag{a}$$

其中

$$a_A = O_1A \cdot \omega_0^2 = 75 \times 6^2 \text{ cm/s}^2 = 270 \text{ cm/s}^2$$

$$a_{BA}^n = AB \cdot \omega_{AB}^2 = 150 \times 1.5^2 \text{ cm/s}^2 = 337.5 \text{ cm/s}^2$$

式(a)向 AB 方向投影，得

$$a_B^\tau = a_A \cos 60° - a_{BA}^n \tag{b}$$

故

$$\alpha_{OB} = \frac{a_B^\tau}{OB} = \frac{270 \times 1/2 - 337.5}{60\sqrt{3}} \text{rad/s}^2 = 7.74 \text{ rad/s}^2$$

注意：

① 本题型的特点是本机构只含一个平面运动构件，各连接点速度和加速度方位事先确定，可按运动传递路线顺次求解。

② 本机构中，不同构件 O_1A、AB、OB 有不同的转动中心，而 A、B、C 三点分别同时绕两个转动中心运动。

思考 4-9

① 试用基点法和投影法求例 4-6 中的角速度，并比较三种方法的特点。

② 如何求例 4-6 中轮 O 的角速度和角加速度？

例 4-7 如图 a 所示机构中，销钉 O 固定于连杆 AB 上，并可在滑槽杆 O_2D 中运动，曲柄 O_1A 以匀角速度 ω_0 绕 O_1 轴转动，图示瞬时 O_1A 与 AB 处于水平位置，O_2D 处于铅垂位置，且 $O_1A = AO = OB = O_2O = r$，求该瞬时 AB 和 O_2D 杆的角速度和角加速度。

解：由约束条件可知铰 A 及滑块 B 速度方向如图 a 所示，且 $v_A = r\omega_0$，故 B 点为 AB 构件的速度瞬心，故有

$$v_B = 0, \quad \omega_{AB} = \frac{v_A}{2r} = \frac{\omega_0}{2}$$

选销钉 O 为动点，动系固结于 O_2D 杆上，速度如图 a 所示，由

$$\boldsymbol{v}_a = \boldsymbol{v}_e + \boldsymbol{v}_r \tag{a}$$

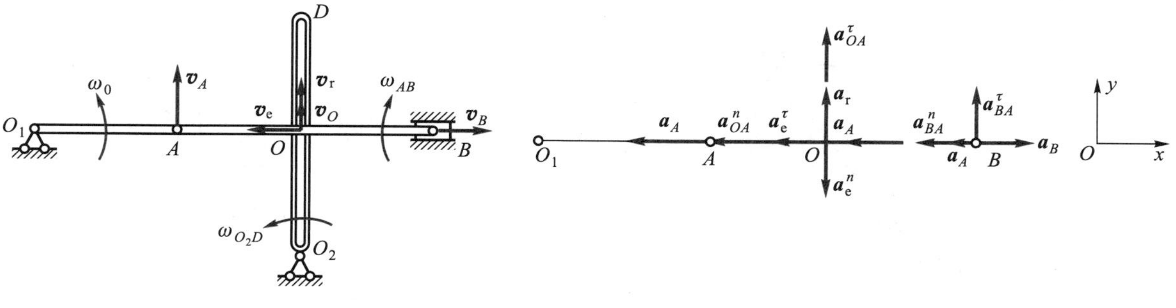

(a) (b)

例 4-7 图

其中，$\boldsymbol{v}_a=\boldsymbol{v}_O$，$\boldsymbol{v}_O\perp\boldsymbol{v}_e$，故

$$v_e=0,\quad \omega_{O_2D}=\frac{v_e}{r}=0$$

又点 A、B、O 三点加速度分别如图 b 所示，$a_A=r\omega_0^2$，取 A 点为基点，则

$$\boldsymbol{a}_B=\boldsymbol{a}_A+\boldsymbol{a}_{BA}^{\tau}+\boldsymbol{a}_{BA}^{n}\tag{b}$$

式(b)向竖直方向投影，得

$$a_{BA}^{\tau}=0$$

故

$$\alpha_{AB}=\frac{a_{BA}^{\tau}}{AB}=0$$

动点 O 加速度如图 b 所示，且有

$$\boldsymbol{a}_O=\boldsymbol{a}_A+\boldsymbol{a}_{OA}^{\tau}+\boldsymbol{a}_{OA}^{n}=\boldsymbol{a}_e^{\tau}+\boldsymbol{a}_e^{n}+\boldsymbol{a}_r+\boldsymbol{a}_C$$

其中，$a_{OA}^{\tau}=0$，$a_e^n=0$，$a_C=0(\omega_{O_2D}=0)$，故

$$\boldsymbol{a}_A+\boldsymbol{a}_{OA}^{n}=\boldsymbol{a}_e^{\tau}+\boldsymbol{a}_r\tag{c}$$

式(c)在水平方向投影，得

$$a_e^{\tau}=a_A+a_{OA}^{n}=r\omega_0^2+r\omega_{AB}^2=\frac{5}{4}r\omega_0^2$$

故

$$\alpha_{O_2D}=\frac{a_e^{\tau}}{r}=\frac{5}{4}\omega_0^2$$

注意：本题型特点为，机构中的平面运动构件之间出现铰链与滑移联结，需将点的复合运动与刚体平面运动方法结合求解。注意两套公式的应用特点。

思考 4-10 例 4-7 中，当曲柄 O_1A 运动至铅垂位置或其他任意位置时，如何求解？当曲柄 O_1A 同时具有角加速度 α_0 时，情形有何变化？

例 4-8 在图 a 所示机构中，滑块 D 以匀速 $\boldsymbol{v}$ 沿固定水平导槽向左运动，滑块 B 沿铅垂导槽滑动，套筒 A 用铰链与曲柄 OA 连接，同时可在杆 BD 上滑动。在图示瞬时，杆 BD 与铅垂线夹 30°角，曲柄 OA 水平，滑块 A 位于杆 BD 中点。求此时 OA 的角速度与角加速度。已知 $BD=4r$，$OA=r$。

解：杆 BD 作平面运动，其端点 B 和 D 的速度 $\boldsymbol{v}_B$ 和 $\boldsymbol{v}$ 的方位已知，因此杆 BD 的速度瞬心在点 C_v，杆 BD 的角速度 $\omega_{BD}=\dfrac{v}{DC_v}=\dfrac{v}{2\sqrt{3}r}$，该杆上与套筒 A 相重合的点 A' 的速度为

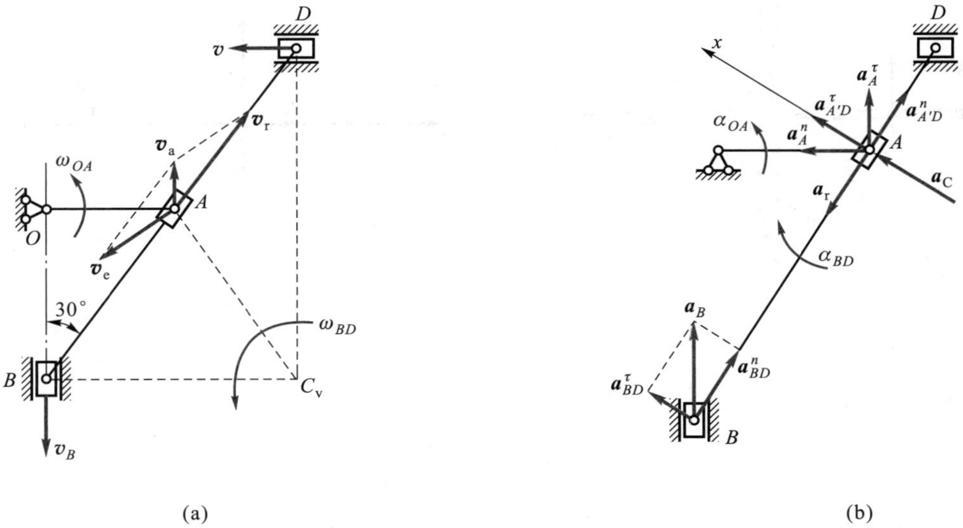

例 4-8 图

$$v_{A'}=AC_v\cdot\omega_{BD}=2r\cdot\frac{v}{2\sqrt{3}r}=\frac{\sqrt{3}}{3}v$$

方向垂直 AC_v 向左下。

选套筒 A 为动点，动系固结在杆 BD 上，速度如图 a 所示，牵连运动为平面运动，动点 A 的牵连速度 $\boldsymbol{v}_e$ 就是 $\boldsymbol{v}_{A'}$。根据速度合成定理 $\boldsymbol{v}_a=\boldsymbol{v}_e+\boldsymbol{v}_r=\boldsymbol{v}_{A'}+\boldsymbol{v}_r$ 作出速度四边形，由此求得

$$v_a=v_e=v_{A'}=\frac{\sqrt{3}}{3}v$$

$$v_r=2v_a\cos 30°=\frac{\sqrt{3}}{3}v\cdot\frac{\sqrt{3}}{2}=\frac{v}{2}$$

故曲柄 OA 的角速度大小为

$$\omega_{OA}=\frac{v_a}{OA}=\frac{\sqrt{3}v}{3r} \qquad (a)$$

转向为逆时针。

加速度分析如下：

$$a_D=0 \quad (已知)$$

以 D 点为基点

$$\boldsymbol{a}_B=\boldsymbol{a}_{BD}^\tau+\boldsymbol{a}_{BD}^n$$

式中

$$a_{BD}^\tau=4r\alpha_{BC},\quad a_{BD}^n=4r\omega_{BD}^2=4r\left(\frac{v}{2\sqrt{3}r}\right)^2=\frac{v^2}{3r}$$

由几何关系得

$$a_{BD}^\tau=a_{BD}^n\tan 30°=\frac{v^2}{3r}\ \frac{\sqrt{3}}{3}=\frac{\sqrt{3}v^2}{9r}$$

所以

$$\alpha_{BD}=\frac{a_{BD}^{\tau}}{4r}=\frac{\sqrt{3}v^2}{36r^2} \tag{b}$$

以 D 点为基点，DB 上 A' 点加速度为

$$\boldsymbol{a}_{A'}=\boldsymbol{a}_{A'D}^{\tau}+\boldsymbol{a}_{A'D}^{n} \tag{c}$$

式中，$a_{A'D}^{\tau}=2r\alpha_{BD}$。

再选套筒 A 为动点，动系固结在 BD 上，加速度如图 b 所示，由 $\boldsymbol{a}_{\mathrm{a}}=\boldsymbol{a}_{\mathrm{e}}+\boldsymbol{a}_{\mathrm{r}}+\boldsymbol{a}_{\mathrm{C}}$，并注意到

$$\boldsymbol{a}_{\mathrm{a}}=\boldsymbol{a}_{A}^{\tau}+\boldsymbol{a}_{A}^{n},\quad \boldsymbol{a}_{\mathrm{e}}=\boldsymbol{a}_{A'}=\boldsymbol{a}_{A'D}^{\tau}+\boldsymbol{a}_{A'D}^{n},\quad a_{\mathrm{C}}=2\omega_{BD}v_{\mathrm{r}}$$

有

$$\boldsymbol{a}_{A}^{\tau}+\boldsymbol{a}_{A}^{n}=\boldsymbol{a}_{A'D}^{\tau}+\boldsymbol{a}_{A'D}^{n}+\boldsymbol{a}_{\mathrm{r}}+\boldsymbol{a}_{\mathrm{C}} \tag{d}$$

式(d)在垂直于 BD 的 x 轴方向投影得

$$a_{A}^{n}\cos 30^{\circ}+a_{A}^{\tau}\cos 60^{\circ}=a_{A'D}^{\tau}+a_{\mathrm{C}}$$

即

$$r\omega_{OA}^{2}\frac{\sqrt{3}}{2}+r\alpha_{OA}\frac{1}{2}=2r\alpha_{BD}+2\omega_{BD}v_{\mathrm{r}}$$

将式(a)、(b)及 ω_{AB} 值代入上式，得 $\alpha_{OA}=\frac{\sqrt{3}v^2}{9r^2}$，逆时针转向。

注意： 本题型特点为，机构中平面运动构件与杆 OA 由套筒相联结，出现平面运动动系，需用基点法求动系上牵连点的加速度。

思考 4-11 图 a、b 所示为两种刨床机构，当取套筒 A 为动点，BD 为动系时，它们的速度和加速度有何不同？

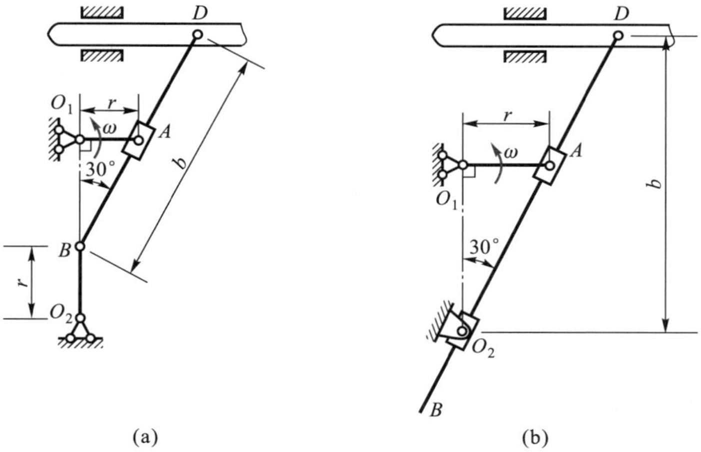

思考 4-11 图

例 4-9 图示平面机构中，D 为固定销钉，可在动杆 AF 的滑槽内相对滑动；已知滑块 A 以匀速 $\boldsymbol{v}_A$ 铅垂向上运动，杆 BE 限制在固定铅垂槽内运动。在图示位置时，点 D 恰为 AB 中点，求杆 BE 的速度和杆 AF 的角加速度。

解： 先求杆 BE 的速度。取固定销钉 D 为动点，动系固连在杆 AF 上，牵连运动为平面运动。因 $\boldsymbol{v}_{D\mathrm{a}}=\boldsymbol{v}_{D\mathrm{e}}+\boldsymbol{v}_{D\mathrm{r}}=0$，故 $\boldsymbol{v}_{D\mathrm{e}}=-\boldsymbol{v}_{D\mathrm{r}}$，即杆 AF 上与 D 点重合的点 D' 的速度 $\boldsymbol{v}_{D'}=\boldsymbol{v}_{D\mathrm{e}}$，沿 AF 方向，由 $\boldsymbol{v}_A$ 和 $\boldsymbol{v}_{D'}$ 的方位可确定杆 AF 在图示位置时的速度瞬心 C_{v}，由此可求得杆 AF 上与滑块 B 相重合的点 B' 的速度大小 $v_{B'}=v_A$，方向水平向左。

选 BE 杆 B 为动点，动系固连在杆 AF 上，有 $\boldsymbol{v}_{B\mathrm{a}}=\boldsymbol{v}_{B\mathrm{e}}+\boldsymbol{v}_{B\mathrm{r}}=\boldsymbol{v}_{B'}+\boldsymbol{v}_{B\mathrm{r}}$，由图 a 所示速度四边形，求得 $v_{B\mathrm{a}}=v_{B\mathrm{e}}=$

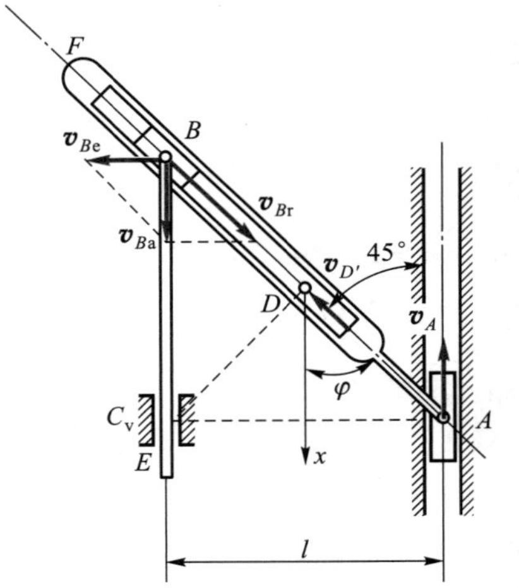

(a)

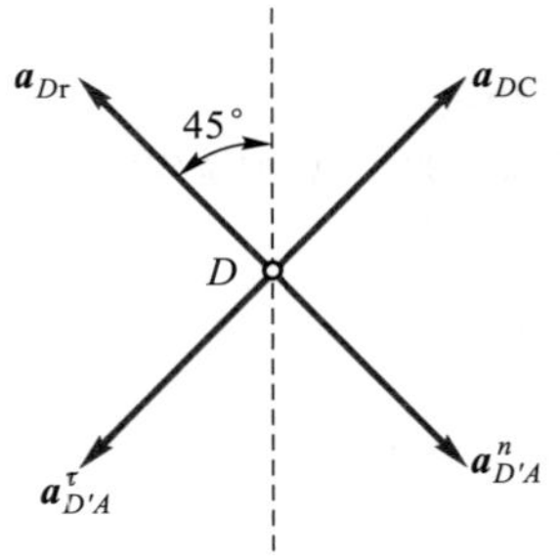

(b)

例 4-9 图

$v_{B'}=v_A$。可见，杆 BE 速度大小为 v_A，方向铅垂向下。

再求杆 AF 的角加速度。仍取固定销钉 D 为动点，动系固连在杆 AF 上，有

$$\boldsymbol{a}_{Da}=\boldsymbol{a}_{De}+\boldsymbol{a}_{Dr}+\boldsymbol{a}_{DC}=0$$

其中，$\boldsymbol{a}_{De}$ 即为杆 AF 上与 D 点重合的点 D' 的加速度 $\boldsymbol{a}_{D'}$，它可以 A 点为基点表示为

$$\boldsymbol{a}_{D'}=\boldsymbol{a}_A+\boldsymbol{a}^n_{D'A}+\boldsymbol{a}^{\tau}_{D'A}=\boldsymbol{a}^n_{D'A}+\boldsymbol{a}^{\tau}_{D'A}$$

将其代入上式，得

$$\boldsymbol{a}^n_{D'A}+\boldsymbol{a}^{\tau}_{D'A}+\boldsymbol{a}_{Dr}+\boldsymbol{a}_{DC}=0$$

式中，$\boldsymbol{a}_{DC}=2\boldsymbol{\omega}_{AF}\times\boldsymbol{v}_{Dr}=2\boldsymbol{\omega}_{AF}\times(-\boldsymbol{v}_{D'})$，$\boldsymbol{\omega}_{AF}$ 为杆 AF 的角速度矢量。各加速度矢量如图 b 所示。将上式沿 DC_v 方向投影，得

$$a^{\tau}_{D'A}-a_{DC}=0$$

式中，$a^{\tau}_{D'A}=DA\cdot\alpha_{AF}$；$a_{DC}=2\omega_{AF}\cdot v_{D'}=2\omega_{AF}\cdot DC_v\cdot\omega_{AF}$；而 $DC_v=DA$，$\omega_{AF}=\dfrac{v_A}{l}$，从而求得杆 AF 的角加速度大小为

$$\alpha_{AF}=\frac{a^{\tau}_{D'A}}{DA}=\frac{a_{DC}}{DA}=2\omega^2_{AF}=2\frac{v^2_A}{l^2}$$

转向为逆时针。

问题 4-7 试用解析法求解例 4-9。

答： 以固定点 D 为原点，建立铅垂向下的 x 轴坐标，如图 a 所示。在任意时刻，设杆 AF 与 x 轴夹角为 φ，则

$$x_A=-x_B=\frac{l}{2}\cot\varphi \tag{a}$$

式(a)对时间 t 求导数，得

$$\dot{x}_A=-\dot{x}_B=\frac{l}{2}(-\sec^2\varphi)\dot{\varphi} \tag{b}$$

而 $\dot{x}_A=-v_A$，可知

$$\omega_{AF}=\dot{\varphi}=\frac{2v_A}{l}\sin^2\varphi \tag{c}$$

又 $\boldsymbol{v}_B$ 的大小 $v_B=v_A$，方向与 $\boldsymbol{v}_A$ 相反。

式(b)再对 t 求导数，得

$$O=\left[(-2)\frac{\cos\dot{\varphi}}{\sin^3\varphi}\dot{\varphi}^2+\frac{1}{\sin^2\varphi}\ddot{\varphi}\right]$$

故

$$\alpha_{AF}=\ddot{\varphi}=2\cot\varphi\cdot\omega_{AF}^2 \tag{d}$$

当 $\varphi=45°$ 时，由式(c)和式(d)得

$$\omega_{AF}=\frac{v_A}{l},\quad \alpha_{AF}=2\frac{v_A^2}{l^2}$$

可见，在某些情形下，解析法比几何法简单，而且能求出运动的连续变化过程。

例 4-10 周转轮系如图 a 所示。系杆 O_1O_2 的角速度为 ω_e，齿轮Ⅰ、Ⅱ的半径均为 r。求齿轮Ⅰ、Ⅱ的绝对角速度为 ω_1、ω_2，传动比为 ω_1/ω_e。

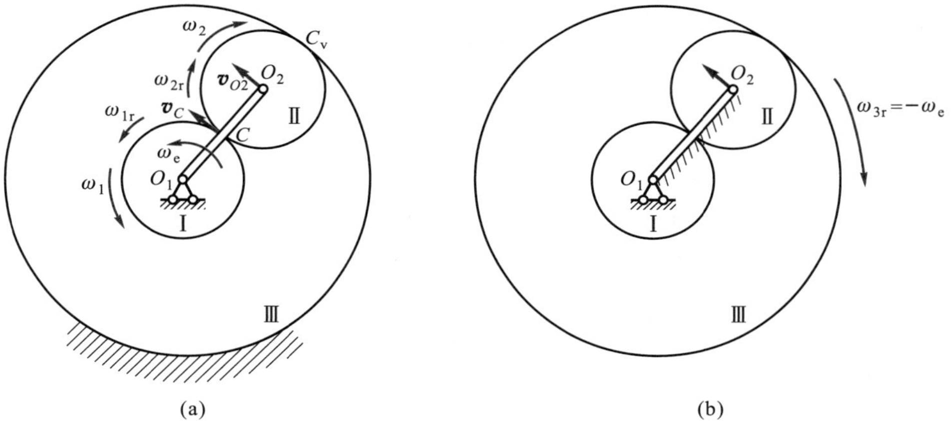

例 4-10 图

解法Ⅰ： 平面运动方法。齿轮Ⅲ固定不动，它与齿轮Ⅱ的啮合点为齿轮Ⅱ的速度瞬心 C_v，有

$$v_{O_2}=(r_1+r_2)\omega_e=r_2\omega_2$$

所以

$$\omega_2=\frac{r_1+r_2}{r_2}\omega_e$$

又 $v_C=2r_2\omega_2=2(r_1+r_2)\omega_e$，所以

$$\omega_1=\frac{v_C}{r_1}=\frac{2(r_1+r_2)}{r_1}\omega_e$$

故

$$\frac{\omega_1}{\omega_e}=\frac{2(r_1+r_2)}{r_1}$$

当 $r_1=r_2$ 时，有

$$\omega_1=4\omega_e,\quad \omega_2=2\omega_e$$

可见当 $r_2>r_1$ 时，可增加传动比 $\dfrac{\omega_1}{\omega_e}$。

解法Ⅱ：将动系固连在系杆上，相对动系来说，系杆固定不动，齿轮Ⅰ、Ⅱ分别以相对角速度 ω_{1r} 和 ω_{2r} 绕轴 O_1 和 O_2 转动，齿轮Ⅲ则以 ω_{3r} 绕轴 O_1 转动，如图 b 所示，并规定 ω_e 的转向为正，设各相对角速度为正，则由定轴轮系传动比公式(3-35b)，有

$$\frac{\omega_{1r}}{\omega_{2r}}=-\frac{r_2}{r_1}=-1 \tag{a}$$

及

$$\frac{\omega_{2r}}{\omega_{3r}}=\frac{r_3}{r_2}=3 \tag{b}$$

式中，负号表示 ω_{1r} 和 ω_{2r} 的转向相反。

由 $\omega_a=\omega_e+\omega_r$，有

$$\omega_1=\omega_e+\omega_{1r},\quad \omega_2=\omega_e+\omega_{2r},\quad \omega_3=\omega_e+\omega_{3r}=0$$

代入式(a)、式(b)，得

$$\frac{\omega_1-\omega_e}{\omega_2-\omega_e}=-1$$

及

$$\frac{\omega_2-\omega_e}{-\omega_e}=3$$

联立求解，可得

$$\omega_1=4\omega_e,\quad \omega_2=-2\omega_e$$

式中，负号表明 ω_2 与 ω_e 的转向相反，为顺时针。

工程中的平面周转轮系一般由定轴转动的轮子(称为中心轮)、定轴转动的系杆及平面运动的行星轮三部分组成。如果假想整个机构以系杆的角速度反向转动，这样系杆固定不动，各轮都以相对于系杆的角速度作定轴转动。于是，可按定轴轮系的传动问题求解，这种方法称为**反转法**。运用反转法，不仅可以求出各轮的相对角速度，也可以求得绝对角速度，不失为一种求解复杂轮系传动问题的好方法。

习 题

4-1 筛子的摆动由曲柄连杆机构带动。已知曲柄 OA 的转速 $n=40$ r/min，$OA=0.3$ m，$BC=BE$。求图示瞬时筛子 CD 的速度。

4-2 杆 AB 的 A 端沿水平线以等速 $\boldsymbol{v}$ 运动，运动时杆恒与一半径为 R 的半圆周相切，如图所示，如杆与水平线间的交角为 θ，试以角 θ 表示杆的角速度。

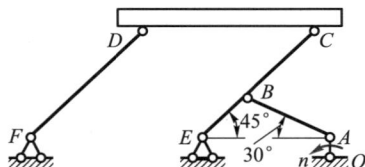

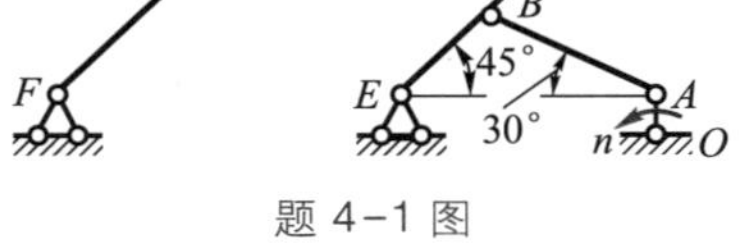

题 4-1 图

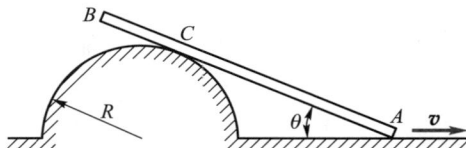

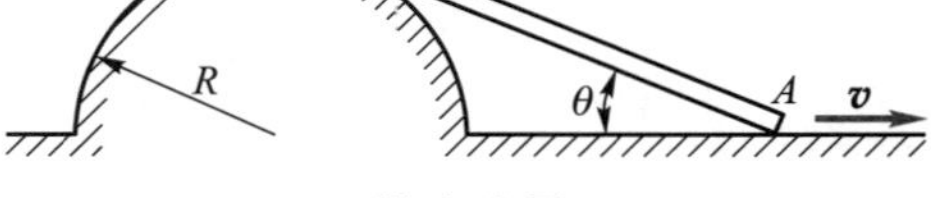

题 4-2 图

4-3　图示曲柄连杆机构中，曲柄 OA 长 20 cm，以匀角速度 $\omega_0 = 10$ rad/s 转动，连杆 AB 长 100 cm，求在图示位置时连杆的角速度与角加速度及滑块 B 的加速度。

4-4　在图示曲柄连杆机构中，曲柄 OA 绕轴 O 转动，其角速度为 ω_0，角加速度为 α_0，在某瞬时曲柄与水平线间成 60°角，而连杆 AB 与曲柄 OA 垂直。滑块 B 在圆形槽内滑动，此时半径 O_1B 与连杆 AB 间夹角为 30°。如果 $OA=r$，$AB=2\sqrt{3}r$，$O_1B=2r$，求该瞬时滑块 B 的切向和法向加速度。

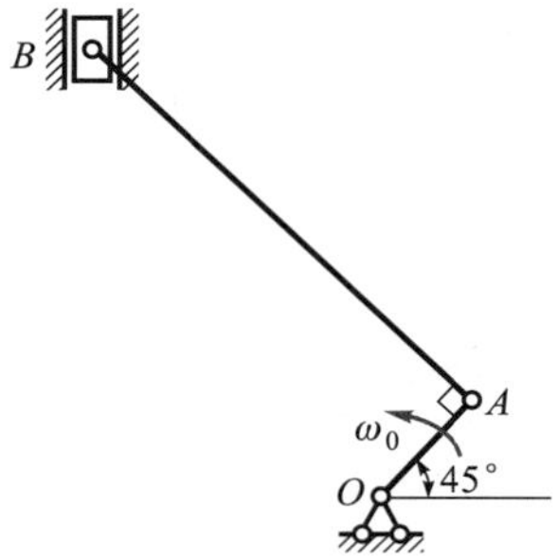

题 4-3 图

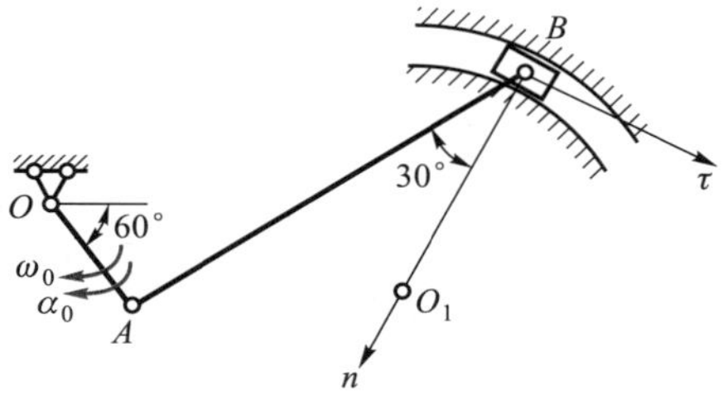

题 4-4 图

4-5　半径为 r 的圆柱形滚子沿半径为 R 的圆弧槽纯滚动。在图示位置时，已知滚子中心 C 的速度为 $\boldsymbol{v}_C$，切向加速度为 $\boldsymbol{a}_C^\tau$。求此时接触点 A 和同一直径上最高点 B 的加速度。

4-6　半径为 R 的轮子沿水平面滚而不滑，如图所示，在轮上有圆柱部分，其半径为 r。将绳绕于圆柱上，已知线的 B 端以速度 $\boldsymbol{v}$ 和加速度 $\boldsymbol{a}$ 沿水平方向运动。求轮的轴心 O 的速度和加速度。

4-7　如图所示，齿轮Ⅰ、Ⅱ固连在一起，其半径分别为 r 和 R，由齿条 AB、CD 带动。已知齿条 AB、CD 的运动速度分别为 $\boldsymbol{v}_1$ 和 $\boldsymbol{v}_2$，且设 $v_1>v_2$，求齿轮的转动角速度与轮心 O 的速度。

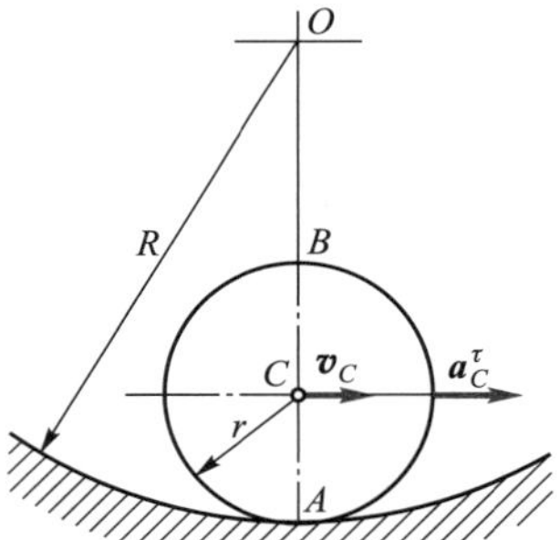

题 4-5 图

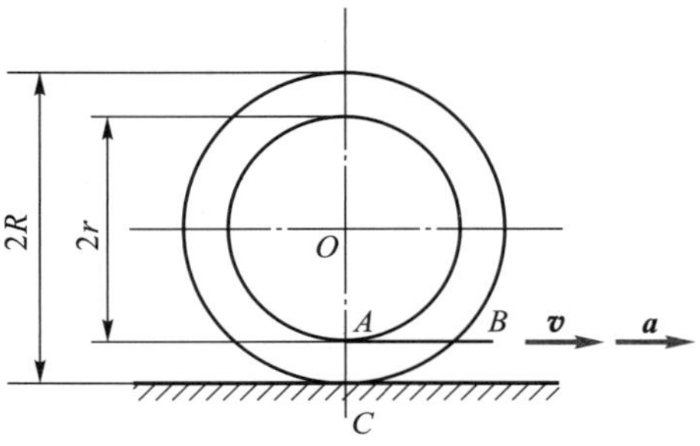

题 4-6 图

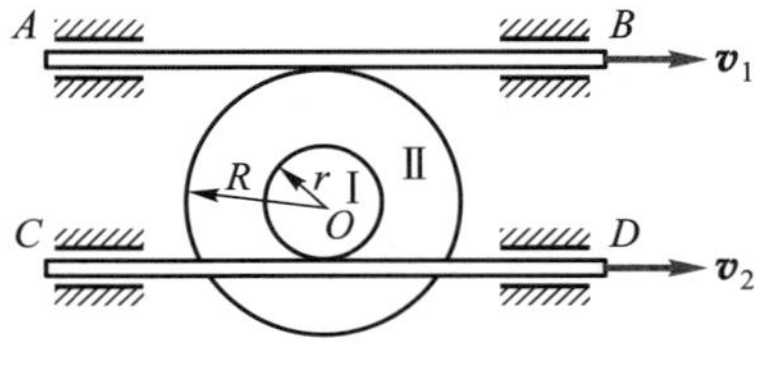

题 4-7 图

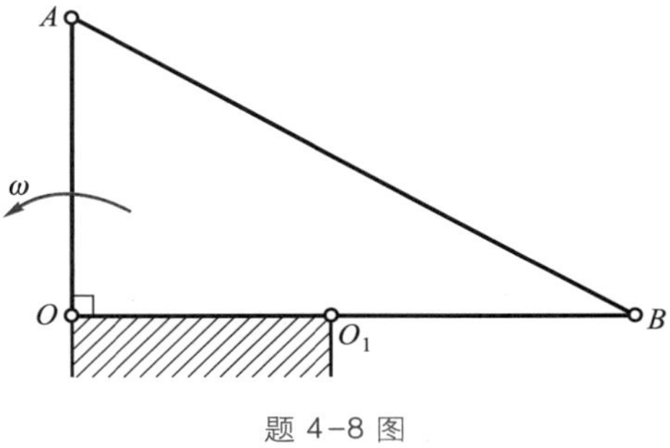

题 4-8 图

4-8 图示四连杆机构中，$AB=2OA=2O_1B$，曲柄以角速度 $\omega=3\ \mathrm{rad/s}$ 绕轴 O 转动。求在图示位置时，杆 AB 和杆 O_1B 的角速度。

4-9 在图示瞬时，平面机构的曲柄 OA 处于铅垂位置，其转动角速度为 ω。已知：$OA=r$，$AB=BC=CD=2r$。求杆 AC、CD 的角速度和滑块 D 的速度。

4-10 图示双曲柄连杆机构的滑块 B 和 E 用杆 BE 连接。主动曲柄 OA 和从动曲柄 OD 都绕轴 O 转动。主动曲柄 OA 以等角速度 $\omega_0=12\ \mathrm{rad/s}$ 转动。已知，机构的尺寸为：$OA=0.1\ \mathrm{m}$，$OD=0.12\ \mathrm{m}$，$AB=0.26\ \mathrm{m}$，$BE=0.12\ \mathrm{m}$，$DE=0.12\sqrt{3}\ \mathrm{m}$。求当曲柄 OA 垂直于滑块的导轨方向时，从动曲柄 OD 和连杆 DE 的角速度。

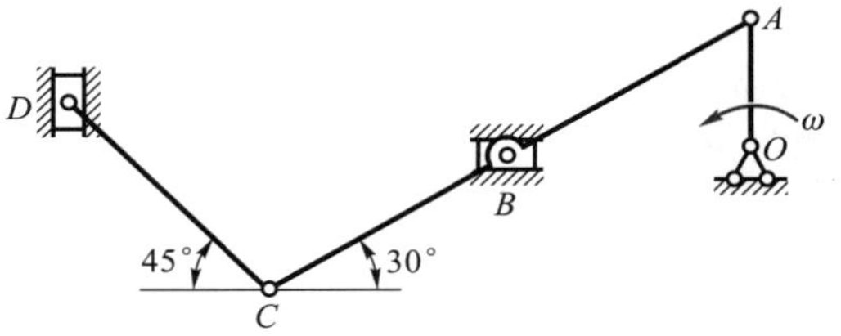

题 4-9 图

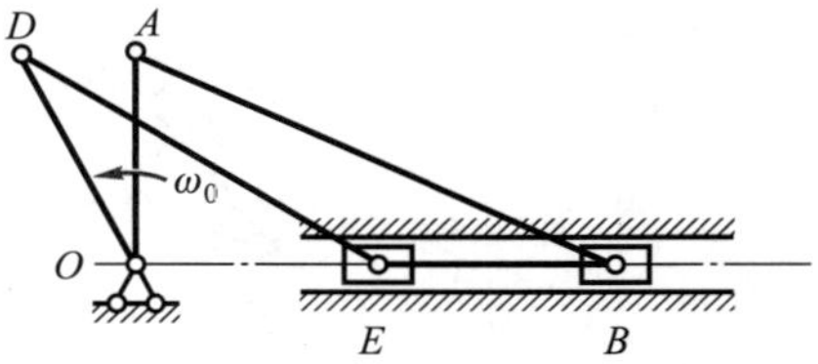

题 4-10 图

4-11 图示机构中，已知 $OA=0.1\ \mathrm{m}$，$BD=0.1\ \mathrm{m}$，$EF=0.1\sqrt{3}\ \mathrm{m}$，$DE=0.1\ \mathrm{m}$，$\omega_{OA}=4\ \mathrm{rad/s}$。在图示位置时，曲柄 OA 与水平线 OB 垂直，且 B、D 和 F 在同一铅垂线上，DE 垂直于 EF。求杆 EF 的角速度和点 F 的速度。

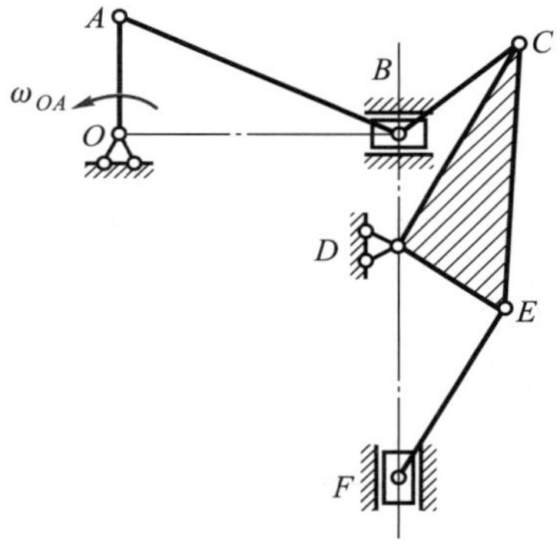

题 4-11 图

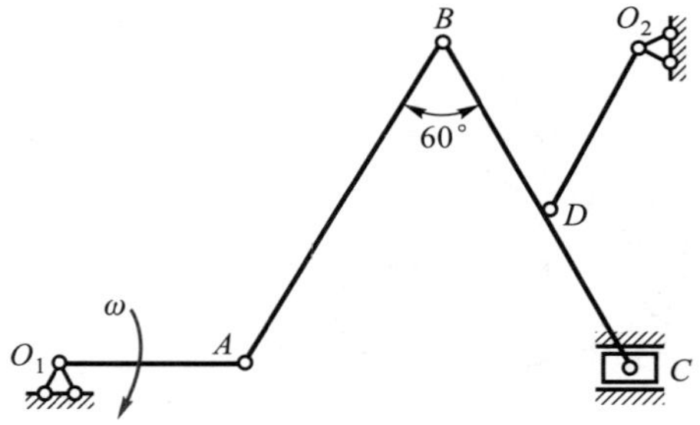

题 4-12 图

4-12 在图示平面机构中，已知 $O_1A=r$，$AB=BC=2r$，$O_2D=r$，$BD=DC$，在该瞬时，O_1、A、C 在一条水平直线上，O_2、C 位于一条铅垂线上。曲柄 O_1A 作匀速转动，角速度为 ω。求滑块 C 的速度及杆 AB、BC 的角速度。

4-13 求在图示机构中，当曲柄 OA 和摇杆 O_1B 在铅垂位置时，B 点的速度和加速度。已知：$OA=r=20\ \mathrm{cm}$，$O_1B=R=100\ \mathrm{cm}$，$AB=L=120\ \mathrm{cm}$，此时 $\omega_0=10\ \mathrm{rad/s}$，$\alpha_0=5\ \mathrm{rad/s^2}$。

4-14 曲柄 OA 以恒定的角速度 $\omega=2\ \mathrm{rad/s}$ 绕轴 O 转动，并借助连杆 AB 驱动半径为 r 的轮子在半径为 R 的圆弧槽中作无滑动的滚动。设 $OA=AB=R=2r=2\ \mathrm{m}$，求图示瞬时点 B 和点 C 的速度和加速度。

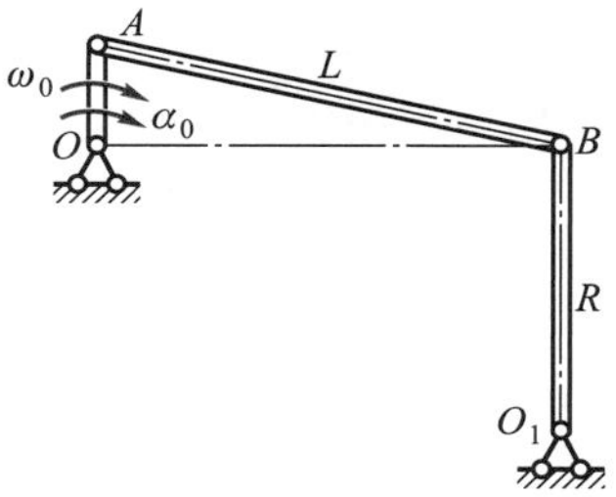

题 4-13 图

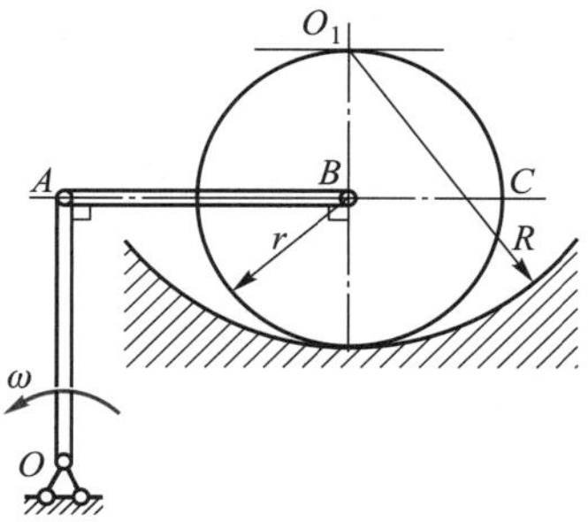

题 4-14 图

4-15 在图示机构中，曲柄 OA 长度为 r，绕轴 O 以等角速度 ω_0 转动，$AB=6r$，$BC=3\sqrt{3}r$。求图示位置时，滑块 C 的速度和加速度。

4-16 滚压机构的滚子沿水平面滚动而不滑动。已知曲柄 OA 长度为 10 cm，以匀转速 $n=30$ r/min 转动。连杆 AB 长度 $l=17.3$ cm，滚子半径 $R=10$ cm。求在图示位置时滚子的角速度和角加速度。

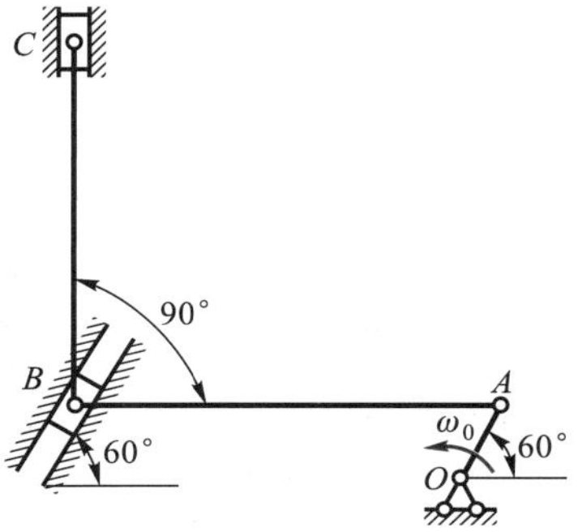

题 4-15 图

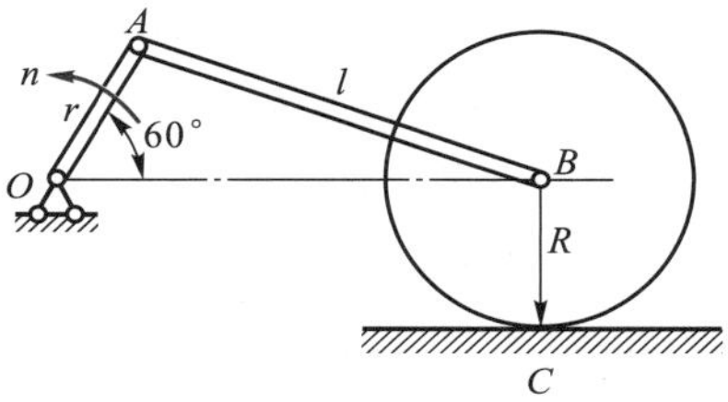

题 4-16 图

4-17 曲柄 OA 绕轴 O 作匀速转动，$\omega=2$ rad/s，齿轮 Ⅰ、Ⅱ 的节圆半径分别为 $r=0.2$ m 和 $R=0.3$ m，连杆 $BC=0.6$ m。在图示瞬时，AB 在铅垂位置，OA 在水平位置。求滑块 C 的速度和加速度。

4-18 图示三种刨床机构，已知曲柄 $O_1A=r$，以匀角速度 ω 转动，$b=4r$。求在图示位置时滑块 CD 的平移速度。

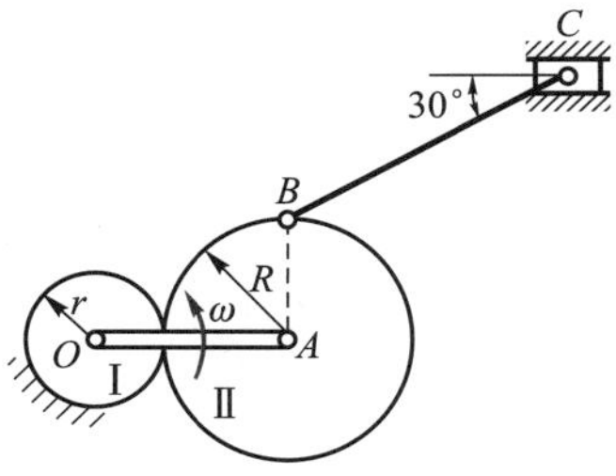

题 4-17 图

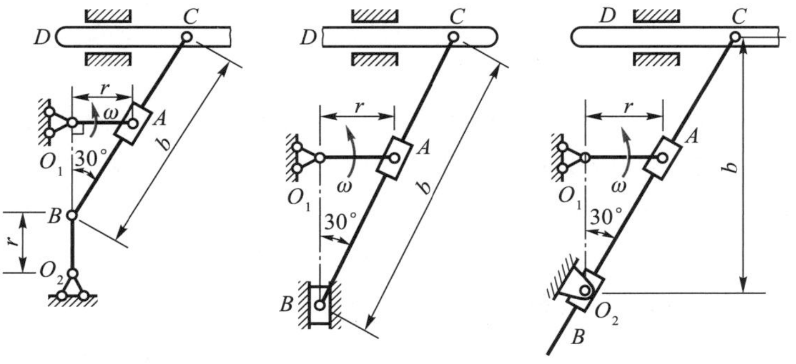

题 4-18 图

4-19 图示放大机构中，杆Ⅰ和Ⅱ分别以速度 $\boldsymbol{v}_1$ 和 $\boldsymbol{v}_2$ 沿箭头方向运动，其位移分别以 x 和 y 表示。如杆Ⅱ与杆Ⅲ平行，其间距为 a，求杆Ⅲ的速度和滑道Ⅳ的角速度。

4-20 已知图示机构中滑块 A 的速度大小为常值，$v_A=0.2$ m/s，$AB=0.4$ m。求当 $AC=CB$、$\theta=30°$ 时杆 CD 的速度和加速度。

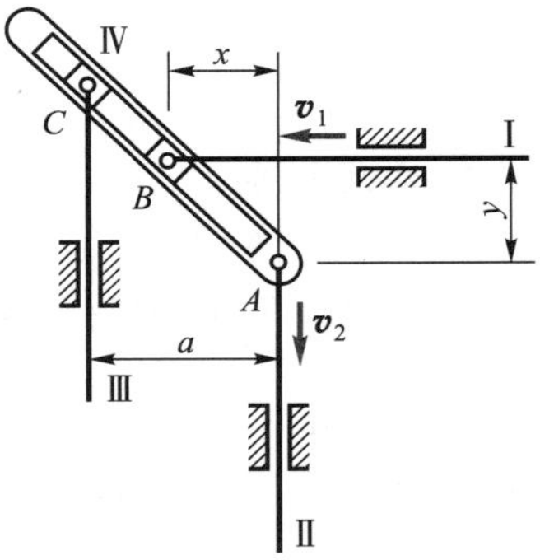

题 4-19 图

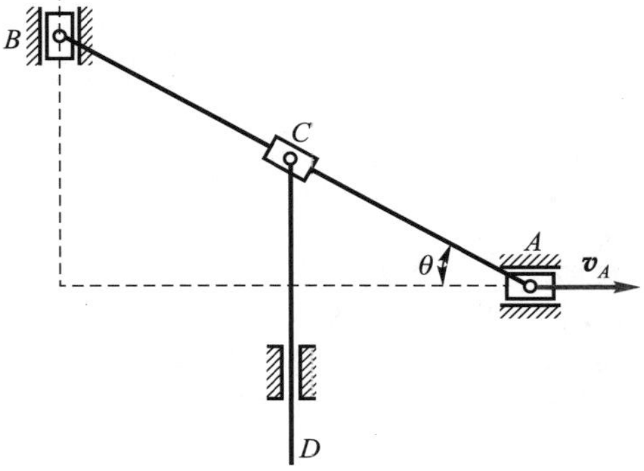

题 4-20 图

4-21 在图示机构中，$AB=0.1$ m，$BC=0.3$ m，滑块 D 与杆 DG 铰接。当 $\angle BAC=45°$ 时，曲柄 AB 的角速度 $\omega=10$ rad/s，角加速度 $\alpha=0$。试求此时杆 DG 的加速度和连杆 BC 的角加速度。

4-22 图示为一行星减速轮系，轮Ⅰ的齿数 $Z_1=10$，转速 $n_1=1\ 200$ r/min，它推动齿数为 $Z_2=18$ 的行星轮Ⅱ沿固定内齿轮Ⅲ滚动，并带动杆 H 转动。求杆 H 的转速。

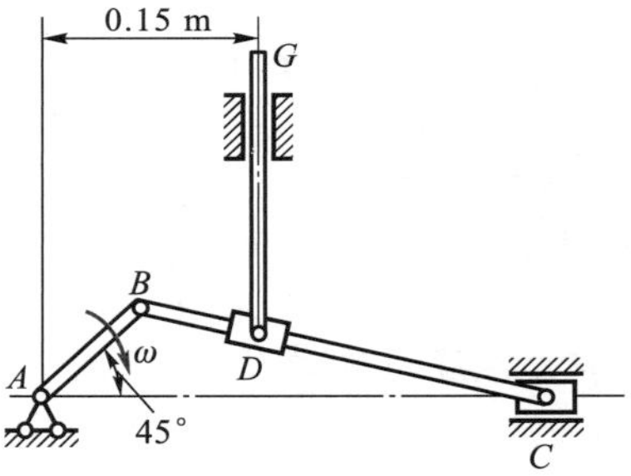

题 4-21 图

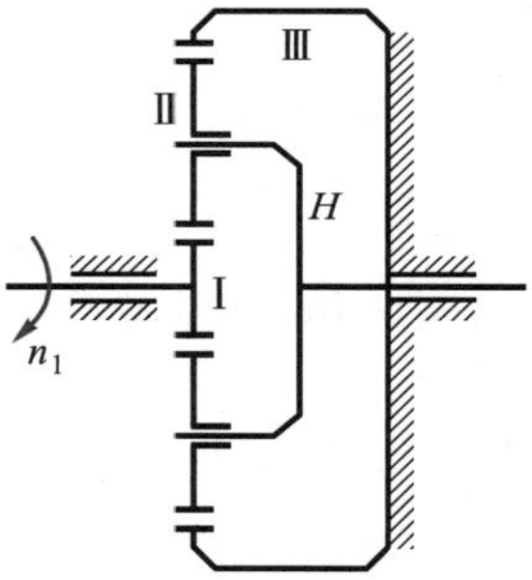

题 4-22 图

4-23 曲柄 OA 绕固定齿轮中心 O 转动，在曲柄上安装一双齿轮和一小齿轮，如图所示。已知：曲柄转速 $n=30$ r/min，固定齿轮齿数 $Z_0=60$，双齿轮齿数 $Z_1=40$ 和 $Z_2=50$，小齿轮齿数 $Z_3=25$。求小齿轮的转速和转向。

4-24 图示曲柄连杆机构带动摇杆 O_1C 绕轴 O_1 摆动。在连杆 AB 上装有两个滑块，滑块 B 在水平滑槽内滑动，而滑块 D 则在摆杆 O_1C 的槽内滑动。已知：曲柄 $OA=50$ mm，绕轴 O 转动的匀角速度 $\omega=10$ rad/s。在图示位置时，曲柄与水平线间夹角为 90°，$\angle OAB=60°$，摇杆 O_1C 与水平线间的夹角为 60°，$O_1D=70$ mm。求摇杆的角速度和角加速度。

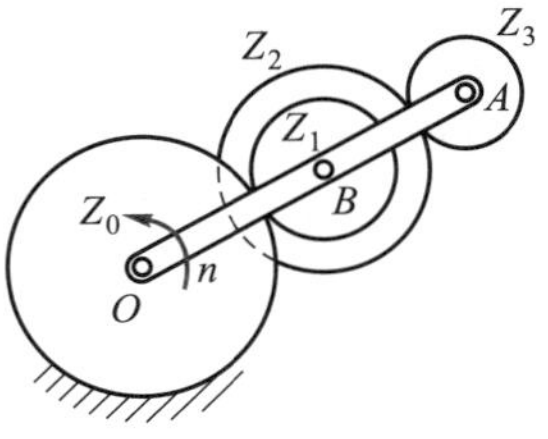

题 4-23 图

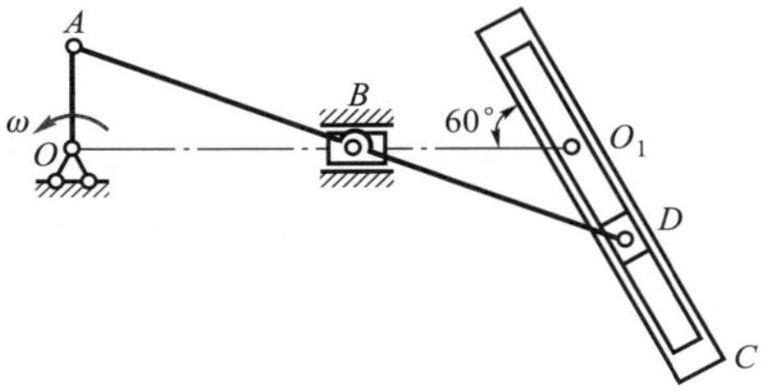

题 4-24 图

4-25 在图示机构中,销钉 C 固定在杆 AB 上,可在槽杆 O_2D 中滑动。在该瞬时,O_1B、O_2D 在铅垂位置。已知 $AC=CB=O_1B=O_2C=l$,滑块 A 作匀速运动,其速度为 $\boldsymbol{v}$。求杆 O_2D 的角速度和角加速度。

4-26 如图所示,轮 O 在水平面上滚动而不滑动,轮心以匀速 $v_0=0.2\ \text{m/s}$ 运动。轮缘上固连销钉 B,此销钉在摇杆 O_1A 的槽内滑动,并带动摇杆绕轴 O_1 转动。已知轮的半径 $R=0.5\ \text{m}$,在图示位置时,AO_1 是轮的切线,摇杆与水平面间的夹角为 60°。求摇杆在该瞬时的角速度和角加速度。

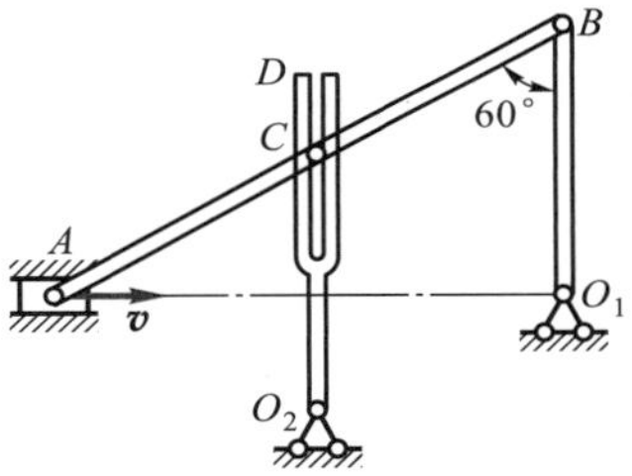

题 4-25 图

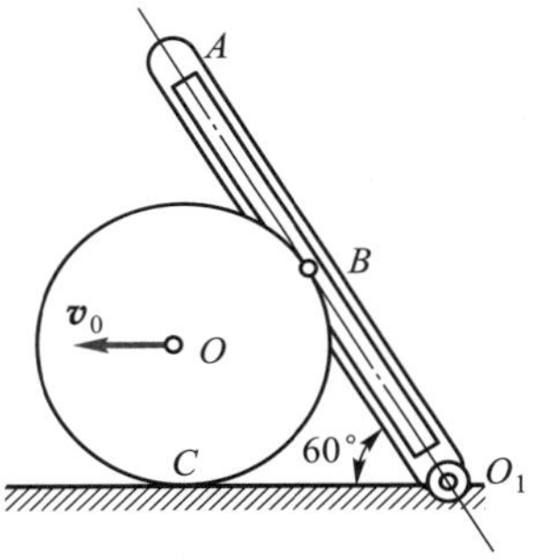

题 4-26 图

4-27 如图所示,系杆 OA 以角速度 ω_0 绕定齿轮 Ⅰ 的轴 O 匀速转动,同时在 A 端带有另一同样大小的齿轮 Ⅱ 的轴,两齿轮用链条相连接。如系杆长 $OA=L$,求动齿轮 Ⅱ 的角速度和角加速度,以及其上任一点 M 的速度和加速度。

4-28 如图所示,曲柄 OA 以匀角速度 ω 转动,齿条 AB 带动半径为 R 的圆轮 C 绕定轴 C 转动,在图示瞬时,$OA=AB=2R$(B 为切点),$\angle A=60°$,求该瞬时轮 C 与 AB 杆的角速度及轮 C 的角加速度。

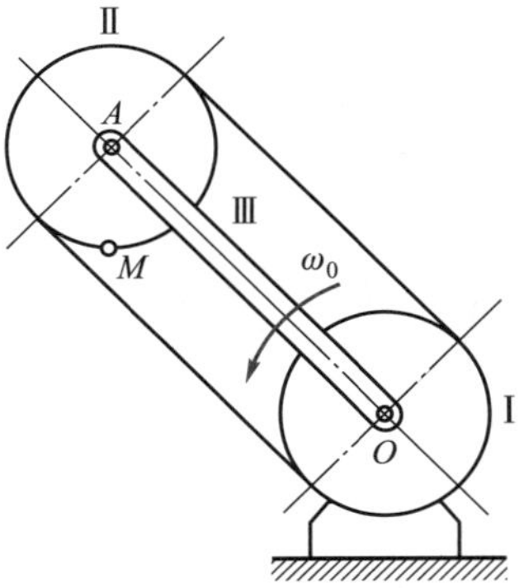

题 4-27 图

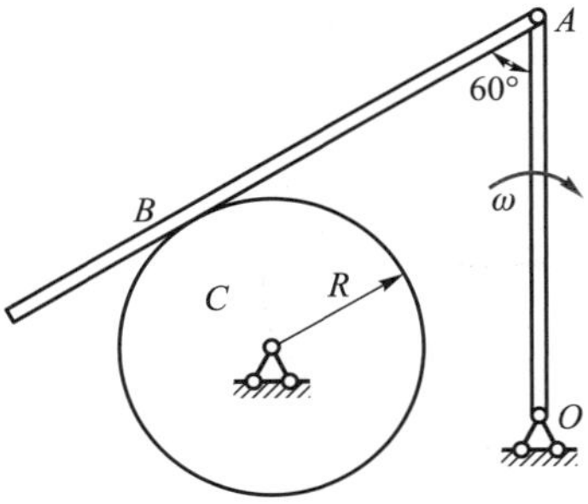

题 4-28 图

4-29 如图所示，在两根带有滑槽杆的平面曲柄机构中，曲柄 OA 绕 O 点作匀速转动，并通过滑块 A 使得滑槽杆 O_1C 绕 O_1点转动。滑槽杆 O_1C 与滑槽杆 CD 在 C 点铰接，滑块 B 绕固定轴转动。图示位置滑槽杆 CD 处于水平，$\alpha=60°$，$BC=75$ cm，$OO_1=OA=20$ cm，$O_1C=60$ cm，$\omega_1=0.5$ rad/s。求(1) 杆O_1C 的角速度大小；(2) 杆 CD 的角速度大小；(3) 杆 O_1C 的角加速度大小；(4) 杆 CD 的角加速度大小。

4-30 图示平面机构中杆 OA 以等角速度 ω_0作定轴转动，半径为 r 的滚轮在杆 OA 上作纯滚动，O_1B 杆绕 O_1轴转动并与轮心 B 铰接，在图示瞬时 O、B 点在同一水平线上，且杆 O_1B 在铅垂位置，$O_1B=2r$ 试求此瞬时滚轮的角速度大小和角加速度大小。

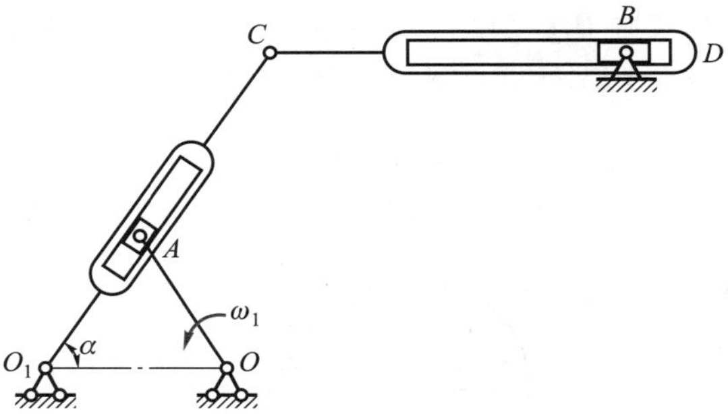

题 4-29 图

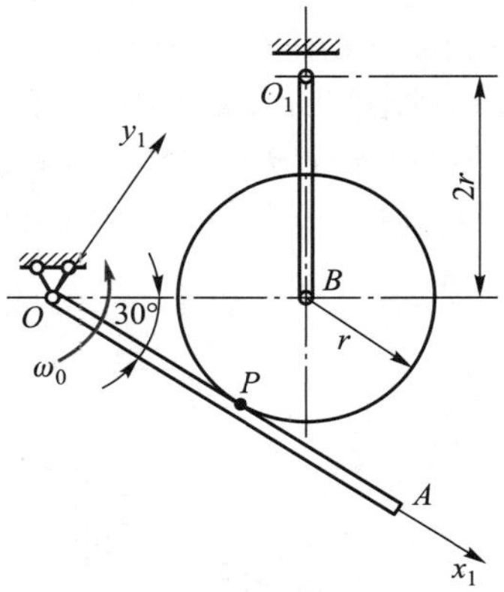

题 4-30 图

4-31 图示半径为 R 的圆环 O_1 绕轴 O 以匀角速度 ω 转动，另一半径相同的圆环沿水平面滚动，其环心速度大小不变，且 $v_{O_2}=R\omega$。图示瞬时 O、O_1、O_2 三点位于水平面的同一垂直线上，求此时两圆环接触点 M 的速度和加速度大小。

4-32 如图所示半径为 r 的行星齿轮以匀角速度 ω 沿半径为 R 的固定齿轮纯滚动，槽杆 AB 的 A 端与行星齿轮铰接。在竖直滑道中运动的滑块 C 通过固定其上的销钉与 AB 杆相连，销钉 C 可在 AB 杆导槽中滑动。已知滑块以匀速 $v=10$ cm/s 运动，$r=5$ cm，$\omega=2$ rad/s，$R=10$ cm，图示瞬时 AO 铅垂，$\theta=30°$。试求 AB 杆的角速度和角加速度。

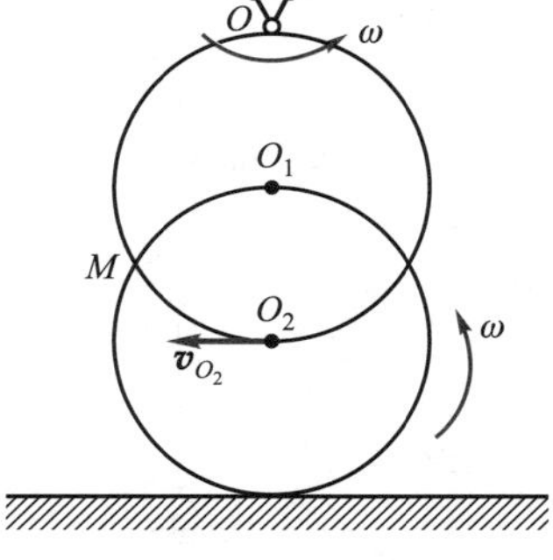

题 4-31 图

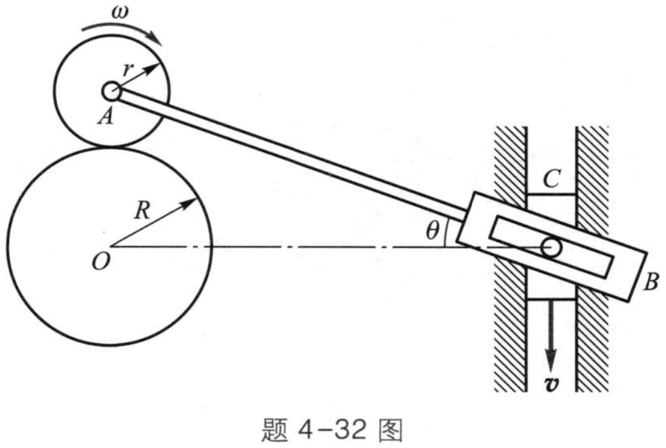

题 4-32 图

4-33 如图所示，为使货车车厢减速，在轨道上装有液压减速顶。半径为 R 的车轮滚过时将压下减速顶的顶帽 AB 而消耗能量，降低速度。图示瞬时轮心的速度为 $\boldsymbol{v}$，加速度为 $\boldsymbol{a}$，试求顶帽 AB 的下降速度、加速度和减速顶对于轮子的相对滑动速度与角 θ 的关系（设轮与轨道之间无相对滑动）。

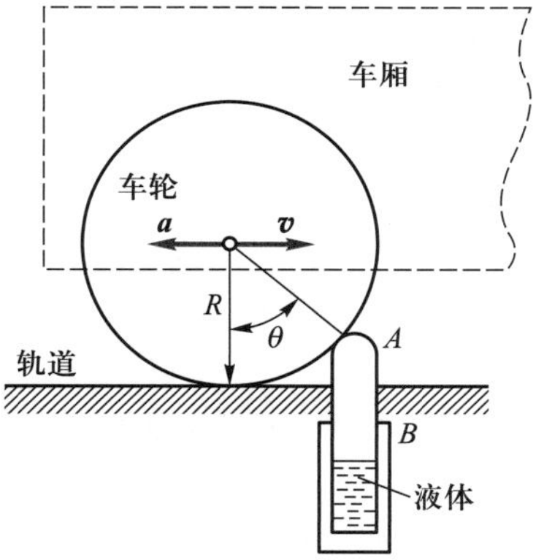

题 4-33 图

讨论题

4-34 在图示平面机构中，A、B 滑槽水平放置，C 滑槽铅垂放置。已知 $DA=DB=DC=1\ \text{m}$，$v_A=3\ \text{m/s}$，$v_B=4\ \text{m/s}$，$a_A=1\ \text{m/s}^2$，$a_B=0$，求滑块 C 的速度和加速度。

4-35 在图示机构中，曲柄 OA 以等角速度 $\omega=8\ \text{rad/s}$ 绕轴 O 转动，并带动其他构件运动。已知 $OA=AD=DB=DE=EF=0.1\ \text{m}$，当曲柄 OA 转至图示水平位置时，连杆 DE 及 BF 均位于铅垂方向。求此瞬时杆 EF 的角速度和角加速度。

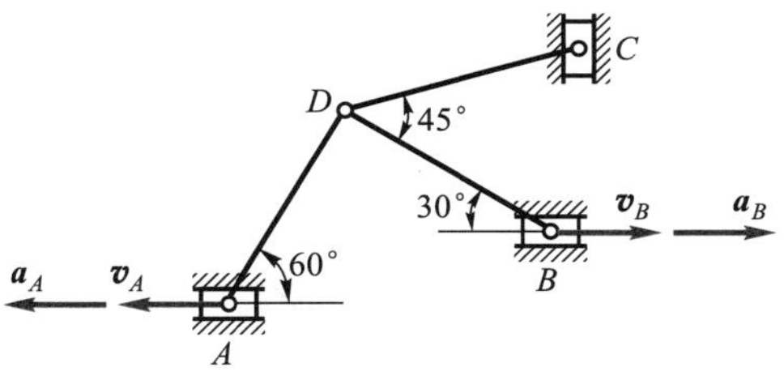

题 4-34 图

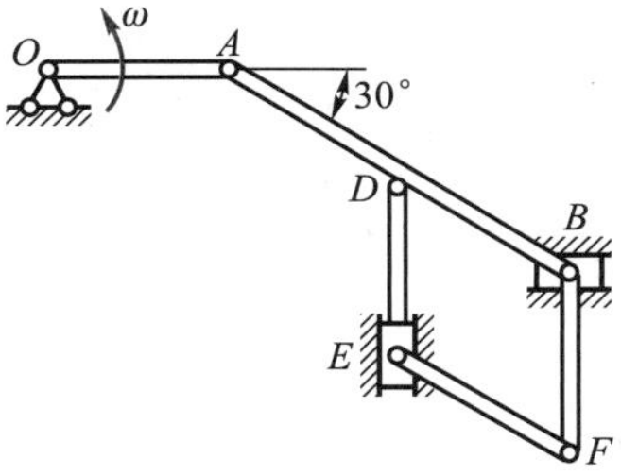

题 4-35 图

4-36 在图示机构中，已知各杆长均为 0.4 m，杆 O_1A 与 O_2C 匀速转动，$\omega_{O_1A}=5\ \text{rad/s}$，$\omega_{O_2C}=3\ \text{rad/s}$，$\tan\theta=4/3$。求图示位置时杆 AB 及 BC 的角速度 ω_{AB} 和 ω_{BC} 及角加速度 α_{AB} 和 α_{BC}。

4-37 长度为 l 的杆 AC 和 BC 以铰链 C 连接后置于平面上，设滑块 A 和 B 分别以匀速 $\boldsymbol{v}_1$ 和 $\boldsymbol{v}_2$ 沿两直线运动，如图所示，且 $v_1=v_2=v$。求在图示位置时，点 C 的速度和加速度。

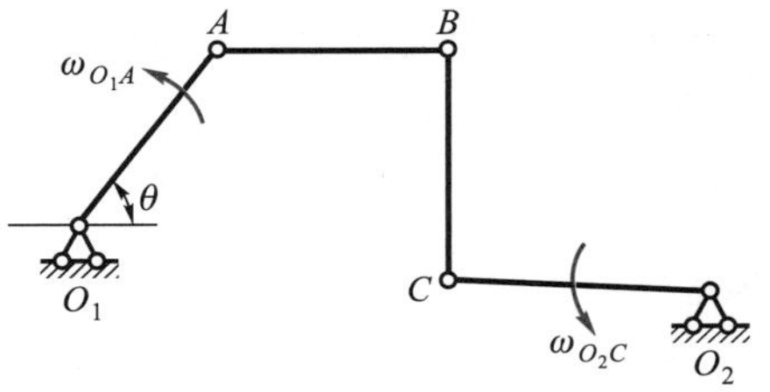

题 4-36 图

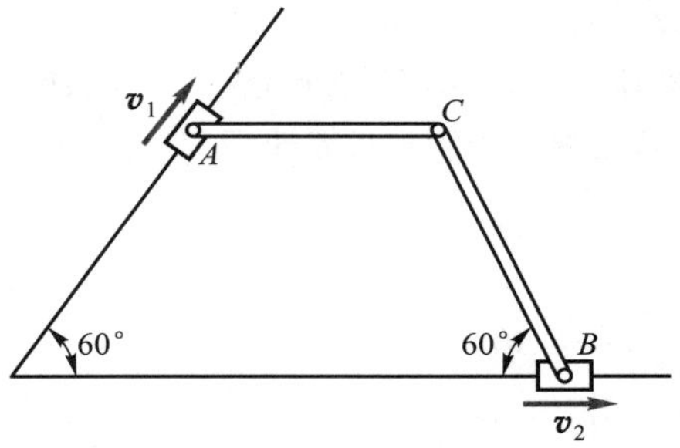

题 4-37 图

4-38 平面机构的曲柄 OA 长度为 $2a$，以角速度 ω_0 绕轴 O 转动，在图示位置时，$\varphi=60°$，$\angle OAD=90°$，套筒 B 位于杆 OA 的中点。

① 套筒 D 与杆 AD 铰接，可在杆 BC 中滑动，如图 a 所示。求此时套筒 D 相对杆 BC 的速度和加速度。

② 套筒 D 与杆 BC 铰接，可在杆 AE 中滑动，如图 b 所示。求此时套筒 D 相对杆 AE 的速度和加速度。

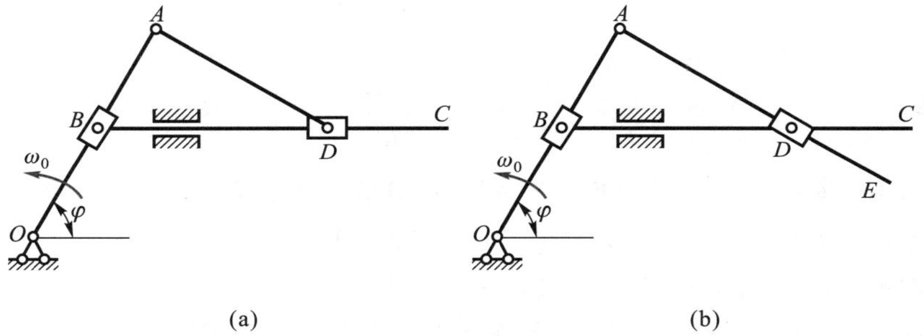

题 4-38 图

4-39 如图所示，半径 $R=0.2$ m 的两个相同的大环沿地面向柜反方向无滑动地滚动，环心速度为常数：$v_A=0.1$ m/s，$v_B=0.4$ m/s。当 $\angle MAB=30°$ 时，求套在这两个大环上的小环 M 相对每个大环的速度和加速度，以及小环 M 的绝对速度和绝对加速度。

4-40 在图示位置时，摆杆 OD 的角速度为 ω，角加速度为 0，$BC=DC=b$，并互相垂直。求该瞬时 DC 杆的角速度 ω_{DC} 和角加速度 α_{DC}。

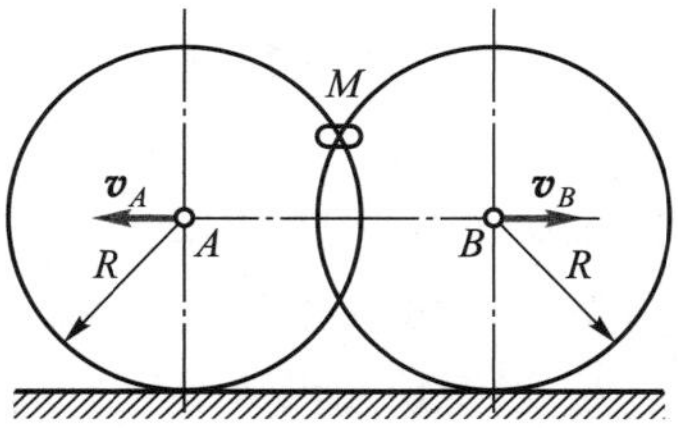

题 4-39 图

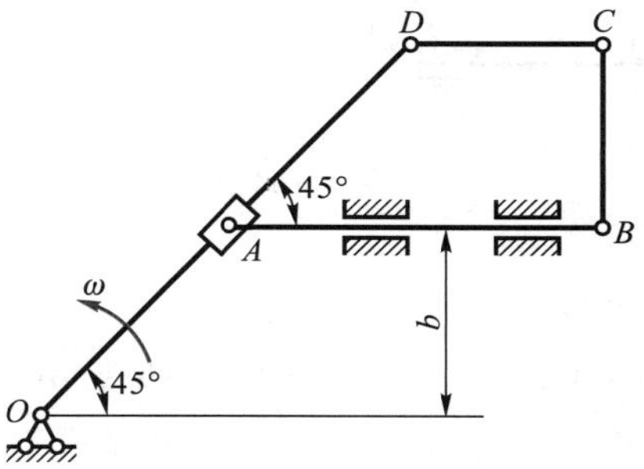

题 4-40 图

4-41 如图所示，在周转传动装置中，半径为 R 的主动齿轮以匀角速度 ω_0 沿逆时针转动，而长度为 $3R$ 的曲柄 OA 绕轴 O 以同样的角速度沿顺时针转动。点 M 位于半径为 R 的从动齿轮上，在垂直于曲柄的直径的末端。求点 M 的速度和加速度。

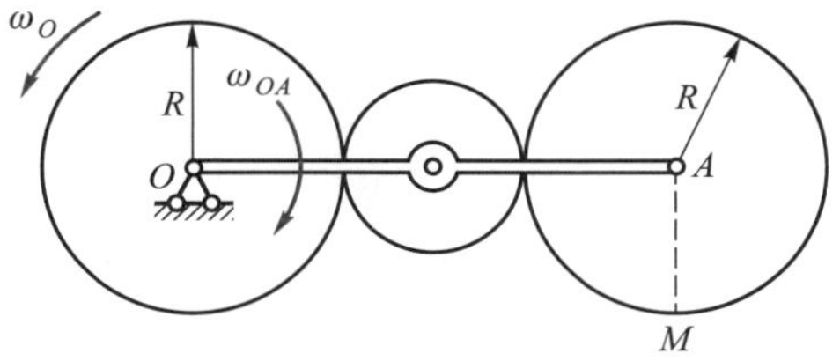

题 4-41 图

4-42 一均质圆盘半径为 R，质量为 m，放在光滑的水平面上。初始时以匀角速度 ω_0 绕盘边缘一点 A 转动。当转动到图示位置时，突然释放 A 点，固定盘边缘上的 B 点，再释放 B 点。试求此后圆盘运动的角速度。

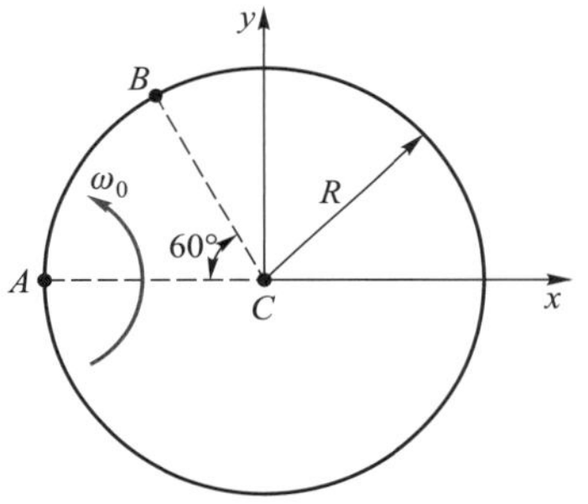

题 4-42 图

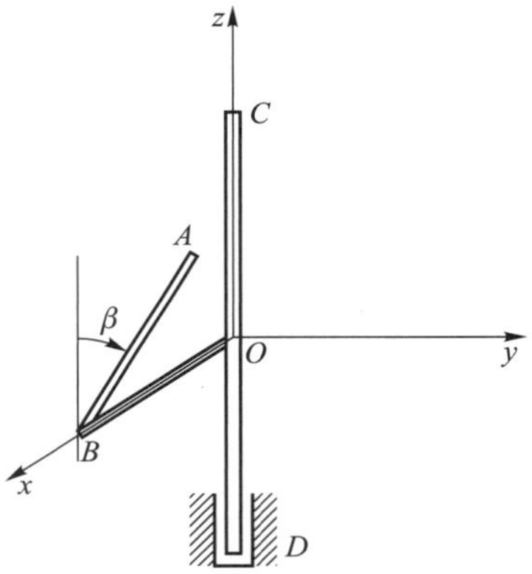

题 4-43 图(初始时刻的系统位置)

4-43 设 $Oxyz$ 是固定坐标系。系统由三根不计半径的细杆构成，初始时刻 CD 杆沿 z 轴；OB 杆长度为 a，沿 x 轴正方向；AB 杆长度为 l，开始时先与 z 轴平行，绕 x 轴负方向转动 β 角后，把这三根杆件焊成一个整体。假设在 Oyz 平面内有一张纸存在，为了能让系统持续地绕 z 轴以匀角速度 ω 转动，需要在纸上挖出某种形状的空隙让 AB 杆通过(这里只考虑 AB 杆)。

(1) 如果 $a=0$，求空隙的函数表达式 Γ_0，并画出示意图。

(2) 如果 $a>0$，求空隙的函数表达式 Γ_a，并画出示意图。Γ_0 与 Γ_a 有何关系？

(3) 当 $a>0$ 时，设 P 点是 AB 杆与 yz 平面的交点，当 P 点位于 AB 杆中点且 $y_P>0$ 时，如果要求 P 点的速度和加速度，应如何考虑？取 $a=1\ \mathrm{m}$，$l=4\ \mathrm{m}$，$\beta=\pi/6$，$\omega=1\ \mathrm{rad/s}$，速度和加速度是多少？

第 4 章思考解析　　第 4 章习题参考答案

第三篇 动力学

引 言

静力学研究了力系的简化与物体的受力分析，运动学分析了点和刚体的运动，动力学则研究机械运动与其受力的关系。动力学的研究对象是一般**质点系**，可以是有限个孤立质点的离散型，也可以是无限个无空隙质点群的连续型，包括刚体、变形固体和流体。针对这一普遍模型建立的动力学原理、定理和方程是机械运动的普遍规律，可直接应用于刚体动力学、结构动力学、弹塑性动力学与流体动力学。

动力学的内容可分为经典动力学与分析动力学两部分，前者由牛顿运动定律和动力学普遍定理（包括动量定理、动量矩定理和动能定理）构成，采用矢量描述，称为**矢量动力学**；后者以达朗贝尔原理和虚位移原理为基础，包括动力学普遍方程、拉格朗日方程、哈密顿正则方程及哈密顿原理等内容，采用标量描述，称为**分析动力学**。矢量动力学和分析动力学都属于**经典动力学**。经典动力学只适用于惯性参考系，运动学中的定系在动力学中应理解为惯性系；引入惯性力概念后，经典动力学可在形式上用来分析非惯性系中的动力问题。矢量动力学（又称**牛顿力学**）的主要理论已在普通物理学中进行了阐述，本篇着重加深理论，拓宽应用。

动力学研究两类基本问题：

① 已知物体的运动规律，求物体所受的力；

② 已知物体的受力，求物体的运动规律。

同时也研究以上两类的混合问题。离散型质点系和刚体的运动，可用常微分方程描述；变形固体和流体的运动，常用偏微分方程描述。在某些情形下，运动微分方程可以获得精确解析解；多数情况下，包括大量非线性问题，需要借助计算机求得数值解。

第 5 章
动量定理和动量矩定理

以牛顿运动定律为基础，质点系的动量定理揭示了质点系动量主矢的变化率与外力主矢的关系；质点系的动量矩定理刻画了质点系动量主矩的变化率与外力对同一点的主矩的关系；二者相结合，能完整地描述外力系对质点系整体运动变化的瞬时效应与时间累积效应。

5.1 质点动力学

5.1.1 牛顿三大定律

牛顿三大定律是牛顿综合前人研究成果而发现的，并在其巨著《自然哲学的数学原理》中进行了总结。

① **惯性定律**：不受力的**质点**，永远保持静止或匀速直线运动的状态。

该定律表明：任何质点具有保持原运动状态的**惯性**，力是改变其运动状态的原因。同时，定义对于惯性定律成立的参考系为**惯性参考系**。

② **力与加速度关系定律**：质点的质量与加速度的乘积等于作用其上力系的合力

$$\frac{\mathrm{d}(m\boldsymbol{v})}{\mathrm{d}t} \xlongequal{m\text{为常数}} m\boldsymbol{a} = \sum \boldsymbol{F}_i \tag{5-1}$$

该定律表明：质量是质点惯性的度量，加速度与合力同时存在且方向一致。

问题 5-1

① 如图 a 所示，质点沿曲线运动，图示瞬时所受合外力沿轨迹切线方向，试求此时质点的速度。

答： 由式(5-1)可知，此瞬时质点加速度 $\boldsymbol{a}$ 的方向与 $\boldsymbol{F}$ 的方向相同，也沿切线方向，法向加速度大小 $a_n = \frac{v^2}{\rho} = 0$，故 $v = 0$。

② 如图 b 所示，A、B 两物块质量分别为 m_A 和 m_B，中间用轻质弹簧相联结，物块与水平面间的摩擦因数为 f，在水平力 $\boldsymbol{F}$ 作用下，物块 A 与 B 一起作匀速直线运动。试求突然撤去力 $\boldsymbol{F}$ 瞬时，物块 A 和 B 的加速度。

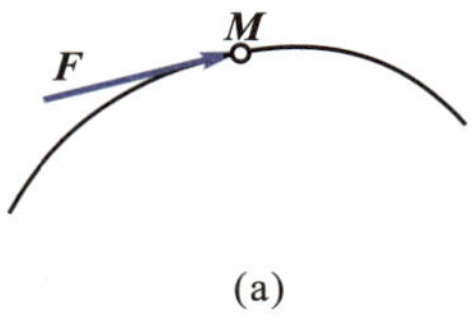

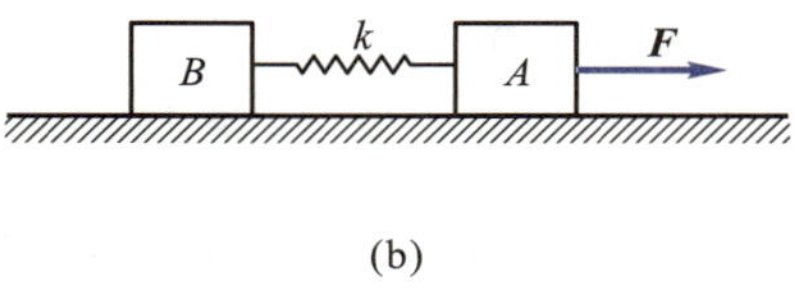

问题 5-1 图

答：撤去力 $\boldsymbol{F}$ 瞬时，弹簧长度不变，弹性力不变，滑动摩擦力不变，可知物块 B 受外力不变，故 $\boldsymbol{a}_B=0$；物块 A 上撤去力 $\boldsymbol{F}$，等效于反向加上力 $\boldsymbol{F}$，故 $a_A=-\dfrac{F}{m_A}=-\dfrac{(m_A+m_B)fg}{m_A}$。

思考 5-1

① 如图 a 所示，物块 A 受主动力 $\boldsymbol{F}$、$\boldsymbol{G}$ 作用，且倾角为 θ 的斜面光滑，试求物块 A 所受的合力。

② 如图 b 所示，质量均为 m 的重物 A 与 B 用刚度系数为 k 的弹簧相连，并悬挂于重力场中。求绳断瞬时，重物 A 与 B 的加速度。

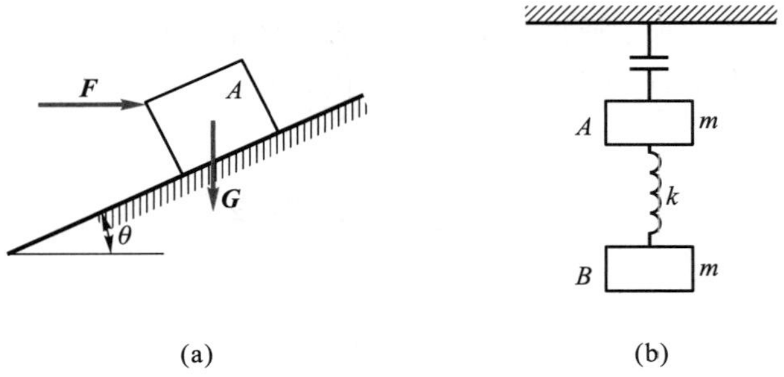

思考 5-1 图

③ **作用与反作用定律**：两物体之间的作用力与反作用力总是大小相等、方向相反、沿着同一直线，且同时分别作用在这两个物体上。

该定律表明：作用与反作用原理不仅适用于平衡体，也适用于非平衡体的机械作用。

值得指出：牛顿第一和第二定律与运动有关，只适用于惯性参考系。大多数工程问题可以忽略地球转动带来的影响，将地面作为惯性系；研究人造地球卫星、大气流动、洲际导弹等机械运动时，须考虑地球自转，可忽略绕太阳的公转，选地心惯性参考系（地球中心为原点，三个坐标轴指向三颗恒星）；在研究宇宙飞船与天体运动时，则要选日心惯性参考系。牛顿第三定律适用于非惯性系，但不适用于电磁等非机械的相互作用，也不适用于那些作用传递需要时间的系统。

问题 5-2 如图所示，在旋转水平圆盘上，小球沿径向光滑直槽运动，有 $F=m\ddot{x}$。对吗？若撤去力 $\boldsymbol{F}$，将小球无相对速度地置于槽中 x 处，此后小球如何运动？

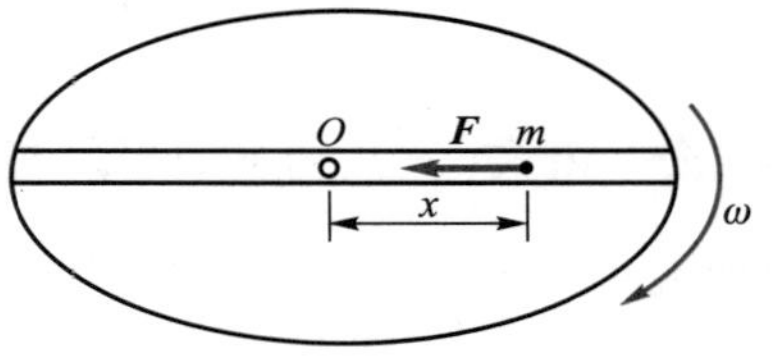

问题 5-2 图

答：旋转圆盘为非惯性系，$F=m\ddot{x}$ 不成立。在圆盘上建立动系，x 方向小球的加速度 $a_x=a_r-a_e=\ddot{x}-x\omega^2$，应为 $F=m(\ddot{x}-x\omega^2)$。撤去力 $\boldsymbol{F}$ 后，有 $0=m(\ddot{x}-x\omega^2)$。故相对加速度大小 $\ddot{x}=x\omega^2>0$，小球沿槽变加速向外运动。

5.1.2 质点的运动微分方程

1. 两种形式方程

由式(5-1)并将加速度写成微分形式，可得如下两种形式质点运动微分方程。

(1) 矢量式

$$m\ddot{\boldsymbol{r}}=\sum \boldsymbol{F}_i(t,\boldsymbol{r},\dot{\boldsymbol{r}}) \tag{5-2}$$

式中，$\dot{\boldsymbol{r}}$、$\ddot{\boldsymbol{r}}$ 分别表示质点的位置矢径对时间 t 的一阶与二阶导数。

(2) 投影式

将式(5-2)分别向各类坐标轴投影，可得各类坐标形式的方程。常见的有

① 直角坐标式：

$$\left.\begin{aligned} m\ddot{x}&=\sum F_x\\ m\ddot{y}&=\sum F_y\\ m\ddot{z}&=\sum F_z \end{aligned}\right\} \tag{5-3}$$

② 弧坐标式：

$$\left.\begin{aligned} m\ddot{s}&=\sum F_\tau\\ m\frac{\dot{s}^2}{\rho}&=\sum F_n\\ 0&=\sum F_b \end{aligned}\right\} \tag{5-4}$$

式中，$\ddot{s}=a_\tau$，$\dfrac{\dot{s}^2}{\rho}=a_n$，$\rho$ 为轨迹上动点所在处的曲率半径，b 为轨迹副法线方向。

注意：投影式方程的两边坐标正方向应相同，且坐标与坐标的导数正方向一致。

问题 5-3 位于光滑水平面上的小球所受力与加速度如图所示，试写出其运动方程的矢量式及其在 x 轴上的投影式。

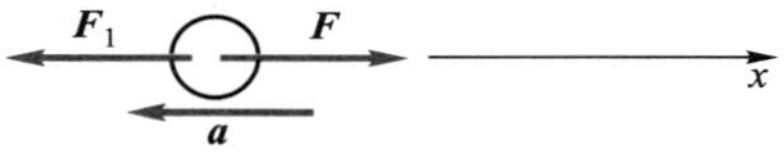

问题 5-3 图

答：矢量式为 $\boldsymbol{F}_1+\boldsymbol{F}=m\boldsymbol{a}$；

投影式应为 $F-F_1=-ma$ 或 $F-F_1=m\ddot{x}$。

2. 两类应用问题

应用质点运动微分方程，可以求解质点动力学的两类基本问题。

第一类问题：已知运动求力，只需进行微分运算，往往比较简单；

第二类问题：已知力求运动，需积分运算，或解微分方程，比第一类问题复杂。

例 5-1 如图 a 所示，半径为 r 的绕线轮以角速度 ω 匀速转动，拉动质量为 m 的滑块 A 沿 OA 杆水平运动，不计摩擦，求绳的拉力 F_T 与 x 的关系。

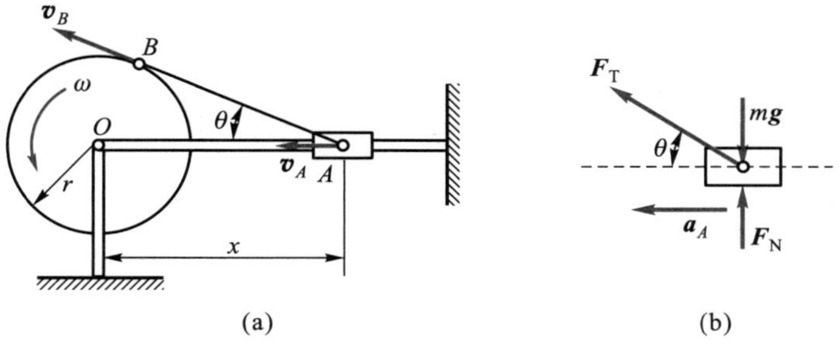

例 5-1 图

解：研究绳段 AB，速度如图 a 所示，有 $v_B=v_A\cos\theta$，而 $v_B=r\omega,\cos\theta=\dfrac{\sqrt{x^2-r^2}}{x}$。故

$$v_A=\frac{r\omega}{\sqrt{1-\dfrac{r^2}{x^2}}} \tag{a}$$

$$a_A=\frac{\mathrm{d}v_A}{\mathrm{d}t}=-\frac{r^3\omega}{(x^2-r^2)^{3/2}}\dot{x} \tag{b}$$

将式(a)代入式(b)并注意到 $\dot{x}=-v_A$，得

$$a_A=\frac{r^4\omega^2x}{(x^2-r^2)^2} \tag{c}$$

再研究滑块 A，其受力如图 b 所示。由 $F_{\mathrm{T}}\cos\theta=ma_A$，并将式(c)代入得

$$F_{\mathrm{T}}=m\frac{r^4\omega^2x^2}{(x^2-r^2)^{5/2}}$$

注意：$\dot{x}$、$\boldsymbol{a}_A$应分别与 x 和 $\boldsymbol{v}_A$的正方向一致。

思考 5-2

① 例 5-1 中，欲使 $\boldsymbol{a}_A$与坐标的正方向一致，应如何处理？

② 例 5-1 中，设 l_{AB}为 AB 的长度，则$\dfrac{\mathrm{d}l_{AB}}{\mathrm{d}t}=r\omega$，对吗？为什么？

例 5-2　单自由度阻尼自由振动。如图 a 所示，质量为 m 的物体受线性弹簧和**黏性阻尼**约束，在重力场中沿铅垂方向平移运动，取静平衡位置 O 为坐标 x 轴原点，给定初始位移位 x_0和初速度 $\dot{x}_0$，试求物体的运动规律。

解：物体受力如图 b 所示，黏性阻尼力 $\boldsymbol{F}_{\mathrm{c}}$沿物体速度的相反方向，大小为 $F_{\mathrm{c}}=c\dot{x}$，因数 c 称为**阻力因数**。因坐标原点在静平衡位置，可同时不计弹簧静伸长和重力，由质点运动微分方程，有

$$m\ddot{x}=-kx-c\dot{x}$$

即

$$m\ddot{x}+c\dot{x}+kx=0 \tag{a}$$

引入无阻尼**固有频率** ω_0和**阻尼因数** n

$$\omega_0=\sqrt{\frac{k}{m}},\quad n=\frac{c}{2m}$$

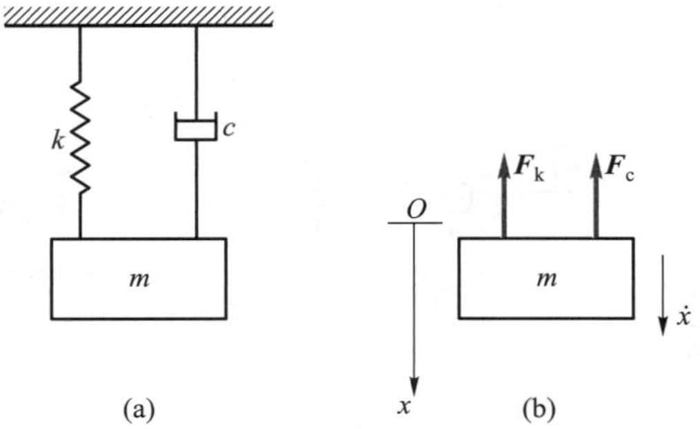

例 5-2 图

式(a)化为如下标准形式：

$$\ddot{x}+2n\dot{x}+\omega_0^2x=0 \tag{b}$$

微分方程式(b)的特征方程为 $r^2+2nr+\omega_0^2=0$，特征根为

$$r_{1,2}=-n\pm\sqrt{n^2-\omega_0^2}$$

① $n<\omega_0$时，为弱阻尼，式(b)的通解为

$$x=\mathrm{e}^{-nt}(C_1\cos\ \omega_{\mathrm{d}}t+C_2\sin\ \omega_{\mathrm{d}}t)$$

式中，$\omega_{\mathrm{d}}=\sqrt{\omega_0^2-n^2}$称为阻尼自由振动的固有频率。与无阻尼自由振动类似，上式可改写为

$$x=A\mathrm{e}^{-nt}\sin(\omega_{\mathrm{d}}t+\varphi) \tag{c}$$

其中 $A\mathrm{e}^{-nt}$和 φ 分别为阻尼自由振动的振幅和初相位，仍取决于初始条件 x_0和 $\dot{x}_0$，且有

$$A=\sqrt{x_0^2+\left(\frac{\dot{x}_0+nx_0}{\omega_{\mathrm{d}}}\right)^2},\quad \varphi=\arctan\left(\frac{\omega_{\mathrm{d}}x_0}{\dot{x}_0+nx_0}\right)$$

由于阻尼作用，振幅 $A\mathrm{e}^{-nt}$随时间不断衰减。相邻两个振幅之比是一个常数，称为**减幅因数**，记作 η，即

$$\eta=\frac{A_1}{A_2}=\frac{A\mathrm{e}^{-nt}}{A\mathrm{e}^{-n(t+T_{\mathrm{d}})}}=\mathrm{e}^{nT_{\mathrm{d}}} \tag{d}$$

式中 T_{d}为阻尼振动周期，显然大于无阻尼自由振动周期，即

$$T_{\mathrm{d}}=\frac{2\pi}{\omega_{\mathrm{d}}}=\frac{2\pi}{\sqrt{\omega_0^2-n^2}} \tag{e}$$

η 与 t 无关，即任意两个相邻振幅之比均等于 η，因此有

$$\frac{A_1}{A_{j+1}}=\left(\frac{A_1}{A_2}\right)\left(\frac{A_2}{A_3}\right)\cdots\left(\frac{A_j}{A_{j+1}}\right)=\eta^j=\mathrm{e}^{jnT_{\mathrm{d}}} \tag{f}$$

实际中常引入**对数减幅因数**

$$\delta=\ln\ \eta=nT_{\mathrm{d}} \tag{g}$$

或由式(f)表示为

$$\delta=\frac{1}{j}\ln\left(\frac{A_1}{A_{j+1}}\right)$$

② $n>\omega_0$时，为强阻尼，式(b)的通解为

$$x=C_1\mathrm{e}^{-r_1t}+C_2\mathrm{e}^{-r_2t}$$

式中，r_1和 r_2均为实数。

③ $n=\omega_0$时，为临界阻尼，所对应的通解为

$$x=(C_1+C_2t)\mathrm{e}^{-nt}$$

显然②和③中两函数均是非周期性的，可见阻尼较大时，物体作衰减蠕动。

本例只涉及单自由度质点或平移物体振动问题，有关系统振动内容，将在后续的结构力学课程中介绍。

思考 5-3

① 若例 5-2 中阻力因数 $c=0$，则系统退化为无阻尼自由振动。试比较两种运动的振幅、固有频率与初相位有何不同。

② 在例 5-2 图所示系统中，已知 $m=10$ kg，$T_{\mathrm{d}}=0.29$ s，欲使物体的振幅在 10 个周期后降为原来的 1%，试求所需阻力因数 c。

③ 若在例 5-2 图振动物体上作用简谐干扰力 $F=F_0\sin\ \omega t$，试求物体的运动规律，并分析振

幅与相位的变化规律。

例 5-3 如图所示，一细长杆 OO_1 的 O 端用光滑铰固定，O_1 端有一小球 M。设球的质量为 m，杆的质量不计，杆长度为 l。当杆在铅垂位置时，球因受冲击具有大小为 v_0 的水平初速度。不计空气阻力，求球受冲击后的运动和杆对球的约束力。

解： 把小球简化为一质点。球因受到杆的约束只能在铅垂面内沿圆弧运动。设质点在任意瞬时的位置为 M，其弧坐标为 s，杆的摆角为 θ，则 $s=l\theta, v=\dfrac{\mathrm{d}s}{\mathrm{d}t}=l\dot{\theta}$。小球在任意位置受力如图所示。建立弧坐标形式的运动微分方程

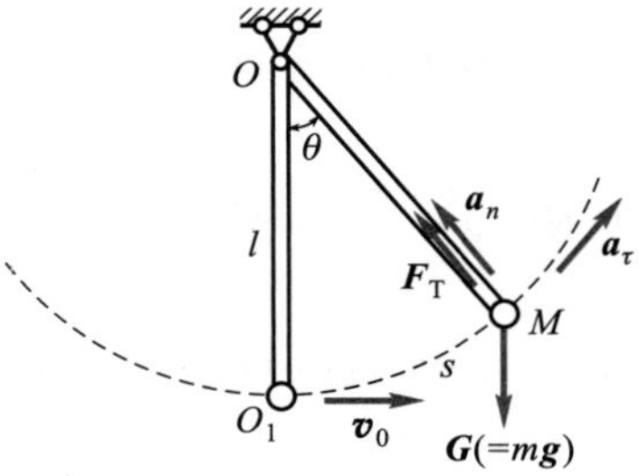

例 5-3 图

$$\left.\begin{aligned} m\frac{\mathrm{d}v}{\mathrm{d}t}&=-mg\sin\theta \\ m\frac{v^2}{l}&=F_\mathrm{T}-mg\cos\theta \end{aligned}\right\} \tag{a}$$

分两种情形讨论。

① 微幅摆动。

当杆的摆角 θ 很小时，$\sin\theta\approx\theta$，式(a)中第一式可写成

$$\ddot{\theta}+\frac{g}{l}\theta=0$$

令 $\omega_0^2=\dfrac{g}{l}$，有

$$\ddot{\theta}+\omega_0^2\theta=0 \tag{b}$$

此微分方程通解为

$$\theta=A\sin(\omega_0 t+\varphi)$$

式中，A、φ 为积分常数，由起始条件决定。将 $t=0, \theta_0=0, \dot{\theta}_0=\dfrac{v_0}{l}$ 代入式(b)及 $\dot{\theta}=A\omega_0\cos(\omega_0 t+\varphi)$，可得

$$A=\frac{v_0}{\omega_0 l},\quad \varphi=0$$

故摆角 θ 随时间的变化规律为

$$\theta=\frac{v_0}{\omega_0 l}\sin\omega_0 t$$

质点的运动方程为

$$s=\theta l=\frac{v_0}{\omega_0}\sin\omega_0 t \tag{c}$$

式(c)表明小球沿圆弧作微幅简谐振动。当摆长 l 一定时，弧长幅值 v_0/ω_0 取决于起始速度 v_0，只要 v_0 相当小，弧长的幅值就能在小范围内，此时 $\sin\theta\approx\theta$ 成立。这种摆称为**单摆**或**数学摆**，摆动的周期为

$$T=\frac{2\pi}{\omega_0}=2\pi\sqrt{\frac{l}{g}}$$

频率为

$$f=\frac{1}{T}=\frac{1}{2\pi}\sqrt{\frac{g}{l}}$$

即微小摆动的周期与摆幅无关，这种性质称为微幅摆动的**等时性**。

② 大幅摆动或圆周运动。

若起始速度 v_0 较大，则不能用 θ 近似代替 $\sin\theta$，这时式(a)中的切向投影式为

$$\ddot{\theta}+\frac{g}{l}\sin\theta=0$$

这是一个常系数二阶非线性微分方程，其解为椭圆积分。现研究其速度变化规律，分离变量后积分得

$$\frac{1}{2}\dot{\theta}^2-\frac{1}{2}\dot{\theta}_0^2=\frac{g}{l}(\cos\theta-\cos\theta_0)$$

已知 $t=0,\theta_0=0,\dot{\theta}_0=\frac{v_0}{l}$，并将上式左右两边乘以 l^2，用 $v^2=l^2\dot{\theta}^2$ 代入得

$$v^2=v_0^2+2gl(\cos\theta-1) \tag{d}$$

此式表示杆在任意位置 θ 时球的速度，也可由质点的动能定理导出。由式(d)可知，当 $v_0\geqslant\sqrt{4gl}$ 时，小球才能作圆周运动，否则球作摆动。

求得速度之后，应用式(a)中的法向投影式可求得未知的动约束力 $\boldsymbol{F}_T$ 大小，即

$$F_T=mg\cos\theta+m\frac{v^2}{l}=mg\cos\theta+\frac{m}{l}[v_0^2+2gl(\cos\theta-1)]$$

$$=mg(3\cos\theta-2)+\frac{mv_0^2}{l} \tag{e}$$

当 $\theta=0$ 时

$$F_{T,\max}=mg+\frac{mv_0^2}{l}$$

当 $\theta=\pi$ 时

$$F_{T,\min}=-5mg+\frac{mv_0^2}{l}$$

当 $v_0=\sqrt{4gl}$ 时

(a) 若 $\theta=0$，则 $F_{T,\max}=5mg$；

(b) 若 $\theta=\pi$，则 $F_{T,\min}=-mg$；

(c) 若 $F_T=0$，则 $\theta_A=\arccos\left(-\frac{2}{3}\right)=131.8°$。

在此情形下，动约束力 $\boldsymbol{F}_T$ 随 θ 的变化曲线如图 5-1 所示。

若摆杆是柔性绳，由于绳不能承受压力，自位置 A 以后约束失去作用，小球将脱离圆轨道而沿抛物线 ADC 飞行，如图 5-2 中曲线所示。在此情形下，球的运动分两个阶段：在 O_1A 段，球是非自由质点，沿圆弧运动；在 ADC 段，球是自由质点，沿抛物线运动。

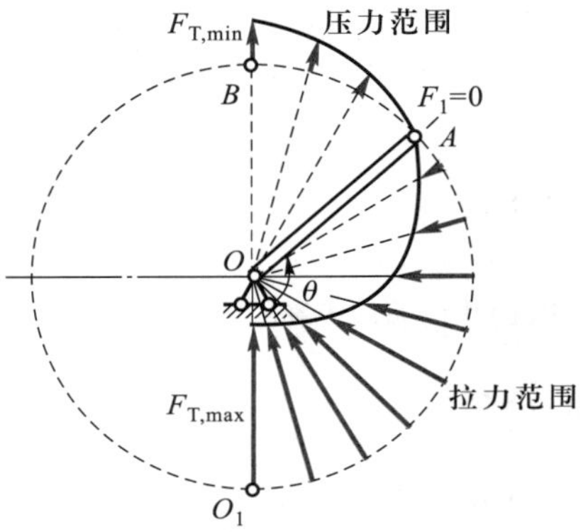

图 5-1　杆约束力的变化曲线

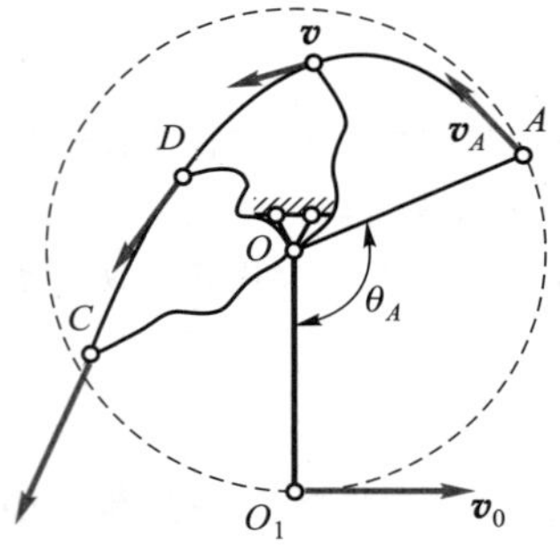

图 5-2　摆球抛体运动

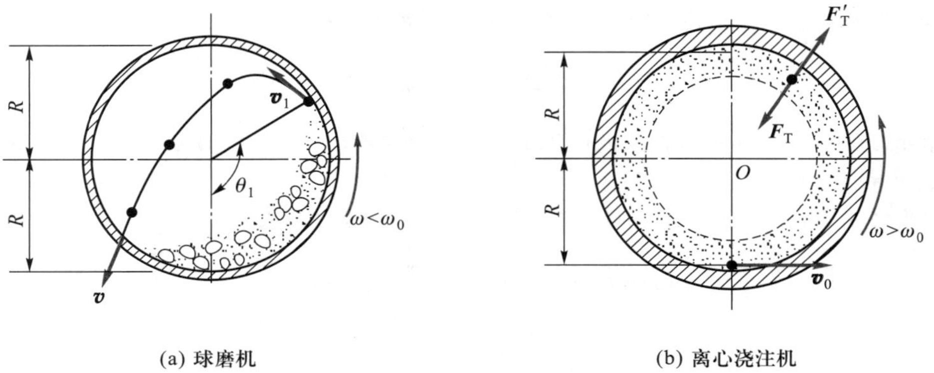

思考 5-4 图

思考 5-4

① 对于化工、采矿等机械中常用的球磨机(图 a),当转筒带动钢球旋转到一定角度 θ_1 时,钢球脱离约束沿抛物线飞落下来,打击筒内的物料或矿石,达到粉碎的目的。钢球恰好不脱离约束时转筒的转速称为临界转速 ω_0,运行时应使球磨机转筒的转速 $\omega<\omega_0$。如何确定临界转速 ω_0?

② 离心浇注机一类机械,必须有足够大的速度 v_0,以保证质点在任何位置受到的约束力 $F_T>0$(如图 b 所示),这样铁水才能紧贴在筒壁上。如何确定此临界转速 ω_0?

5.2　质点系动量定理

研究质点系动力学问题时,原则上可以利用牛顿定律列出质点系中每一个质点的运动微分方程,再联立求解。事实上,对于大多数实际问题,只需要研究质点系的整体运动特性,就能确定质点系内质点的运动规律,即研究描述质点系整体运动状态的物理量(质点系动量、动量矩和动能)的变化规律。

5.2.1 质点系的动量

质点系运动时，各质点在每一瞬时均有各自的动量矢。与力系一样，质点系动量也是一个矢量系。质点系中所有质点动量的矢量和，即动量系的主矢量，称为**质点系的动量**。

$$\boldsymbol{p}=\sum m_i\boldsymbol{v}_i \tag{5-5}$$

质点系的动量 $\boldsymbol{p}$ 是自由矢量，因为它只有大小和方向两个要素。质点系的动量是度量质点系整体运动的基本特征量之一。

由质点系质心的位矢公式对时间求一阶导数得

$$\boldsymbol{v}_C=\dot{\boldsymbol{r}}_C=\frac{\sum m_i\dot{\boldsymbol{r}}_i}{m} \tag{5-6}$$

式中，$\boldsymbol{r}_C$ 为质点系质心的位矢；$\boldsymbol{v}_C$ 为质心的速度；m_i、$\dot{\boldsymbol{r}}_i$ 分别为第 i 个质点的质量与速度；m 为质点系的总质量。式(5-5)可改写为

$$\boldsymbol{p}=m\boldsymbol{v}_C \tag{5-7}$$

式(5-7)表明，质点系的动量等于其总质量乘以质心速度。这相当于将质点系总质量集中于质心时系统的动量。因此，质点系的动量描述了质心的运动，这是质点系整体运动的一部分。

问题 5-4 如图所示水平均质圆盘质量为 $2m$，小球质量为 m，圆盘转动角速度大小为 ω，小球沿径向槽运动速度为 $\boldsymbol{v}_r$，则系统动量大小由式(5-7)得 $p=3m\dfrac{x}{3}\omega$，对吗?

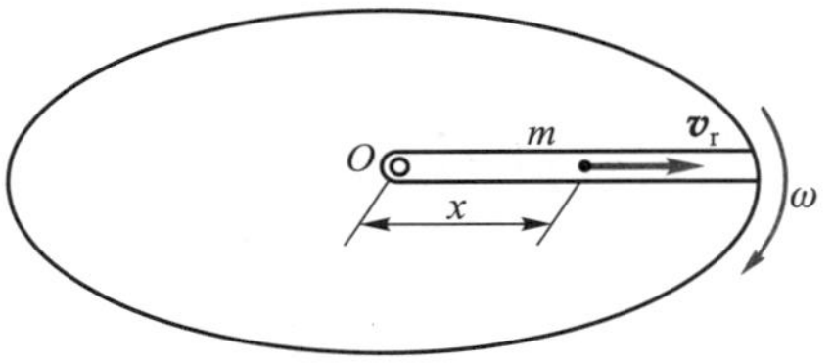

问题 5-4 图

答：不对，系统质心位置虽在距 O 点$\dfrac{x}{3}$处，但质心速率不等于$\dfrac{x}{3}\omega$，应为

$$v_C=\left[2m\times0+m\sqrt{(x\omega)^2+v_r^2}\right]/3m=\frac{1}{3}\sqrt{(x\omega)^2+v_r^2}$$

故

$$p=3mv_C=m\sqrt{(x\omega)^2+v_r^2}$$

思考 5-5

① 如图 a 所示，两均质圆环滚动角速度相同，环 1 质量为 m，且带有一集中质量 m；环 2 质量为 $2m$。试比较图示瞬时二者动量的大小。

② 图 b 中质量为 m、长度为 l 的均质杆的动量 $\boldsymbol{p}$ 的大小和位置如图所示，图示是否正确?

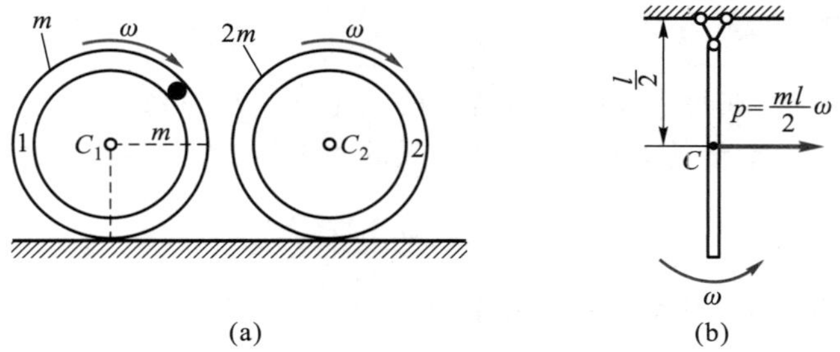

思考 5-5 图

5.2.2 质点系动量定理

对质点系中每个质点，其所受合外力为 $\boldsymbol{F}_i$，由质点动量定理有

$$\frac{\mathrm{d}}{\mathrm{d}t}(m_i\boldsymbol{v}_i)=\boldsymbol{F}_i \quad (i=1,2,\cdots,n)$$

将这 n 个式求和，并交换求和"$\sum$"与求导数"$\frac{\mathrm{d}}{\mathrm{d}t}$"的顺序，在右边消去质点间成对出现的内力，得

$$\frac{\mathrm{d}}{\mathrm{d}t}(\sum m_i\boldsymbol{v}_i)=\sum \boldsymbol{F}_i^{\mathrm{e}} \tag{5-8}$$

即

$$\frac{\mathrm{d}\boldsymbol{p}}{\mathrm{d}t}=\boldsymbol{F}_{\mathrm{R}}^{\mathrm{e}} \tag{5-9}$$

式中，$\sum \boldsymbol{F}_i^{\mathrm{e}}$ 和 $\boldsymbol{F}_{\mathrm{R}}^{\mathrm{e}}$ 皆为作用在质点系上外力系主矢量。式(5-8)和式(5-9)表明，**质点系动量主矢对时间的一阶导数等于作用在该质点系上外力系的主矢**。这就是**质点系动量定理**。

质点系动量的变化仅取决于外力系的主矢，内力系不能改变质点系的动量。式(5-8)和式(5-9)是质点系动量定理的微分形式，将其两边对时间 t 积分，得其积分形式为

$$\sum m_i\boldsymbol{v}_{i2}-\sum m_i\boldsymbol{v}_{i1}=\sum \boldsymbol{I}_i^{\mathrm{e}} \tag{5-10}$$

即

$$\boldsymbol{p}_2-\boldsymbol{p}_1=\boldsymbol{I}_{\mathrm{R}}^{\mathrm{e}} \tag{5-11}$$

式中，$\boldsymbol{I}_i^{\mathrm{e}}=\int_{t_1}^{t_2}\boldsymbol{F}_i^{\mathrm{e}}\mathrm{d}t$，是作用在任意质点 i 上的系统外力在时间间隔 t_2-t_1 中的冲量；$\boldsymbol{I}_{\mathrm{R}}^{\mathrm{e}}$ 是作用在质点系上所有外力在同一时间中的冲量和，即外力冲量的主矢。这就是**质点系的冲量定理：质点系在 t_1 至 t_2 时间内动量的改变量等于作用在该质点系的外力在这段时间内的冲量**。

问题 5-5 如图 a 所示圆锥摆中，已知小球质量为 m，圆周速率为 v，试求在半个周期，即 $\frac{T}{2}$ 内，绳之张力 $\boldsymbol{F}$ 的冲量 $\boldsymbol{I}_F$。

答： 对摆球，由冲量定理有

$$\boldsymbol{I}_F+\boldsymbol{I}_{mg}=m\boldsymbol{v}_2-m\boldsymbol{v}_1=2m\boldsymbol{v}_2 \quad (\text{因 } \boldsymbol{v}_2=-\boldsymbol{v}_1)$$

由图 b 可得 $I_F=\sqrt{(2mv)^2+\left(mg\dfrac{\pi R}{v}\right)^2}$。其中根号内第二项是重力在$\dfrac{T}{2}$内的冲量，$R$ 是摆球轨迹圆的半径。

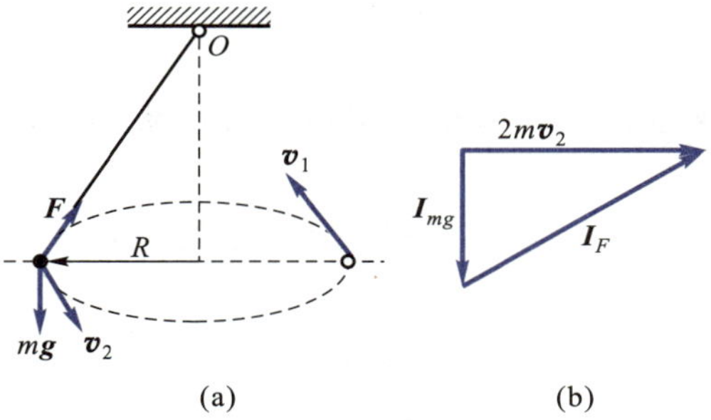

问题 5-5 图

问题 5-6 如图所示，水枪以出口速率 u 铅垂向上喷水，并托住一质量为 m 的小球。已知水的密度为 ρ，喷口直径为 d，试求小球稳定位置距喷口的高度 h。

答： 设小球在高度为 h 处平衡，受重力与水冲力作用，且冲力 $F=mg$。设水到 h 处速率为 v_1，则由能量守恒有

$$v_1^2=u^2-2gh \tag{a}$$

研究在 Δt 时间内，小球接触的水团及其速度与受力。由冲量定理得

$$-F'\Delta t=\frac{\pi d^2}{4}\rho u\Delta t(v_{2y}-v_1) \tag{b}$$

注意到 $v_{2y}=0$，$F'=F=mg$，再将式(a)代入式(b)，得

$$h=\frac{u^2}{2g}-8\left(\frac{m}{\rho\pi d^2 u}\right)^2 g$$

此即为所求。

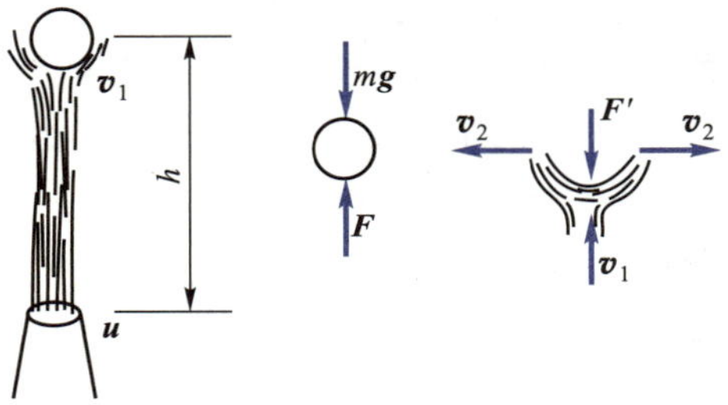

问题 5-6 图

5.2.3 质心运动定理

将式(5-6)两边对时间 t 求一次导数得

$$\dot{\boldsymbol{v}}_C=\frac{\sum m_i\dot{\boldsymbol{v}}_i}{m}$$

即

$$a_C=\frac{\sum m_i\boldsymbol{a}_i}{m} \tag{5-12}$$

式中，$\boldsymbol{a}_C$为质心的加速度；$\boldsymbol{a}_i$为第 i 个质点的加速度。将式(5-12)代入式(5-8)，得

$$m\boldsymbol{a}_C=\boldsymbol{F}_R^e \tag{5-13}$$

即质点系的质量与质心加速度的乘积等于作用在该质点系上的外力主矢。这称为质心运动定理。

式(5-13)与式(5-1)相类似。但前者是描述质点系整体运动的动力学方程，后者仅描述单个质点的动力学关系。

质心运动定理是动量定理的质心运动形式，揭示了外力主矢与质点系质心运动状态变化的关系，质心的运动由外力主矢及质心运动的初始条件确定。

质点系动量定理与质心运动定理在实际应用时通常采用投影式。式(5-9)与式(5-13)在直角坐标系中的投影式分别为

$$\left.\begin{aligned}\frac{dp_x}{dt}&=F_{Rx}^e\\ \frac{dp_y}{dt}&=F_{Ry}^e\\ \frac{dp_z}{dt}&=F_{Rz}^e\end{aligned}\right\} \tag{5-14}$$

$$\left.\begin{aligned}ma_{Cx}&=F_{Rx}^e\\ ma_{Cy}&=F_{Ry}^e\\ ma_{Cz}&=F_{Rz}^e\end{aligned}\right\} \tag{5-15}$$

问题 5-7 如图所示，一绳跨过装在天花板上的滑轮，绳的一端吊一质量为 m 的物体，另一端挂一载人梯子，人质量为 m_1，人静止时，系统处于平衡，若不计摩擦及滑轮与绳的质量。要使天花板受力为零，试求人应如何运动。

答： 应使绳张力为零，物块 m 须自由落体，即梯向上加速度大小亦为 g。设人对地向下加速度大小为 a。人与梯系统的质心也自由落体，由式(5-15)第二式有

$$-(m-m_1)g+m_1a=mg$$

式中，$m-m_1$为梯的质量，是由题意求得的。

由上式得 $a=\left(2\frac{m}{m_1}-1\right)g$。所以，人相对于梯应以 $a_1=2\frac{m}{m_1}g$ 的加速度向下运动，这样可使天花板受力为零。

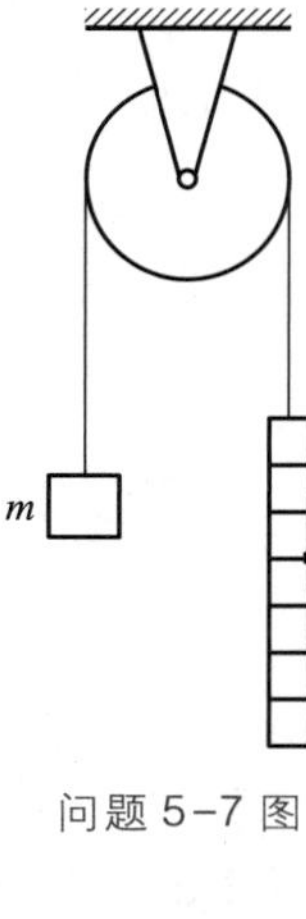

问题 5-7 图

5.2.4 动量守恒与质心运动守恒

① 若作用于质点系的外力主矢恒等于零，即 $\boldsymbol{F}_R^e=0$，根据式(5-9)和式(5-13)，有

$$\boldsymbol{p}=\boldsymbol{C}_1 \tag{5-16}$$

$$\boldsymbol{v}_C=\boldsymbol{C}_2 \tag{5-17}$$

其中，$\boldsymbol{C}_1$与$\boldsymbol{C}_2$均为常矢量，它们取决于运动的初始条件。式(5-16)称为**质点系动量守恒方程**，式(5-17)称为**质心运动守恒方程**。

② 若作用于质点系的外力主矢恒不等于零，但它在某一坐标轴(如轴 Ox)上的投影恒等于零，即 $\boldsymbol{F}_{\mathrm{R}}^{\mathrm{e}}\neq 0$，$F_{\mathrm{R}x}^{\mathrm{e}}=0$，则根据式(5-14)与式(5-15)，分别有

$$p_x=\sum m_i\dot{x}_i=C_3 \tag{5-18}$$

$$v_{Cx}=C_4 \tag{5-19}$$

其中，C_3与C_4为两个常标量，它们取决于运动的初始条件。式(5-18)和式(5-19)分别表示质点系动量和质心速度在 x 轴上的投影(或分量)守恒。

在满足式(5-19)条件下，若初始速度 $v_{Cx0}=0$，则 $x_C=$常数，即 $\Delta x_C=0$，这表明质心 C 在 x 方向不动(或守恒)。再由 $mx_C=\sum m_ix_i$，结合 $\Delta x_C=O$，可得

$$\sum m_i\Delta x_i=0 \tag{5-20}$$

这是质心在 x 方向运动守恒的又一表达形式，应用十分方便。

问题 5-8

① 如图 a 所示，物 A 置于光滑水平面上，物 B 用铰链与物 A 相联结，一力偶 M 使物 B 由静止沿水平位置运动到虚线铅垂位置，试求物 A 移动的距离。

答： 研究整体，因 $\sum F_x=0$，且初始静止，故 $\Delta x_C=0$，设 A 右移 s_A，由 $\sum m_i\Delta x_i=0$，有

$$m_As_A+m_B\left(s_A+\frac{a+b}{2}\right)=0$$

故

$$s_A=-\frac{(a+b)m_B}{2(m_A+m_B)}$$

负号表示物 A 实际移动方向向左。

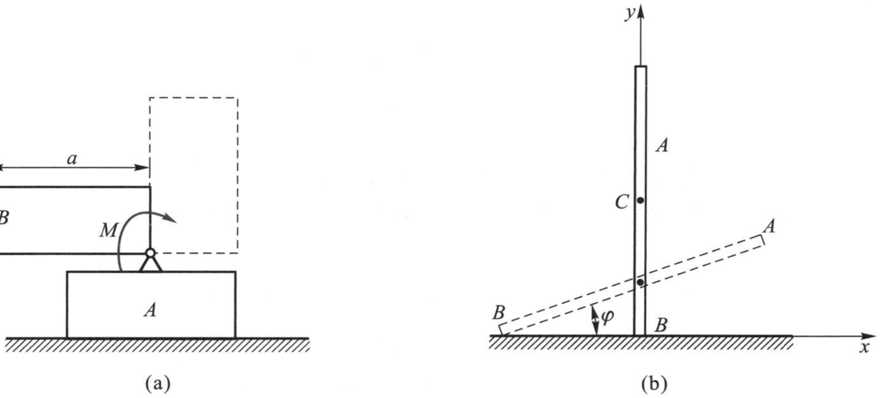

问题 5-8 图

② 如图 b 所示，均质杆 AB 长度为 l，铅垂立于光滑水平面上，并让其在铅垂面内滑倒，试求杆端 A 的运动轨迹。

答：因 $\sum F_x=0$，且初始静止，故 $v_{Cx}=0$. 所以，杆在滑倒过程中质心 C 无水平位移，即 $\Delta x_C=0$。建立如图所示坐标系，y 轴始终过杆的质心 C 点。在任意位置时，A 点坐标为

$$x_A=\frac{l}{2}\cos\varphi,\quad y_A=l\sin\varphi$$

故有，$\dfrac{4x_A^2}{l^2}+\dfrac{y_A^2}{l^2}=1$，即为所求 A 点的椭圆轨迹方程。

思考 5-6

① 如图 a 所示，等腰直角三角形的均质板 $\triangle ABC$，已知斜边长 $AB=12$ cm，使 AB 边铅垂静立于光滑水平面上。若三角板保持在铅垂面内滑倒，试求直角边 BC 中点 M 的运动轨迹。

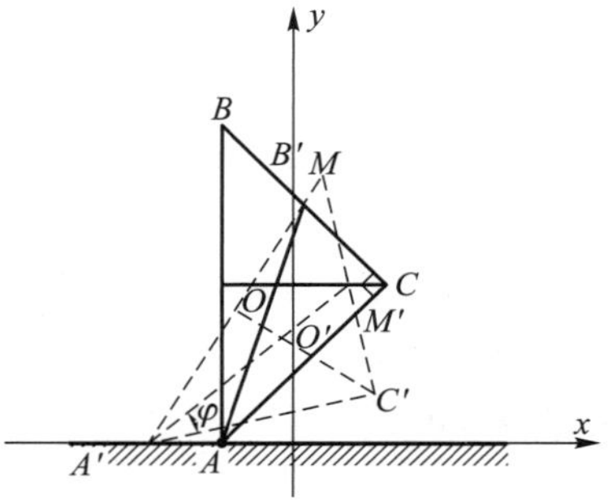

(a)

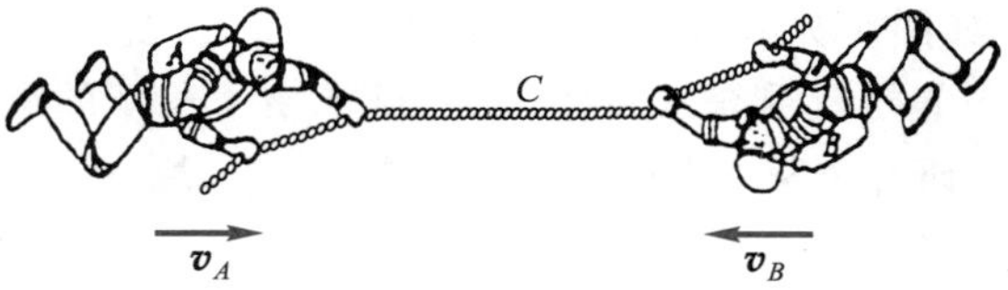

(b)

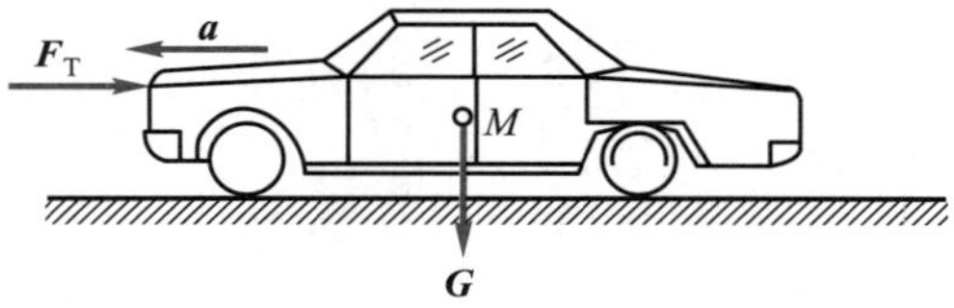

(c)

思考 5-6 图

② 太空拔河。宇航员 A 和 B 的质量分别为 m_A 和 m_B，二人在太空拔河，如图 b 所示。开始时二人在太空中保持静止，然后分别抓住绳子的两端使尽全力相互对拉。若 A 的力气大于 B，则拔河的胜负将如何？

③ 汽车驱动力。试用动量原理解释图 c 所示后轮驱动汽车为什么能向前加速行驶。

例 5-4 如图所示物块 A 置于小车箱 B 右端，在水平力 $\boldsymbol{F}$ 作用下 B 车由静止开始向右运动。已知：$m_A=20$ kg，$m_B=30$ kg，$F=120$ N，B 在初始 2 s 内前移 5 m。不计地面摩擦，试求 A 在 B 内移动的距离（B 足够长）。

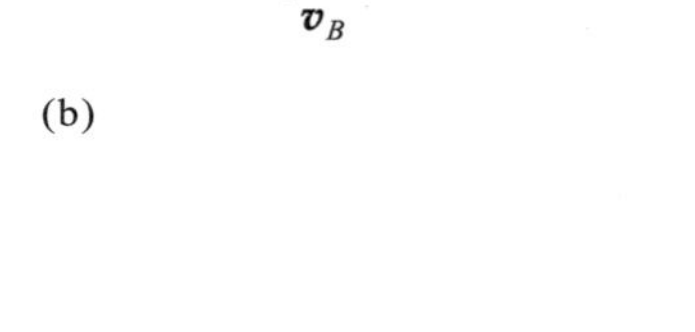

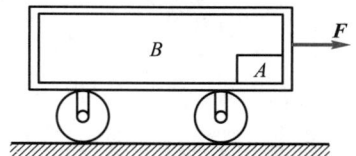

例 5-4 图

解：研究整体，由 $F=m_Aa_A+m_Ba_B$，有

$$120\ \text{N}=20\ \text{kg}\cdot a_A+30\ \text{kg}\cdot a_B \tag{a}$$

对 B，由 $s_B=\frac{1}{2}a_Bt^2$，有

$$5\ \text{m}=\frac{l}{2}a_B\times(2\ \text{s})^2$$

故

$$a_B=\frac{5}{2}\ \text{m/s}^2$$

代入式(a)，得

$$a_A=\frac{9}{4}\ \text{m/s}^2$$

$$s_A=\frac{1}{2}a_At^2=4.5\ \text{m}$$

故

$$s_{AB}=5\ \text{m}-4.5\ \text{m}=0.5\ \text{m}$$

即 A 在 B 内移动的距离为 0.5 m。

思考 5-7

① 例 5-4 中，为什么 a_B 为常量？

② 若设车厢 B 长度为 4 m，物块 A 与车厢 B 发生完全弹性碰撞，试求第一次碰撞后瞬时物块 A 与车厢 B 的运动速度，物块 A 与车厢 B 第二次相对静止时车厢 B 的速度，物块 A 与车厢 B 完全相对静止经历的总时间。

例 5-5 如图 a 所示，已知炮车、炮弹质量分别为 m_1、m，炮筒仰角为 θ，炮弹脱膛速度为 $\boldsymbol{v}$（对地），求炮车反冲速度 $\boldsymbol{u}$。

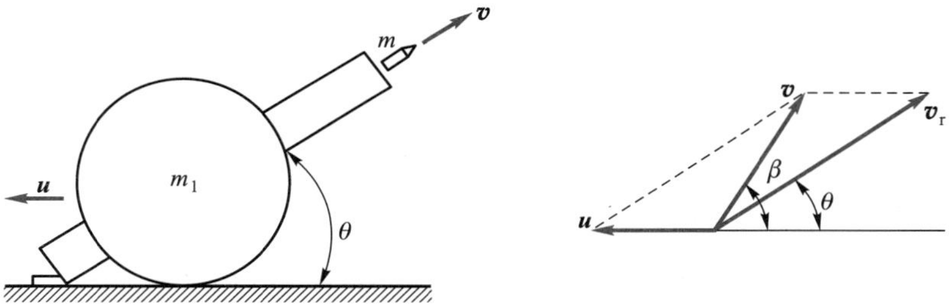

(a)　　　　　　　(b)

例 5-5 图

解：由点的复合运动，以炮车为动系，炮弹的绝对速度 $\boldsymbol{v}$ 如图 b 所示，则

$$\boldsymbol{v}=\boldsymbol{u}+\boldsymbol{v}_r \tag{a}$$

式(a)在水平和竖直方向投影式分别为

$$\left.\begin{aligned}v\cos\beta&=v_r\cos\theta-u\\ v\sin\beta&=v_r\sin\theta\end{aligned}\right\} \tag{b}$$

又据水平动量 $p_x=0$，有

$$-m_1u+mv\cos\beta=0 \tag{c}$$

由式(a)、式(b)、式(c)联立解得

$$u=\frac{mv}{\sqrt{m_1^2+(m_1+m)^2\tan^2\theta}}$$

$$\tan\beta=\frac{m_1+m}{m_1}\tan\theta$$

注意：精确计算时，炮弹的脱膛速度 $\boldsymbol{v}$ 的方位角 β 一般大于炮筒倾角 θ；当 $m_1\gg m$ 时，$\beta\approx\theta$。

思考 5-8

① 例 5-5 中，若不计空气阻力，θ 为多大时，炮弹射程最远？

② 若此炮车在高度为 h 的炮台上放炮，θ 为多大时炮弹水平射程最大？

例 5-6 如图所示，在曲柄滑块机构中，曲柄 OA 受力偶作用以匀角速度 ω 转动，滑块 B 沿 x 轴滑动。若 $OA=AB=l$，OA 与 AB 为均质杆，质量均为 m_1，滑块 B 质量为 m_2，不计摩擦，试求支座 O 处的水平约束力。

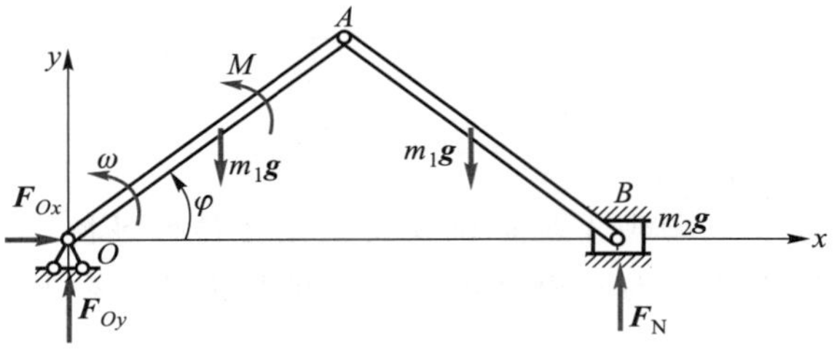

例 5-6 图

解：建立如图所示坐标系，并取 $\varphi=\omega t$。研究整体，受力如图所示，由质心运动定理得

$$F_{Ox}=(2m_1+m_2)\ddot{x}_C \tag{a}$$

由质心坐标公式有

$$(2m_1+m_2)x_C=\left(m_1\frac{l}{2}+m_1\frac{3l}{2}+m_2 2l\right)\cos\omega t$$

将 x_C 对时间 t 求二阶导数后，代入式(a)，得

$$F_{Ox}=-2\omega^2 l(m_1+m_2)\cos\omega t$$

显然，当 $\omega t=\pi$ 时 F_{Ox} 最大，其值为 $F_{Ox,\max}=2\omega^2 l(m_1+m_2)$。

在 y 方向，有

$$(2m_1+m_2)\ddot{y}_C=F_{Oy}+F_N-2m_1g-m_2g$$

而

$$(2m_1+m_2)y_C=2m_1\frac{l}{2}\sin\omega t \tag{b}$$

将 y_C 对时间 t 求二阶导数后代入式(b)，得

$$F_{Oy}+F_N=2m_1g+m_2g-\omega^2 lm_1\sin\omega t$$

这里只求出了 O、B 两处竖向约束力之和。若求二力大小，可用动量矩定理或达朗贝尔原理再列一个补充方程求解。读者可在学完相关章节后自行解决。

*5.2.5 变质量系统的质心运动定理

质点系在运动过程中，不断发生质量的并入或排出，其总质量随时间不断改变时，称为变质

量系统。例如，运行的喷气飞机与火箭，正在装卸砂石的料车，乘客不断上、下的电梯等都是变质量系统。由于变质量系统在改变总质量的同时也改变质量的分布，所以其运动规律的研究十分复杂。本节仅讨论变质量系统的质心运动。

如图 5-3 所示，设在 t 时刻，质点系由质量为 m、质心速度为 $\boldsymbol{v}_C$ 的主体，与质量为 Δm、速度为 $\boldsymbol{v}$ 的分体组成；在 $t+\Delta t$ 时刻，Δm 与主体合并后，共同的质心速度为 $\boldsymbol{v}_C+\Delta\boldsymbol{v}_C$。$\Delta m$ 亦可为负值，表示此分体脱离主体而排出。在 Δt 时间间隔内，由 m 和 Δm 两部分组成的系统的动量变化为

$$\Delta\boldsymbol{p}=(m+\Delta m)(\boldsymbol{v}_C+\Delta\boldsymbol{v}_C)-(m\boldsymbol{v}_C+\Delta m\boldsymbol{v})$$

将该式展开后，略去高阶微量 $\Delta m\Delta\boldsymbol{v}_C$，并以 Δt 除各项，再取极限，有

$$\frac{\mathrm{d}\boldsymbol{p}}{\mathrm{d}t}=\lim_{\Delta t\to 0}\frac{\Delta\boldsymbol{p}}{\mathrm{d}t}=m\frac{\mathrm{d}\boldsymbol{v}_C}{\mathrm{d}t}-\frac{\mathrm{d}m}{\mathrm{d}t}(\boldsymbol{v}-\boldsymbol{v}_C)$$

将该式与所受外力主矢 $\boldsymbol{F}_R^e$ 代入动量定理方程，得

$$m\frac{\mathrm{d}\boldsymbol{v}_C}{\mathrm{d}t}=\boldsymbol{F}_R^e+\frac{\mathrm{d}m}{\mathrm{d}t}(\boldsymbol{v}-\boldsymbol{v}_C)$$

式中，$\boldsymbol{v}-\boldsymbol{v}_C$ 是 Δm 并入前对变质量系统质心的相对速度 $\boldsymbol{v}_r$。再引入矢量

$$\boldsymbol{F}_\Phi=\frac{\mathrm{d}m}{\mathrm{d}t}(\boldsymbol{v}-\boldsymbol{v}_C) \tag{5-21}$$

则

$$m\frac{\mathrm{d}\boldsymbol{v}_C}{\mathrm{d}t}=\boldsymbol{F}_R^e+\boldsymbol{F}_\Phi \tag{5-22}$$

此式称为**变质量系统质心的运动微分方程**。它是俄罗斯力学专家 И.В.密歇尔斯基于 1897 年导出的，因此也称为**密歇尔斯基公式**。

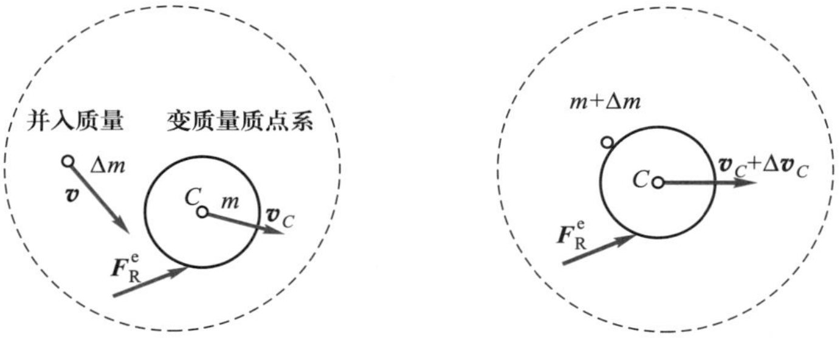

图 5-3　质量的并入过程

上述分析表明：

① 式(5-22)是在有微小质量并入变质量质点系情形下导出的结果；若有微小质量从变质量系统中分出，则所得结果相同。式(5-22)适用于有并入或分出质量或二者兼有的变质量质点系力学系统。

② 在式(5-21)中，令 $\boldsymbol{v}_r=\boldsymbol{v}-\boldsymbol{v}_C$，若质量变化率 $\frac{\mathrm{d}m}{\mathrm{d}t}>0$(并入质量)，则 $\boldsymbol{F}_\Phi$ 与 $\boldsymbol{v}_r$ 方向相同；若质量变化率 $\frac{\mathrm{d}m}{\mathrm{d}t}<0$(分出质量)，则 $\boldsymbol{F}_\Phi$ 与 $\boldsymbol{v}_r$ 方向相反。

思考 5-9　将变质量系统的瞬时动量 $\boldsymbol{p}=m\boldsymbol{v}_C$ 代入动量定理式(5-9)中,得到 $m\dfrac{\mathrm{d}\boldsymbol{v}_C}{\mathrm{d}t}+\dfrac{\mathrm{d}m}{\mathrm{d}t}\boldsymbol{v}_C=\boldsymbol{F}_{\mathrm{R}}^{\mathrm{e}}$,与式(5-22)的结果矛盾,为什么?

例 5-7　如图所示,运煤车的空车质量为 1 500 kg,可装煤的总质量为3 000 kg。漏斗输入车内的煤的流量为 300 kg/s,煤进入煤车时的速度为 $v_1=5$ m/s,其方向与水平线的夹角为 30°,设开始时煤车是静止的,不计摩擦。求满载时煤车的速度及轨道对煤车的总铅垂约束力。

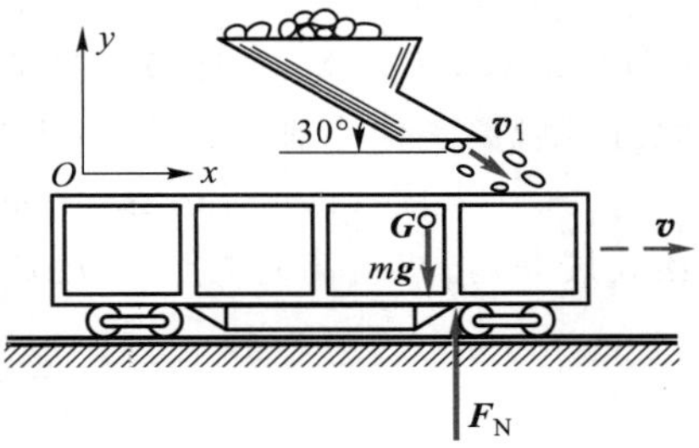

例 5-7 图

解:在瞬时 t,以煤车和已经装入其中的煤为研究对象。此时,煤车的速度设为$v(t)$,质量为 $m=1\ 500\ \mathrm{kg}+300\ \mathrm{kg/s}\cdot t$。煤车上作用有重力 $m\boldsymbol{g}$ 与铅垂约束力 $\boldsymbol{F}_{\mathrm{N}}$。车中煤的变化率$\dfrac{\mathrm{d}m}{\mathrm{d}t}=300\ \mathrm{kg/s}>0$,输入车中的煤相对煤车的速度为 $\boldsymbol{v}_{\mathrm{r}}=\boldsymbol{v}_1-\boldsymbol{v}$。

将式(5-22)对图示定坐标系写出 x、y 方向的投影方程

$$(1\ 500\ \mathrm{kg}+300\ \mathrm{kg/s}\cdot t)\frac{\mathrm{d}v}{\mathrm{d}t}=0+300\ \mathrm{kg/s}\cdot(5\ \mathrm{m/s}\cdot\cos 30°-v) \tag{a}$$

$$(1\ 500\ \mathrm{kg}+300\ \mathrm{kg/s}\cdot t)\times 0=F_{\mathrm{N}}-(1\ 500\ \mathrm{kg}+300\ \mathrm{kg/s}\cdot t)g+300\ \mathrm{kg/s}\cdot(-5\ \mathrm{m/s}\cdot\sin 30°) \tag{b}$$

将式(a)分离变量,得

$$\frac{\mathrm{d}v}{4.33-v}=\frac{\mathrm{d}t}{5+t} \tag{c}$$

时间从 0 到 t,速度从 0 到 v,积分式(c),得

$$\ln\frac{4.33}{4.33-v}=\ln\frac{5+t}{5}$$

即

$$\frac{4.33}{4.33-v}=\frac{5+t}{5} \tag{d}$$

煤车装满所需的时间为

$$t_1=\frac{3\ 000}{300}\mathrm{s}=10\ \mathrm{s}$$

代入式(d)和式(b),解得

$$v=2.89\ \mathrm{m/s},\quad F_{\mathrm{N}}=44.85\ \mathrm{kN}$$

问题 5-9　如图所示一载人输送带以 $v=1.5$ m/s 的速度运行,行人列队步入输送带前的绝对速度为 $v_1=0.9$ m/s,人的体重以 800 N/s 的速率加到输送带上。试求需多大的驱动力才能使载人输送带保持匀速运动。

答:研究进入输送带人群,行人进入输送带时,沿 x 轴的相对速度大小为

$$v_r = v_1 - v = 0.9\ \text{m/s} - 1.5\ \text{m/s} = -0.6\ \text{m/s}$$

$$\frac{\mathrm{d}m}{\mathrm{d}t} = \frac{800\ \text{N/s}}{g} = 81.6\ \text{kg/s}$$

由式(5-22)得 $m\dfrac{\mathrm{d}\boldsymbol{v}_C}{\mathrm{d}t} = \boldsymbol{F}_R^e + \boldsymbol{F}_\Phi = 0$,解出能使载人输送带保持匀速的驱动力大小为

$$F_R^e = -F_\Phi = -\frac{\mathrm{d}m}{\mathrm{d}t}v_r = 81.6\ \text{kg/s} \times 0.6\ \text{m/s} = 49\ \text{N}$$

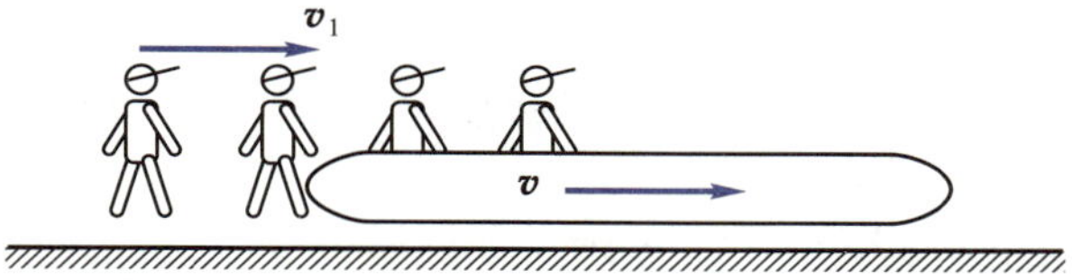

问题 5-9 图

5.3 质点系动量矩定理

5.3.1 刚体的转动惯量

质点系的动力特性不但与其运动有关,而且与质点系的质量分布密切相关。大量工程动力学问题可简化为刚体模型。刚体质量分布的两个基本特征量:一个是与其动量相关的质心;另一个是与动量矩相关的转动惯量。前者已在第 1 章进行了阐述,这里主要介绍刚体的转动惯量及其平行移轴定理。

1. 刚体对轴的转动惯量

刚体内各质点的质量与这些质点分别到某一确定轴 z 的距离的平方的乘积之和,定义为刚体对该轴的**转动惯量**,用 J_z表示,即

$$J_z = \sum m_i r_i^2$$

式中,m_i、r_i分别为第 i 个质点的质量和该质点到该轴的距离。

若刚体质量连续分布,可用下列定积分表示:

$$J_z = \int_M r^2 \mathrm{d}m \tag{5-23a}$$

式中,M 表示积分范围遍及刚体的全部质量。

在工程中,为了计算方便,常将转动惯量 J_z写成

$$J_z = m r_z^2 \tag{5-23b}$$

式中,m 为刚体的总质量;r_z称为刚体对 z 轴的**回转半径**或**惯量半径**,相当于将刚体的全部质量都集中于与 z 轴距离为 ρ_z的某一点时对 z 轴的转动惯量。

在刚体上或其延拓部分固连直角坐标系 $Oxyz$，则该刚体对 x、y、z 轴的转动惯量为

$$\left.\begin{aligned} J_x &= \int_M (y^2 + z^2)\,\mathrm{d}m \\ J_y &= \int_M (z^2 + x^2)\,\mathrm{d}m \\ J_z &= \int_M (x^2 + y^2)\,\mathrm{d}m \end{aligned}\right\} \tag{5-24}$$

各种形状规则的均质刚体的转动惯量可通过上述公式直接计算得到，也可从工程手册中查到。本书附录 I 中摘录了一些常见简单形状的均质刚体的转动惯量。对于不规则刚体或非均质刚体的转动惯量可用计算或实验方法确定。

问题 5-10 已知均质细长直杆的质量为 m，长度为 l，试求该杆对通过其质心且垂直于杆的 y 轴的转动惯量和回转半径。

答： 建立如图所示坐标系，由式(5-23a)有

$$J_y = \int_M x^2\mathrm{d}m = \int_{-l/2}^{l/2} \frac{m}{l}x^2\mathrm{d}x = \frac{1}{3}\frac{m}{l}x^3\Big|_{-l/2}^{l/2} = \frac{1}{12}ml^2$$

由式(5-23b)得杆对 y 轴的回转半径为

$$\rho_y = \sqrt{\frac{J_y}{m}} = \frac{\sqrt{3}}{6}l$$

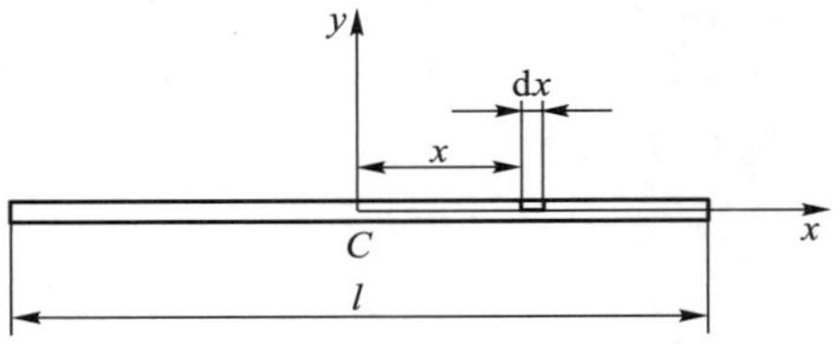

问题 5-10 图

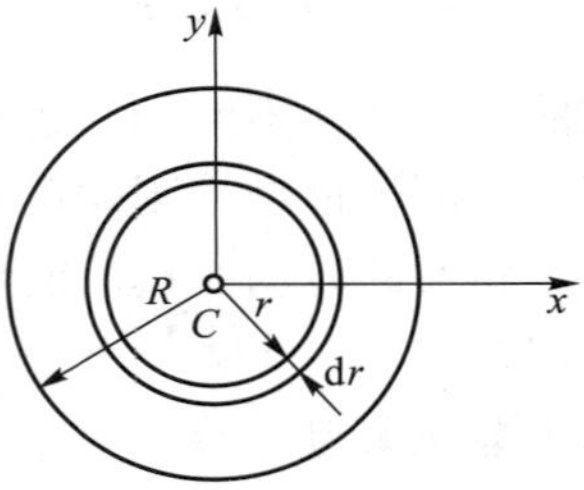

例 5-8 图

例 5-8 已知厚度相等的均质薄圆盘的半径为 R，质量为 m，求圆盘对过其中心且垂直于盘面的 z 轴的转动惯量和回转半径。

解： 取半径为 r、宽度为 $\mathrm{d}r$ 的圆环，如图所示，则

$$\mathrm{d}m = \frac{m}{\pi R^2}(2\pi r\mathrm{d}r) = \frac{2m}{R^2}r\mathrm{d}r$$

$$J_z = \int_M r^2\mathrm{d}m = \int_0^R \frac{2m}{R^2}r^3\mathrm{d}r = \frac{m}{2R^2}r^4\Big|_0^R = \frac{1}{2}mR^2$$

圆盘对 z 轴的回转半径为

$$\rho_z = \sqrt{\frac{J_z}{m}} = \frac{\sqrt{2}}{2}R$$

思考 5-10

① 如何求例 5-8 中 J_x、J_y 及 ρ_x、ρ_y？

② 为什么刚体的回转半径大于其质心到转轴的距离？

2. 转动惯量的平行轴定理

刚体的转动惯量与轴的位置有关，一般工程手册中所给出的都是刚体对过质心轴的转动惯量。要求出刚体对平行于质心轴的其他轴的转动惯量，应建立如图 5-4 所示直角坐标系 $Oxyz$，使 z 轴与需要求转动惯量的轴重合；$Cx'y'z'$ 为质心直角坐标系，它的各轴与 $Oxyz$ 的相应轴平行，质心 C 在 $Oxyz$ 中的坐标为 (a,b,c)，于是有 $x=x'+a, y=y'+b$。由式(5-24)得

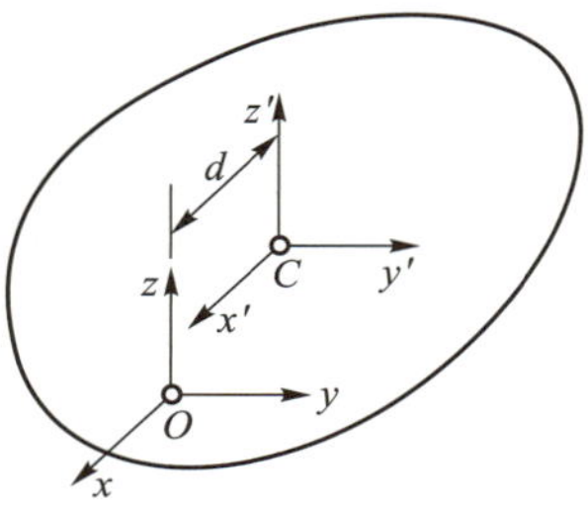

图 5-4　转动惯量的平移轴

$$J_z=\int_M (x^2+y^2)\mathrm{d}m=\int_M [(x'+a)^2+(y'+b)^2]\mathrm{d}m$$

$$=\int_M (x'^2+y'^2)\mathrm{d}m+(a^2+b^2)\int_M \mathrm{d}m+2a\int_M x'\mathrm{d}m+2b\int_M y'\mathrm{d}m$$

注意到 $\int_M \mathrm{d}m=m$，$\int_M x'\mathrm{d}m=mx'_C=0$，$\int_M y'\mathrm{d}m=my'_C=0$，设 z 轴与 z' 轴之间的距离为 d，则 $d^2=a^2+b^2$，于是上式化为

$$J_z=J_{z'}+md^2 \tag{5-25}$$

即**刚体对任一轴的转动惯量等于刚体对过质心且与该轴平行的轴的转动惯量加上刚体质量与两轴之间距离平方的乘积**，这就是**转动惯量的平行轴定理**。可见，刚体对一系列平行轴的转动惯量之中，对过质心轴的转动惯量最小。

注意： 式(5-25)中的 $J_{z'}$ 必须是对质心轴的转动惯量。刚体对任意两根平行轴的转动惯量之间的关系，必须通过一根与它们平行的质心轴，由式(5-25)间接导出。

问题 5-11　如图所示均质杆，质量为 m，C 为质心，O、A 为垂直于杆的轴心。若已知 J_O，则 $J_A=J_O+m\cdot OA^2$，对吗？

答： 不对。平行移轴定理只能从质心轴开始平移，应为 $J_A=J_C+m\cdot CA^2$，$J_O=J_C+m\cdot OC^2$。故

$$J_A=J_O-m\cdot OC^2+m\cdot CA^2$$

由转动惯量的平行轴定理并求和，可以方便地求出由几个简单的几何体组合而成的均质刚体对任一轴的转动惯量。若刚体有空心部分，类似于求形心的负体积法，则只要将该刚体看作无空心整体再叠加质量为负的空心部分即可。

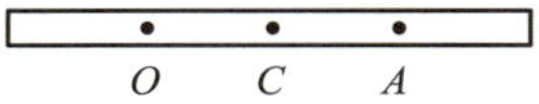

问题 5-11 图

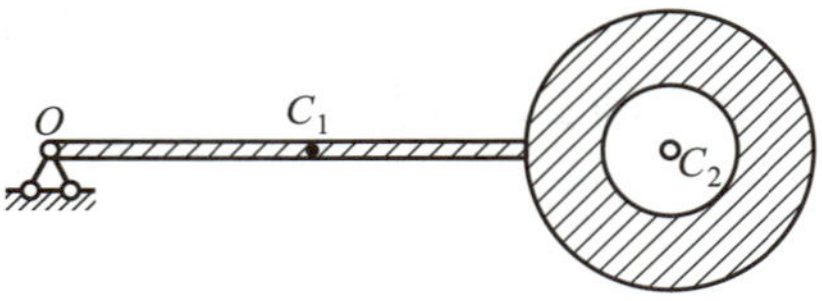

例 5-9 图

例 5-9　如图所示，均质细长直杆长度为 l，质量为 m，杆的一端与一质量为 m_0，外径为 $2R$，内径为 $2r$ 的均质圆环板相固连，求该刚体对过杆的另一端 O 且垂直于刚体所在平面的轴的转动惯量。

解： 设 C_1、C_2 分别为杆、圆环的质心。此刚体可看成由如下三部分组成：

① 质量为 m，长度为 l 的杆；

② 质量为 $m_1=-\dfrac{m_0\pi r^2}{\pi(R^2-r^2)}$，半径为 r，中心在 C_2 处的均质圆盘 1；

③ 质量为 $m_2=m_0+\dfrac{m_0\pi r^2}{\pi(R^2-r^2)}$，半径为 R，中心也在 C_2 处的均质圆盘 2，即

$$J_O^{杆}=J_{C_1}^{杆}+m(OC_1)^2=\frac{1}{12}ml^2+m\left(\frac{l}{2}\right)^2=\frac{1}{3}ml^2$$

$$J_O^{圆盘1}=J_{C_2}^{圆盘1}+m_1(OC_2)^2=\frac{1}{2}m_1r^2+m_1(l+R)^2$$

$$J_O^{圆盘2}=J_{C_2}^{圆盘2}+m_2(OC_2)^2=\frac{1}{2}m_2R^2+m_2(l+R)^2$$

于是

$$\begin{aligned}J_O&=J_O^{杆}+J_O^{圆盘1}+J_O^{圆盘2}\\&=\frac{1}{3}ml^2+\frac{1}{2}m_0(R^2+r^2)+m_0(l+R)^2\end{aligned}$$

5.3.2 质点系的动量矩

1. 质点系对固定点的动量矩

设质点系中某质点的质量为 m_i，相对于某一固定点 O 的矢径为 $\boldsymbol{r}_i$，动量为 $m_i\boldsymbol{v}_i(i=1,2,\cdots,n)$，如图 5-5 所示。质点系对固定点 O 的动量矩定义为

$$\boldsymbol{L}_O=\sum\boldsymbol{r}_i\times m_i\boldsymbol{v}_i \tag{5-26}$$

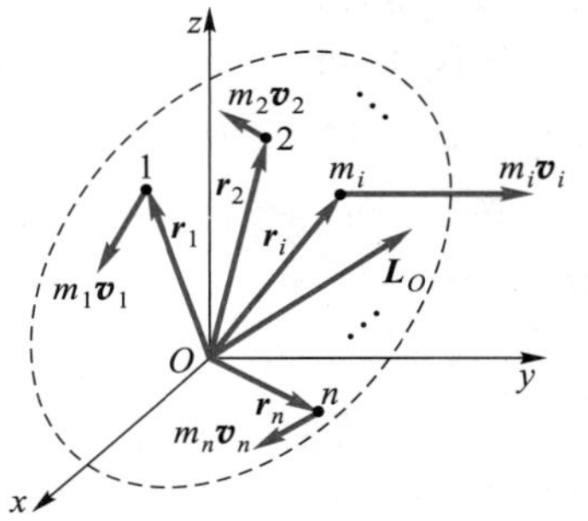

图 5-5 质点系对固定点的动量矩

与力系对不同两点的主矩数量关系完全类似，质点系对任意点 A 的动量矩与对固定点 O 的动量矩的关系为

$$\boldsymbol{L}_A=\boldsymbol{L}_O+\boldsymbol{AO}\times\boldsymbol{p} \tag{5-27}$$

式中，$\boldsymbol{p}$ 为质点系的动量。设某质点 m_i 到点 A 的矢径为 $\boldsymbol{r}_i'$，则 $\boldsymbol{L}_A-\boldsymbol{L}_O=\sum(\boldsymbol{r}_i'-\boldsymbol{r}_i)\times m_i\boldsymbol{v}_i$，设 $\boldsymbol{r}_i'-\boldsymbol{r}_i=\boldsymbol{AO}$，即可得到式(5-27)。

质点系对某一固定轴 z 的动量矩定义为

$$L_z=\sum L_z(m_i\boldsymbol{v}_i) \tag{5-28}$$

与力系对轴之矩和对该轴上一点之矩的关系类似，**质点系对轴之动量矩等于其对该轴上一点 O 之动量矩矢在该轴上的投影**，即

$$L_z=[\boldsymbol{L}_O]_z \tag{5-29}$$

值得指出，动量矩反映质点系中各质点绕某点运动的动力学特性，必须用各质点的动量取矩后再求和，而不能用质点系的动量取矩。例如，均质圆轮绕固定质心 C 轴转动，其动量 $\boldsymbol{p}=0$，但 $\boldsymbol{L}_C$ 并不为零。

2. 质点系对运动点的动量矩

如图 5-6 所示，在惯性参考系中有任意一动点 A，其速度为 $\boldsymbol{v}_A$。现以 A 为原点建立平移直角

坐标系 $Ax'y'z'$，设质点系中质点 m_i相对于 A 的矢径为 $\boldsymbol{r}'_i$，相对于该平移动系的速度为 $\boldsymbol{v}_{ri}$，则质点 m_i的绝对速度为

$$\boldsymbol{v}_i=\boldsymbol{v}_A+\boldsymbol{v}_{ri}\quad(i=1,2,\cdots,n)\tag{5-30}$$

将质点系中各质点的绝对动量 $m_i\boldsymbol{v}_i$对动点 A 的矩矢量之和定义为质点系对该点的**绝对动量矩**，表示为

$$\boldsymbol{L}_A=\sum\boldsymbol{L}_A(m_i\boldsymbol{v}_i)=\sum\boldsymbol{r}'_i\times(m_i\boldsymbol{v}_i)\tag{5-31}$$

将质点系中各质点的相对动量 $m_i\boldsymbol{v}_{ri}$对动点 A 的矩矢量和定义为质点系对该点的**相对动量矩**，表示为

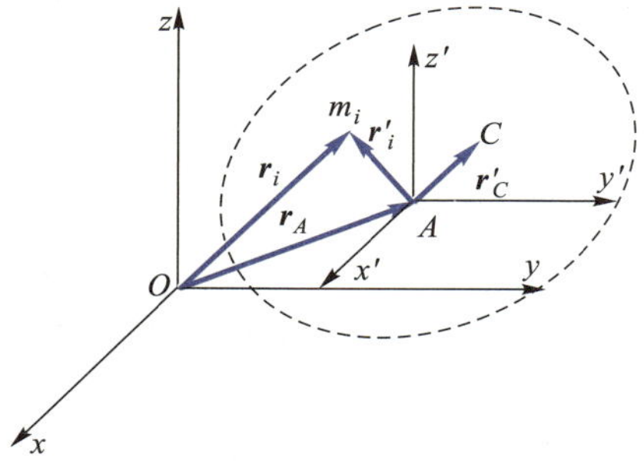

图 5-6　质点系对运动点的动量矩

$$\boldsymbol{L}'_A=\sum\boldsymbol{L}'_A(m_i\boldsymbol{v}_{ri})=\sum\boldsymbol{r}'_i\times(m_i\boldsymbol{v}_{ri})\tag{5-32}$$

将式(5-30)代入式(5-31)，并由式(5-32)和质心 C 对于建立在 A 点平移坐标系的矢径公式 $\boldsymbol{r}'_C=\dfrac{\sum m_i\boldsymbol{r}'_i}{m}$，可得

$$\boldsymbol{L}_A=\boldsymbol{L}'_A+\boldsymbol{r}'_C\times(m\boldsymbol{v}_A)\tag{5-33}$$

这就是**质点系对动点的绝对动量矩和相对动量矩的关系式**。

特别地，当动点 A 取在质心 C 时，$\boldsymbol{r}'_C=0$，式(5-33)变成

$$\boldsymbol{L}_C=\boldsymbol{L}'_C\tag{5-34}$$

即**质点系对质心的绝对动量矩和相对动量矩相等**。因此，可将它们统称为质点系对质心的动量矩。一般来说，计算相对动量矩要比计算绝对动量矩容易。

思考 5-11　质点系相对动点及相对与该动点重合的固定点的动量矩有何区别和联系？

3. 刚体的动量矩

刚体是特殊的质点系，其动量矩往往可以得到简化结果。下面研究几类常见运动刚体的动量矩。

（1）平移刚体

由质点系对不同两个点 A、C 的动量矩关系式(5-27)可得 $\boldsymbol{L}_A=\boldsymbol{L}_C+\boldsymbol{AC}\times(m\boldsymbol{v}_C)$，$C$ 为质心。刚体平移时，其上各质点相对于质心平移坐标系的相对速度 $\boldsymbol{v}'_i$都为零，故

$$\boldsymbol{L}_C=\boldsymbol{L}'_C=0\tag{5-35}$$

再由式(5-27)知，平移刚体对任意固定点 A 的动量矩为

$$\boldsymbol{L}_A=\boldsymbol{AC}\times(m\boldsymbol{v}_C)\tag{5-36}$$

即**平移刚体对任意固定点 A 的动量矩等于将平移刚体的质量视为全部集中在质心上时对 A 点的动量矩**。

当平移刚体的质心作平面曲线运动时，平移刚体对该平面内任一点的动量矩可视为代数量。

（2）定轴转动刚体

如图 5-7 所示刚体绕定轴转动，在转轴上任取一点 O，建立惯性参考空间中的直角坐标系 $Oxyz$，使 z 轴与转轴重合，则定轴转动刚体的角速度可表示为

$$\boldsymbol{\omega}=\omega\boldsymbol{k}$$

设刚体上质量为 dm 的微元，相对于 O 的矢径为 $\boldsymbol{r}$，在 $Oxyz$ 中的坐标为(x,y,z)，即

$$\boldsymbol{r}=x\boldsymbol{i}+y\boldsymbol{j}+z\boldsymbol{k}$$

微元速度为

$$\boldsymbol{v}=\boldsymbol{\omega}\times\boldsymbol{r}$$

于是，定轴转动刚体对定点 O 的动量矩为

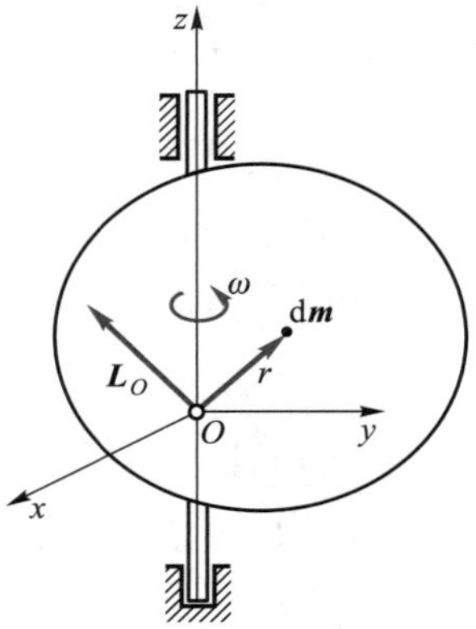

图 5-7　定轴转动刚体动量矩

$$\begin{aligned}\boldsymbol{L}_O&=\int_M \boldsymbol{r}\times\boldsymbol{v}\mathrm{d}m=\int_M \boldsymbol{r}\times(\boldsymbol{\omega}\times\boldsymbol{r})\mathrm{d}m=\int_M[r^2\boldsymbol{\omega}-(\boldsymbol{r}\cdot\boldsymbol{\omega})\boldsymbol{r}]\mathrm{d}m\\&=\int_M[(x^2+y^2+z^2)\omega\boldsymbol{k}-(z\omega)(x\boldsymbol{i}+y\boldsymbol{j}+z\boldsymbol{k})]\mathrm{d}m\\&=-\left(\int_M xz\mathrm{d}m\right)\omega\boldsymbol{i}-\left(\int_M yz\mathrm{d}m\right)\omega\boldsymbol{j}+\left[\int_M(x^2+y^2)\mathrm{d}m\right]\omega\boldsymbol{k}\\&=-J_{xz}\omega\boldsymbol{i}-J_{yz}\omega\boldsymbol{j}+J_z\omega\boldsymbol{k}\end{aligned}\tag{5-37}$$

式中，$J_{xz}=\int_M xz\mathrm{d}m$，$J_{yz}=\int_M yz\mathrm{d}m$，称为刚体对相应两直角坐标轴的**惯性积**，其量纲和转动惯量的相同，也是表征刚体对直角坐标系 $Axyz$ 的质量分布状况的一种物理量，其值可正，可负，也可为零。

由式(5-37)可知，在一般情形下，刚体对转轴 z 的动量矩等于 $\boldsymbol{L}_O$ 在 z 轴上的投影，即

$$L_z=[\boldsymbol{L}_O]_z=J_z\omega\tag{5-38}$$

可见，刚体对 z 轴的动量矩与惯性积 J_{xz} 和 J_{yz} 无关。

式(5-37)也说明定轴转动刚体对轴上任一点的动量矩方向一般不沿转轴。只有当转轴为刚体对 O 点的**惯量主轴**时(即满足 $J_{xz}=J_{yz}=0$ 时，z 为主轴)，式(5-37)成为

$$\boldsymbol{L}_O=J_z\boldsymbol{\omega}\tag{5-39}$$

这时，$\boldsymbol{L}_O$ 的大小与刚体的角速度大小成正比，其方向始终与角速度矢量方向相同。

在工程中，大多数定轴转动刚体都有质量对称面，且转轴垂直于该对称面，不妨设其交点为 O。由惯量积定义不难理解，此时该转轴 z 必为刚体对 O 点的惯量主轴，根据右手螺旋法则，$\boldsymbol{L}_O$ 和 $\boldsymbol{\omega}$ 的方向都可用对称面内同转向的圆弧箭头表示，如图 5-8 所示，且式(5-39)可用代数量表示。

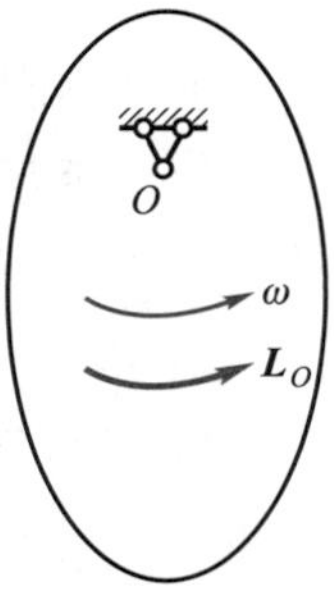

图 5-8　刚体对主轴的动量矩

注意： 当 $Oxyz$ 是与定轴转动刚体固结的动直角坐标系时，从推导过程看，式(5-37)依然成立。只是对于前一种情况，J_{xz}、J_{yz} 是随刚体位置的变化而变化的(J_z 由定义看是不变的)，$\boldsymbol{i}$、$\boldsymbol{j}$、$\boldsymbol{k}$ 是不变矢量；而对于后一种情况，J_{xz}、J_{yz}、J_z 是常数，而 $\boldsymbol{i}$、$\boldsymbol{j}$ 的方向随刚体位置的变化而变化($\boldsymbol{k}$ 是不变的矢量)。

(3) 平面运动刚体

建立质心平移坐标系 $Cx'y'z'$，使它的三个坐标轴分别与惯性参考空间中直角坐标系 $Oxyz$ 的三个对应轴平行，且使 Cz' 轴垂直于刚体的运动平面，则平面运动刚体相对于上述平移坐标系为绕 Cz' 轴的定轴转动。由式(5-37)知

$$\boldsymbol{L}'_C=\boldsymbol{L}_C=-J_{x'z'}\omega\boldsymbol{i}-J_{y'z'}\omega\boldsymbol{j}+J_{z'}\omega\boldsymbol{k}\tag{5-40}$$

可见平面运动刚体对其质心轴 Cz' 的动量矩仍为 $J_{z'}\omega$，与惯性积 $J_{x'z'}$ 与 $J_{y'z'}$ 无关。

若平面运动刚体沿其质量对称平面运动，则 Cz' 轴为刚体对 C 点的惯量主轴，即 $J_{x'z'}=J_{y'z'}=$

O,此时式(5-40)变为

$$L'_C = J_C\boldsymbol{\omega} \tag{5-41}$$

式中,J_C为平面运动刚体对 Cz'轴的转动惯量。

平面运动刚体对任意固定点 A 的动量矩由式(5-27)给出,即

$$\boldsymbol{L}_A = \boldsymbol{L}_C + \boldsymbol{AC}\times m\boldsymbol{v}_C \tag{5-42}$$

式(5-42)中,当 $\boldsymbol{L}_A$与 $\boldsymbol{L}_C$方位相同时,可视为代数量。如图 5-9 所示均质圆轮以角速度 ω 纯滚动,已知 m、r、h,圆轮对固定点 O 的动量矩为

$$L_O = mr\omega(r-h) + J_C\omega$$

问题 5-12 如图所示均质圆轮在圆弧槽内纯滚动,已知 R、r、m、v_C,试求 L_O、L_{C_v}、L_C,L_A(A 点为 CC_v 中点)。

答: $L_O = mv_C(R-r) - \dfrac{1}{2}mr^2\dfrac{v_C}{r}$(逆时针转向为正)

$$L_{C_v} = -J_{C_v}\frac{v_C}{r} = -\frac{3}{2}mrv_C$$

$$L_C = -\frac{1}{2}mrv_C$$

$$L_A = -\frac{3}{4}mr^2\omega - \frac{1}{4}mr^2\omega = -mrv_C$$

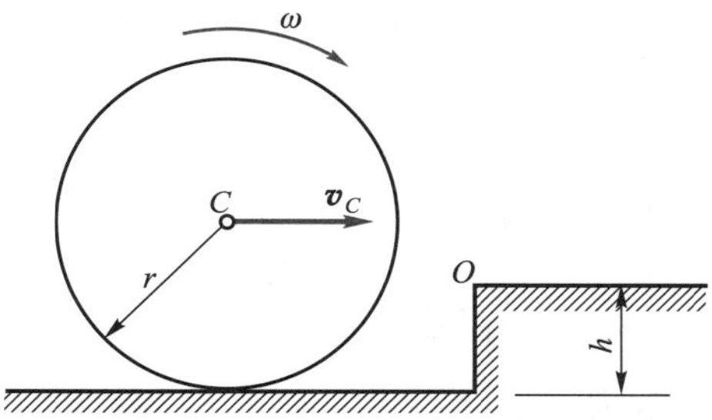

图 5-9 滚动圆轮动量矩

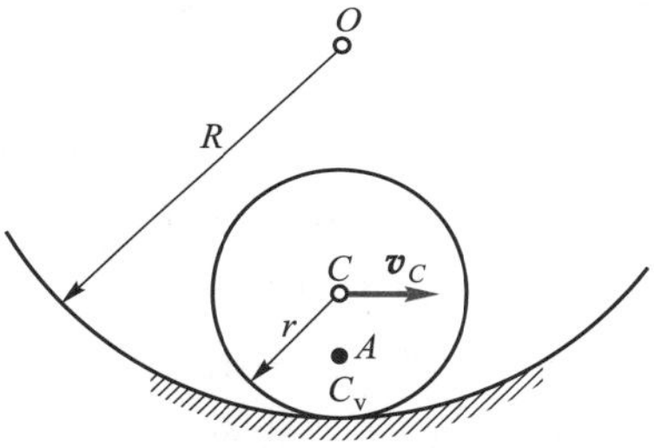

问题 5-12 图

思考 5-12 试计算图示由均质轮和杆组成的系统对固定点 O 的动量矩,各构件质量均为 m。

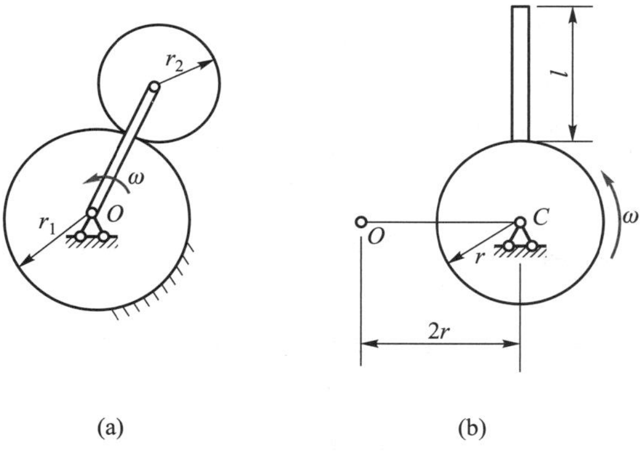

思考 5-12 图

5.3.3 质点系相对固定点的动量矩定理

1. 微分形式

在物理学中，由牛顿定律 $m\dfrac{\mathrm{d}^2\boldsymbol{r}}{\mathrm{d}t^2}=\boldsymbol{F}$，通过积分导出了质点对固定点 O 的动量矩定理

$$\frac{\mathrm{d}}{\mathrm{d}t}(\boldsymbol{r}\times m\boldsymbol{v})=\boldsymbol{r}\times\boldsymbol{F}=\boldsymbol{M}_O(\boldsymbol{F}) \tag{5-43}$$

将该式用于质点系中的每一个质点 m_i，求和并去掉成对出现的内力系对点 O 的主矩，得

$$\frac{\mathrm{d}}{\mathrm{d}t}\left(\sum\boldsymbol{r}_i\times m_i\boldsymbol{v}_i\right)=\sum\boldsymbol{r}_i\times\boldsymbol{F}_i^{\mathrm{e}}$$

或

$$\frac{\mathrm{d}\boldsymbol{L}_O}{\mathrm{d}t}=\boldsymbol{M}_O^{\mathrm{e}} \tag{5-44}$$

即质点系相对于固定点 O 的动量矩对时间的一阶导数等于作用在该质点系上外力系对同一点的主矩。这就是质点系对固定点动量矩定理的微分形式。

类比$\dfrac{\mathrm{d}\boldsymbol{r}}{\mathrm{d}t}=\boldsymbol{v}$，有$\dfrac{\mathrm{d}\boldsymbol{L}_O}{\mathrm{d}t}=\boldsymbol{u}$，$\boldsymbol{u}$ 为定位矢量 $\boldsymbol{L}_O$ 的矢端速度，代入式(5-44)，得

$$\boldsymbol{u}=\boldsymbol{M}_O^{\mathrm{e}} \tag{5-45}$$

式(5-45)为质点系动量矩定理的几何解释式，称为赖柴尔定理，**即质点系对任一固定点的动量矩矢端速度，等于外力对同一点的主矩。**

问题 5-13　如图所示，长度为 l，质量为 m 的均质细长杆的质心 O 处与定轴 AB 固结，$AB=l$，倾斜角为 θ。求定轴以匀角速度 ω 转动时，支座 A、B 处动约束力。

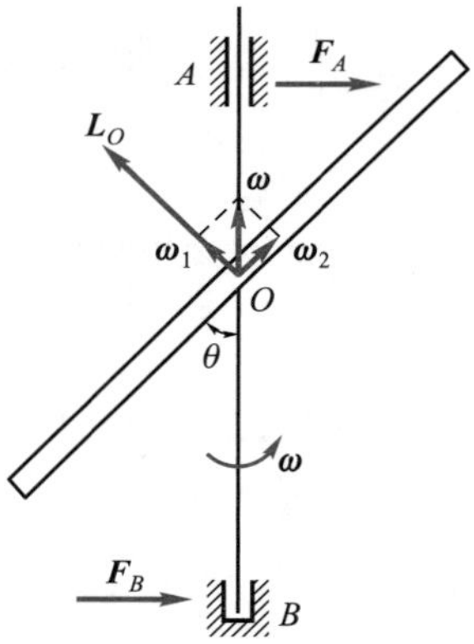

问题 5-13 图

答：因 AB 非细长杆主轴，先将 $\boldsymbol{\omega}$ 沿杆的主轴正交分解，因杆细长，可忽略 $\boldsymbol{\omega}_2$ 方向的动量矩。则细杆对 O 点动量矩大小为 $L_O=\dfrac{1}{12}ml^2\omega\sin\theta$，方向如图所示，且垂直于杆。

由于 $\boldsymbol{u}=\dfrac{\mathrm{d}\boldsymbol{L}_O}{\mathrm{d}t}=\boldsymbol{M}_O^{\mathrm{e}}$，而 $u=L_O\omega\cos\theta$，故

$$F_A=F_B=\frac{M_O^{\mathrm{e}}}{l}=\frac{\frac{1}{12}ml^2\omega\sin\theta\omega\cos\theta}{l}=\frac{ml\omega^2\sin2\theta}{24}$$

按右手法则确定 $\boldsymbol{F}_A$、$\boldsymbol{F}_B$方向，如图所示(此时 $\boldsymbol{F}_A$、$\boldsymbol{F}_B$、$\boldsymbol{L}_O$共面)。

思考 5-13

① 若考虑问题 5-13 中沿杆轴方向的动量矩，结果有何变化？

② 若杆与轴的固结点 O 偏离质心 C，结果又怎样？

③ 若将均质细杆换为均质圆盘或矩形板，如何求解？

2. 积分形式

将式(5-44)两边对时间 t 求定积分得

$$\boldsymbol{L}_{O2}-\boldsymbol{L}_{O1}=\int_{t_1}^{t_2}\boldsymbol{M}_O^{\mathrm{e}}\mathrm{d}t \tag{5-46}$$

式(5-46)表明:**质点系对任一固定点的动量矩在某一时间间隔内的改变量,等于在同一时间内各外力对同一点的冲量矩之和**。这就是质点系动量矩定理的积分形式,又叫**质点系的冲量矩定理**,常用于分析碰撞问题。

3. 守恒形式

若 $\boldsymbol{M}_O^{\mathrm{e}}=0$,则由式(5-44),有$\dfrac{\mathrm{d}\boldsymbol{L}_O}{\mathrm{d}t}=0$,于是

$$\boldsymbol{L}_O=\boldsymbol{C}(\text{常矢}) \tag{5-47}$$

即**若质点系所受外力系对某一固定点的主矩恒为零,则该质点系对同一点的动量矩守恒**。

4. 投影形式

以上所述动量矩定理的微分式、积分式和守恒式都是矢量式,任何矢量方程在同一轴上的投影是标量方程。我们知道,力对点之矩在过该点的轴上的投影就是力对该轴之矩。类似地,动量对点之矩在过该点轴上的投影等于该动量对该轴之矩。

将式(5-44)向 x 轴投影,得到

$$\frac{\mathrm{d}L_x}{\mathrm{d}t}=M_x^{\mathrm{e}} \tag{5-48}$$

即**质点系对定轴的动量矩对时间的一阶导数等于外力系对同一轴之矩**。

若刚体绕 x 轴转动,注意到 $L_x=J_x\omega,\omega=\dfrac{\mathrm{d}\varphi}{\mathrm{d}t}$,由式(5-48)易得到刚体绕定轴转动微分方程为

$$J_x\frac{\mathrm{d}^2\varphi}{\mathrm{d}t^2}=M_x^{\mathrm{e}} \tag{5-49}$$

将式(5-46)向 x 轴投影,得到

$$L_{O2x}-L_{O1x}=\int_{t_1}^{t_2}M_x^{\mathrm{e}}\mathrm{d}t \tag{5-50}$$

即**质点系对任一固定轴的动量矩在某一段时间内的变化量,等于各外力在同一时间内对该轴的冲量矩之和**。

将式(5-47)向 x 轴投影,便得

$$M_x^{\mathrm{e}}=0$$

则

$$L_x=C_x(\text{常数}) \tag{5-51}$$

即**若外力系对某轴之矩恒为零,则该质点系对该轴的动量矩守恒**。

注意:在某些情况下,外力系对某点之矩不为零,但对过该点的某轴之矩可以为零,质点系

对该轴动量矩守恒。

问题 5-14 试考察图 a 中的圆锥摆及图 b 中绕线滑轮系统是否存在动量矩守恒。

答：图 a 中，小球受重力 $\boldsymbol{G}$ 与绳的拉力 $\boldsymbol{F}_{\mathrm{T}}$ 作用，因 $\sum \boldsymbol{M}_O^{e} \neq 0$，故 $\boldsymbol{L}_O$ 不守恒；但对 OC 轴有 $\sum M_{OC}=0$，故 L_{OC} 守恒。通过进一步分析可知，$\sum \boldsymbol{M}_C=0$，故 $\boldsymbol{L}_C$ 守恒。图 b 中，因 $\sum \boldsymbol{M}_O=0$，故 $\boldsymbol{L}_O$ 守恒。

思考 5-14 如图所示，两猴质量分别为 m_A 和 m_B，且 $m_A=m_B$，分别沿绕在定滑轮上的软绳从同一高度由静止向上进行爬绳比赛。若不计绳与滑轮质量，且已知两猴相对绳子的速度分别为 v_1 和 v_2，且 $v_1>v_2$，试分析比赛结果，并求绳子的速度。如果考虑滑轮质量，结果又如何？

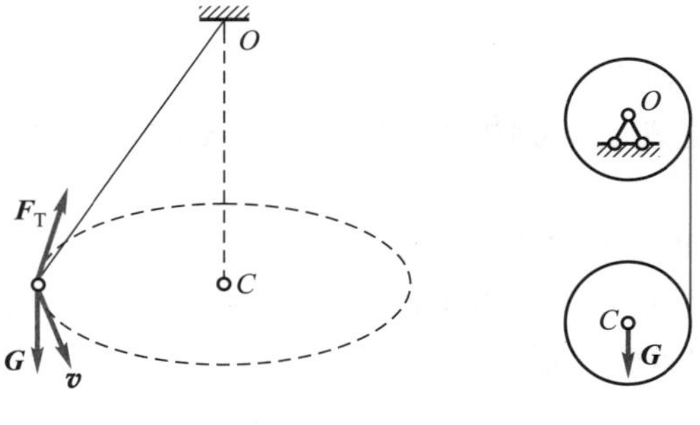

问题 5-14 图

思考 5-14 图

例 5-10 如图所示，均质滑轮质量为 m，半径为 r。两重物系于绳的两端，质量分别为 m_1 和 m_2，试求重物的加速度。

解：以整体为研究对象，受力如图所示。设滑轮沿逆时针方向转动，角速度为 ω，由 $\dfrac{\mathrm{d}L_O}{\mathrm{d}t}=\sum M_O$，并注意到 $\dfrac{\mathrm{d}\omega}{\mathrm{d}t}=\alpha$，有

$$\frac{\mathrm{d}}{\mathrm{d}t}\left[\left(m_1+m_2+\frac{1}{2}m\right)r^2\omega\right]=m_1gr-m_2gr$$

故

$$\alpha=\frac{2(m_1-m_2)g}{(2m_1+2m_2+m)r}$$

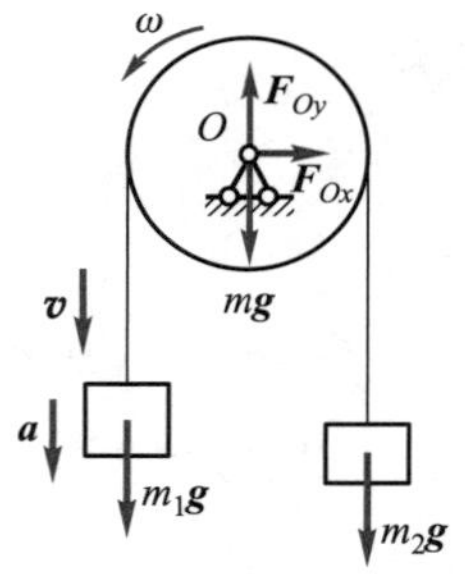

例 5-10 图

重物的加速度为

$$a=r\alpha=\frac{2(m_1-m_2)}{2m_1+2m_2+m}g$$

例 5-11 均质矩形薄板 $ABCD$，边长为 a 和 b，重量为 G，绕铅垂轴 AB 以初角速度 ω_0 转动，如图 a 所示。受空气阻力作用，薄板上各点所受阻力的方向垂直于薄板平面，单位面积阻力大小与该点处的速度平方成正比，比例常数为 k。问经过多长时间后薄板的角速度为初角速度的一半。

解：取薄板为研究对象，受力如图 b 所示，薄板在运动中所受的阻力矩为

$$\int_0^a kb\omega^2 y^3 \mathrm{d}y$$

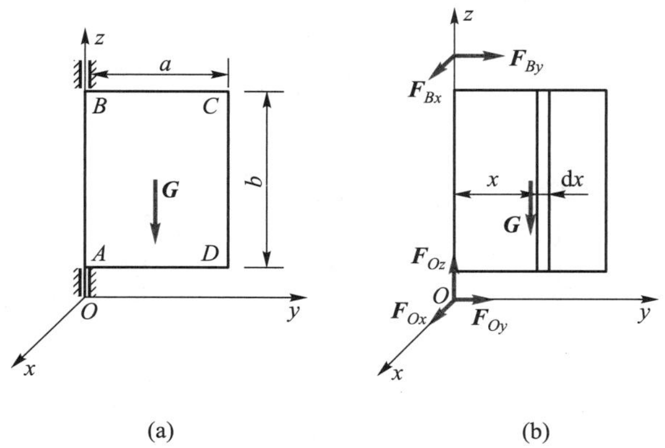

例 5-11 图

薄板 $ABCD$ 对 z 轴转动惯量为 $J_z=\frac{1}{3}ma^2$，由动量矩定理，有

$$\frac{\mathrm{d}}{\mathrm{d}t}(J_z\omega)=-\int_0^a kb\omega^2y^3\mathrm{d}y$$

即

$$\frac{\mathrm{d}\omega}{\mathrm{d}t}=-\frac{3}{4}\frac{kba^2}{m}\omega^2$$

分离变量，并积分

$$\int_{\omega_0}^{\frac{\omega_0}{2}}\frac{\mathrm{d}\omega}{\omega^2}=\int_0^t-\frac{3}{4}\frac{kba^2}{m}\mathrm{d}t$$

解得

$$t=\frac{4G}{3kba^2g\omega_0}$$

例 5-12 图示质量为 $m_1=5$ kg，半径为 $r=30$ cm 的均质圆盘，可绕铅垂轴 z 转动，在圆盘中心用铰链 D 连接一质量 $m_2=4$ kg 的均质细杆 AB，AB 杆长度为 $2r$，可绕 D 铰转动。当 AB 杆在铅垂位置时，圆盘的角速度 $\omega=90$ r/min，试求杆转到水平位置碰到销钉 C 而相对静止时圆盘的角速度 ω_1。

解：研究整体，受力如图所示。因 $\sum M_z=0$，该系统对 z 轴的动量矩守恒，有 $L_{z0}=L_{z1}$，即

$$\frac{1}{4}m_1r^2\omega=\frac{1}{4}m_1r^2\omega_1+\frac{1}{3}m_2r^2\omega_1$$

故

$$\omega_1=\frac{\frac{1}{4}m_1}{\frac{1}{3}m_2+\frac{1}{4}m_1}\omega$$

将有关数值代入，得

$$\omega_1=\frac{\frac{1}{4}\times5\text{ kg}}{\frac{1}{3}\times4\text{ kg}+\frac{1}{4}\times5\text{ kg}}\times\frac{90\pi}{30}\text{ rad/s}=4.56\text{ rad/s}$$

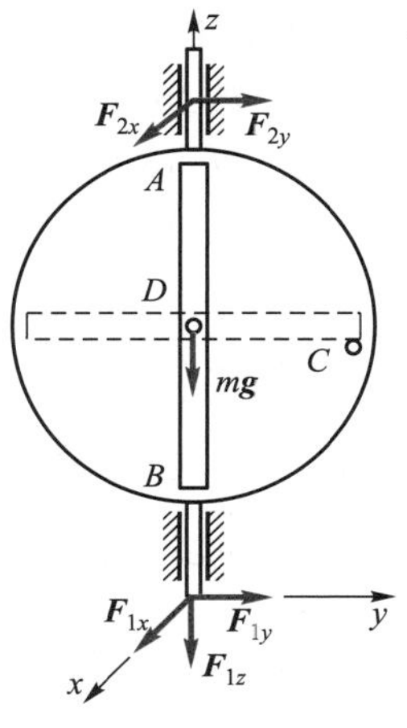

例 5-12 图

例 5-13 如图 a 所示，两相同均质杆铰接悬挂于重力场中，已知各杆质量均为 m，杆长度为 l，求 BD 杆下端受水平冲量 $\boldsymbol{I}$ 后，两杆的角速度。

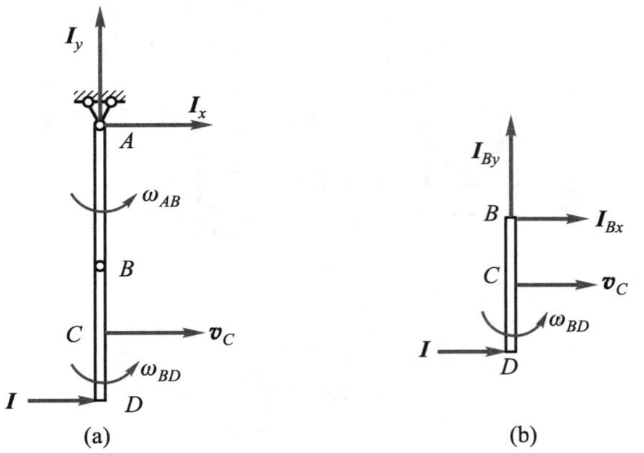

例 5-13 图

解：设杆受冲击后，速度及 A 处所受冲量如图 a 所示，BD 杆质心 C 速度大小为

$$v_C=v_B+v_{CB}=l\omega_{AB}+\frac{1}{2}l\omega_{BD} \tag{a}$$

由冲量矩定理，整体对固定点 A，有

$$\frac{1}{3}ml^2\omega_{AB}+mv_C\frac{3l}{2}+\frac{1}{12}ml^2\omega_{BD}=I\cdot 2l \tag{b}$$

如图 b 所示，BD 杆对固定点 B'（B'点与 B 点重合），有

$$mv_C\frac{l}{2}+\frac{1}{12}ml^2\omega_{BD}=Il \tag{c}$$

联立式(a)、式(b)、式(c)得

$$\omega_{AB}=\frac{-6I}{7ml}(\circlearrowleft),\quad \omega_{BD}=\frac{30I}{7ml}(\circlearrowright)$$

注意：

① 对固定点 A 和 B'使用冲量矩定理，避免了 A、B 处的未知约束力冲量出现在方程中。

② BD 杆相对固定点 B'作平面运动，B'点并不在杆上。

思考 5-15

① 例 5-13 中若水平冲量改变为力 $\boldsymbol{F}$，如何求初瞬时各杆的角加速度？

② 例 5-13 中若由 3 根悬吊杆顺次铰接，在第三杆的最末端受冲量 $\boldsymbol{I}$ 后，如何求出各杆的角速度？

③ 若悬吊杆由 n 根杆顺次铰接，相应结果又如何？

5.3.4 质点系相对运动点的动量矩定理

由物理学知道，质点系相对于运动质心 C 的动量矩定理，具有与对固定点相同的简洁形式，即$\frac{\mathrm{d}\boldsymbol{L}_C}{\mathrm{d}t}=\sum\boldsymbol{M}_C$。那么，对于一般运动点，动量矩定理的形式如何？是否还有一些特殊的运动点，其相对动量矩定理也具有上述简洁形式？为此讨论如下问题。

1. 定理的一般形式

如图 5-10 所示，O 为惯性系中固定点，A 为运动点(已知 $\boldsymbol{v}_A$、$\boldsymbol{a}_A$)，在 A 点固连平移坐标系 $Ax'y'z'$。m_i为质点系中的任一个质点，相对于动点 A 的位矢为 $\boldsymbol{r}_i'$，相对于固定点的位矢为 $\boldsymbol{r}_i$。质点系质心 C 相对于 A 的位矢为 $\boldsymbol{AC}$。

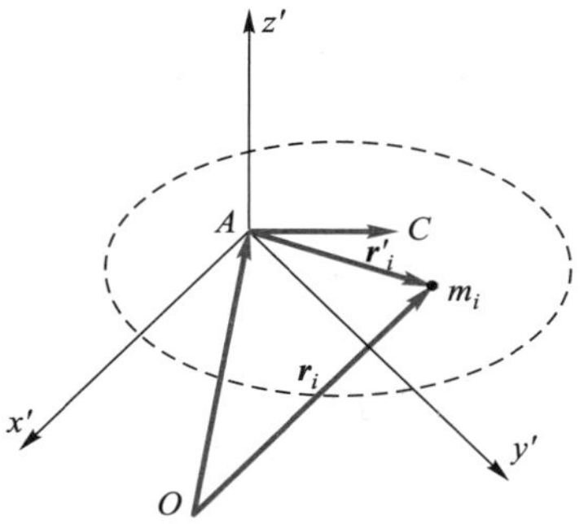

图 5-10　相对运动点的动量矩定理

则有

$$\boldsymbol{r}_i=\boldsymbol{OA}+\boldsymbol{r}_i' \tag{a}$$

设 $\boldsymbol{v}_i$为 m_i的绝对速度，$\boldsymbol{v}_{ri}$为 m_i相对于动系的相对速度，由点的复合运动有

$$\boldsymbol{v}_i=\boldsymbol{v}_A+\boldsymbol{v}_{ri} \tag{b}$$

考察质点系对固定点 O 的动量矩，将式(a)、(b)代入并进行相应分解，有

$$\begin{aligned}\boldsymbol{L}_O&=\sum \boldsymbol{r}_i\times m_i\boldsymbol{v}_i=\sum(\boldsymbol{OA}+\boldsymbol{r}_i')\times m_i(\boldsymbol{v}_A+\boldsymbol{v}_{ri})\\&=\sum \boldsymbol{OA}\times m_i\boldsymbol{v}_i+\sum \boldsymbol{r}_i'\times m_i\boldsymbol{v}_A+\sum \boldsymbol{r}_i'\times m_i\boldsymbol{v}_{ri}\\&=\boldsymbol{OA}\times m\boldsymbol{v}_C+m\boldsymbol{AC}\times\boldsymbol{v}_A+\boldsymbol{L}_A'\end{aligned} \tag{c}$$

将式(c)代入$\dfrac{\mathrm{d}\boldsymbol{L}_O}{\mathrm{d}t}=\sum \boldsymbol{M}_O(\boldsymbol{F}_i^{\mathrm{e}})$，有

$$\boldsymbol{v}_A\times m\boldsymbol{v}_C+\boldsymbol{OA}\times m\boldsymbol{a}_C+m\boldsymbol{v}_{CA}\times\boldsymbol{v}_A+m\boldsymbol{AC}\times\boldsymbol{a}_A+\frac{\mathrm{d}\boldsymbol{L}_A'}{\mathrm{d}t}=\sum(\boldsymbol{OA}+\boldsymbol{r}_i')\times\boldsymbol{F}_i^{\mathrm{e}} \tag{d}$$

将

$$m\boldsymbol{a}_C=\sum \boldsymbol{F}_i^{\mathrm{e}},\quad \boldsymbol{v}_{CA}=\boldsymbol{v}_C-\boldsymbol{v}_A$$

代入式(d)，并注意到平移动系中 $\boldsymbol{L}_A'$对时间 t 的绝对导数与相对导数相等，均表示为$\dfrac{\mathrm{d}\boldsymbol{L}_A'}{\mathrm{d}t}$，故有

$$\frac{\mathrm{d}\boldsymbol{L}_A'}{\mathrm{d}t}=\sum \boldsymbol{r}_i'\times\boldsymbol{F}_i^{\mathrm{e}}+\boldsymbol{AC}\times(-m\boldsymbol{a}_A) \tag{5-52}$$

这就是质点系相对于运动点 A 的动量矩定理的一般形式，也是平移非惯性系中动量矩定理的形式。与对固定点的动量矩定理相比，右边多了一个修正项，该一般形式在工程中不常使用。

2. 定理的特殊形式

考察式(5-52)使修正项 $\boldsymbol{AC}\times(-m\boldsymbol{a}_A)=0$ 的几种情形，以便于实际应用。

① $\boldsymbol{a}_A=0$，A 可为固定点、匀速直线运动点或加速度瞬心，此时有

$$\frac{\mathrm{d}\boldsymbol{L}_A'}{\mathrm{d}t}=\sum \boldsymbol{M}_A \tag{5-53}$$

② $\boldsymbol{AC}=0$，即动点为质心 C，则有

$$\frac{\mathrm{d}\boldsymbol{L}_C'}{\mathrm{d}t}=\sum \boldsymbol{M}_C \tag{5-54}$$

这就是质点系相对于质心的动量矩定理：质点系对质心的动量矩对时间的导数等于该质点系所受外力系对质心的主矩。

③ $\boldsymbol{a}_A$与 $\boldsymbol{AC}$ 共线，即动点的加速度矢量线过质心 C。例如，刚体平面运动时，若速度瞬心 C_v 到其质心 C 的距离保持不变，即 J_{C_v}为常数时，$\boldsymbol{a}_{C_v}$指向质心，有$\boldsymbol{C}_v\boldsymbol{C}\times\boldsymbol{a}_{C_v}=0$，此时

$$\frac{\mathrm{d}\boldsymbol{L}_{C_v}}{\mathrm{d}t}=\sum\boldsymbol{M}_{C_v} \tag{5-55}$$

思考 5-16 试以运动学中问题 4-4 和思考 4-5 所示问题为例，加上相应外力，验证式(5-55)成立。

3. 相对守恒条件

在式(5-54)中，若$\sum\boldsymbol{M}_C=0$，则

$$\boldsymbol{L}_C'=\boldsymbol{C}\ (\text{常矢}) \tag{5-56}$$

即若外力对质心 C 的力矩之和为零，则质点系相对于质心的动量矩守恒。将式(5-54)向过质心的任意轴投影，便得相对于质心轴的动量矩定理：

$$\frac{\mathrm{d}L_C'}{\mathrm{d}t}=\sum M_C \tag{5-57}$$

若$\sum M_C=0$，则

$$L_C=\text{常量} \tag{5-58}$$

即若外力对质心轴的力矩之和为零，则质点系对于该轴的动量矩守恒。

值得注意，式(5-55)仅在特殊条件下成立，并且瞬心 C_v 的位置随时改变，在一般情况下，不满足相对守恒条件。

思考 5-17 某人坐在转椅上且双脚离地，若不计转轴上的摩擦，则该人如何动作可使转椅转动 180°？

4. 刚体平面运动微分方程

在运动学中，刚体平面运动可以分解为随质心 C 平移与绕质心 C 轴转动两部分。设刚体在平行于 Oxy 平面内运动，由质心运动定理有

$$m\boldsymbol{a}_C=\sum\boldsymbol{F}$$

向 x、y 轴投影得到

$$\left.\begin{aligned} m\ddot{x}_C&=\sum F_x\\ m\ddot{y}_C&=\sum F_y\end{aligned}\right\} \tag{5-59}$$

由相对质心轴 Cz 的动量矩定理$\dfrac{\mathrm{d}L_C}{\mathrm{d}t}=\sum M_C$，有

$$J_C\ddot{\varphi}=\sum M_C \tag{5-60}$$

式(5-59)和式(5-60)构成**刚体平面运动微分方程组**。

注意：上述刚体平面运动微分方程是动量定理和动量矩定理的直接应用，在数学上二者完全等价。值得指出，通常作平面运动的刚体具有质量对称面，但在一定的受力条件下，非对称刚体也能实现平面运动，涉及刚体空间运动的动力学知识，这里不作详述。

问题 5-15 试选用最简捷途径，求图 a、b、c、d 所示各平面运动对称刚体在图示瞬时的角加速度 α。

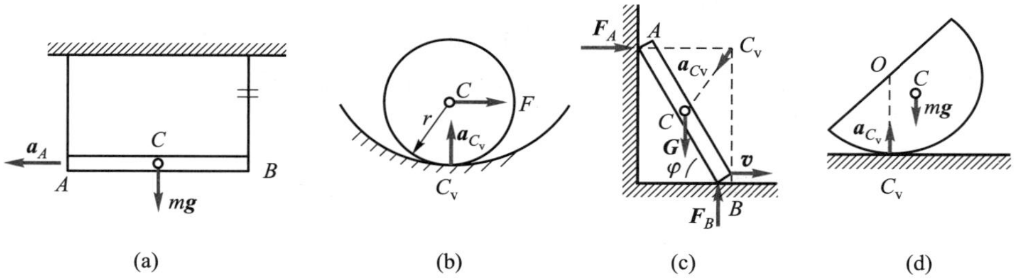

问题 5-15 图

答：图 a 中，右边绳断瞬时绳子角速度等于零，A 点加速度 $\boldsymbol{a}_A$ 只能是切向的，$\boldsymbol{a}_A$ 通过质心 C，故有

$$\frac{\mathrm{d}L_A'}{\mathrm{d}t}=\sum M_A$$

即

$$\frac{1}{3}ml^2\alpha=mg\,\frac{l}{2}$$

故

$$\alpha=\frac{3}{2}\,\frac{g}{l}$$

图 b 中，速度瞬心 C_v 的加速度 $\boldsymbol{a}_{C_v}$ 指向 C，故有

$$J_{C_v}\alpha=Fr$$

故

$$\alpha=\frac{Fr}{J_{C_v}}$$

图 c 中，$C_vC\equiv\dfrac{l}{2}$，$\boldsymbol{a}_{C_v}$ 指向 C，故有

$$J_{C_v}\alpha=G\,\frac{l}{2}\cos\,\varphi$$

故

$$\alpha=\frac{Gl\cos\,\varphi}{2J_{C_v}}$$

图 d 中，C_vC 长度变化，$\boldsymbol{a}_{C_v}$ 不指向 C，在一般位置下，有

$$\frac{\mathrm{d}L_{C_v}}{\mathrm{d}t}\neq\sum M_{C_v}$$

可由刚体平面运动微分方程求解。但当直径面水平时，$\dfrac{\mathrm{d}L_{C_v}}{\mathrm{d}t}=\sum M_{C_v}$ 成立，此时 $\alpha=0$。

思考 5-18

① 图 a 所示均质圆环质量为 m，半径为 r，其上固结质量为 m 的小球 A，静止于粗糙平面上，

细绳剪断瞬时，有 $J_B\alpha=mgr\cos 30°$，对吗？为什么？

② 圆环滚至图 b 所示位置（此时 OA 水平）时，有 $J_O\alpha=mgr-Fr$，对吗？为什么？

③ 如图 c、d 所示，长度为 l、质量为 m 的均质杆从图示静止位置开始运动，不计摩擦，试用最简单的方法求初瞬时杆的角加速度。

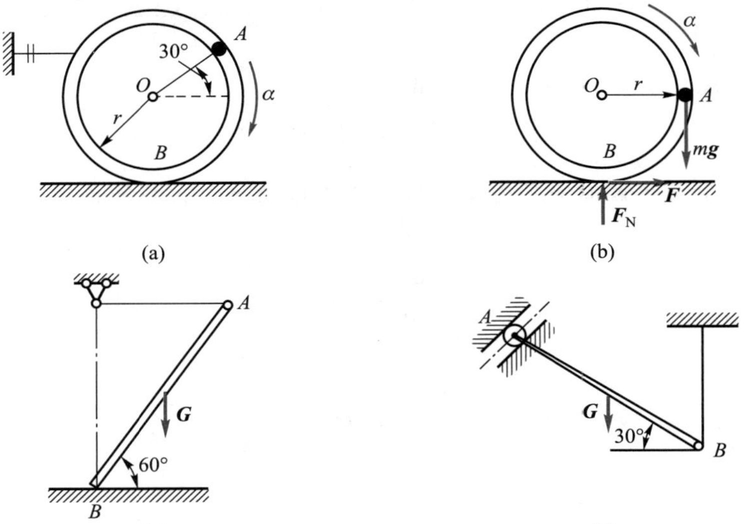

思考 5-18 图

5.4 动量定理和动量矩定理的应用

质点系的动量定理和动量矩定理相结合，能完整地描述外力系对质点系的作用效果，不但适用于刚体系统，而且也适用于变形固体、流体与松散介质。

例 5-14 图示均质轮可在水平面上滚动，已知轮的质量和半径分别为 m、R，摩擦因数为 f，在轮高度 h 处受水平恒力 $\boldsymbol{F}$ 作用，求轮心加速度 $\boldsymbol{a}_C$ 与接触处摩擦力。

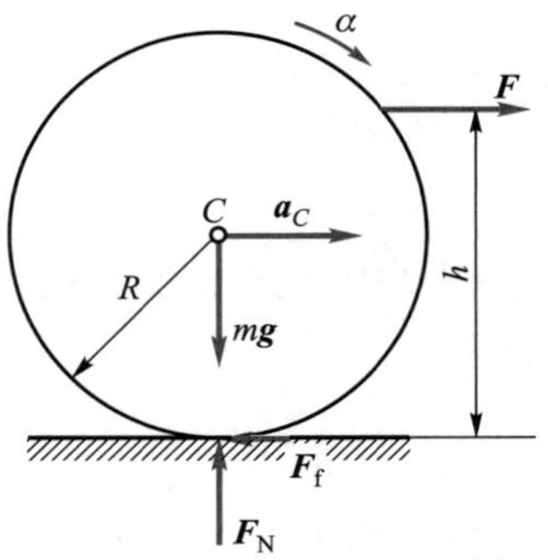

例 5-14 图

解：圆轮受力与运动分析如图所示，由刚体平面运动微分方程有

$$F-F_f=ma_C \quad (a)$$

$$F_N=mg \quad (b)$$

$$F(h-R)+F_fR=J_C\alpha \quad (c)$$

假设轮纯滚动，则

$$a_C=R\alpha \quad (d)$$

联立以上 4 式可求得

$$a_C=\frac{2Fh}{3mR},\quad F_f=\frac{F(3R-2h)}{3R}$$

可见，$h<\dfrac{3R}{2}$时，F_f向左；$h>\dfrac{3R}{2}$时，F_f向右；$h=\dfrac{3R}{2}$时，$F_f=0$。

纯滚动条件是$|F_f|\leqslant F_{max}$，即

$$F \leqslant mgf \frac{3R}{|3R-2h|}$$

若 $F>mgf \frac{3R}{|3R-2h|}$,则轮既滚又滑,补充方程为

$$F_f = mgf \tag{e}$$

将式(e)与式(a)、(b)、(c)联立,按 F_f向前与向后两种情形可分别求出 $\boldsymbol{a}_C$,请读者自行完成。

例 5-15 如图所示,长度为 l 的均质杆 AB,重量为 G,从静止于直角墙角且倾角为 φ_0的初始位置开始运动。若不计摩擦,求在任意 φ 角位置时杆的角速度与角加速度。

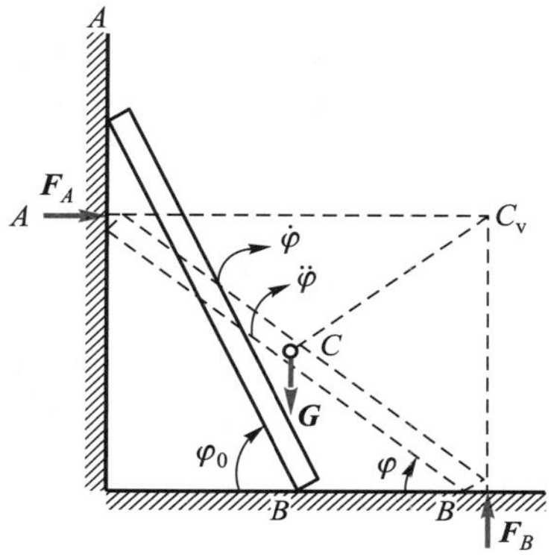

例 5-15 图

解:当杆端 A 没离开墙面时,AB 杆的速度瞬心在 C_v点,$C_vC=\frac{l}{2}$,在任意 φ 角位置时,有

$$-J_{C_v}\ddot{\varphi} = G\frac{l}{2}\cos\varphi \tag{a}$$

而

$$J_{C_v} = \frac{1}{12}\frac{G}{g}l^2 + \frac{G}{g}\frac{l^2}{4}$$

故

$$\ddot{\varphi} = \frac{-3g}{2l}\cos\varphi \tag{b}$$

又

$$\ddot{\varphi} = \frac{d\dot{\varphi}}{dt} = \frac{d\dot{\varphi}}{d\varphi}\frac{d\varphi}{dt} = \dot{\varphi}\frac{d\dot{\varphi}}{d\varphi}$$

代入式(b),并积分得

$$\int_0^{\dot{\varphi}}\dot{\varphi}d\dot{\varphi} = -\frac{3g}{2l}\int_{\varphi_0}^{\varphi}\cos\varphi d\varphi$$

故

$$\dot{\varphi} = -\sqrt{\frac{3g}{l}(\sin\varphi_0 - \sin\varphi)}\ (舍去正值)$$

注意:在进行微积分运算时,$\dot{\varphi}$、$\ddot{\varphi}$ 与坐标 φ 正方向一致,尽管它们与实际方向相反。这里式(a)两边的正负号及对式(b)的积分运算都运用了这一点。

思考 5-19

① 若采用平面运动微分方程求解例 5-15 需列几个方程?试求 A 端的约束力。

② AB 杆滑落至何位置时,A 端开始离开墙面?

③ A 端离墙后,杆的运动规律如何?

例 5-16 如图所示,一质量为 m,半径为 R 的均质圆盘水平静止置于光滑的水平面上,一质量为 m_1的人静立于盘的边缘,人突然以不变的速率 v 沿盘的边缘相对运动,试求此后圆盘的角速度与角加速度及其中心 O 的速度。

解:整体在水平方向动量守恒,且质心 C 不动,建立如图所示 Cxy 固定坐标系。设在任意 t 时刻,人在(x,y)处,O 点在(x_O,y_O)处,则有

$$(x-x_O)^2+(y-y_O)^2=R^2 \tag{a}$$

由质心公式，并注意到 $x_C=y_C=0$，有

$$\left.\begin{aligned}m_1x+mx_O=0\\m_1y+my_O=0\end{aligned}\right\}\tag{b}$$

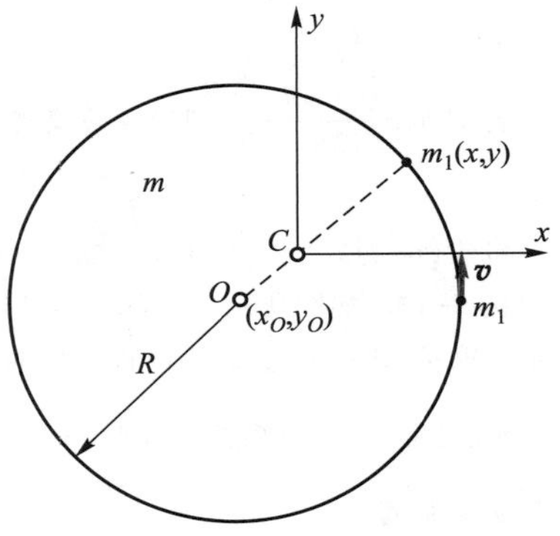

例 5-16 图

由式(a)、(b)得

$$\left.\begin{aligned}x_O^2+y_O^2=\left(\frac{m_1R}{m+m_1}\right)^2\\x^2+y^2=\left(\frac{mR}{m+m_1}\right)^2\end{aligned}\right\}\tag{c}$$

运动中人与盘心 O 的连线总是通过质心 C，故 m_1 与 O 绕 C 作圆周运动的角速度相同，设为 ω，圆盘角速度为 ω_1，设逆时针转向为正，则有

$$\omega=\omega_1+\frac{v}{R}\tag{d}$$

又由整体对质心 C 的动量矩守恒，且 $L_C=0$，有

$$m\left(\frac{m_1R}{m+m_1}\right)^2\omega+\frac{1}{2}mR^2\omega_1+m_1\left(\frac{mR}{m+m_1}\right)^2\omega=0$$

即

$$\omega=-\frac{m+m_1}{2m_1}\omega_1\tag{e}$$

将式(e)代入式(d)，得

$$\omega_1=-\frac{2m_1}{3m_1+m}\frac{v}{R}\ (\circlearrowright)$$

故

$$v_O=\omega\frac{m_1R}{m+m_1}=\frac{m_1v}{3m_1+m},\quad \alpha_1=\frac{d\omega_1}{dt}=0$$

注意：本系统质心位置 C 不动，但相应于盘上的与 C 重合的 C' 点却是运动的，圆盘并不绕 C 转动。采用质心坐标，往往简化求解。

思考 5-20

① 例 5-16 中，若人沿直径为 R 的圆周相对运动，情形怎样？

② 若人的运动改变为一个重球沿光滑的圆形轨道相对运动，情形又怎样？

例 5-17 稳定流体的动约束力。如图所示为变截面弯管中的稳定流体(各点处速度不变)，这部分流体受重力 $\boldsymbol{G}$ 作用，在入口和出口处两横截面上分别受到相邻流体的压力 $\boldsymbol{F}_1$、$\boldsymbol{F}_2$ 和管壁的约束力主矢 $\boldsymbol{F}_N$ 的作用，试求流体对管壁引起的附加动约束力的主矢与主矩。

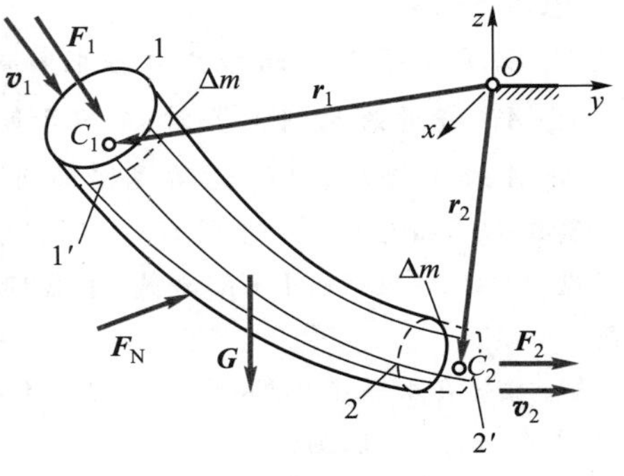

例 5-17 图

解：计算流体段所受动约束力向某定点 O 简化的结果。先求其动约束力主矢量，考察该质点系动量的变化。设在时间间隔 Δt 内，流体从截面 1 和 2 之间运动至截面 1′和 2′之间，则在 Δt 内此流体段的动量改变量为

$$\Delta\boldsymbol{p}=\boldsymbol{p}'-\boldsymbol{p}=\sum_{1'-2'}m_i\boldsymbol{v}_i'-\sum_{1-2}m_i\boldsymbol{v}_i$$

$$=\left(\sum_{1'-2} m_i \boldsymbol{v}_i' + \sum_{2-2'} m_i \boldsymbol{v}_i'\right) - \left(\sum_{1-1'} m_i \boldsymbol{v}_i + \sum_{1'-2} m_i \boldsymbol{v}_i\right) \tag{a}$$

因为是稳定流,故有

$$\sum_{1'-2} m_i \boldsymbol{v}_i' = \sum_{1'-2} m_i \boldsymbol{v}_i$$

考虑到由 1 至 1′和由 2 至 2′的质量微团均为 Δm (设流体不可压缩),于是式(a)可化简为

$$\begin{aligned}\Delta \boldsymbol{p} &= \sum_{2-2'} m_i \boldsymbol{v}_i' - \sum_{1-1'} m_i \boldsymbol{v}_i \\ &= \Delta m \boldsymbol{v}_2 - \Delta m \boldsymbol{v}_1 = \Delta m(\boldsymbol{v}_2 - \boldsymbol{v}_1)\end{aligned} \tag{b}$$

将式(b)除以 Δt 并取极限,得

$$\frac{\mathrm{d}\boldsymbol{p}}{\mathrm{d}t} = q_{\mathrm{m}}(\boldsymbol{v}_2 - \boldsymbol{v}_1) \tag{c}$$

式中 q_{m} 为**质量流量**。将式(c)代入质点系动量定理,得

$$q_{\mathrm{m}}(\boldsymbol{v}_2 - \boldsymbol{v}_1) = \boldsymbol{G} + \boldsymbol{F}_1 + \boldsymbol{F}_2 + \boldsymbol{F}_{\mathrm{N}} \tag{d}$$

若将约束力主矢 $\boldsymbol{F}_{\mathrm{N}}$ 分为两部分:$\boldsymbol{F}_{\mathrm{N}} = \boldsymbol{F}_{\mathrm{N}}' + \boldsymbol{F}_{\mathrm{N}}''$,其中 $\boldsymbol{F}_{\mathrm{N}}'$ 为与外力 $\boldsymbol{G}$、$\boldsymbol{F}_1$、$\boldsymbol{F}_2$ 相平衡的管壁静约束力,即

$$\boldsymbol{F}_{\mathrm{N}}' + \boldsymbol{F}_1 + \boldsymbol{F}_2 + \boldsymbol{G} = 0$$

则附加动约束力主矢

$$\boldsymbol{F}_{\mathrm{N}}'' = q_{\mathrm{m}}(\boldsymbol{v}_2 - \boldsymbol{v}_1) = q_{\mathrm{V}}\rho(\boldsymbol{v}_2 - \boldsymbol{v}_1) \tag{5-61}$$

式中,q_{V} 为体积流量,ρ 为流体密度。

再求该流体段所受对固定点 O 的动约束力主矩。由定点 O 向入、出口处的两个质量微团 Δm 的质心 C_1 与 C_2 分别引位矢 $\boldsymbol{r}_1$、$\boldsymbol{r}_2$,则在 Δt 内,该稳定流段对定点 O 的动量矩变化为

$$\Delta \boldsymbol{L}_O = \Delta m(\boldsymbol{r}_2 \times \boldsymbol{v}_2 - \boldsymbol{r}_1 \times \boldsymbol{v}_1)$$

将该式除以 Δt,并取极限,得

$$\frac{\mathrm{d}\boldsymbol{L}_O}{\mathrm{d}t} = q_{\mathrm{m}}(\boldsymbol{r}_2 \times \boldsymbol{v}_2 - \boldsymbol{r}_1 \times \boldsymbol{v}_1) \tag{e}$$

代入$\dfrac{\mathrm{d}\boldsymbol{L}_O}{\mathrm{d}t} = \sum \boldsymbol{M}_O$中,得

$$q_{\mathrm{m}}(\boldsymbol{r}_2 \times \boldsymbol{v}_2 - \boldsymbol{r}_1 \times \boldsymbol{v}_1) = \boldsymbol{M}_O(\boldsymbol{G}) + \boldsymbol{M}_O(\boldsymbol{F}_1) + \boldsymbol{M}_O(\boldsymbol{F}_2) + \boldsymbol{M}_O(\boldsymbol{F}_{\mathrm{N}}) \tag{f}$$

注意到

$$\boldsymbol{F}_{\mathrm{N}}' + \boldsymbol{G} + \boldsymbol{F}_1 + \boldsymbol{F}_2 = 0$$

且有

$$\boldsymbol{M}_O(\boldsymbol{G}) + \boldsymbol{M}_O(\boldsymbol{F}_1) + \boldsymbol{M}_O(\boldsymbol{F}_2) + \boldsymbol{M}_O(\boldsymbol{F}_{\mathrm{N}}') = 0$$

故动约束力矩

$$\boldsymbol{M}_O(\boldsymbol{F}_{\mathrm{N}}'') = q_{\mathrm{m}}(\boldsymbol{r}_2 \times \boldsymbol{v}_2 - \boldsymbol{r}_1 \times \boldsymbol{v}_1) = q_{\mathrm{V}}\rho(\boldsymbol{r}_2 \times \boldsymbol{v}_2 - \boldsymbol{r}_1 \times \boldsymbol{v}_1) \tag{5-62}$$

式(5-61)连同式(5-62)可完全确定流体段所受动约束外力的简化结果,而流体对管道的动约束力与 $\boldsymbol{F}_{\mathrm{N}}''$ 和 $\boldsymbol{M}_O(\boldsymbol{F}_{\mathrm{N}}'')$ 等值、反向。若对动约束力分布作出某种假设,便可确定管道的受力分布。

问题 5-16 如图 a、图 b 所示,试判断等截面弯道水管段所受动约束力。

答: 对图 a,由式(5-61)与式(5-62),得 $\boldsymbol{F}_{\mathrm{N}}'' = q_{\mathrm{m}}(\boldsymbol{v}_2 - \boldsymbol{v}_1)$,$\boldsymbol{M}_O(\boldsymbol{F}_{\mathrm{N}}'') = 0$,管道受力与 $\boldsymbol{F}_{\mathrm{N}}''$ 方向相反,大小相等,为$\sqrt{2}q_{\mathrm{m}}v$(其中,$v = v_2 = v_1$)。合力作用在角点 O。

对图 b,附加动约束力主矢 $\boldsymbol{F}_{\mathrm{N}}'' = 0$,主矩 $\boldsymbol{M}_O = 0$。

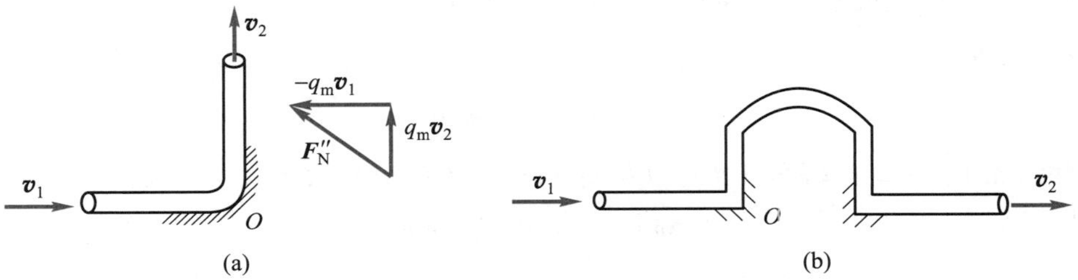

问题 5-16 图

问题 5-17 如图所示，流量为 q_V，密度为 ρ，流速为 $\boldsymbol{v}$ 的喷射流体在挡板上分成图示两股分流，挡板倾角为 θ，不计摩擦及自重，试求支承力 $\boldsymbol{F}$ 及流量 q_{V_1}、q_{V_2}。

答：考察挡板上的流体段，因不计摩擦，流体分流后速度大小不变，由式（5-61）有

$$F=q_V\rho[0-(-v\sin\theta)]=q_V\rho v\sin\theta$$

因 $\sum F_x=0$，故 p_x 守恒，有

$$q_V\rho v\cos\theta=q_{V_1}\rho v-q_{V_2}\rho v$$

故

$$q_V\cos\theta=q_{V_1}-q_{V_2} \tag{a}$$

而

$$q_V=q_{V_1}+q_{V_2} \tag{b}$$

由式（a）和式（b）得

$$q_{V_1}=\frac{q_V}{2}(1+\cos\theta),\quad q_{V_2}=\frac{q_V}{2}(1-\cos\theta)$$

思考 5-21 问题 5-17 图中，若挡板以匀速度 $\boldsymbol{u}$ 沿 y 方向运动，上述情形将怎样变化？试求解。

思考 5-22 如图所示，水流以体积流量 q_V 从喷嘴中喷出。喷嘴通过 6 个螺栓与管道相连接。今测得管内压力为 p_1，水流的密度为 ρ，如何求每个螺栓所受的力？

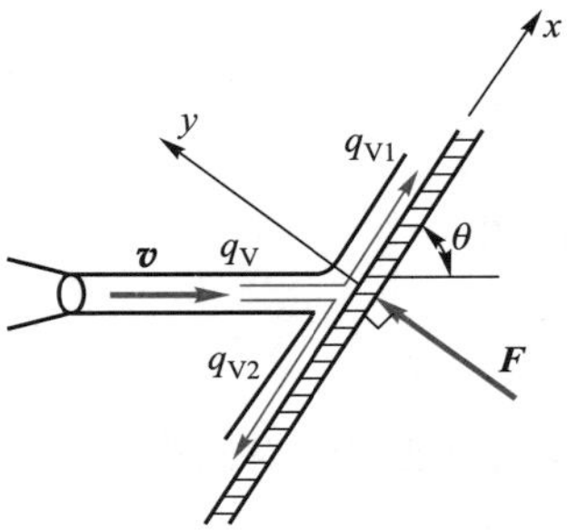

问题 5-17 图

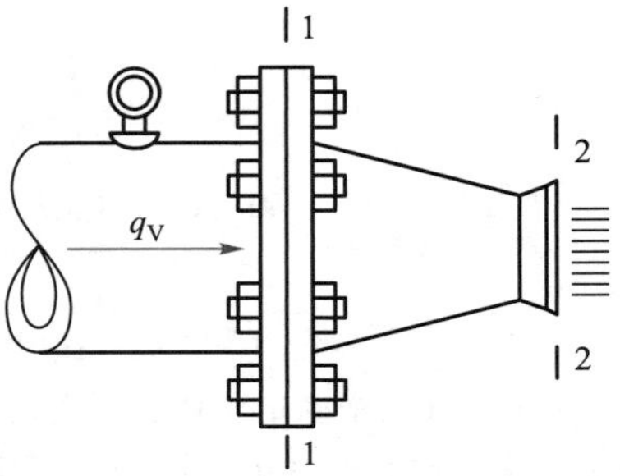

思考 5-22 图

例 5-18 如图所示，喷嘴 BD 出口处 B 的面积为 A，入口处 D 的面积为 A_0，流体的密度为 ρ，由出口处以 $\boldsymbol{v}$ 的速度稳定喷出。求由流体运动引起的入口法兰 D 上所受的约束力。D 处流体速度大小为 $v_0=\dfrac{Av}{A_0}$。

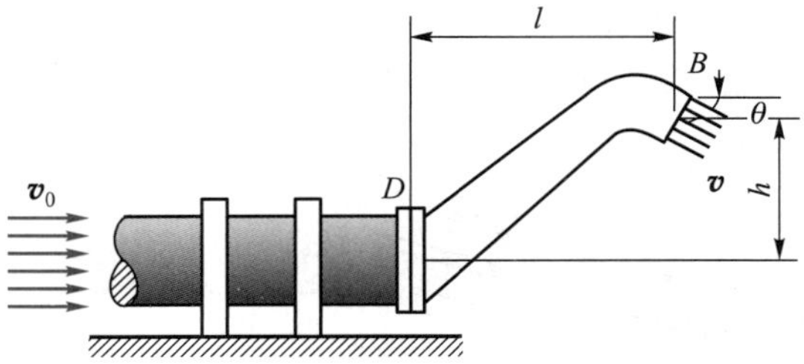

(a)

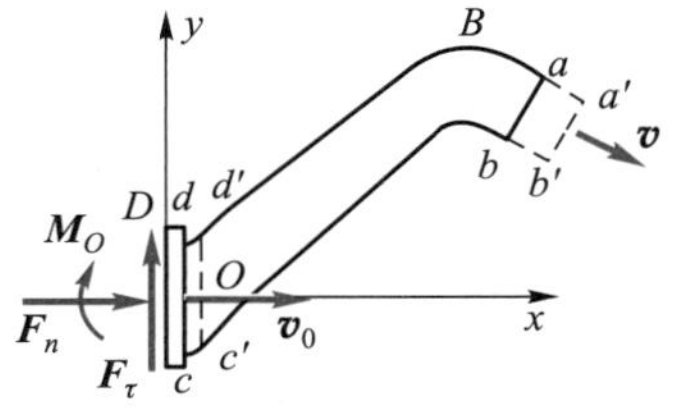

(b)

例 5-18 图

解：流体为定常流动，考虑喷嘴中的流体，其所受动约束力如图 b 所示，先考虑由动量变化引起的动约束力主矢，由式(5-61)得

$$\boldsymbol{F}''_{\mathrm{N}}=q_{\mathrm{V}}\rho(\boldsymbol{v}-\boldsymbol{v}_0)$$

即

$$F_n=q_{\mathrm{V}}\rho(v\cos\theta-v_0)=Av^2\rho\left(\cos\theta-\frac{A}{A_0}\right)$$

$$F_\tau=Av\rho(-v\sin\theta-0)=-Av^2\rho\sin\theta$$

再考虑系统对点 O 的动量矩的变化引起的动约束力偶矩，由式(5-62)得

$$\boldsymbol{M}_O=q_{\mathrm{V}}\rho(\boldsymbol{r}_2\times\boldsymbol{v}_2-\boldsymbol{r}_1\times\boldsymbol{v}_1)$$

有

$$M_O=\rho Av^2(h\cos\theta+l\sin\theta)$$

法兰所受动约束力与 $\boldsymbol{F}_n$、$\boldsymbol{F}_\tau$和 $\boldsymbol{M}_O$大小相等，方向相反。

问题 5-18 图 a 为水轮机叶轮的俯视示意图。水流经固定导流叶片流进叶轮，其进、出口速度分别为 $\boldsymbol{v}_1$、$\boldsymbol{v}_2$，二者与叶轮外、内圆周切线间的夹角分别为 θ_1、θ_2。水的体积流量为 q_{V}，密度为 $\boldsymbol{\rho}$，水流进、出口处的半径分别为 r_1、r_2，水轮机处于水平面内。试求水流对叶轮的转动力矩。

答：如图 b 所示，在时间间隔 Δt 内，所考察的水流由 $ABCD$ 运动至 $abcd$，于是由式(5-62)，叶轮对水的动约束力矩大小为

$$M_O=q_{\mathrm{m}}(r_2v_2\cos\theta_2-r_1v_1\cos\theta_1)=q_{\mathrm{V}}\rho(r_2v_2\cos\theta_2-r_1v_1\cos\theta_1)$$

水流对叶轮的转动力矩与 M_O等值反向。

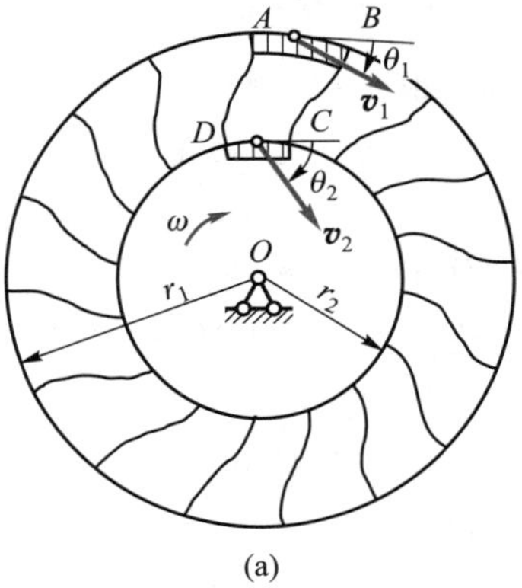

(a)

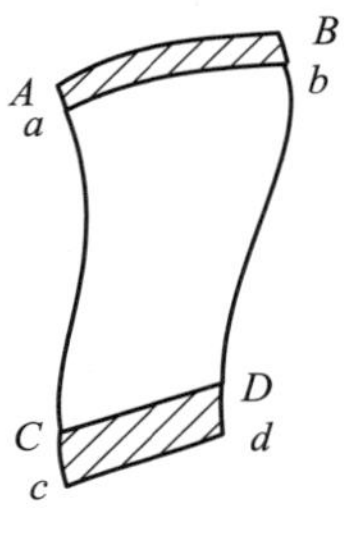

(b)

问题 5-18 图

例 5-19 如图所示胶带运砂机，已知运砂流量 $q_m=490\ \text{kg/s}$，出、入口砂的传送水平速度大小为 $v_1=v_2=1.5\ \text{m/s}$，砂与运砂机总重量为 $G=14\ 700\ \text{N}$，重心位置如图所示，试求运砂时支座 A、B 处约束力。

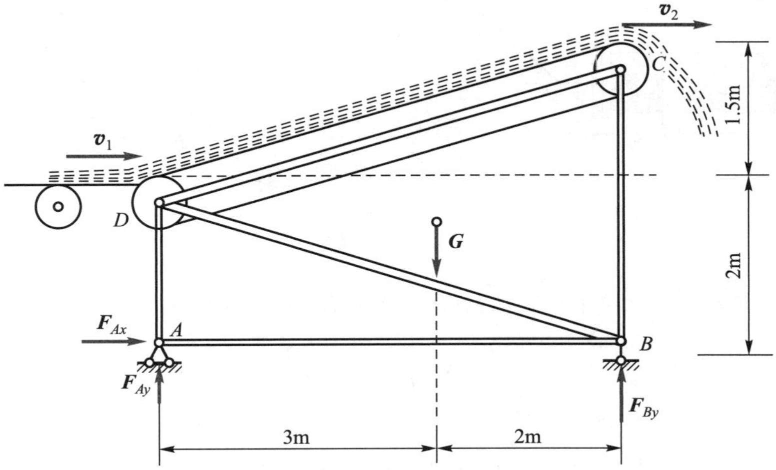

例 5-19 图

解：考察整体，视胶带上的流砂段为稳定流，其动量无变化，动约束力主矢为零，但动量矩 L_A 有变化，必导致产生动约束力矩，受力如图所示。选 A 为矩心，由 $\dfrac{\mathrm{d}L_A}{\mathrm{d}t}=\sum M_A$，有

$$q_m(v_2\times3.5\ \text{m}-v_1\times2\ \text{m})=G\times3\ \text{m}-F_{By}\times5\ \text{m}$$

代入已知数据，得

$$F_{By}=8\ 600\ \text{N}$$

由 $\sum F_x=0$，得

$$F_{Ax}=0$$

由 $\sum F_y=0$，$F_{Ay}+F_{By}=G$，得

$$F_{Ay}=6\ 100\ \text{N}$$

注意：此例所求约束力包含了静约束力和动约束力，由式(5-62)可直接求出 A、B 处动约束力。

*5.5 分子动力学基础

分子动力学也称多质点动力学，以其不带近似、跟踪粒子轨迹、模拟结果准确等特性而倍受研究者的关注。在分子动力学方法中，首先是将由 n 个粒子组成的体系抽象成 n 个相互作用的质点，然后给出这 n 个质点间相互作用势，在经典框架中，运用经典力学方程，如牛顿力学方程等，求解每粒子的运动轨迹，并在此基础上研究该体系的结构及其他相关性质。迄今为止，分子动力学方法已成为应用最广泛的纳米力学计算方法。分子动力学模拟是连通微观长度尺度和时间尺度与宏观性质的桥梁。

1957 年，基于质点模型，采用分子动力学方法获得了气体和液体的状态方程，从此开创了利用分子动力学方法研究物质宏观性质的先例。经典分子动力学模拟的基本思想是：建立一个符合经典牛顿力学规律的原子体系并用于研究结构演变，通过求解牛顿运动方程组获得所有原子的运动轨迹，然后根据统计物理学原理计算出该体系相应的宏观物理特性。按照功能的不同，分子动力学方法可以划分为平衡态分子动力学（E 型分子动力学：equilibrium molecular dynamics）和非平衡态分子动力学（NE 型分子动力学：non-equilibrium molecular dynamics）。E 型分子动力学模拟是研究给定系统向所期望的平衡态演化的过程，不仅能够预测材料在平衡态的热力学性质，还可以为动力学加载过程提供合理的初始条件。NE 型分子动力学模拟则主要用于研究初始系统在外加载荷、温度梯度作用下的动力学响应，并提出响应系数。通常，动力学过程的分子动力学模拟要用到以上两种方法。首先，采用 E 型分子动力学模拟得到系统在特定条件下的平衡状态；然后，以此时的平衡状态作为初始条件，进行 NE 型分子动力学模拟。

经典分子动力学是一种基于牛顿定理的数值模拟方法，其最大的特点是能在原子尺度上模拟物质的相互作用，获得所有原子或分子的详细运动轨迹，并根据统计物理学原理计算出体系相应的宏观物理特性，为理解和预测宏观体系的物理化学力学等性质提供参考。

5.5.1 势函数

对于一个原子体系（质点系），根据每个原子的动量定理有

$$\frac{\mathrm{d}}{\mathrm{d}t}(m_i\boldsymbol{v}_i)=\boldsymbol{F}_i \quad (i=1,2,\cdots,n) \tag{5-63}$$

式中，m_i 为原子 i 的质量，$\boldsymbol{v}_i$ 为原子 i 的速度，$\boldsymbol{F}_i$ 为施加在原子 i 上的外力。

一般而言原子质量为常数，上式改写为

$$m_i\frac{\mathrm{d}^2\boldsymbol{r}_i}{\mathrm{d}t^2}=\boldsymbol{F}_i \tag{5-64}$$

式中，$\boldsymbol{r}_i$ 为原子 i 的位置矢量。在一定初始条件下，通过求解该方程组，即可得到每个原子在任意时刻的位置信息。

在原子体系中，式(5-64)中原子 i 所受的外力为保守力，可以写成势能函数的导数。即

$$\boldsymbol{F}_i=-\frac{\partial V(\boldsymbol{R}^N)}{\partial \boldsymbol{r}_i} \tag{5-65}$$

式中，$\boldsymbol{R}^N=\{\boldsymbol{r}_1,\boldsymbol{r}_2,\cdots\boldsymbol{r}_3\}$ 为所有原子的位置矢量，$V(\boldsymbol{R}^N)$ 为该构型时的势能函数。可见，势函数决定了原子的受力，对计算的结果具有直接影响，合适的势函数选取很重要。目前有两种确定势函数的方法：量子力学从头计算方法和经验势函数方法。尽管量子力学从头计算方法的精度很高，但是计算效率很低。为了兼顾计算时间和计算精度，采用经验势函数法是目前普遍的方法。

构造势函数通常可分为如下几部分：

$$V(\boldsymbol{R}^N)=\sum_i V_1(\boldsymbol{r}_i)+\sum_{i,j}V_2(\boldsymbol{r}_i,\boldsymbol{r}_j)+\sum_{i,j,k}V_3(\boldsymbol{r}_i,\boldsymbol{r}_j,\boldsymbol{r}_k)+\cdots \tag{5-66}$$

式中，第一项为外部势，第二项为二体势，如化学键和范德瓦耳斯力，第三项为三体势，如键的弯曲或扭转。更高的项次的势函数可以增加势能函数的复杂性和准确性。例如常见的 Lennard-Jones potential（LJ，伦纳德-琼斯势）函数

$$V(r)=4\varepsilon\left[\left(\frac{\sigma}{r}\right)^{12}-\left(\frac{\sigma}{r}\right)^{6}\right] \tag{5-67}$$

是一种常用的二体势函数，能很好地描述两个粒子之间的范德瓦耳斯力（如图 5-11）。其中 ε、σ

为常数，r 为两粒子之间的距离。

再如嵌入原子势方法(embedded atom method，EAM)势函数由相互作用二体势和嵌入能组成：$V(\boldsymbol{R}^N)=\frac{1}{2}\sum_{j\neq i}V_{ij}(R_{i,j})+F_\alpha\sum_{j\neq i}\rho_i(R_{i,j})$，其中 $R_{i,j}$ 为原子 i 与原子 j 的距离，$V_{ij}(R_{i,j})$ 为原子 i,j 间的二体势，ρ_i 是由除原子 i 外的所有原子在 i 处产生的电子密度，F_α 为原子 i 嵌入时产生的嵌入能。该势函数常应用于金属及合金的分子动力学模拟计算中。势函数还有很多种类，在此不过多介绍。对于不同的系统，应选取适用于该系统的合适的势函数。

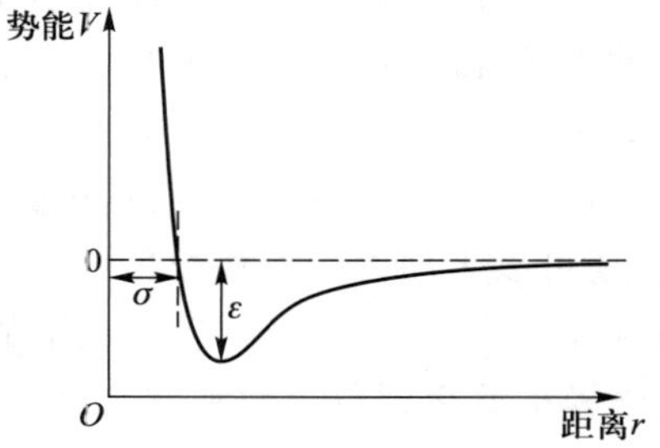

图 5-11　LJ 势函数示意图

5.5.2　初始条件

为了进行后续的计算，首先应该定义原子的初始位置和速度。原子的初始位置通常会基于晶格结构给定。对于初始速度，原则上，只要保持系统的稳定性，原子的初始速度可以取任意值。然而，为了加速模拟并保证其平滑性能，初始原子速度应该遵循一定的温度下的麦克斯韦速率分布：

$$P(v)=4\pi v^2\left(\frac{m}{2\pi k_B T}\right)^{\frac{3}{2}}\exp\left(-\frac{mv^2}{2k_B T}\right) \tag{5-68}$$

式中，$P(v)$ 表示速度大小为 v 到 $v+\mathrm{d}v$ 区间内的概率密度函数，其中 k_B 是玻尔兹曼常数，T 是温度。

5.5.3　时间积分算法

在通过分子间作用势求得了作用在原子上的力后，通过求解式(5-62)的二次常微分方程可得到原子运动的加速度、速度、位置和轨迹。分子动力学常采用如下数值积分方法，即 Verlet 算法。根据泰勒公式：

$$\boldsymbol{r}_i(t+\Delta t)=\boldsymbol{r}_i(t)+\frac{\mathrm{d}\boldsymbol{r}_i(t)}{\mathrm{d}t}\Delta t+\frac{1}{2}\frac{\mathrm{d}^2\boldsymbol{r}_i(t)}{\mathrm{d}t^2}(\Delta t)^2 \tag{5-69}$$

$$\boldsymbol{r}_i(t-\Delta t)=\boldsymbol{r}_i(t)-\frac{\mathrm{d}\boldsymbol{r}_i(t)}{\mathrm{d}t}\Delta t+\frac{1}{2}\frac{\mathrm{d}^2\boldsymbol{r}_i(t)}{\mathrm{d}t^2}(\Delta t)^2 \tag{5-70}$$

两式相加可得

$$\boldsymbol{r}_i(t+\Delta t)=2\boldsymbol{r}_i(t)-\boldsymbol{r}_i(t-\Delta t)+\frac{\mathrm{d}^2\boldsymbol{r}_i(t)}{\mathrm{d}t^2}(\Delta t)^2 \tag{5-71}$$

其中$\frac{\mathrm{d}^2\boldsymbol{r}_i(t)}{\mathrm{d}t^2}=\frac{\boldsymbol{F}_i}{m_i}$通过势函数可求得。因此上式可根据 $t-\Delta t$ 和 t 时刻的原子位置，求得 $t+\Delta t$ 时刻的原子位置。反复使用这个方程，一步一步地计算出每个原子 i 在任意时刻 t 的位置。

5.5.4　系综及统计量

在力学研究中，不仅要研究构成宏观系统的单个粒子，更需要知道它们的平均行为或性质，因此计算模拟的多粒子体系用统计物理规律来描述。

系综是用统计方法描述热力学系统的统计规律性时引入的一个基本概念，它是吉布斯于 1901 年创立完成的。系综是指在一定的宏观条件或约束条件下，大量性质和结构完全相同的、处于各种运动状态下的、各自独立系统的集合。分子动力学仿真模拟过程中常用的系综包括：

（1）微正则系综：在这种系综下，体系的粒子数目（N）守恒，体系的体积（V）不发生变化，体系与外界不交换能量（E），又称为 NVE 系综。

（2）正则系综：系统的粒子数（N）、体积（V）和温度（T）都保持不变，又称 NVT 系综。

（3）等压等温系综：可变体积下保持粒子数（N）恒定的恒压（P）恒温（T）体系，又称 NPT 系综。

（4）等压等焓系综：保持粒子数（N）、压力（P）和焓值（H）都不变的体系，又称 NPH 系综。

例如，采用分子动力学模拟晶体材料纳米尺度机械加工过程，包括两个阶段：弛豫阶段和加工阶段。弛豫阶段：模拟体系达到平衡状态（模拟体系的温度达到设定的温度，且系统压强等于或接近于大气压）的过程。因此，在弛豫阶段采用 NPT 系综对模拟体系进行弛豫，使工件材料达到平衡状态。在加工阶段中，在纳米尺度下热量对材料变形的影响显著增加，有必要考虑纳米机械加工过程中热量的变化。因此，在加工阶段使用 NVE 系综对模拟体系进行控制。

同时，通过统计方法可以得到大量粒子的统计平均特性，分子动力学中常用到的统计性质如下：

（1）势能：由势能函数直接给出。

（2）动能：体系的总动能为每个粒子的动能之和：

$$E_{\mathrm{k}} = \sum_i \frac{1}{2} m_i \boldsymbol{v}_i^2 \tag{5-72}$$

（3）压强：体系的压强由如下公式给出：

$$P = \frac{2E_{\mathrm{k}}}{3V} \tag{5-73}$$

（4）温度：根据理想气体状态方程 $pV = Nk_{\mathrm{B}}T$，可得

$$T = \frac{2E_{\mathrm{k}}}{3Nk_{\mathrm{B}}} \tag{5-74}$$

例 5-20 试证明压强公式 $p = \dfrac{2E_{\mathrm{k}}}{3V}$。

解：设容器体积为 V，粒子数为 N。对于速度为 $\boldsymbol{v}_i$ 的粒子，假设该粒子与 x 方向的边界发生弹性碰撞，原速返回，则其动量的改变量（即冲量）为 $2m_i v_{ix}$，如图所示，该粒子与 $\mathrm{d}A$ 面积的边界发生碰撞的概率为 $\dfrac{\mathrm{d}V}{V} = \dfrac{v_{ix}\mathrm{d}t\mathrm{d}A}{V}$，则 $\mathrm{d}A$ 面积的边界所承受所有粒子的冲量大小为

$$I = \sum_i \frac{2m_i v_{ix}^2 \mathrm{d}t\mathrm{d}A}{V}(2m_i v_{ix})\left(\frac{\mathrm{d}V}{V}\right) = (2m_i v_{ix})\left(\frac{v_{ix}\mathrm{d}t\mathrm{d}A}{V}\right) \tag{a}$$

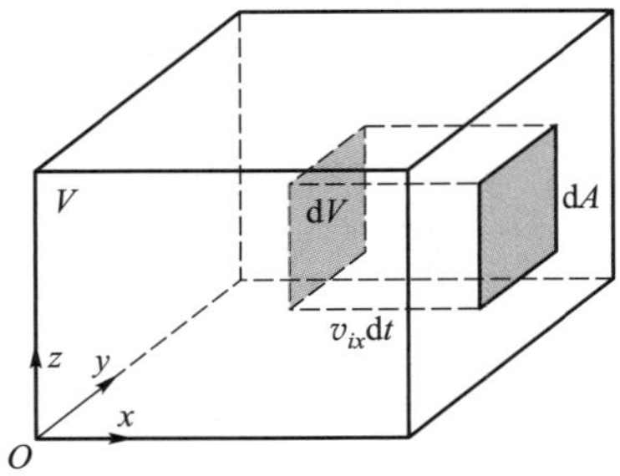

例 5-20 图

注意到 v_{ix} 有正负值，即速度有方向性，只有正向速度才会发生碰撞，上式冲量公式中计入了负向速度，故应排除，则应有

$$I = \sum_i \frac{m_i v_{ix}^2 \mathrm{d}t\mathrm{d}A}{V} \tag{b}$$

也可理解为粒子对左右两个边界会碰撞,需要做两个面的平均。那么,根据压强公式和动量定理可得

$$p = \frac{F}{S} = \frac{I/\mathrm{d}I}{\mathrm{d}A} = \sum_i \frac{m_i v_{ix}^2}{V} \tag{c}$$

又由于粒子在各方向上的速度随机均匀分布,有 $v_{ix}^2 = v_{iy}^2 = v_{iz}^2 = \frac{1}{3}\boldsymbol{v}_i^2$,可得

$$p = \frac{1}{V}\frac{2}{3}\sum_i \frac{1}{2}m_i \boldsymbol{v}_i^2 = \frac{2}{3}\frac{1}{V}E_\mathrm{k} \tag{d}$$

例 5-21 试证明动能与温度关系式 $E_\mathrm{k} = \frac{3}{2}Nk_\mathrm{B}T$。

解: 设粒子服从麦克斯韦速率分布关系:

$$P(v) = 4\pi v^2\left(\frac{m}{2\pi k_\mathrm{B}T}\right)^{\frac{3}{2}}\exp\left(-\frac{mv^2}{2k_\mathrm{B}T}\right) \tag{a}$$

则其平均动能为

$$\bar{e}_\mathrm{k} = \int_0^\infty \frac{1}{2}mv^2 \cdot P(v)\,\mathrm{d}v = 2m\pi\left(\frac{m}{2\pi k_\mathrm{B}T}\right)^{\frac{3}{2}}\int_0^\infty v^4 \exp\left(-\frac{mv^2}{2k_\mathrm{B}T}\right)\mathrm{d}v = \frac{3}{2}k_\mathrm{B}T \tag{b}$$

故总动能为

$$E_\mathrm{k} = N\bar{e}_\mathrm{k} = \frac{3}{2}Nk_\mathrm{B}T \tag{c}$$

习 题

5-1 小球 A 重量为 G,以两细绳 AB 和 AC 挂起,如图所示。现在把绳 AB 突然剪断,试求此瞬时绳 AC 的拉力 $\boldsymbol{F}_\mathrm{T}$,并求 AB 未剪断时 AC 的拉力 $\boldsymbol{F}_\mathrm{T0}$。

5-2 桥式吊车如图所示。小车以 $v_0 = 1$ m/s 的匀速度带动重物沿水平桥梁行驶,同时使重物以加速度 $a = 1$ m/s^{2}上升。现在设小车突然停止而重物原上升的加速度不变,试求此瞬时重物作用在小车上的拉力。已知重物重量为 10 kN,$l = 5$ m,取 $g = 10$ m/s^2。

5-3 物块 A、B 的质量分别是 $m_A = 20$ kg,$m_B = 40$ kg,两物块用弹簧连接,如图所示。已知物块 A 的铅垂运动规律为 $y = \sin 8\pi t$,其中 y 以 cm 计,t 以 s 计。试求 B 对支承面的压力,并求此力的极大值和极小值。弹簧质量忽略不计。

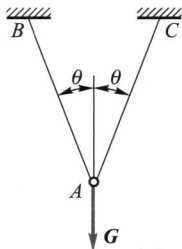

题 5-1 图

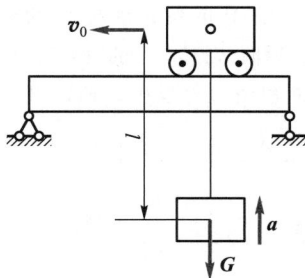

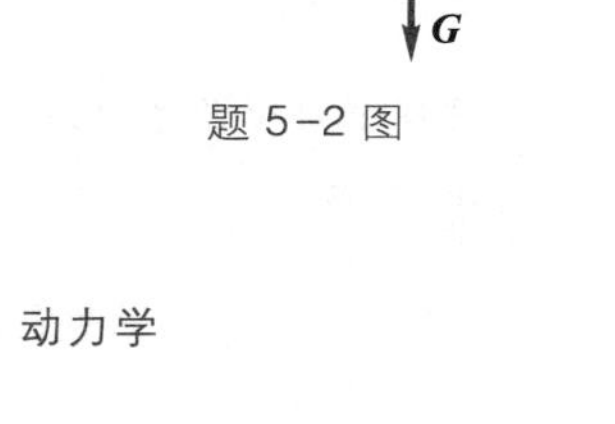

题 5-2 图

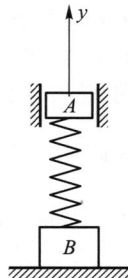

题 5-3 图

5-4　一重物自高处无初速地下落，不计空气阻力，但要考虑地球对物体引力的变化。试分别以起始位置、落到地面时的一点及地球中心为坐标原点，写出重物的运动微分方程。设开始时重物高度 $h=3\ 200\ \mathrm{km}$，求到达地面时的速度及所需时间，地球半径约 6 400 km。

5-5　重量为 G 的小球在空气中铅垂下降，它受到的空气阻力与速度平方成正比，即 $F_R=kv^2$。其中，k 为给定常量。若初始速度等于 v_0，求小球的速度与它经过的路程之间的关系。

5-6　图示系统中，已知阻力系数 c，弹簧刚度系数 k，杆端小球质量 m 及图示尺寸，不计杆重，若将坐标原点选在杆静平衡的水平位置，试求系统微幅振动的微分方程，并计算其固有频率。

5-7　图示质量为 m 的薄板悬挂在刚度系数为 k 的弹簧下端，在空气的振动周期为 T_1，在某种液体中的振动周期为 T_2。薄板与液体接触的总面积为 $2A$，薄板在空气中的阻力可以不计，而在液体中的阻力可表示为 $F_d=\zeta 2Av$，其中 v 为薄板运动速度。试证明系数 ζ 为

$$\zeta=\frac{2\pi m}{AT_1T_2}\sqrt{T_2^2-T_1^2}$$

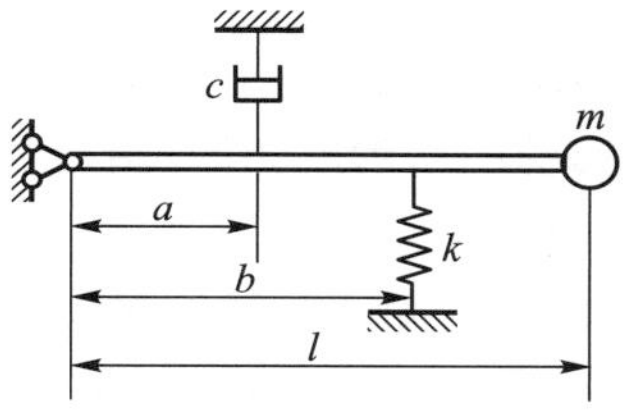

题 5-6 图

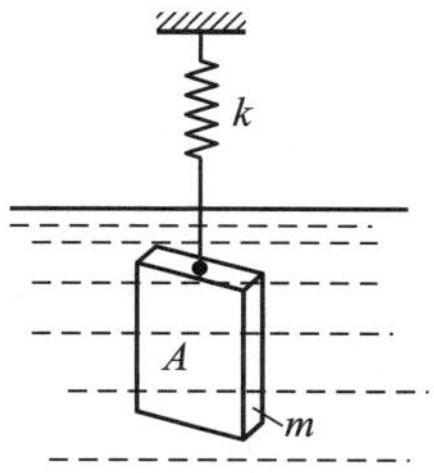

题 5-7 图

5-8　试计算下列各系统在图示瞬时的总动量。

① 图 a 中杆 AB 以匀角速度 ω 绕轴 A 转动，带动行星轮 B 在固定中心轮上作纯滚动。杆与行星轮都为均质体，质量分别为 m_1 和 m_2。

② 图 b 中正方形的框架 $ABCD$ 的质量为 m_1，边长为 l，以角速度 ω_1 绕定轴转动；而均质圆盘的质量为 m_2，半径为 r，以角速度 ω_2 绕重合于框架的对角线 BD 的中心轴转动。

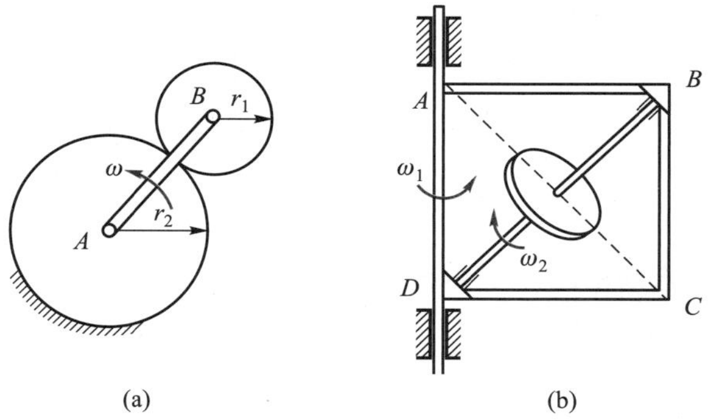

题 5-8 图

5-9 如图所示，A 物重量为 G_1，沿楔状物 D 的斜面下降，同时通过绕过滑轮 C 的绳使重为 G_2 的物体 B 上升。斜面与水平面成 θ 角。滑轮和绳的质量及一切摩擦均略去不计。求楔状物 D 作用于地板高出部分 E 的水平压力。

5-10 均质杆 AC 与 BC 由相同材料制成，在 C 点铰接，二杆位于同一铅垂面内，如图所示。$AC=25$ cm，$BC=40$ cm。在 $CG_1=24$ cm 时，将系统由静止释放，求当 A、B、C 在同一直线上时，A 与 B 两端点各自移动的距离。

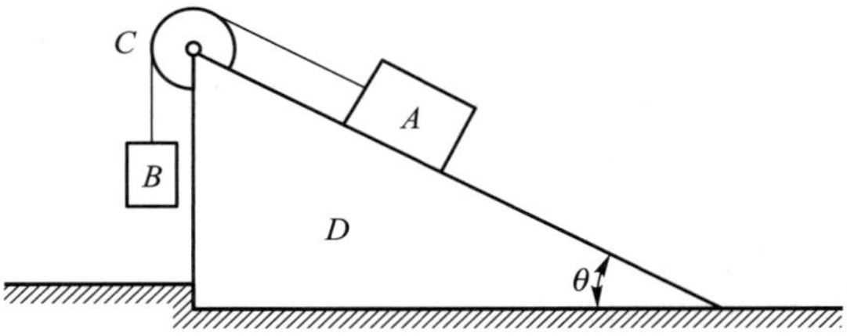

题 5-9 图

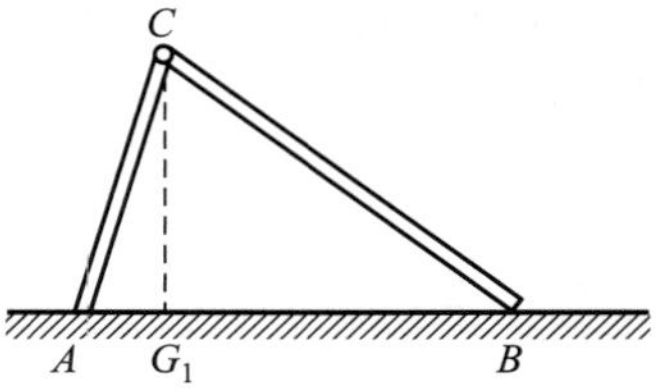

题 5-10 图

5-11 如图所示，椭圆摆由一滑块 A 与小球 B 所构成。滑块的质量为 m_1，可沿光滑水平面滑动。小球的质量为 m_2，用长度为 l 的杆 AB 与滑块相连。在运动的初瞬时，杆与铅垂线的偏角为 φ_0，且无初速地释放。不计杆的质量，求滑块 A 的位移，用偏角 φ 表示。

* **5-12** 已知火箭的总质量 $m_0=3\times10^6$ kg，其中燃料的质量 $m_f=2\times10^6$ kg，发射后，单位时间内排出的燃气质量 $q=2\times10^4$ kg/s，排出气体相对于火箭的速度 $v_r=2\ 000$ m/s。今火箭向上发射，不计空气阻力及地球引力随高度的变化，计算燃烧完成时火箭所获得的速度及此时火箭所达到的高度。

* **5-13** 有一运煤车，空车质量为 1 500 kg，可装煤 3 000 kg。设装煤的速率为300 kg/s。煤进入车厢时的速度为 5 m/s，与水平呈 θ 角，$\tan\theta=4/3$，如图所示。开始，车身处于静止。求装满时车的速度及移过的距离。假定轨道的阻力不计。

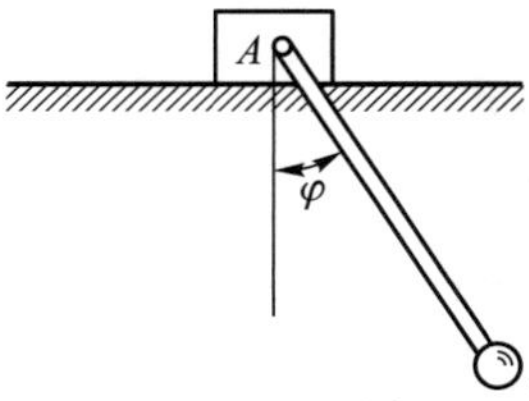

题 5-11 图

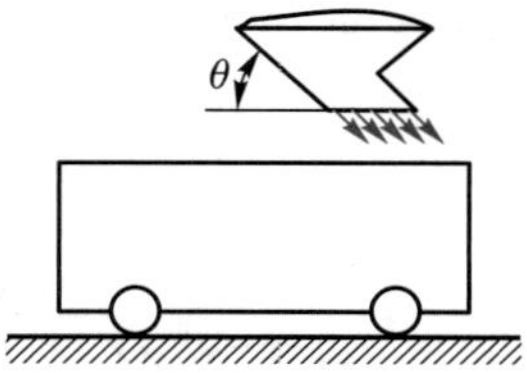

题 5-13 图

* **5-14** 第 5-13 题中的运煤车，到达目的地后，以 300 kg/s 的速率把煤卸掉。设车子原来的速度为 1.5 m/s，煤卸下时相对于车子的速度 $v_r=5$ m/s，与水平呈 θ 角，$\tan\theta=3/4$，如图所示。求煤卸完时车子的速度。不计轨道阻力。

5-15 如图所示，轮子的质量 $m=100$ kg，半径 $r=1$ m，可以看成均质圆盘。当轮子以转速 $n=120$ r/min 绕定轴 O 转动时，在杆 A 点垂直地施加常力 $\boldsymbol{F}$，经过 10 s 时轮子停止。设轮与闸块间的摩擦因数 $f=0.1$，试求力 $\boldsymbol{F}$ 大小。轴承摩擦和闸块的厚度都忽略不计。

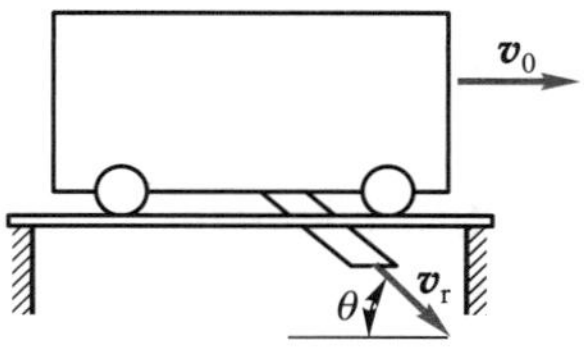

题 5-14 图

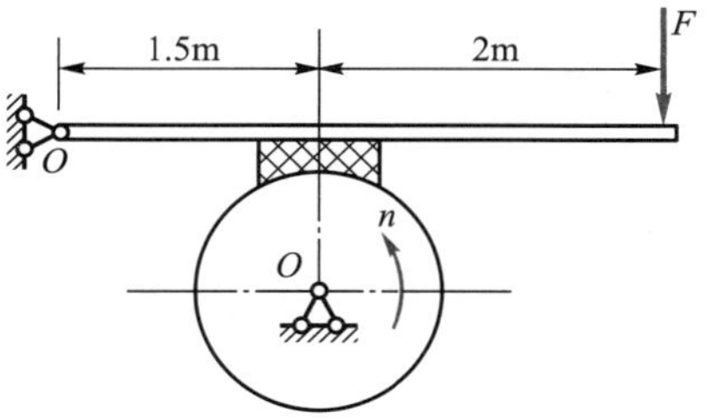

题 5-15 图

5-16 如图所示，轮 A 质量为 m_1，半径为 r_1，可绕 OA 杆的 A 端转动。若将轮 A 放在质量为 m_2 的 B 轮上，B 轮的半径为 r_2，可绕其转动轴自由转动。两轮开始接触时，A 轮的角速度为 ω_1，B 轮处于静止。A 轮放在 B 轮上之后，A 轮的重量由 B 轮支持。略去轴承摩擦和杆 OA 的质量，并设两轮间的动摩擦因数为 f'，且两轮都可看作均质圆盘。求从 A 轮放在 B 轮之上起至两轮没有相对滑动为止，需经多长时间。

5-17 如图所示，均质圆盘有一偏心小孔，试求该圆盘对通过 O 点且垂直于纸面的转轴的转动惯量。已知材料面密度为 ρ，两圆心之间的距离为 d。

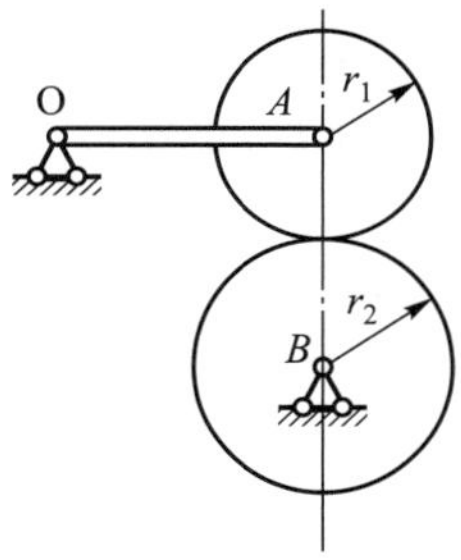

题 5-16 图

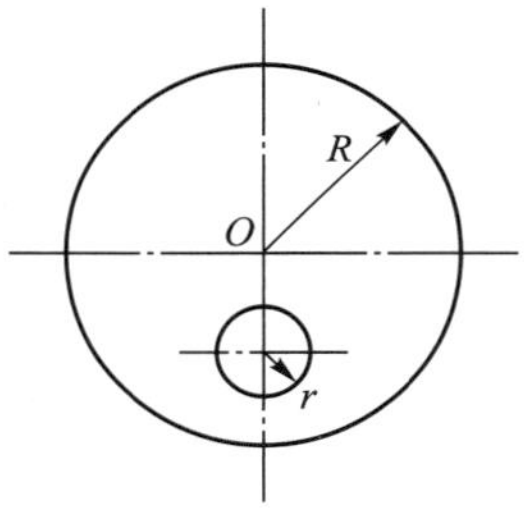

题 5-17 图

5-18 如图所示，重量为 G 的物块 M 被位于绳上 A 点处重量为 G_0 的人拉住而停在斜面上。其后人沿着绳索以相对速度 $\boldsymbol{v}$ 向上爬升。忽略摩擦，求重物的速度。设已知滑轮对轴心的转动惯量为 J，半径为 R 和 r，$\sin\theta=\dfrac{5}{6}$。

5-19 在图示卷扬机中，两齿轮的传动比 $i=z_2:z_1=2$，小齿轮的半径是 r_1。设轴 1 从静止开始以匀角加速度旋转，经过时间 t 秒后，每分钟的转数是 n。试求主动轴 1 上应作用的常值力矩 M_0，以及齿轮节圆间的圆周力 $\boldsymbol{F}$ 的大小。轴承摩擦和绳重都忽略不计。

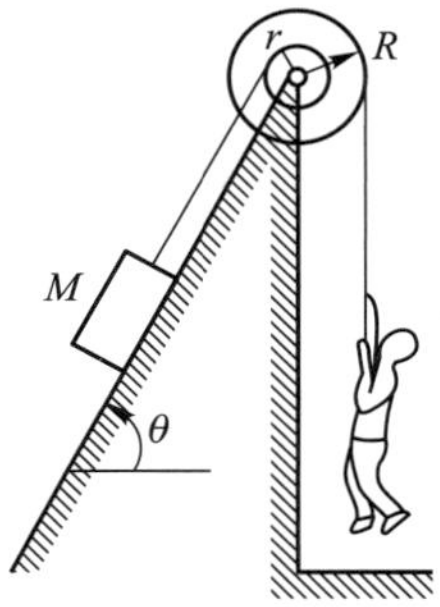

题 5-18 图

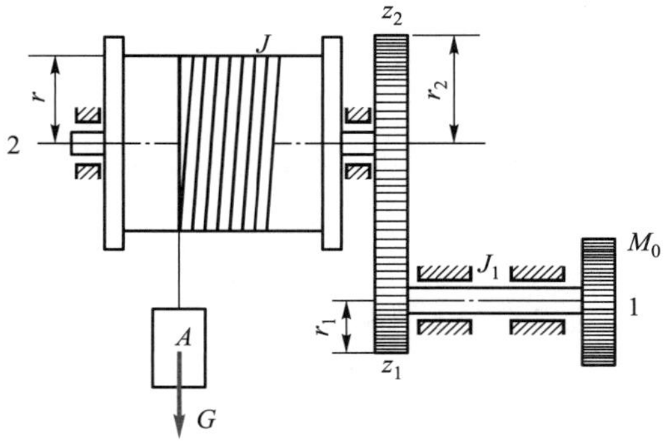

题 5-19 图

5-20 均质圆柱重量为 G，半径为 r，放置如图所示，并给以初角速度 ω_0。设在 A 和 B 处的摩擦因数皆为 f，求经过多少时间，圆柱才静止。

5-21 车轮的重量为 G，半径为 r，对于其轮心的回转半径为 ρ，车轮与地面间的摩擦因数为 f，求车轮在一力偶作用下作纯滚动的条件。设力偶矩的大小为 M。

5-22 在相同的滑轮上绕以软绳，在绳子的一端作用一力或挂以重物，如图所示。其中，$r_2=2r_1$，$F=1$ kN，G_1 为 1 kN，G_2 为 2 kN，G_3 为 1.5 kN，G_4 为 1 kN，G_5 为 1.5 kN，G_6 为 0.5 kN。如果不计软绳的质量及轴承中的摩擦力，则作用于系统上的外力对转动轴的力矩相同，问滑轮转动的角加速度是否相等。

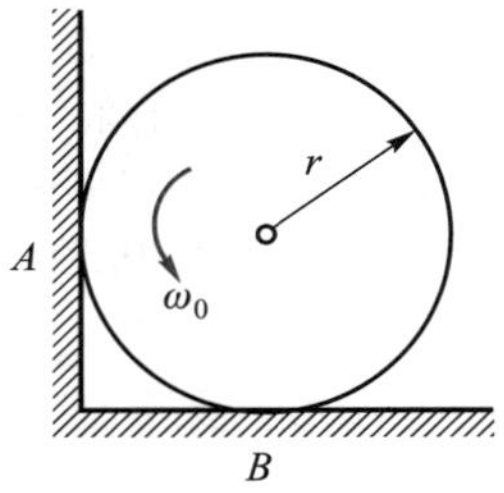

题 5-20 图

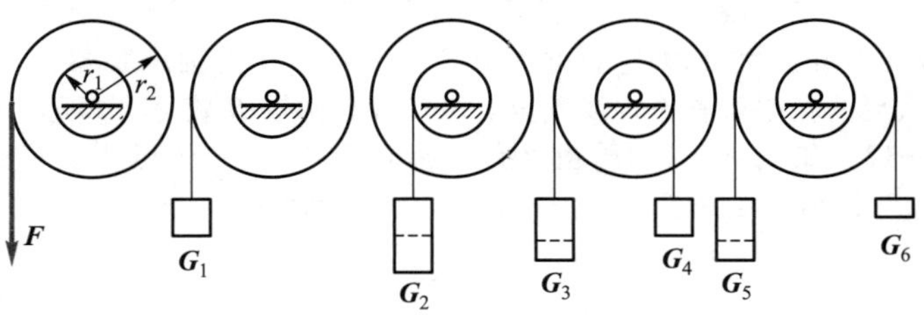

题 5-22 图

5-23 图示均质细杆长 l，质量为 m，以角速度 ω 绕 y 轴转动。求图所示两种情况下杆对 O 点的动量矩。

5-24 如图所示轮轴系统重量为 G，轮子半径为 a，对对称轴的回转半径为 ρ，系统质心以速度 v 在半径为 R 的水平弯轨上运动，求每个车轮对轨道的正压力。若 $G=13.72$ kN，$a=0.75$ m，$\rho=0.556$ m，$l=1.5$ m，$v=20$ m/s，$R=200$ m，求两个正压力之值。

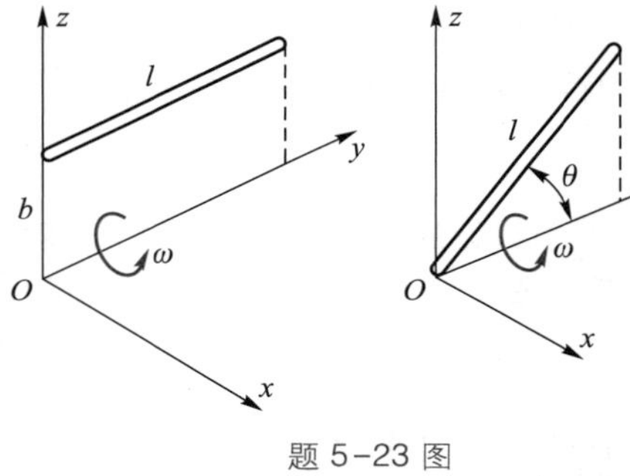

题 5-23 图

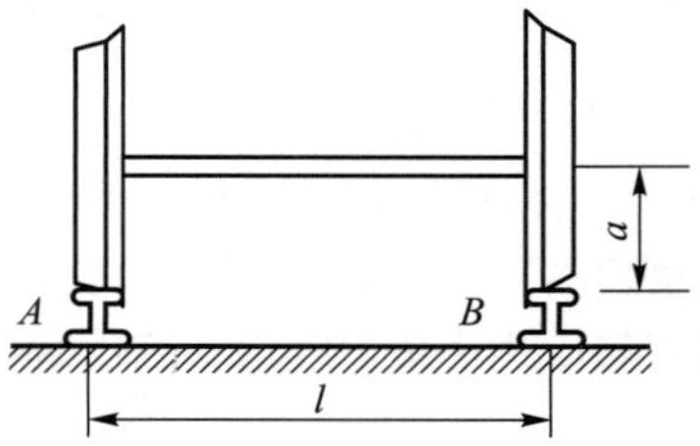

题 5-24 图

5-25 如图所示，已知光滑小球在绕铅垂轴以匀角速度 ω 转动的倾斜导管内有一相对平衡位置，这一位置 C 离开管的下端 A 的距离为

$$l=g\cos\theta/(\omega^2\sin^2\theta)$$

今设小球的初始位置在 C 的上面距离为 b 处，相对初速为零，试证明小球在导管中的运动方程为

$$x=b\cos\theta(\omega t\sin\theta)$$

x 轴以相对平衡位置 C 为原点，沿导管向上为正。

5-26 图示为一凸轮导板机构。半径为 r 的偏心圆轮 O 以匀角速度 ω 绕 O' 轴转动。偏心距

$OO'=e$，导板 AB 的重量为 G。当导板在最低位置时，弹簧的压缩量为 λ。要使导板在运动过程中始终不离开偏心轮，求弹簧的刚度系数 k。

5-27 如图所示，用手将软链的一端提起，使其下端恰好与地面相接。今突然将手放开使软链下落。求证在软链下落过程中，地面上所受到的压力为软链落到地面部分重量的 3 倍。

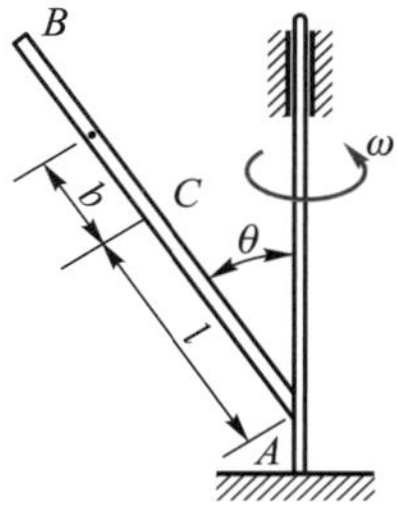

题 5-25 图

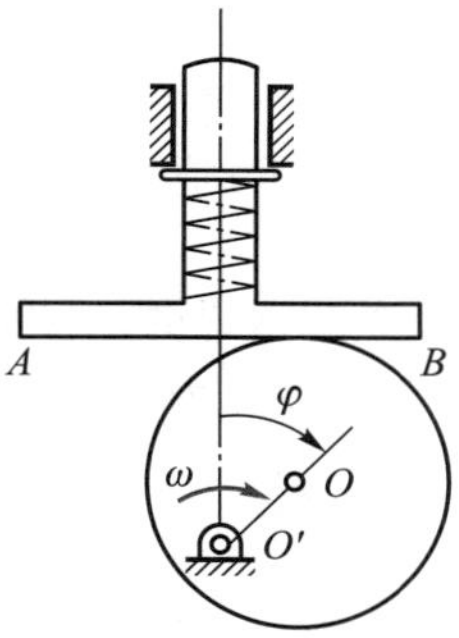

题 5-26 图

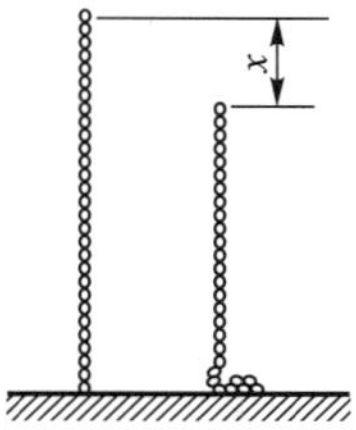

题 5-27 图

5-28 质量为 m 的小球放在与铅垂线倾斜 θ 角的管子 AB 内，如图所示，并搁置在长度为 $2l$、刚度系数为 k 的弹簧上。压小球使弹簧长度减为一半并释放，忽略摩擦，x 轴从小球初始位置引出，求小球后来在管内沿 x 轴运动的方程。

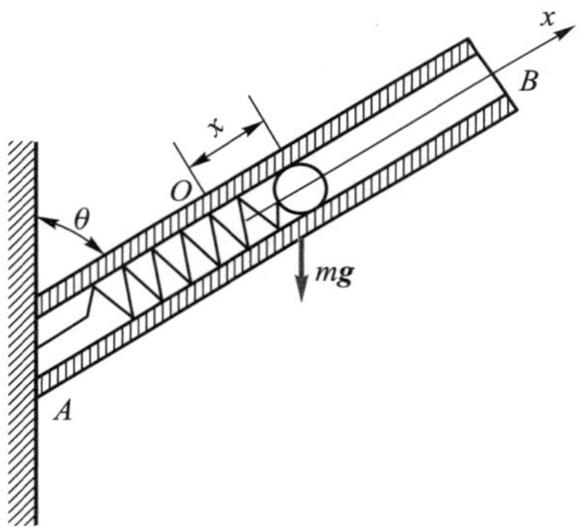

题 5-28 图

5-29 如图所示，在光滑轨道上有一小车 C，在小车上铰接一长度为 l 的均质直杆 AB。设小车与直杆的质量之比为 n。

① 求当 AB 杆从铅垂位置无初速地倒到水平位置时小车移过的距离及此时小车的速度；

② 写出 B 点的运动轨迹方程。

5-30 如图所示，质量为 m_1 的滑块 A 可在水平光滑槽中运动。刚度系数为 k 的弹簧一端与滑块联结，另一端固定。另有一轻质杆 AB，长度为 l，端部带有质量为 m_2 的小球，可绕滑块上垂直于运动平面的 A 轴转动，其角速度 ω 为常数。$t=0$ 时，$\varphi=0$，弹簧恰为自然长度。求滑块的运动微分方程。

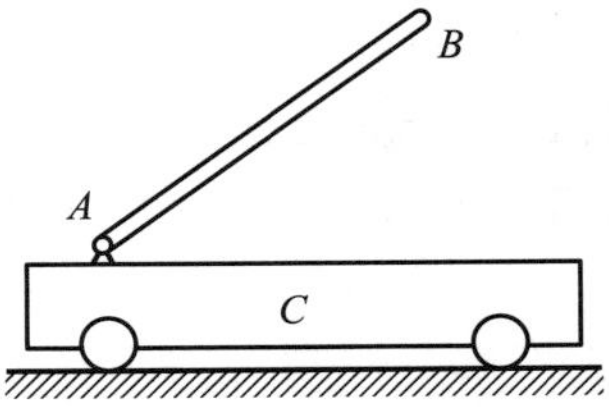

题 5-29 图

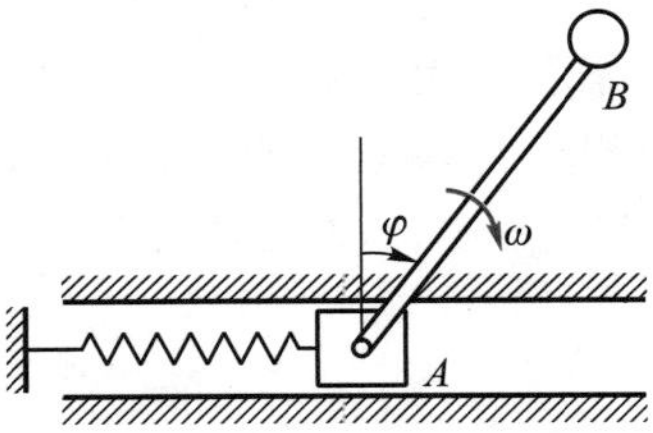

题 5-30 图

5-31 某出水管直径 $d=2.5\ \mathrm{cm}$，喷出水柱以速度 $v=20\ \mathrm{m/s}$ 沿水平方向射入一张角为 90°的光滑叶片上，见图。试分别求出水柱对叶片的附加动压力。

① 若 $u=0$，即叶片固定不动时；

② 若 $u=10\ \mathrm{m/s}$，即叶片水平向左运动时。

5-32 两均质轮 A 和 B，质量分别为 m_1 和 m_2，半径分别为 r_1 和 r_2，用细绳连接，如图所示。轮 A 绕定轴 O 转动，试求轮 B 下落时的质心加速度和细绳的拉力。

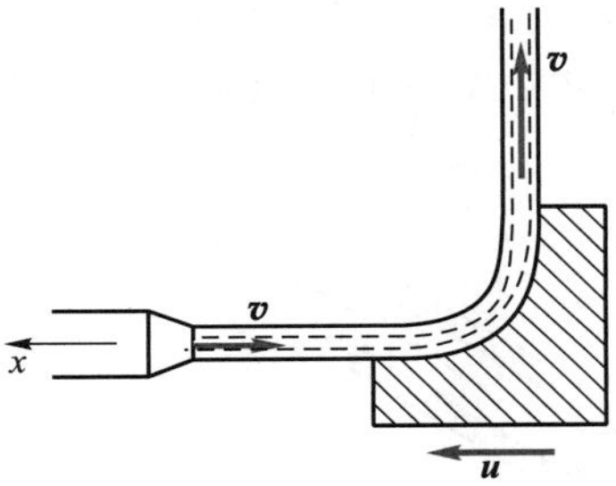

题 5-31 图

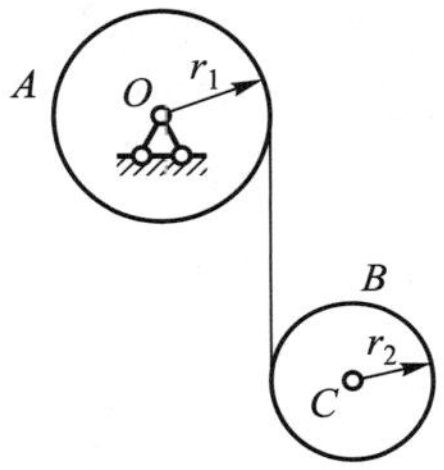

题 5-32 图

5-33 绕 A 点转动的 AB 杆上有一导槽，套于一在水平面上作纯滚动的轮子的轴上，如图所示。已知 AB 杆的质量为 24 kg，重心离 A 点 8 cm，对于 A 轴的回转半径为 10 cm；轮子的质量为 16 kg，半径为 6 cm，对于轮心的回转半径为 3 cm；除轮子与地面间有足够大的摩擦力外，所有摩擦阻力不计。求在图示位置无初速地开始运动时轮子的角加速度。

5-34 在粗糙斜面上有一薄壁圆筒和一实心圆柱，如图所示。设圆筒与圆柱具有相同的质量和外径。不计滚动阻力和圆筒与圆柱间的摩擦阻力，求圆筒与圆柱中心的加速度。

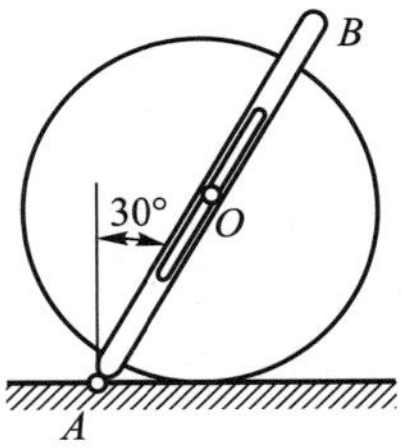

题 5-33 图

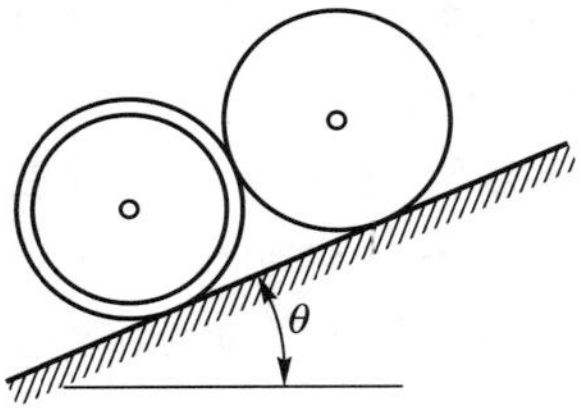

题 5-34 图

5-35 一质量为 20 kg、半径为 25 cm 的均质半圆球放在水平面上。在其边缘上作用 130 N 的铅垂力，如图所示。如果在作用的瞬时不发生滑动，接触处的摩擦因数至少应为多大？试求此时的角加速度。已知 $OC=\frac{3}{8}r$，$J_C=\frac{83}{320}mr^2$。

5-36 如图所示，为了测定一半径为 0.5 m 的飞轮的转动惯量，在飞轮上绕以软绳，挂一质量为 10 kg 的重物。测得重物从静止下落 2 m 的时间为 16 s。如果轴承中的摩擦力可以略去不计，则飞轮的转动惯量为多大？

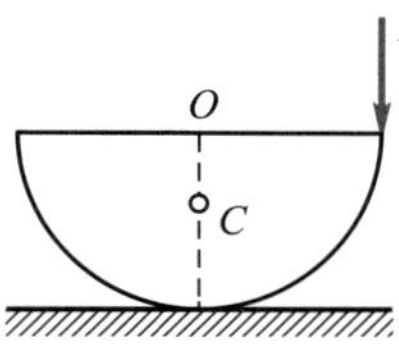

题 5-35 图

题 5-36 图

5-37 习题 5-36 中，如果轴承中的摩擦力不能略去不计，那么，为了除去轴承摩擦力的影响，用质量为 5 kg 的重物再做一次试验，测得下落同一距离的时间为 24 s。假定轴承中的摩擦力矩不变，试计算飞轮的转动惯量。

5-38 如图所示，平板质量为 m_1，受水平力 $\boldsymbol{F}$ 的作用而沿水平面运动。板与水平面间的动摩擦因数为 f'。平板上放一质量为 m_2 的均质圆柱体，它对平板只滚动而不滑动。求平板的加速度。

5-39 如图所示，均质杆 AB 重量为 G，其 A 端用绳索悬挂起来，另一端 B 搁置在光滑水平面上。已知杆与水平面的夹角为 θ。试求当剪断绳索后的瞬时杆对水平面的压力。

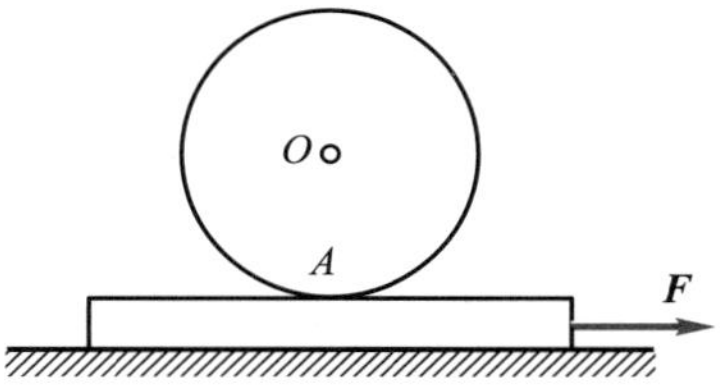

题 5-38 图

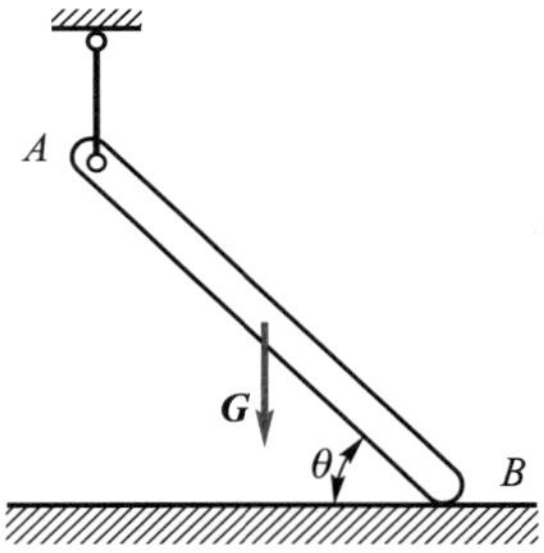

题 5-39 图

5-40 如图所示，水平管以角速度 ω 绕铅垂轴 Oz 转动。管内有用一细绳连接且质量分别为 $m_A=2$ kg 和 $m_B=0.5$ kg 的小球 A 和 B，两球可以沿水平管滑动。绳长为 $l=100$ cm。已知当小球 A 离 Oz 轴的距离 $r_A=60$ cm 时，它相对于水平管的速度 $v_{Ar}=40$ cm/s，方向沿 Ox 轴。此时水平杆绕 Oz 轴的角速度 $\omega=0.5$ /s。试求该瞬时水平管的角加速度 ε。水平管和细绳的质量及摩擦均略去不计。

5-41 图示一均质圆盘刚连于均质细杆 OC 上，可绕 O 轴在水平面内转动。已知杆 OC 长 $l=0.3\ \text{m}$，质量 $m_1=10\ \text{kg}$。圆盘半径 $r=0.15\ \text{m}$，质量 $m_2=40\ \text{kg}$，C 为圆盘质心。若在杆上作用一常力偶矩 $M=20\ \text{N}\cdot\text{m}$，不计摩擦，试求杆 OC 的角加速度。

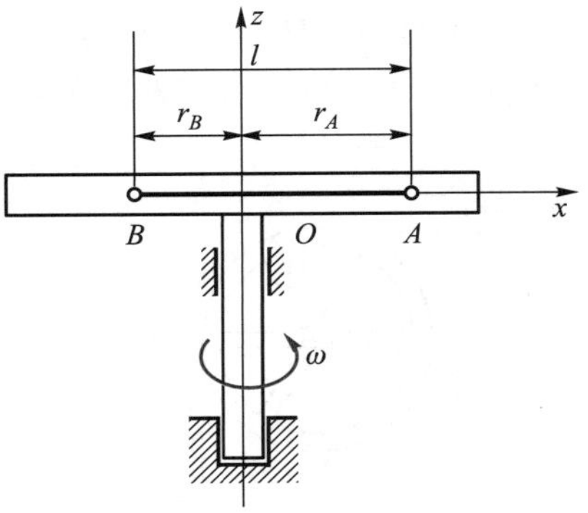

题 5-40 图

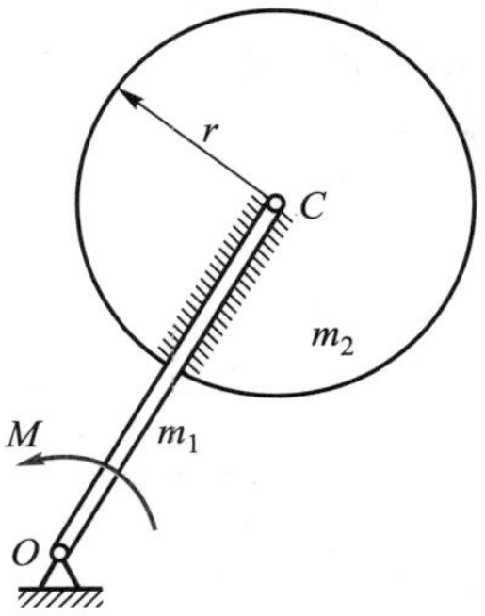

题 5-41 图

5-42 图示两均质细杆 O_1A 及 O_2B 的质量均为 $m=1.5\ \text{kg}$，$O_1A=O_2B=l=30\ \text{cm}$，杆端均铰接在转台 D 上。转台质量为 $m_0=4\ \text{kg}$，对 z 轴的回转半径 $\rho=40\ \text{cm}$。初始时转台以转速 $n=300\ \text{r/min}$ 绕铅垂对称轴 z 转动，并在两杆间用连线使两杆处于铅垂位置。后来连线断开，两杆分别绕 O_1、O_2 转下，试求当两杆转到水平位置时转台的转速。

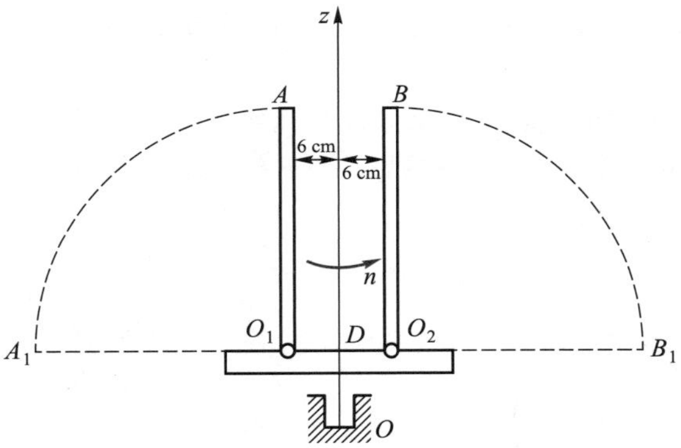

题 5-42 图

5-43 图示水平圆台的半径为 R，质量为 m_1，台面上沿直径方向开有直槽 AB。质量为 m_2、长度为 R 的均质细杆 DE 放于槽 AB 的正中间，圆台与杆一起以角速度 ω_0 绕过圆台中心 O 的铅垂轴 z 转动，由于扰动，细杆沿直槽向外滑出，当杆的一端 E 滑动至圆台边缘 B 时，圆台的角速度为 ω_1。不计摩擦，求圆台对 z 轴的回转半径 ρ。

5-44 均质细杆质量为 m，长度为 l，在杆端 A 处与轮子以铰链铰接，在图示位置由静止开始运动。若不计轮子质量，求初瞬时地面作用于轮子的约束力。

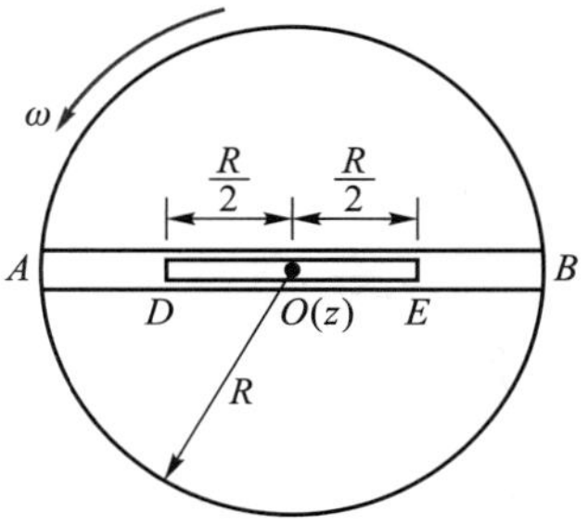

题 5-43 图

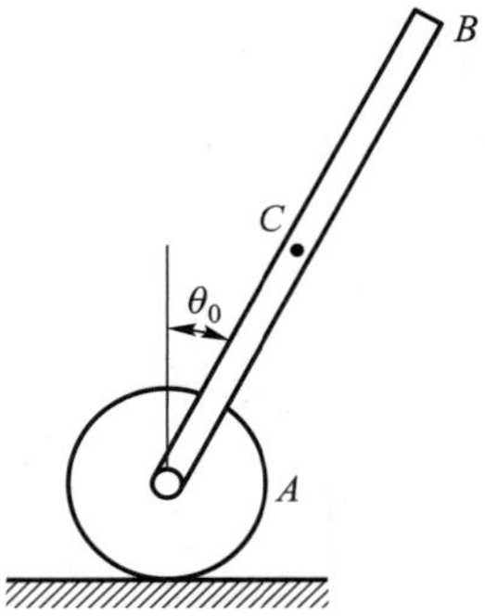

题 5-44 图

讨论题

5-45 如图所示,已知物 A 的重量为$\frac{2\sqrt{3}}{3}G$,物 B 的重量为 $2G$,分别置于光滑斜面上;两球 C、D 各重量为$\frac{G}{2}$,用细绳悬挂,并与 A、B 相连,定滑轮 O_1、O_2处在水平线上。若不计滑轮的质量和尺寸及绳子的质量与伸长,试求:

① 平衡时 θ 和 β 之值;

② 当 D 球吊绳断开瞬时,A、B 两物体的加速度。

5-46 如图所示,一个小球套在一个半径为 a 的竖直大圆环上,小球与大环之间摩擦因数为 f。大环以角速度 ω 绕其自身中心水平轴 O 转动,试求 ω 为何值时,大、小环之间无相对运动。

5-47 在光滑轨道上停有一车厢。今在车厢的一端发射一子弹,如图所示。设子弹与车厢的质心位于同一高度上。当子弹发射后,假想有下面 4 种情况发生:

① 当子弹碰到车厢的另一端时,立即落下;

② 子弹射入较厚的车厢壁内经过 Δt 后停住;

③ 子弹射穿车厢;

④ 子弹弹回。

在上述运动过程中,系统(车厢与子弹)的水平动量及其质心的水平位置有何变化?车厢的运动情况如何?

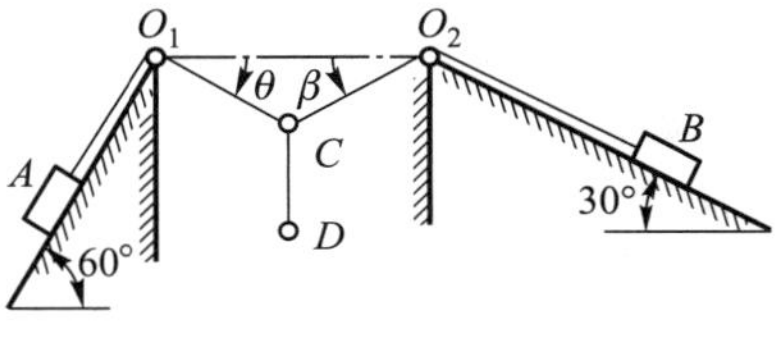

题 5-45 图

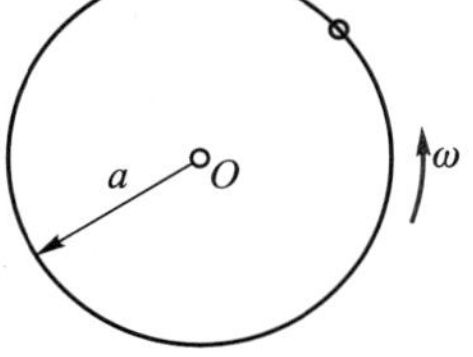

题 5-46 图

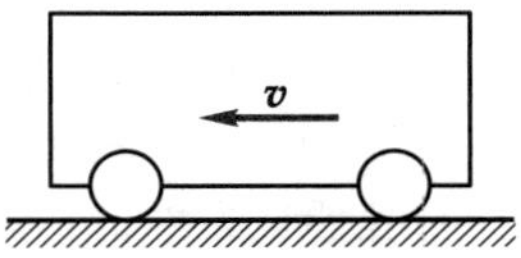

题 5-47 图

5-48 ① 如图 a 所示，质量为 m、半径为 r 的圆环 O 放在一粗糙平面上，圆环的边缘上固结一质量为 m 的质点 A。开始时，OA 在水平位置，初速为零。求此瞬时圆环中心 O 的加速度，并讨论在此情况下除了应用 $J_C\alpha=\sum M_C(\boldsymbol{F})$ 外，下面的两个式子是否成立：

(a) $J_B\alpha=\sum M_B(\boldsymbol{F})$；

(b) $J_O\alpha=\sum M_O(\boldsymbol{F})$。

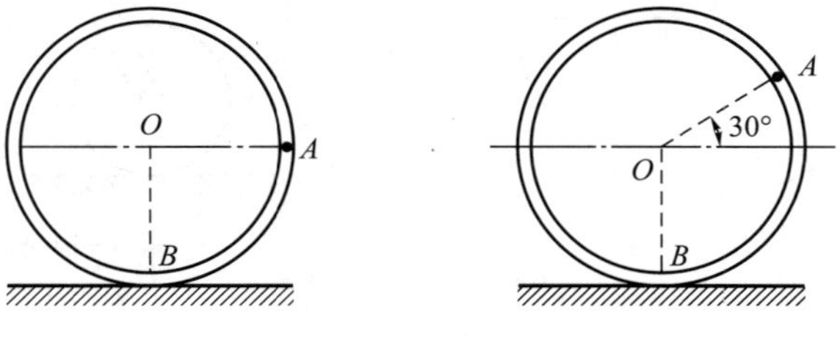

题 5-48 图

② 上题中，设开始时 A 在最高点。当 OA 到达水平位置时，圆环具有角速度 $\omega=\sqrt{g/(2r)}$。求此时 O 点的加速度。

③ 上题中，设开始时 OA 与水平面的夹角为 30°，如图 b 所示，初速为零。求此瞬时 O 点的加速度。

5-49 图示倾斜式摆动筛，筛面可近似地认为沿 x 轴作往复运动。曲柄的转速为 n（对应角速度为 ω）。若曲柄长度远小于连杆时，筛面的运动方程可近似为 $x=r\sin\omega t$（r 为曲柄长度）。已知颗粒料与筛面间的摩擦角为 φ_m，筛面的倾角为 θ，且 $\theta<\varphi_m$。试求不能通过筛孔的颗粒能自动沿筛面下滑时曲柄的转速 n。

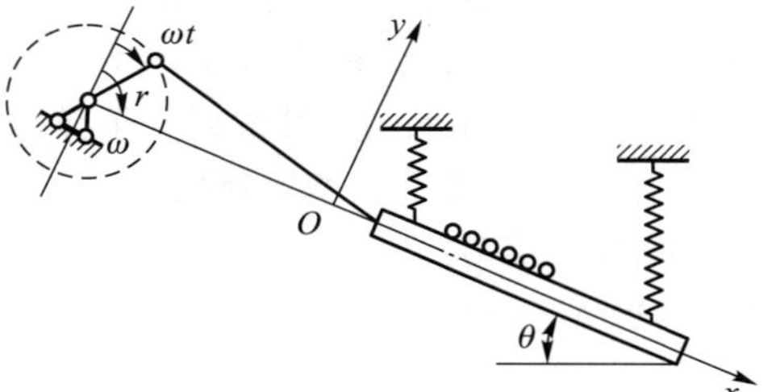

题 5-49 图

5-50 如图所示，试用质心运动定理讨论跳高运动员的三种过杆姿势（跨越式、俯卧式、背越式）中的最佳方式，以及挺身式跳远的腾空动作的力学原理。

5-51 图示电动机用螺栓固定在刚性基础上，外壳与定子的总质量为 m_1，质心位于转子转轴的中心 O_1，转子质量为 m_2，其质心不在转轴中心，偏心距 $O_1O_2=e$。已知转子以等角速度 ω 转动。试求电动机机座的约束力，并进行讨论。若电动机机座与基础之间无螺栓固定，且接触面绝对光滑，初始时 $\varphi=0$，$v_{O_2x}=0$，$v_{O_2y}=\omega e$，当电动机转子仍以角速率 ω 转动时，试求：

① 机座铅垂方向的约束力；

② 电动机跳起的条件；

③ 外壳在水平方向的运动方程。

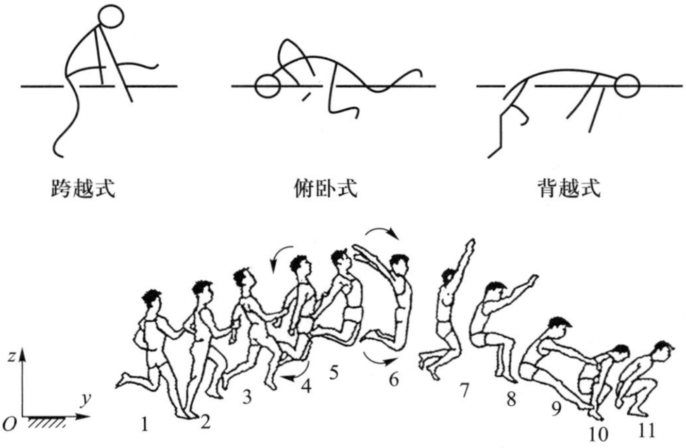

题 5-50 图

5-52　小车由点 A 处沿倾斜轨道滚下，轨道形成一个半径为 r 的带缺口圆环，如图所示。$\angle BOC=\angle BOD$。设小车初速度为零。试求：(1) 小车自多大高度 h 处滚下方能走过整个缺口圆环？(2) 欲使高度 h 最小，则角 φ 应为何值？

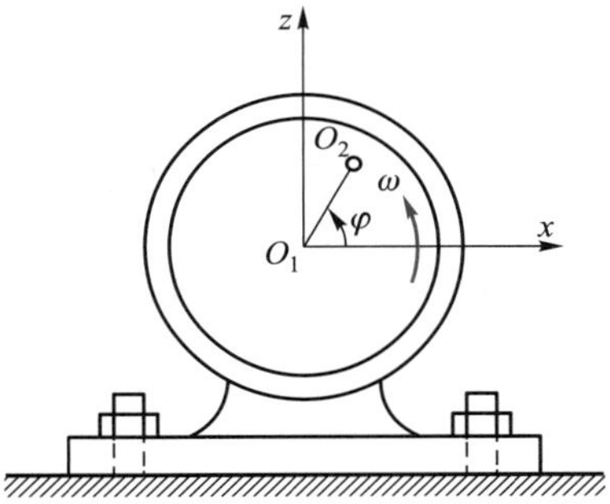

题 5-51 图

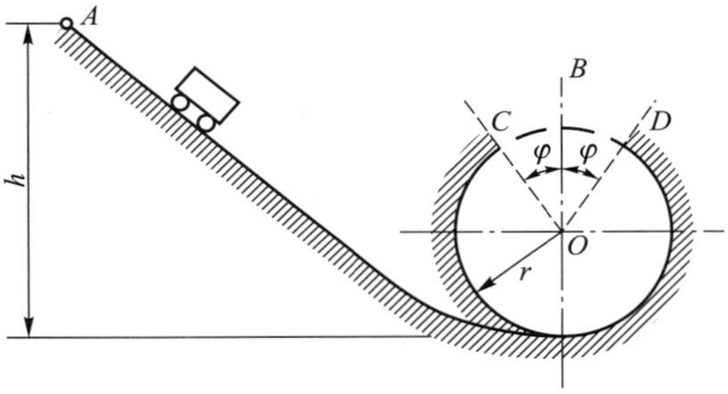

题 5-52 图

5-53　如图所示，质量为 m、半径为 R 的均质圆轮放置于倾角为 φ 的斜面上，在重力作用下由静止开始运动。设轮与斜面间的静、动滑动摩擦因数分别为 f_s、f，不计滚动摩阻，试分析轮的运动。

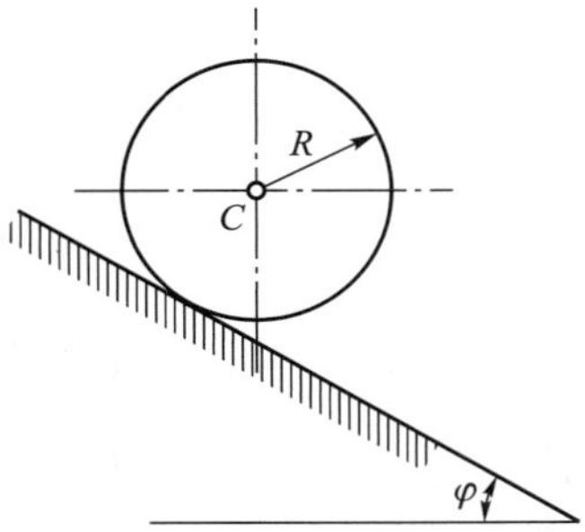

题 5-53 图

5-54 质量为 m、半径为 R 的均质圆柱体 O 和一根质量为 m、长度为 $4R$ 的均质杆 OA 在 O 处用光滑铰链连接，圆柱体 O 倚靠在光滑的墙上，杆 OA 与地面之间光滑接触，OA 杆与水平地面的夹角为 $60°$。试求由静止释放的瞬间，杆 OA 的角加速度及 A、B 处的约束力。

5-55 均质杆 OA 长度为 l，质量为 m，O 端用铰链支承，A 端用细绳悬挂，如图所示。试求：将细绳突然剪断瞬时铰链 O 的约束反力；杆落至铅垂位置时，将 O 处的销钉除去，此后杆的运动方程。

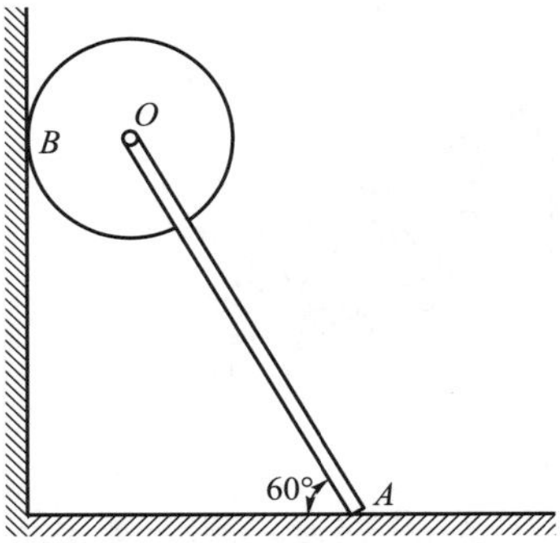

题 5-54 图

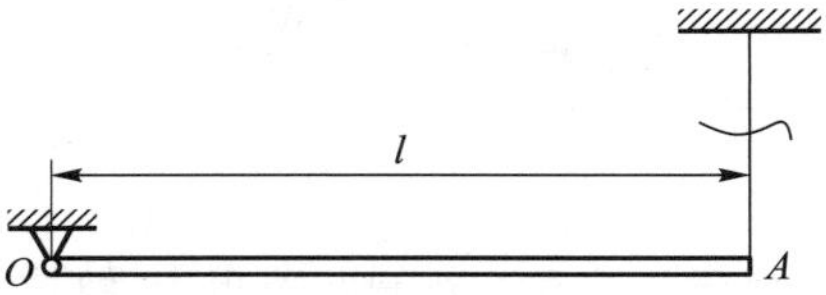

题 5-55 图

5-56 图示曲柄 OA 长 40 cm，在铅垂平面内绕固定轴 O 以匀角速度 $\omega_0 = 4.5\ \text{rad/s}$ 转动。均质细杆 AB 长 100 cm，质量为 10 kg，A 端与曲柄铰接，B 端连一质量不计的小滚子 B 置于光滑水平面上。求当 OA 水平时 B 处的约束力。

5-57 质量为 m、半径为 r 的均质半圆柱体放在光滑水平面上。原先靠在光滑的铅垂墙上，质心 C 与圆心 O 的连线在水平位置如左图所示。由于重力作用而无初速地靠着墙面滑下，求当连线 OC 转到铅垂位置时，半圆柱的角速度 ω 及水平面对半圆柱体的铅垂约束力。已知 $OC = 4r/3\pi$。

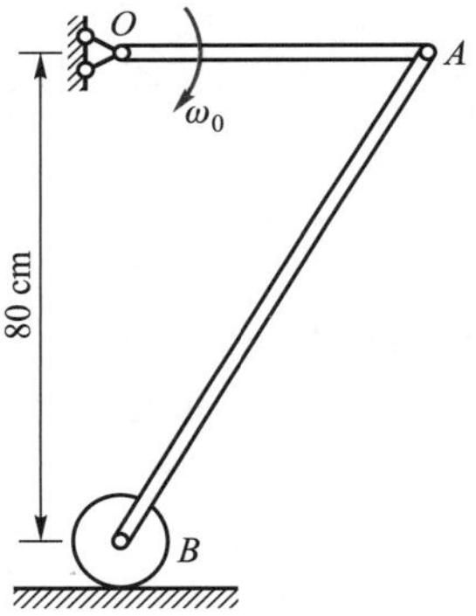

题 5-56 图

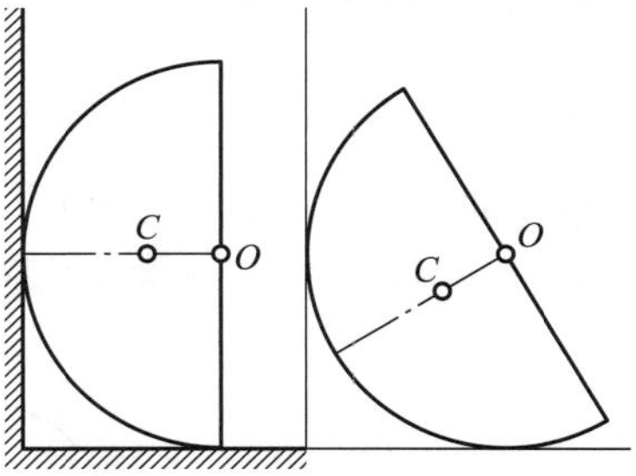

题 5-57 图

第 5 章思考解析　　第 5 章习题参考答案

第 6 章 动能定理

动量定理和动量矩定理完整地描述了质点系所受外力与其运动变化的关系，却没有反映内力的作用效果，也没有考虑作用力的空间累积效应。**动能定理则从能量转换与功的角度揭示了质点系动能的改变量与其所受作用力（包括内力和外力）的功之间的数量关系。**

6.1 功与动能

6.1.1 力的功

1. 功的一般概念

力的功是力对物体的空间累积效应的度量。在一般情况下，力 $\boldsymbol{F}$ 在物体上的作用点不会固定不动，力在其作用点发生微小位移中所做的**元功**定义为

$$\delta W=\boldsymbol{F}\cdot\boldsymbol{v}\mathrm{d}t \tag{6-1}$$

式中，$\boldsymbol{v}$ 为物体受力点的瞬时速度。

当力在物体上的作用点不变时，$\boldsymbol{v}\mathrm{d}t=\mathrm{d}\boldsymbol{r}$，式（6-1）变为

$$\delta W=\boldsymbol{F}\cdot\mathrm{d}\boldsymbol{r} \tag{6-2}$$

这是物理学中力对质点元功的定义。采用 δW 是为了区别于全微分 $\mathrm{d}W$，因为功的全微分在许多情形中并不存在。显然，力系对质点系元功等于各力元功的代数和，即

$$\delta W=\sum\delta W_i=\sum\boldsymbol{F}_i\cdot\mathrm{d}\boldsymbol{r}_i \tag{6-3}$$

当力 $\boldsymbol{F}$ 的作用点在空间沿某曲线 L 从 A 点移动到 B 点所做的功为

$$W_{AB}=\int_{AB}\boldsymbol{F}\cdot\mathrm{d}\boldsymbol{r} \tag{6-4}$$

这个曲线积分一般与路径 L 有关。常力和有势力的功与路径无关。

功是标量，可以选用任何坐标系进行具体计算，在直角坐标系中，式（6-4）成为

$$W_{AB}=\int_{AB}(F_x\mathrm{d}x+F_y\mathrm{d}y+F_z\mathrm{d}z) \tag{6-5}$$

2. 质点系内力的功

如图 6-1 所示，设质点系中任意两质点 A、B 之间相互作用的内力为 $\boldsymbol{F}_A$ 和 $\boldsymbol{F}_B$，$\boldsymbol{F}_A=-\boldsymbol{F}_B$。质点 A、B 相对于固定点 O 的矢径分别为 $\boldsymbol{r}_A$ 和 $\boldsymbol{r}_B$，$\boldsymbol{r}_B=\boldsymbol{r}_A+\boldsymbol{r}_{AB}$。若在 $\mathrm{d}t$ 时间内，A、B 两点的无限小位移分别为 $\mathrm{d}\boldsymbol{r}_A$ 和 $\mathrm{d}\boldsymbol{r}_B$，则内力在该位移上的元功之和为

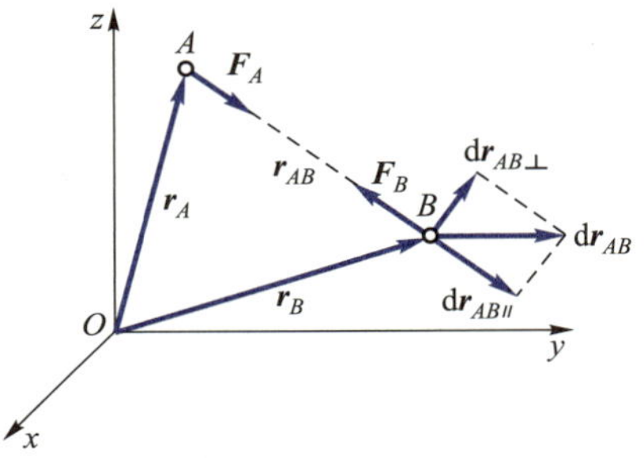

图 6-1　内力的功

$$
\begin{aligned}
\delta W^{i} &= \boldsymbol{F}_A \cdot \mathrm{d}\boldsymbol{r}_A + \boldsymbol{F}_B \cdot \mathrm{d}\boldsymbol{r}_B \\
&= \boldsymbol{F}_B \cdot (-\mathrm{d}\boldsymbol{r}_A + \mathrm{d}\boldsymbol{r}_B) \\
&= \boldsymbol{F}_B \cdot \mathrm{d}(\boldsymbol{r}_B - \boldsymbol{r}_A) = \boldsymbol{F}_B \cdot \mathrm{d}\boldsymbol{r}_{AB} \\
&= -F_B \mathrm{d}r_{AB//}
\end{aligned} \tag{6-6}
$$

上式表明，当 A、B 两质点之间的距离变化时，其内力的元功之和不等于零。所以，在刚体中内力的功为零，而在变形体中内力的功一般不为零。

在物理学中介绍了以下两种内力的功：

① 弹簧力的功

$$
W_{12} = \frac{1}{2}k(\delta_1^2 - \delta_2^2) \tag{6-7}
$$

式中，k 为弹簧刚度系数，$\delta_i = l_i - l_0(i=1,2)$，为弹簧初、末状态的绝对伸长量。可见，当 $\delta_1 > \delta_2$，即受拉伸弹簧收缩时，内力功为正；反之为负。

② 万有引力的功

$$
W_{12} = Gm_1m_2\left(\frac{1}{r_2} - \frac{1}{r_1}\right) \tag{6-8}
$$

式中，G 为万有引力常数，m_i 为质点质量，r_1 和 r_2 分别为初、末两状态两质点之间的距离。可见，当 $r_2 > r_1$，两质点间距离增加时，万有引力做负功，反之做正功。

在工程中内力做功的情形很多，例如：

① 发动机内力做功。如蒸汽机、内燃机、涡轮机、电动机和发电机的内力做功。汽车内燃机气缸内膨胀的气体质点之间的作用力、气体质点对活塞和气缸的作用力都是内力，这些力做功使汽车的动能增加。

② 机器中有相对滑动的两个零件之间的内摩擦力做负功，消耗机器的能量。如轴与轴承、相互啮合的齿轮、滑块与滑道之间的内摩擦力等。

③ 弹性构件中的内力做负功时，转变为弹性势能。

3. 外力对刚体的功

如图 6-2 所示，在作平面运动的刚体上作用外力系 $\boldsymbol{F}_i(i=1,2,\cdots,n)$，刚体质心 C 速度为 $\boldsymbol{v}_C$，瞬时角速度为 $\boldsymbol{\omega}$，$\boldsymbol{F}_i$ 作用点的速度为

$$
\boldsymbol{v}_i = \boldsymbol{v}_C + \boldsymbol{\omega} \times \boldsymbol{r}_i'
$$

式中，$\boldsymbol{r}_i'$ 为作用点相对于质心 C 的矢径。上式两边乘以 $\mathrm{d}t$ 得

$$
\mathrm{d}\boldsymbol{r}_i = \mathrm{d}\boldsymbol{r}_C + \boldsymbol{\omega}\mathrm{d}t \times \boldsymbol{r}_i'
$$

各力功之和为

$$
\delta W = \sum \boldsymbol{F}_i \cdot \mathrm{d}\boldsymbol{r}_i = (\sum \boldsymbol{F}_i) \cdot \mathrm{d}\boldsymbol{r}_C + (\sum \boldsymbol{r}_i' \times \boldsymbol{F}_i) \cdot \boldsymbol{\omega}\mathrm{d}t
$$

即

$$
\delta W = \boldsymbol{F}_R \cdot \mathrm{d}\boldsymbol{r}_C + \boldsymbol{M}_C \cdot \boldsymbol{\omega}\mathrm{d}t \tag{6-9}
$$

即**外力系对平面运动刚体的元功**可以分解为该力系向质心简化的主矢与质心位移的点积，和力系对质心的主矩与刚体角位移的点积之和，式(6-9)可以直接计算力对定轴转动刚体和平移刚体的功，也可用于计算力对一般运动刚体的功。

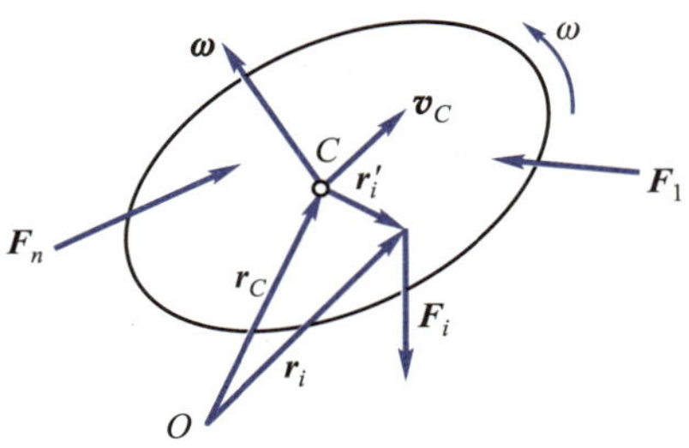

图 6-2 力系对刚体的功

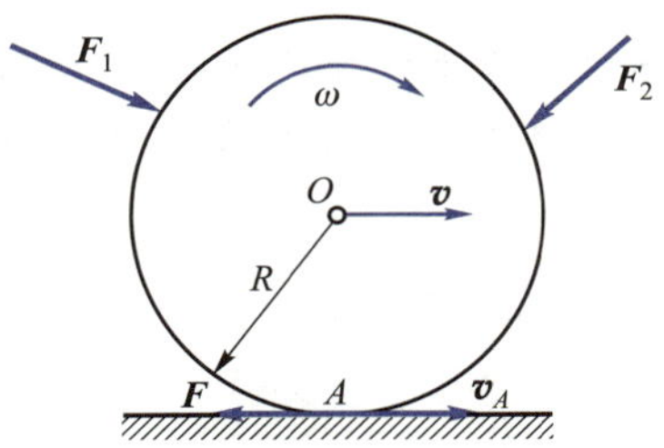

图 6-3 圆轮摩擦力的功

如图 6-3 所示，半径为 R 的轮子在地面上运动，轮心 O 的速度为 $\boldsymbol{v}$，轮的角速度为 $\boldsymbol{\omega}$，因地面对轮子的滑动摩擦力 $\boldsymbol{F}$ 的方向与轮上 A 点相对地面的速度 $\boldsymbol{v}_A$或运动趋势方向相反。由元功的一般定义有

$$\delta W_F=\boldsymbol{F}\cdot\boldsymbol{v}_A\mathrm{d}t=-F\,|v-R\omega|\,\mathrm{d}t\leqslant 0$$

可见，轮子既滑又滚时，摩擦力对轮子做负功；轮子纯滚时，$v_A=v-R\omega=0$，$\delta W_F=0$，摩擦力不做功。

问题 6-1

① 如图 a 所示，绕线轮沿斜面下滑距离 s，试求其所受各力的功。

答： $W_G=Gs\sin\theta$，$W_{F_\mathrm{N}}=0$

$$W_{F_\mathrm{T}}=\int_s F_\mathrm{T}v\mathrm{d}t=0\quad（因\ v=0）$$

$$W_F=\int_s -Fv_A\mathrm{d}t=-2Fs（因\ v_A=2v_C）$$

若将 $\boldsymbol{F}_\mathrm{T}$及 $\boldsymbol{F}$ 平移至质心 C，按式（6-9）计算功，可得同样结果。读者不妨一试。

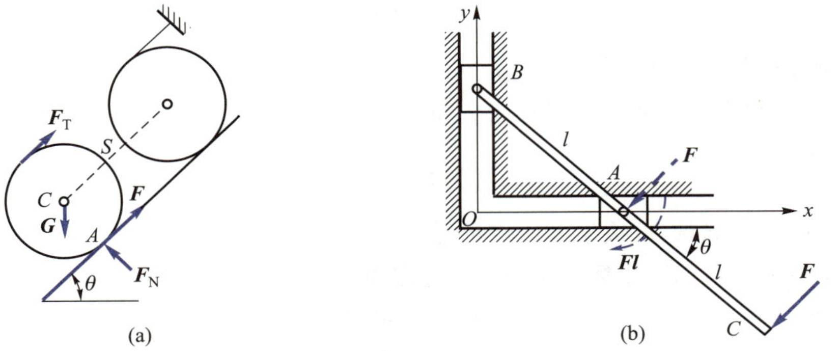

问题 6-1 图

② 如图 b 所示，大小不变的力 $\boldsymbol{F}$ 恒垂直于 BC 杆，作用于杆端 C，杆长为 $2l$，其中点 A 和 B 端分别与滑块铰接，可在图示滑槽中运动，试求杆从 $\theta=0$ 至 θ 过程中力 $\boldsymbol{F}$ 所做的功。

答： 将力 $\boldsymbol{F}$ 平移至杆的中点 A，如图 b 虚线所示，

$$W_F=-\int_0^\theta F\sin\theta\mathrm{d}x_A+Fl\theta=Fl\left(\frac{3}{2}\theta+\frac{1}{4}\sin 2\theta\right)$$

思考 6-1

① 图 a 所示质量弹簧系统，重物由图示平衡位置下移距离 δ，试求弹力做的功。

② 已知重量为 G 的均质圆轮，质心初始速度为 $\boldsymbol{v}_C$，在水平面上纯滚动距离 s 后静止，试求滚动摩阻力偶的大小。

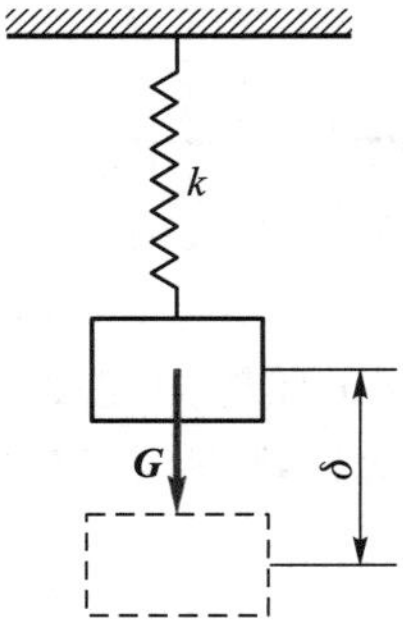

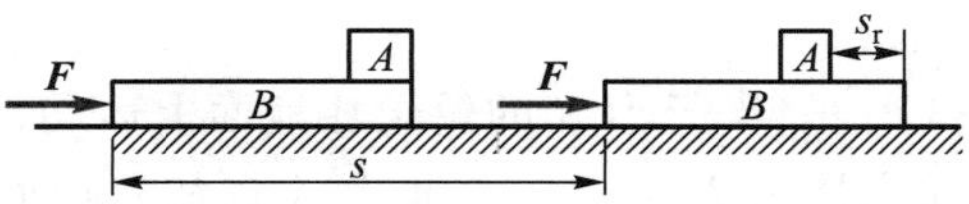

思考 6-1 图

③ 如图 b 所示，物 A 置于物 B 上，B 置于光滑水平面上，物 A、B 间滑动摩擦力为 $\boldsymbol{F}_S$，在水平力 $\boldsymbol{F}$ 作用下，A、B 由静止移动到图示位置。试求摩擦力分别对物 A、B 做的功及系统所受作用力的总功。

6.1.2 质点系的动能

1. 质点系动能的一般概念

动能是物体机械能的一种形式，也是物体做功能力的一种度量。物理学定义质点的动能为

$$T=\frac{1}{2}mv^2 \tag{6-10}$$

式中，m、v 分别为质点的质量和速度大小。

质点系的动能为系统内所有质点动能之和，即

$$T=\sum\frac{1}{2}m_iv_i^2 \tag{6-11}$$

可见，质点系动能是正标量，取决于各质点的质量和速度大小，而与速度方向无关。质点系动能的计算，在许多情形下可以利用**柯尼希(Koenig)定理**加以简化。

考察如图 6-4 所示一般质点系。设 $Oxyz$ 为定参考系，以质心 C 为原点，建立平移系 $Cx'y'z'$。由速度合成定理，质点系中任一质点 i 的速度为

$$\boldsymbol{v}_i=\boldsymbol{v}_C+\boldsymbol{v}_{ri}$$

得

$$v_i^2=\boldsymbol{v}_i\cdot\boldsymbol{v}_i=v_C^2+v_{ri}^2+2\boldsymbol{v}_C\cdot\boldsymbol{v}_{ri}$$

式中，$\boldsymbol{v}_C$为质心速度；$\boldsymbol{v}_{ri}$为质点 i 的相对速度。故

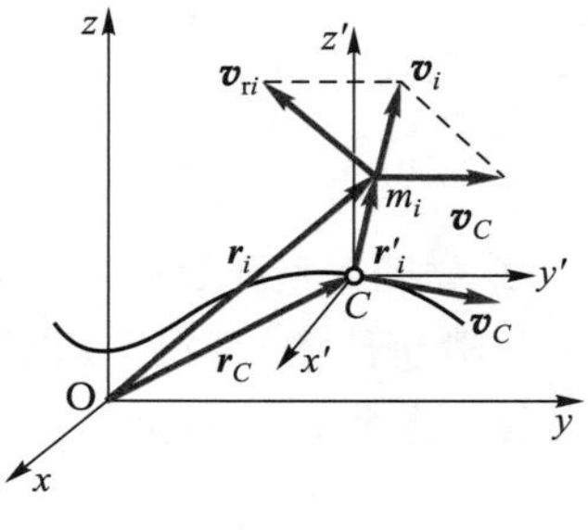

图 6-4 柯尼希定理的证明

$$T=\sum\frac{1}{2}m_iv_i^2=\sum\frac{1}{2}m_i(v_C^2+v_{ri}^2+2\boldsymbol{v}_C\cdot\boldsymbol{v}_{ri})$$

$$=\frac{1}{2}(\sum m_i)v_C^2+\sum\frac{1}{2}m_iv_{ri}^2+\boldsymbol{v}_C\cdot\sum m_i\boldsymbol{v}_{ri}$$

式中，等号右边第一项等于$\frac{1}{2}mv_C^2$；第二项为质点系相对于平移系运动的动能；第三项中$\sum m_i\boldsymbol{v}_{ri}=m\boldsymbol{v}_{Cr}=0$；$m$ 为质点系总质量。于是，上式可写成

$$T=\frac{1}{2}mv_C^2+\frac{1}{2}\sum m_iv_{ri}^2 \tag{6-12}$$

这就是柯尼希定理：质点系的动能等于系统随质心平移的动能与系统相对于质心平移参考系运动的动能之和。

注意：若任选一动点 A 为原点建立平移系，任一点 i 的速度虽可写成 $\boldsymbol{v}_i=\boldsymbol{v}_A+\boldsymbol{v}_{ri}$，但式(6-12)并不成立，因为此时质心的相对速度不一定为零。

问题 6-2 试计算图 a 所示以速度 $\boldsymbol{v}_0$ 向前运动的拖拉机履带的动能。轮轴间的距离为 d，轮的半径为 r，履带的单位长度质量为 ρ。

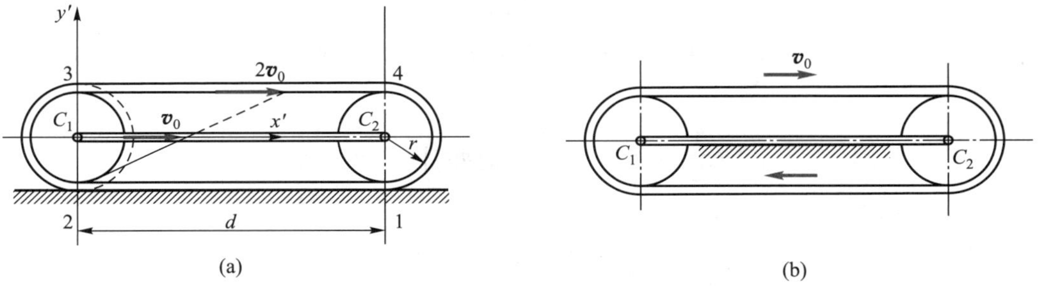

问题 6-2 图

答：在杆 C_1C_2 上固结履带质心平移系，则履带上任一部分牵连速度为 v_0，相对运动为绕两个作定轴转动圆轮上的履带运动(见图 b)。由柯尼希定理得

$$T=\frac{1}{2}\rho(2d+2\pi r)v_0^2+\frac{1}{2}\rho(2d+2\pi r)v_0^2=2\rho v_0^2(d+\pi r)$$

显然，这种方法比较简单。

也可将履带分为 4 部分，分别计算各部分动能再求和。读者不妨一试。

2. 刚体的动能

应用柯尼希定理，容易得到刚体作各种运动时动能的计算公式。

(1) 平移

刚体平移时，其上各点相对于质心 C 的速度为零，由式(6-12)有

$$T=\frac{1}{2}mv_C^2 \tag{6-13}$$

该式表明，刚体平移的动能相当于将刚体质量集中在质心时的质点动能。

（2）定轴转动

定轴转动刚体的动能表达式可直接由式(6-11)得出

$$T=\frac{1}{2}J_z\omega^2 \tag{6-14}$$

即刚体定轴转动的动能等于刚体对定轴的转动惯量与角速度平方乘积的一半。

（3）平面运动

刚体平面运动可分解为随质心的平移和相对于质心平移系的转动。由柯尼希定理得

$$T=\frac{1}{2}mv_C^2+\frac{1}{2}J_C\omega^2 \tag{6-15}$$

式中，J_C为刚体对通过质心且垂直于运动平面的轴的转动惯量，ω 为刚体的角速度。式(6-15)表明，**刚体平面运动的动能等于随质心平移的动能与相对于质心平移系的转动动能之和。**

需指出的是，若平面运动刚体的速度瞬心 C_v 存在时，刚体此时可看作绕 C_v 作定轴转动，有 $v_C=C_vC\cdot\omega$，代入式(6-15)，并注意到 $J_{C_v}=J_C+mC_vC^2$，得

$$T=\frac{1}{2}J_{C_v}\omega^2 \tag{6-16}$$

式中，J_{C_v}为刚体对瞬心轴的转动惯量。例如，质量为 m 的均质圆轮纯滚时，质心 C 速度大小为 v_C，则

$$T=\frac{1}{2}J_{C_v}\omega^2=\frac{1}{2}\left(\frac{1}{2}mr^2+mr^2\right)\omega^2=\frac{3}{4}mv_C^2$$

可见，均质轮纯滚时，其动能与轮半径无关。

问题 6-3 如图 a 所示，平面运动刚体角速度为 ω，C 为质心，已知其上任一点 A 的速度为 $\boldsymbol{v}_A$，则 $T=\frac{1}{2}mv_A^2+\frac{1}{2}J_A\omega^2$，对吗？

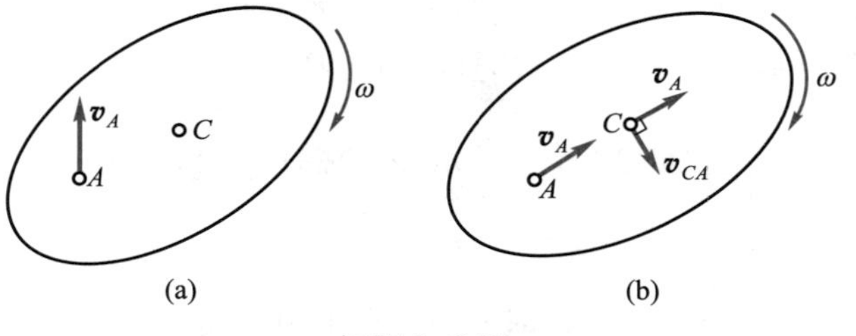

问题 6-3 图

答：不对。由柯尼希定理的推导过程可知，对于非质心为坐标原点的平移参考系，相对运动动能不等于$\frac{1}{2}J_A\omega^2$，还有一非零项。但当 $\boldsymbol{v}_A$指向 C 时，上式成立，此时 $\boldsymbol{v}_C=\boldsymbol{v}_A+\boldsymbol{v}_{CA}$，如图 b 所示，且有

$$T=\frac{1}{2}mv_C^2+\frac{1}{2}J_C\omega^2=\frac{1}{2}m(v_A^2+AC^2\omega^2)+\frac{1}{2}J_C\omega^2=\frac{1}{2}mv_A^2+\frac{1}{2}J_A\omega^2$$

问题 6-4

① 如图 a 所示，均质圆轮在以角速度 ω_1 定轴转动的平板上纯滚动，已知轮心 C 相对于平板的速度为 $\boldsymbol{v}_{Cr}$，试求此时圆轮的动能。

② 求图 b 所示系统的动能，已知杆长为 l，各构件质量及速度如图所示。

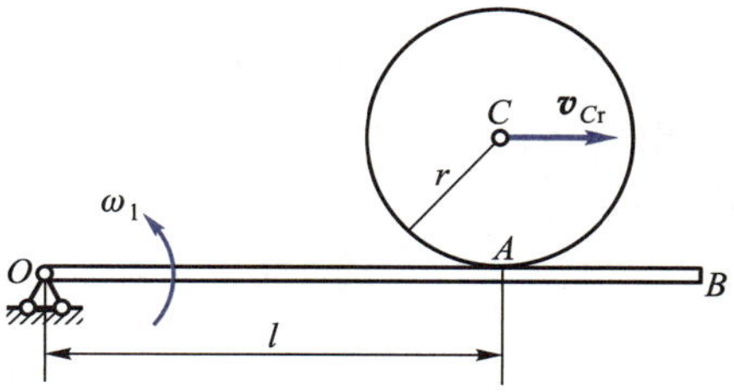

(a)

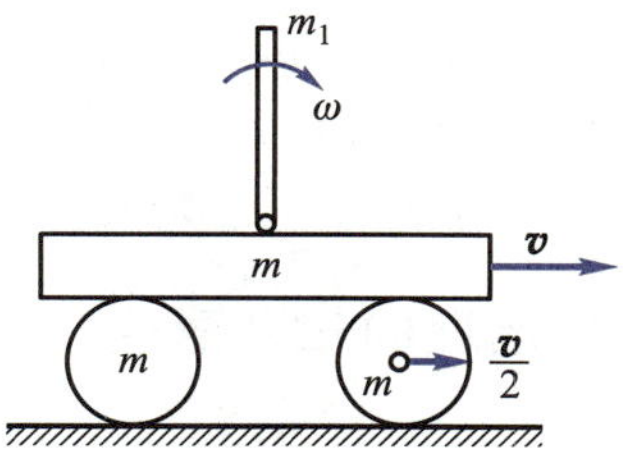

(b)

问题 6-4 图

答： ① 由 $T=\frac{1}{2}mv_C^2+\frac{1}{2}J_C\omega^2$（其中 v_C 与 ω 都为绝对量），而 $\omega_{Cr}=\frac{v_{Cr}}{r}$，故

$$\omega^2=\left(\frac{v_{Cr}}{r}-\omega_1\right)^2$$

而 $\boldsymbol{v}_C=\boldsymbol{v}_A+\boldsymbol{v}_{CA}$，故

$$v_C^2=(l\omega_1)^2+\left[r\left(\frac{v_{Cr}}{r}-\omega_1\right)\right]^2$$

将 ω^2、v_C^2 代入圆轮动能表达式 T 中得解。

注意： 此处 $v_{CA}=r\omega\neq v_{Cr}$。

② $$T=\underbrace{\frac{1}{2}mv^2}_{\text{板}}+\underbrace{2\times\frac{3}{4}m\left(\frac{v}{2}\right)^2}_{\text{轮}}+\underbrace{\frac{1}{2}m_1\left(v+\frac{l}{2}\omega\right)^2+\frac{1}{2}\times\frac{1}{12}m_1l^2\omega^2}_{\text{杆}}$$

思考 6-2

① 对于平面运动刚体，动能的微分 $\mathrm{d}T=J_{C_v}\omega\mathrm{d}\omega$，对吗？为什么？

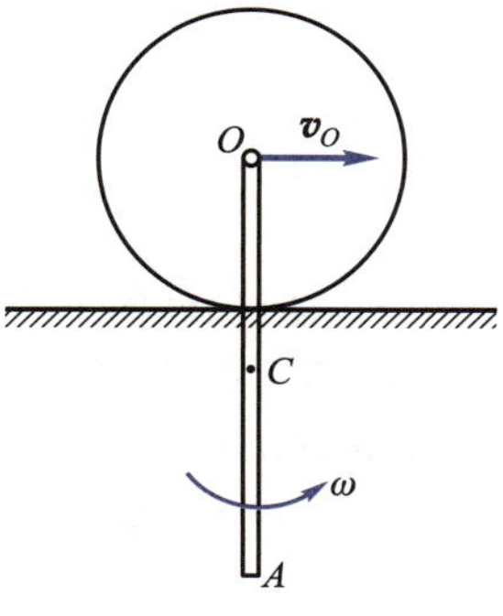

思考 6-2 图

② 如图所示，滚动均质轮半径为 r，铰接于轮心的杆长为 l，质量均为 m，速度如图所示。试求此瞬时系统的动能。

6.2 质点系动能定理

在推导质点系动量定理和动量矩定理的过程中，因各质点之间的内力成对出现，其内力主矢和主矩均为零，不影响质点系的动量变化和动量矩变化；而当内力的功不为零时，往往影响质点系动能的变化。这是质点系动能定理的一个显著特点。

6.2.1 动能定理的三种形式

1. 微分形式

对质点系中所有质点分别写出质点动能定理的微分式求和，并交换求和与微分运算顺序，便得到质点系动能定理的微分形式

$$\mathrm{d}\left[\sum \frac{1}{2}m_i v_i^2\right] = \sum \delta W_i$$

简写为

$$\mathrm{d}T = \delta W \tag{6-17}$$

这表明，**质点系动能的微分等于作用在质点系上所有力的元功之和**。

将式(6-17)两边除以 dt，并注意到式(6-1)，$\delta W = \sum \boldsymbol{F}_i \cdot \boldsymbol{V}_i \mathrm{d}t$，可得

$$\frac{\mathrm{d}T}{\mathrm{d}t} = P \tag{6-18}$$

式中，$P = \sum \boldsymbol{F}_i \cdot \boldsymbol{V}_i$为主动力系的功率。这是动能定理的另一微分形式，称为**功率方程：质点系动能的变化率等于作用在质点系的所有外力和内力的功率之和**。

问题 6-5 图示重型装卸车满载砂石的车厢总重量为 210 kN，其重心 C 与铰链 O 的水平距离 $a = 120$ cm。车厢翻转时角速度 $\omega = 0.05$ rad/s，求翻转时的最大功率。

答： $P = M\omega = Ga\cos\theta \cdot \omega$

$P_{\max} = Ga\omega = 126$ kW

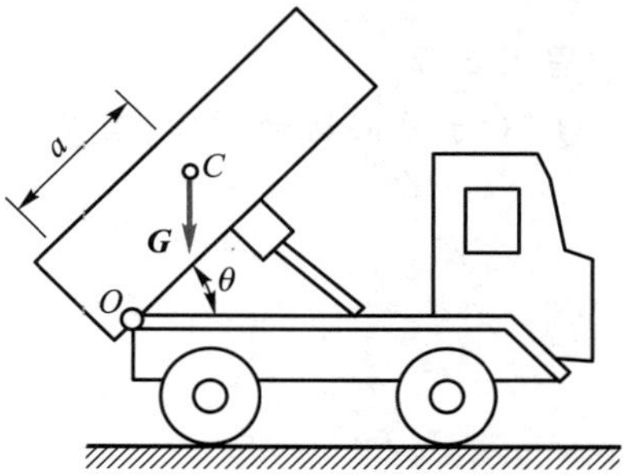

问题 6-5 图

2. 积分形式

将式(6-17)积分，便得到质点系动能定理的积分形式

$$\sum \frac{1}{2}m_i v_{i2}^2 - \sum \frac{1}{2}m_i v_{i1}^2 = \sum W_{i1-2}$$

简写为

$$T_2 - T_1 = W_{1-2} \tag{6-19}$$

这表明，**质点系从初位形 1 到末位形 2 的运动过程中，其动能的改变量等于作用在质点系上所有力所做功的代数和**。

注意： 上述“所有力”，既包括外主动力和内力，也包括约束力。在理想约束（约束力不做功）系统中，只包含外主动力和内主动力。

3. 守恒形式

主动力作用的空间区域称为**力场**,如万有引力场等。若力场对质点的作用力只与作用点位置有关,则可表示为 $\boldsymbol{F}=\boldsymbol{F}(\boldsymbol{r})=\boldsymbol{F}(x,y,z)$。如果主动力在有限位移上所做的功只与力的始末位置有关,而与运动路径无关,则称为**势力场**,或**保守力场**,例如重力场、弹性力场等。

在势力场中,必存在**势能**函数 $V(\boldsymbol{r})=V(x,y,z)$,其梯度恰好等于有势力,$\boldsymbol{F}=-\mathrm{grad}\ V$,即

$$\boldsymbol{F}=-\left(\frac{\partial V}{\partial x}\boldsymbol{i}+\frac{\partial V}{\partial y}\boldsymbol{j}+\frac{\partial V}{\partial z}\boldsymbol{k}\right)$$

故有势力 $\boldsymbol{F}$ 从 1 到 2 位置的功为

$$W_{1-2}=\int_1^2\boldsymbol{F}\cdot\mathrm{d}\boldsymbol{r}=-\int_1^2\mathrm{d}V=V_1-V_2$$

将该式代入式(6-19),得质点系的**机械能守恒定律**表达式

$$T_1+V_1=T_2+V_2 \tag{6-20}$$

或

$$T+V=E(\text{常数}) \tag{6-21}$$

式中,T_1、V_1和 T_2、V_2分别为质点系在位形 1 和位形 2 时所具有的动能和势能;E 为**机械能**。机械能守恒定律表明,**系统仅在有势力作用下运动时,其机械能保持不变**。这样的质点系通常称为**保守系统**;相反,受非有势力特别是耗散力(如做功的摩擦力、介质阻力等)作用的系统,称为**非保守系统**。

问题 6-6 动能定理与动量定理和动量矩定理在数学上独立吗?试举例说明。

答: 一般不独立。在某些情形下,由动能定理可导出动量定理或动量矩定理的某个分量式,例如图示均质圆轮受水平恒力 $\boldsymbol{F}$ 作用,由静止向前滚动距离 s,由动能定理有

$$Fs=\frac{3}{4}mv_C^2$$

将其两边对时间 t 求导数得

$$Fv_C=\frac{3}{2}mv_Ca_C$$

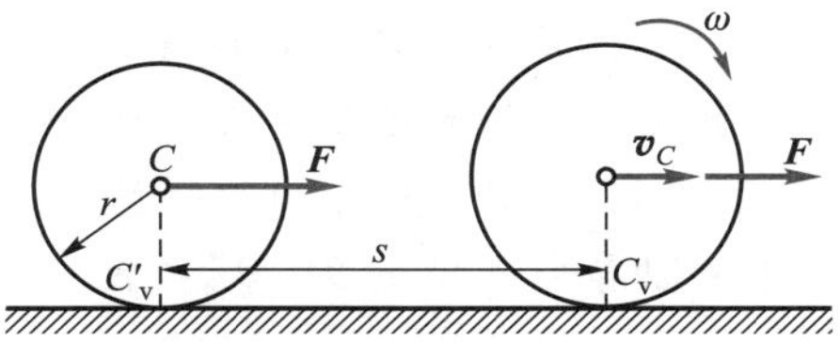

问题 6-6 图

即

$$F=\frac{3}{2}mr\alpha$$

两边乘以 r 得

$$Fr=J_{C_\mathrm{v}}\alpha$$

这就是以轮子速度瞬心 C_v为矩心得出的动量矩定理方程。可见,动能定理与动量矩定理并不相互独立,有时成为同解方程。

思考 6-3 *若问题 6-6 图中圆轮向前滑滚,摩擦力参与做功,是否存在动能定理与动量矩定理的等价关系?*

问题 6-7 如图所示,质量分别为$(m-m_1)$和 m 的物块用刚度系数为 k 的弹簧连接,静止于光滑水平面上。一质量为 m_1的子弹以水平速度 $\boldsymbol{v}$ 射入物块 A 后,试求系统的动能变化规律及弹性力做的功。

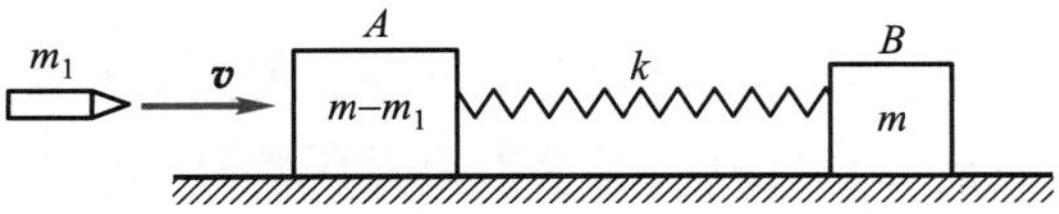

问题 6-7 图

答：子弹射入后，设子弹与物块 A 速度大小为 v_1。由动量守恒得

$$m_1 v = m_1 v_1 + (m-m_1) v_1$$

故 $v_1 = \dfrac{m_1}{m} v$ 为物块 A 的初速度，此后系统质心速度大小为 $\dfrac{v_1}{2}$。在该质心惯性系中考察，物块 A 与 B 分别与刚度系数为 $2k$ 的弹簧相联结作简谐振动，其固有圆频率为 $\omega_0 = \sqrt{\dfrac{2k}{m}}$，相对速度大小分别为 $v_{A\mathrm{r}} = \dfrac{v_1}{2}\cos\,\omega_0 t$，$v_{B\mathrm{r}} = -\dfrac{v_1}{2}\cos\,\omega_0 t$。

由柯尼希定理得系统动能

$$T = \frac{1}{2}(2m)\left(\frac{v_1}{2}\right)^2 + \frac{m}{2}(v_{A\mathrm{r}}^2 + v_{B\mathrm{r}}^2) = \frac{m_1^2 v^2}{4m}(1+\cos^2\omega_0 t)$$

当 $t=0$ 时，$T_0 = \dfrac{1}{2} m v_1^2 = \dfrac{m_1^2 v^2}{2m}$。

可见，由于弹簧内力做功，系统动能发生周期性变化，由动能定理得弹簧内力功为

$$W^{\mathrm{i}} = T - T_0 = -\frac{m_1^2 v^2}{4m}\sin^2\omega t \leqslant 0$$

即弹簧内力做负功。系统动能最小时，弹簧势能最大。

思考 6-4 若问题 6-7 图中弹簧改为轻质刚性杆，相应动能是否有变化？内力功是否为零？

问题 6-8 如图所示重物弹簧系统，杆从静平衡位置转动 φ 角，试求系统的势能。

答：以静平衡位置为“0”势能，经计算可得系统势能为

$$V = \frac{1}{2} k \left(\frac{l}{2}\varphi\right)^2$$

上式表明，弹簧的静平衡内力与重力在杆的转动中仍保持平衡，其功之和为零，故计算势能时，可同时不考虑重力与由该重力引起的弹簧的初变形。

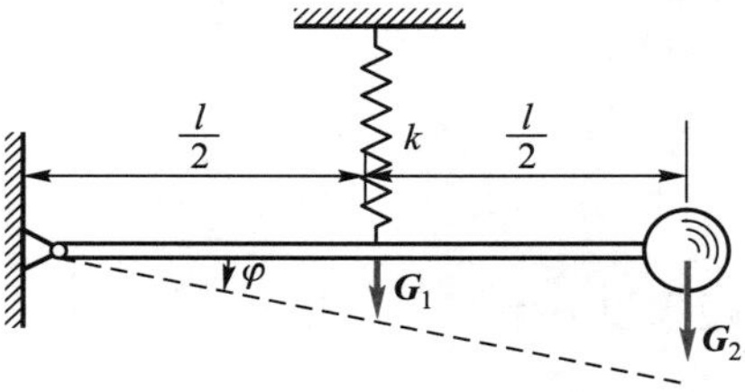

问题 6-8 图

6.2.2 动能定理的应用

动能定理常用于求解与空间位形变化有关的问题：已知运动的变化时可求功和力，已知力的功时可求速度。应用动能定理的微分形式，或通过对任意位置列出的动能定理方程进行微分运算，还可求加速度与角加速度。对于具有一个自由度的理想约束系统，可用动能定理整体求解，并可避免理想约束力在方程中出现。计入内力功，动能定理可广泛用于变形体的静力和动力问题。

例 6-1 图 a 所示“人”字梯置立于光滑水平面上，已知每边梯重为 $G_1=G_2=G$，梯高为 h，当 DE 绳断后梯子在铅垂面内滑倒，求 $h=0$ 时铰 C 的速度。

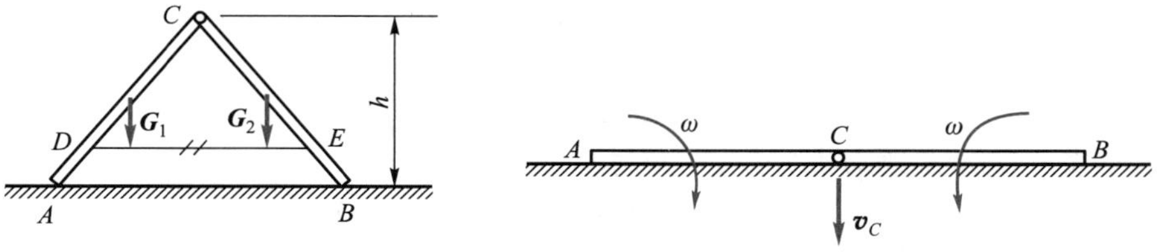

(a) (b)

例 6-1 图

解：研究整体，由于 $\sum F_x=0$，有 $v_{Cx}=0$；$h=0$ 时，$\boldsymbol{v}_C$ 铅垂向下，且 A，B 分别为两边梯子的速度瞬心，如图 b 所示。由 $T-T_0=W_{1-2}$，有

$$2\times\frac{1}{2}\times\frac{1}{3}\frac{G}{g}l^2\omega^2=Gh$$

故 $v_C=l\omega=\sqrt{3gh}$。

思考 6-5

① 试分析例 6-1 中半边梯 AC 所受的约束力及其做功过程；

② 若 $AC\neq BC$，即 $G_1\neq G_2$，如图所示，相应结果如何？试求落地时 A、B 两端的滑动位移。

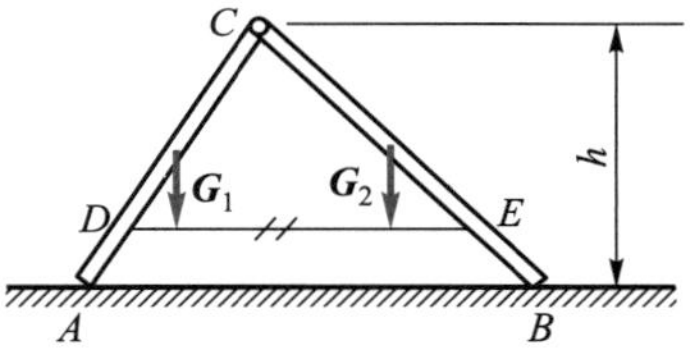

思考 6-5 图

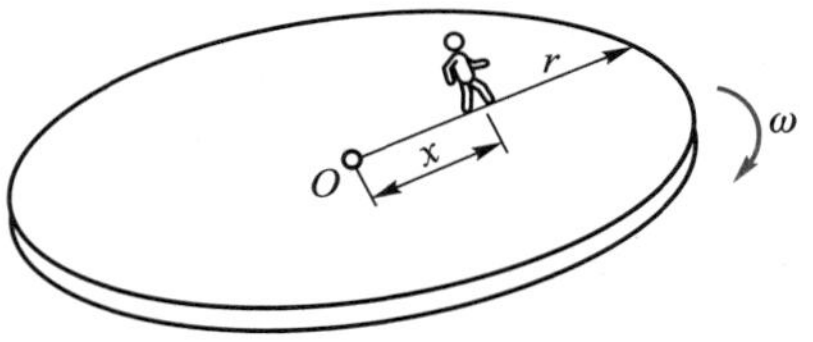

例 6-2 图

例 6-2 如图所示均质水平圆台重量为 G，半径为 r，以角速度 ω_0 绕过圆心 O 点的铅垂轴转动，重量为 G_1 的人从 O 点出发，以不变的相对速率 v 径向行走。试求人行至 x 位置时对系统所做的功。

解：研究整体，设人行至 x 处时，圆台角速度为 ω，因 $\sum M_O=0$，动量矩 L_O 守恒，故

$$\frac{1}{2}\frac{G}{g}r^2\omega_0=\frac{1}{2}\frac{G}{g}r^2\omega+\frac{G_1}{g}x^2\omega$$

得

$$\omega=\frac{Gr^2}{Gr^2+2G_1x^2}\omega_0$$

又由 $T-T_0=W$，有

$$W=\frac{1}{2}\times\frac{1}{2}\frac{G}{g}r^2\omega^2+\frac{1}{2}\frac{G_1}{g}[(x\omega)^2+v^2]-\frac{1}{2}\times\frac{1}{2}\frac{G}{g}r^2\omega_0^2$$

$$=\frac{G_1}{2g}\left(v^2-\frac{Gr^2x^2}{Gr^2+2G_1x^2}\omega_0^2\right)$$

可见,内力做功引起系统动能改变。

当 $v=\omega_0\sqrt{\dfrac{Gr^2x^2}{Gr^2+2G_1x^2}}$ 时,$W=0$。

思考 6-6

① 若人在圆台上沿直径为 r 的某圆周走动,结果如何?

② 若圆台置于光滑水平面上,结果又如何?

例 6-3 如图所示,均质杆 AB 长度为 l,重量为 G_1,上端靠在光滑铅垂墙面上,下端以铰链 A 与均质圆柱体中心连接,圆柱重量为 G_2,半径为 R,能在粗糙水平面上纯滚动。若 $\theta=45°$ 时,$v_A=v_0$,试求该瞬时 A 点的加速度。

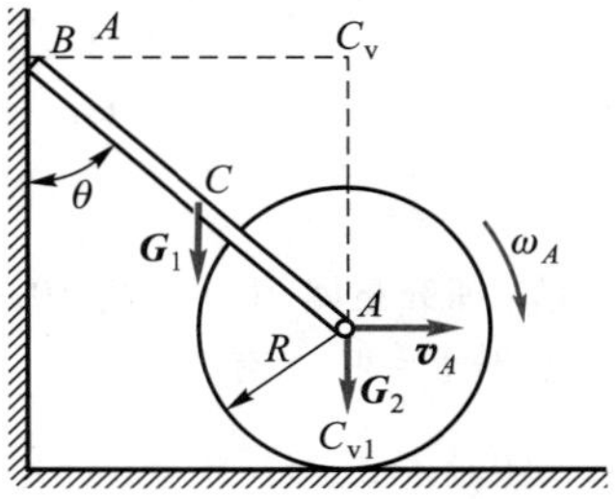

例 6-3 图

解:在任意位置 θ 时,柱与杆的速度瞬心分别为 C_{v1} 和 C_v,且有

$$\left.\begin{aligned}&\omega_A=\frac{v_A}{R},\quad \omega_{AB}=\frac{v_A}{l\cos\theta}\\&\alpha_{AB}=\frac{\mathrm{d}\omega_{AB}}{\mathrm{d}t}=\frac{a_A}{l\cos\theta}+\frac{v_A^2\sin\theta}{l^2\cos^3\theta}\end{aligned}\right\}\tag{a}$$

$$T=\frac{3}{4}\frac{G_2}{g}v_A^2+\frac{1}{2}\left[\frac{1}{12}\frac{G_1}{g}l^2+\frac{G_1}{g}\left(\frac{l}{2}\right)^2\right]\omega_{AB}^2\tag{b}$$

由 $\dfrac{\mathrm{d}T}{\mathrm{d}t}=P$,并将式(b)代入,注意到 $\dfrac{\mathrm{d}\omega_{AB}}{\mathrm{d}t}=\alpha_{AB}$,有

$$\frac{3}{2}\frac{G_2}{g}v_Aa_A+\left[\frac{1}{12}\frac{G_1}{g}l^2+\frac{G_1}{g}\frac{l^2}{4}\right]\omega_{AB}\alpha_{AB}=G_1\frac{l}{2}\sin\theta\omega_{AB}$$

再将式(a)代入上式,并经整理得

$$\left(\frac{3}{2}\frac{G_2}{g}+\frac{1}{3}\frac{G_1}{g}\frac{1}{\cos^2\theta}\right)a_A+\frac{1}{3}\frac{G_1}{g}\frac{\sin\theta}{\cos^3\theta}v_A^2=\frac{G_1l}{2}\tan\theta\tag{c}$$

将 $\theta=45°$,$v_A=v_0$ 代入式(c)得

$$a_A=\frac{6G_1g}{9G_2+4G_1}\left(\frac{1}{2}-\frac{2\sqrt{2}}{3gl}v_0^2\right)$$

若 $\theta=45°$ 时,$v_0=0$,则

$$a_A=\frac{3G_1g}{9G_2+4G_1}$$

注意:

① 若取杆 AB 与水平方向的夹角 θ 为变量时,$\dot{\theta}$ 、$\ddot{\theta}$ 与 θ 正方向相同,而与实际 ω_{AB} 方向相反。

② 本题若应用动能定理积分形式或机械能守恒式两边对时间 t 求导数,可获同样结果。

思考 6-7

① 如何求例 6-3 中运动杆杆端 B 的约束力?

② θ 为何值时,B 端离开墙面? B 端离墙后的运动如何?

例 6-4 试导出稳定流体的能量方程。

解：如图所示，在稳定流中任取一段用截面 1 和 2 截出的流体，设在某瞬时 t，位于 1-2 位置之间的流体，经过 Δt 移到了 $1'-2'$位置；而流体以速度 $\boldsymbol{v}_1$ 流入受外界压强 p_1 作用的截面 1，以速度 $\boldsymbol{v}_2$ 流出受外界压强 p_2 作用的截面 2。由于理想流体的内摩擦力为零，故在 Δt 内作用于流体的压力所做之功为

$$W_p=(p_1v_1A_1-p_2v_2A_2)\Delta t$$

式中，A_1 和 A_2 分别为截面 1 和 2 的面积。设流体不可压缩，进出截面 1、2 的两段流体的体积 ΔV 相等，即 $v_1A_1\Delta t=v_2A_2\Delta t=\Delta V$，代入上式得

$$W_p=(p_1-p_2)\Delta V$$

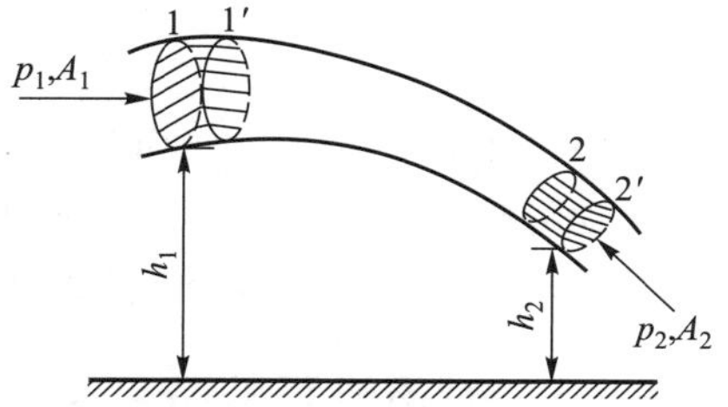

例 6-4 图

而重力做的功为 $W_G=\rho g\Delta V(h_1-h_2)$，$\rho$ 为流体的密度。

考察流体段在 t 和 $t+\Delta t$ 两时刻的变化。由 $T_2-T_1=W_{1-2}$，有

$$\frac{1}{2}\rho\Delta V(v_2^2-v_1^2)=(p_1-p_2)\Delta V+\rho g\Delta V(h_1-h_2)$$

故

$$p_1+\rho gh_1+\frac{1}{2}\rho v_1^2=p_2+\rho gh_2+\frac{1}{2}\rho v_2^2 \tag{6-22}$$

即

$$p+\rho gh+\frac{1}{2}\rho v^2=\text{常数} \tag{6-23}$$

这就是稳定流体的伯努利方程：**在稳定流体中，沿同一流线单位体积流体的动能，重力势能与该处的压强之和为常量。**

问题 6-9 图示水桶侧壁有一小孔，桶内盛满水，试求水从小孔流出的速度。

答：沿从水面至小孔处的流线，水面处流速为 0，小孔处流速大小为 v，重力势能为 0，大气压为 p_0，由式(6-22)有

$$p_0+\rho gh=p_0+\frac{1}{2}\rho v^2$$

故

$$v=\sqrt{2gh}$$

为小孔出水流速大小。

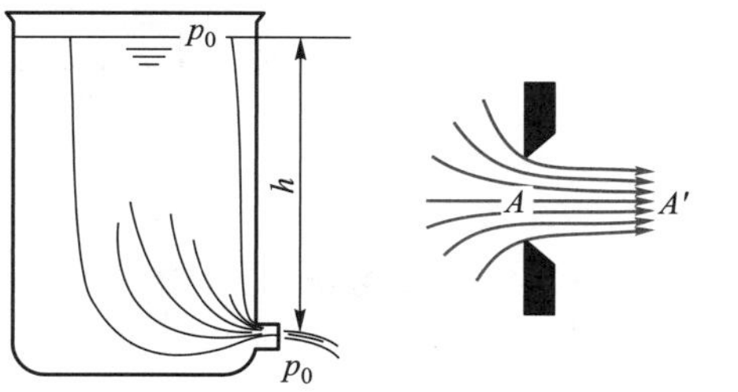

问题 6-9 图

思考 6-8 如图所示，盛满液体的水池侧壁上开有不同高度的小孔，试证明从一半液体高度的小孔中流出的水射程最远。

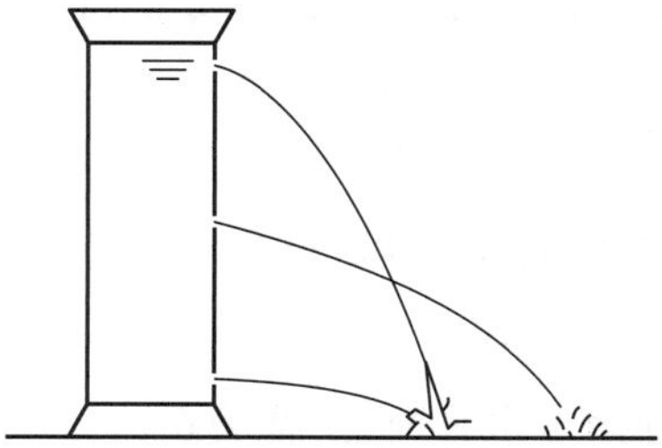
思考 6-8 图

*6.3 碰　　撞

碰撞是工程中一类重要而又复杂的动力学问题。在简化的条件下，引入恢复因数，运用动量定理和动量矩定理的积分形式可描述碰撞过程的始末状态，并计算碰撞中的动能损失。本节在物理学基础上，主要研究刚体模型的碰撞问题，也涉及弹性体简单冲击问题。

6.3.1 碰撞过程的特点与简化

碰撞是工程中的常见现象，例如打桩、锻压、撞车等。碰撞过程时间极短，碰撞物体速度突变，加速度很大，并产生巨大碰撞力，且碰撞力急剧变化，很难确定其变化规律。为了解决一般工程问题，可以绕过这一极短时间的复杂受力过程，只分析碰撞前后物体运动状态的变化。为此，对碰撞过程进行如下两点简化：

① 不计非碰撞力和非碰撞冲量。这是因为它们与碰撞力相比，常常小到可以忽略不计。

② 不计碰撞过程的位移。这是因为碰撞过程时间极短，碰撞物体的位移小到可以忽略不计。

问题 6-10　如图所示，物 A 与物 B 发生碰撞后，物 C 怎样运动？

答：若物 B 与物 C 间摩擦因数为零，则碰撞后物 C 在原处不动；若摩擦因数不为零，则碰撞后物 C 速度也为零（碰撞时不计非碰撞摩擦力），此后物 C 在摩擦力作用下，匀加速向前运动。

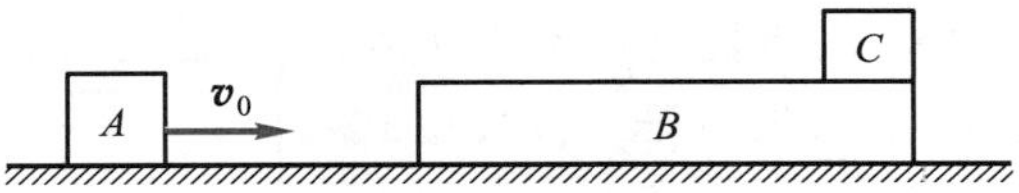

问题 6-10 图

思考 6-9　如图所示，子弹水平射入物块 A。在射入过程中，子弹和物块 A 沿斜面方向动量守恒吗？为什么？

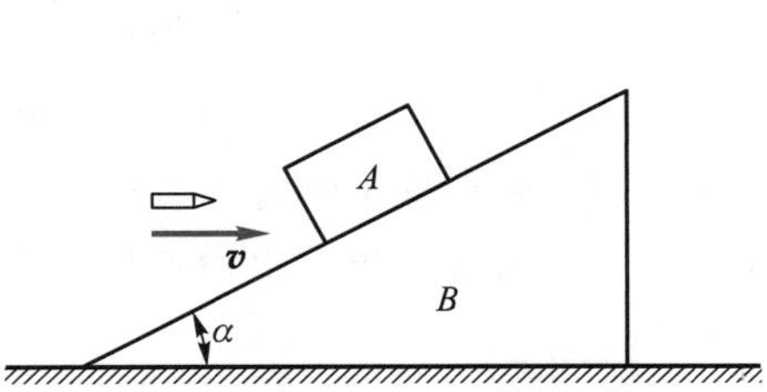

思考 6-9 图

6.3.2 材料对碰撞的影响 · 恢复因数

1. 碰撞过程的两个阶段

如图 6-5 所示，小球铅垂落到固定水平面上，称为正碰撞。碰撞开始时，质心速度为 $\boldsymbol{v}$，由于受到固定面的碰撞冲量的作用，质心速度逐渐减小，物体变形逐渐增大，直至速度等于零为止。

此后弹性变形逐渐恢复,物体质心获得反向的速度。当小球离开固定面的瞬时,质心速度为 $\boldsymbol{v}'$,这时碰撞结束。

上述碰撞过程可分为两个阶段。在第一阶段,物体的动能减小到零,挤压变形增加,设物体所受碰撞冲量为 $\boldsymbol{I}_1$,铅垂向上,由冲量定理有

$$0-(-mv)=I_1$$

在第二阶段,弹性变形逐渐恢复,动能逐渐增大。设物体所受碰撞冲量为 $\boldsymbol{I}_2$,则有

$$mv'-0=I_2$$

于是得

$$\frac{v'}{v}=\frac{I_2}{I_1} \tag{6-24}$$

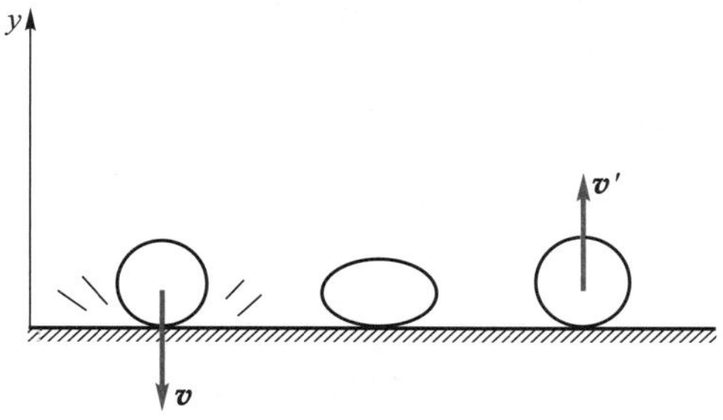

图 6-5　碰撞的两个阶段

因碰撞过程伴随发热、发光、发声等物理现象,材料碰撞后保留或多或少的残余变形,物体动能损失,其碰撞结束时的速度大小 v' 小于碰撞开始时的速度大小 v。

2. 材料的恢复因数

牛顿发现,对于某种材料的物体与另一种材料的固定物体,在碰撞结束与碰撞开始时的速度大小之比值几乎是不变的,即

$$\frac{v'}{v}=e \tag{6-25}$$

常数 e 恒取正值,称为**恢复因数**。

恢复因数需用实验测定,用待测材料做成小球和质量很大的平板,将平板固定,小球自高 h_1 处自由落下,与固定平板碰撞后,小球返跳,记下达到最高点的高度 h_2,如图 6-6 所示。

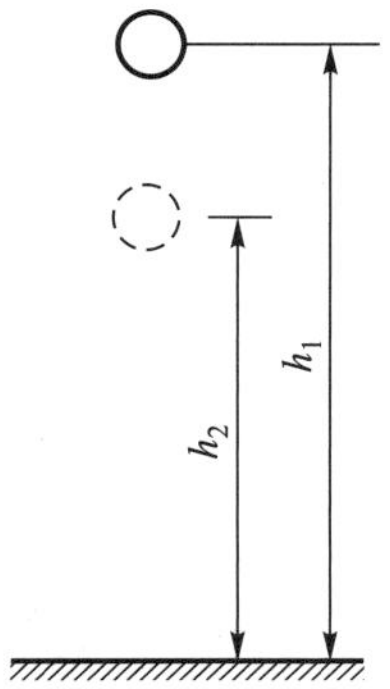

图 6-6　实验测恢复因数

小球与平板刚接触时,小球速度大小为

$$v=\sqrt{2gh_1}$$

小球离开平板的瞬时,小球的速度大小为

$$v'=\sqrt{2gh_2}$$

于是,得恢复因数

$$e=\frac{v'}{v}=\frac{I_2}{I_1}=\sqrt{\frac{h_2}{h_1}} \tag{6-26}$$

几种材料的恢复因数实测值见表 6-1。

表 6-1　常见材料恢复因数实测值

碰撞物体的材料	铁对铅	木对胶木	木对木	钢对钢	象牙对象牙	玻璃对玻璃
恢复因数	0.14	0.26	0.50	0.56	0.89	0.94

恢复因数表示物体碰撞后其速度恢复的程度，也表示物体变形恢复的程度，反映出碰撞过程物体机械能损失的程度。对于各种材料，均有 $0<e<1$。由这些材料做成的物体发生的碰撞，称为**弹性碰撞**。

$e=1$ 属理想情况，表明变形完全恢复，动能没有损失，称为**完全弹性碰撞**。

$e=0$ 属极限情况，表明变形丝毫没有恢复，称为**完全非弹性碰撞或塑性碰撞**。

如图 6-7 所示，小球与固定光滑面碰撞，开始速度 $\boldsymbol{v}$ 与接触点法线的夹角为 θ，碰撞结束时返跳速度 $\boldsymbol{v}'$ 与法线的夹角为 β，这种碰撞称为**斜碰撞**。若不计摩擦，两物体的碰撞只在法线方向发生，于是材料的恢复因数应为

$$e=\left|\frac{v_n'}{v_n}\right|$$

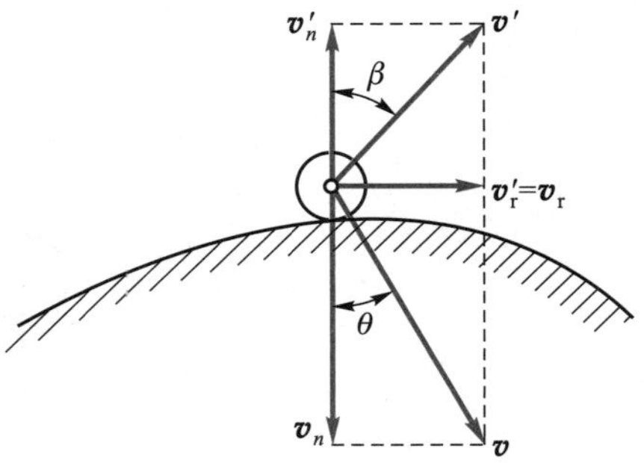

图 6-7　小球与光滑面碰撞

式中，v_n' 和 v_n 分别是速度 $\boldsymbol{v}'$ 和 $\boldsymbol{v}$ 在法线方向的投影。

由于不计摩擦，$\boldsymbol{v}'$ 和 $\boldsymbol{v}$ 在切线方向的投影是相等的。由图 6-7 可见

$$|v_n'|\tan\beta=|v_n|\tan\theta$$

于是

$$e=\left|\frac{v_n'}{v_n}\right|=\frac{\tan\theta}{\tan\beta}$$

对于实际材料，$e<1$。由上式可见，当碰撞物体表面光滑时，应有 $\beta>\theta$。

在一般情况下，碰撞前后的 1、2 两个物体都在运动，此时恢复因数定义为

$$e=\left|\frac{v'^n_r}{v^n_r}\right|=\left|\frac{v_{2n}'-v_{1n}'}{v_{1n}-v_{2n}}\right| \tag{6-27}$$

式中，v'^n_r 和 v^n_r 分别为碰撞后和碰撞前两物体接触点沿接触面法线方向的相对速度大小。

问题 6-11　如图所示，小球置于车厢右端，底面光滑，车厢受冲击后以速度 $\boldsymbol{v}_0$ 向右运动，试求小球与车厢左壁发生完全弹性碰撞后，相对于车的速度。

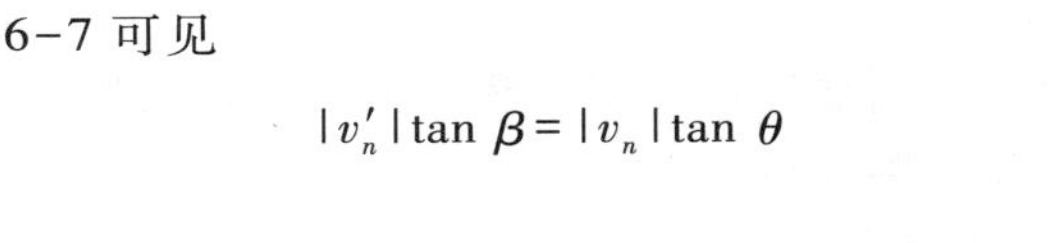

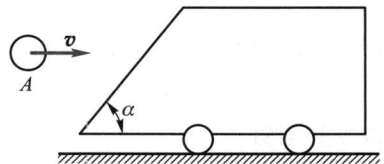

问题 6-11 图

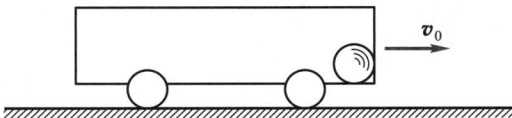

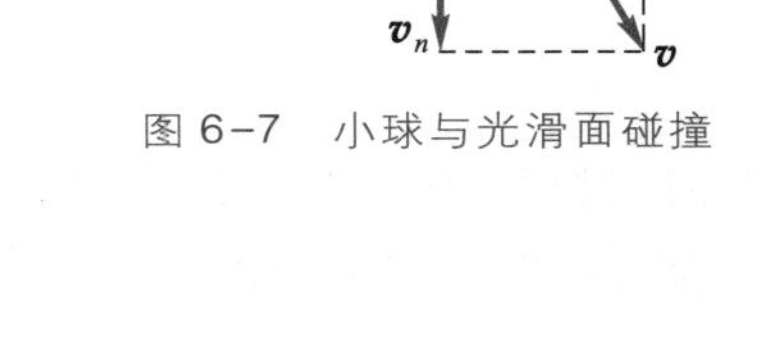

思考 6-10 图

答：因恢复因数为 1，小球与左壁碰撞前相对速度大小是v_0，碰撞后相对速度也应为v_0，但方向相反。

思考 6-10

① 试用两个具有对称面的平面运动刚体发生偏心斜碰撞为例，运用冲量定理与相对质心的冲量矩定理导出式(6-27)。

② 如图所示，小球 A 与光滑斜面碰撞，若已知二者的质量与恢复因数 e，不计水平面摩擦，如何求碰撞后二者的速度？

6.3.3 对心碰撞的动能损耗

应用冲量定理和冲量矩定理及恢复因数概念，可以分析两物体对心碰撞前后的速度变化，计算其动能的损耗。

如图 6-8 所示，两个球的质量分别为 m_1 和 m_2，碰撞开始时两质心的速度分别为 $\boldsymbol{v}_1$ 和 $\boldsymbol{v}_2$，且沿同一直线。恢复因数为 e。试求碰撞后两者的速度和碰撞过程中损失的动能。

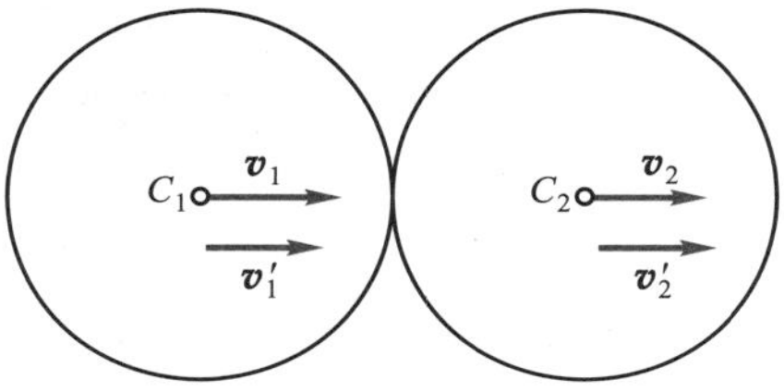

图 6-8　两球正碰撞

图 6-8 所示两球能碰撞的条件是 $v_1>v_2$。设碰撞结束时，二者的速度分别为 $\boldsymbol{v}_1'$ 和 $\boldsymbol{v}_2'$，且 $v_2'>v_1'$，方向如图所示。由水平动量守恒，有

$$m_1v_1+m_2v_2=m_1v_1'+m_2v_2' \tag{1}$$

由恢复因数定义式(6-27)，有

$$e=\frac{v_2'-v_1'}{v_1-v_2} \tag{2}$$

联立式(1)和式(2)，解得

$$\left.\begin{aligned} v_1'&=v_1-(1+e)\frac{m_2}{m_1+m_2}(v_1-v_2)\\ v_2'&=v_2+(1+e)\frac{m_1}{m+m_2}(v_1-v_2)\end{aligned}\right\} \tag{3}$$

以 T_1 和 T_2 分别表示此两球组成的质点系在碰撞过程开始和结束时的动能。由式(1)、式(2)、式(3)可得两物体在正碰撞过程中损失的动能，即

$$\Delta T=T_1-T_2=\frac{m_1m_2}{2(m_1+m_2)}(1-e^2)(v_1-v_2)^2 \tag{6-28}$$

完全弹性碰撞时，$e=1$，$\Delta T=0$，系统没有动能损失。

塑性碰撞时，$e=0$，动能损失为

$$\Delta T=\frac{m_1m_2}{2(m_1+m_2)}(v_1-v_2)^2 \tag{6-29}$$

问题 6-12 图 a 所示为锻压金属的汽锤简图，图 b 所示为土建工程中使用的打桩机。两图中的锤重均为 m_1g，铁砧与桩重均为 m_2g。二锤在打击开始时均具有速度 v_1。试分析与比较二者在碰撞过程中的动量传递与能量转化。

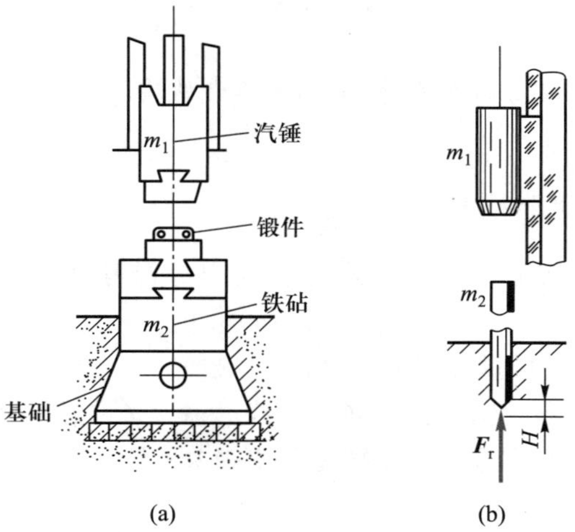

问题 6-12 图

答： 为简化分析，设碰撞为完全非弹性碰撞，即 $e=0$。碰撞前铁砧和桩均处于静止，即 $v_2=0$。由式(6-29)，有

$$\Delta T=\frac{m_1m_2}{2(m_1+m_2)}v_1^2=\left(\frac{1}{2}m_1v_1^2\right)\cdot\frac{1}{1+\dfrac{m_1}{m_2}}=\frac{T_1}{1+\dfrac{m_1}{m_2}} \tag{6-30}$$

式中，$T_1=\dfrac{1}{2}m_1v_1^2$，为上述两种情形锤的动能。式(6-30)表明，在完全非弹性碰撞过程中的动能损耗与碰撞物体的动能和相碰物体的质量比有关，由此分析锻压与打桩过程。

1. 锻压

锻压时希望汽锤的动能尽量多地转化为锻件的塑性应变能，尽量少地传递给铁砧和基础，以减小其有害振动。要使 ΔT 大，应使 $m_1 \ll m_2$。这样，当汽锤传递给铁砧的动量一定时，铁砧质量越大，其速度越小，且有 $\Delta T\approx T_1$，汽锤在锻造前的动能几乎完全转变为锻件的应变能。例如，当 $\dfrac{m_1}{m_2}\approx\dfrac{1}{20}$时，就有 95%的输入动能做了有用功。

2. 打桩

与锻压相反，打桩时希望桩锤的动能尽量多地传递给桩，使桩能克服阻力深入土壤之中。要使 ΔT 小，应使 $m_1 \gg m_2$。这样，桩的获得速度大，且有 $\Delta T\approx 0$，即打桩前桩锤具有的动能基本上变为桩锤与桩一起克服土壤阻力做的功。例如，若以 7 500 N 重的桩锤打 400 N 重的桩，则有用功为总功的 93.7%，仅有 6.3%的能量损失于桩的塑性变形。若用“轻锤打重桩”，即使桩锤将桩打坏，桩也很难进入土壤之中。

6.3.4 碰撞冲量对定轴转动刚体的作用·撞击中心

定轴转动的物体受到外力冲击时，不但引起转动角速度突变，而且在轴承处产生相应的约束冲量。这种冲击往往是有害的，应该设法避免，为此研究如下问题。

具有质量对称面的刚体可绕垂直该对称面的固定轴 O 转动，图 6-9 所示为其对称面。设碰撞冲量 $\boldsymbol{I}$ 作用于该对称面内，方向如图所示，刚体质量为 m，其质心 C 至定轴 O 的距离为 d，设刚体碰撞前静止，碰撞后的角速度为 $\boldsymbol{\omega}$，质心 C 的速度为 $\boldsymbol{v}_C$，试求碰撞时轴承 O 处的约束冲量 $\boldsymbol{I}_{Ox}$、$\boldsymbol{I}_{Oy}$，并求使 $I_{Ox}=I_{Oy}=0$ 的条件。

设刚体受冲击后的速度和约束冲量如图 6-9 所示。由冲量定理方程在 x、y 两个方向的投影，以及对轴 O 的冲量矩定理，有

$$I\sin\theta+I_{Ox}=0 \tag{a}$$

$$I\cos\theta+I_{Oy}=m(v_C-0) \tag{b}$$

$$J_O(\omega-0)=Ih\cos\theta \tag{c}$$

联立式(a)、(b)、(c)得

$$I_{Ox}=-I\sin\theta$$

$$I_{Oy}=\frac{mdIh\cos\theta}{J_O}-I\cos\theta$$

令 $I_{Ox}=I_{Oy}=0$，则

$$\theta=0 \quad 且 \quad h=\frac{J_O}{md} \tag{6-31}$$

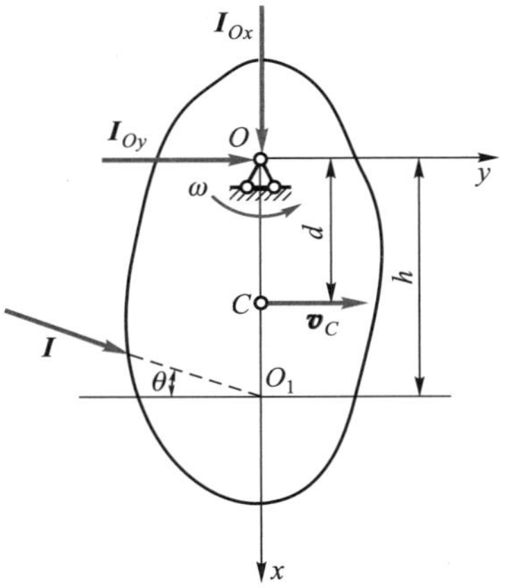

图 6-9 对称转动刚体受冲击

因此，若作用在刚体上的外冲量与轴 O 至质心 C 的连线垂直，且与点 O 距离为 $h=\dfrac{J_O}{md}$ 时，则轴承 O 处不引起冲击。外冲量与 OC 直线的交点 O_1 称为**撞击中心**。在日常生活中，人们用锄头、挥大锤或击棒球时，如果能使碰撞点接近撞击中心，手所受的冲击可大大减轻。材料冲击实验机的摆锤设计就考虑了撞击中心，因而使轴承所受的冲击几乎为零。

问题 6-13 定轴转动刚体受外冲量作用时，在什么情形下，不可避免地产生轴承约束力冲量？

答：由 $h=\dfrac{J_O}{md}$ 可知，当 $d=0$，即转轴通过质心 C 时，$h\to\infty$，撞击中心 O_1 不存在，无法避免轴承约束冲量。

思考 6-11

① 试求图示均质杆的撞击中心位置。若在杆端 B 铰接一根同样的杆，能求出两杆系统的"撞击中心"吗（仅满足铰 A 处无冲击）？

② 图6-9 中若轴 O 为非主轴，情形有何不同？

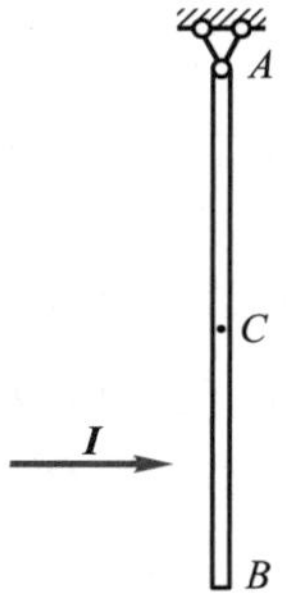

思考 6-11 图

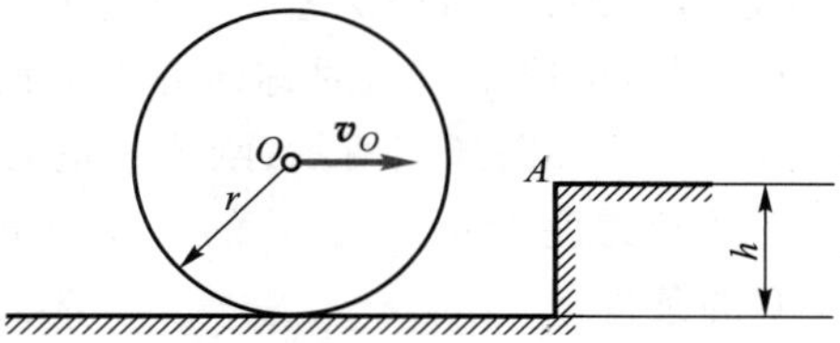

例 6-5 图

例 6-5 如图所示，半径为 r 的均质圆轮在水平面作纯滚动，角速度为 ω_0，与运动前方一高度为 $h(h<r)$ 的平台发生完全非弹性碰撞($e=0$)，试求圆轮能滚上平台的最小轮心速率 v_O。

解：设轮与平台角点 A 发生碰撞后角速度为 ω，因在碰撞过程中 $\sum \boldsymbol{M}_A(\boldsymbol{I})=0$，故有，$L_{A1}=L_{A2}$。即

$$mv_O(r-h)+J_O\omega_0=J_A\omega \tag{a}$$

式中

$$\left.\begin{aligned} J_O&=\frac{1}{2}mr^2\\ J_A&=\frac{3}{2}mr^2\\ \omega_0&=\frac{v_0}{r}\end{aligned}\right\} \tag{b}$$

将式(b)代入式(a)，得

$$\omega=\frac{2}{3r^2}\left(\frac{3}{2}r-h\right)v_0 \tag{c}$$

碰撞后，轮绕 A 点转动，应具备一定的动能才能滚上平台，即必须满足 $\frac{1}{2}J_A\omega^2>mgh$，再将式(b)和式(c)代入，可得 $v_O>\frac{2r}{3r-2h}\sqrt{3gh}$，即为所求。

注意：

① 刚体与固定点碰撞时，对碰撞点，一般存在动量矩守恒。

② 仅限于碰撞过程中不计非碰撞力，碰撞结束后又必须计入非碰撞力，例如轮碰撞结束后滚上台阶时，须考虑重力。

思考 6-12 滚动圆轮中心铰接一根均质杆，$BO=2r$，如图所示，试求全部滚上台阶所需的初速度的大小 v_O(不计杆端 B 摩擦)。

思考 6-12 图

例 6-6 如图 a 所示，均质直角尺边长 $AB=BC=l$，各段质量均为 m，平放于光滑的水平面上。一质量为 m_1 的小球以 $\boldsymbol{v}_0$ 的速度沿水平面运动，且 $\boldsymbol{v}_0\perp AB$，并与 AB 的中点 D 相碰，恢复因数 $e=0.5$，试求质量比 m/m_1 为何值时，小球碰撞后还能恰好与角尺的 C 端相碰。

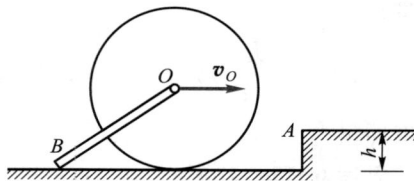

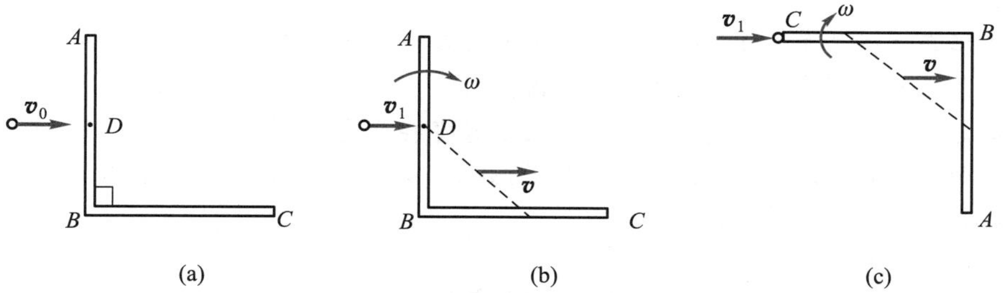

例 6-6 图

解：设碰撞后小球速度为 $\boldsymbol{v}_1$，角尺质心速度为 $\boldsymbol{v}$，角速度为 $\boldsymbol{\omega}$，如图 b 所示，由 $\boldsymbol{v}_0$ 方向系统动量守恒有

$$m_1 v_0 = m_1 v_1 + 2mv \tag{a}$$

由恢复因数定义，有

$$e = \frac{v + \dfrac{l}{4}\omega - v_1}{v_0} = 0.5 \tag{b}$$

由角尺碰撞前后对固定点 D 动量矩守恒，即 $L_D = 0$，有

$$2mv\ \frac{l}{4} = 2\left[\frac{1}{12}ml^2 + m\left(\frac{\sqrt{2}}{4}l\right)^2\right]\omega$$

即

$$v = \frac{5}{6}l\omega \tag{c}$$

联立式(a)、(b)、(c)可得

$$\omega = \frac{18m_1 v_0}{13m_1 l + 20ml}$$

$$v_1 = \frac{13m_1 - 10m}{13m_1 + 20m}v_0 \tag{d}$$

$$v = \frac{15m_1 v_0}{13m_1 + 20m}$$

碰撞后角尺作平面运动，ω = 常量，第一次旋转至图 c 示位置经历的时间为

$$t = \frac{\pi}{\omega} = \frac{\pi(13m_1 l + 20ml)}{18m_1 v_0} \tag{e}$$

令

$$v_1 t = vt - \frac{l}{2} \tag{f}$$

则小球正好与角尺 C 端相遇，将式(d)与式(e)代入式(f)得

$$\frac{m}{m_1} = \frac{39 - 2\pi}{10\pi}$$

即为所求。

思考 6-13

① 试验证在上述质量比下，例 6-6 中的小球能否与角点 B 相碰。

② 小球与角尺 C 端相碰后，运动状态如何？

③ 小球与角尺 C 端相碰的条件是否唯一，还有哪些可能情形？

例 6-7 弹性梁受冲击载荷。如图所示水平梁上方高度 h 处，有一重量为 G 的物体自由下落后，冲击在梁的中点。试求冲击力 F_d 及冲击位移 Δ_d。

为了简化求解，可作如下假设：

① 不计冲击物变形，且冲击后，冲击物与被冲击构件无相对运动；

② 忽略被冲击构件的质量，且被冲击构件在弹性范围内变形；

③ 冲击过程中没有能量损耗。

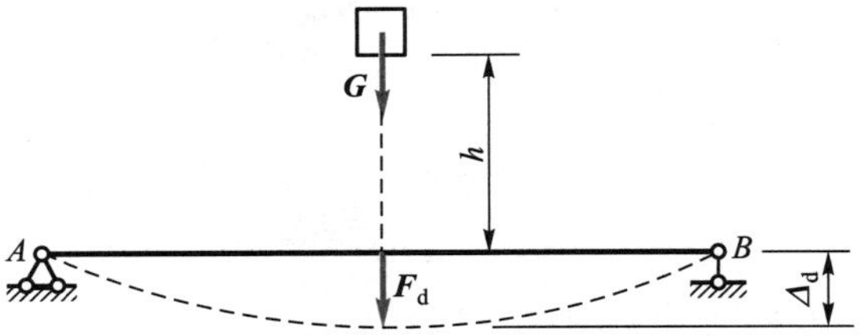

例 6-7 图

解：这是一个考虑弹性变形的碰撞问题，冲击终了时，动载荷及梁中点位移均达到最大值，分别用 F_d 和 Δ_d 表示。将梁视为一线性弹簧，设其刚度系数为 k，则动载荷 $F_d = k\Delta_d$。由系统机械能守恒，有

$$T_1 + V_1 = T_2 + V_2$$

即

$$0 + G(h + \Delta_d) = 0 + \frac{1}{2}k\Delta_d^2$$

故

$$\frac{1}{2}k\Delta_d^2 - G(h + \Delta_d) = 0 \tag{a}$$

将 $G = k\Delta_s$（Δ_s 是重物静止于梁的中点时的位移，其求解将在材料力学中介绍。）代入式(a)得

$$\Delta_d^2 - 2\Delta_s\Delta_d - 2\Delta_s h = 0 \tag{b}$$

解出

$$\Delta_d = \Delta_s\left(1 + \sqrt{1 + \frac{2h}{\Delta_s}}\right) \tag{6-32}$$

故

$$F_d = G\frac{\Delta_d}{\Delta_s} = G\left(1 + \sqrt{1 + \frac{2h}{\Delta_s}}\right) \tag{6-33}$$

可见，最大冲击载荷与静位移有关，即与梁的刚度系数有关：梁的刚度系数愈小，静位移愈大，冲击载荷将相应地减小。

若令式(6-33)中的 $h = 0$，得到 $F_d = 2G$。这等于将重物突然放置在梁上时，梁所受的实际载荷是重物重量的两倍，这时的载荷称为**突加载荷**。

思考 6-14

① 在上述假设条件下，试用质点运动微分方程求解例 6-7，并讨论冲击过程的受力情况，求

出梁受冲击的时间。

② 若重物以速度 $\boldsymbol{v}_0$ 水平冲击竖向弹性梁，相应情形有何不同？若恢复因数 $e\neq0$，又应如何考虑？

6.3.5 碰撞系统的动能定理

碰撞时碰撞力极大，位移极小，因而只有碰撞力的功 $W_{\mathrm{I}i}$ 为有限值，碰撞过程质点系的动能定理为

$$T-T_0=\sum_{i=1}^{n}W_{\mathrm{I}i} \tag{1}$$

式(1)右端表示所有碰撞力的功，难以直接由碰撞力确定，可利用式(1)导出

$$\sum_{i=1}^{n}W_{\mathrm{I}i}=\sum_{i=1}^{n}\frac{1}{2}m_i(\boldsymbol{v}_i\cdot\boldsymbol{v}_i)-\sum_{i=1}^{n}\frac{1}{2}m_i(\boldsymbol{v}_{i0}\cdot\boldsymbol{v}_{i0})=\sum_{i=1}^{n}\frac{1}{2}(\boldsymbol{v}_i+\boldsymbol{v}_{i0})\cdot m_i(\boldsymbol{v}_i-\boldsymbol{v}_{i0}) \tag{2}$$

由冲量定理，有

$$m_i(\boldsymbol{v}_i-\boldsymbol{v}_{i0})=\boldsymbol{I}_i \tag{3}$$

将式(3)代入式(2)，再代入式(1)，得到描述碰撞系统的动能定理：

$$T-T_0=\sum_{i=1}^{n}\frac{1}{2}(\boldsymbol{v}_i+\boldsymbol{v}_{i0})\cdot\boldsymbol{I}_i \tag{6-34}$$

即：**碰撞系统动能的变化等于所有对应的碰撞冲量与其作用点在碰撞中的平均速度的标积之和。** 注意，此处碰撞冲量包括内、外碰撞冲量，但理想约束的内碰撞冲量和为零。

例 6-8 设均质圆轮 D 的质量为 m，半径为 r，均质杆 AB 的长度为 $2r$，质量也为 m，杆在点 A 处与轮铰接，在点 E 处受一水平冲量 $\boldsymbol{I}$ 作用。不计滑块 B 质量及该处摩擦，求冲击后圆轮 D 及杆 AB 的角速度。

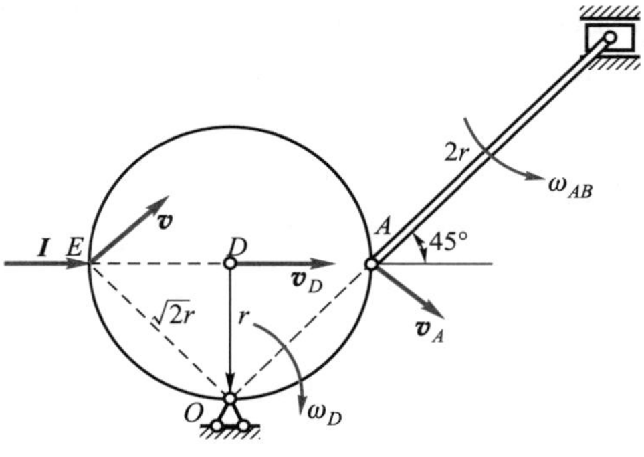

例 6-8 图

解： 由运动分析，冲击后 E 点速度 $\boldsymbol{v}$、A 点速度 $\boldsymbol{v}_A$ 与圆轮角速度 ω_D 和杆 AB 角速度 ω_{AB} 的大小关系为

$$\left.\begin{aligned}&v=\omega_D\sqrt{2}r\\&v_A=v=\omega_{AB}2r\\&\omega_{AB}=\omega_D/\sqrt{2}\end{aligned}\right\} \tag{a}$$

根据碰撞系统的动能定理，有

$$\frac{1}{2}J_O\omega_D^2+\frac{1}{2}J_{AB}\omega_{AB}^2=\frac{I}{2}\left(\frac{v}{\sqrt{2}}+0\right) \tag{b}$$

其中，圆轮 D 对轴 O 及杆 AB 对轴 B 的转动惯量分别为

$$\left.\begin{aligned} J_O &= \frac{3}{2}mr^2 \\ J_{AB} &= \frac{1}{3}m(2r)^2 \end{aligned}\right\} \tag{c}$$

将式(a)和式(c)代入式(b)，得

$$\omega_D = \frac{6I}{13mr}, \quad \omega_{AB} = \frac{3\sqrt{2}I}{13mr}$$

思考 6-15

① 试用冲量定理和冲量矩定理求解例 6-8，并比较两种方法的特点。

② 试求例 6-8 图中铰 O 及滑块 B 所受的约束力冲量。

③ 若改变例 6-8 图中 AB 杆的倾角为 30°，并设滑块 B 的质量为 m，其余条件不变，如何求解？

6.4 动力学普遍定理的综合应用

动力学普遍定理包括动量定理、动量矩定理和动能定理，都可由对质点的牛顿定律推导出来，因而这些定理的数学方程具有某种等价性。在后面章节中将要介绍的达朗贝尔原理、拉格朗日方程等也与动力学普遍定理具有数学上的等价性。这就自然形成了动力学问题能一题多解的特性。如何根据问题特点选择合适方法，成为综合应用的首要问题。

动力学问题一般可分为碰撞和非碰撞两大类。动力学普遍定理的方法可分为动量方法和能量方法。前者由动量定理和动量矩定理构成，后者由动能定理形成。碰撞问题无疑首选冲量定理和冲量矩定理求解。非碰撞问题则可分为如下几种情形：**初瞬时问题**（或称突然解除约束问题）可直接用动量方法求解；**稳态问题**（加速度不变）亦可直接用动量方法求解；**非稳态问题**（加速度变化）宜先用动能定理求出速度和加速度，再用动量方法求解。对于单自由度系统的动力学问题，宜先用动能定理整体分析，求出速度和加速度，再用动量方法求力。

注意：求解中还要善于应用动量守恒、动量矩守恒与机械能守恒条件及运动学关系。

例 6-9 非稳态问题。如图 a 所示，均质杆长度为 $2l$，重为 G，细绳长度为 l，摩擦不计。求杆由图示静止位置滑到细绳的虚线位置时，杆端 B 速度及 A、B 处约束力。

解：在绳处于虚线位置时，AB 杆作瞬时平移，$\omega_{AB}=0$，且

$$v_A = v_B = v_C \quad (C\text{ 为质心})$$

由 $T-T_0=W$，有

$$\frac{1}{2}\frac{G}{g}v_C^2 = G\left[\frac{\sqrt{3}}{2}l-(\sqrt{3}l-l)/2\right]$$

故

$$v_B = v_C = \sqrt{gl}$$

此时，AB 杆加速度如图 b 所示，且有

$$\boldsymbol{a}_B = \boldsymbol{a}_A^n + \boldsymbol{a}_A^\tau + \boldsymbol{a}_{BA}^n + \boldsymbol{a}_{BA}^\tau \tag{a}$$

其中

$$a_{BA}^n = BA\omega_{AB}^2 = 0, \quad a_A^n = \frac{v_A^2}{l} = g$$

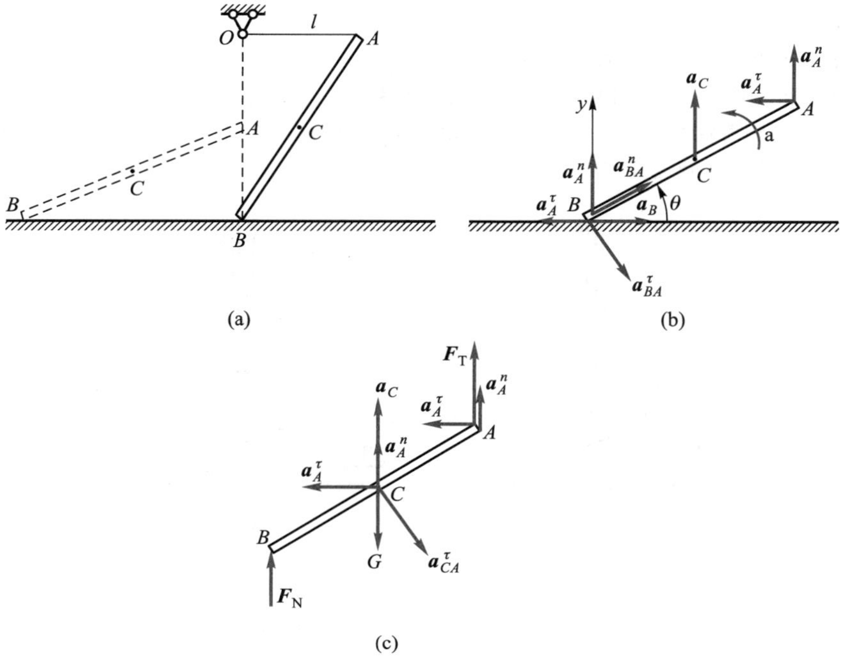

例 6-9 图

将式(a)向 y 方向投影,得 $a_A^n - a_{BA}^\tau \cos\theta = 0$。而

$$a_{BA}^\tau = 2l\alpha$$

故

$$\left.\begin{aligned} \alpha &= \frac{g}{2l\cos\theta} \\ \cos\theta &= \frac{\sqrt{2\sqrt{3}}}{2} \end{aligned}\right\} \tag{b}$$

因 $\sum F_x = 0$,故 $a_{Cx} = 0$,$\boldsymbol{a}_C$ 沿铅垂方向,设向上,如图 c 所示,且有 $\boldsymbol{a}_C = \boldsymbol{a}_A^n + \boldsymbol{a}_A^\tau + \boldsymbol{a}_{CA}^\tau$,将此式向 y 方向投影,得

$$a_C = a_A^n - a_{CA}^\tau \cos\theta = g/2 \tag{c}$$

AB 杆受力如图 c 所示,且有

$$\left.\begin{aligned} F_N + F_T - G &= \frac{G}{g} a_C \\ (F_T - F_N) l\cos\theta &= J_C \alpha \end{aligned}\right\} \tag{d}$$

将式(b)、式(c)代入式(d),可得

$$F_T = \left(\frac{3}{4} + \frac{\sqrt{3}}{18}\right) G$$

$$F_N = \left(\frac{3}{4} - \frac{\sqrt{3}}{18}\right) G$$

思考 6-16 例 6-9 中:

① 若将 OA 绳改为两端铰接的均质杆,会是怎样的情形?

② 若 AB 杆运动至虚线位置时突然绳断,试求此时 B 端约束力,以及此后 AB 杆的运动规律

与 A 端落地时的速度 $\boldsymbol{v}_A$。

③ 如何求任意瞬时 A、B 处的约束力？

例 6-10 单自由度稳态问题。如图 a 所示，斜面倾角为 θ，在水平力 $\boldsymbol{F}(F=2mg)$ 作用下，沿水平面向右移动，并带动半径为 R 的均质轮 O 在斜面上纯滚动，铅垂杆 AO 与轮心 O 铰接，不计水平面与竖直槽中摩擦，设三构件质量均为 m，试求斜面加速度及铰 O 处约束力。

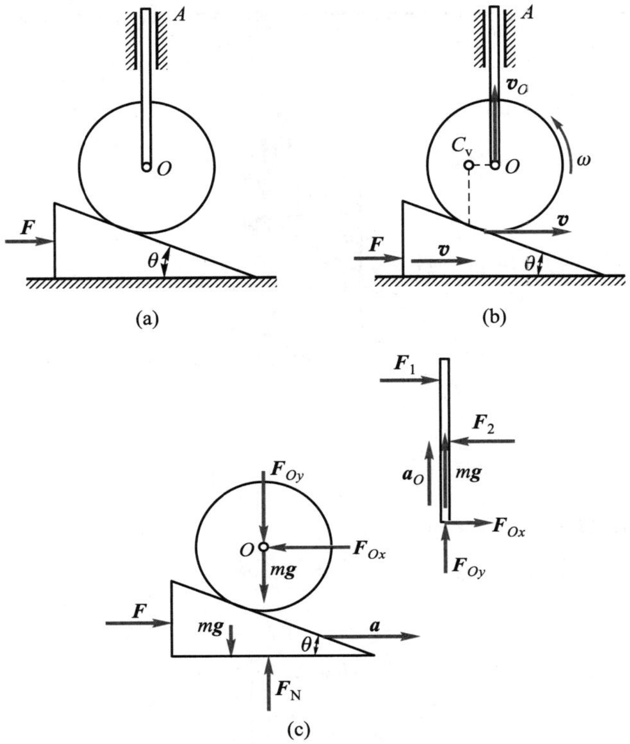

例 6-10 图

解：设系统由静止开始，斜面向右移动距离为 s 时速度如图 b 所示，C_v 为轮 O 瞬心，且

$$\left.\begin{aligned} v_O &= v\tan\theta \\ \omega &= \frac{v}{R\cos\theta} \end{aligned}\right\} \tag{a}$$

由 $T-T_0=W$，且 $T_0=0$，有

$$\frac{1}{2}mv^2+mv_O^2+\frac{1}{4}mR^2\omega^2=2mgs-2mgs\tan\theta \tag{b}$$

将式(a)代入式(b)，两边对时间 t 求导数，并注意到

$$\frac{\mathrm{d}s}{\mathrm{d}t}=v,\quad \frac{\mathrm{d}v}{\mathrm{d}t}=a$$

可得

$$a=\frac{4\cos\theta(\cos\theta-\sin\theta)}{2\sin^2\theta+3}g \tag{c}$$

由式(a)求导数得

$$a_O = a\tan\theta \tag{d}$$

分别研究轮与斜面系统及杆 AO，其受力如图 c 所示。研究前者，由质心运动定理有

$$F - F_{Ox} = ma$$

将式(c)代入上式得

$$F_{Ox} = F - \frac{4\cos\theta(\cos\theta - \sin\theta)}{2\sin^2\theta + 3}mg \tag{e}$$

研究 OA 杆，有 $F_{Oy} - mg = ma_O$，故

$$F_{Oy} = \frac{2\sin 2\theta - 2\sin^2\theta + 3}{2\sin^2\theta + 3}mg \tag{f}$$

思考 6-17 例 6-10 中：

① 如何求水平面，以及轮子与斜面之间的约束力？

② 若不用动能定理，直接应用动量定理和动量矩定理，如何求解？

③ 若 $F=0$，上述所求结果如何变化？

④ 若设 OA 杆长度为 $2R$，去掉杆 A 端的约束，并将杆水平搁置于斜面上，且 $\theta=30°$，所求结果如何？

例 6-11 多自由度非稳态问题。如图 a 所示，滑块 A 与半径为 r 的均质轮用长度为 l 的均质杆相铰联，滑块可在水平固定导槽中滑动，在重力作用下，轮 O 由图示不稳定的平衡位置从静止开始运动，设三构件质量均为 m，不计摩擦，试求在任意倾角 θ 位置时，杆端 A 所受的力 $\boldsymbol{F}_A$，并求 $\theta=0$ 时 $\boldsymbol{F}_A$ 的大小。

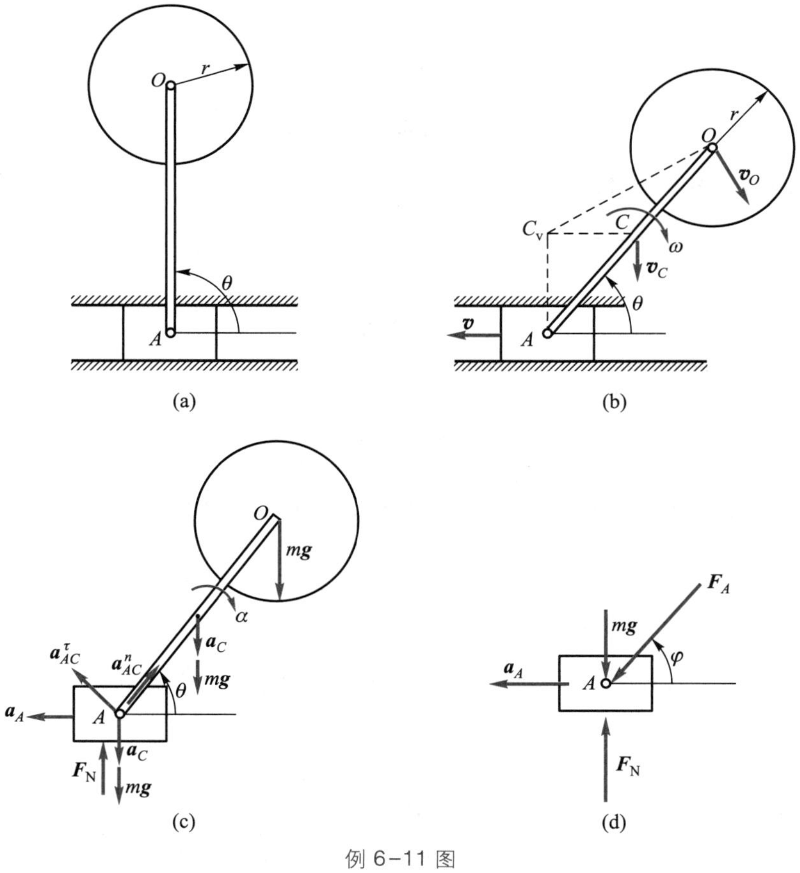

例 6-11 图

解：系统质心恒在 OA 杆中点 C，由水平动量恒为零，知 C 点速度 $\boldsymbol{v}_C$ 沿铅垂方向，如图 b 所示，OA 杆速度瞬心为 C_v，故任意 θ 位置时

$$\left.\begin{aligned}&\omega=\frac{v}{C_vA}=\frac{2v}{l\sin\theta},\quad v_C=v\cot\theta\\&v_O^2=(OC_v\omega)^2=\left(3\cot^2\theta+\frac{1}{\sin^2\theta}\right)v^2\end{aligned}\right\}\tag{a}$$

由 $T-T_0=W,T_0=0$，并注意到轮 O 平移，有

$$\frac{1}{2}mv^2+\frac{1}{2}\left[\frac{1}{12}ml^2+m\left(\frac{l}{2}\cos\theta\right)^2\right]\left(\frac{2v}{l\sin\theta}\right)^2+\frac{1}{2}m\left(3\cot^2\theta+\frac{1}{\sin^2\theta}\right)v^2$$

$$=mgl\left(\frac{1}{2}-\frac{\sin\theta}{2}+1-\sin\theta\right)$$

故

$$\left.\begin{aligned}&v^2=\frac{18gl\sin^2\theta(1-\sin\theta)}{2(9\cos^2\theta+7)}\\&\omega^2=\frac{36g(1-\sin\theta)}{l(9\cos^2\theta+7)}\end{aligned}\right\}\tag{b}$$

研究整体，加速度与受力如图 c 所示，由质心运动定理，有

$$3mg-F_N=3ma_C\tag{c}$$

又由 $\boldsymbol{a}_A=\boldsymbol{a}_C+\boldsymbol{a}_{AC}^n+\boldsymbol{a}_{AC}^\tau$ 的两个投影方程得

$$\left.\begin{aligned}&a_C=\frac{l}{2}\alpha\cos\theta+\frac{l}{2}\omega^2\sin\theta\\&a_A=\frac{l}{2}\alpha\sin\theta-\frac{l}{2}\omega^2\cos\theta\end{aligned}\right\}\tag{d}$$

由对系统质心的动量矩定理，并注意到轮 O 平移，有

$$F_N\frac{l}{2}\cos\theta+mg\frac{l}{2}\cos\theta-mg\frac{l}{2}\cos\theta=\left[\frac{1}{12}ml^2+2m\left(\frac{l}{2}\right)^2\right]\alpha$$

故

$$F_N=\frac{7ml\alpha}{6\cos\theta}\tag{e}$$

将式(d)和式(e)代入式(c)，求得

$$\alpha=\frac{18\cos\theta(9\sin^2\theta-18\sin\theta+16)}{(9\cos^2\theta+7)(9\cos^2\theta+7)}\frac{g}{l}\tag{f}$$

再研究滑块 A，其受力如图 d 所示，$\boldsymbol{F}_A$ 为杆端对滑块 A 的反作用力，由牛顿定律，有

$$mg+F_A\sin\varphi=F_N,\ F_A\cos\varphi=ma_A$$

故

$$F_A=\sqrt{(ma_A)^2+(F_N-mg)^2}\tag{g}$$

将式(d)、(b)、(e)、(f)代入式(g)，即得所求。当 $\theta=0$ 时，$\alpha=\dfrac{9g}{8l}$，$\omega^2=\dfrac{9g}{4l}$，故 $F_A=\sqrt{(9/8)^2+(5/16)^2}\,mg=1.17mg$。

思考 6-18 例 6-11 中：

① 当 θ 为何值时，F_A 最小；θ 为何值时，F_A 最大？

② 若考虑滑块 A 与滑槽间摩擦因数为 f 时，应如何分析？

③ 当轮 O 与杆固结时，上述所求有何变化？

例 6-12 碰撞问题。如图 a 所示，半径为 R 的均质薄圆盘水平静止于光滑平面上，轮心 O 处用铰链连接一根长度为 $2R$ 的水平均质杆，它们的质量均为 m，一质量为 $m/4$ 的小球以速度 $\boldsymbol{v}$ 沿水平面从垂直于杆的方向与杆端 A 发生完全弹性碰撞，试求碰撞后三者的运动状态及铰 O 处的约束力。

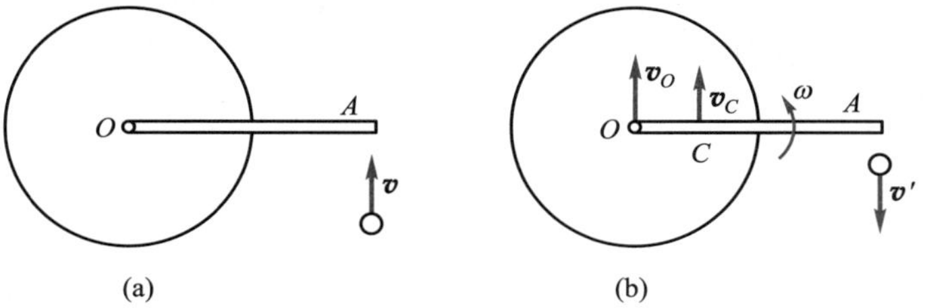

例 6-12 图

解：设碰撞结束的瞬时，各物体速度如图 b 所示，由于整个系统动量守恒，故

$$\frac{1}{4}mv=mv_O+m(v_O+R\omega)-\frac{1}{4}mv'$$

即

$$v=8v_O+4R\omega-v' \tag{a}$$

对于完全弹性碰撞，恢复因数 $e=1$，有

$$v=v_O+2R\omega+v' \tag{b}$$

由整体对固定点 O'（与铰 O 重合）动量矩守恒，有

$$\frac{1}{4}mv\cdot 2R=m(v_O+R\omega)R+\frac{1}{12}m(2R)^2\omega-\frac{1}{4}mv'\cdot 2R$$

即

$$3v=6v_O+8R\omega-3v' \tag{c}$$

由式(a)、(b)、(c)求得

$$\left.\begin{aligned}v_O&=-\frac{v}{9}\\ \omega&=\frac{v}{2R}\\ v'&=\frac{1}{9}v\end{aligned}\right\} \tag{d}$$

此后，小球以速度 $\boldsymbol{v}'$ 作匀速直线运动，杆与圆盘系统保持碰撞结束时的动量不变。设其质心速度为 $\boldsymbol{v}_C$，则

$$mv_O+m(v_O+R\omega)=2mv_C \tag{e}$$

将式(d)代入式(e)，得

$$v_C=\frac{5v}{36}(\uparrow)$$

杆与圆盘系统的质心作匀速直线运动，在这个质心惯性参考系中观察，轮心 O 相对于质心 C 作圆周运动，相对速度大小为 v_{Or}，轮平移，杆角速度为 ω，由这个系统对质心 C 的动量矩守恒可知，运动中杆的角速度保持 ω 不变，初始时，有

$$v_{Or}=v_O-v_C=-\left(\frac{1}{9}+\frac{5}{36}\right)v=-\frac{1}{4}v$$

此后 v_{Or} 大小不变，方向顺 ω 转向垂直于杆。故圆盘以 $v_O=v_C+v_{Or}$ 作曲线平移，杆随基点 O 平移，并以 ω 绕 O 匀速转动。在质心惯性参考系中研究圆盘受力，易知铰 O 处约束力大小为 $F_O=m\dfrac{v_{Or}^2}{R/2}=\dfrac{mv^2}{8R}$，方向指向质心 C。

思考 6-19 例 6-12 中：

① 若小球在距杆端 O 为 x 处碰撞，情形怎样？并求出 x 取何值时，碰撞后轮心 O 不动。

② 若恢复因数 $e\neq1$，上述情形有何变化？

习 题

6-1 图示绕线轮在倾角为 θ 的斜面上，质心 O 沿斜面下滑距离为 s。试求绳拉力、重力 $\boldsymbol{G}$ 及 A 处法向约束力 $\boldsymbol{F}_N$ 与摩擦力 $\boldsymbol{F}$ 所做的功。

6-2 图示质量为 m 的小车静止于光滑水平面，长度为 l 的悬线系着质量为 m_0 的小球由水平位置静止释放下摆到 θ 位置时，小车速度为 $\boldsymbol{v}$，试求此过程中悬线张力对小球所做的功。

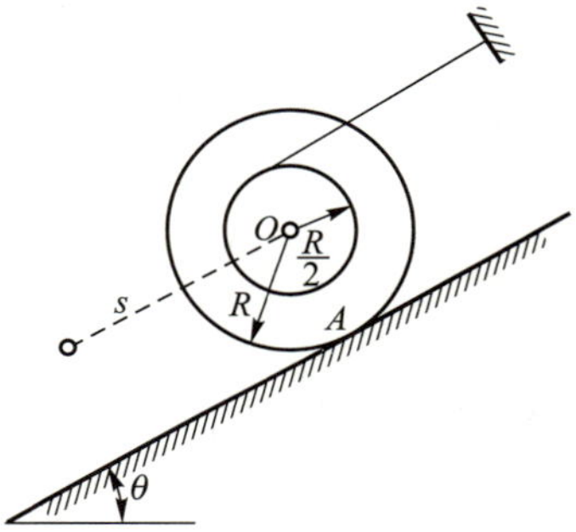

题 6-1 图

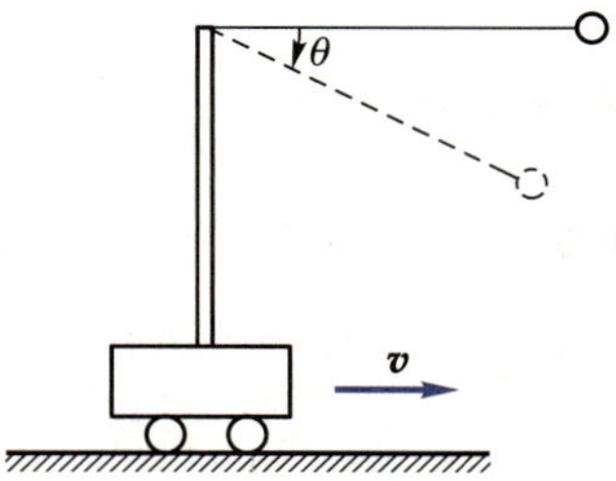

题 6-2 图

6-3 图示皮带运输机以匀速率 v 运动，单位时间的运料量为 Q，运送高度为 h，皮带水平倾角为 θ，试求该运输机功率。

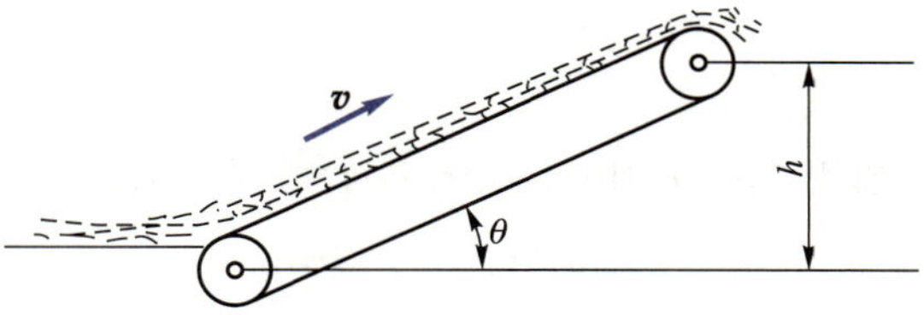

题 6-3 图

6-4 计算图示各系统的动能：

① 偏心圆盘的质量为 m，偏心矩 $OC=e$，对质心的回转半径为 ρ，绕轴 O 以角速度 ω_0 转动（见图 a）。

② 长度为 l、质量为 m 的均质杆，其端部固结半径为 r、质量为 m 的均质圆盘。杆绕轴 O 以角速度 ω_0 转动（见图 b）。

③ 滑块 A 沿水平面以速度 $\boldsymbol{v}_1$ 移动，重块 B 沿滑块以相对速度 $\boldsymbol{v}_2$ 下滑。已知滑块 A 的质量为 m_1，

重块 B 的质量为 m_2(见图 c)。

④ 汽车以速度 $\boldsymbol{v}_0$沿平直道路行驶。已知车身的总质量为 m',轮子的质量为 m,半径为 R,轮子可近似视为均质圆盘(共有 4 个轮子)(见图 d)。

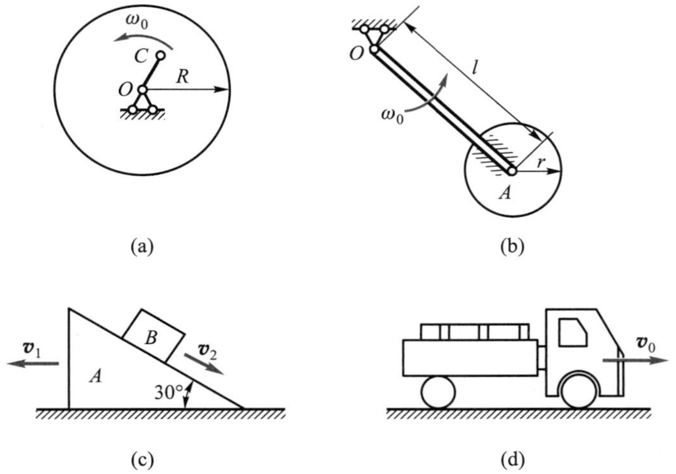

题 6-4 图

6-5 如图所示,两均质圆盘 A 和 B 的质量相等,半径相同,各置于光滑水平面上,并分别受到 $\boldsymbol{F}$ 和 $\boldsymbol{F}'$的作用,由静止开始运动。若 $\boldsymbol{F}/\!/\boldsymbol{F}'$,分析在运动开始以后到相同的任一瞬时,两圆盘动能 T_A和 T_B的关系。

6-6 图示滑块 A 重量为 G_1,可在滑道内滑动,与滑块 A 用铰链连接的是重量为 G_2、长度为 l 的均质杆 AB。已知滑块沿滑道的速度为 $\boldsymbol{v}_1$,杆 AB 的角速度为 ω_1。当杆与铅垂线的夹角为 φ 时,试求系统的动能。

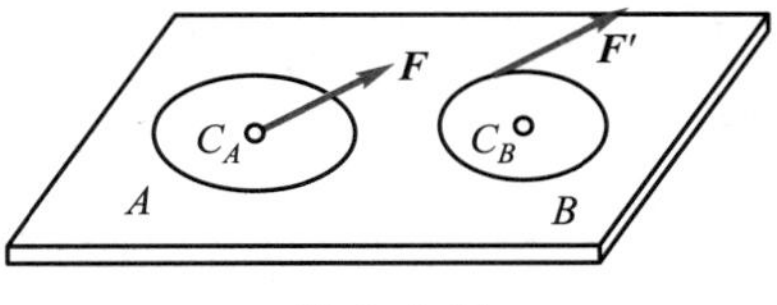

题 6-5 图

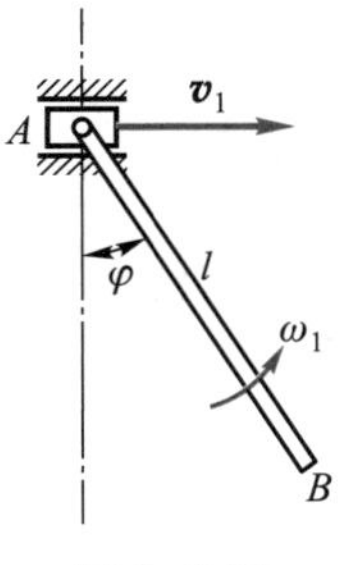

题 6-6 图

6-7 如图所示行星齿轮机构,重量为 G_1、半径为 r 的齿轮Ⅱ与半径为 $R=3r$ 的固定内齿轮Ⅰ相啮合。齿轮Ⅱ通过均质的曲柄 OC 带动而运动。曲柄的重量为 G_2,角速度为 ω,齿轮可视为均质圆盘。试求行星齿轮机构的动能。

6-8 如图所示,试求下述两系统的动能:

① 在半径为 R、重量为 G 的均质圆盘的直径上固连一长度为 $2R$、重量为 G_1的均质细杆。盘作无滑动的滚动,已知中心速度 $\boldsymbol{v}_O$(见图 a)。

② 如图 b 所示，半径为 r 的齿轮 Ⅰ 固定不动，曲柄 OA 的重量为 G_1，以角速度 ω 绕轴 O 转动，并带动重量为 G_2、半径为 R 的齿轮 Ⅱ 及各重量为 G_1 的连杆 BC 和滑块 C 一起运动。曲柄与连杆等长，各构件都为均质物体。图示瞬时连杆与曲柄共线。

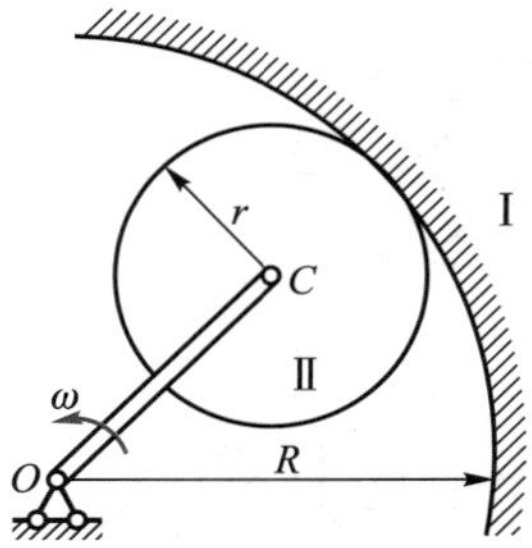

题 6-7 图

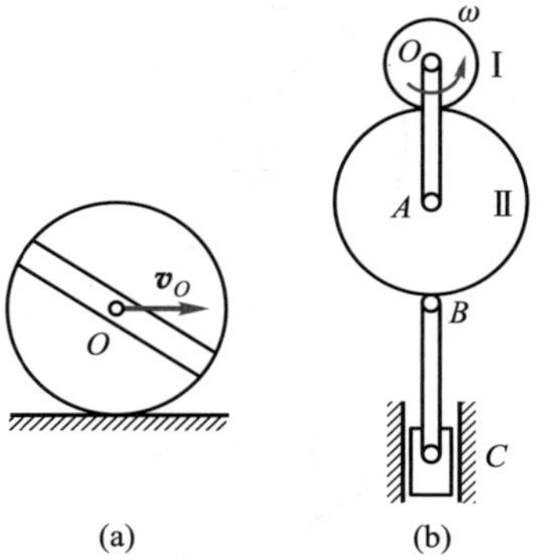

题 6-8 图

6-9 一重量为 98 N 的物体从距离弹簧 $h=7.5$ cm 处无初速地落到弹簧上，如图 a 所示。已知弹簧刚度系数为 19.6 N/cm。

① 求弹簧的最大压缩量。

② 设当重物落到弹簧上时，弹簧已具有初压缩量 5 cm。弹簧的这个初压缩量可以通过软绳与薄板得到，如图 b 所示。薄板的重量可以不计。求重物落下后弹簧的最大压缩量（包括已有的初压缩量）。

6-10 如图所示，一复摆由直杆与圆球刚连而成。球的重量为 G，半径为 r，球心 A 与支点 O 的距离为 l。杆重可以略去不计。开始时摆与铅垂线之间的夹角为 θ，初速度为零。求其经过铅垂位置时球心 A 的速度。

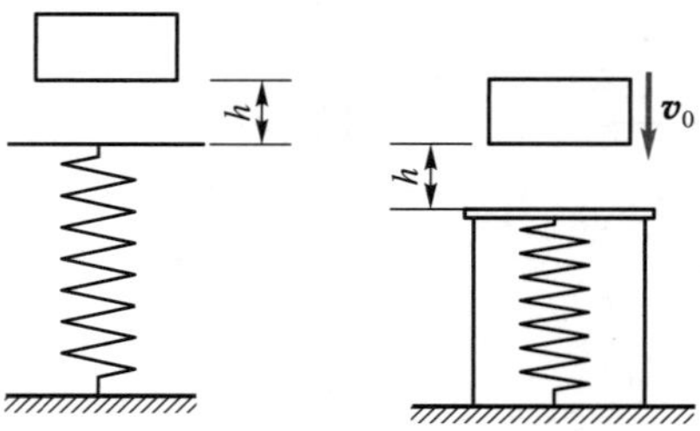

题 6-9 图

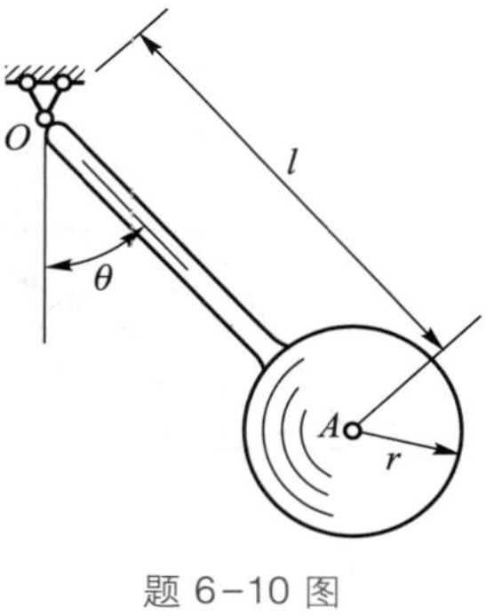

题 6-10 图

6-11 如图所示，车轮连同轮轴在倾斜角为 10°的轨道上滚动，测得从静止开始滚过3 m时轮心的速度为 40 cm/s。已知轮轴的半径为 3 cm，求轮子与轴对于轮心的回转半径。滚动阻力可以不计。

6-12 重量为 200 N 的木块上装有 4 个重量均为 20 N 的轮子，在倾斜角为 30°的斜面上滚下，如图所示。设轮子的半径为 5 cm，对于其轮心的回转半径为 4 cm，求从静止开始滚过 1 m 时木块的速度。

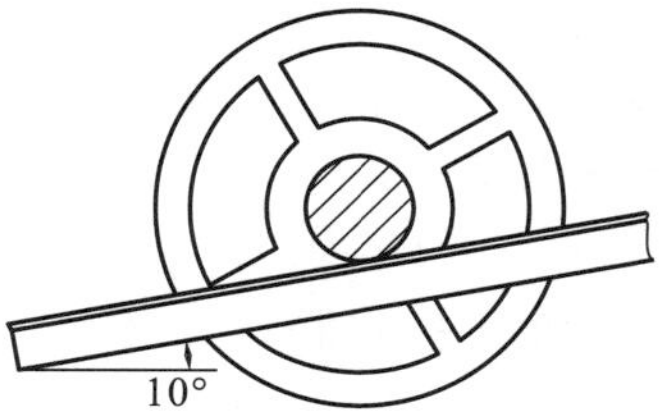

题 6-11 图

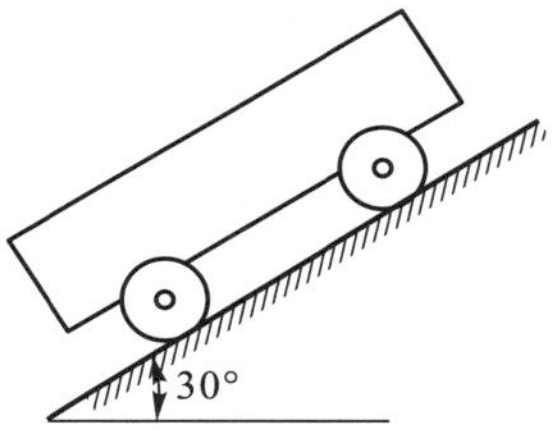

题 6-12 图

6-13 等长、等重的三根均质杆用理想铰链连接，在铅垂平面内摆动，如图所示。求自图示位置($\theta=45°$)无初速地运动到平衡位置时，AB 杆中点 C 的速度。设杆长 $l=1$ m。

6-14 重物 C 通过滑轮与软绳拉起一均质杆 AB，如图所示。设重物 C 与杆 AB 的质量相等，滑块 B 和滑轮的质量可以不计。开始时 AB 在水平位置，速度为零。求当 AB 杆被拉到与水平成 30°角时重物 C 的加速度。所有摩擦力均不计。

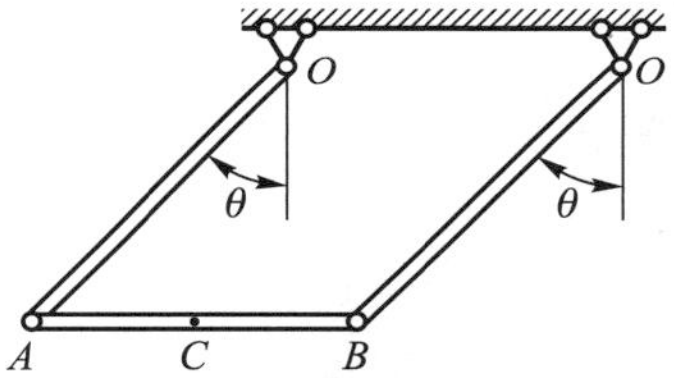

题 6-13 图

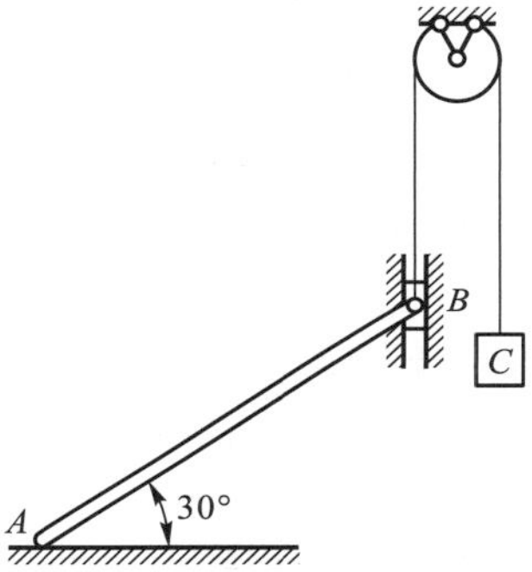

题 6-14 图

6-15 图示鼓轮的质量 $m_1=100$ kg，轮半径 $R=0.5$ m，轴半径 $r=0.2$ m，可在水平面上作纯滚动，对中心轴 C 的回转半径 $\rho=0.25$ m。弹簧的刚度系数 $k=60$ N/m。开始时弹簧为自然长度，弹簧和 EH 段绳与水平面平行，定滑轮的质量不计。若在轮上加一矩为 $M=20$ N·m 的常力偶，试求当质量 $m_2=20$ kg 的物体 D 无初速下降 $s=0.4$ m 时鼓轮的角速度。

6-16 在图示轮系中，均质滑轮 A 的半径为 r、质量为 m，鼓轮 O 的质量 $m_1=4m$，其内半径为 r，外半径 $R=3r$，对 O 轴的回转半径 $\rho=2r$，物体 B 的质量 $m_2=10m$。系统从静止开始运动，试求当鼓轮转过半圈时重物 B 的速度。

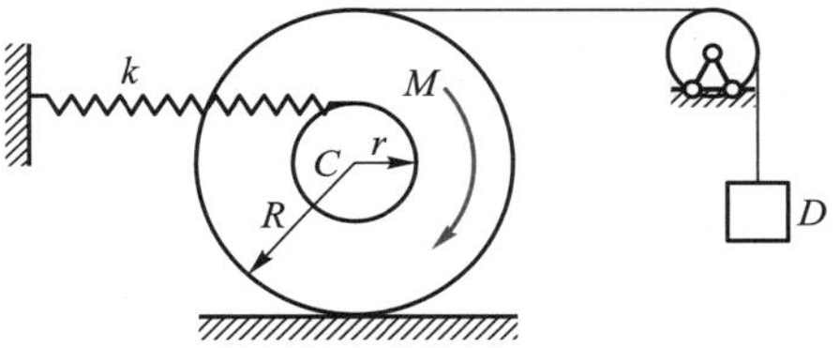

题 6-15 图

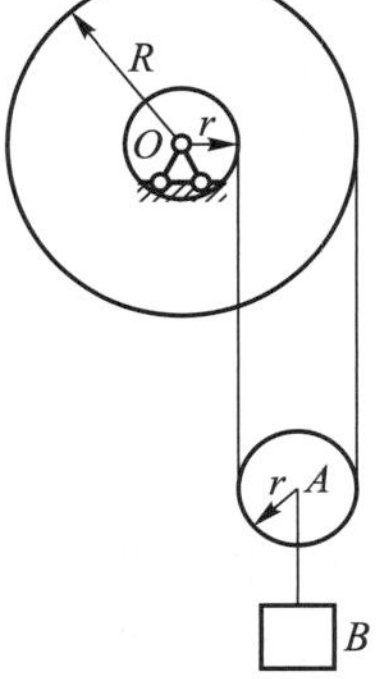

题 6-16 图

6-17 如图所示,两均质圆轮的质量均为 m,半径均为 r。绳的一端与轮 A 的中心铰接,另一端挂一质量为 m_B的物块 B。轴 O 固连在质量为 M、放在光滑水平面上的三棱柱上,轮 A 可在与水平成 θ 角的斜面上作纯滚动。试求系统由静止进入运动后,物块 B 下降 h 时三棱柱的速度、加速度。

6-18 如图所示,计算质量为 m、半径为 R 的半圆薄板对于 x 轴的转动惯量。

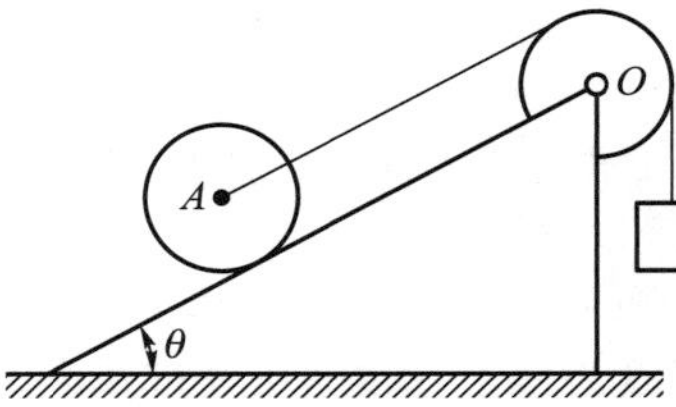

题 6-17 图

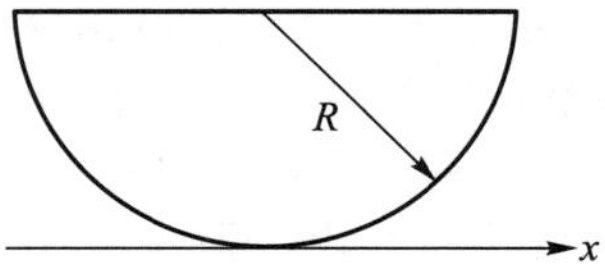

题 6-18 图

6-19 计算均质正圆锥体对于其几何中心轴 z 及对于其底面直径所在 y 轴的转动惯量。设圆锥体质量为 m,高为 h,底面半径为 r。

6-20 AB、BC 两均质杆刚连,如图所示。设 $l_{AB}=l_{BC}=l$,$m_{BC}=2m_{AB}$。求当以 A 端为支点时,撞击中心 K 的位置。

6-21 一摆由一直杆及一圆盘组成,如图所示。设杆长度为 l,圆盘的半径为 r,$l=4r$。求当摆的撞击中心正好与圆盘的重心重合时直杆与圆盘的重量之比。

6-22 一小球 A 以水平速度 $\boldsymbol{v}$ 打到一可以绕水平轴 O 转动的圆环上,如图所示。小球 A 与圆环中心 C 在同一水平线上。碰撞后,小球的水平速度为零。设小球与圆环的质量都为 m,求支点 O 的碰撞冲量。

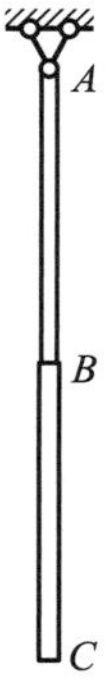

题 6-20 图

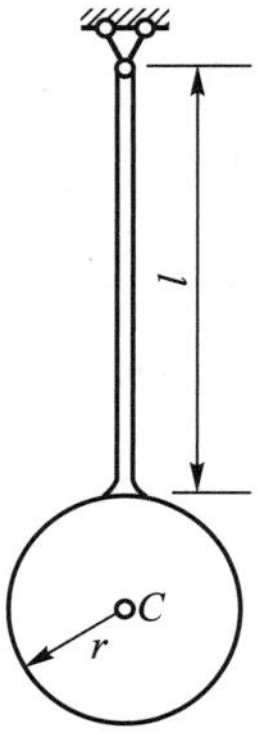

题 6-21 图

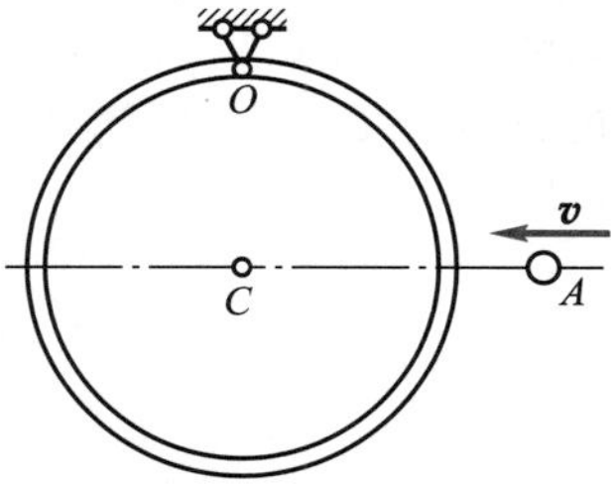

题 6-22 图

6-23 长度为 l 的均质杆 AB 水平地落到支点 D 上,如图所示。设杆在碰撞前的速度为 $\boldsymbol{v}$,杆与支点间的恢复因数为零。求:

① 碰撞后杆的中点 C 的速度及杆的角速度;

② 杆上所受到的碰撞冲量;

③ 碰撞时动能的损失。

④ 恢复因数 e 分别为 0.5 与 1，求碰撞后 C 点速度及杆的角速度。

6-24 如图所示，一质量为 2 kg 的均质圆球以 5 m/s 的速度沿着与水平成 45°角的方向落到地面上。设球与地面接触后立即在地面上向前滚动。求：

① 滚动的速度；

② 地面对球作用的碰撞冲量；

③ 碰撞时动能的损失。

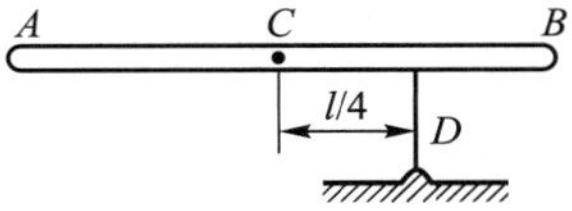

题 6-23 图

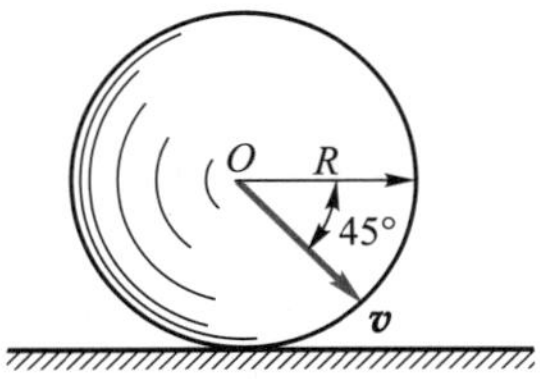

题 6-24 图

6-25 如图所示，质量为 $m=2$ kg 的均质杆 AB，在 $\theta=0°$时至少需要多大的初始角速度，才能使它恰好达到 $\theta=90°$的位置。弹簧刚度系数为 20 N/m，当 $\theta=0°$时，弹簧处于自然状态。设 $AC=2AB=1$ m。

6-26 如图所示，十字形滑块 K 重为 G_3，把固定杆 CD 和重量为 G_2的杆 AB 联结成直角。杆 AB 的 A 端与半径为 r、重量为 G_1 的均质圆盘铰接。盘上作用一不变力偶矩 M。忽略摩擦，求盘的角速度与其转角 φ 的关系。设机构位于水平面内。

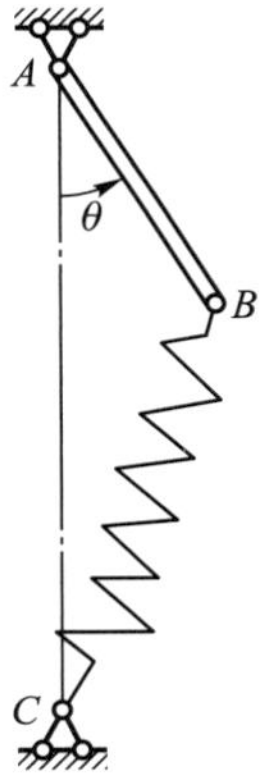

题 6-25 图

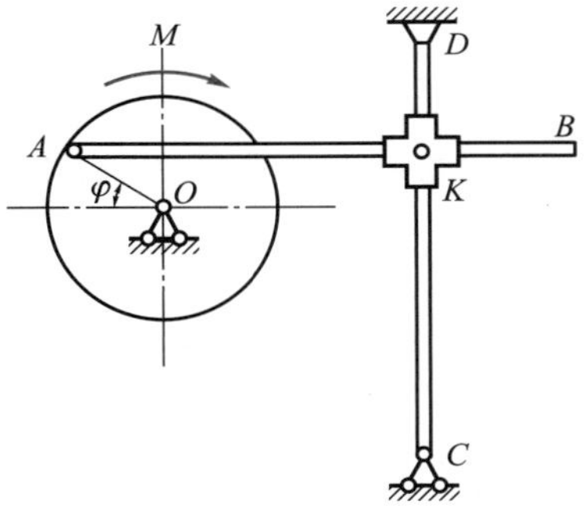

题 6-26 图

6-27 如图所示，齿轮 1 半径为 R，重量为 G_1；齿轮 2 半径为 r，重量为 G_2；齿轮 3 半径为 R，固定不动。机构位于水平面内。在重量为 G_0的曲柄 OA 上作用一不变的力偶矩 M。设起始角速度为零，求曲柄的角速度与其转角 φ 之间的关系，并求曲柄的角加速度。各物体均视为均质体，不计摩擦。

6-28 如图所示。长度为 b、质量为 m_1的两均质杆 AB 和 BC 在 B 点铰连。A 端为固定铰。杆 BC 铰连一均质圆柱体，柱体质量为 m，半径为 r。在 B 点作用一铅垂力 $\boldsymbol{F}$。A、C 两点处于同一水平线上。杆 AB 与水平线夹角为 θ，系统从静止开始运动。求杆 AB 处于水平位置时的角速度 ω。设圆柱体在水平面上滚而不滑。

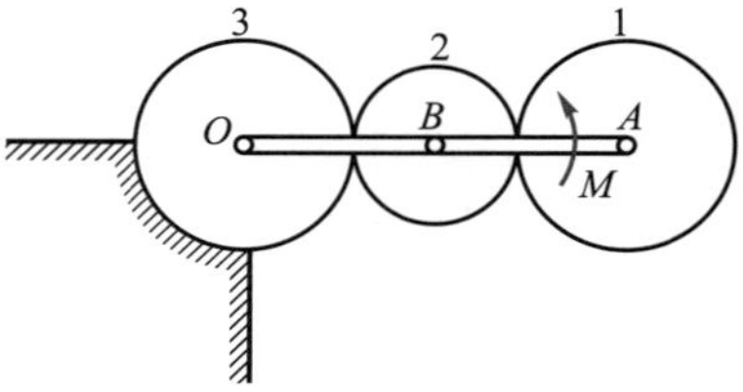

题 6-27 图

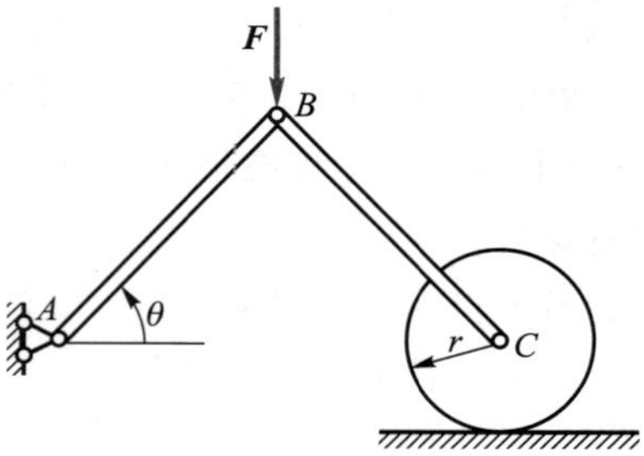

题 6-28 图

6-29 正方形均质薄板重量为 G，用理想铰链 A 及软绳 CE 支持，如图所示。求当软绳剪断的瞬时及当板转过 90°时铰链 A 处的约束力。

6-30 一质量为 30 kg、半径为 0.5 m 的均质圆盘与一质量为 18 kg、长度为 1 m 的均质杆用理想铰链连接，在铅垂平面内运动，如图所示。

① 求自图示位置无初速地运动到平衡位置时 A 点的速度和加速度。

② 如果圆盘与直杆刚性连在一起，则结果有何不同？

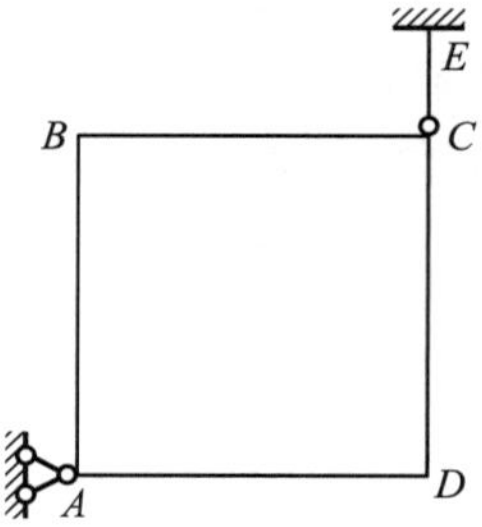

题 6-29 图

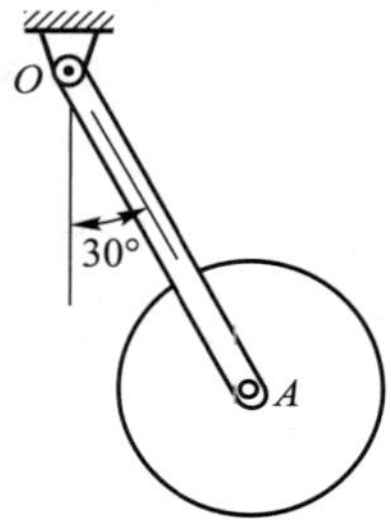

题 6-30 图

6-31 将一均质半圆球放于光滑的水平面及铅垂平面间，并使其底面位于铅垂位置，如图所示，今无初速地放开。求半圆球转过 90°，即当其底面位于水平位置时其质心 C 的速度，并证明此后半圆球将继续侧转的最大角度 $\theta=\arccos\dfrac{45}{128}=69.4°$。

6-32 均质杆 AC、BC 各重量为 G，长度为 l，由理想铰链 C 连接，置于光滑水平面上，在铅垂平面内运动，如图所示。设开始时，$\theta=60°$，速度为零。

① 求当 $\theta=30°$时，C 点的速度和加速度。

② 设 AC 杆的一端 A 用理想铰链固定于水平面上，起始条件相同，求 $\theta=30°$时两杆的角速度与角加速度。

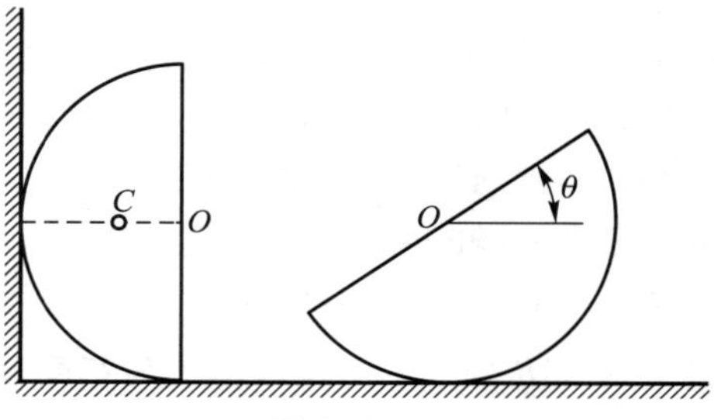

题 6-31 图

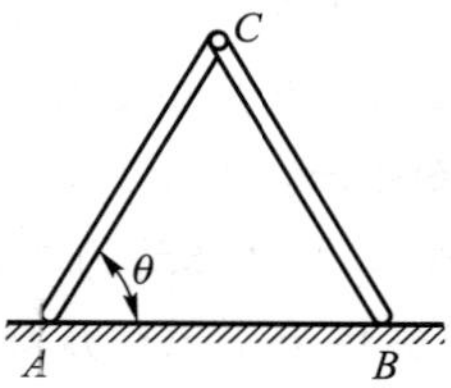

题 6-32 图

6-33 一质量为 2 kg、摆长为 20 cm 的单摆固定于一可以在光滑水平轨道上运动的物体 A 上，如图所示。物体 A 的质量为 4 kg。开始时，系统处于静止，软绳与铅垂线的交角 θ 为 60°。求摆动时软绳经过铅垂位置时的角速度，物体 A 的速度，以及绳的张力。

6-34 如图所示系统中，$m_A=2m, m_B=m_C=m$。所有摩擦力不计。求当方块在斜面上无初速地滑过的距离为 s 时，斜面移动的距离与速度。

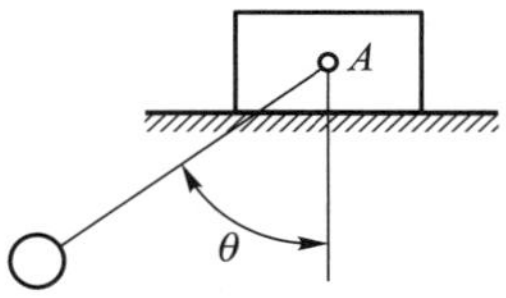

题 6-33 图

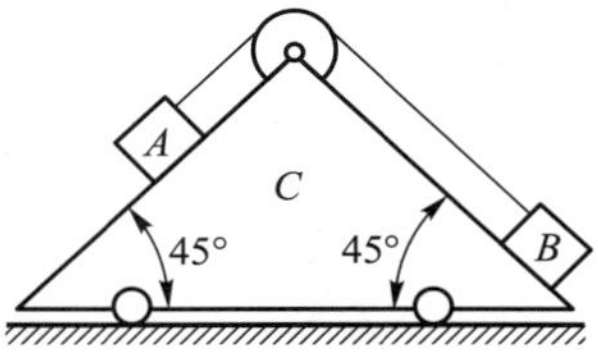

题 6-34 图

6-35 如图所示系统中，$m_A=m_B=5$ kg，$k=7$ N/cm。开始时，系统处于静止而弹簧被拉长 10 cm。不计所有摩擦力。

① 求弹簧回到原长时小车 B 的速度。

② 设 A 与 B 之间的摩擦因数为 0.20，其他条件相同，求解①。

6-36 如图所示系统中，$m_A=m_B=5$ kg，$k=7$ N/cm。均质圆盘 A 只能在斜面上作纯滚动。今将圆盘从静平衡位置向下移过 10 cm 后放开，求当圆盘回到静平衡位置时斜面 B 的速度。

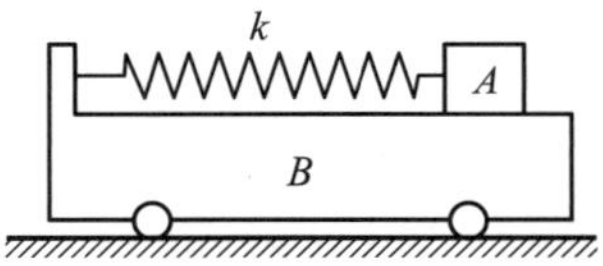

题 6-35 图

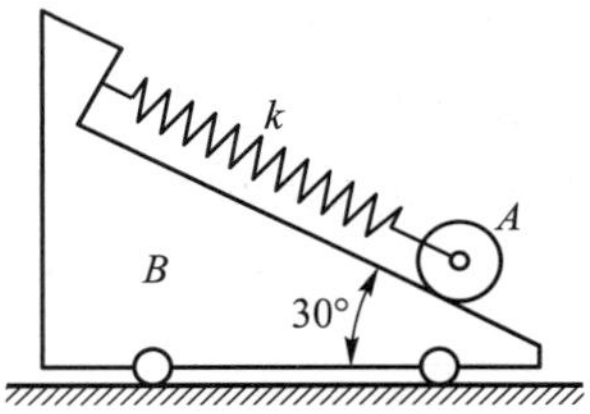

题 6-36 图

6-37 软链长度为 l，一段置于光滑桌面上，另一段自桌面下垂，下垂部分长度为 h，如图所示。从静止开始，软链沿桌面下滑，求软链全部滑离桌面时的速度。

6-38 有一段软链放在一光滑的半圆柱上，如图所示。今软链从图示位置下滑，求：

① 滑过 θ 角时软链的速度；

② 开始滑动时软链的加速度。

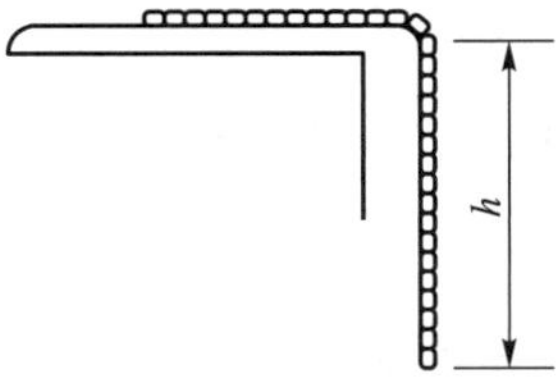

题 6-37 图

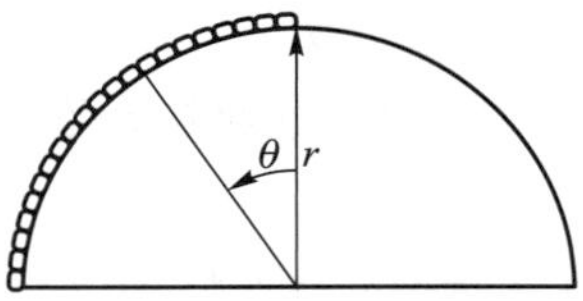

题 6-38 图

6-39 在图示系统中，均质杆 OA 重量 $P=200\ \mathrm{N}$，长度为 l，小车重量 $G=100\ \mathrm{N}$。开始时系统静止，杆在铅垂位置，经微小扰动后杆向下倒。试求当 $\theta=60°$时杆的角速度及小车的速度。

6-40 半径均为 r 的两圆柱体Ⅰ、Ⅱ用绳连接如图示，绳的一端与圆柱Ⅰ的中心 O 相连，另一端缠绕在圆柱Ⅱ上。Ⅰ为实心均质圆柱，质量为 m_1，可沿水平面只滚不滑；Ⅱ为空心均质薄壁圆柱，质量为 m_2。不计滚动摩阻和定滑轮 A 及绳的质量，系统从静止释放，设绳与圆柱之间无相对滑动。试求当圆心 O 向右移动距离 s 时点 O 的速度和加速度。

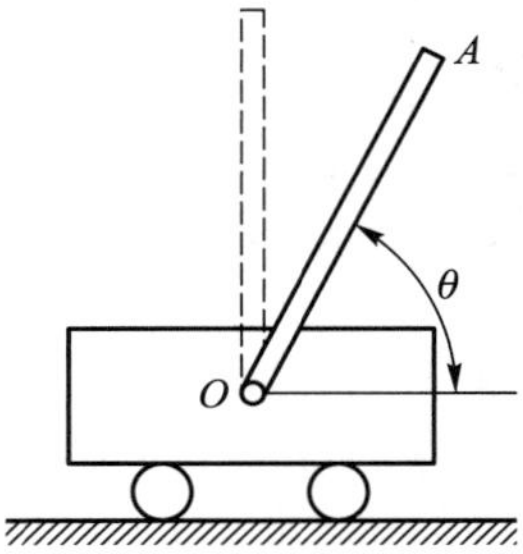

题 6-39 图

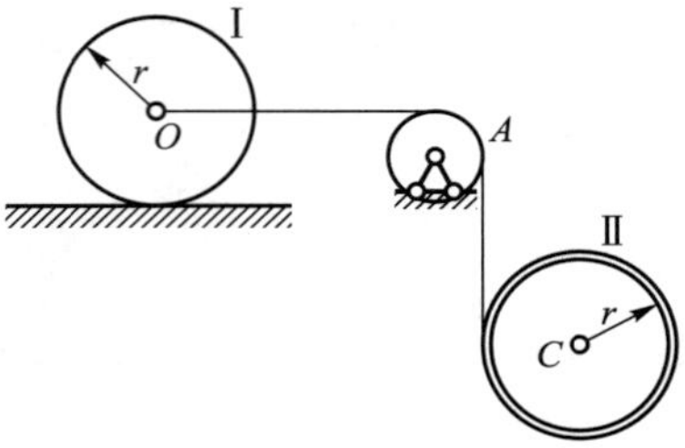

题 6-40 图

6-41 绳索绕过重量为 G、半径为 r 的均质圆柱 B，通过不计质量的定滑轮与重量为 P 的滑块 A 连接，滑块与水平面间的摩擦不计，如图所示。系统由静止开始运动，试求滑块 A 运动距离 s 所需的时间。

6-42 如图所示，与铅垂线成 θ 角的均质杆 AB 以速度 $\boldsymbol{v}$ 落到水平面上。设恢复因数为零，并有足够的摩擦阻力阻止 B 点滑动。

① 求落下后 AB 的角速度及 B 点的冲量。

② 如果水平面是光滑的，求落下后 AB 的角速度。

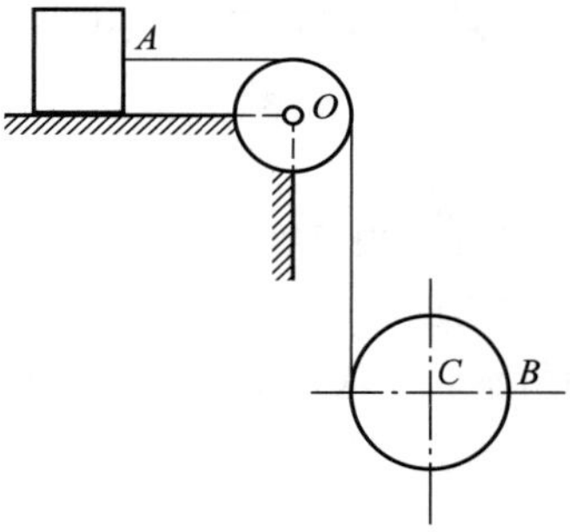

题 6-41 图

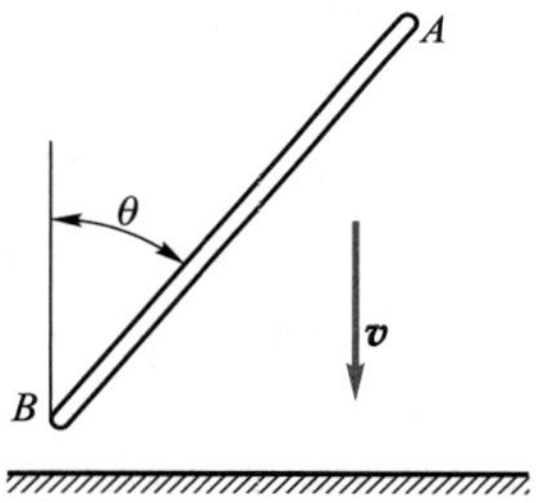

题 6-42 图

6-43 在光滑的水平滑道内有一质量为 m 的滑块 A。滑块上又铰接一长度为 l、质量为 m_1 的均质直杆 AB。当静止时，在 AB 杆的端点 B 给予一水平冲量 $\boldsymbol{I}$，如图所示。求给予多大的冲量才能使 AB 杆转到水平位置。

6-44 绕其一端 A 转动的均质杆 AB 从水平位置无初速地转动到铅垂位置时，撞击一圆球，如图所示。设杆与圆球的重量相等，杆长为 1.6 m，杆与圆球间的恢复因数为 0.5，球与平面间的摩擦因数为 0.25。求经过多少时间后，圆球在平面上作纯滚动。

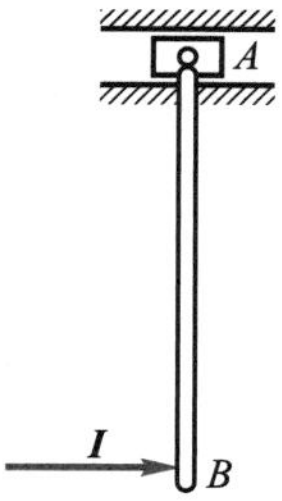

题 6-43 图

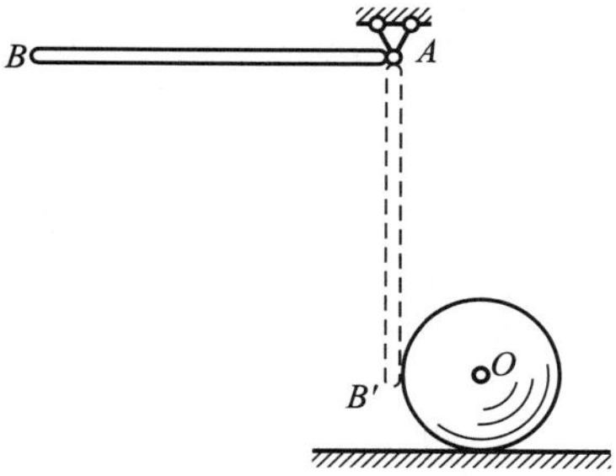

题 6-44 图

6-45 如图所示均质圆盘的质量为 m_1，半径为 r，圆盘与处于水平位置的弹簧一端铰接且可绕固定轴 O 转动，轮缘用绳悬吊重物 A，其质量为 m_2，弹簧刚度为 k。试求系统作微振动的固有频率。

6-46 图示圆盘质量为 m，半径为 r，在中心处与两根水平放置的弹簧固连，且在平面上作无滑动滚动。弹簧刚度均为 k，试求系统作微振动的固有频率。

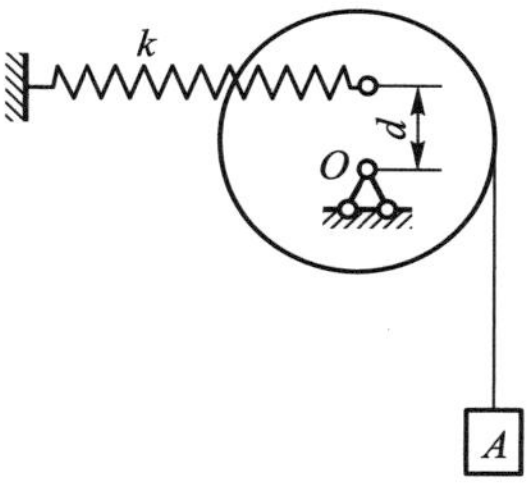

题 6-45 图

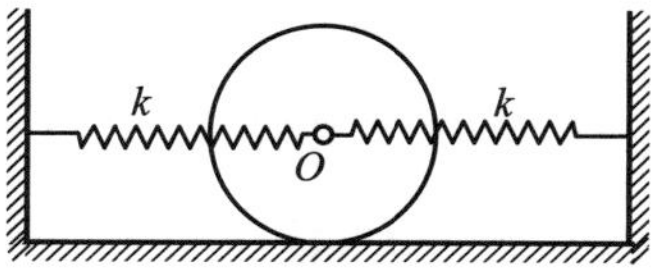

题 6-46 图

讨论题

6-47 图 a 所示为玩具溜溜球，它是用塑料或木材制成的短绕线轴。细线的一端系在线轴上，并绕在线轴上。手持细线另一端，让球静止下落，球将上下往复地运动。

由于人造卫星的一种消旋装置同玩具溜溜球的结构相似，便命名为溜溜消旋装置，如图 b 所示。即在半径为 R 的圆柱形Ⅱ星体外壁上，对称地系上两根等长细绳，再分别将其同向缠绕在外壁上。细绳的另一端各系上质量为 m 的小球。初始时，小球固定在外壁上，卫星以角速度 ω_0 绕对称轴 O 旋转。消旋时，将小球释放，并被甩出。卫星自旋角速度随之下降，便达到消旋目的。请研究：

① 质量为 70 g、对中心回转半径为 14 mm 的溜溜球，能够沿绳上升的高度与转数；

② 针时溜溜消旋装置的动力学模型，自设数据进行消旋的数值仿真。

6-48 测得图示连杆 AB 绕 O 轴作微幅摆动时的周期为 1 s。已知连杆的质量为 15 kg，l_1 = 20 cm，l_2 = 10 cm，C 为其质心。求连杆对于 B 轴的转动惯量。

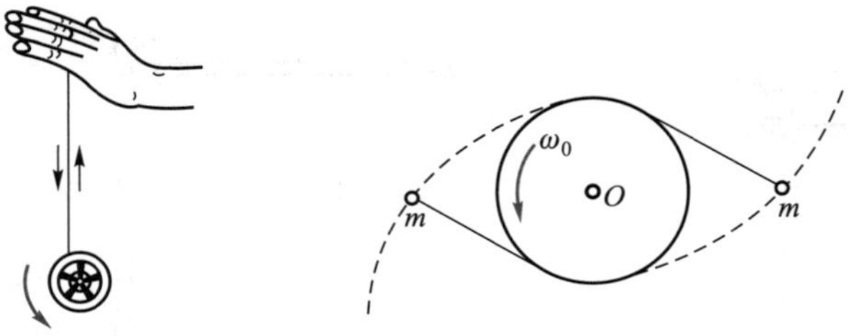

(a)　　　　(b)

题 6-47 图

6-49　一正方形均质薄板在光滑的水平面上运动，其中心 O 具有速度 $\boldsymbol{v}$，同时薄板具有角速度 $\boldsymbol{\omega}$，如图所示。设 $v=l\omega$，l 为板的边长。当板的一边与其中心的速度 $\boldsymbol{v}$ 相平行的某一瞬间，将板的一角 A 点突然固定，此后板将绕 A 点转动，求转动的角速度。如果将 B 点固定，则结果如何？能否在板上找到一点，当此点固定时，板将停止运动？

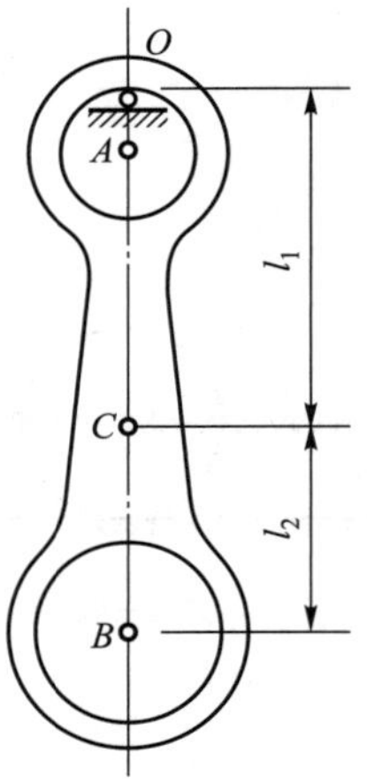

题 6-48 图

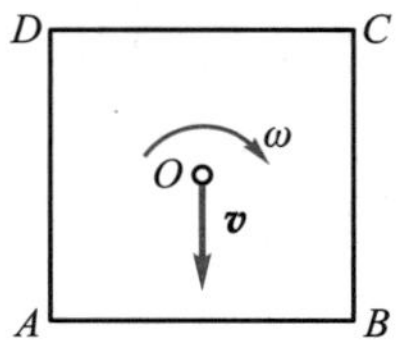

题 6-49 图

6-50　三根相同的均质杆用铰链连接，并由铰链支持，如图 a 所示。试求：

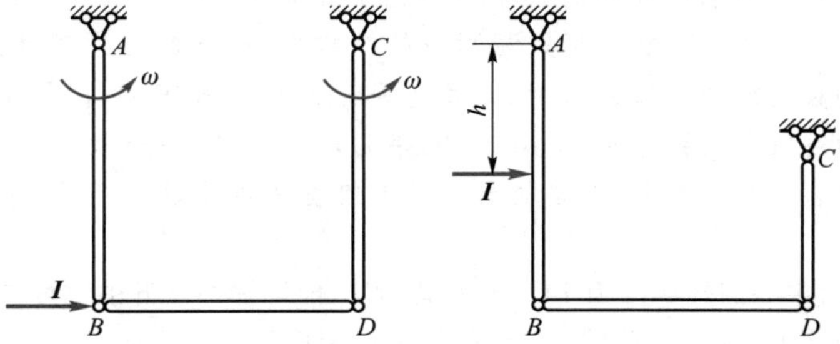

(a)　　　　(b)

题 6-50 图

① 在水平冲量 $\boldsymbol{I}$ 作用下的角速度 ω。杆长为 l，质量为 m。

② 水平冲量 $\boldsymbol{I}$ 应作用于 AB 杆上何处时，铰 A 处的碰撞冲量为零？并求此时支点 C 处的碰撞冲量。

③ 若 CD 杆长为 AB 或 BD 杆长的一半，支承如图 b 所示，求当 AB 杆上有一水平冲量 $\boldsymbol{I}$ 作用时的角速度 ω。

6-51 两根相同的直杆 AB 与 BC 铰接后放在桌面上，并在其一端 A 作用一与杆垂直的冲量 $\boldsymbol{I}$，如图 a 所示。

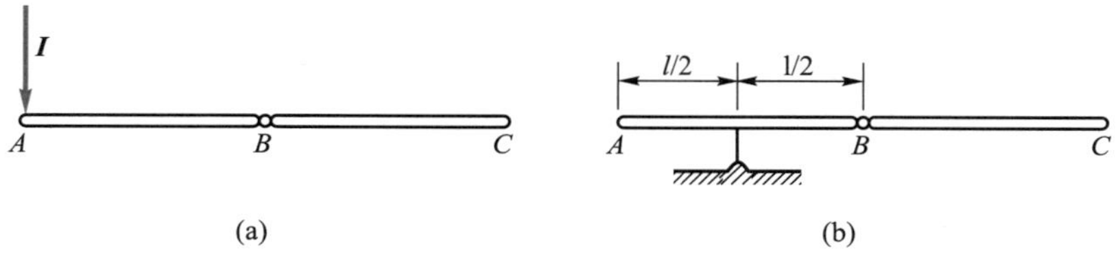

题 6-51 图

① 求 A、B、C 三点的速度。杆长为 l，质量为 m。

② 两直杆铰接后水平地落到一支座上，如图 b 所示。设到达支座时的速度为 $\boldsymbol{v}$，并假定碰撞是塑性的，求碰撞时动能的损失。

6-52 如图所示，质量为 m_1 的均质杆长 l 可绕 A 轴转动。杆由水平位置落下，到达铅垂位置撞在一个质量为 m、半径为 r 的均质圆盘边缘，使它沿水平面运动后再滚上斜坡。

① 设碰撞点在圆盘的 $1.5r$ 高度处，证明圆盘被撞后滚而不滑；

② 若碰撞是塑性的，求圆盘所能滚上的高度 h。设碰撞冲量无铅垂分量。

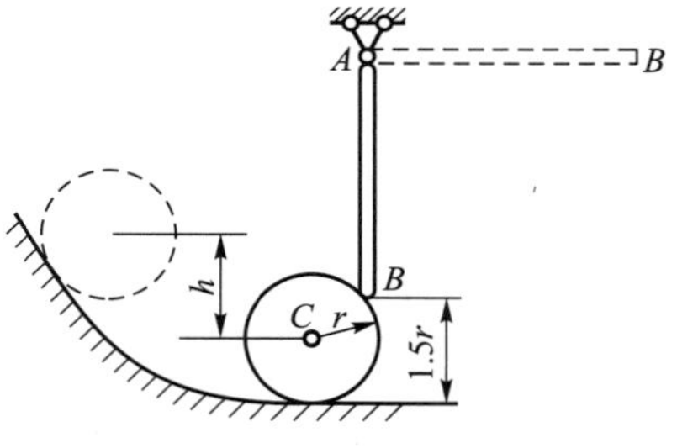

题 6-52 图

6-53 试求习题 6-28 中，杆 AB 处于水平位置时的角加速度及杆端 A 的约束力。

6-54 质量为 m 的均质圆轮自 $\theta=30°$ 处静止释放后沿固定圆弧轨道纯滚动。轮半径为 r，圆弧轨道的半径为 $3r$。① 分析轮的运动特征；② 试求轮与轨道之间的最小静摩擦因数。

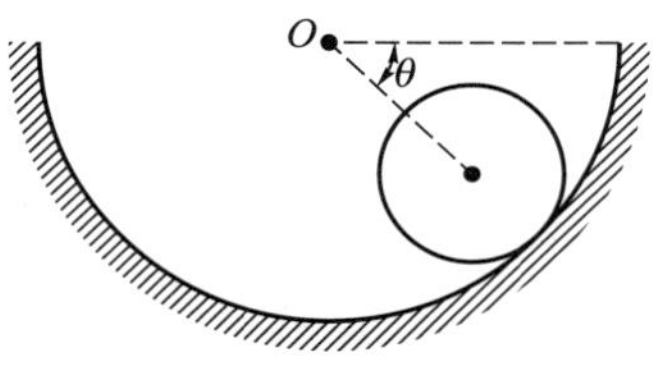

题 6-54 图

第 6 章思考解析　　第 6 章习题参考答案

第 7 章 达朗贝尔原理

达朗贝尔原理是法国科学家达朗贝尔于 1743 年提出的,是分析力学的两个基本原理之一。该原理揭示,对动力系统加入惯性力后,惯性力与外力构成平衡力系,因而提供一种用静力平衡方法处理动力学问题的普遍方法——**动静法**。

7.1 质点系的达朗贝尔原理

7.1.1 惯性力与质点的达朗贝尔原理

1. 质点的达朗贝尔原理

如图 7-1 所示,质量为 m 的质点沿曲线轨道运动,受主动力 $\boldsymbol{F}$ 和约束力 $\boldsymbol{F}_{\mathrm{N}}$作用,由牛顿第二定律有

$$\boldsymbol{F}+\boldsymbol{F}_{\mathrm{N}}=m\boldsymbol{a}$$

即

$$\boldsymbol{F}+\boldsymbol{F}_{\mathrm{N}}-m\boldsymbol{a}=0$$

引入**惯性力**

$$\boldsymbol{F}_{\mathrm{I}}=-m\boldsymbol{a} \tag{7-1}$$

则有

$$\boldsymbol{F}+\boldsymbol{F}_{\mathrm{N}}+\boldsymbol{F}_{\mathrm{I}}=0 \tag{7-2}$$

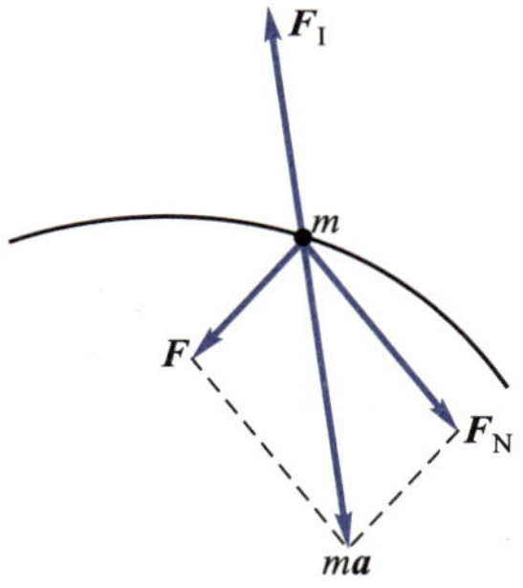

图 7-1 质点达朗贝尔原理

这就是**质点的达朗贝尔原理:作用在质点上的所有主动力、约束力和惯性力组成平衡力系**。这样,我们完全可以采用静力学的方法和技巧求解动力学问题。顺便指出,达朗贝尔原理作为分析力学的基本原理之一,是不需要推导证明的。这里由牛顿第二定律导出,可以说明它与牛顿力学在数学上的等价性。

问题 7-1 如图所示,重为 G 的小球用轻质细杆悬挂,试求 AC 杆断瞬时 AB 杆的张力。

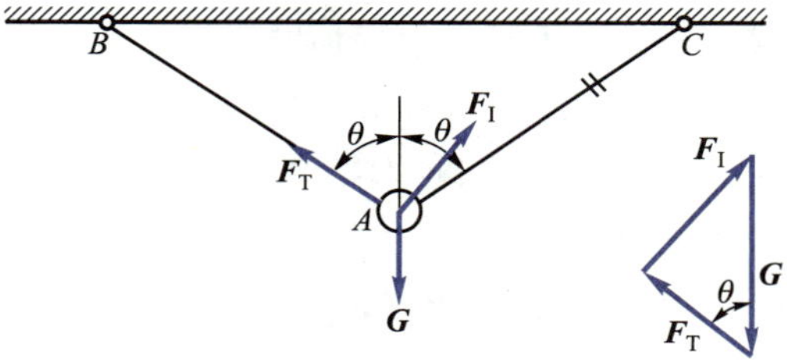

问题 7-1 图

答：研究小球，加惯性力 $\boldsymbol{F}_{\mathrm{I}}$，受力如图所示，由质点达朗贝尔原理，有

$$\boldsymbol{F}_{\mathrm{I}}+\boldsymbol{G}+\boldsymbol{F}_{\mathrm{T}}=0$$

由力三角形有

$$F_{\mathrm{T}}=G\cos\theta$$

可见，加上惯性力，采用静力学中三力平衡的几何法求解，直观简便。

2. 惯性力的概念

质点的惯性力 $\boldsymbol{F}_{\mathrm{I}}$ 可以想象为：当质点加速运动时外部物质世界作用在质点上的一个场力，其大小等于质点的质量与其加速度的乘积，方向与质点加速度方向相反。惯性力与万有引力是完全等效的。惯性力与参考系相关，如图 7-2a 所示，小球在旋转水平圆台上沿光滑直槽运动。在地面惯性参考系观察，小球运动的绝对轨迹为螺旋线，见图 7-2b，在水平面内受滑槽侧壁对它的作用力 $\boldsymbol{F}_{\mathrm{N}}$ 作用，加速度如图所示；从转动圆台非惯性参考系观察，小球的运动轨迹沿槽直线，在半径方向，受**牵连法向惯性力** $\boldsymbol{F}_{\mathrm{Ie}}^{n}$（$F_{\mathrm{Ie}}^{n}=mr\omega^{2}$）作用，小球沿直槽加速向外运动。在垂直滑槽方向，小球受约束力 $\boldsymbol{F}_{\mathrm{N}}$、**科氏惯性力** $\boldsymbol{F}_{\mathrm{IC}}$ 与**牵连切向惯性力** $\boldsymbol{F}_{\mathrm{Ie}}^{\tau}$ 作用处于相对平衡，见图 7-2a。从固结于小球的非惯性系观察，小球在 $\boldsymbol{F}_{\mathrm{N}}$ 及 $\boldsymbol{F}_{\mathrm{I}}=-m\boldsymbol{a}$（$\boldsymbol{a}=\boldsymbol{a}_{\mathrm{e}}^{n}+\boldsymbol{a}_{\mathrm{e}}^{\tau}+\boldsymbol{a}_{\mathrm{r}}+\boldsymbol{a}_{\mathrm{C}}$）作用下处于平衡。

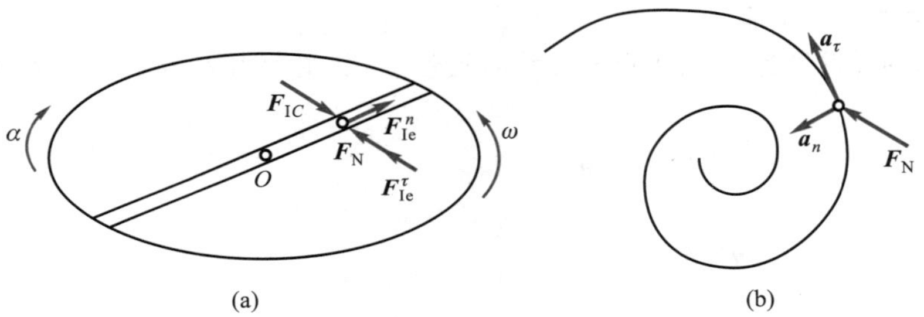

图 7-2　惯性力与参考系相关

用这种观点看待惯性力，不仅不妨碍处理工程实际问题，而且可以把历史上形成的两类惯性力（相对运动惯性力与达朗贝尔惯性力）统一起来。

7.1.2　质点系的达朗贝尔原理

设**受约束质点系**由 n 个质点组成，作用于第 i 个质点上的主动力合力与约束力合力分别为 $\boldsymbol{F}_i$、$\boldsymbol{F}_{\mathrm{N}i}$，质点的质量和加速度分别为 m_i、$\boldsymbol{a}_i$，由质点达朗贝尔原理[式(7-2)]得

$$\left.\begin{aligned}&\boldsymbol{F}_i+\boldsymbol{F}_{\mathrm{N}i}+\boldsymbol{F}_{\mathrm{I}i}=0\quad(i=1,2,\cdots,n)\\&\boldsymbol{F}_{\mathrm{I}i}=-m_i\boldsymbol{a}_i\end{aligned}\right\}\tag{7-3}$$

即每个质点的 $\boldsymbol{F}_i$、$\boldsymbol{F}_{\mathrm{N}i}$、$\boldsymbol{F}_{\mathrm{I}i}$ 组成平衡汇交力系。根据加减平衡力系原理，这 n 个平衡的汇交力系组成一个空间的平衡力系，即整个质点系的主动力系、约束力系和惯性力系组成平衡力系。该平衡力系的主矢 $\boldsymbol{F}_{\mathrm{R}}$ 和对任一点 O 的主矩 $\boldsymbol{M}_O$ 应同时为零，即

$$\left.\begin{aligned}&\boldsymbol{F}_{\mathrm{R}}=\sum\boldsymbol{F}_i+\sum\boldsymbol{F}_{\mathrm{N}i}+\sum\boldsymbol{F}_{\mathrm{I}i}=0\\&\boldsymbol{M}_O=\sum\boldsymbol{M}_O(\boldsymbol{F}_i)+\sum\boldsymbol{M}_O(\boldsymbol{F}_{\mathrm{N}i})+\sum\boldsymbol{M}_O(\boldsymbol{F}_{\mathrm{I}i})=0\end{aligned}\right\}\tag{7-4}$$

由于各质点间的内约束力成对出现，等值反向，故内力求和后不包含在式(7-4)中。式(7-4)

成为

$$\left.\begin{array}{l}\sum \boldsymbol{F}_i^{\mathrm{e}}+\sum \boldsymbol{F}_{\mathrm{I}i}=0 \\ \sum \boldsymbol{M}_O(\boldsymbol{F}_i^{\mathrm{e}})+\sum \boldsymbol{M}_O(\boldsymbol{F}_{\mathrm{I}i})=0\end{array}\right\} \tag{7-5}$$

式中,$\sum \boldsymbol{F}_i^{\mathrm{e}}$与$\sum \boldsymbol{M}_O(\boldsymbol{F}_i^{\mathrm{e}})$分别为作用在质点系上的外力(包括外主动力和外约束力)的主矢与主矩。由这两个矢量式总共可写出 6 个独立的投影方程。

式(7-5)表示了**质点系的达朗贝尔原理:作用于质点系上的外力系与惯性力系组成平衡力系**。应用式(7-5)求解非自由质点系动约束力或动内力的方法称为**质点系的动静法**。

7.2 惯性力系的简化

应用动静法求解质点系动力问题的关键是合理简化惯性力系与正确添加惯性力。在一般情形下,质点系的惯性力系 $\boldsymbol{F}_{\mathrm{I}i}(i=1,2,\cdots,n)$为作用在各质点上的体积力。$\boldsymbol{F}_{\mathrm{I}i}$的分布与各质点质量 m_i及其绝对加速度 $\boldsymbol{a}_i$分布有关。对于均质物体,$\boldsymbol{F}_{\mathrm{I}i}$的分布只取决于 $\boldsymbol{a}_i$的分布。因此,在许多问题中确定 $\boldsymbol{a}_i$的分布是关键。分析工程动力问题时,在等效的条件下,事先将物体上的分布惯性力进行简化,通常用一个力和一个力偶来表示,将使求解过程大为简化。惯性力系的简化完全类似于静力学中力系的简化。

7.2.1 质点系惯性力系的主矢和主矩

1. 惯性力系的主矢

质点系惯性力系的主矢是各质点惯性力的矢量和,可表示为

$$\boldsymbol{F}_{\mathrm{IR}}=\sum \boldsymbol{F}_{\mathrm{I}i}=\sum(-m_i\boldsymbol{a}_i)=-m\boldsymbol{a}_C \tag{7-6}$$

式中,m 为质点系总质量,$\boldsymbol{a}_C$为质点系质心加速度。这说明,**质点系惯性力系的主矢等于质点系的总质量与质心加速度的乘积,方向与质心加速度方向相反**。这一结果与质点系相对于质心的运动形式无关。

2. 惯性力系的主矩

(1) 对固定点的主矩

质点系惯性力系对空间固定点 O 的主矩为各质点惯性力对 O 点力矩的矢量和,即

$$\boldsymbol{M}_{\mathrm{I}O}=\sum \boldsymbol{M}_O(\boldsymbol{F}_{\mathrm{I}i})=\sum \boldsymbol{r}_i\times(-m_i\boldsymbol{a}_i) \tag{7-7}$$

将式(7-5)中第二式$\sum \boldsymbol{M}_O(\boldsymbol{F}_i^{\mathrm{e}})+\sum \boldsymbol{M}_O(\boldsymbol{F}_{\mathrm{I}i})=0$ 与式(5-44)$\dfrac{\mathrm{d}\boldsymbol{L}_O}{\mathrm{d}t}=\sum \boldsymbol{M}_O(\boldsymbol{F}_i^{\mathrm{e}})$比较得

$$\boldsymbol{M}_{\mathrm{I}O}=-\frac{\mathrm{d}\boldsymbol{L}_O}{\mathrm{d}t} \tag{7-8}$$

式中,$\boldsymbol{L}_O=\sum \boldsymbol{r}_i\times(m_i\boldsymbol{v}_i)$为质点系对 O 点的动量矩。这表明,**质点系惯性力系对固定点 O 的主矩等于质点系对 O 点的动量矩对时间的一阶导数并冠以负号**。

(2) 对质心的主矩

设质点系中的质点 m_i相对于质点系的质心 C 的矢径为 $\boldsymbol{r}'_i(i=1,2,\cdots,n)$,则质点系惯性力系对质心的主矩为

$$\boldsymbol{M}_{IC}=\sum \boldsymbol{r}'_i\times(-m_i\boldsymbol{a}_i) \tag{7-9}$$

将式(7-5)第二式与式(5-54)比较,得

$$\boldsymbol{M}_{IC}=-\frac{\mathrm{d}\boldsymbol{L}_C}{\mathrm{d}t} \tag{7-10}$$

可见,质点系的达朗贝尔原理与质心运动定理、动量矩定理在数学上具有某种等价性。

思考 7-1　如何求质点系惯性力系对任一运动点 A(已知 $\boldsymbol{a}_A$)的主矩 $\boldsymbol{M}_{IA}$?

7.2.2　刚体惯性力系的简化

1. 平面运动刚体

由上述质点系惯性力系的简化结果及力系的简化原理可知,刚体作平面运动时,将其惯性力系向质心 C 简化,得到一个作用在质心的惯性力和一个惯性力偶。这个惯性力的大小和方向与惯性力系的主矢 $\boldsymbol{F}_{IR}$ 相同;这个惯性力偶的力偶矩等于惯性力系对 C 点的主矩 $\boldsymbol{M}_{IC}$。它们可分别由式(7-6)与式(7-10)表示为

$$\boldsymbol{F}_{IR}=-m\boldsymbol{a}_C,\quad \boldsymbol{M}_{IC}=-\frac{\mathrm{d}\boldsymbol{L}_C}{\mathrm{d}t} \tag{7-11}$$

在实际工程中,平面运动刚体常有质量对称面,且该对称面沿自身所在平面运动,此时 $\boldsymbol{L}_C=J_C\boldsymbol{\omega}$,式(7-10)可简化为

$$\boldsymbol{M}_{IC}=-J_C\boldsymbol{\alpha} \tag{7-12}$$

式中,J_C是刚体对过质心 C 且垂直于该对称面的轴的转动惯量,如图 7-3 所示。平面平移和定轴转动刚体是平面运动刚体的特殊情形。

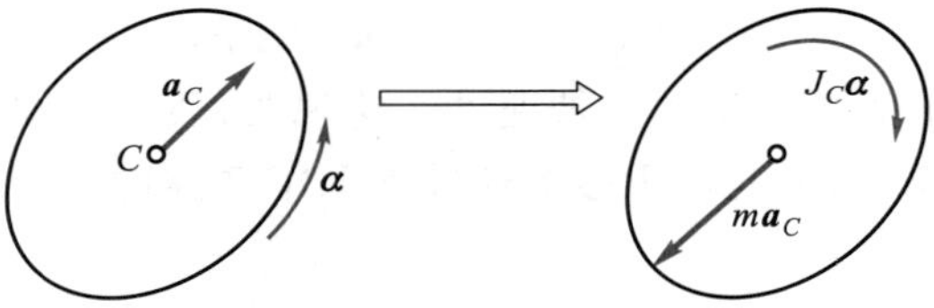

图 7-3　平面运动刚体惯性力(有质量对称面)

2. 平面平移刚体

刚体平移时,惯性力系向质心 C 简化,如图 7-4 所示。因为 $\boldsymbol{L}_C=0$,所以惯性力偶 $\boldsymbol{M}_{IC}=0$,只有一个作用在质心 C 的惯性力

$$\boldsymbol{F}_{IC}=-m\boldsymbol{a}_C \tag{7-13}$$

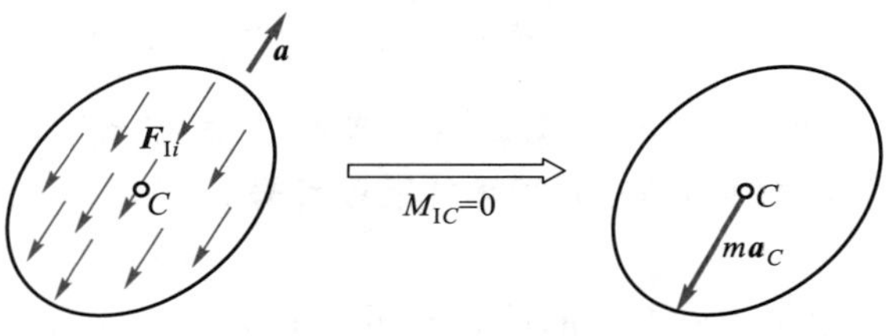

图 7-4　平移刚体惯性力

3. **定轴转动刚体**

定轴转动刚体的质心加速度可分解为质心的法向加速度和切向加速度,它作为平面运动的特例,其惯性力系向质心 C 的简化结果由式(7-11)写为

$$\left.\begin{aligned}\boldsymbol{F}_{\mathrm{IR}}^{n}=-m\boldsymbol{a}_{C}^{n},\boldsymbol{F}_{\mathrm{IR}}^{\tau}=-m\boldsymbol{a}_{C}^{\tau}\\ \boldsymbol{M}_{\mathrm{I}C}=-\frac{\mathrm{d}\boldsymbol{L}_{C}}{\mathrm{d}t}\end{aligned}\right\}\tag{7-14}$$

若定轴转动刚体具有质量对称面,且定轴垂直于该对称面,则由式(7-12),得

$$\boldsymbol{M}_{\mathrm{I}C}=-J_{C}\boldsymbol{\alpha}\tag{7-15}$$

此时,惯性力系向质心 C 的简化结果如图 7-5a 所示。

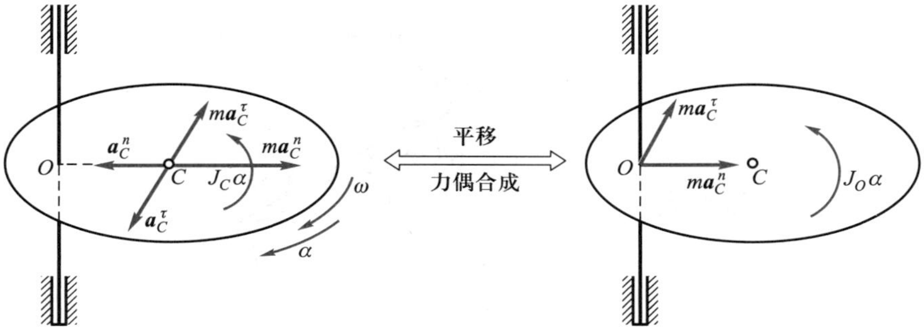

图 7-5　定轴转动刚体惯性力(转轴垂直于对称面)

若将图 7-5a 中的两个惯性力移至 O 轴,惯性力系的主矢不变,而 $\boldsymbol{F}_{\mathrm{IR}}^{\tau}$ 的平移产生附加力偶,则惯性力系对 O 轴的主矩变为:$M_{\mathrm{I}O}=-J_{C}\alpha-mOC^{2}\alpha=-J_{O}\alpha$, 如图 7-5b 所示。

思考 7-2

① 若定轴转动刚体无质量对称面,或转动刚体有质量对称面但转轴不垂直于该对称面,其惯性力系的简化结果有何不同?

② 若将具有质量对称面的平面运动刚体的惯性力系向刚体上任一点 A 简化,结果如何?

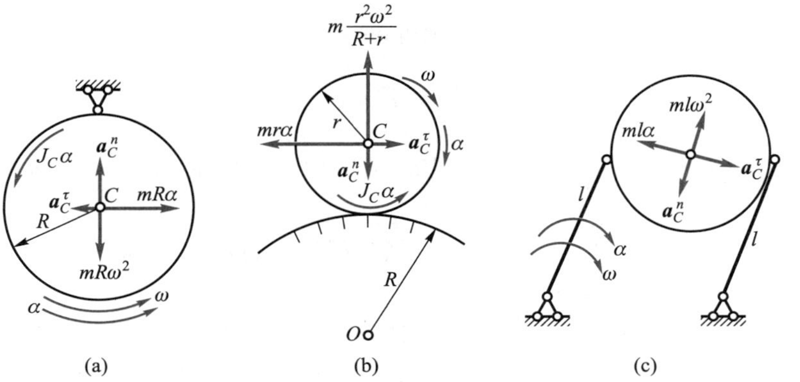

问题 7-2 图

问题 7-2　给图 a、b、c 中三个均质圆轮（图为其质量对称面）分别加惯性力（已知 m、R、r、ω、α）。

答：图 a 中圆轮绕 O 作定轴转动，质心 C 作圆周运动，加速度及相应惯性力如图所示。也可将惯性力移至轴 O 处，同时将惯性力偶大小改为 $J_O\alpha$。

图 b 中圆轮作平面运动，质心 C 在以$(R+r)$为半径的圆周上运动，加速度及相应惯性力如图所示。

图 c 中，圆轮平移，$\omega_C=\alpha_C=0$，其质心 C 加速度与杆端点的加速度相同，其加速度及相应惯性力如图所示。

问题 7-3　给图 a、b、c 中的均质杆和均质轮加惯性力（已知 m、l、r、b、ω、α）。

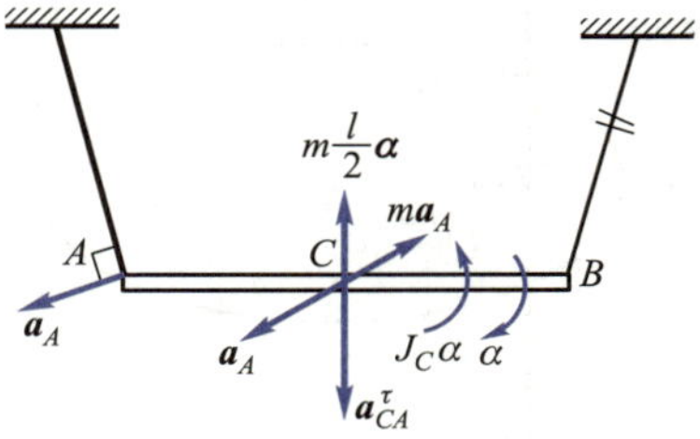

(a) 绳断瞬时

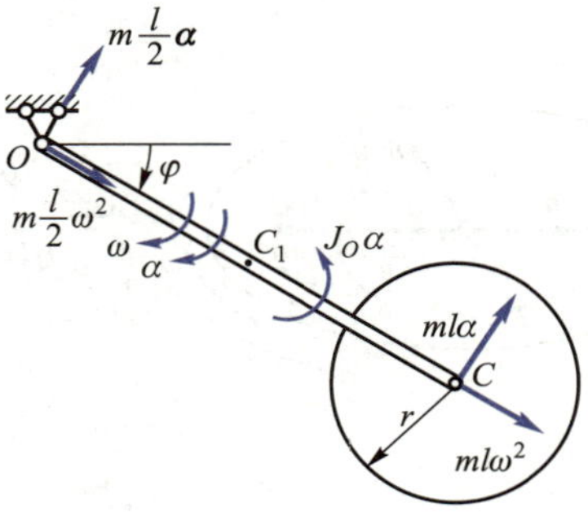

(b) 由φ=0开始运动至φ时

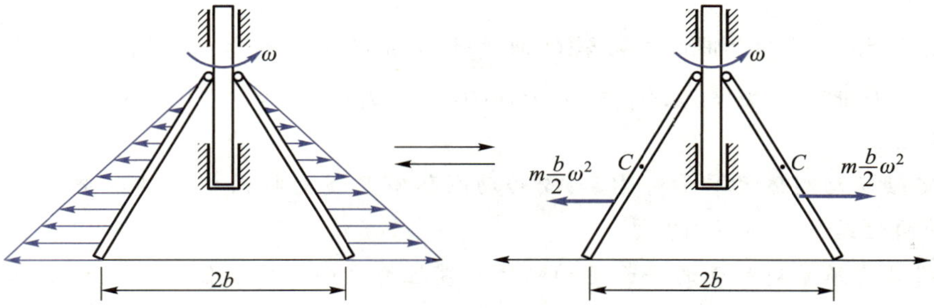

(c) 两杆绕铅垂轴匀速转动

问题 7-3 图

答：图 a 中，绳断瞬时，各处速度为零，设 $\boldsymbol{a}_A$、α 方向如图所示，则 $\boldsymbol{a}_C=\boldsymbol{a}_A+\boldsymbol{a}_{CA}^{\tau}$，加惯性力和惯性力偶，如图所示。

图 b 中，对圆轮，因 $\sum M_C=0$，故 $\alpha_C=0$，轮平移；杆定轴转动，分别对杆和圆轮加惯性力和惯性力偶，如图所示。

图 c 中，两斜杆定轴转动，无垂直转轴的质量对称面，不能套用前述刚体相应公式。直接考察惯性力系分布如左图所示，每杆惯性力系的合力作用点在三角形形心处，如右图所示，合力大小仍等于杆的质量乘以杆的质心加速度。

思考 7-3

① 问题 7-3 图 a 中,能否将惯性力加在杆端 A,惯性力偶相应变为 $J_A\alpha$?

② 问题 7-3 图 c 中,能否将两杆分布惯性力整体简化?为什么?

7.3 动静法的应用

7.3.1 动静法的特点

由以上论述可知,由达朗贝尔原理构成的动静法具有如下特点:

① 达朗贝尔原理的动静方程与动量定理和动量矩定理的微分形式在数学表达上完全相同,除碰撞类问题外,凡用动量定理或动量矩定理能解的问题,用动静法也能解出,而且其力矩方程可以无条件任意选取矩心,应用更为方便。

② 求解具体动力学问题时,对系统加上惯性力和全部外力后,可完全应用静力学中的方法和技巧。例如,适当选取投影轴和矩心轴,可避免解联立方程等。

③ 动静法常与动能定理相结合,求解一类较为复杂的动力状态问题。即先用动能定理求出系统在某一位置状态的速度和加速度,再用动静法求力或求加速度或求动力平衡的其他问题。

7.3.2 典型非碰撞动力学问题

例 7-1 如图所示,已知滑轮悬吊物体重量分别为 G_1、G_2($G_1>G_2$)及相关尺寸参数 θ、l_1、l_2、r,不计杆重与滑轮质量,试求重物运动时 CD 杆内力。

解:研究整体,设重物加速度大小为 a,加惯性力,受力如图所示。因不计滑轮质量,因而滑轮两边绳的张力相等,有

$$G_1-\frac{G_1}{g}a=G_2+\frac{G_2}{g}a$$

故重物的加速度为

$$a=\frac{G_1-G_2}{G_1+G_2}g \tag{a}$$

由 $\sum M_A=0$,有

$$F_{CD}l_1\sin\theta+\left(G_1-\frac{G_1}{g}a\right)(l_2-r)+\left(G_2+\frac{G_2}{g}a\right)(l_2+r)=0 \tag{b}$$

将式(a)代入式(b)得

$$F_{CD}=-\frac{4G_1G_2l_2}{(G_1+G_2)l_1\sin\theta}\text{(压)}$$

注意:本题型特点为,系统运动时受力不变,加速度恒定,与例 6-10 相类似,称为**动力稳态问题**,可直接由动静法求解。

思考 7-4 例 7-1 中，若考虑滑轮质量，结果怎样？若去掉 CD 杆，将 AB 杆插入墙内，如何求 A 端约束力？

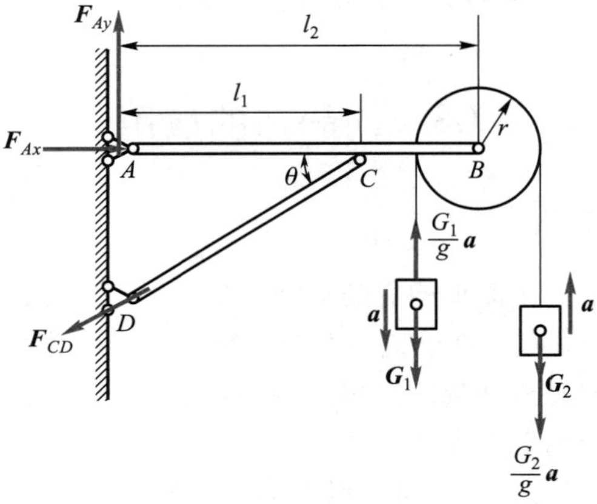

例 7-1 图

例 7-2 如图 a 所示，两均质杆用细绳相连，水平悬挂，已知两杆的质量与长度分别为 m 与 l，$AO=OB$，求 BD 绳断时，铰 O 处约束力。

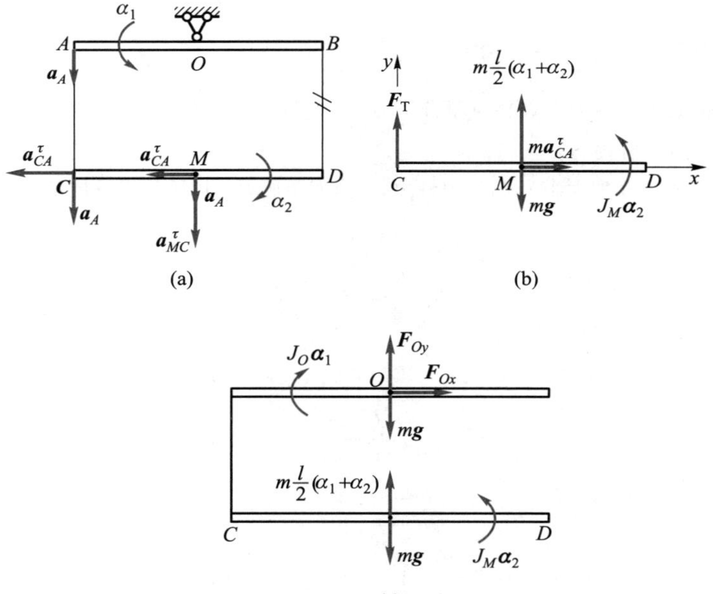

例 7-2 图

解：绳断瞬时，加速度如图 a 所示，其中

$$a_A=\frac{l}{2}\alpha_1,\quad a_{MC}^{\tau}=\frac{l}{2}\alpha_2$$

先研究 CD 杆，加惯性力，受力如图 b 所示。

由 $\sum F_x=0$，得

$$ma_{CA}^{\tau}=0, \quad a_{CA}^{\tau}=0$$

由 $\sum M_C=0$,得

$$J_M\alpha_2+m\frac{l}{2}(\alpha_1+\alpha_2)\frac{l}{2}=mg\frac{l}{2} \tag{a}$$

再研究整体,加惯性力,受力如图 c 所示,且 $J_O=J_M=\frac{1}{12}ml^2$。

由 $\sum F_x=0$,有

$$F_{Ox}=0$$

由 $\sum M_O=0$,有

$$J_M\alpha_2=J_O\alpha_1$$

故

$$\alpha_1=\alpha_2 \tag{b}$$

将式(b)代入式(a),得

$$\alpha_1=\alpha_2=\frac{6g}{7l} \tag{c}$$

由 $\sum F_y=0$,并将式(c)代入得

$$F_{Oy}=\frac{8}{7}mg$$

注意: 本题型特点为,初瞬时各点速度与法向加速度均为零,属**初瞬时动力问题**,也可直接由动静法求解。

思考 7-5

① 试求例 7-2 中该瞬时 AC 绳张力及 CD 杆任一横截面的内力。

② 改变 AB 杆长度,使 $OA=OB=\frac{1}{4}l$,情形有何变化?

例 7-3 如图 a 所示,均质轮与均质杆铰接于轮心 C。已知轮半径 R,杆长 $l=2R$,质量均为 m,由静止铅垂位置倒落,试求 $\theta=90°$时,铰 O 处的约束力。

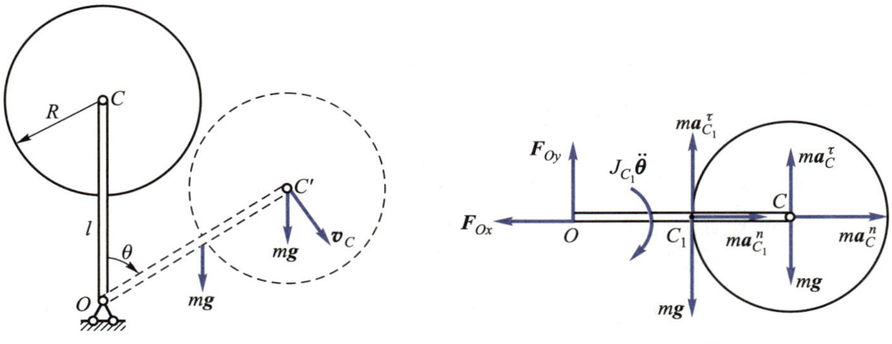

例 7-3 图

解: 在运动过程中,由对质心的动量矩定理知,轮 C 的角加速度和角速度为

$$\alpha_C=0, \quad \omega_C=0$$

由静止至任意 θ 角位置时，由 $T-T_0=W$，有

$$\frac{1}{2}mv_C^2+\frac{1}{2}\times\frac{1}{3}m(2R)^2\dot{\theta}^2=mg(2R-2R\cos\theta)+mgR(1-\cos\theta)$$

而 $v_C=2R\dot{\theta}$，故

$$\dot{\theta}^2=\frac{9g}{8R}(1-\cos\theta) \tag{a}$$

式(a)对 t 求导数，得 $\ddot{\theta}=\alpha=\dfrac{9g}{16R}\sin\theta$。故 $\theta=90°$ 时，有

$$\left.\begin{aligned}\alpha&=\frac{9g}{16R}\\ a_C^{\tau}&=\frac{9}{8}g\\ a_C^{n}&=\frac{9}{4}g\end{aligned}\right\} \tag{b}$$

此时，杆质心 C_1 的加速度为

$$a_{C_1}^{\tau}=R\alpha=\frac{9}{16}g,\quad a_{C_1}^{n}=R\dot{\theta}^2=\frac{9}{8}g$$

分别给圆轮和杆加惯性力，受力如图 b 所示。

由 $\sum F_x=0$，得

$$F_{Ox}=ma_{C_1}^{n}+ma_C^{n}=\frac{27}{8}mg$$

由 $\sum F_y=0$，得

$$F_{Oy}=2mg-ma_{C_1}^{\tau}-ma_C^{\tau}=\frac{5}{16}mg$$

注意：本题型特点为，系统运动时受力与加速度均发生变化，与例 6-8、例 6-10 相类似，称为**非稳态动力问题**，可先由动能定理求出系统在某位置的速度和加速度，再由动静法求解。

思考 7-6

① 例 7-3 中，θ 为何值时，杆端 O 所受合外力最大？何时最小？

② 若改变例 7-3 杆端 O 约束为光滑水平面，如何求 θ 位置时的 O 端约束力？若给定水平面摩擦因数 f，情形有何变化？

③ 试用动静法求解例 6-8、例 6-9 与例 6-10，并比较两种方法特点。

例 7-4 如图 a 所示，均质杆 OA 重量为 G，长度为 l，铰接于 O 点，由图示静止铅垂位置开始倒落，试求任意 θ 角位置杆中横截面的弯矩(约束力偶矩)分布、最大弯矩及其位置。

解：先研究在任意 θ 角位置的 OA 杆，由动量矩定理，有 $J_O\alpha=G\dfrac{l}{2}\sin\theta$，其中，$J_O=\dfrac{1}{3}\dfrac{G}{g}l^2$，故

$$\alpha=\frac{3g}{2l}\sin\theta \tag{a}$$

再以杆的 A 端为坐标原点，沿杆线放置坐标轴 x，从任一部位 B 处截出杆段 $AB=x$ 为研究对象，按定轴转动刚体给 AB 段加惯性力，受力如图 b 所示：重力为 Gx/l，惯性力 $F_{Iy}=\dfrac{Gx}{gl}\left(l-\dfrac{x}{2}\right)\alpha$，$F_{Ix}=\dfrac{Gx}{gl}\left(l-\dfrac{x}{2}\right)\omega^2$，惯性力偶

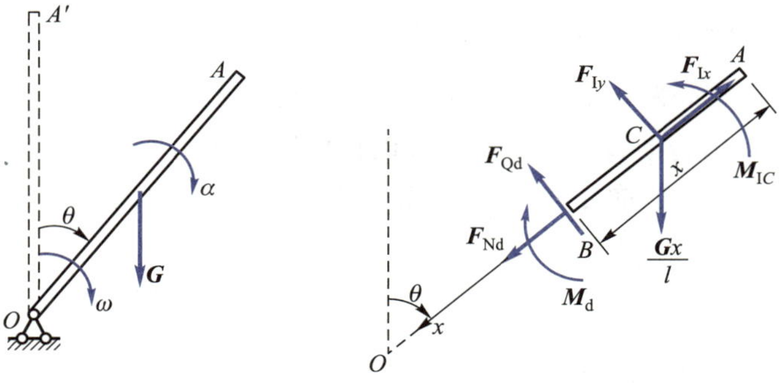

例 7-4 图

$M_{IC}=\frac{1}{12}\frac{Gx}{gl}x^2\alpha$；此外，$x$ 截面上必有动轴力 $\boldsymbol{F}_{Nd}$、动剪力 $\boldsymbol{F}_{Qd}$ 和动弯矩 $\boldsymbol{M}_d$。

由 $\sum M_B=0$，有

$$-M_d-\frac{Gx}{l}\frac{x}{2}\sin\theta+F_{Iy}\frac{x}{2}+M_{IC}=0$$

将相应惯性力代入上式得

$$M_d=-\frac{x}{l}G\sin\theta\cdot\frac{x}{2}+\frac{Gx}{gl}\left(l-\frac{x}{2}\right)\alpha\cdot\frac{x}{2}+\frac{1}{12}\frac{Gx}{gl}x^2\alpha \tag{b}$$

再将式（a）代入式（b），得

$$M_d=\frac{1}{4}Gl\sin\theta\left(\frac{x}{l}\right)^2\left(1-\frac{x}{l}\right) \tag{c}$$

令 $\frac{dM_d}{dx}=0$，并将式（c）代入，求得 $x=\frac{2}{3}l$ 处杆中动弯矩 M_d 最大，其值为

$$M_{dmax}=\frac{1}{27}Gl\sin\theta$$

思考 7-7

① 试用例 7-4 结果简要说明拆除废旧砖石结构烟囱时，在其根部进行定向爆破，烟囱倒塌过程中的第二次断裂现象。

② 试求出例 7-4 中动轴力 $\boldsymbol{F}_{Nd}$ 和动剪力 $\boldsymbol{F}_{Qd}$ 沿轴线的分布，最大值及其位置。

③ 若将例 7-4 中铰 O 改变为刚度为 k_φ 的扭转弹簧支座，结果有何变化？

*7.4 定轴转动刚体的轴承动约束力

在工程中，转子绕定轴高速转动时，常常在轴承处产生很大的动约束力，加速轴承损坏，引起剧烈振动。因此，研究高速转子产生动约束力的原因，找出消除动约束力的条件，具有重要实际意义。我们把由主动力引起的并与之平衡的约束力称为**静约束力**；由惯性力引起的并与之平衡的约束力，称为**动约束力**。在第 5 章中分析了一般刚体定轴转动的动量矩，应用动量矩定理研究了转轴垂直于刚体质量对称面的定轴转动情形，也分析了转轴不垂直于刚体质量对称面的情形，下面运用动静法进一步研究一般刚体的定轴转动。

7.4.1 定轴转动刚体惯性力系的简化

如图 7-6a 所示，一质量为 m 的任意形状刚体在主动力系 $\boldsymbol{F}_i(i=1,2,\cdots,n)$ 的作用下，以角速度 $\boldsymbol{\omega}$、角加速度 $\boldsymbol{\alpha}$ 绕 AB 轴转动，轴长 $AB=l$。现以止推轴承 A 为原点，建立与刚体固结的动直角坐标系 $Axyz$，并使 z 轴与 AB 轴重合，将惯性力系向 A 点简化。

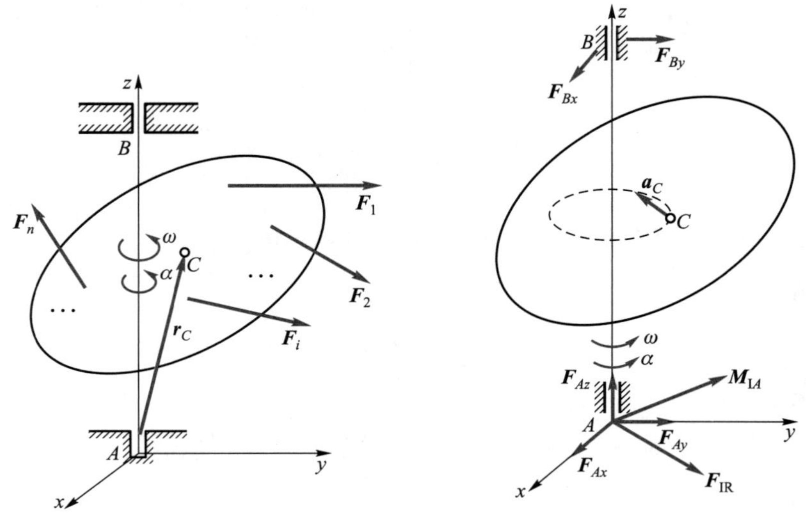

图 7-6　定轴转动刚体的轴承动约束力

如 7.2 节所述，此惯性力系的主矢为

$$\boldsymbol{F}_{\mathrm{IR}}=-m\boldsymbol{a}_C \tag{7-16}$$

其方向垂直于转轴 z。

此惯性力系对固定点 A 的主矩为

$$\boldsymbol{M}_{\mathrm{I}A}=-\frac{\mathrm{d}\boldsymbol{L}_A}{\mathrm{d}t} \tag{1}$$

再由式(5-37)知

$$\boldsymbol{L}_A=-J_{xz}\omega\boldsymbol{i}-J_{yz}\omega\boldsymbol{j}+J_z\omega\boldsymbol{k} \tag{2}$$

将式(2)代入式(1)，并注意到

$$\left.\begin{aligned}&\frac{\mathrm{d}\omega}{\mathrm{d}t}=\alpha\\&\frac{\mathrm{d}\boldsymbol{i}}{\mathrm{d}t}=\omega\boldsymbol{j}\\&\frac{\mathrm{d}\boldsymbol{j}}{\mathrm{d}t}=-\omega\boldsymbol{i}\\&\frac{\mathrm{d}\boldsymbol{k}}{\mathrm{d}t}=0\end{aligned}\right\} \tag{3}$$

整理后得

$$\boldsymbol{M}_{IA}=(J_{xz}\alpha-J_{yz}\omega^2)\boldsymbol{i}+(J_{yz}\alpha+J_{xz}\omega^2)\boldsymbol{j}-J_z\alpha\boldsymbol{k}=M_{IAx}\boldsymbol{i}+M_{IAy}\boldsymbol{j}+M_{IAz}\boldsymbol{k} \tag{7-17}$$

7.4.2 轴承动约束力

定轴转动刚体惯性力系向 A 点简化的结果及由此引起的轴承**动约束力**如图 7-6b 所示。由 $\sum M_x=0$,有

$$F_{By}l=M_{IAx}=J_{xz}\alpha-J_{yz}\omega^2 \tag{7-18a}$$

故

$$F_{By}=\frac{J_{xz}\alpha-J_{yz}\omega^2}{l} \tag{7-18b}$$

由 $\sum F_y=0$,得

$$F_{Ay}=\frac{1}{l}(-J_{xz}\alpha+J_{yz}\omega^2)+ma_{Cy} \tag{7-18c}$$

由 $\sum M_y=0$,得

$$F_{Bx}=-\frac{1}{l}(J_{yz}\alpha+J_{xz}\omega^2) \tag{7-18d}$$

由 $\sum F_x=0$,得

$$F_{Ax}=\frac{1}{l}(J_{yz}\alpha+J_{xz}\omega^2)+ma_{Cx} \tag{7-18e}$$

由 $\sum F_z=0$,得

$$F_{Az}=0 \tag{7-18f}$$

思考 7-8 如何由动量定理和动量矩定理求上述定轴转动刚体动约束力?

在工程实际中,当转子进入正常工作状态后(即 $\alpha=0,\omega=$常数),由式(7-18)知,附加动约束力在随刚体转动的动直角坐标轴上的投影是固定不变的。而动直角坐标系 $Axyz$ 相对于定直角坐标系以匀角速度 ω 转动,故附加动约束力在定直角坐标轴上的投影应按正弦规律变化。当转子高速转动时,这种周期性变化的动约束力的反作用力,引起轴承和基座的强烈振动,加速疲劳破坏,并形成噪声污染。

消除定轴转动刚体附加动约束力的根本方法,是使惯性力系自身平衡。考察式(7-18)可知,只要满足

$$x_C=y_C=0 \tag{7-19}$$

且

$$J_{xz}=J_{yz}=0 \tag{7-20}$$

则无论刚体转动的角速度和角加速度等于何值,刚体都不会受到附加动约束力作用。式(7-19)表明,刚体的转轴必须通过其质心,工程中常由**静平衡**实验实现;式(7-20)表明,刚体的转轴必须为惯量主轴,常由**动平衡**实验实现。因此,刚体作定轴转动时,轴承动约束力为零的条件是转轴为刚体的**中心惯量主轴**。

问题 7-4

① 均质刚体常见的惯量主轴有哪些？

答：有刚体质量对称轴与刚体质量对称面的垂直轴两种常见情形。

② 指出图 a、b、c 所示刚体转轴中，哪些是惯量主轴，哪些是中心惯量主轴。

答：图 a 所示 z 为主轴，图 b 所示为中心惯量主轴。图 c 中 z 轴不是主轴，x 轴和 y 轴为中心惯量主轴。

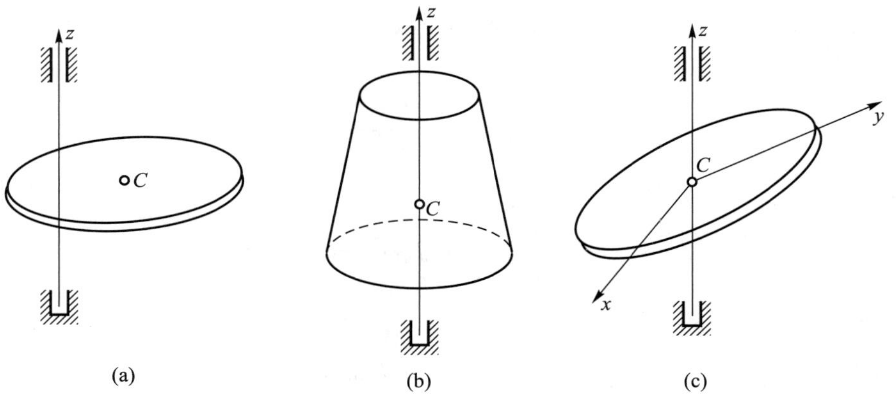

问题 7-4 图

思考 7-9

① 如图 a、b、c、d 所示定轴转动情形，哪些情况满足静平衡，哪些情况满足动平衡？

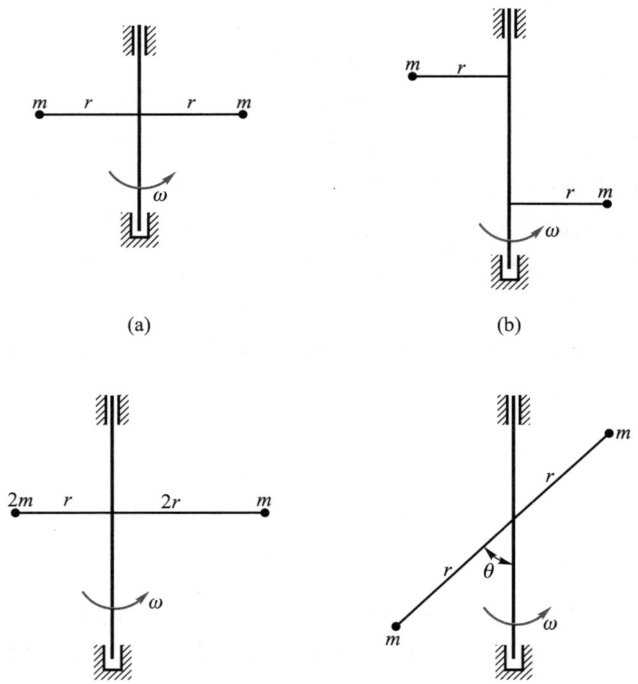

思考 7-9 图

② 试证明通过一般刚体上任意点均可找到三根相互正交的惯量主轴。

*7.5 非惯性系动力学

在工程中，一般将地球视为惯性参考系，应用牛顿力学研究动力学问题。然而，在研究洲际导弹的运动时，必须考虑地球自转带来的影响，将地球看作非惯性系，研究质点系相对非惯性系的运动。此外，研究宇宙飞船、汽车、轮船、飞机上的机械运动一般也是非惯性系动力学问题。

研究非惯性系中的动力学问题，可应用复合运动方法与达朗贝尔原理，先建立相应非惯性系的动力学方程与非惯性系动力学基本定理，再对具体问题进行求解。

7.5.1 非惯性系质点动力学

考察质点相对于非惯性系 $Oxyz$ 的运动。设质点 M 的质量为 m，相对于惯性系 $O_1x_1y_1z_1$ 的加速度为 $\boldsymbol{a}$。根据点的复合运动中加速度合成公式有

$$\boldsymbol{a}=\boldsymbol{a}_e+\boldsymbol{a}_r+\boldsymbol{a}_C$$

其中，$\boldsymbol{a}_e$、$\boldsymbol{a}_r$和 $\boldsymbol{a}_C$分别是质点 M 的牵连加速度、相对加速度和科氏加速度。根据牛顿第二定律有

$$m(\boldsymbol{a}_e+\boldsymbol{a}_r+\boldsymbol{a}_C)=\boldsymbol{F}$$

写为

$$m\boldsymbol{a}_r=\boldsymbol{F}+\boldsymbol{F}_{Ie}+\boldsymbol{F}_{IC} \tag{7-21}$$

式中，$\boldsymbol{F}$ 是合外力，$\boldsymbol{F}_{Ie}=-m\boldsymbol{a}_e$和 $\boldsymbol{F}_{IC}=-m\boldsymbol{a}_C$分别为作用于质点的牵连惯性力和科氏惯性力。它们与重力完全等效。式(7-21)就是**非惯性系中质点动力学方程**。

将式(7-21)向 $Oxyz$ 坐标系各轴投影，并将相对加速度投影写成相对导数形式，便得直角坐标形式的非惯性系质点运动微分方程。

例 7-5 如图所示，水平圆盘以角速度 ω(常数)绕 O 轴转动，小球质量为 m，$t=0$ 时，在光滑槽中 $x=a$ 处，且小球相对于圆盘初速度大小 $v_{r0}=0$。试求小球沿直径槽的运动及所受水平约束力。

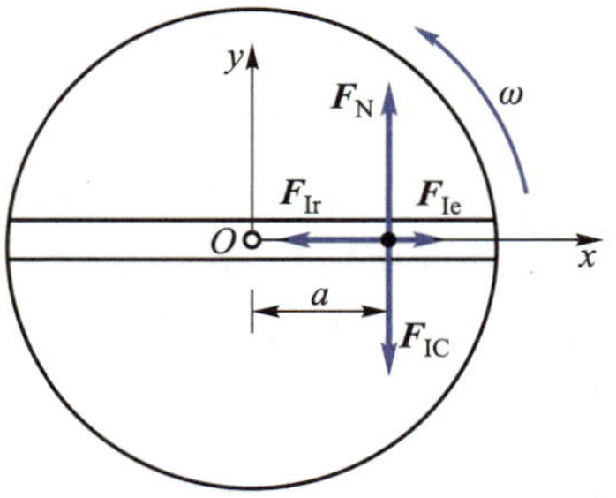

例 7-5 图

解： 取圆盘为非惯性动系，小球为动点，则其绝对加速度为 $\boldsymbol{a}_a=\boldsymbol{a}_e^n+\boldsymbol{a}_r+\boldsymbol{a}_C$。

给小球加惯性力，水平方向受力如图所示。其中，$F_{Ie}=mr\omega^2$为牵连法向惯性力大小(此处牵连切向惯性力为零)；$F_{IC}=2m\dot{x}\omega$ 为科氏惯性力的大小。由式(7-21) $m\boldsymbol{a}_r=\boldsymbol{F}+\boldsymbol{F}_{Ie}+\boldsymbol{F}_{IC}$向 x 方向投影，得

$$m\ddot{x}=mx\omega^2 \tag{a}$$

向 y 方向投影，得

$$F_N=2m\omega\dot{x} \tag{b}$$

由式(a)解得

$$x=C_1e^{\omega t}+C_2e^{-\omega t}$$

由 $t=0$，$x=a$，$\dot{x}=0$，得 $C_1=C_2=\dfrac{a}{2}$。故

$$x=a\text{ch }\omega t,\quad \dot{x}=a\omega\text{sh }\omega t,\quad F_N=2ma\omega^2\text{sh }\omega t$$

注意：本题型特点为质点在非惯性系中的相对运动动力学问题。可由动静法列动静方程后，视相对惯性力分量 $m\boldsymbol{a}_r$ 为变量，置于方程左边；牵连惯性力分量、科氏惯性力分量和约束力均视为外力，置于方程右边，便得质点的相对运动微分方程，这里惯性力与约束力对质点的作用完全等效。通过积分，可求出质点的相对运动速度和相对运动规律。

思考 7-10　若例 7-5 水平圆盘上的直槽不通过圆心，情形有何不同？

问题 7-5　试解释图示地球北半球上由南向北流动的河水冲刷右岸的现象。

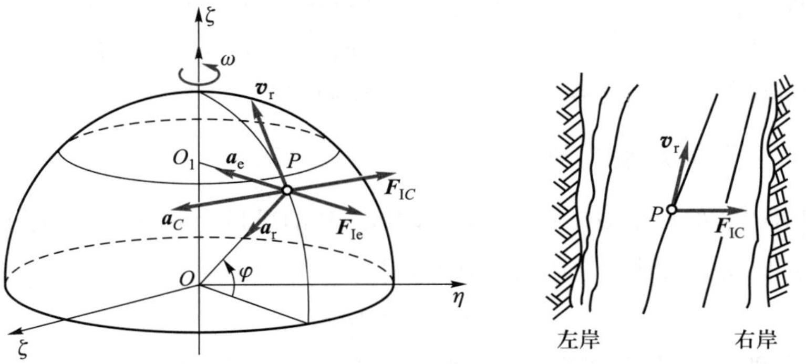

(a) 地球北半球　　(b) 由南向北河流

问题 7-5 图

答：如图 a 所示，考察在由南向北以速度 $\boldsymbol{v}_r$ 相对于地球流动的河水中，处于北纬度为 φ 的水质点 P。选地心参考系 $O\xi\eta\zeta$ 为惯性参考系，地球作为动系，相对于上述惯性系以角速度 $\boldsymbol{\omega}$ 作定轴转动。质点 P 的各项加速度 $\boldsymbol{a}_e$、$\boldsymbol{a}_r$、$\boldsymbol{a}_C$ 及牵连惯性力 $\boldsymbol{F}_{Ie}$、科氏惯性力 $\boldsymbol{F}_{IC}$ 如图。显然，$\boldsymbol{F}_{Ie}$ 对冲刷河岸不起作用，而质点 P 在 $\boldsymbol{F}_{IC}$ 的连续作用下，其流动轨迹偏向右岸，如图 b 所示。经过长年累月，河水对右岸的冲刷越来越严重。

问题 7-6　为什么地球上的自由落体会偏离铅垂线？

答：如图所示，考察地球上位于北纬度为 φ、距地表高度为 $O'P=h$ 处的质点 P 自由下落时的情形，不计空气阻力。

选地心参考系 $O\xi\eta\zeta$ 为惯性参考系。地球相对于此参考系以角速度 $\boldsymbol{\omega}$ 作定轴转动。在点 P 的铅垂线与地表面的交点 O' 上建立坐标系 $O'xyz$，称为东北天坐标系，即轴 x 指东，y 指北，z 指天。

当质点 P 从轴 z 上高度为 h 处自由下落时，因连续受到科氏惯性力 $\boldsymbol{F}_{IC}$ 与牵连惯性力 $\boldsymbol{F}_{Ie}$ 的作用，它已不再沿 $O'P$ 铅垂线下落，而是有微小的偏离。最后，质点 P 在平面 $O'xy$ 上的落点为 P'。点 P' 相对于点 O' 分别偏东和偏南一微小距离 Δ_1 与 Δ_2，它们是由惯性力 $\boldsymbol{F}_{IC}$ 和 $\boldsymbol{F}_{Ie}$ 作用造成的。

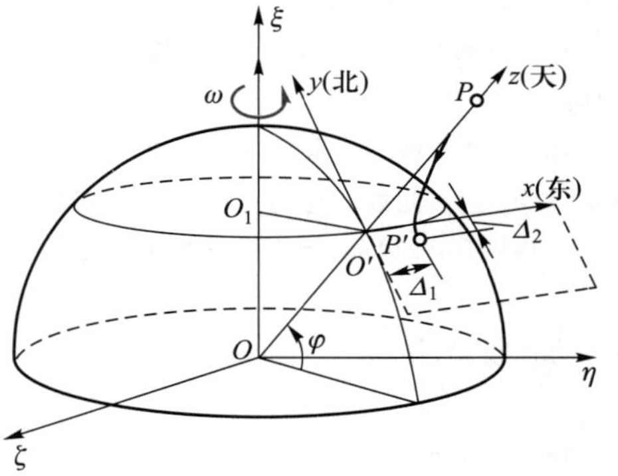

问题 7-6 图

思考 7-11　能否用科氏惯性力效应解释地球上旋风与海洋环流的形成机理？

7.5.2 非惯性系动力学普遍定理

1. 非惯性系动量定理

设非惯性系 $Oxyz$ 作平面运动，其角速度为 $\boldsymbol{\omega}$，角加速度为 $\boldsymbol{\alpha}$，坐标原点 O 的加速度为 $\boldsymbol{a}_0$，质点 $M_i(i=1,2,3,\cdots,n)$ 相对原点 O 的矢径为 $\boldsymbol{r}_i$，相对速度为 $\boldsymbol{v}_{ir}$，其牵连加速度与科氏加速度分别为

$$\left.\begin{aligned}\boldsymbol{a}_{ie}&=\boldsymbol{a}_0+\boldsymbol{\alpha}\times\boldsymbol{r}_i+\boldsymbol{\omega}\times(\boldsymbol{\omega}\times\boldsymbol{r}_i)\\ \boldsymbol{a}_{iC}&=2\boldsymbol{\omega}\times\boldsymbol{v}_{ir}\end{aligned}\right\}\tag{1}$$

将式(1)代入式(7-21)后对所有质点求和，并考虑到牵连惯性力主矢和科氏惯性力主矢分别为

$$\left.\begin{aligned}\boldsymbol{F}_{\mathrm{IeR}}&=\sum_{i=1}^{n}\boldsymbol{F}_{\mathrm{Ie}i}=-\sum_{i=1}^{n}m_i[\boldsymbol{a}_0+\boldsymbol{\alpha}\times\boldsymbol{r}_i+\boldsymbol{\omega}\times(\boldsymbol{\omega}\times\boldsymbol{r}_i)]\\ &=-m\boldsymbol{a}_0-m\boldsymbol{\alpha}\times\boldsymbol{r}_C-m[\boldsymbol{\omega}\times(\boldsymbol{\omega}\times\boldsymbol{r}_C)]=-m\boldsymbol{a}_{Ce}\\ \boldsymbol{F}_{\mathrm{ICR}}&=\sum_{i=1}^{n}\boldsymbol{F}_{\mathrm{IC}i}=-\sum_{i=1}^{n}m_i(2\boldsymbol{\omega}\times\boldsymbol{v}_{ir})=-2m\boldsymbol{\omega}\times\boldsymbol{v}_{Cr}=-2\boldsymbol{\omega}\times\boldsymbol{p}_{\mathrm{r}}\end{aligned}\right\}\tag{2}$$

式中，$\boldsymbol{r}_C$是质心相对原点 O 的矢径，$\boldsymbol{a}_{Ce}$是质心 C 的牵连加速度，$\boldsymbol{v}_{Cr}$是质心 C 的相对速度，$\boldsymbol{p}_{\mathrm{r}}=m\boldsymbol{v}_{Cr}$是质点系相对动量。注意到$\dfrac{\tilde{\mathrm{d}}\boldsymbol{p}_{\mathrm{r}}}{\mathrm{d}t}=\dfrac{\tilde{\mathrm{d}}}{\mathrm{d}t}\left(\sum_{i=1}^{n}m_i\boldsymbol{v}_{ir}\right)=\sum_{i=1}^{n}m_i\boldsymbol{a}_{ir}$，可得

$$\frac{\tilde{\mathrm{d}}\boldsymbol{p}_{\mathrm{r}}}{\mathrm{d}t}=\boldsymbol{F}_{\mathrm{R}}+\boldsymbol{F}_{\mathrm{IeR}}+\boldsymbol{F}_{\mathrm{ICR}}\tag{7-22}$$

式中，$\boldsymbol{F}_{\mathrm{R}}$是外力主矢。式(7-22)就是适用于**非惯性系的动量定理：质点系相对动量对时间的相对导数等于该质点系所受外力主矢，牵连惯性力主矢与科氏惯性力主矢的矢量和。**

若将非惯性系的原点取在质点系的质心 C 上，则 $\boldsymbol{p}_{\mathrm{r}}=m\boldsymbol{v}_{Cr}=0$，$\boldsymbol{a}_{Ce}=\boldsymbol{a}_C$，则式(7-22)变为

$$\boldsymbol{F}_{\mathrm{R}}=m\boldsymbol{a}_C$$

这就是第 5 章中的**质心运动定理**。

顺便指出，式(7-22)也适用于非惯性系作任意运动的情况，其推导过程完全相似。

2. 非惯性系动量矩定理

在上述非惯性系 $Oxyz$ 中，由式(7-21)考察每个质点，两边用 $\boldsymbol{r}_i$叉乘后求和，并注意到质点系对 O 点相对动量矩 $\boldsymbol{L}'_O=\sum_{i=1}^{n}\boldsymbol{r}_i\times m_i\boldsymbol{v}_{ir}$的相对导数为$\dfrac{\tilde{\mathrm{d}}\boldsymbol{L}'_O}{\mathrm{d}t}=\sum_{i=1}^{n}\boldsymbol{r}_i\times m_i\boldsymbol{a}_{ir}$，可得

$$\frac{\tilde{\mathrm{d}}\boldsymbol{L}'_O}{\mathrm{d}t}=\boldsymbol{M}_O+\sum_{i=1}^{n}\boldsymbol{r}_i\times(\boldsymbol{F}_{\mathrm{Ie}i}+\boldsymbol{F}_{\mathrm{IC}i})\tag{7-23}$$

式中，$\boldsymbol{M}_O$是外力对 O 点的主矩。这就是适用于**非惯性系的动量矩定理：质点系对 O 点的相对动量矩对时间的相对导数等于该质点系所受外力，牵连惯性力与科氏惯性力对同一 O 点的主矩。**

若非惯性系 $Oxyz$ 平移($\boldsymbol{\omega}=0$，且 $\boldsymbol{\alpha}=0$)，则 $\boldsymbol{F}_{\mathrm{Ie}i}=-m_i\boldsymbol{a}_0$，$\boldsymbol{F}_{\mathrm{IC}i}=0$，式(7-23)简化为

$$\frac{\tilde{\mathrm{d}}\boldsymbol{L}'_O}{\mathrm{d}t}=\boldsymbol{M}_O+\boldsymbol{r}_C\times(-m\boldsymbol{a}_0)$$

式中，$\boldsymbol{a}_0$是非惯性系平移加速度，$\boldsymbol{r}_C$是质心对于原点 O 的矢径。如果非惯性系是质心平移系，则由于质心相对矢径为零，有

$$\frac{\tilde{\mathrm{d}}\boldsymbol{L}'_C}{\mathrm{d}t}=\boldsymbol{M}_C$$

再与式(5-34)联系，有

$$\frac{\mathrm{d}\boldsymbol{L}_C}{\mathrm{d}t}=\frac{\mathrm{d}\boldsymbol{L}'_C}{\mathrm{d}t}=\frac{\tilde{\mathrm{d}}\boldsymbol{L}'_C}{\mathrm{d}t}=\boldsymbol{M}_C$$

这说明：**质点系相对质心的绝对动量矩的绝对导数、相对动量矩的绝对导数、相对动量矩的相对导数都等于外力对质心的主矩。**

3. 非惯性系动能定理

在非惯性系 $Oxyz$ 中，质点系的相对动能为 $T_{\mathrm{r}}=\frac{1}{2}\sum_{i=1}^{n}m_iv_{i\mathrm{r}}^2$。将式(7-21)两边点乘质点的相对位移 $\tilde{\mathrm{d}}\boldsymbol{r}_{\mathrm{r}}$后，对所有质点求和得

$$\tilde{\mathrm{d}}T_{\mathrm{r}}=\mathrm{d}'A+\mathrm{d}'A_{\mathrm{e}} \tag{7-24}$$

式中，$\tilde{\mathrm{d}}T_{\mathrm{r}}$是质点系相对动能相对非惯性系的变化量，$\mathrm{d}'A$ 是所有非惯性力(包括内力和外力)在相对位移 $\tilde{\mathrm{d}}\boldsymbol{r}_i$所做的元功之和。$\mathrm{d}'A_{\mathrm{e}}$是**牵连惯性力**在相对位移 $\tilde{\mathrm{d}}\boldsymbol{r}_i$所做的元功之和，因为科氏惯性力总与相对位移 $\tilde{\mathrm{d}}\boldsymbol{r}_i$垂直，其功为零。式(7-24)就是**非惯性系动能定理的微分形式**。

若非惯性系随质心 C 平移，则由于质心矢径为零，即 $\sum_{i=1}^{n}m_i\boldsymbol{r}_i=0$，因而有

$$\mathrm{d}'A_{\mathrm{e}}=-\sum_{i=1}^{n}m_i\boldsymbol{a}_{C\mathrm{e}}\cdot\tilde{\mathrm{d}}\boldsymbol{r}_i=-\tilde{\mathrm{d}}\left(\sum_{i=1}^{n}m_i\boldsymbol{r}_i\right)\cdot\boldsymbol{a}_{C\mathrm{e}}=0$$

这时，在非惯性系中质点系动能定理与在惯性系中形式完全相同，即

$$\tilde{\mathrm{d}}T_{\mathrm{r}}=\mathrm{d}'A$$

例 7-6 图示圆筒容器绕其铅垂的对称轴旋转，角速度大小为常数 ω，求容器内理想流体的液面形状。

解：考察液面上的质点 M，其质量为 m。建立与容器固连的非惯性坐标系 Oxy，质点 M 受重力$-mg\boldsymbol{j}$、牵连惯性力 $\boldsymbol{F}_{\mathrm{Ie}}=m\omega^2x\boldsymbol{i}$，液面对质点的约束力 $\boldsymbol{F}_{\mathrm{N}}$垂直于液面(理想流体)，如图所示。由各力相对平衡的几何关系知

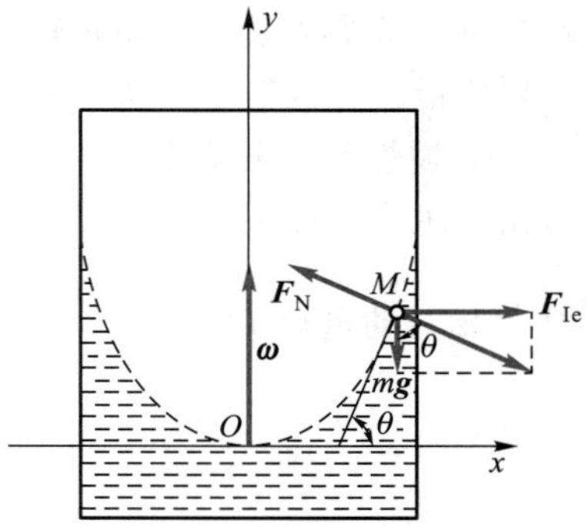

例 7-6 图

$$\frac{\mathrm{d}y}{\mathrm{d}x}=\tan\theta=\frac{F_{\mathrm{Ie}}}{mg}$$

解得

$$y=\frac{\omega^2}{2g}x^2$$

这是个旋转抛物面。可见，转动角速度越大，抛物面越深。

思考 7-12

① 若例 7-6 给定容器高度为 H,底面半径为 R,容器静止时液面高度为 h,试求液体不外溢的临界角速度 ω_c。

② 若将例 7-6 中的旋转容器平放在水平加速行驶的汽车上,情形有何变化?

例 7-7 平板车上放着宽为 b,高为 h,质量为 m 的均质箱子,如图 a 所示。箱子与车子之间有足够的摩擦防止滑动,设平板车急刹车时的加速度大小为 a,求急刹车时箱子所受的约束力。

解: 以平板车为非惯性参考系,箱子受牵连惯性力,其大小为 ma,方向向前,作用点在箱子的质心 C。箱子还受重力 $m\boldsymbol{g}$、车的支撑力 $\boldsymbol{F}_N$ 和摩擦力 $\boldsymbol{F}$,如图 b 所示。设箱子翻倒的角加速度为 α,由非惯性系动量定理和对质心的动量矩定理有

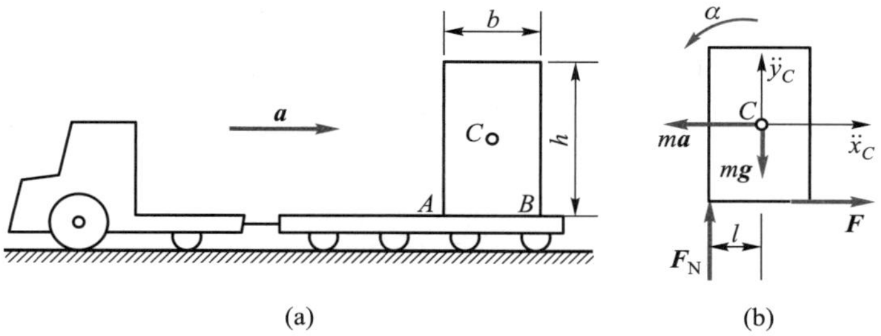

例 7-7 图

$$m\ddot{x}_C = F - ma \tag{a}$$

$$m\ddot{y}_C = F_N - mg \tag{b}$$

$$\frac{1}{12}m(b^2+h^2)\alpha = \frac{1}{2}Fh - F_N l \tag{c}$$

其中 l 为箱子质心到 $\boldsymbol{F}_N$ 作用线距离,$\ddot{x}_C$、$\ddot{y}_C$ 是质心的相对加速度。

箱子翻倒的临界条件是支撑力和摩擦力都作用在 A 点,$l=b/2$,且 $\alpha=0$。由式(a)、(b)、(c)得

$$F=ma,\quad F_N=mg,\quad Fh=F_N b$$

故平板车临界加速度为

$$a=gb/h$$

若在急刹车时 $a<gb/h$,箱子保持静止,箱子所受约束力 $F=ma$,$F_N=mg$;

若在急刹车时 $a>gb/h$,箱子绕 A 点转动,且有

$$\ddot{x}_C = -h\alpha/2 \tag{d}$$

$$\ddot{y}_C = b\alpha/2 \tag{e}$$

由式(a)~式(e)解出

$$F_N = mg + \frac{3mb(ah-gb)}{4(b^2+h^2)},\quad F = ma - \frac{3mh(ah-gb)}{4(b^2+h^2)}$$

可见,当 $a>gb/h$ 时,$F<ma$,$F_N>mg$。

思考 7-13 为了防止例 7-7 中平板车制动时箱子翻倒,可在 A 处设置高度为 c 的台阶,则此时临界加速度有何变化?

例 7-8 半径为 R 的细圆环不计质量,以匀角速度 ω 转动。质量为 m 的均质细杆长度为 l,在圆环平面内运动,如图 a 所示。若不计摩擦,求杆 AB 相对圆环的运动微分方程。

解: 选圆环为非惯性系,杆 AB 相对圆环作平面定轴转动。加牵连惯性力、科氏惯性力,简化结果如图 b 所示(没画科氏惯性力)。设 $OC=a$,有 $a=\sqrt{R^2-\frac{1}{4}l^2}$。牵连惯性力为

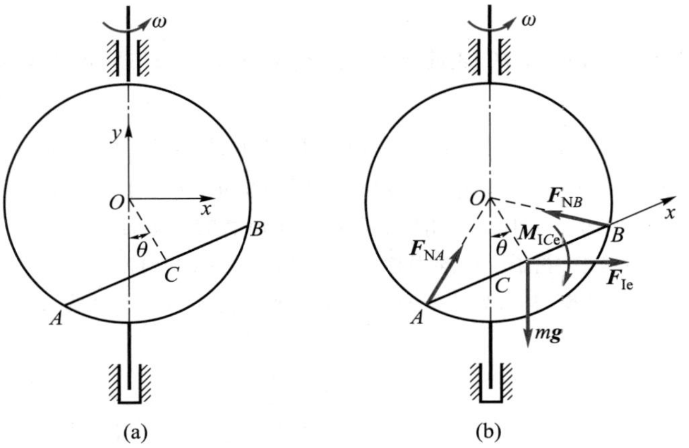

例 7-8 图

$$F_{Ie}=ma\sin\theta\omega^2 \tag{a}$$

牵连惯性力对质心 C 的惯性力矩为

$$\begin{aligned}M_{ICe}&=\int(r\omega^2\mathrm{d}m)(x\sin\theta)\\&=\int_{-0.5l}^{0.5l}(a\sin\theta+x\cos\theta)\omega^2 x\sin\theta\frac{m}{l}\mathrm{d}x=\frac{1}{12}ml^2\omega^2\sin\theta\cos\theta\end{aligned} \tag{b}$$

由相对 O 点动量矩定理有

$$\frac{\tilde{\mathrm{d}}\boldsymbol{L}_{Or}}{\mathrm{d}t}=\boldsymbol{M}_O^{(e)}+\boldsymbol{r}_{OC}\times\boldsymbol{F}_{Ie}+\boldsymbol{M}_{ICe} \tag{c}$$

式中,$\boldsymbol{M}_O^{(e)}$ 为外力对 O 点之矩。

式(c)向 z 轴投影得

$$\frac{\tilde{\mathrm{d}}L_{Or}}{\mathrm{d}t}=M_O^{(e)}+F_{Ie}r_{OC}\cos\theta-M_{ICe}$$

即

$$\left(\frac{1}{12}ml^2+ma^2\right)\ddot{\theta}=-mga\sin\theta+ma^2\omega^2\sin\theta\cos\theta-\frac{1}{12}ml^2\omega^2\sin\theta\cos\theta$$

为所求。

思考 7-14 例 7-8 中令杆长 $l=R$,试求:

① AB 杆在任意 θ 位置的相对角加速度 α;

② AB 杆的稳定平衡角度 θ_0,以及杆在 θ_0 附近作微幅振动的圆频率 ω_0;

③ 试用非惯性系动能定理求解例 7-8,并比较两种方法的特点。

习 题

7-1 试对以下四种情形(转轴垂直质量对称面)简化惯性力:

① 均质圆盘的质心 C 在转轴上,圆盘作等角速转动(见图 a);

② 偏心圆盘作等角速转动,$OC=e$(见图 b);

③ 均质圆盘的质心在转轴上,但为非等角速转动(见图 c);

④ 偏心圆盘作非等角速转动，$OC=e$（见图 d）。已知圆盘质量均为 m，对质心的回转半径均为 ρ_C。

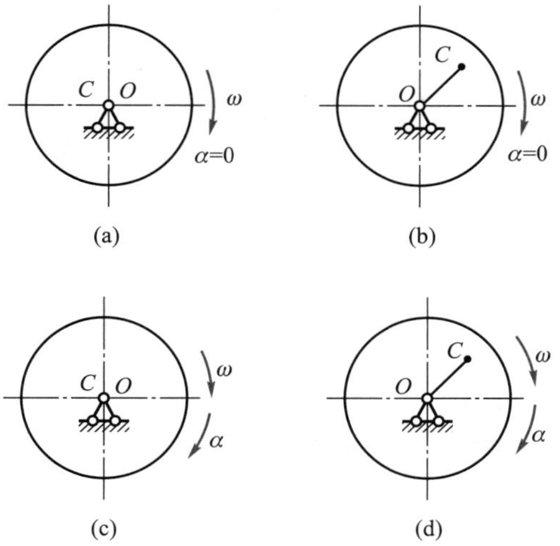

题 7-1 图

7-2 图示为作平面运动的刚体的质量对称平面，其角速度为 $\boldsymbol{\omega}$，角加速度为 $\boldsymbol{\alpha}$，质量为 m，对通过平面上任一点 A（非质心 C）且垂直于对称平面的轴的转动惯量为 J_A。若将刚体的惯性力向该点简化，试分析图示结果的正确性。

7-3 均质杆绕端点轴转动，试证明图所示两种惯性力的简化结果是等效的。

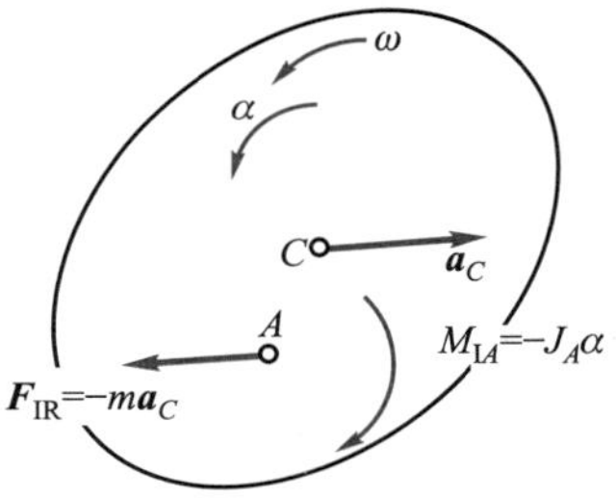

题 7-2 图

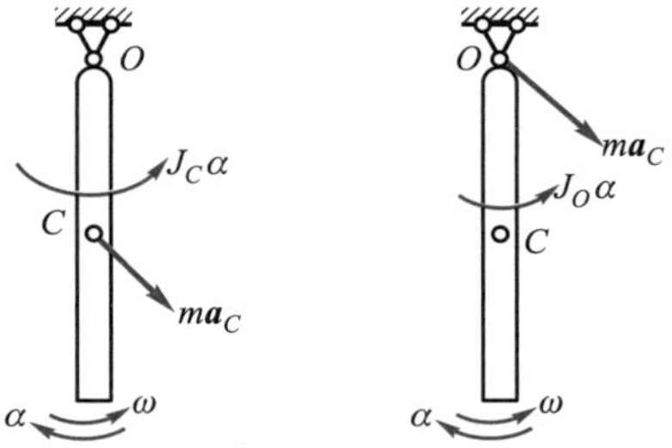

题 7-3 图

7-4 在图所示瞬时，给下列各均质圆轮上加上惯性力。

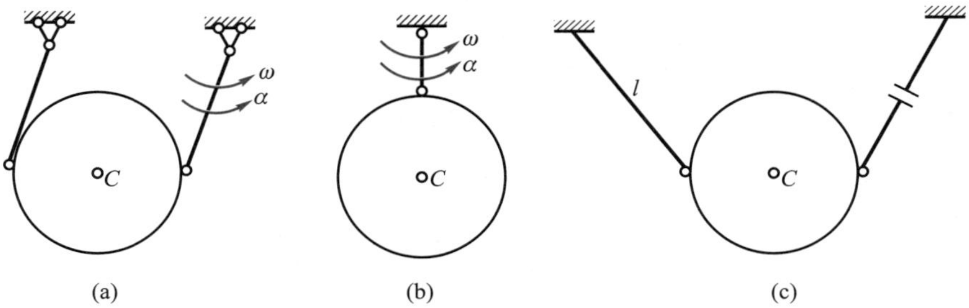

题 7-4 图

7-5 质量为 m 的汽车以加速度 $\boldsymbol{a}$ 作水平直线运动。汽车重心 G 离地面高度为 h,汽车的前后轴到通过重心垂线的距离分别为 c 和 b,如图所示。求其前后轮正压力,并求汽车以多大的加速度行驶方能使前后轮的压力相等。

7-6 如图所示悬臂梁 B 端装有质量为 m_B、半径为 R 的均质鼓轮,其上作用力偶矩为 M 的力偶,以提升质量为 m_C 的物体,$AB=l$,不计梁与绳的重量,试求固定端 A 处的约束力。

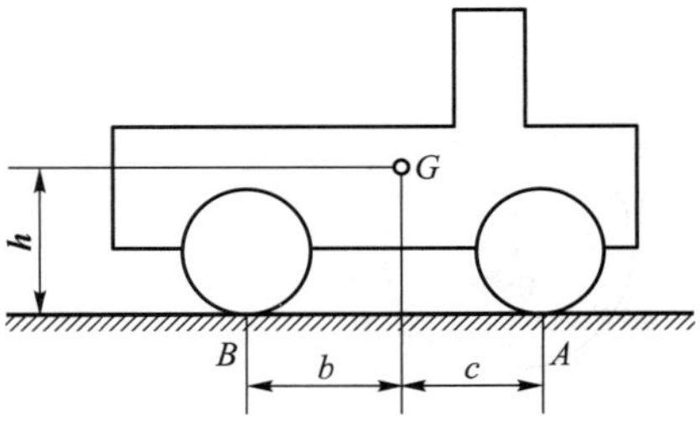

题 7-5 图

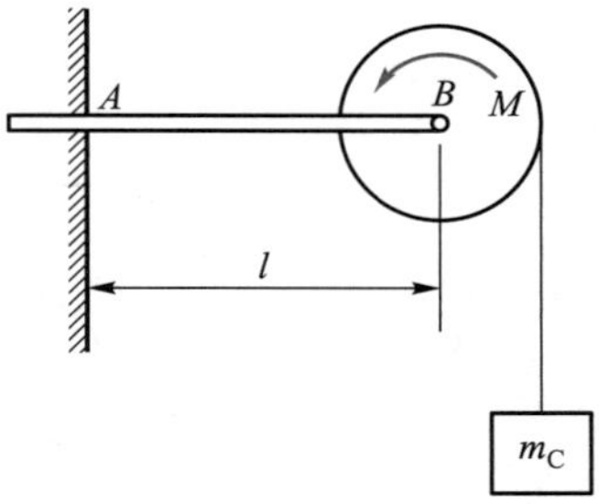

题 7-6 图

7-7 用两根不可伸长的细绳 AD 和 BC 将重量为 3 kg 的均质杆 AB 悬吊,如图所示,求剪断 BC 绳时,杆的角加速度及 AD 绳的张力。若用弹簧代替细绳,相应结果如何?

7-8 均质的直角三角形薄板重量为 G,绕其直角边 AB 以匀角速度 ω 转动,如图所示。求证:

① 薄板惯性力合力的大小等于 $Gb\omega^2/3g$,也等于将薄板的质量集中于其重心时所得惯性力的大小。

② 薄板惯性力合力的作用线与另一直角边 AC 的距离为 $l/4$。

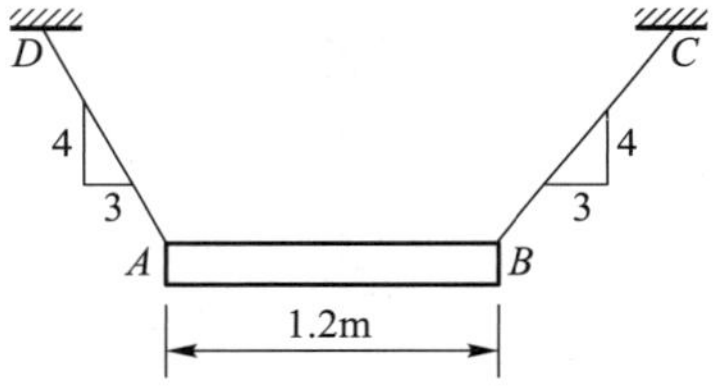

题 7-7 图

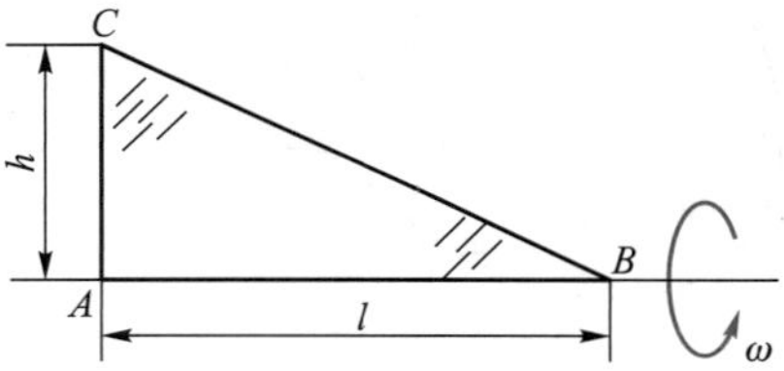

题 7-8 图

7-9 物块 A 重量为 G_1,放于 BC 杆上,BC 重量为 G_2,由两根等长的软绳悬挂,如图所示。软绳的重量可以不计。

① 试证明:当系统从图示位置无初速地开始运动的瞬间,要使 A 不在 BC 上滑动,接触面间的摩擦因数 f 应大于 $\tan\theta$。

② 设 $G_1=120$ N,$G_2=30$ N,$\theta=30°$,$f=0.50$,求开始运动时 BC 的加速度。

③ 如果 A 与 BC 间的摩擦因数为 0,求开始运动时 A 的加速度。

7-10 均质杆 AB 长度为 $2l$、重量为 G,沿光滑的圆弧轨道从图所示位置开始运动。求此时轨道对杆的约束力。

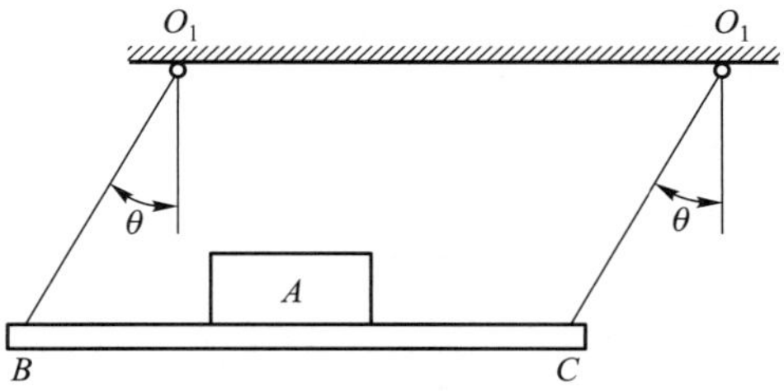

题 7-9 图

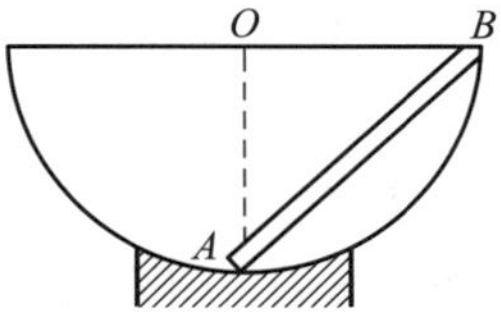

题 7-10 图

7-11 长度为 l、重量为 G 的均质杆 AB，在铅垂平面内，一端沿倾斜 60°的斜面放置，一端沿水平面下滑。不计接触处的摩擦力，求从图所示位置开始运动时杆的角加速度及 A 与 B 两端的约束力。

7-12 一重量为 G 的车轮的轮轴上绕有软绳，绳的一端作用一水平力 $\boldsymbol{F}$，如图所示。车轮的半径为 R，轮轴的半径为 r，对于轮心的回转半径为 ρ。设车轮与地面间的滑动摩擦因数为 f，滚动阻力可以不计。问当 F 为何值时，轮子在地面上作纯滚动？又问 F 为何值时轮子在地面上作平移？

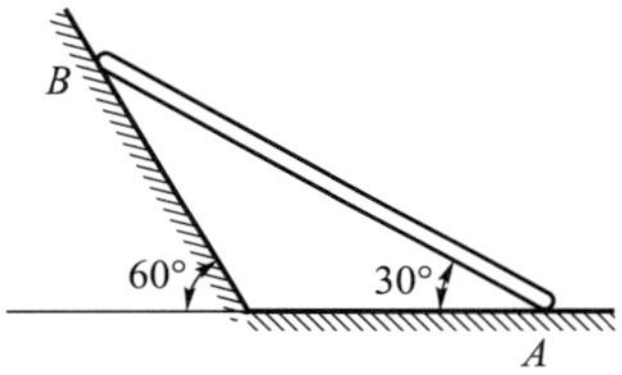

题 7-11 图

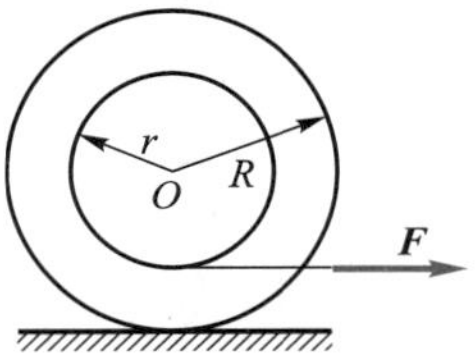

题 7-12 图

***7-13** 质量为 m，边长为 a 与 b 的长方形均质薄板绕其对角线 AC 匀速转动，如图所示。求轴承 A 与 C 处动压力的大小。设轴承间的距离近似等于薄板对角线的长度。

7-14 均质杆 AB 长度为 $2l$，重量为 G，一端 A 用长度为 l 的软绳 OA 拉住，一端 B 放在光滑地面上，如图所示。设开始运动时，OA 在水平位置，AB 与铅垂线的夹角为 θ，$\tan\theta=3/4$，速度为零。

① 求 AB 杆的角加速度及 B 点的加速度。

② 设开始运动时，A 点具有向下的速度，大小为 $\sqrt{gl}$。求 α_{AB} 与 a_B。

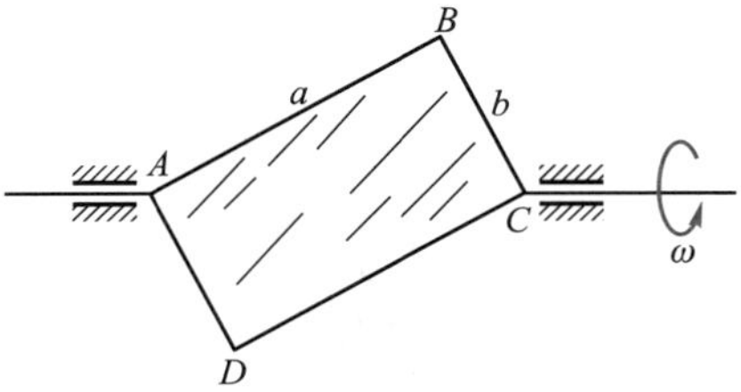

题 7-13 图

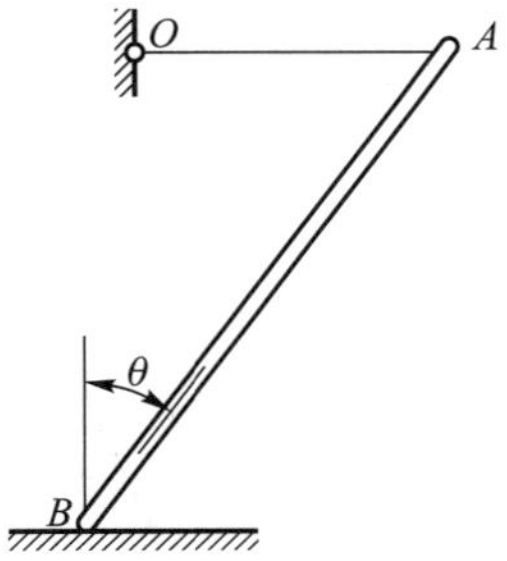

题 7-14 图

7-15 在光滑轨道上有一质量为 100 kg 的小车，小车上放一质量为 200 kg 的长方形木块，木块上系一软绳，绕过滑轮后挂一重物 C，如图所示。设长方块与小车间有足够的滑动摩擦阻力阻止相对滑动，求木块不致倾侧时 C 的最大重量，以及此时的加速度。滑轮及软绳的质量不计。

7-16 装载机铲斗插入料堆时，由于岩石阻力 $\boldsymbol{F}$ 的作用使装载机减速，其加速度大小为 a；设装载机的重量为 G，其重心 C 的高度为 h，重心距前轮中心铅垂线的距离为 c，前后轮皆为主动轮，轮轴距为 l。求轨道的法向约束力及稳定条件。

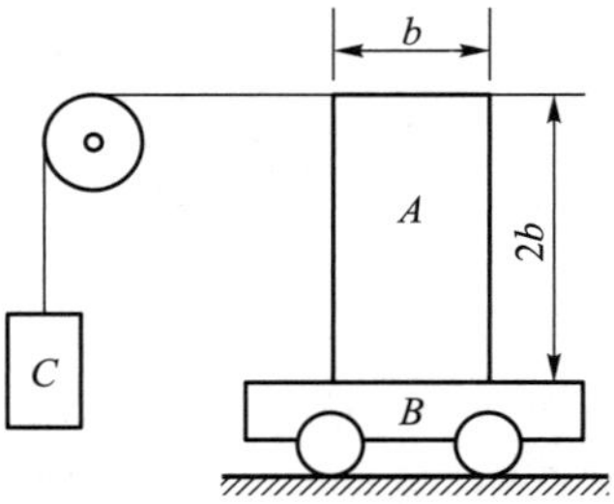

题 7-15 图

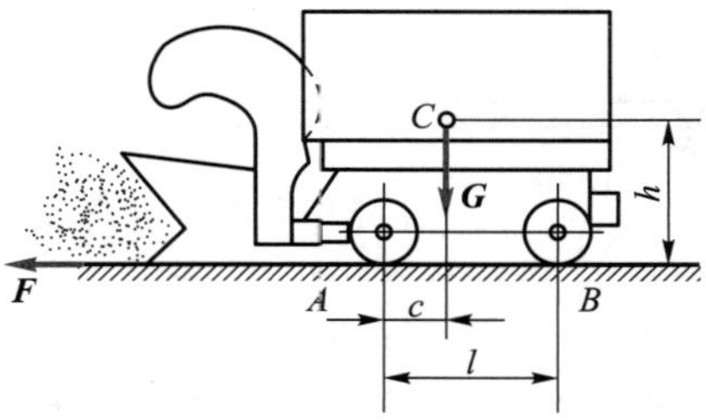

题 7-16 图

7-17 图示振动器用于压实土壤表面，已知机座的重量为 G，对称的偏心锤重量 $G_1=G_2=G_0$，偏心距为 e，两锤以相同的匀角速度 $\boldsymbol{\omega}$ 相向转动，求振动器对地面压力的最大值。

7-18 两根相同的均质杆 OA 与 AB 以铰链 A 连接并以铰链 O 固定，如图所示。求从水平位置开始运动时两杆的角加速度。杆长为 l。

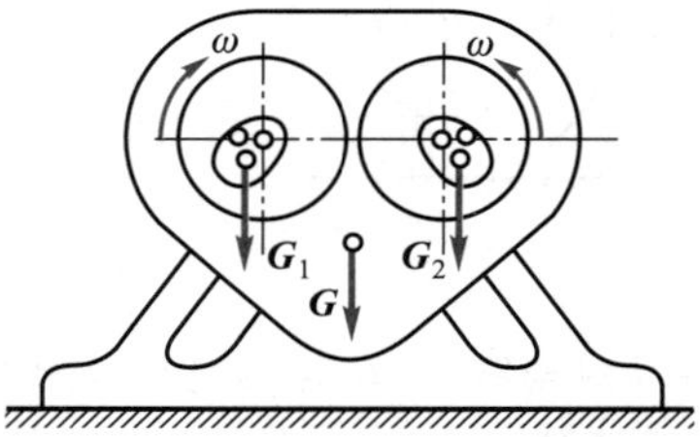

题 7-17 图

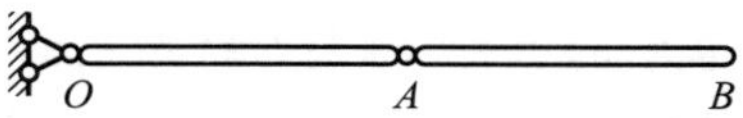

题 7-18 图

7-19 如图所示，一质量为 m 的单摆，其支点固定于一均质圆轮的中心 O，圆轮置于粗糙水平面上，其质量为 m_1。求在图示位置无初速地开始运动时轮心的加速度。

7-20 如图所示曲柄摇杆机构置于水平面内。已知摇杆的质量为 m_1，对 O 轴的转动惯量为 J_O，C 为其质心位置，且 $OC=a$。滑块质量为 m_2，且 $OO_1=O_1A=l$。曲柄上作用力矩为 M 的力偶，不计曲柄质量。求由静止从 $\theta=0°$ 运动到 $\theta=180°$ 时 O 处的约束力。

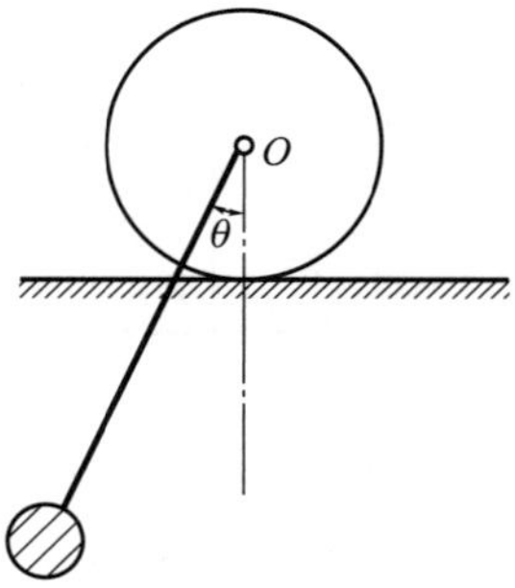

题 7-19 图

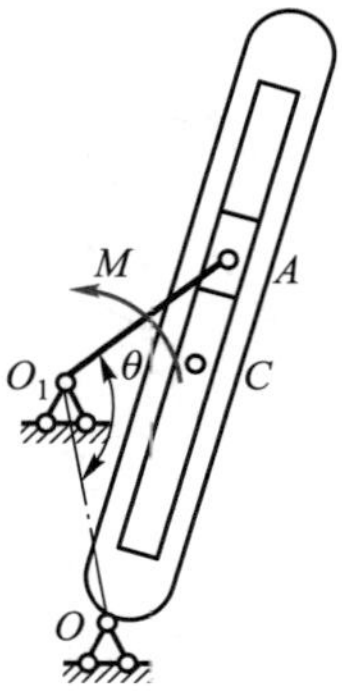

题 7-20 图

7-21 杆 AB 和 BC 单位长度的质量为 m，铰接如图所示。圆盘在铅垂平面内绕 O 轴作匀速转动。求在图示位置时，作用在 AB 杆上 A 点和 B 点的力。

***7-22** 如图所示均质杆 1，长度为 l_1，质量为 m_1，杆端固定质量为 m_2的小球。杆 1 焊接于匀速转动的铅垂轴 AB 上，$\theta=30°$，当 $l_2=\dfrac{2l_1}{3}$，$O_1O=l_1$时，试确定 C 和 D 处应装多大的小球，才能使 A 和 B 两支座处不产生动约束力。

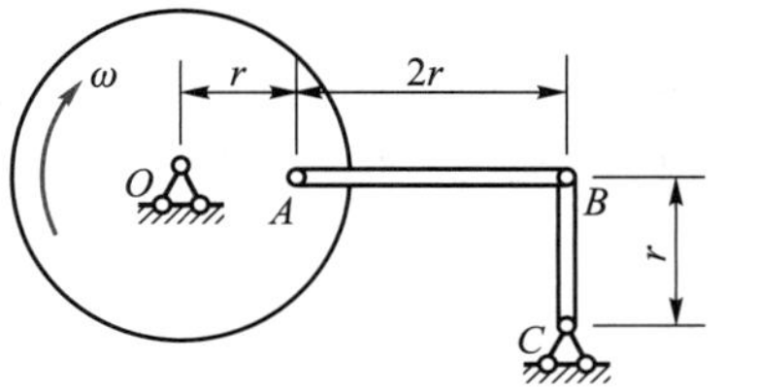

题 7-21 图

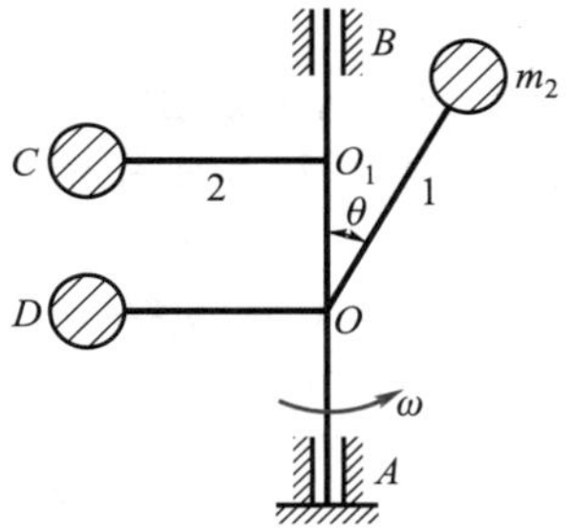

题 7-22 图

***7-23** 如图所示，一长度为 l，质量为 m_1的均质杆 1，与铅垂轴成 θ 角刚固在一起。当给定平衡小球质量为 m_2时，如何选取几何尺寸 a 和 b，才能使转动时 A、B 处不产生动约束力？

7-24 如图所示系统中，已知 $m_A=2m$，$m_B=m_C=m$，不计各处摩擦，求斜面 C 的加速度。

7-25 均质轮质量为 20 kg，均质杆质量为 10 kg，用铰相连接，尺寸如图所示，单位为 m。轮上作用一力偶矩为 20 N·m 的力偶，系统初始时静止。求此瞬时轮和杆的角加速度。

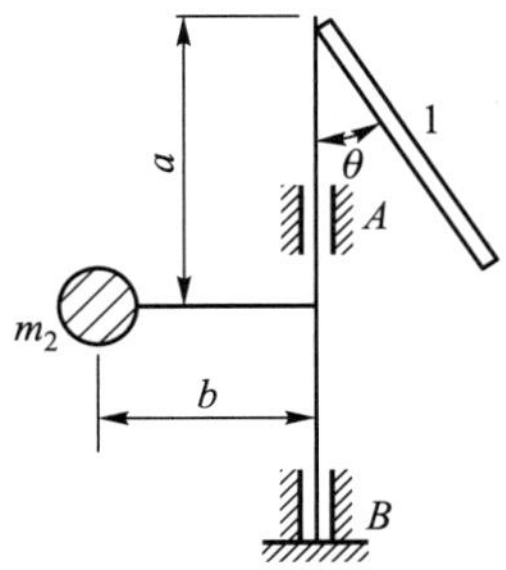

题 7-23 图

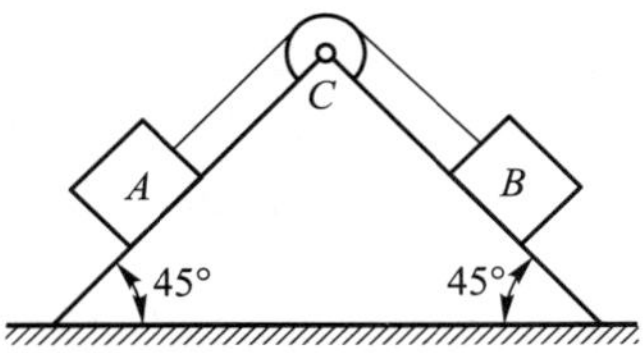

题 7-24 图

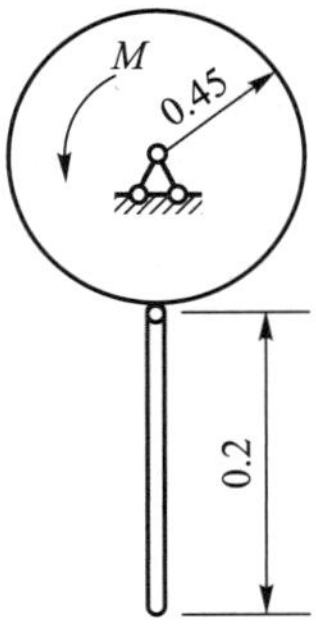

题 7-25 图

7-26 如图所示，均质圆盘位于铅垂平面内，已知圆盘的半径为 R，质量为 m，重力加速度为 g，铰支座 A 和光滑刚性支座 B 角点的水平间距为 L。求突然移去支座 B 的瞬时，圆盘质心 C 的加速度和支座 A 的约束反力。

7-27 图示系统中，均质细杆的长度为 l，质量为 m，由两根相同的铅垂弹簧悬于空中。如果弹簧 2 突然断开，求杆的角加速度及 A 点加速度。

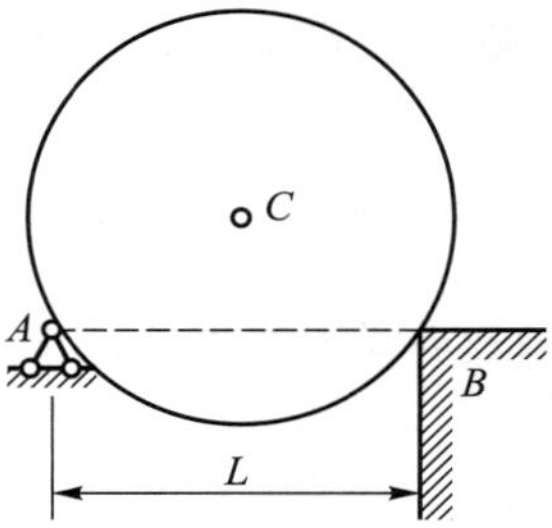

题 7-26 图

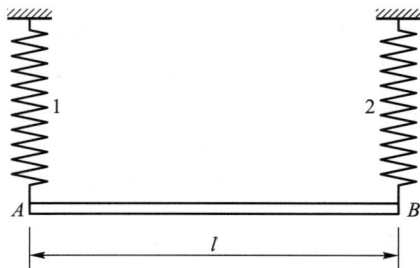

题 7-27 图

7-28 图中 AB、BC 为长度相等、质量不等的两均质杆，已知从图示位置无初速地开始运动时，BC 杆中点 M 的加速度与铅垂线的夹角为 30°，求两杆质量之比。

***7-29** 如图所示两个自由度的回转仪，设转子的质量为 m，均匀地分布于边缘上，因而可以看作一个圆环。今转子以匀角速度 ω_1 绕水平轴 AB 转动；同时，AB 轴又以匀角速度 ω_2 绕铅垂轴 CD 转动。试计算轴承 A 与 B 处的动压力。设转子的半径为 r，AB 长度为 l。

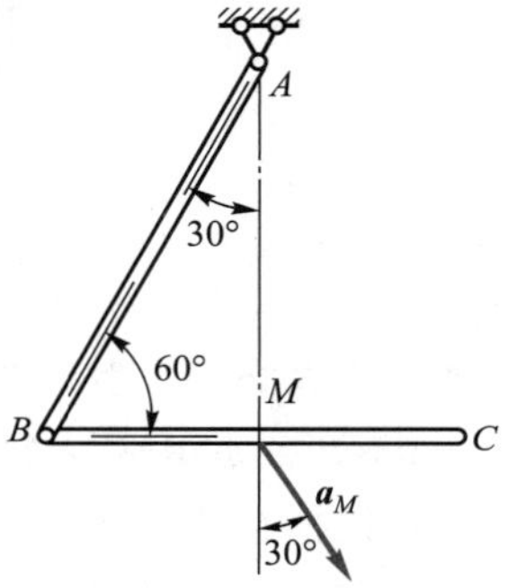

题 7-28 图

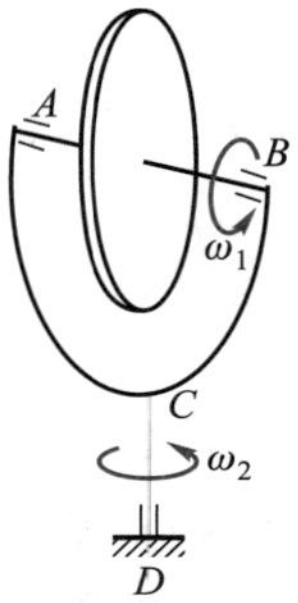

题 7-29 图

***7-30** 考虑地球自转的影响，在北纬 φ 处的光滑水平面上一质点以相对初速度 v_0 开始运动，求该质点相对地球的运动轨迹。

***7-31** 质量分别为 m_1 与 m_2 的两小球，用一原长为 l 的弹簧相连，弹簧刚度系数 $k=2m_1m_2\omega^2/(m_1+m_2)$。今将此系统放入光滑的水平管内，管绕弹簧中点以匀角速度 ω 转动，如图所示。求在任意瞬时两质点间的距离。设初始时质点相对于管是静止的。

***7-32** 图示均质细杆长度为 $2l$，质量为 m，A、B 两端分别沿框架的铅垂边和水平面无摩擦地滑动，框架以匀角速度 ω 绕铅垂轴转动。求杆的相对运动微分方程。

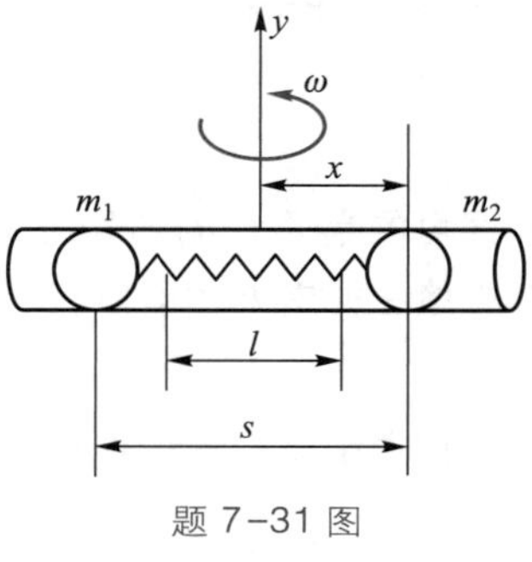

题 7-31 图

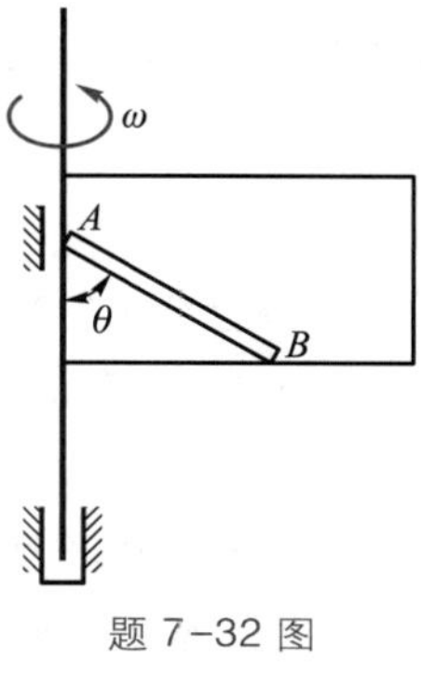

题 7-32 图

*7-33 人造卫星观察到地球海洋某处一逆时针转向的漩涡，周期为 14 h，问该处在北半球还是南半球？纬度是多少？

*7-34 一炮弹以初速度 $\boldsymbol{v}_0$、仰角 α 在地球表面北纬 φ 处向北发射，求经过时间 t 后炮弹东偏的距离。不计空气阻力。

讨论题

7-35 一汽车的重心 C 的位置如图所示。设车轮与地面间的摩擦因数为 f，不计车轮的质量及滚动阻力。

① 求汽车所能达到的最大加速度。

② 如果考虑车轮的质量，那么，对上述结果有何影响？设车身的质量为 m_0，每一个车轮的质量为 m，并且假定车轮的质量集中在半径为 r 的轮缘上。

③ 若汽车在倾角为 θ 的斜坡上运行，上述情形又怎样？

7-36 小车 B 上放一轮子 A，A 的轮轴上绕有软绳，并有一水平力 $\boldsymbol{F}$ 作用，如图所示。已知 $m_A = m_B = m$，$r = R/2$。又设轮子对于其轮心的回转半径 $\rho = 2/3R$，A 与 B 之间的摩擦因数为 f。求轮子在小车上作纯滚动的条件。轨道阻力不计。若绳子斜拉，情形怎样变化？

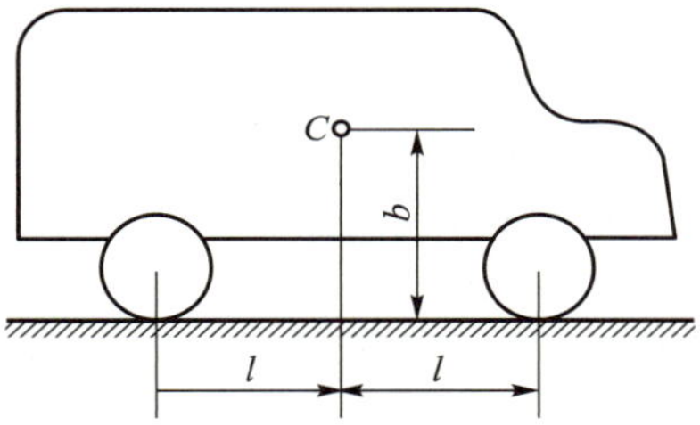

题 7-35 图

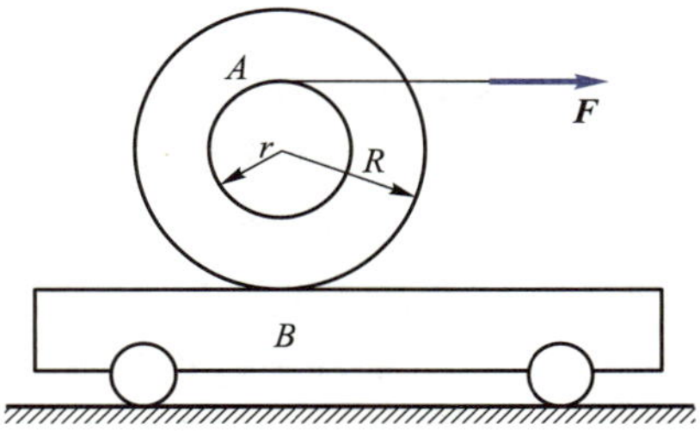

题 7-36 图

7-37 长度为 l，质量为 m 的均质杆 AB 刚连于水平轴 CD 的一端，以匀角速度 ω_1 转动。同时，整个系统又以匀角速度 ω_2 绕铅垂轴 z 转动，如图所示。试计算 CD 轴横截面上所受到的弯矩 M_x 和扭矩（M_y）。

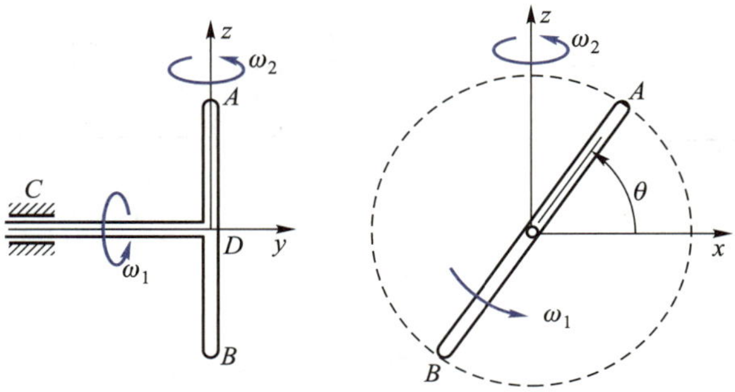

题 7-37 图

7-38 如图所示，一均质直杆质量为 m，长度为 l，由铅垂位置无初速地倒下。求 $\theta=90°$时杆上离 O 点为 $l/3$ 的 A 处截面上的内力，各内力沿杆轴线的分布规律。

7-39 如图所示，位于铅垂平面内的均质杆 AD、BD 和 DE，重均为 G，$AD=BD=l$，$DE=l/2$，A、E 为铰链支座，A、D、B 位于一条直线上，D 为铰链，BD 杆通过铰链和沿铅垂滑槽的滑块 B 连接，$\angle DAE=30°$，所有各处摩擦和滑块 B 的质量和大小不计。当突然移去 DE 杆时，试求：

① DE 杆移去瞬时，滑槽对滑块 B 的约束力，杆 AD 和 BD 的角加速度。

② 当杆 AD 落至水平线 AE 时，杆 AD 的角速度与角加速度。

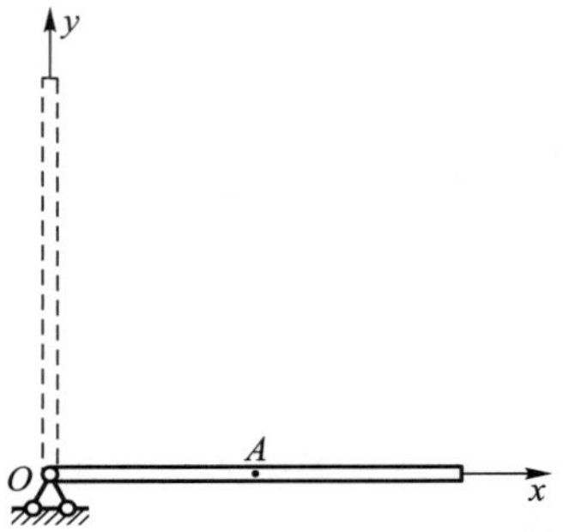

题 7-38 图

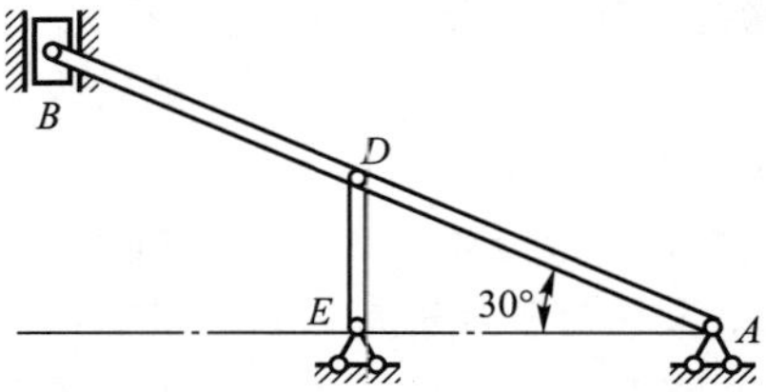

题 7-39 图

7-40 如图所示，质量为 m，长度为 $2l$ 的均质杆 AB 一端铰接于半径为 $R=l$，质量可略去不计的均质圆轮中心 A，另一端用细绳悬挂于水平位置，初始时静止，设轮在水平轨道上作纯滚动。试求绳断后，杆运动至与水平线呈 θ 角位置时，滚轮的角速度及铰 A 处的约束力，并求出 $\theta=45°$时的数值。若设圆轮质量亦为 m，相应结果如何?

7-41 如图所示，质量为 3 kg 的均质三棱柱 ABC 静止于光滑水平面上，斜面上固定一质量为 2 kg的均质导板 AD，质量为 2 kg 的物块 A 置于斜面底端，它与导板之间的摩擦因数 $f=0.6$。一质量为 0.2 kg 的子弹以水平速度 $\boldsymbol{v}_0$射入 A 中，试求此后系统的运动及能使三角块始终不绕 B 点翻倒的最大速度 v_0(取 $g=10\ \mathrm{m/s^2}$)。

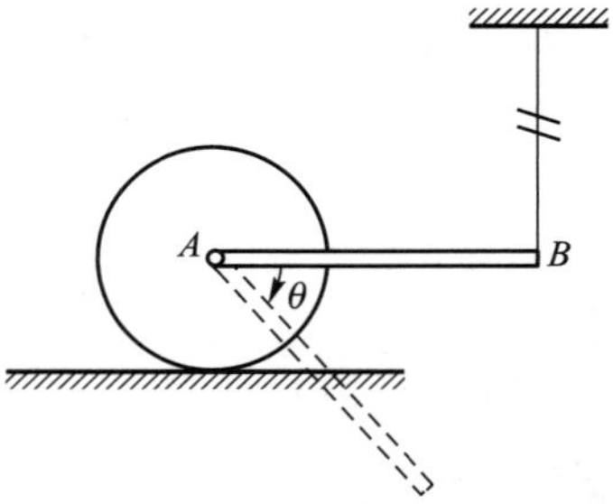

题 7-40 图

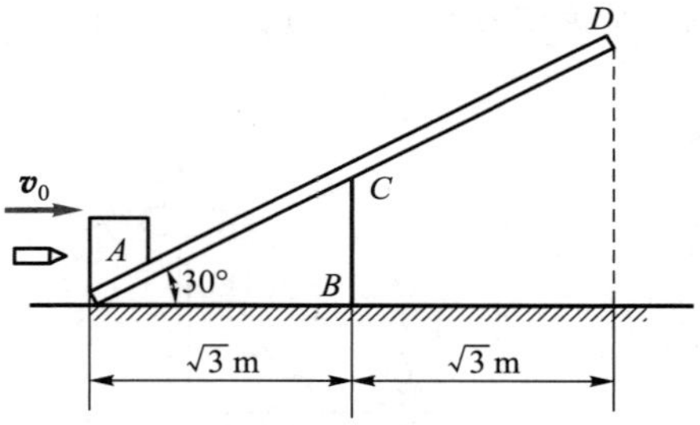

题 7-41 图

7-42 如图所示，机车的连杆 AB 的质量为 m，两端用铰链连接于主动轮上，铰链到轮心的距离均为 r，主动轮的半径均为 R。当机车以匀速 $\boldsymbol{v}$ 直线前进时，试求铰链对连杆的水平作用力的合力及 A、B 处的竖向约束力。

7-43 质量为 m 的汽车以加速度 $\boldsymbol{a}$ 作直线运动，汽车质心 C 离地面的高度为 h，汽车前轴和后轴到质心铅垂线的距离分别为 l_1 和 l_2，不计车轮质量。试求：(1) 此车前、后轮的铅垂压力；(2) 汽车应怎样行驶，才能使前、后轮的压力相等？

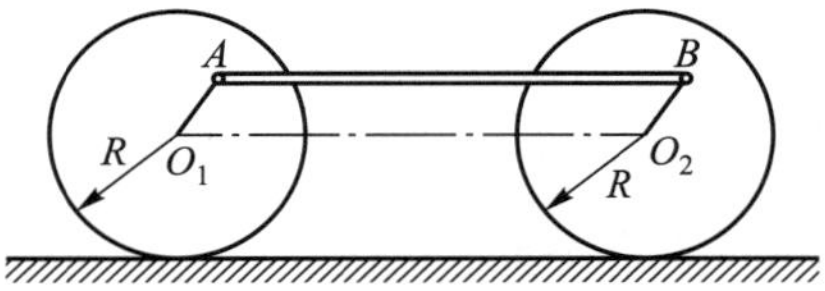

题 7-42 图

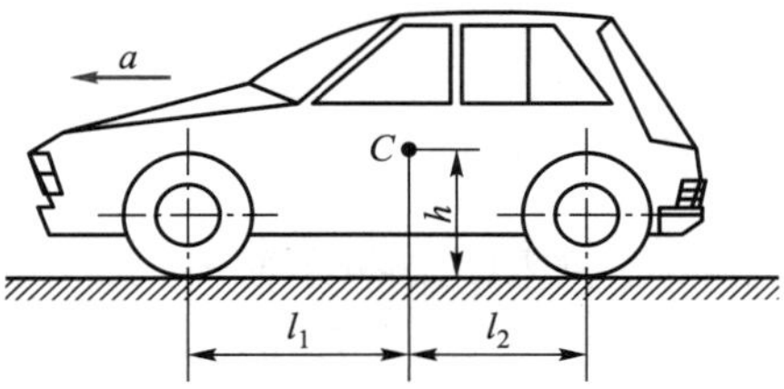

题 7-43 图

第 7 章思考解析　　第 7 章习题参考答案

第 8 章 虚位移原理与能量法

虚位移原理如同达朗贝尔原理，也是分析力学的两个基本原理之一。分析力学是继牛顿矢量力学后，针对受约束质点系创立的一种采用标量分析的力学体系。

在第 1、2 两章中介绍的几何静力学，可采用矢量方法，通过主动力与约束力之间的关系表述刚体的平衡。几何静力平衡条件对于可变形系统，仅是必要而非充分的；对于物系平衡问题，往往需要拆开研究，未知约束力多，求解过程烦冗。虚位移原理则从运动中考察系统的平衡，建立理想约束模型，引入虚位移概念，通过作用在质点系上所有主动力在虚位移上的虚功关系给出一个普遍适用的**平衡充要条件**。它是研究任意受约束质点系平衡的十分有效而又普遍的方法。虚位移原理与达朗贝尔原理相结合奠定了分析动力学的基础。将虚功方程应用于变形体，导出后继课程应用的卡氏定理、莫尔定理等，奠定了变形体能量法的理论基础。

为了阐明虚位移原理，首先需要建立约束与约束方程、虚位移与虚功的基本概念。

8.1 约束分类与位形描述

8.1.1 约束及其分类

约束是事先限制质点或质点系位置和运动的各种条件，这个扩充的约束概念包含了静力学中的约束。约束条件的数学表达式称为**约束方程**。考察由 n 个质点组成的非自由质点系，根据其约束方程的形式及其所含变量不同，约束分类如下。

1. 定常约束与非定常约束

约束方程中不显含时间与显含时间 t 的约束，分别称为**定常（稳定）约束**与**非定常（非稳定）约束**，其约束方程分别为

$$f_\alpha(\boldsymbol{r}_1,\boldsymbol{r}_2,\cdots,\boldsymbol{r}_n)=0 \quad 和 \quad f_\alpha(\boldsymbol{r}_1,\boldsymbol{r}_2,\cdots,\boldsymbol{r}_n,t)=0 \tag{8-1}$$

式中，$\boldsymbol{r}_i$ 为第 i 个质点的矢径；$\alpha=1,2,\cdots,s$；s 为约束数。

如图 8-1 所示，由无重刚杆悬挂的单摆，其约束方程 $x^2+y^2=l^2$ 中不显含时间 t，是定常约束；图 8-2 中，由绕滑轮的细绳悬挂的单摆，其摆长随时间变化，约束方程 $x^2+y^2\leqslant(l_0-vt)^2$ 中显含时间 t，是非定常约束。

2. 双面约束与单面约束

约束方程写成等式的约束称为**双面约束**，约束方程为不等式的约束叫**单面约束**，s 个独立的约束方程分别为

$$f_\alpha(\boldsymbol{r}_1,\boldsymbol{r}_2,\cdots,\boldsymbol{r}_n,t)=0 \quad 和 \quad f_\alpha(\boldsymbol{r}_1,\boldsymbol{r}_2,\cdots,\boldsymbol{r}_n,t)\leqslant 0$$
$$或 \quad f_\alpha(\boldsymbol{r}_1,\boldsymbol{r}_2,\cdots,\boldsymbol{r}_n,t)\geqslant 0 \quad (\alpha=1,2,\cdots,s) \tag{8-2}$$

图 8-1 中，摆杆为刚性，小球在沿杆的两个方向运动均受限制，杆对球的约束是双面约束。图 8-2 中，小球仅在沿绳的拉伸方向受限制，称绳对球为单面约束。

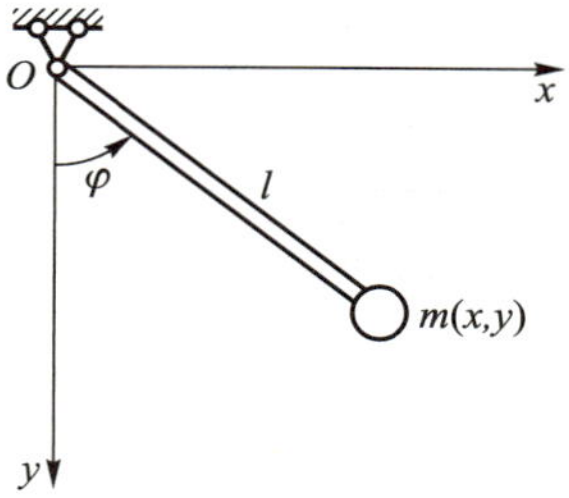

图 8-1 定常、双面、完整约束

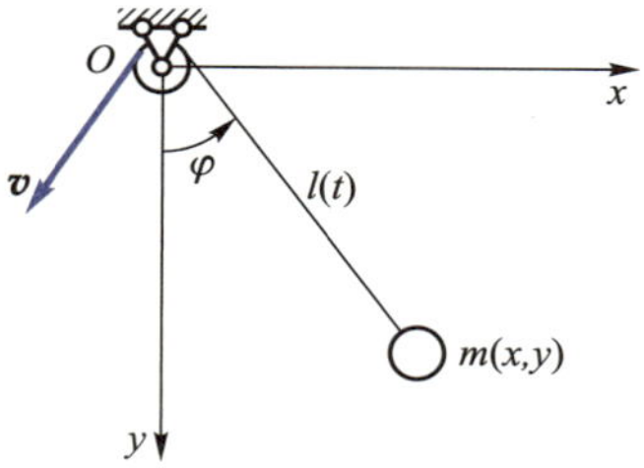

图 8-2 非定常、单面、非完整约束

3. 完整约束与非完整约束

约束方程不包含质点速度，或包含速度但可积分成对位置的约束，称为**完整约束**或**几何约束**；约束方程包含质点速度且不可积分成完整约束的，称为**非完整约束**。分别表示为

$$\left.\begin{aligned}&f_\alpha(\boldsymbol{r}_1,\boldsymbol{r}_2,\cdots,\boldsymbol{r}_n,t)=0\quad(\alpha=1,2,\cdots,l)\\&f_\alpha(\boldsymbol{r}_1,\boldsymbol{r}_2,\cdots,\boldsymbol{r}_n,\dot{\boldsymbol{r}}_1,\dot{\boldsymbol{r}}_2,\cdots,\dot{\boldsymbol{r}}_n,t)=0\quad(\alpha=1,2,\cdots,h)\end{aligned}\right\}\tag{8-3}$$

图 8-1 所示为完整约束，图 8-2 所示为非完整约束。图 8-3 所示圆轮纯滚动时，约束方程 $\dot{x}_C=R\dot{\theta}$ 中虽含坐标的导数(即速度)量，但积分后为 $x_C=R\theta$，所以是完整约束。

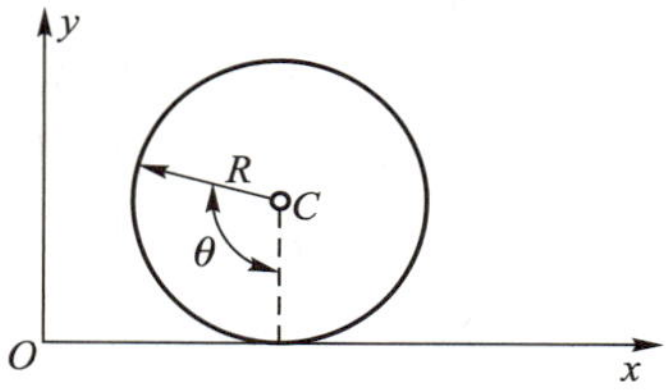

图 8-3 滚动圆轮

本章内容只涉及定常、双面、完整约束问题。

问题 8-1 试判断图 a，b 所示系统中约束的类型。

① 图 a 中不计各处摩擦；

② 图 b 中要求导弹 A 恒指向敌机 B，即 $\boldsymbol{v}_A /\!/ AB$。

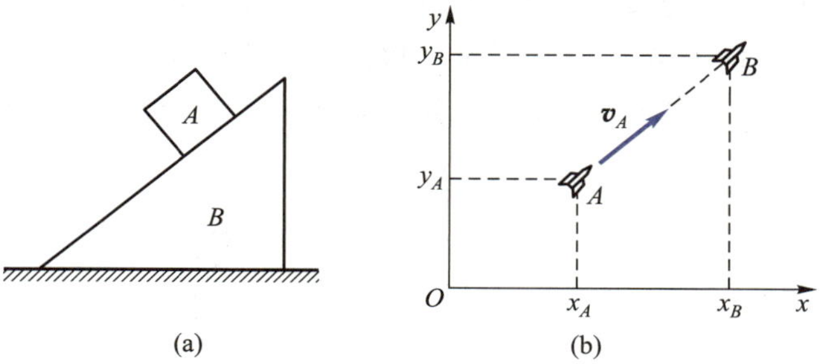

问题 8-1 图

答： ① 图 a 中不计各处摩擦，物 A 所受斜面约束虽随时间 t 移动，但此运动非事先给定，是由动力学条件决定的，所以仍是定常约束。如果限制斜面匀速移动，则变为非定常约束。

② 图 b 中 $\boldsymbol{v}_A$ 沿 AB 连线，约束方程为 $\dfrac{\dot{x}_A}{\dot{y}_A}=\dfrac{x_B-x_A}{y_B-y_A}$，该式不符合微分方程的可积条件，因而导弹所受约束为非完整约束。

思考 8-1 试判断下列系统中约束的类型：

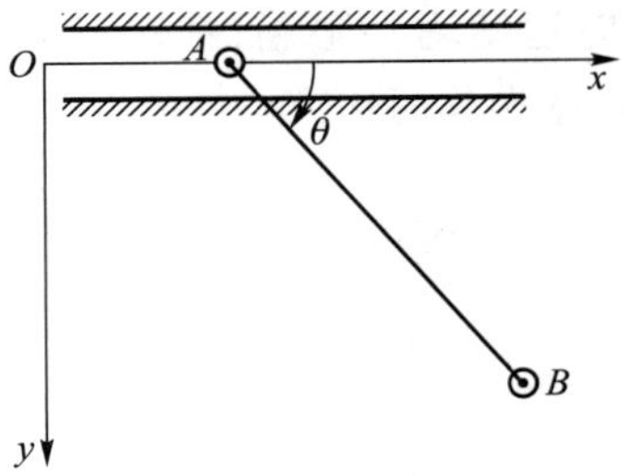

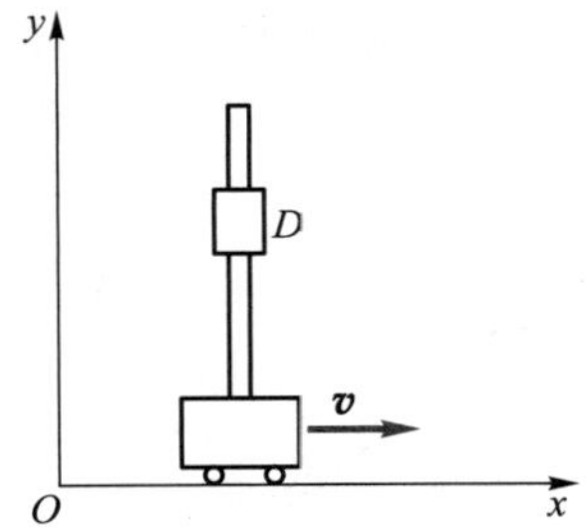

思考 8-1 图

① 图 a 中质点 A、B 用长度为 l 的无重刚杆连接,在铅垂面内运动,且 A 限制在水平槽中运动。

② 图 b 中小车以常速度 $\boldsymbol{v}$ 直线运动,铅垂杆固连于车上,套筒沿杆运动。

8.1.2 广义坐标与位形描述

1. **自由度与广义坐标**

一个自由质点在空间的位置需要三个独立坐标确定;一个已知曲面上的质点位置需要两个独立坐标确定;一条已知曲线上的质点位置则只需一个坐标确定。**确定系统位置的独立参数的数目** k,叫作该系统的**自由度**。设 n 个质点的质点系受 l 个完整约束和 h 个非完整约束,则该系统自由度为 $3n-l-h$。显然,平面运动刚体的自由度为 3,平面机构的自由度 $k=3n-s$(其中,n 为刚体个数,s 为约束力分量个数)。约束使系统的自由度减少。

如图 8-4 所示机构,$k=3n-s=3\times4-(2\times5+1)=1$,注意 B 处应算为两个平面单铰;也可按平面运动点坐标数与约束方程数计算:$k=2n-s=2\times3-5=1$;还可考虑全系统包括 4 根杆和 1 个滑块共 5 个刚体,而约束增加 C 铰及固定导槽,$k=3\times5-(2\times6+2)=1$。

完全确定系统位置的最少参数,称为**广义坐标**。广义坐标可以是长度,也可以是角度、面积或其他物理量。对于完整约束系统,其广义坐标数目等于其自由度。对于非完整系统,其广义坐标相互不独立,广义坐标数目大于其自由度。如图 8-1 中广义坐标为 φ,自由度 $k=1$;图 8-2 中广义坐标为 φ 和 l,$k=1$。

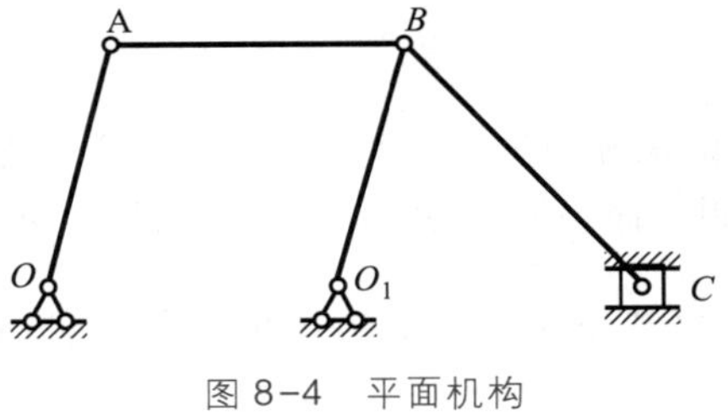

图 8-4 平面机构

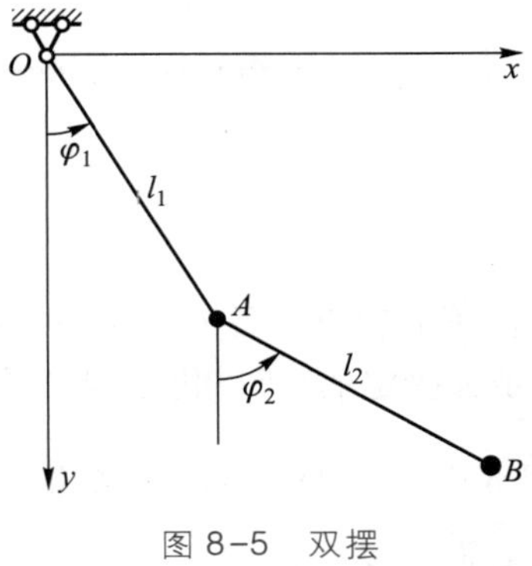

图 8-5 双摆

系统中有关点的直角坐标可表为广义坐标的函数。例如图 8-5 所示双摆,自由度 $k=2$,可取

φ_1、φ_2为广义坐标。这样，可得出

$$x_A=l_1\sin\varphi_1$$

$$y_A=l_1\cos\varphi_1$$

$$x_B=l_1\sin\varphi_1+l_2\sin\varphi_2$$

$$y_B=l_1\cos\varphi_1+l_2\cos\varphi_2$$

如图 8-3 所示圆轮纯滚动时，不能同时选 x_C和 θ 为广义坐标，因为$\dot{x}_C-R\dot{\theta}=0$，积分后有 $x_C-R\theta=$常数，为完整约束，且 x_C与 θ 并不彼此独立，只能取其一为广义坐标。

思考 8-2

① 图 8-5 中能否选 x_A、x_B，y_A、y_B，x_A、y_A或 x_B、y_B为广义坐标？为什么？

② 试计算问题 8-1 图 a、b 中两系统的自由度，并选广义坐标。

③ 系统的广义坐标一定是相互独立的参数吗？试举例说明。

2. 质点系的位形描述

由 n 个质点组成的质点系，在空间可用 $3n$ 个直角坐标 x_i、y_i、z_i($i=1,2,\cdots,n$)来确定其在空间的位置，这 $3n$ 个坐标的集合称为该**质点系的位形**。

对于受约束质点系，其自由度 $k<3n$，描述该质点系位形的 $3n$ 个直角坐标彼此不完全独立，常取广义坐标($q_1,q_2,\cdots,q_k$)来确定质点系位形。若把($q_1,q_2,\cdots,q_k$) 这 k 个数看作 k 维空间中某点的坐标，那么，这个 k 维空间称为**位形空间**。质点系在任意时刻的位形与其在位形空间的一个点一一对应。

8.2 虚位移与虚位移原理

8.2.1 虚位移

为了便于理解虚位移的概念，现把虚位移和实位移进行对比阐述。

1. 实位移——位置函数的微分

实位移是质点系在微小的时间间隔内实际发生的位移，可用位置函数的微分表示。设由 n 个质点组成的完整约束系统，其自由度为 k，选取一组广义坐标 $q_1,q_2,\cdots,q_k$，则每个点的位置可用其位置矢径 $\boldsymbol{r}_i(q_1,q_2,\cdots,q_k,t)$表示。$\boldsymbol{r}_i$满足该质点系的约束方程，取其微分

$$\mathrm{d}\boldsymbol{r}_i=\sum_{s=1}^{k}\frac{\partial\boldsymbol{r}_i}{\partial q_s}\mathrm{d}q_s+\frac{\partial\boldsymbol{r}_i}{\partial t}\mathrm{d}t\quad(i=1,2,\cdots,n)\tag{8-4}$$

式(8-4)中，$\mathrm{d}q_s$($s=1,2,\cdots,k$)是满足约束条件的增量，是系统受不平衡力系作用而实际发生的微小位移，由动力学方程和运动初始条件确定。由上式得到的 $\mathrm{d}\boldsymbol{r}_i$($i=1,2,\cdots,n$)不但是约束许可的，而且其大小和方向还满足运动的初始条件，并有一组唯一的值，称为质点系的一组**实位移**，而 $\mathrm{d}q_s$($s=1,2,\cdots,k$)称为质点系的一组**广义实位移**。

2. 虚位移——位置函数的变分

虚位移是质点系在某瞬时发生的一切为约束允许的微小位移，可用位置函数的变分表示：

$$\delta \boldsymbol{r}_i = \sum_{s=1}^{k} \frac{\partial \boldsymbol{r}_i}{\partial q_s}\delta q_s \quad (i=1,2,\cdots,n) \tag{8-5}$$

与实位移不同，虚位移是约束许可的，与主动力和运动初始条件无关的，不需要经历时间的假想微小位移。在某一时刻，质点的虚位移可以有多个。系统静平衡时，实位移不可能发生，而虚位移则只要约束允许即可发生。$\delta \boldsymbol{r}_i$是质点系的一组**虚位移**，而 $\delta q_s(s=1,2,\cdots,k)$ 称为质点系的一组**广义虚位移**。

在定常约束下，实位移一定是虚位移中的一个。如图 8-6 所示单摆，虚位移可为 $\delta\varphi_1$和 $\delta\varphi_2$，而实位移仅为其一。在非定常约束下，实位移一般不可能是虚位移中的一个，如图 8-2 所示小球，其实位移中，摆长随时间变化，而虚位移是在固定时刻，摆长不变时的位移，二者显然不同。

思考 8-3

① 试画出思考 8-1 图 a 中质点 B 及图 b 中套筒 D 的实位移和虚位移。

② 试画出图 8-5 中双摆的虚位移。

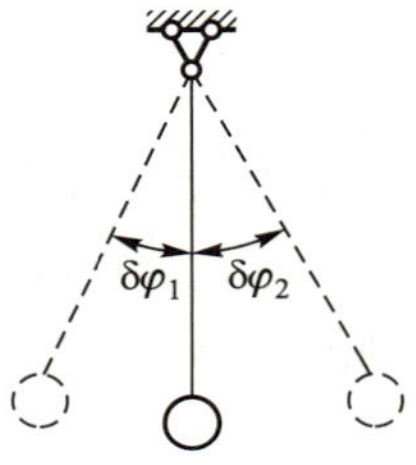

图 8-6　单摆虚位移

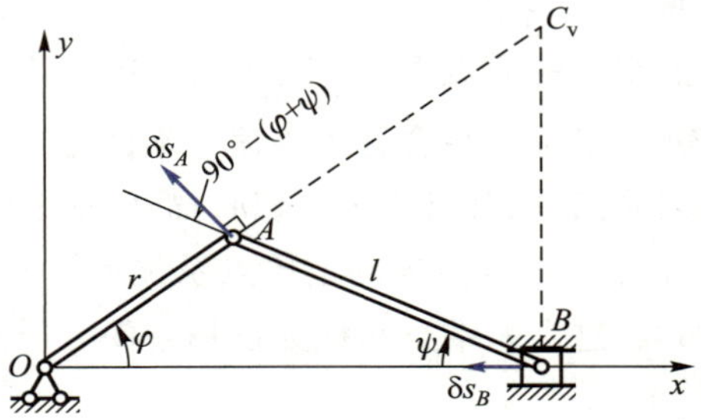

例 8-1 图

3. 虚位移的计算

计算质点系中各点的虚位移及确定这些虚位移之间的关系涉及质点系的位形变化，内容十分广泛。这里主要针对定常完整约束的刚体系统，介绍通常采用的几何法与解析法。

例 8-1　试确定图所示曲柄连杆机构中，A、B 两点虚位移之间的关系。

解：① 几何法。

此处可用求实位移的方法来确定各点虚位移之间的关系。而实位移与该点速度成正比，故可通过分析各点速度的方法来求各点虚位移的关系。

先给定 δs_A，如图所示，由于约束，必有 δs_B水平向左，因连杆 AB 长度不变，有

$$\delta s_A \cos[90°-(\varphi+\psi)] = \delta s_B \cos\psi$$

故

$$\delta s_A \sin(\varphi+\psi) = \delta s_B \cos\psi$$

也可找到如图所示 AB 杆的速度瞬心 C_v后，得

$$\frac{\delta s_A}{\delta s_B} = \frac{C_vA}{C_vB} = \frac{\cos\psi}{\sin(\varphi+\psi)} \tag{a}$$

② 解析法。

系统自由度 $k=1$，选 φ 为广义坐标，约束方程为

$$x_A = r\cos\varphi, y_A = r\sin\varphi$$

$$x_B = r\cos\varphi + \sqrt{l^2 - r^2\sin^2\varphi}$$

$$y_B = 0$$

对各式求变分，得

$$\left.\begin{aligned}\delta x_A&=-r\sin\varphi\delta\varphi\\\delta y_A&=r\cos\varphi\delta\varphi\\\delta x_B&=-\left[r\sin\varphi+\frac{r^2\sin\varphi\cos\varphi}{\sqrt{l^2-r^2\sin^2\varphi}}\right]\delta\varphi\\\delta y_B&=0\end{aligned}\right\}\tag{b}$$

式(a)和式(b)均表示了 A、B 两点虚位移间的关系。可见几何法直观，解析法便于求解。

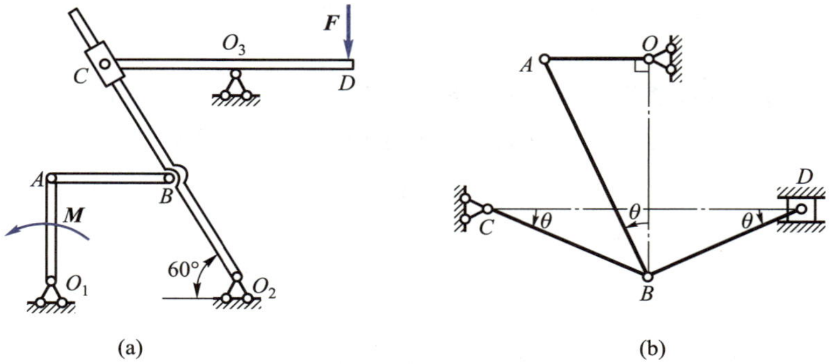

思考 8-4 图

思考 8-4

① 图 a 所示机构中，$O_1A=O_3C=O_3D=l$，$O_2B=BC$。试证明两杆端 A、D 的虚位移关系为 $\delta r_A=\frac{\sqrt{3}}{8}\delta r_D$。

② 试证明图 b 所示机构中，A、D 两点虚位移之间的关系为 $\delta s_D=\delta s_A\tan 2\theta$。

8.2.2 虚功与理想约束

1. 虚功

质点系所受的力在相应虚位移上所做的功称为**虚功**。虚功的计算与作用力在微小实位移上所做元功的计算是相同的，即

$$\delta W=\boldsymbol{F}\cdot\delta\boldsymbol{r}\tag{8-6}$$

需指出的是，由于虚位移的假想性与任意性，虚功也相应具有假想性和约束允许的任意性。当虚位移涉及质点系的形状变化时，通常需要计算内力的虚功。

2. 理想约束

当约束力 $\boldsymbol{F}_{Ni}$ 与约束所允许的相应虚位移 $\delta\boldsymbol{r}_i$ 互相垂直时，其虚功为零；当约束内力的相互作用点距离不变时，在约束允许的虚位移下，其虚功之和也为零，即

$$\sum\boldsymbol{F}_{Ni}\cdot\delta\boldsymbol{r}_i=0\tag{8-7}$$

把**满足约束力虚功之和为零的约束**称为**理想约束**。工程中的许多情形可简化为理想约束，例如在第 1 章中所述的光滑接触面、光滑铰链、刚性杆及不可伸长的绳索等都是理想约束。

问题 8-2 在同一系统中若约束力的虚功之和为零，则相应的实元功之和也为零，对吗？

答： 在定常约束下，上述结论是对的，因为实位移是虚位移中的一个；在非定常约束下，实位移不是虚位移中的一个，例如思考 8-1 图 b 中的套筒 D，所受约束力 $\boldsymbol{F}_{\mathrm{N}}$ 与虚位移 $\delta\boldsymbol{r}$ 垂直，虚功为零。但 $\boldsymbol{F}_{\mathrm{N}}$ 的实元功 $\delta W_{F_{\mathrm{N}}}=F_{\mathrm{N}}\cdot v\mathrm{d}t$ 却不为零。

思考 8-5 试证明光滑铰链与刚性二力杆是理想约束。

8.2.3 虚位移原理

1. 虚位移原理的表述

虚位移原理是力学中独立于牛顿定律的另一个基本原理，由它可推导出牛顿定律与刚体的平衡条件。

虚位移原理：具有双面、理想约束的质点系，在某一位形能继续保持静止平衡的充要条件是，所有作用于该质点系的主动力在该位形的任何一组虚位移上所做的虚功之和等于零。 即

$$\sum \delta W_{F_i}=\sum \boldsymbol{F}_i\cdot\delta\boldsymbol{r}_i=0 \tag{8-8}$$

或

$$\sum(F_{xi}\delta x_i+F_{yi}\delta y_i+F_{zi}\delta z_i)=0 \tag{8-9}$$

式中，$\boldsymbol{F}_i$ 是作用在质点 D_i 上的主动力；$\boldsymbol{r}_i$ 是 D_i 相对于空间固定点 O 的矢径；F_{xi}、F_{yi}、F_{zi} 是 $\boldsymbol{F}_i$ 在相应坐标轴上的投影，δx_i、δy_i、δz_i 是 $\delta\boldsymbol{r}_i$ 在相应坐标轴上的投影。式(8-8)与式(8-9)称为**虚功方程**。

虚位移原理比几何静力学的平衡条件适用范围广，它可以解决一般质点系的平衡问题。静力平衡条件仅能解决作用于单个刚体上的力系平衡问题，对于刚体系或质点系，该平衡条件是必要而非充分的。力系的平衡条件仅可用来判断力系是否平衡，而受平衡力系作用的刚体一般可作惯性运动，其运动形式要视初始条件而定。

注意： 虚位移原理中若无“原来静止”的条件，则虚功方程条件不充分。如图 8-7 所示小球由刚杆约束在光滑水平面上作匀速圆周运动，显然满足 $\sum\delta W_F=0$，但小球并不平衡。

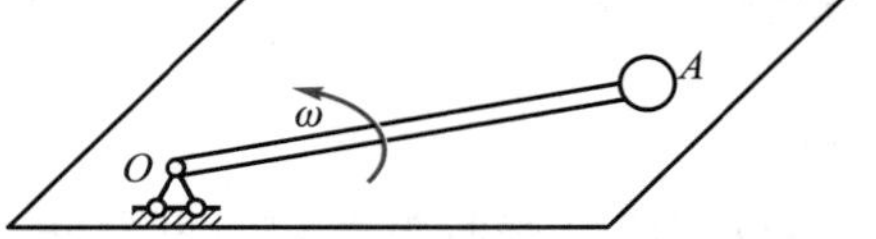

图 8-7 小球受刚杆约束

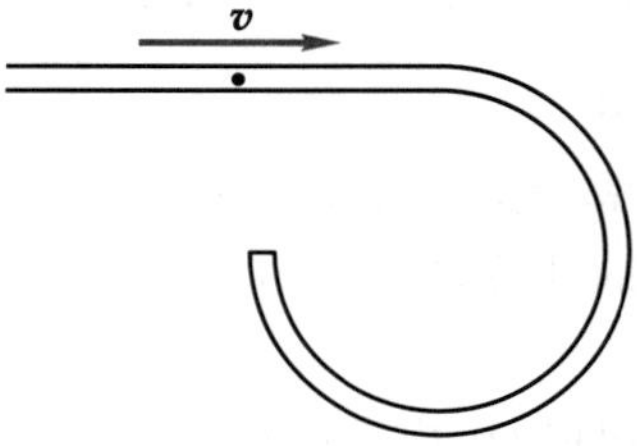

图 8-8 小球进入圆形轨道

又如图 8-8 所示，一钢球在水平光滑轨道上运动，起始段小球作匀速直线运动，处于平衡状态，拐弯后小球动能守恒，速度大小不变，显然满足 $\sum\delta W_F=0$。但事实上，小球具有加速度，并不平衡。

问题 8-3 在定常、完整、双面、理想约束条件下，说明牛顿定律与虚位移原理的等价性。

答： ① 由平衡方程推导出虚位移原理。

已知质点系是静止平衡的，且受力后仍然静止平衡。设作用在任一质点 D_i 上的主动力合力为 $\boldsymbol{F}_i$，约束力的合力为 $\boldsymbol{F}_{\mathrm{N}i}$，根据牛顿定律有

$$\boldsymbol{F}_i+\boldsymbol{F}_{Ni}=0 \quad (i=1,2,\cdots,n)$$

将上述 n 个式子分别点积对应质点的虚位移 $\delta\boldsymbol{r}_i$ 并求和，得到

$$\sum(\boldsymbol{F}_i+\boldsymbol{F}_{Ni})\cdot\delta\boldsymbol{r}_i=0$$

由于质点系受理想约束，$\sum\boldsymbol{F}_{Ni}\cdot\delta\boldsymbol{r}_i=0$，所以得出，$\sum\boldsymbol{F}_i\cdot\delta\boldsymbol{r}_i=0$。必要性得证。

② 由虚功方程导出平衡方程。用反证法。

假设原静止的质点系在主动力系作用下满足式 $\sum\boldsymbol{F}_i\cdot\delta\boldsymbol{r}_i=0$，但不平衡，则至少有一质点不能继续保持静止，不妨设 D_s 点开始运动。设该点的质量为 m_s，受主动力 $\boldsymbol{F}_s$，约束力 $\boldsymbol{F}_{Ns}$ 根据牛顿定律可得出

$$m_s\boldsymbol{a}_s=\boldsymbol{F}_s+\boldsymbol{F}_{Ns}$$

将上式两端点积 $d\boldsymbol{r}_s$ 得

$$m_s\boldsymbol{a}_s\cdot d\boldsymbol{r}_s=(\boldsymbol{F}_s+\boldsymbol{F}_{Ns})\cdot d\boldsymbol{r}_s$$

其中，$m_s\boldsymbol{a}_s\cdot d\boldsymbol{r}_s=m_s\boldsymbol{v}_s\cdot d\,\boldsymbol{v}_s=d\left(\frac{1}{2}m_sv_s^2\right)$。可以看出，括号中所表示的是质点 D_s 的动能，其增量 $d\left(\frac{1}{2}m_sv_s^2\right)$ 一定大于零。因此，有

$$(\boldsymbol{F}_s+\boldsymbol{F}_{Ns})\cdot d\boldsymbol{r}_s>0$$

定常约束时，实位移必为虚位移中的一个。因此，对于与实位移相同的虚位移，有

$$(\boldsymbol{F}_s+\boldsymbol{F}_{Ns})\cdot\delta\boldsymbol{r}_s>0$$

或

$$\sum(\boldsymbol{F}_i+\boldsymbol{F}_{Ni})\cdot\delta\boldsymbol{r}_i>0$$

因约束是理想的，有 $\sum\boldsymbol{F}_{Ns}\cdot\delta\boldsymbol{r}_i=0$，故有

$$\sum\boldsymbol{F}_i\cdot\delta\boldsymbol{r}_i>0$$

这显然与 $\sum\boldsymbol{F}_i\cdot\delta\boldsymbol{r}_i=0$ 矛盾，故上述至少有一质点进入运动的假设不正确，必有

$$\boldsymbol{F}_i+\boldsymbol{F}_{Ni}=0 \quad (i=1,2,\cdots,n)$$

充分性得证。

2. 虚功方程的应用范围

虚功方程的应用范围十分广泛，不但可用于定常约束系统，也可用于非定常约束系统；不但可用于完整约束系统，也可用于非完整约束系统。只要把**非理想约束**力视为主动力，虚功方程就可推广于非理想约束系统，可以说，虚位移原理对系统受约束的性质没有什么限制。质点系的虚功方程不但适用于刚体系统，也适用于变形固体和流体，但要计入内力的虚功；也可以说，虚功方程对研究对象的力学性质没有任何限制。虚位移原理中的受力状态和虚位移状态所具有的相互独立性，为这个原理的灵活运用提供了广阔的空间。

一般说来，虚功方程具有如下应用功能：

① 给定系统虚位移，求作用于该系统的主动力及其平衡关系；

② 给定主动力系，求该系统的平衡位置或位移；

③ 给定外力，求该系统的约束力与内力。

这里只介绍虚功原理对于刚体系统的应用及对于变形体的应用原理。

8.3 虚功方程应用于刚体系统

8.3.1 方法要点

质点系的虚功方程应用于刚体系统时，内力虚功为零，通常只计入外部主动力的虚功。常按如下步骤求解问题：

① 给定系统虚位移或受力状态；

② 求各力作用点虚位移之间的关系；

③ 列虚功方程进行求解。

应用虚功方程求解平衡问题的首要条件是：系统必须可动，至少有一个自由度。当系统不可动时，需解除部分约束，代以约束力，并视该约束力为主动力，进行求解。

8.3.2 典型问题

例 8-2 图示滑块连杆机构，已知杆长 $OA=r$，杆受力偶矩为 M，求平衡时力 $\boldsymbol{F}$ 的大小与力偶矩 M 之数量关系。

解：此系统有一个自由度。给 OA 杆虚位移 $\delta\varphi$，各点相应虚位移如图所示，AB 杆作瞬时平移。

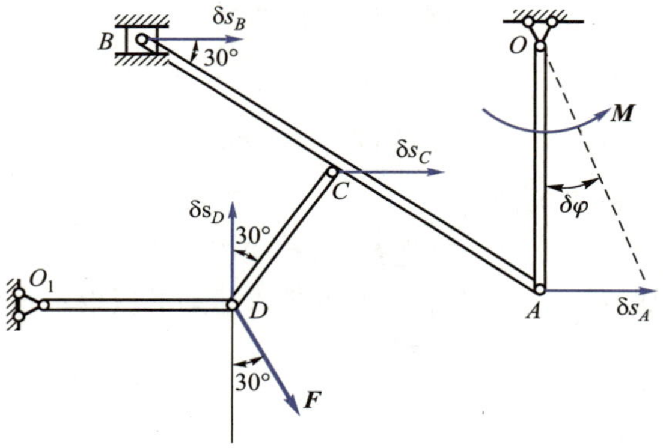

例 8-2 图

$$\delta s_A = r\delta\varphi,\quad \delta s_C = \delta s_A$$

又

$$\delta s_D \cos 30° = \delta s_C \cos 60°$$

故

$$\delta s_D = \frac{\sqrt{3}}{3} r\delta\varphi \tag{a}$$

由 $\sum \delta W_F = 0$，得

$$M\delta\varphi - F\delta s_D \cos 30° = 0 \tag{b}$$

将式(a)代入式(b),得 $F=\frac{2M}{r}$。

注意:

① 本题型特点:给定虚位移,求主动力平衡关系。

② 在定常约束下各虚位移之间的关系与相应速度之间的关系相同。

③ 对单自由度系统,给定某点虚位移后,其他各点虚位移则由约束确定,并可用给定的虚位移表示。

思考 8-6 例 8-2 中若给 OA 杆相反方向的虚位移,能否得出相同结果?

例 8-3 如图所示,AB、BC、CD 三杆长均为 l,受铅垂力 $\boldsymbol{F}_1$、$\boldsymbol{F}_2$ 及水平力 $\boldsymbol{F}_3$ 作用,不计杆重与摩擦。试求平衡时,角度 φ_1 与 φ_2 的大小。

解:系统自由度 $k=3\times3-7=2$,取 φ_1、φ_2 为广义坐标。

① 给虚位移 $\delta\varphi_1\neq0$,$\delta\varphi_2=0$,则 BC 杆平移,故

$$\delta s_B = \delta s_C$$

由 $\sum\delta W_F=0$,得

$$F_1\cos\varphi_1 l\delta\varphi_1 + F_2\cos\varphi_1 l\delta\varphi_1 - F_3\sin\varphi_1 l\delta\varphi_1 = 0$$

故

$$\tan\varphi_1 = \frac{F_1+F_2}{F_3}$$

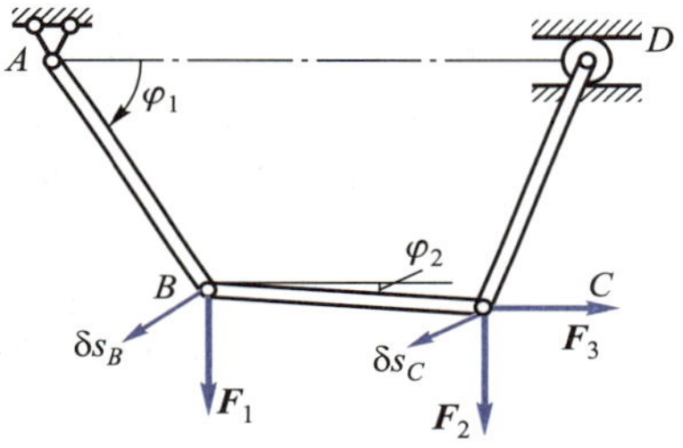

例 8-3 图

② 给虚位移 $\delta\varphi_1=0$,$\delta\varphi_2\neq0$,则

$$\delta s_B = 0$$

由 $\sum\delta W_F=0$,得

$$F_2\cos\varphi_2 l\delta\varphi_2 - F_3\sin\varphi_2 l\delta\varphi_2 = 0$$

故

$$\tan\varphi_2 = \frac{F_2}{F_3}$$

注意:本题型特点为,多自由度平衡系统,由于虚位移的任意性,由 $\sum\delta W_F^{(j)}=0$(仅 $\delta q_j\neq0$)求解较为简便。系统有 k 个自由度,便可建立 k 个相应的方程。

例 8-4 如图所示,4 根等长均质杆铰连悬挂于重力场中,每杆重量为 G,长度为 l,试求平衡时杆的水平倾角 θ 与 β 之间的关系。

解:本系统有两个自由度,约束允许给对称虚位移。如图所示,两组对称杆重心竖向坐标分别为 $y_1=\frac{l}{2}\sin\theta$,$y_2=l\sin\theta+\frac{l}{2}\sin\beta$,对称虚位移为

$$\delta y_1=\frac{l}{2}\cos\theta\delta\theta,\quad \delta y_2 = l\cos\theta\delta\theta+\frac{l}{2}\cos\beta\delta\beta \tag{a}$$

又 $l\cos\theta+l\cos\beta$ 为常数,故

$$\delta\theta = -\frac{\sin\beta}{\sin\theta}\delta\beta \tag{b}$$

由 $\sum\delta W_F=0$,得

$$2G(\delta y_1+\delta y_2)=0 \tag{c}$$

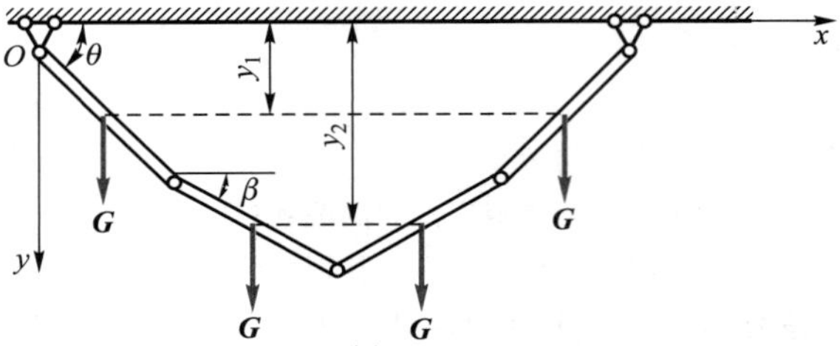

例 8-4 图

将式(a)和式(b)代入式(c)得

$$\tan\theta=3\tan\beta$$

注意：

① 本题型特点：已知主动力，求该系统平衡位置。

② 当主动力与坐标轴平行时，用解析法求虚位移关系较简便，应注意：

(a) y 与 δy 正方向一致；(b) 定常约束下，变分运算与微分运算相同。

思考 8-7 ① 例 8-4 能否给系统其他不同的虚位移求解？若 4 杆长度不同，又如何求解？② 若例 8-4 图示系统由 6 根、$2n$ 根长杆组成，结果如何？

例 8-5 图 a 所示结构中 O、A、B 为铰链，结构受主动力 $\boldsymbol{F}_1$、$\boldsymbol{F}_2$ 及矩为 M 的力偶作用，已知 $OA=l$，$AB=BC=2a$，$BD=DC$，$\theta=30°$，$\beta=60°$，$\angle OAB=90°$。试求固定端 C 处的约束力偶矩。

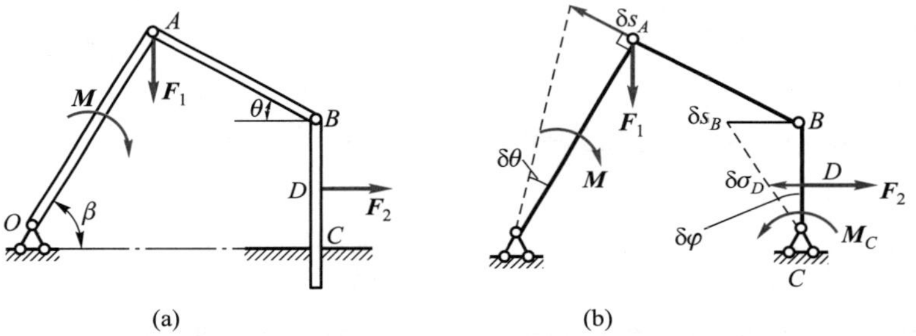

例 8-5 图

解：解除 C 端转动约束，代以固定铰及约束力偶 M_C，视 M_C 为主动力。此时，系统自由度变为 1，给 BC 杆转角 $\delta\varphi$，其他各有关点的虚位移如图 b 所示，则

$$\left.\begin{aligned}\delta s_B&=2a\delta\varphi\\ \delta s_D&=a\delta\varphi\\ \delta s_A&=\delta s_B\cos 30°=\sqrt{3}\,a\delta\varphi\end{aligned}\right\} \tag{a}$$

$$\delta\theta=\frac{\delta s_A}{l}=\frac{\sqrt{3}\,a\delta\varphi}{l} \tag{b}$$

由 $\sum\delta W_F=0$，得

$$M_C\delta\varphi-F_2\delta s_D-F_1\cos 60°\delta s_A-M\delta\theta=0 \tag{c}$$

将式(a)和式(b)代入式(c)，得

$$M_C=F_2a+\frac{\sqrt{3}}{2}F_1a+\frac{\sqrt{3}\,aM}{l}$$

注意：本题型特点为，求静定结构约束力，需先解除所求约束，代以相应约束力，视该约束力为主动力，由虚功方程求解。

问题 8-4 如何求例 8-5 图 a 中 C 端约束力 $\boldsymbol{F}_{Cx}$ 和 $\boldsymbol{F}_{Cy}$？

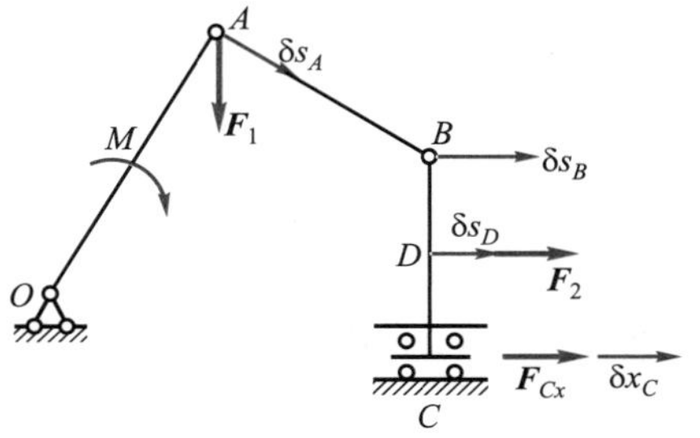

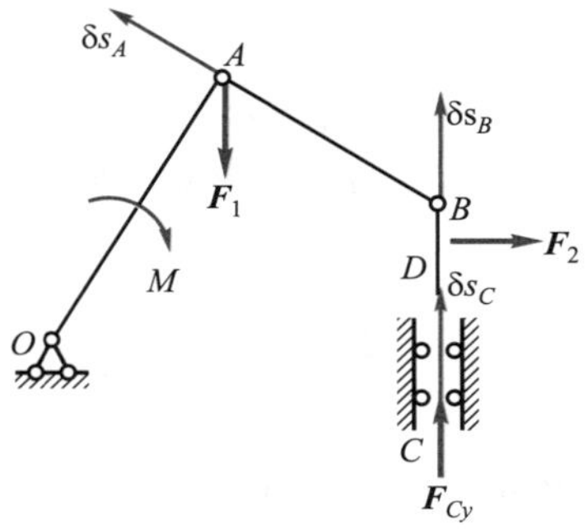

问题 8-4 图

答：先解除 C 端水平方向约束，代以约束力 $\boldsymbol{F}_{Cx}$，并给出如图 a 所示虚位移，列虚功方程求解；再解除 C 端竖直方向约束，代以约束力 $\boldsymbol{F}_{Cy}$。给出如图 b 所示虚位移，列虚功方程可求得 $\boldsymbol{F}_{Cy}$。

思考 8-8

① 例 8-5 图 a 中若同时解除 C 端的三个约束，代以相应三个约束力，如何求出相应结果？

② 如何求图示结构中支座 D 的水平方向约束力？

例 8-6 如图所示框架中，各杆重量为 G，长度相同，铰 A、D 用绳相连，D 处挂重量为 G_1 的物体。试求 AD 绳张力。

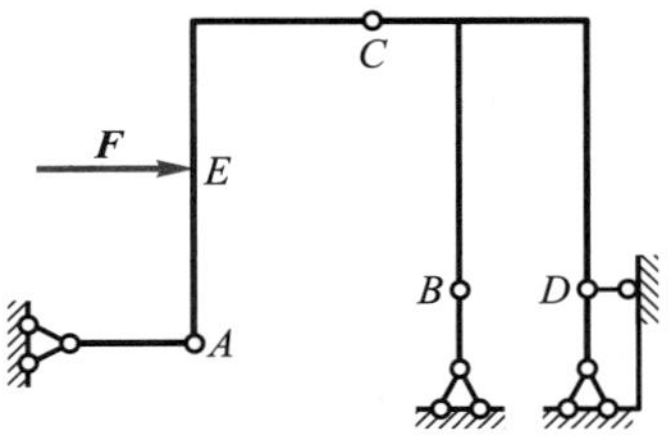

思考 8-8 图

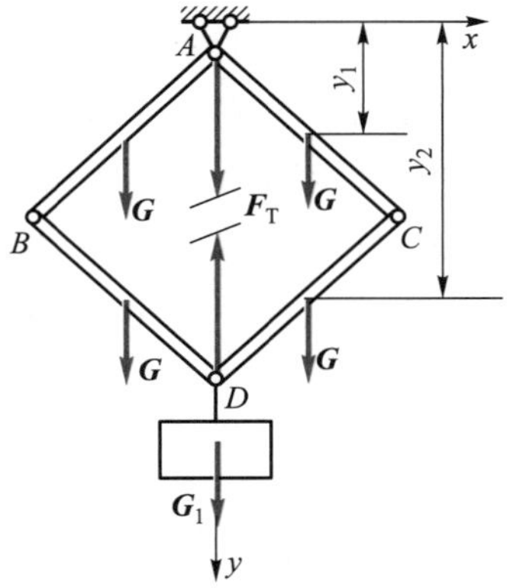

例 8-6 图

解：切断 AD 绳，代以张力 $\boldsymbol{F}_{\mathrm{T}}$，并将 $\boldsymbol{F}_{\mathrm{T}}$ 视为主动力。在图所示坐标系中，由几何关系有

$$y_2 = 3y_1, \quad y_D = 4y_1$$

故

$$\delta y_2 = 3\delta y_1, \quad \delta y_D = 4\delta y_1 \tag{a}$$

由 $\sum \delta W_F = 0$，有

$$2G\delta y_1+2G\delta y_2-F_T\delta y_D+G_1\delta y_D=0 \tag{b}$$

将式(a)代入式(b),得

$$F_T=2G+G_1$$

注意:求内力时,需先解除相应约束,代以内力,再视该内力为主动力进行求解。

思考 8-9 如何应用虚功方程求图示受均匀载荷 q 的杆,在任意 x 处横截面上的弯矩(约束力偶矩)。

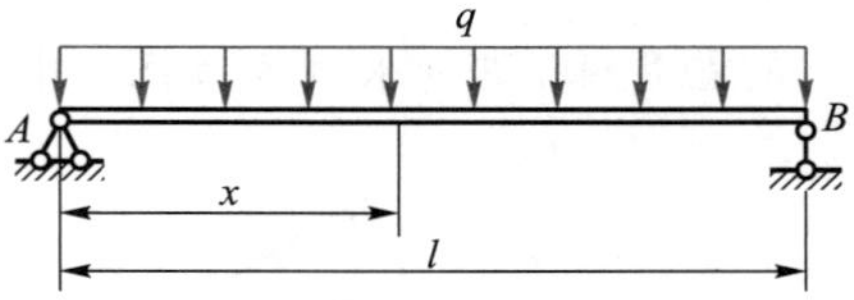

思考 8-9 图

*8.4 虚功方程应用于变形体 · 卡氏定理 · 莫尔定理

8.4.1 虚功方程应用于变形体

质点系的虚功方程 $\sum\delta W_F=0$ 应用于**变形体**时,内力虚功一般不为零,通常可写为如下形式

$$\delta W_e+\delta W_i=0 \tag{8-10}$$

式中,δW_e表示外力虚功,δW_i表示内力虚功。

如前所述,对变形体加载时,外力做正功,而内力做负功,并转化为应变能。于是可引入变形体**虚应变能**为

$$\delta V=-\delta W_i \tag{8-11}$$

即**变形体虚应变能等于该变形体的内力虚功并冠以负号**。

将式(8-11)代入式(8-10),得

$$\delta W_e=\delta V \tag{8-12}$$

这就是应用于**变形体的虚功方程**形式,即**外力虚功等于变形体的虚应变能**。

变形体的应变能通常可表示为力与位移的函数。如图 8-9a 所示,受约束变形体无刚体位移,在外力系($\boldsymbol{F}_1,\boldsymbol{F}_2,\cdots,\boldsymbol{F}_i,\cdots,\boldsymbol{F}_n$)作用下,各力作用点的位移为 $\boldsymbol{\Delta}_i(i=1,2,\cdots,n)$,在缓慢加载的条件下,外力系做功转化为变形体的应变能,例如弹性应变能 V 可表示为各外力 $\boldsymbol{F}_i$的函数,即

$$V=V(\boldsymbol{F}_1,\boldsymbol{F}_2,\cdots,\boldsymbol{F}_i,\cdots,\boldsymbol{F}_n) \tag{8-13}$$

对式(8-13)求变分,得

$$\delta V=\frac{\partial V}{\partial \boldsymbol{F}_1}\cdot\delta\boldsymbol{F}_1+\frac{\partial V}{\partial \boldsymbol{F}_2}\cdot\delta\boldsymbol{F}_2+\cdots+\frac{\partial V}{\partial \boldsymbol{F}_i}\cdot\delta\boldsymbol{F}_i+\cdots+\frac{\partial V}{\partial \boldsymbol{F}_n}\cdot\delta\boldsymbol{F}_n \tag{8-14}$$

式中,$\dfrac{\partial V}{\partial \boldsymbol{F}_i}=\dfrac{\partial V}{\partial F_{ix}}\boldsymbol{i}+\dfrac{\partial V}{\partial F_{iy}}\boldsymbol{j}+\dfrac{\partial V}{\partial F_{iz}}\boldsymbol{k}$,$\delta\boldsymbol{F}_i=\delta F_{ix}\boldsymbol{i}+\delta F_{iy}\boldsymbol{j}+\delta F_{iz}\boldsymbol{k}$。

弹性应变能 V 也可表示为各力点位移 $\boldsymbol{\Delta}_i$的函数,即

$$V=V(\boldsymbol{\Delta}_1,\boldsymbol{\Delta}_2,\cdots,\boldsymbol{\Delta}_i,\cdots,\boldsymbol{\Delta}_n) \tag{8-15}$$

并有

$$\delta V=\frac{\partial V}{\partial \boldsymbol{\Delta}_1}\cdot\delta\boldsymbol{\Delta}_1+\frac{\partial V}{\partial \boldsymbol{\Delta}_2}\cdot\delta\boldsymbol{\Delta}_2+\cdots+\frac{\partial V}{\partial \boldsymbol{\Delta}_i}\cdot\delta\boldsymbol{\Delta}_i+\cdots+\frac{\partial V}{\partial \boldsymbol{\Delta}_n}\cdot\delta\boldsymbol{\Delta}_n \tag{8-16}$$

式中，$\frac{\partial V}{\partial \boldsymbol{\Delta}_i}=\frac{\partial V}{\partial \Delta_{ix}}\boldsymbol{i}+\frac{\partial V}{\partial \Delta_{iy}}\boldsymbol{j}+\frac{\partial V}{\partial \Delta_{iz}}\boldsymbol{k}$，　$\delta\boldsymbol{\Delta}_i=\delta\Delta_{ix}\boldsymbol{i}+\delta\Delta_{iy}\boldsymbol{j}+\delta\Delta_{iz}\boldsymbol{k}$。

变形体力学中的卡氏定理、莫尔定理等能量原理，均可由变形体虚功方程导出。

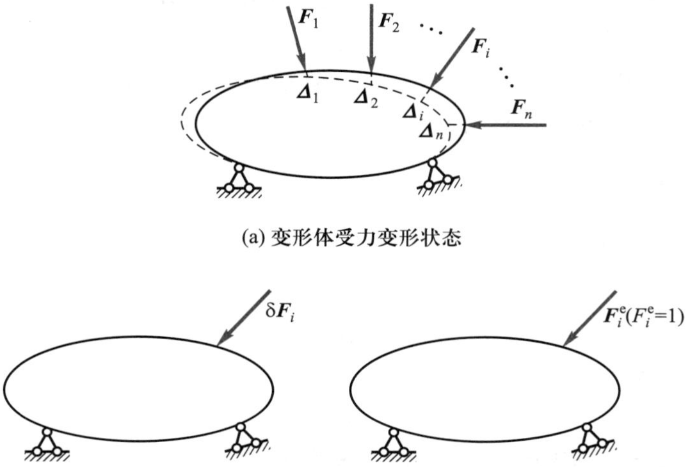

(b) 虚设增力状态　　(c) 虚设单位力状态

图 8-9　变形体的状态

8.4.2　卡氏定理

1. 卡氏第一定理

以图 8-9a 为受力状态，另给一组与该变形体受力无关的虚位移如下：

$$\delta\boldsymbol{\Delta}_1=\delta\boldsymbol{\Delta}_2=\cdots=\delta\boldsymbol{\Delta}_{i-1}=\delta\boldsymbol{\Delta}_{i+1}=\cdots=\delta\boldsymbol{\Delta}_n=0,\delta\boldsymbol{\Delta}_i\neq 0 \tag{8-17}$$

将式(8-17)代入式(8-16)，由式(8-12)可得

$$\boldsymbol{F}_i\cdot\delta\boldsymbol{\Delta}_i=\frac{\partial V}{\partial \boldsymbol{\Delta}_i}\cdot\delta\boldsymbol{\Delta}_i$$

故

$$\boldsymbol{F}_i=\frac{\partial V}{\partial \boldsymbol{\Delta}_i} \tag{8-18}$$

这就是卡氏第一定理。该定理表明：**弹性系统应变能对某一真实位移的偏导数，在数值上等于这一真实位移处所施加的相应外力**。

2. 卡氏第二定理

虚设增力状态，如图 8-9b 所示，仅有 $\delta\boldsymbol{F}_i\neq 0$；以图 8-9a 真实变形为相应虚位移，由式(8-12)和式(8-14)，有

$$\delta \boldsymbol{F}_i \cdot \boldsymbol{\Delta}_i = \frac{\partial V}{\partial \boldsymbol{F}_i} \delta \boldsymbol{F}_i$$

故

$$\boldsymbol{\Delta}_i = \frac{\partial V}{\partial \boldsymbol{F}_i} \tag{8-19}$$

这就是卡氏第二定理。该定理表明：**弹性系统应变能对于某一力 $\boldsymbol{F}_i$ 的偏导数等于该力作用点的位移。**

注意：这里 $\boldsymbol{F}_i$ 是广义的，即可以是一个力、一个力偶、一对力或一对力偶等。而 $\boldsymbol{\Delta}_i$ 也是广义的，相应为线位移、转角、相对线位移与相对转角等。

8.4.3 莫尔定理

虚设单位力状态，如图 8-9c 所示，仅有 $F_i^e = 1$，其余外力均为零，以图 8-9a 真实变形为相应虚位移，由式(8-12)，有

$$\boldsymbol{F}_i^e \cdot \Delta_i = \delta V$$

故沿力 $\boldsymbol{F}_i$ 方向位移的大小为

$$\Delta_i^e = \delta V \tag{8-20}$$

这就是**莫尔定理**，该定理表明：**弹性系统在某力 $\boldsymbol{F}_i$ 作用方向的位移等于由 $\boldsymbol{F}_i$ 方向的单位力在该系统上引起的内力在真实变形中所做的功，即虚应变能。**

应用变形体虚功方程可导出位移、约束力与功的几个互等定理，进行各种构件虚应变能的计算，这些内容将在后续的材料力学和结构力学中介绍。

例 8-7 求变形体结构的位移。如图 a 所示，两根弹性杆的刚度系数分别为 k_1、k_2，在连接处 O 悬挂重量为 G 的重物，试求 O 点的水平位移与竖直位移。

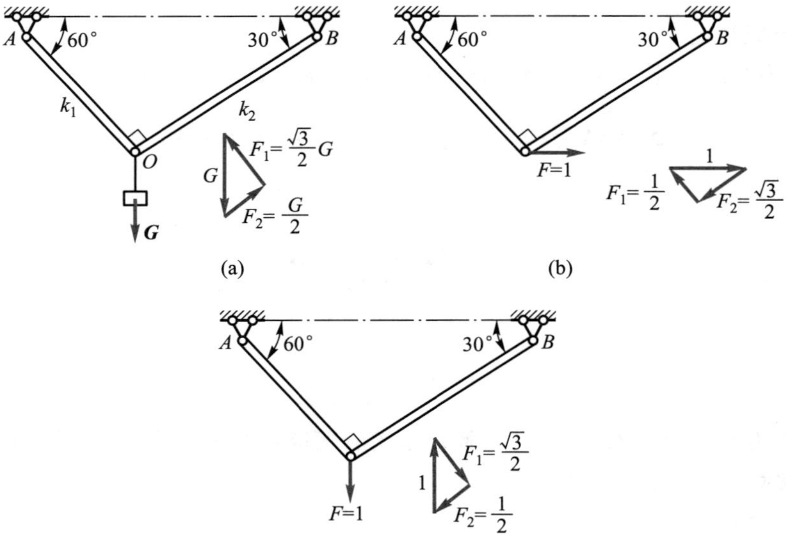

(c)

例 8-7 图

解:① 用莫尔定理求解。

求水平位移时,在原结构上虚设一个图 b 所示的单位水平力状态,由节点 O 平衡求得各杆内力如图;将图 a 的真实变形作为虚位移,并求得 AO、BO 两杆真实变形分别为

$$\Delta l_1=\frac{\sqrt{3}G}{2k_1},\quad \Delta l_2=\frac{G}{2k_2} \tag{a}$$

由式(8-20)$\Delta_i=\delta V$,有

$$\Delta_{Ox}=\frac{1}{2}\Delta l_1-\frac{\sqrt{3}}{2}\Delta l_2 \tag{b}$$

将式(a)代入式(b)得

$$\Delta_{Ox}=\frac{\sqrt{3}G}{4}\left(\frac{1}{k_1}-\frac{1}{k_2}\right)$$

求竖向位移时,虚设图 c 所示单位竖向力状态,同理可得

$$\Delta_{Oy}=\frac{G}{4}\left(\frac{1}{k_2}+\frac{3}{k_1}\right)$$

② 用卡氏定理求解。

系统真实应变能为 AO、BO 两杆弹性势能之和

$$V=\frac{1}{2}k_1(\Delta l_1)^2+\frac{1}{2}k_2(\Delta l_2)^2=\frac{1}{2}k_1\left(\frac{\sqrt{3}G}{2k_1}\right)^2+\frac{1}{2}k_2\left(\frac{G}{2k_2}\right)^2$$

代入式(8-19),$\boldsymbol{\Delta}_i=\dfrac{\partial V}{\partial \boldsymbol{F}_i}$,得

$$\Delta_{Oy}=\frac{\partial V}{\partial G}=\frac{G}{4}\left(\frac{1}{k_2}+\frac{3}{k_1}\right)$$

思考 8-10 如何用卡氏定理求例 8-7 中 O 点的水平位移 Δ_{Ox}?

8.5 势力场虚功方程 · 平衡稳定性

在有势力场中,质点系平衡的虚功方程和平衡的稳定性条件可获得简单的形式。

8.5.1 势力场虚功方程

当作用于质点系(n 个质点)的主动力为**有势力**时,系统的势能可表示为

$$V=V(x_1,y_1,z_1,\cdots,x_n,y_n,z_n)$$

则主动力 $\boldsymbol{F}_i(i=1,2,\cdots,n)$ 在给定的直角坐标系的三根轴上的投影与 V 具有下述关系:

$$\left.\begin{aligned}F_{ix}&=-\frac{\partial V}{\partial x_i}\\F_{iy}&=-\frac{\partial V}{\partial y_i}\\F_{iz}&=-\frac{\partial V}{\partial z_i}\end{aligned}\right\}$$

代入虚功方程

$$\sum(F_{ix}\delta x_i+F_{iy}\delta y_i+F_{iz}\delta z_i)=0$$

有

$$-\left(\sum\frac{\partial V}{\partial x_i}\delta x_i+\sum\frac{\partial V}{\partial y_i}\delta y_i+\sum\frac{\partial V}{\partial z_i}\delta z_i\right)=0$$

即

$$\delta V=0 \tag{8-21}$$

这就是势力场中的虚功方程。它表明：**对于保守系统，质点系的平衡位形一定出现在势能取驻值的位形处**。固体力学中的瑞利-里茨法（Rayleigh-Ritz method）就是这一虚功方程的具体应用。

例 8-8 图示机构中，4 根杆的杆长及弹簧原长均为 l，弹簧刚度系数为 k，不计杆重，求平衡时力 $\boldsymbol{F}$ 大小与角度 θ 的数量关系。

解：取不受力时，滑块 A 位置为力 $\boldsymbol{F}$ 零势能位置；取弹簧原长 l 为弹性势能零位置。则在图示 θ 位置时，系统势能为

$$V=-(\sqrt{3}l-2l\sin\theta)F+\frac{k}{2}(2l\cos\theta-l)^2$$

由式（8-21），即 $\delta V=0$，得

$$F=kl(2\cos\theta-1)\tan\theta$$

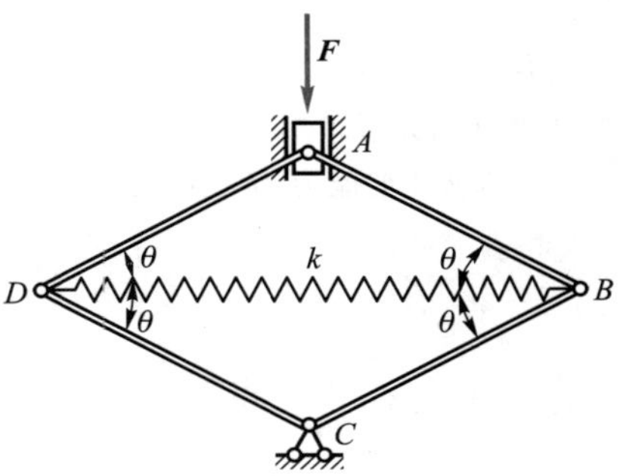

例 8-8 图

思考 8-11 例 8-8 中：

① 如何用一般形式的虚功方程 $\sum\delta W_F=0$ 进行求解？

② 若考虑滑块 A 及 4 杆的自重，情形有何变化？

8.5.2 平衡的稳定性

稳定性问题广泛存在于力学、自动控制、航空航天等许多领域中。在势力场中，考察系统势能 V 满足式 $\delta V=0$ 的平衡状态稳定性，按照多元函数的极值原理，V 在该位置有取极小值、极大值、斜率为零的拐点及为常量 4 种可能情形。下面以单自由度系统为例进行讨论。

设单自由度质点系的势能函数 $V=V(q)$，q 为广义坐标，在 $q=q_0$ 处系统平衡。

① 若 $\left(\dfrac{d^2V}{dq^2}\right)\Bigg|_{q=q_0}>0$，则势能 V 在 q_0 处取极小值，质点系在 $q=q_0$ 处处于**稳定平衡**；

② 若 $\left(\dfrac{d^2V}{dq^2}\right)\Bigg|_{q=q_0}<0$，则势能 V 在 q_0 处取极大值，质点系在 $q=q_0$ 处处于**不稳定平衡**；

③ 若 $\left(\dfrac{d^2V}{dq^2}\right)\Bigg|_{q=q_0}=0$，则可考察势能函数 V 的更高阶导数在 $q=q_0$ 处的取值情况，最后判定势能的极值情况，确定平衡类型。

④ 若 $V=V(q)$ 的各阶导数在 $q=q_0$ 处均为 0，则 $V=V(q_0)=$ 常量，为**随遇平衡**。

在稳定的平衡位形处，质点系的总势能必为最小，这就是最小势能原理。该原理适用于所有保守系统。

顺便指出，在变形体力学中，由于系统内力做功，通常假设这些内力是保守的，其势能称作应变能。因此，式（8-21）中的势能实际上为两部分，即外力的势能（记作 U）和应变能（记作 V）。

则对于总势能（记作 Π），虚功方程的形式可写为

$$\delta\Pi=\delta(V+U)=0 \tag{8-22}$$

例 8-9 如图所示，均质杆 AB 长 $l=0.6$ m，质量 $m=10$ kg，弹簧刚度系数 $k=200$ N/m，当杆与铅垂方向夹角 $\theta=0°$ 时，弹簧正好为原长，试求杆的平衡位置，并判断其稳定性。

解：取弹簧原长为零势能状态，过 B 的水平面为重力势能零势面，则任意 θ 位置时系统势能

$$\Pi=\frac{1}{2}kl^2(1-\cos\theta)^2+mg\frac{l}{2}\cos\theta$$

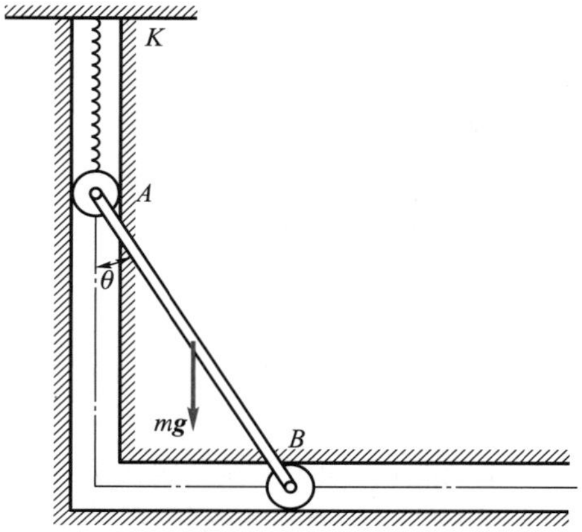

例 8-9 图

由 $\dfrac{\mathrm{d}\Pi}{\mathrm{d}\theta}=0$，有

$$\left[kl(1-\cos\theta)-\frac{mg}{2}\right]\sin\theta=0$$

故

$$\theta_1=0°,\quad \theta_2=\arccos\left(1-\frac{mg}{2kl}\right)=53.8°$$

再由

$$\frac{\mathrm{d}^2\Pi}{\mathrm{d}\theta^2}=kl(\cos\theta-\cos^2\theta+\sin^2\theta)-\frac{mg}{2}\cos\theta$$

可知

$$\left.\frac{\mathrm{d}^2\Pi}{\mathrm{d}\theta^2}\right|_{\theta=0°}=-29.4<0$$

故 θ_1 为不稳定平衡位置。

$$\left.\frac{\mathrm{d}^2\Pi}{\mathrm{d}\theta^2}\right|_{\theta=53.8°}=46.9>0$$

故 θ_2 为稳定平衡位置。

思考 8-12 例 8-9 中，若取图示静平衡位置为零势能状态，如何判断其平衡稳定性？

习 题

8-1 试判断图 a 和 b 中各点虚位移有无错误。

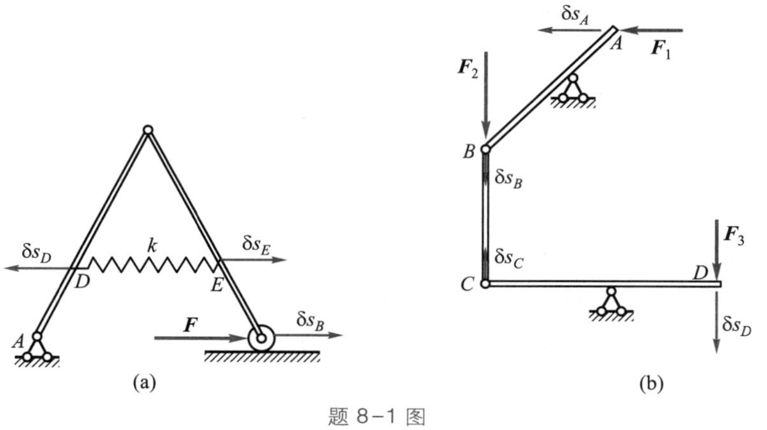

题 8-1 图

8-2 用解析法求图示结构中 A、B 两点虚位移的坐标分量之间的关系时，由 $x_A^2+y_B^2=l^2$ 求变分所得结果如下，对吗？

$$x_A\delta x_A+y_B\delta y_B=0$$

8-3 常力为什么是有势力？题 8-1 图 a 所示系统，其势能 V 应如何计算？

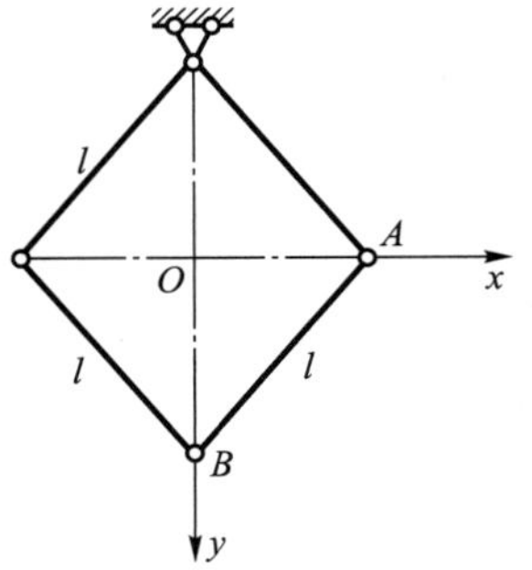

题 8-2 图

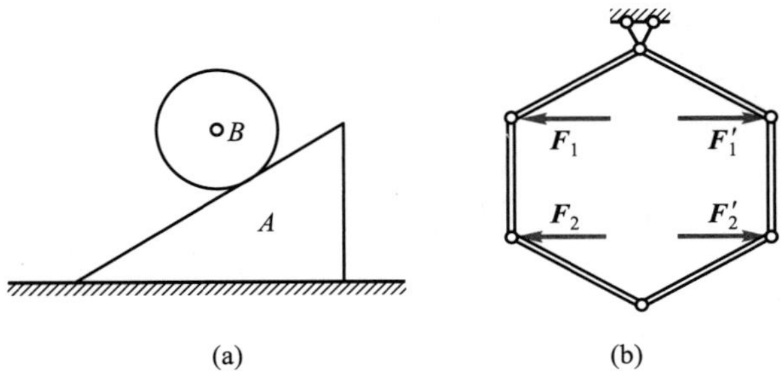

题 8-4 图

8-4 试计算图示系统的自由度。图 a 中水平面光滑，轮 B 在斜面上纯滚动。图 b 所示结构分为结构对称与非对称两种情况，其中 $F_1=F'_1$，$F_2=F'_2$。

8-5 如图所示结构由 8 根连杆铰接成三个相同的菱形。试求平衡时，主动力 $\boldsymbol{F}_1$ 与 $\boldsymbol{F}_2$ 的大小关系（不计杆重）。

8-6 如图所示楔形机构处于平衡状态，尖劈角为 θ 和 β，不计楔块自重与摩擦。求竖向力 $\boldsymbol{F}_1$ 与 $\boldsymbol{F}_2$ 的大小关系。

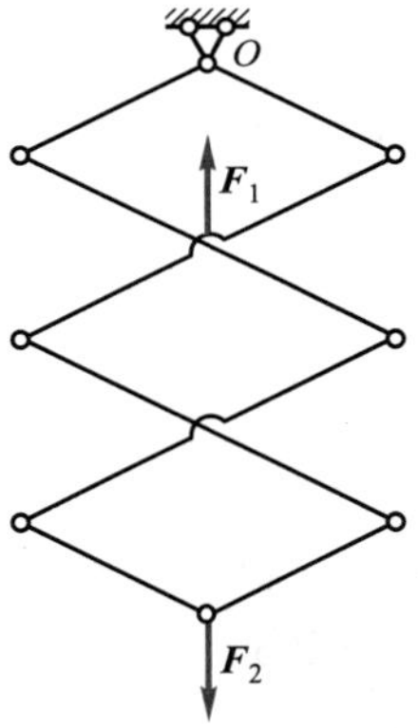

题 8-5 图

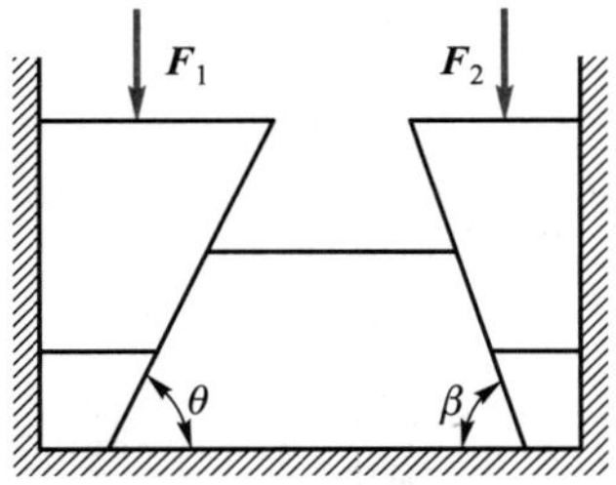

题 8-6 图

8-7 如图所示摇杆机构，位于水平面内，且 $O_1O=OA$，不计摩擦。试求机构在任意位置平衡时，力偶矩 M_1 与 M_2 的大小关系。

8-8 如图所示组合梁中，已知 $F_1=5$ kN，$F_2=4$ kN，$F_3=3$ kN，力偶矩 $M=2$ kN·m。不计梁重与摩擦，试求固定端 A 处的约束力偶矩。图中尺寸单位为 m。

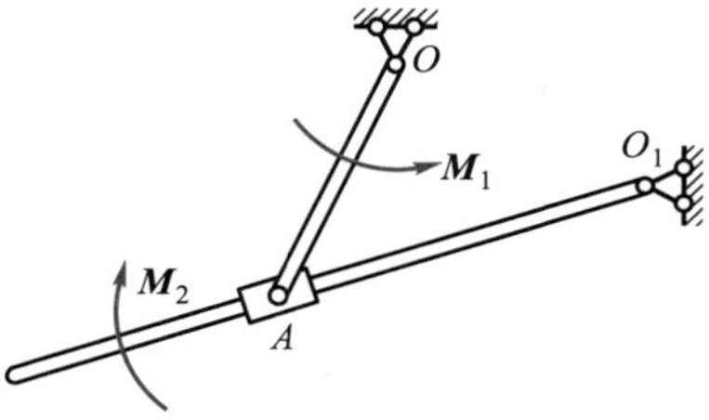

题 8-7 图

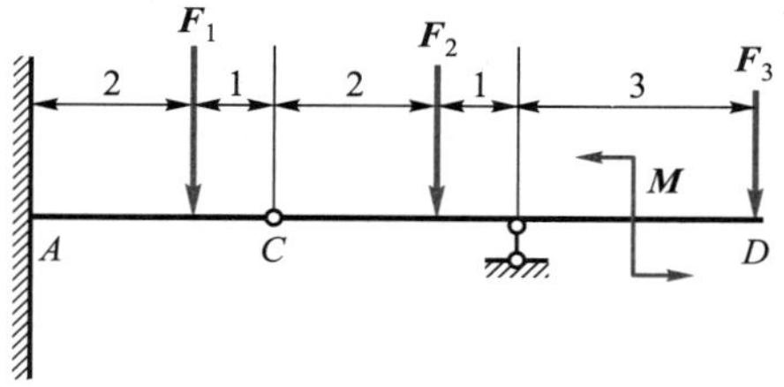

题 8-8 图

8-9 6 根等长的均质杆，将其端点铰接形成一个六边形机构，如图所示悬挂于铅垂平面内，AB 绳过上、下杆的中点，已知杆长为 a，绳长为 b，杆重为 G。试求绳的张力。

8-10 杆 AB、CD 由铰链 C 联结，并由铰链 A、D 固定，如图所示。在 AB 杆上作用一铅垂力 $\boldsymbol{F}$，在 CD 杆上作用一力偶，其矩为 M，不计杆重，求支座 D 处的约束力。

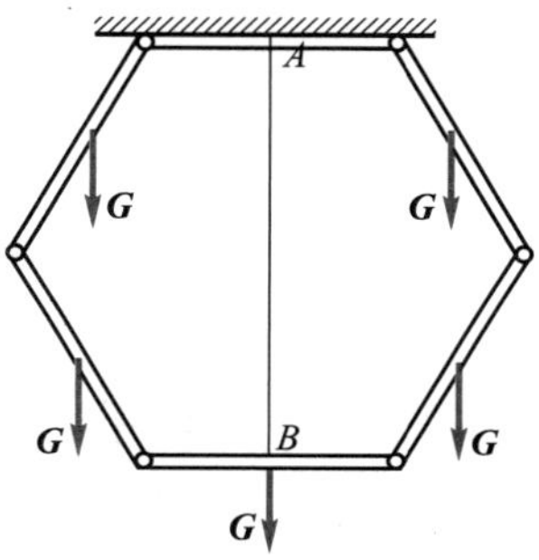

题 8-9 图

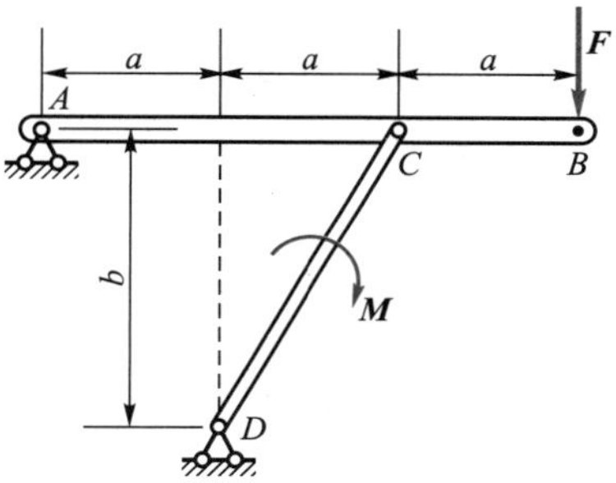

题 8-10 图

8-11 计算下列机构在图 a、b、c 所示位置平衡时主动力之间的关系。构件的重量及摩擦阻力均可略去不计。

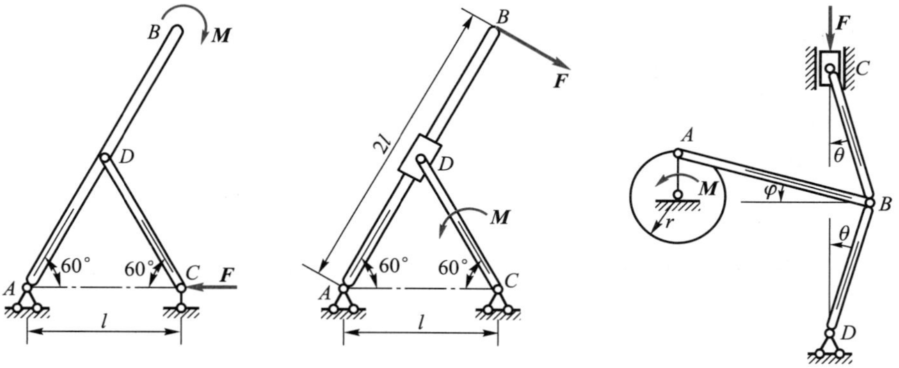

(a) (b) (c)

题 8-11 图

8-12 等长的四杆连接如图所示，在三力作用下平衡，已知 $F_1 = 40\ \text{N}$，$F_2 = 10\ \text{N}$，求 F_3。不计杆重。

8-13 三根相同的均质杆用铰链连接后，一端用铰链固定，另一端作用一水平力 $\boldsymbol{F}$，如图所示。

设各杆重均为 G。

① 求平衡时的 θ 角。

② 已知平衡时 $\varphi=45°$，求 θ 与 ψ。

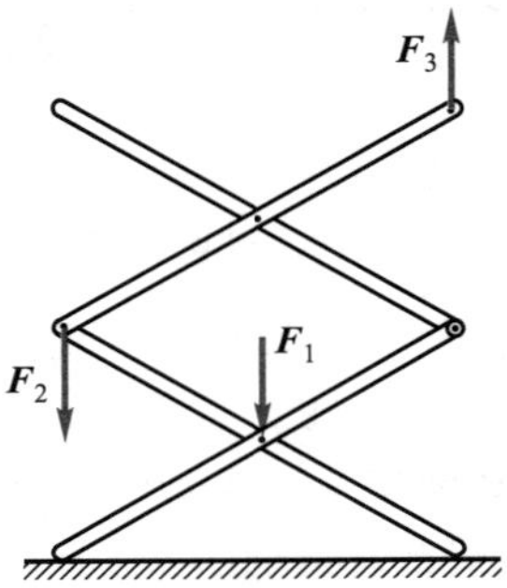

题 8-12 图

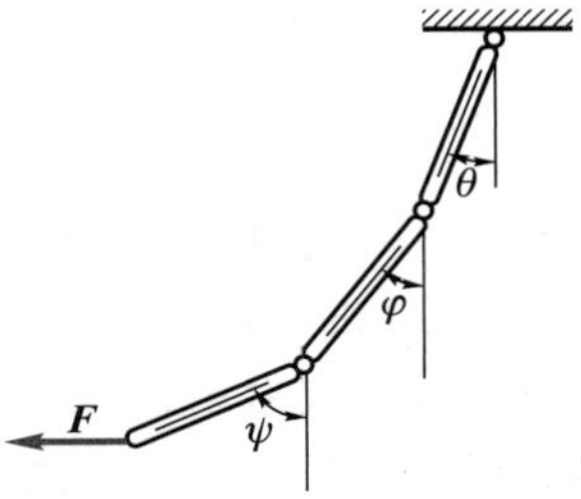

题 8-13 图

8-14 均质杆 AB 置于光滑的铅垂平面与销钉间，如图所示。试证明所得到的平衡位置是不稳定的。

8-15 均质杆 AB 置于光滑的半圆槽内，如图所示。试证明所得到的平衡位置是稳定的。

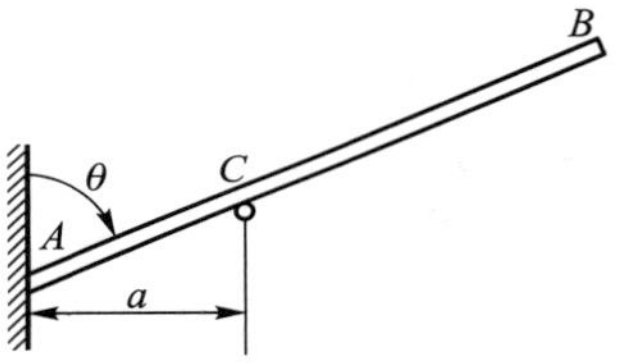

题 8-14 图

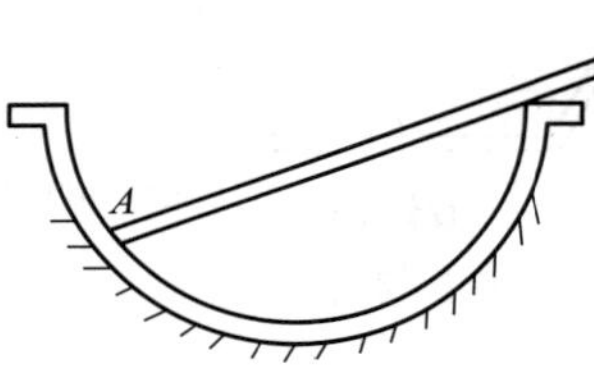

题 8-15 图

8-16 如图所示三根均质杆相铰连，$AC=a$，$CD=DB=2a$，$AB=3a$，AB 水平，各杆重量与其长度成正比。求平衡时 θ、β 与 γ 间的关系。

8-17 如图所示，在轧机升降台机构的提升摆动台上，有一重量为 G 的重物，在力偶矩 M 和刚度系数为 k 的弹簧支承下处于平衡，此时工作台水平，AB 杆铅垂，杆 OA 与水平呈 θ 角。若 $OA=O_1K=r$，$\angle BO_1K=90°$，求弹簧的变形。

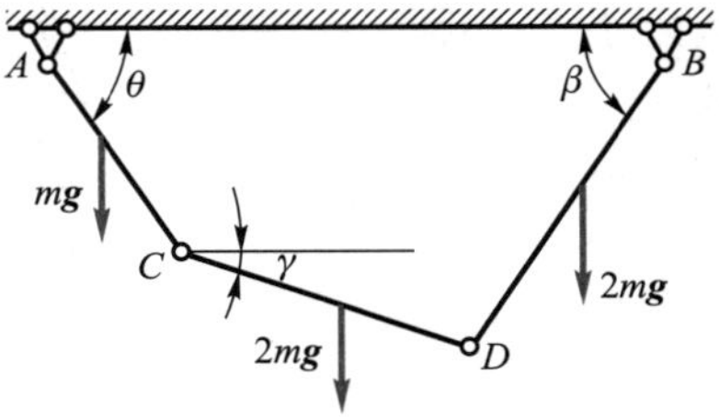

题 8-16 图

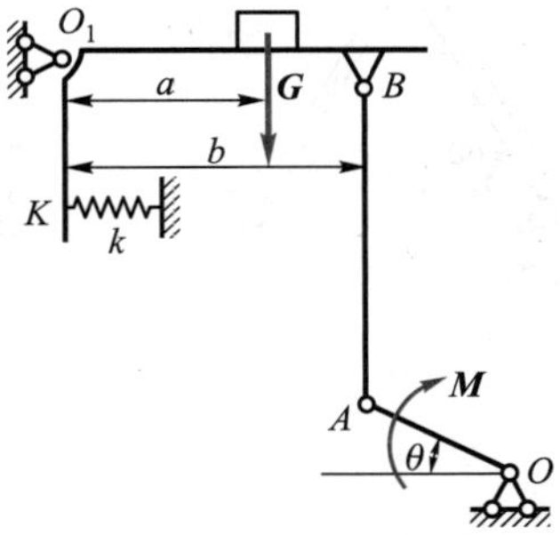

题 8-17 图

8-18 如图所示机构中，各杆均由铰联结，各弹簧刚度系数均为 k，且 $\theta=30°$时，弹簧具有原长度。不计杆的质量与摩擦，试求平衡时，重物质量 m 与角 θ 间的关系。

8-19 试用虚位移原理求图示桁架中 1、2 杆的内力。

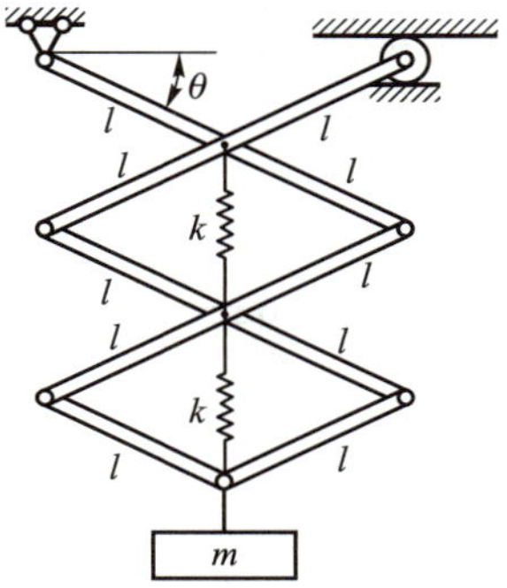

题 8-18 图

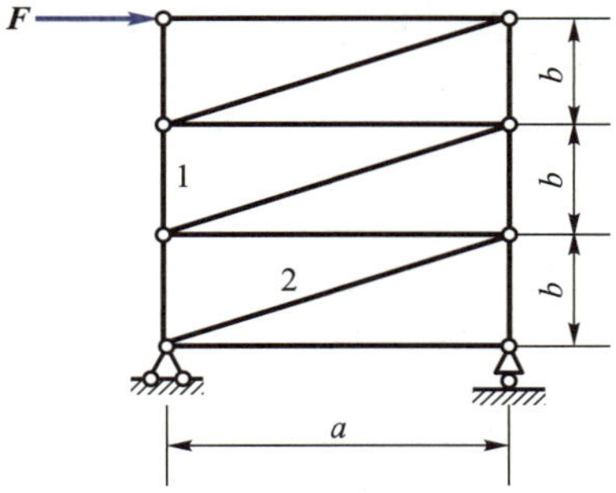

题 8-19 图

8-20 如图所示系统处于平衡状态，力 $\boldsymbol{F}$ 的作用线垂直于杆 BC。试求固定端 A 的水平约束力及约束力偶矩。已知 $F=10\ \text{kN}$，$q=2\ \text{kN/m}$，不计杆重。图中尺寸单位为 m。

8-21 结构受载如图所示。已知 $q=2\ \text{kN/m}$，$F=4\ \text{kN}$，$F_1=12\ \text{kN}$，力偶矩 $M=18\ \text{kN}\cdot\text{m}$。试求 A、B 支座的约束力。图中尺寸单位为 m。

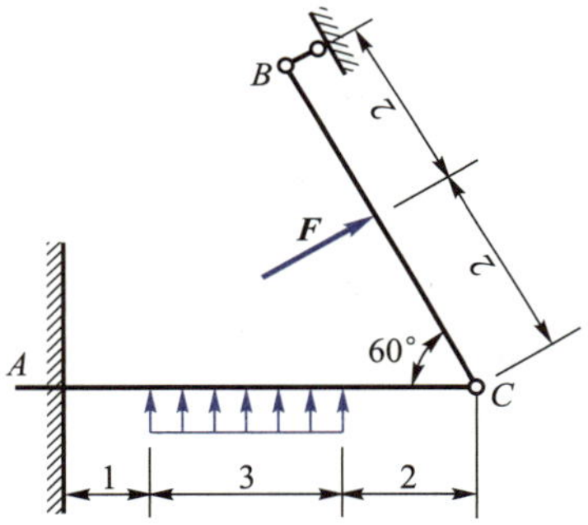

题 8-20 图

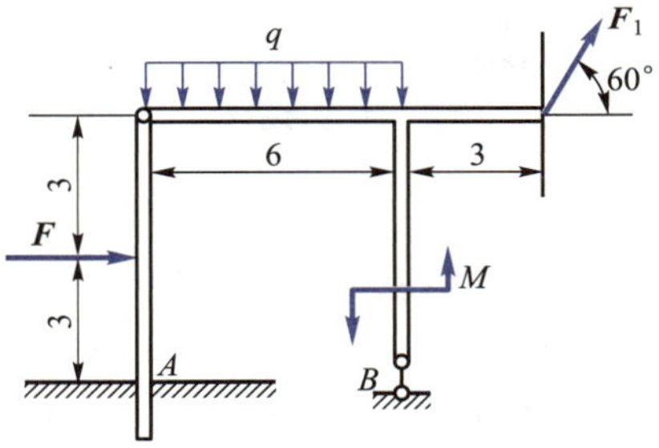

题 8-21 图

8-22 一半径为 r 的半圆柱放在一半径为 R 的固定圆柱上，如图所示。设上面一个半圆柱的重心 C 与接触点 A 的距离为 d，并假定接触处不会发生相对滑动。试证明平衡不稳定的条件为$\dfrac{1}{d}<\dfrac{1}{R}+\dfrac{1}{r}$。

8-23 如图所示为一台秤机构的简图。已知 $BC=ED$，$BE=CD$。试证明：不论重物 M 在秤盘上哪一位置，两物重量之比均有

$$\frac{G_M}{G_N}=\frac{AB}{BC}$$

8-24 等长的 AB、BC、CD 三直杆铰接后用铰链 A、D 固定，如图所示。这是具有一个自由度的系统。设在三杆上各有一力偶作用，其力偶矩的大小分别为 M_1、M_2 与 M_3。求在图示位置平衡时这三个力偶矩之间的关系。杆的重量不计。

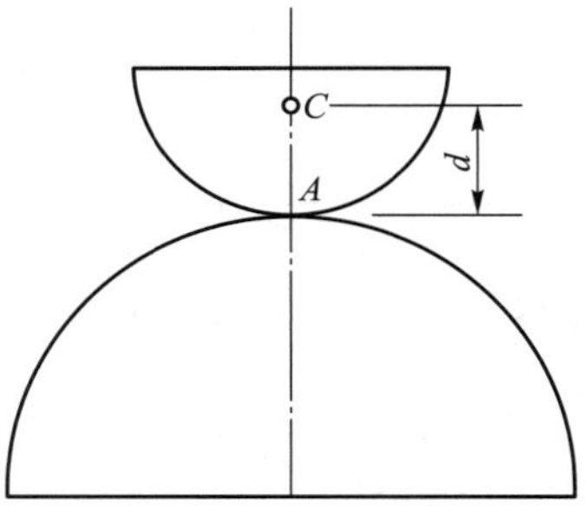

题 8-22 图

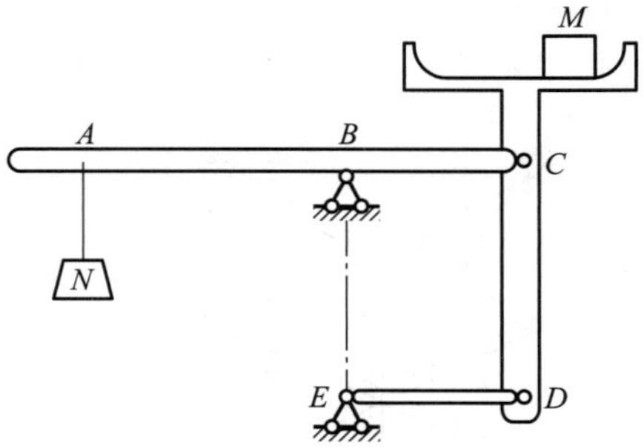

题 8-23 图

8-25 均质杆 AB、BC 各重量为 G，长度为 l，在 B 点铰接后置于光滑地面上。在两杆的中点各有一长度为 $l/4$ 的软绳，并挂有一重量为 G 的重物，如图所示。求平衡时的 θ 角，并讨论其稳定性。

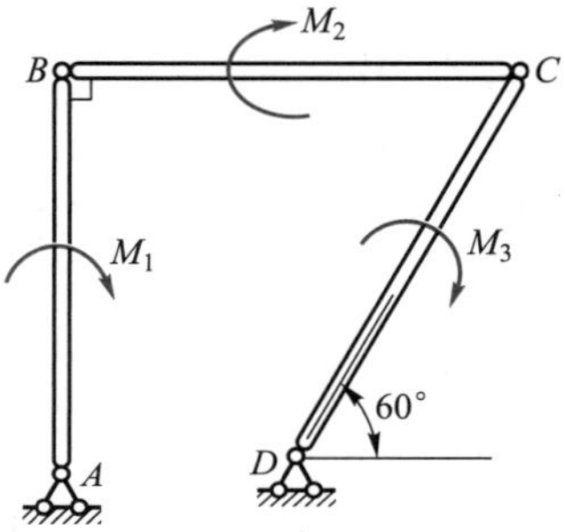

题 8-24 图

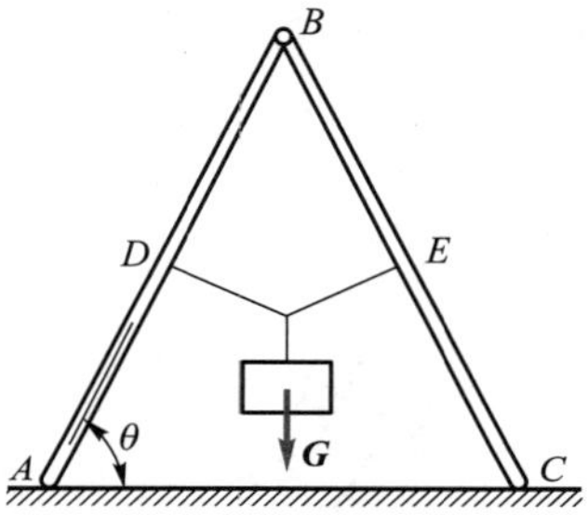

题 8-25 图

8-26 图示机构，杆 AB 和 BC 长度均为 l，弹簧原长为 l_0，刚度系数为 k，B 点作用铅垂力 $\boldsymbol{F}$，不计机构重量，A、B、C 处均为光滑。试求图示机构处于平衡位置时 θ 角的大小。

8-27 图示机构，已知 OA 长度为 l，$O_1D=3l/4$，$O_1D /\!/ OB$，弹簧的刚度系数为 k，图示瞬时发生拉伸变形为 λ_s，OA 杆上作用有主动力偶 $M_1=M$，图示瞬时 $\theta=30°$，$\beta=90°$。求图示瞬时系统若要达到平衡状态，需要在 O_1D 杆上施加力偶 M_2 的大小和方向。

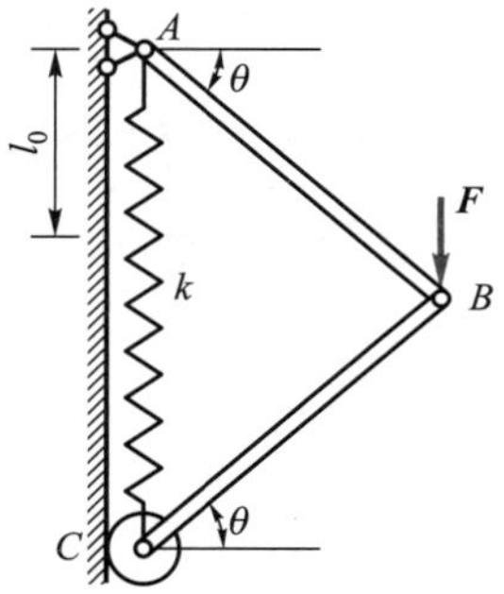

题 8-26 图

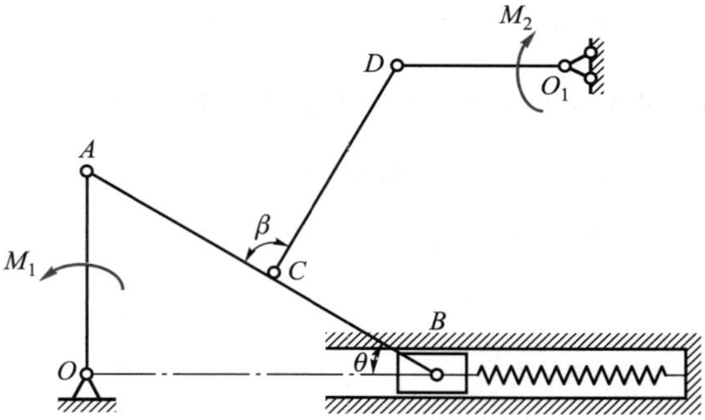

题 8-27 图

讨论题

8-28 一具有两自由度的系统由 AB、CD、DE 三杆组成，如图所示，其中，$AC=CD=DE$。今在三杆上分别作用一力偶，并在图示位置平衡。已知 M_1，求 M_2 与 M_3。各杆重量不计。

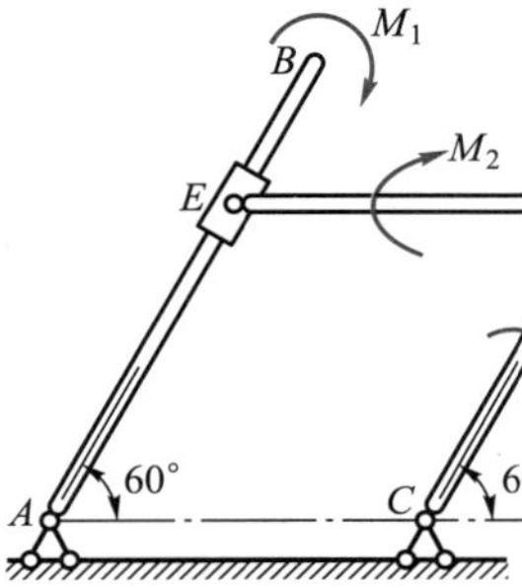

题 8-28 图

8-29 用虚位移原理计算图 a、b 所示两结构在力 $\boldsymbol{F}$ 作用下 AD 杆的内力。

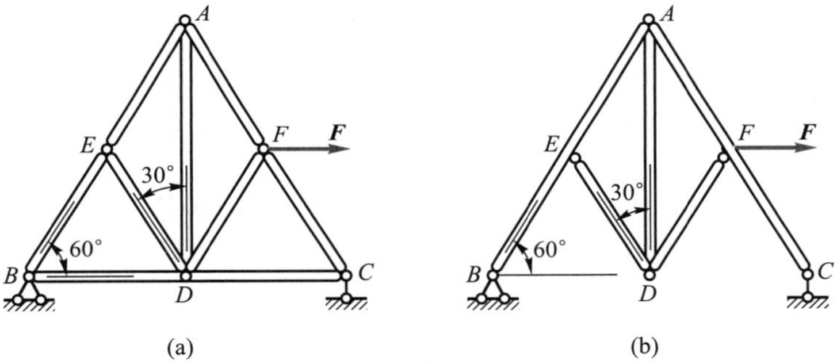

题 8-29 图

8-30 一拱桥的载荷如图所示。设 $F_1=20$ kN，$F_2=10$ kN，求支座 C、D 处的约束力。

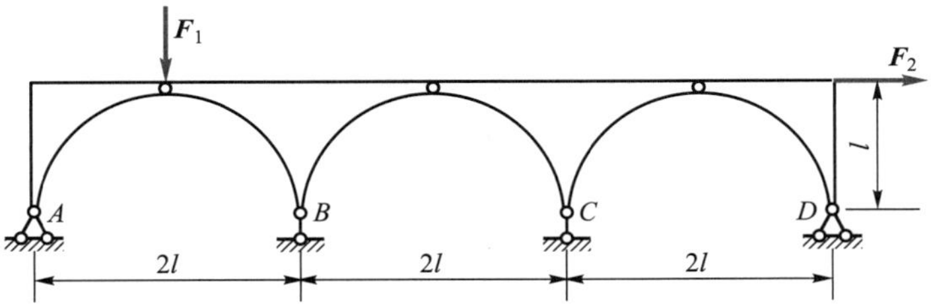

题 8-30 图

8-31 如图所示均质杆 AB 重量为 G，重心在 G 点。杆的 C 点用铰固定。杆的一端通过铰链与拉杆 BD 相连，不计此杆重量。BD 杆穿过用铰 O 固定的套筒，套筒与杆之间装一弹簧，弹簧原长等于 BD，不计摩擦。设 $GC=a$，$CB=CO=l$，C 和 O 两点在铅垂线上。求使 AB 杆在任意位置都能平衡的弹

簧刚度系数 k。

8-32 软链 AB 的一端固定在一任意形状的光滑曲面上，一端下垂，如图所示。求证软链上任意一点 C 处的拉力为

$$F_{T_C}=\sigma h_C$$

其中，σ 为软链单位长度的重量；h_C为 C 点离开自由端 B 的高度。

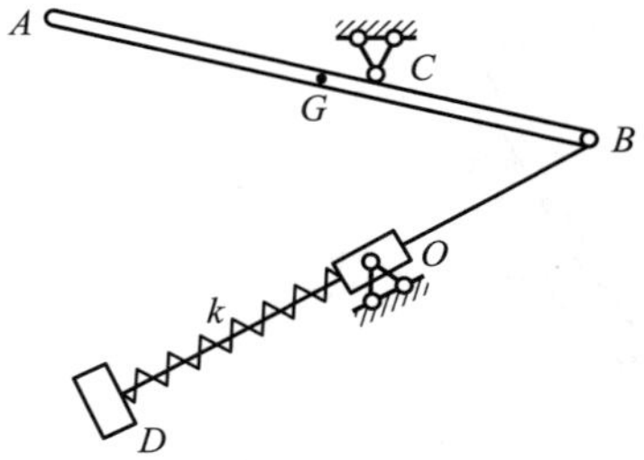

题 8-31 图

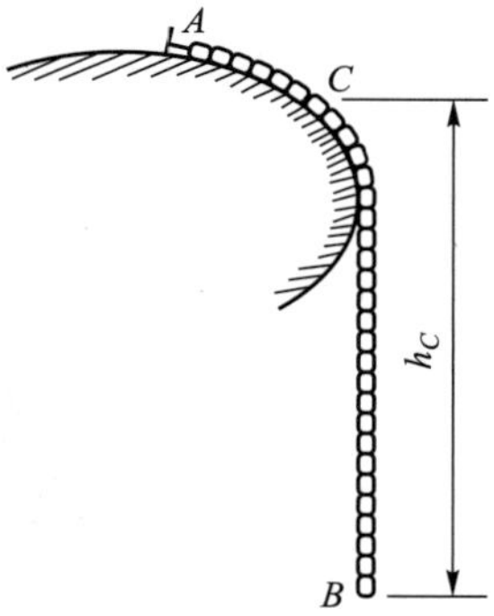

题 8-32 图

8-33 如图所示，杆系在铅垂面内平衡，$AB=BC=l$，$CD=DB$，且 AB、CE 水平，CB 铅垂。均质杆 CE 和刚度系数为 k_1的拉压弹簧相连，重量为 G 的均质杆 AB 左端有一刚度系数为 k_2的螺线弹簧。在 BC 杆上作用有水平的线性分布载荷，其最大载荷集度为 q。不计 BC 杆的重量，试求水平弹簧的变形量 Δ 和螺线弹簧的扭转角 φ。

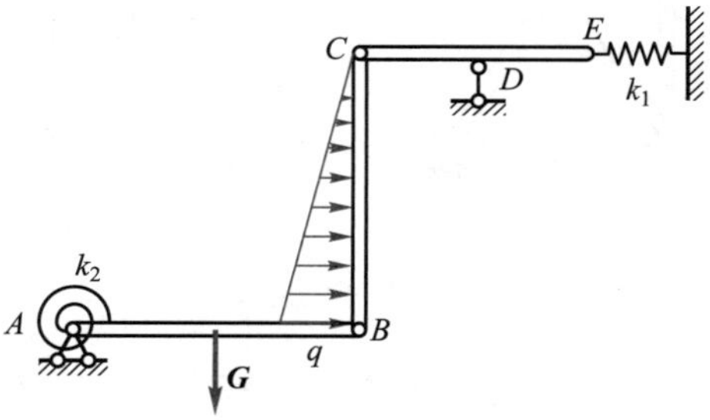

题 8-33 图

8-34 如图所示为车库大门结构原理图。高为 h 的均质库门 AB 重量为 G，其上端 A 可沿库顶水平槽滑动，下端 B 与无重杆 OB 铰接，并由弹簧 CB 拉紧，弹簧原长为 $r-a$，$OB=r$。不计各处摩擦，问弹簧的刚度系数 k 为多大时才可使库门在关闭位置处（$\theta=0$），不因 B 端有微小位移干扰而自动弹起。

***8-35** 图示弹性杆支架，已知杆 AC 和 BC 的刚度系数分别为 k_1和 k_2且 $AC=l$，不计杆的自重，试求悬挂重量为 G 的重物后，铰 C 的位移。（分别用莫尔定理和卡氏定理求解。）

8-36 图示平面机构，两杆长度相等。在 B 点挂有重 W 的重物。D、E 两点用弹簧连接。已知弹簧原长为 l，刚度系数为 k，其他尺寸如图。不计各杆自重，求机构平衡时 W 与 θ 的关系。

8-37 图示平行四边形机构，杆重不计，各处光滑。已知 $OD=DA=AB=BC=CD=DE=l$，在铰 A、C 之间连以刚度系数为 k 的弹簧，弹簧原长为 l，在铰 B 处作用一水平力 F。求平衡时力 F 与角 θ 的关系。

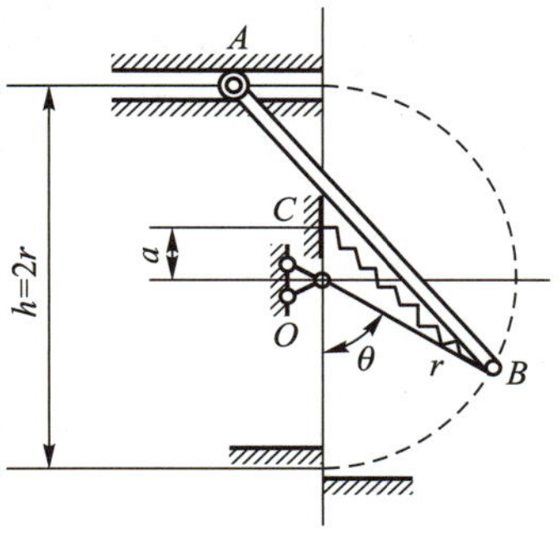

题 8-34 图

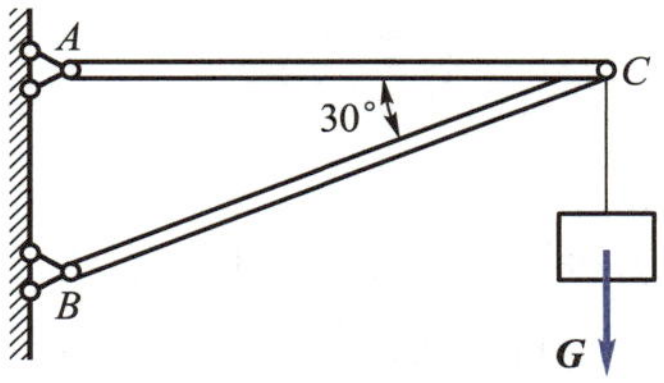

题 8-35 图

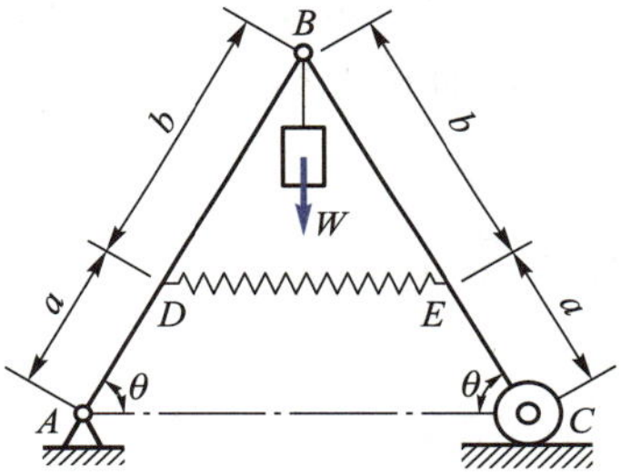

题 8-36 图

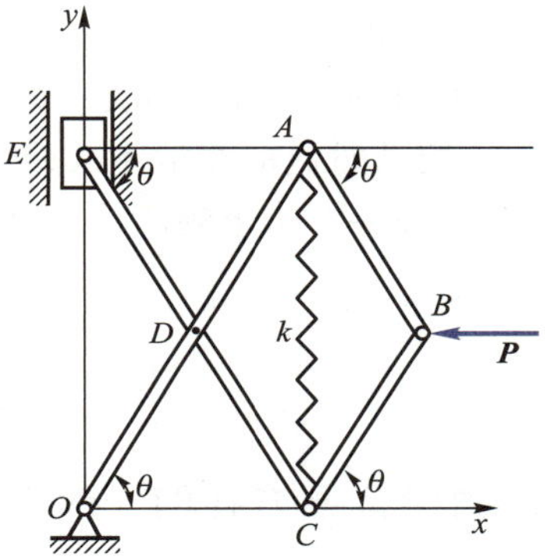

题 8-37 图

第 8 章思考解析　　第 8 章习题参考答案

*第9章 分析动力学基础

运用矢量力学分析受约束动力系统,必然面临未知约束力多、方程数目多、求解烦冗的问题。将达朗贝尔原理与虚位移原理相结合,建立起约束系统的动力学普遍方程,不但方程数目减少,而且避免了理想约束力的出现;将完整约束系统的动力学普遍方程变为广义坐标形式,进一步转变为能量形式,所导出的拉格朗日第二类方程,实现了用最少数目的方程描述动力系统;由动力学普遍方程结合拉格朗日乘子法,导出的拉格朗日第一类方程,不但适用于非完整约束系统,而且便于程式化处理约束动力系统问题;由拉格朗日第二类方程引入哈密顿函数,导出哈密顿正则方程,给出了一种简洁对偶的数学体系,开拓了应用前景;动力学普遍方程对时间积分,导出一个重要的力学变分原理——哈密顿原理,提供一种动力学问题的直接近似解法。

9.1 动力学普遍方程

9.1.1 动力学普遍方程的一般形式

考察由 n 个质点组成的理想约束系统,由质点的达朗贝尔原理,有

$$\boldsymbol{F}_i+\boldsymbol{F}_{Ni}-m_i\boldsymbol{a}_i=0 \quad (i=1,\cdots,n)$$

式中,等号左侧各项分别为第 i 个质点所受到的主动力、理想约束力和惯性力。若给系统任一组虚位移($\delta\boldsymbol{r}_1,\delta\boldsymbol{r}_2,\cdots,\delta\boldsymbol{r}_n$),则总虚功为

$$\sum(\boldsymbol{F}_i+\boldsymbol{F}_{Ni}-m_i\boldsymbol{a}_i)\cdot\delta\boldsymbol{r}_i=0$$

式中,$\boldsymbol{F}_{Ni}$表示各质点所受理想约束力。

由理想约束条件

$$\sum\boldsymbol{F}_{Ni}\cdot\delta\boldsymbol{r}_i=0$$

故

$$\sum(\boldsymbol{F}_i-m_i\boldsymbol{a}_i)\cdot\delta\boldsymbol{r}_i=0 \quad (i=1,2,\cdots,n) \tag{9-1}$$

这就是**动力学普遍方程**的一般形式,又叫**动力虚功方程**。它表明,**任一瞬时作用于理想、双面约束动力系统上的主动力与惯性力在该系统任意虚位移上的虚功之和为零**。其直角坐标形式为

$$\sum[(F_{ix}-m_i\ddot{x}_i)\delta x_i+(F_{iy}-m_i\ddot{y}_i)\delta y_i+(F_{iz}-m_i\ddot{z}_i)\delta z_i]=0 \tag{9-2}$$

式(9-1)和式(9-2)中,$\boldsymbol{F}_i=(F_{ix},F_{iy},F_{iz})$,$\boldsymbol{a}_i=(\ddot{x}_i,\ddot{y}_i,\ddot{z}_i)$及$\delta\boldsymbol{r}_i=(\delta x_i,\delta y_i,\delta z_i)$,分别为质点 i 的主动力、加速度及虚位移。

需要指出的是,式(9-1)和式(9-2)适用于任何理想、双面约束动力系统,不论约束是否完整、是否定常,也不论作用力是否有势。

9.1.2 动力学普遍方程的广义坐标形式

设完整约束系统有 k 个自由度，可取 $q_i, q_2, \cdots, q_k$ 为广义坐标，则

$$\delta \boldsymbol{r}_i = \sum_{j=1}^{k} \frac{\delta \boldsymbol{r}_i}{\delta q_j} \delta q_j$$

将其代入式(9-1)，并交换 i、j 求和次序，得

$$\sum_{j=1}^{k} (F_{Q_j} + F_{Q_j}^*) \delta q_j = 0 \tag{9-3}$$

式中，**广义主动力** $F_{Q_j} = \sum_{i=1}^{n} \boldsymbol{F}_i \cdot \frac{\delta \boldsymbol{r}_i}{\delta q_j}$；**广义惯性力** $F_{Q_j}^* = -\sum_{i=1}^{n} m_i \boldsymbol{a}_i \cdot \frac{\delta \boldsymbol{r}_i}{\delta q_j}$。

由于各**广义虚位移** δq_j 的任意性（线性无关），故有

$$F_{Q_j} + F_{Q_j}^* = 0 \quad (j = 1, 2, \cdots, k) \tag{9-4}$$

式(9-4)就是**动力学普遍方程的广义坐标形式**。由虚位移 δq_j 的任意性，由式(9-3)容易得出与式(9-4)等价的方程组

$$\sum \delta W_F^{(j)} = 0, \quad 仅 \quad \delta q_j \neq 0 \quad (j = 1, 2, \cdots, k) \tag{9-5}$$

注意：式(9-5)中包含了惯性力的虚功。

问题 9-1 广义坐标形式的动力学普遍方程式(9-4)与式(9-5)适用于非完整系统吗？为什么？

答：不适用。因为对于非完整系统，由于受到不可积分的运动约束，存在广义坐标变分之间的关系方程，各广义坐标的变分并不独立。上面推导中，就不能由式(9-3)导出式(9-4)。关于非完整系统中运动约束的概念和实例可参阅有关分析力学的文献。

问题 9-2 如图所示，在光滑的水平面上放置重量为 G_1 的三棱柱 ABC，其水平倾角为 θ。一重量为 G_2、半径为 r 的均质圆轮沿该三棱柱的斜面 AB 无滑动地滚下。设三棱柱后退的加速度为 $\boldsymbol{a}_1$，圆柱质心 O 相对于三棱柱的加速度为 $\boldsymbol{a}_r$。选三棱柱位移 x 与圆轮转角 φ 为广义坐标。对系统施加相应的惯性力与惯性力偶，受力如图。试问，当令 $\delta x = 0, \delta\varphi \neq 0$ 时，$\sum \delta W_F^{(\varphi)} = 0$ 中是否应包含牵连惯性力 $\boldsymbol{F}_{I2e}$ 的虚功？

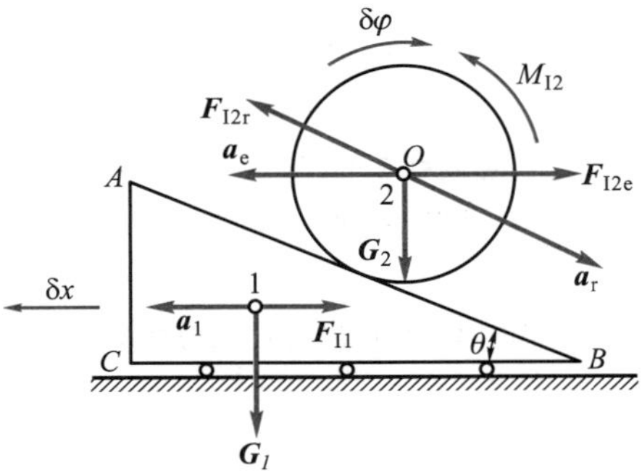

问题 9-2 图

答：应包含。因为虚功原理中，平衡的力状态与给定的虚位移是相互独立的。令圆轮的牵连虚位移 $\delta x = 0$，并不影响原系统的加速运动，$\boldsymbol{F}_{I2e}$ 在虚位移 $r\delta\varphi$ 中做虚功；令 $\delta\varphi = 0$，也不影响圆轮的 $\boldsymbol{F}_{I2r}$ 在虚位移 δx 中做虚功。

思考 9-1 如何用动力学普遍方程求问题 9-2 图中 $\boldsymbol{a}_1$ 和 $\boldsymbol{a}_r$ 的大小？

9.1.3 动力学普遍方程的应用

动力学普遍方程用于求解受约束动力系统问题十分方便，可以整体考虑，不必拆开分析，对

于多自由度系统尤其简便。针对具体问题，正确分析运动，施加惯性力后，应用动力虚功方程求解，其过程与应用静力虚功方程完全类同。

例 9-1 离心调速器以匀角速度 ω 绕轴 Oy 转动，如图所示。两球质量均为 m_1，重锤质量为 m_2。4 根铰接连杆的长度均为 l，T 形杆宽度为 $2d$，均不计重量，假定各铰与轴承是光滑的。试求角速度的大小 ω 与张角 θ 的关系。

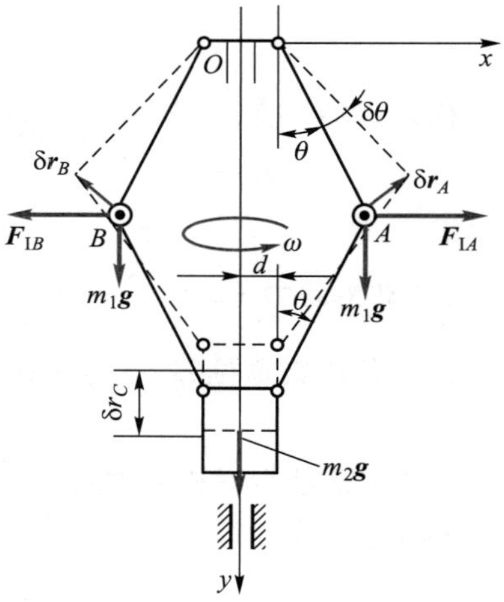

例 9-1 图

解：本系统应有两个自由度，由于轴对称，可视为只有一个自由度的理想约束系统，选 θ 为广义坐标。加惯性力，受力如图。其中，A、B 两球的惯性力大小为

$$F_{IA}=F_{IB}=m_1(d+l\sin\theta)\omega^2$$

给出图示虚位移，由动力虚功方程，得

$$F_{IA}\delta x_A-F_{IB}\delta x_B+m_1g\delta y_A+m_1g\delta y_B+m_2g\delta y_C=0 \tag{a}$$

各主动力作用点的虚位移可用广义坐标的变分 $\delta\theta$ 表示为

$$x_A=d+l\sin\theta,\quad \delta x_A=l\cos\theta\delta\theta$$

$$y_A=l\cos\theta,\quad \delta y_A=-l\sin\theta\delta\theta$$

$$x_B=-(d+l\sin\theta),\quad \delta x_B=-l\cos\theta\delta\theta$$

$$y_B=l\cos\theta,\quad \delta y_B=-l\sin\theta\delta\theta$$

$$y_C=2l\cos\theta,\quad \delta y_C=-2l\sin\theta\delta\theta$$

把它们代入式(a)，得

$$2m_1(d+l\sin\theta)\omega^2l\cos\theta\delta\theta-2m_1gl\sin\theta\delta\theta-2m_2l\sin\theta\delta\theta=0 \tag{b}$$

由此解得

$$\omega^2=\frac{(m_1+m_2)g\tan\theta}{m_1(d+l\sin\theta)}$$

注意：例 9-1 图所示系统有约束方程 $\varphi=\varphi_0+\omega t$，其中 φ 为调速器绕轴 Oy 的转角，系统为非定常约束。在非定常约束下质点系的虚位移只需考虑它的瞬时性质，即认为时间固定（$\delta t=0$），而将调速器的转动“凝固”在例 9-1 图所示的形态上，$\delta\theta$ 就是在这一形态下为约束所许可的虚位移。

思考 9-2 试用以前学过的牛顿力学方法求解例 9-1，并比较两种方法的特点。

例 9-2 如图所示半径均为 r 的两个圆柱 1、2，用不可伸长的绳子相连，绳子一端与圆柱 1 的中心连接，另一端多圈缠绕在圆柱 2 上（绳与滑轮 A 的重量不计）。1 为均质实心圆柱，其质量为 m_1，2 为均质空心薄壁圆筒，质量为 m_2。设圆筒 2 铅垂下降。圆柱 1 沿水平面只滚不滑，且滚动摩阻不计。试求运动过程中轮心 C 与轮心 O 的加速度大小。

解：这是两个自由度的理想约束系统，其受力与运动分析及所加惯性力如图所示，取两轮转角 φ_1、φ_2 为广义坐标，由运动关系有

$$v_C=r\omega_1+r\omega_2,\quad a_C=r\alpha_1+r\alpha_2 \tag{a}$$

令 $\delta\varphi_1=0$，$\delta\varphi_2\neq0$，由 $\sum\delta W_F^{(\varphi_2)}=0$，有

$$(m_2g-m_2a_C)r\delta\varphi_2-J_C\alpha_2\delta\varphi_2=0$$

将式(a)及 $J_C=m_2r^2$ 代入上式，得

$$r(\alpha_1+2\alpha_2)=g \tag{b}$$

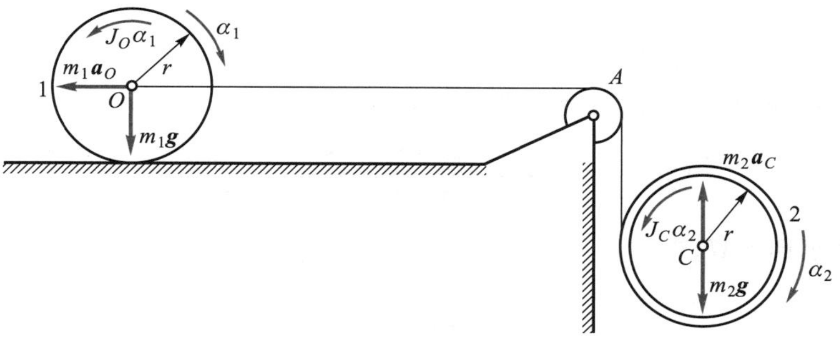

例 9-2 图

再令 $\delta\varphi_1\neq 0,\delta\varphi_2=0$，由 $\sum\delta W_F^{(\varphi_1)}=0$，有

$$m_1 a_0 r\delta\varphi_1+J_O\alpha_1\delta\varphi_1+(m_2 a_C-m_2 g)r\delta\varphi_1=0$$

即

$$\left(\frac{3}{2}m_1 r+m_2 r\right)\alpha_1+m_2 r\alpha_2=m_2 g \tag{c}$$

联立式(a)、(b)、(c)，可得

$$a_0=r\alpha_1=\frac{m_2 g}{3m_1+m_2},\quad a_C=\frac{(2m_2+3m_1)g}{2(3m_1+m_2)}$$

注意：对于多自由度动力系统，加上主动力和惯性力后，各独立虚位移可任意给定，与受力状态无关。

思考 9-3 例 9-2 中：

① 试求绳的张力及轮 1 只滚不滑时支承面摩擦因数 f 的取值范围。

② 试用动力学普遍定理求解，并比较两种方法的特点。

③ 若考虑滑轮 A 的质量，结果有何变化？

9.2 拉格朗日第二类方程

考察完整约束系统广义坐标形式的动力学普遍方程式(9-4)，即

$$F_{Q_j}+F_{Q_j}^*=0\quad(j=1,2,\cdots,k)$$

其中，广义惯性力 $F_{Q_j}^*$ 不便于计算，拉格朗日利用两个经典的拉格朗日微分关系，将 $F_{Q_j}^*$ 能量化，导出了具有明显物理意义的拉格朗日第二类方程。

9.2.1 两个经典拉格朗日关系式

考察由 n 个质点组成的理想约束系统，受 s 个完整约束，其广义坐标 q_j 的数目 $k=3n-s$，第 i 个质点的位矢 $\boldsymbol{r}_i=\boldsymbol{r}_i(t,q_1,\cdots,q_k)$，$i=1,2,\cdots,n$，则存在如下两个经典拉格朗日关系：

① $\dfrac{\partial\dot{\boldsymbol{r}}_i}{\partial\dot{q}_j}=\dfrac{\partial\boldsymbol{r}_i}{\partial q_j}$

② $\frac{\mathrm{d}}{\mathrm{d}t}\left(\frac{\partial \boldsymbol{r}_i}{\partial q_j}\right)=\frac{\partial \dot{\boldsymbol{r}}_i}{\partial q_j}$

证明：① 因 $\boldsymbol{r}_i=\boldsymbol{r}_i(t,q_1,\cdots,q_k)$，对时间 t 求导数，得

$$\dot{\boldsymbol{r}}_i=\sum_{l=1}^{k}\frac{\partial \boldsymbol{r}_i}{\partial q_l}\dot{q}_l+\frac{\partial \boldsymbol{r}_i}{\partial t} \tag{9-6}$$

再对广义速度 $\dot{q}_j$ 求偏导数，得

$$\frac{\partial \dot{\boldsymbol{r}}_i}{\partial \dot{q}_j}=\frac{\partial \boldsymbol{r}_i}{\partial q_j} \tag{9-7}$$

式(9-7)表明，可对$\frac{\partial \dot{\boldsymbol{r}}_i}{\partial \dot{q}_j}$的分子与分母“**同时消点**”。

② 将式(9-6)两边对广义坐标 q_j 求偏导数，有

$$\frac{\partial \dot{\boldsymbol{r}}_i}{\partial q_j}=\sum_{l=1}^{k}\frac{\partial \boldsymbol{r}_i}{\partial q_l\partial q_j}\dot{q}_l+\frac{\partial \boldsymbol{r}_i}{\partial q_j\partial t}$$

而

$$\frac{\mathrm{d}}{\mathrm{d}t}\left(\frac{\partial \boldsymbol{r}_i}{\partial q_j}\right)=\sum_{l=1}^{k}\frac{\partial}{\partial q_l}\left(\frac{\partial \boldsymbol{r}_i}{\partial q_j}\right)\dot{q}_l+\frac{\partial \boldsymbol{r}_i}{\partial q_j\partial t}$$

比较以上两式，可得

$$\frac{\mathrm{d}}{\mathrm{d}t}\left(\frac{\partial \boldsymbol{r}_i}{\partial q_j}\right)=\frac{\partial \dot{\boldsymbol{r}}_i}{\partial q_j} \tag{9-8}$$

式(9-8)表明，可对求导“**交换关系**”。

9.2.2 基本形式的拉格朗日方程

考察广义惯性力，并结合乘积的导数关系，有

$$-F_{Q_j}^{*}=\sum_{i=1}^{n}m_i\dot{\boldsymbol{v}}_i\cdot\frac{\partial \boldsymbol{r}_i}{\partial q_j}=\frac{\mathrm{d}}{\mathrm{d}t}\left(\sum_{i=1}^{n}m_i\boldsymbol{v}_i\cdot\frac{\partial \boldsymbol{r}_i}{\partial q_j}\right)-\sum_{i=1}^{n}m_i\boldsymbol{v}_i\cdot\frac{\mathrm{d}}{\mathrm{d}t}\left(\frac{\partial \boldsymbol{r}_i}{\partial q_j}\right)$$

将两个经典关系式(9-7)和式(9-8)代入上式，并注意到 $\dot{\boldsymbol{r}}_i=\boldsymbol{v}_i$，得

$$\begin{aligned}-F_{Q_j}^{*}&=\frac{\mathrm{d}}{\mathrm{d}t}\sum_{i=1}^{n}m_i\boldsymbol{v}_i\cdot\frac{\partial \boldsymbol{v}_i}{\partial \dot{q}_j}-\sum_{i=1}^{n}m_i\boldsymbol{v}_i\cdot\frac{\partial \boldsymbol{v}_i}{\partial q_j}\\&=\frac{\mathrm{d}}{\mathrm{d}t}\frac{\partial}{\partial \dot{q}_j}\left(\sum_{i=1}^{n}\frac{1}{2}m_iv_i^2\right)-\frac{\partial}{\partial q_j}\left(\sum_{i=1}^{n}\frac{1}{2}m_iv_i^2\right)=\frac{\mathrm{d}}{\mathrm{d}t}\frac{\partial T}{\partial \dot{q}_j}-\frac{\partial T}{\partial q_j}\end{aligned} \tag{9-9}$$

式(9-9)中，$T=\sum_{i=1}^{n}\frac{1}{2}m_iv_i^2$，为系统的动能。

将式(9-9)代入式(9-4)得

$$\frac{\mathrm{d}}{\mathrm{d}t}\frac{\partial T}{\partial \dot{q}_j}-\frac{\partial T}{\partial q_j}=F_{Q_j}\quad(j=1,2,\cdots,k) \tag{9-10}$$

这就是基本形式的拉格朗日方程，又叫**拉格朗日第二类方程**，是一个以时间 t 为自变量，以 k 个广义坐标 $q_j(t)$ 为未知函数的二阶常微分方程组。其通解中的 $2k$ 个积分常数，须由具体问题的 $2k$ 个初始条件 $q_j(0)$、$\dot{q}_j(0)$ 确定。

注意： 式(9-10)中的广义主动力 F_{Q_j} 可按式(9-3)中的定义计算，或由 $\sum\delta W_F^{(j)}=F_{Q_j}\cdot\delta q_j$ 推算。

问题 9-3 图中圆轮滚而不滑，若取 φ 为广义坐标，试求 F_{Q_φ}。

答： 由 $\sum\delta W_F=F_{Q_\varphi}\delta\varphi=G\delta y_C=G\delta[(R-r)\cos\varphi]=-G(R-r)\sin\varphi\delta\varphi$，故

$$F_{Q_\varphi}=-G(R-r)\sin\varphi$$

可见，F_{Q_φ} 是与 $\delta\varphi$ 相对应的力矩，且转向与 $\delta\varphi$ 相反。

思考 9-4 如图所示椭圆摆中，滑块质量为 m_1，小球 A 质量为 m_2，杆长为 l，不计杆重与摩擦。取 x、φ 为广义坐标，试证明 $F_{Q_x}=0$，$F_{Q_\varphi}=-m_2gl\sin\varphi$。

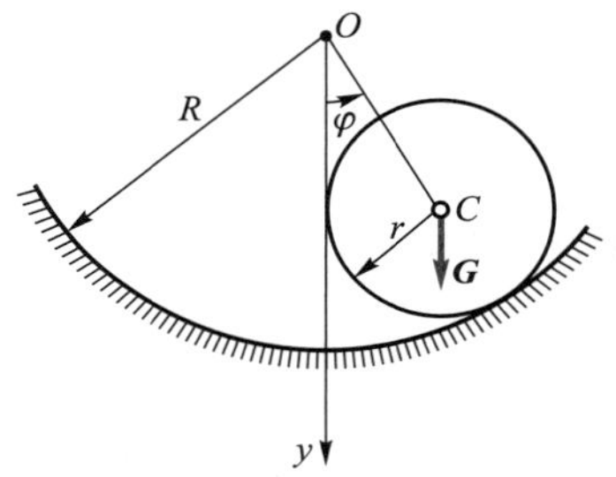

问题 9-3 图

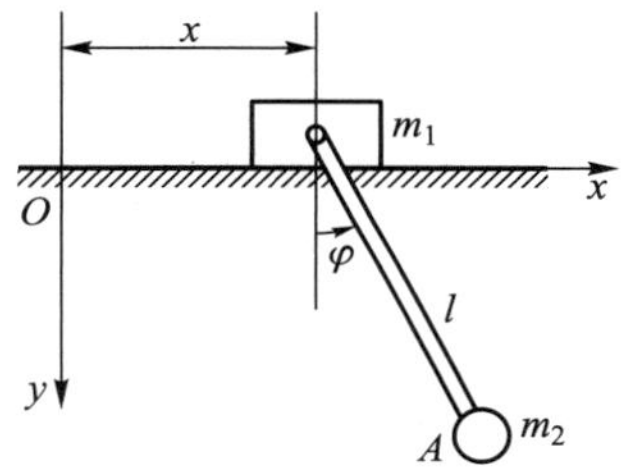

思考 9-4 图

9.2.3 势力场中的拉格朗日方程

在势力场中，系统所受主动力都是有势力，则广义有势主动力为

$$F_{Q_j}=-\frac{\partial V}{\partial q_j} \tag{9-11}$$

将式(9-11)代入式(9-10)中，得

$$\frac{\mathrm{d}}{\mathrm{d}t}\frac{\partial T}{\partial\dot{q}_j}-\frac{\partial T}{\partial q_j}=-\frac{\partial V}{\partial q_j}$$

引入**拉格朗日函数** $L=T-V$，并注意到 $\frac{\partial V}{\partial\dot{q}_j}=0$，有

$$\frac{\mathrm{d}}{\mathrm{d}t}\frac{\partial L}{\partial\dot{q}_j}-\frac{\partial L}{\partial q_j}=0\quad(j=1,2,\cdots,k) \tag{9-12}$$

这就是适用于**势力场的拉格朗日方程**(简称拉氏方程)，式中的**拉格朗日**函数(简称拉氏函数)L 是系统的动能与势能之差，又叫**动势**。式(9-12)也是关于 k 个广义坐标的二阶常微分方程组，通常是非线性的，难以解析积分，可用数值求解。

问题 9-4 图示两均质轮沿斜面作纯滚动，均质杆 AB 与两轮心铰接。已知 m_1、m_2、m_3、r_1、r_2、k。试求系统微振动微分方程及固有频率 ω_0。

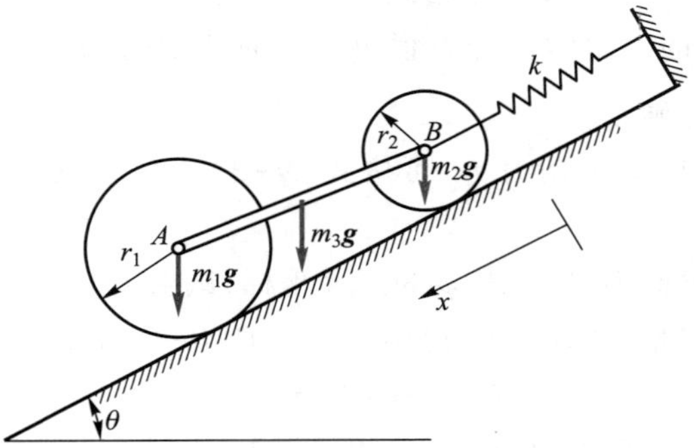

问题 9-4 图

答:系统自由度为 1。取轮心 B 沿斜面的位移 x 为广义坐标。平衡位置为零势能位置,则任意 x 位置时,系统动势

$$L=T-V=\frac{3}{4}m_1\dot{x}^2+\frac{3}{4}m_2\dot{x}^2+\frac{1}{2}m_3\dot{x}^2-\frac{1}{2}kx^2$$

$$\frac{\partial L}{\partial x}=-kx,\quad \frac{\partial L}{\partial \dot{x}}=\left(\frac{3}{2}m_1+\frac{3}{2}m_2+m_3\right)\dot{x}$$

代入拉氏方程 $\frac{\mathrm{d}}{\mathrm{d}t}\frac{\partial L}{\partial \dot{x}}-\frac{\partial L}{\partial x}=0$,有

$$\left(\frac{3}{2}m_1+\frac{3}{2}m_2+m_3\right)\ddot{x}+kx=0$$

即

$$\ddot{x}+\frac{2k}{3m_1+3m_2+2m_3}x=0$$

为所求微振动微分方程。

与简谐振动微分方程

$$\ddot{x}+\omega_0^2x=0$$

对比可知振动圆频率为

$$\omega_0=\sqrt{\frac{2k}{3m_1+3m_2+2m_3}}$$

思考 9-5

① 问题 9-4 中势能 V 为什么与弹簧初始变形和重力无关?

② 试用动能定理求解问题 9-4,并比较两种方法的特点。

9.2.4 拉格朗日方程的应用

应用拉格朗日方程求解受约束系统的动力问题,首先需要判断约束是否完整,这是应用拉氏方程的前提;其次看主动力是否有势,由此选择拉氏方程形式。具体步骤见下面例题。

例 9-3 如图所示,绞盘半径为 R,转动惯量为 J,其上作用力偶矩为 M 的力偶,重物质量分别为 m_1、m_2,不

计摩擦与滑轮质量，求绞盘的角加速度 α。

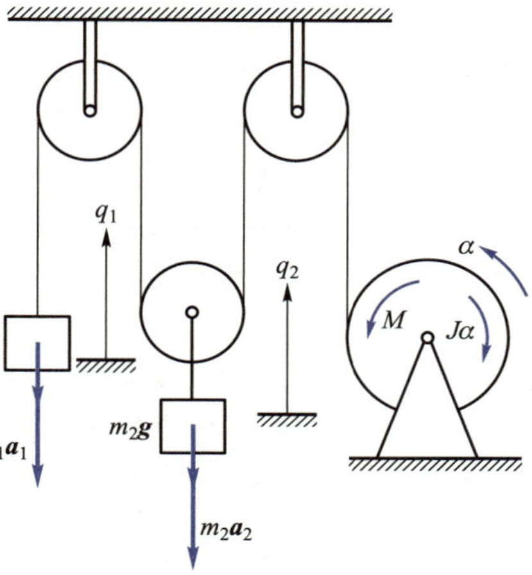

例 9-3 图

解：本系统为完整约束，主动力非有势，采用基本形式的拉氏方程求解。

① 判断系统的自由度，取广义坐标。本题中，$k=2$，取 q_1、q_2 为广义坐标，则有

$$R\theta=q_1+2q_2,\quad R\delta\theta=\delta q_1+2\delta q_2$$

$$R\dot{\theta}=\dot{q}_1+2\dot{q}_2,\quad R\ddot{\theta}=\ddot{q}_1+2\ddot{q}_2$$

② 计算系统的 T 与 F_{Q_j}：

$$T=\frac{1}{2}m_1\dot{q}_1^2+\frac{1}{2}m_2\dot{q}_2^2+\frac{1}{2}J\left(\frac{\dot{q}_1+2\dot{q}_2}{R}\right)^2$$

$$\frac{\partial T}{\partial\dot{q}_1}=m_1\dot{q}_1+\frac{J}{R^2}(\dot{q}_1+2\dot{q}_2),\quad \frac{\partial T}{\partial q_1}=0$$

$$\frac{\partial T}{\partial\dot{q}_2}=m_2\dot{q}_2+\frac{2J}{R^2}(\dot{q}_1+2\dot{q}_2),\quad \frac{\partial T}{\partial q_2}=0$$

$$F_{Q_1}=\frac{\sum\delta W_F^{(1)}}{\delta q_1}=\frac{M\dfrac{\delta q_1}{R}-m_1g\delta q_1}{\delta q_1}=\frac{M}{R}-m_1g$$

$$F_{Q_2}=\frac{\sum\delta W_F^{(2)}}{\delta q_2}=\frac{2M\dfrac{\delta q_2}{R}-m_2g\delta q_2}{\delta q_2}=\frac{2M}{R}-m_2g$$

③ 代入拉氏方程，得系统的运动微分方程，代入 $\dfrac{\mathrm{d}}{\mathrm{d}t}\dfrac{\partial T}{\partial\dot{q}_1}-\dfrac{\partial T}{\partial q_1}=F_{Q_1}$，得

$$m_1\ddot{q}_1+\frac{J}{R^2}(\ddot{q}_1+2\ddot{q}_2)=\frac{M}{R}-m_1g \tag{a}$$

代入 $\dfrac{\mathrm{d}}{\mathrm{d}t}\dfrac{\partial T}{\partial\dot{q}_2}-\dfrac{\partial T}{\partial q_2}=F_{Q_2}$，得

$$m_2\ddot{q}_2+\frac{2J}{R^2}(\ddot{q}_1+2\ddot{q}_2)=\frac{2M}{R}-m_2g \tag{b}$$

④ 解方程，求加速度：

式(a)$\times m_2$+式(b)$\times 2m_1$，得

$$\alpha=\ddot{\theta}=\frac{\ddot{q}_1+2\ddot{q}_2}{R}=\frac{M(m_2+4m_1)-3gRm_1m_2}{J(m_2+4m_1)+R^2m_1m_2}$$

注意：本题型特点为，完整系统多自由度动力问题采用拉氏方程，步骤规范，便于求解。拉氏方程与动力学普遍方程对于完整系统本质上一致，前者从能量，后者从受力入手考察系统的运动。

思考 9-6 试分别用动力学普遍方程、动力学普遍定理、达朗贝尔原理求解例9-3，并比较各种方法的特点。

例 9-4 如图所示，物 A 重为 G_1，物 B 重为 G_2，弹簧刚度系数为 k，其 O 端固定于物 A 上，另一端与物 B 相连。系统由静止开始运动，不计摩擦与弹簧质量，且弹簧在初瞬时无变形，试求运动中物 A 的加速度。

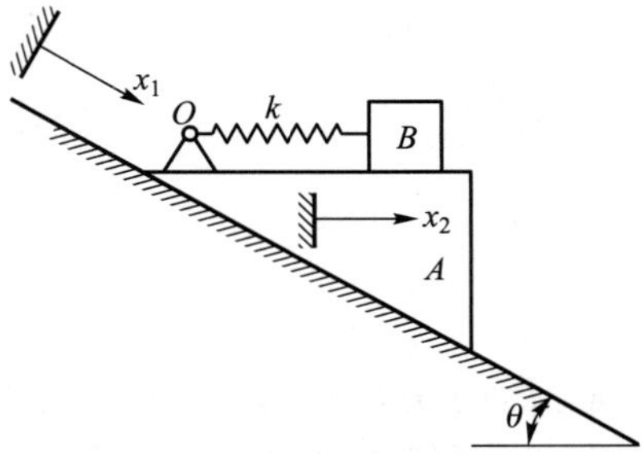

例 9-4 图

解：系统处于势力场中，是保守系统，且自由度为 2，取 A 的绝对位移 x_1、B 的相对位移 x_2(弹簧的绝对伸长量)为广义坐标。取系统的初始位置为零势能位置。在任意时刻 t，有

$$L=T-V=\frac{1}{2}\frac{G_1}{g}\dot{x}_1^2+\frac{1}{2}\frac{G_2}{g}(\dot{x}_1^2+\dot{x}_2^2+2\dot{x}_1\dot{x}_2\cos\theta)+$$

$$(G_1+G_2)x_1\sin\theta-\frac{1}{2}kx_2^2$$

$$\frac{\partial L}{\partial\dot{x}_1}=\frac{G_1+G_2}{g}\dot{x}_1+\frac{G_2}{g}\dot{x}_2\cos\theta$$

$$\frac{\partial L}{\partial x_1}=(G_1+G_2)\sin\theta$$

$$\frac{\partial L}{\partial\dot{x}_2}=\frac{G_2}{g}\dot{x}_2+\frac{G_2}{g}\dot{x}_1\cos\theta$$

$$\frac{\partial L}{\partial x_2}=-kx_2$$

将以上各项代入下列拉氏方程

$$\left.\begin{aligned}\frac{\mathrm{d}}{\mathrm{d}t}\frac{\partial L}{\partial\dot{x}_1}-\frac{\partial L}{\partial x_1}=0\\ \frac{\mathrm{d}}{\mathrm{d}t}\frac{\partial L}{\partial\dot{x}_2}-\frac{\partial L}{\partial x_2}=0\end{aligned}\right\}$$

得

$$\frac{G_1+G_2}{g}\ddot{x}_1+\frac{G_2}{g}\ddot{x}_2\cos\theta-(G_1+G_2)\sin\theta=0 \tag{a}$$

$$\frac{G_2}{g}\ddot{x}_2+\frac{G_2}{g}\ddot{x}_1\cos\theta+kx_2=0 \tag{b}$$

由式(a)和式(b)消去 $\ddot{x}_1$,得

$$\ddot{x}_2+\omega_0^2x_2=-D \tag{c}$$

其中

$$\omega_0^2=\frac{kg(G_1+G_2)}{G_2(G_1+G_2\sin^2\theta)},\quad D=\frac{(G_1+G_2)g\sin\theta\cos\theta}{G_1+G_2\sin^2\theta}$$

由式(c)解得

$$x_2=C_1\cos\omega_0t+C_2\sin\omega_0t-\frac{D}{\omega_0^2}$$

由 $t=0$ 时,$x_2=\dot{x}_2=0$,则得

$$C_1=\frac{D}{\omega_0^2},\quad C_2=0$$

故

$$x_2=\frac{G_2}{2k}\sin 2\theta(\cos\omega_0t-1) \tag{d}$$

将式(d)代入式(b)得

$$\ddot{x}_1=g\sin\theta+\frac{G_2g\sin\theta\cos^2\theta}{G_1+G_2\sin^2\theta}\cos\omega_0t=a_A$$

顺便指出,由式(c)和式(d)可知,物 B 相对于物 A 作常力作用下的简谐振动,其振幅为$\frac{G_2}{2k}\sin 2\theta$,固有频率为 ω_0。

注意:本题型特点为,多自由度完整约束保守系统问题,应用含 L 的拉氏方程,不需求广义力,求解较为简便。

思考 9-7

① (a) 试求例 9-4 中 A、B 两物块所受光滑面的支承力。若初瞬时弹簧有一初始伸长 δ,结果有何变化?(b) 试用质心运动定理和动能定理求解例9-4,并比较各种方法的特点。

② 试用拉氏方程求解例 9-1 与例 9-2。

例 9-5　两自由度系统自由振动如图 a 所示,两个相同的单摆,由刚度系数为 k、质量不计的线弹簧连接。已知每个单摆的摆杆长均为 l,且质量不计,每个摆锤的质量均为 m。弹簧和杆的连接点到悬挂点的距离均为 a,且两摆杆在铅垂位置时弹簧无变形。若不计摩擦,试求系统在同一铅垂面内作微振动时的固有频率。

解:系统自由度为 2,选两杆与铅垂线的夹角 φ_1、φ_2为广义坐标。

系统动能为

$$T=\frac{1}{2}m(l\dot{\varphi}_1)^2+\frac{1}{2}m(l\dot{\varphi}_2)^2$$

以系统在平衡位置,即 $\varphi_1=\varphi_2=0$ 时为零势能面,则图示任意位置系统的重力势能为

$$V_G=mgl(1-\cos\varphi_1)+mgl(1-\cos\varphi_2)\doteq\frac{1}{2}mgl(\varphi_1^2+\varphi_2^2)$$

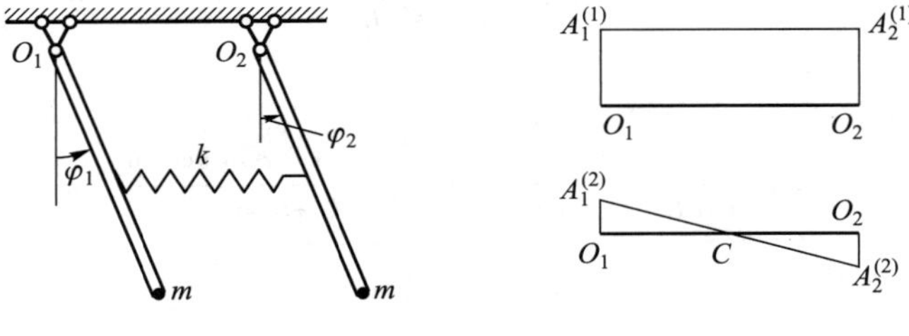

(a) 两个相同单摆　　(b) 主振型

例 9-5 图

因 φ_1、φ_2 皆为小量，弹簧的变形量可写为

$$\lambda = a\varphi_2 - a\varphi_1$$

于是系统的弹性势能为

$$V_k = \frac{1}{2}k\lambda^2 = \frac{1}{2}ka^2(\varphi_2^2 - 2\varphi_1\varphi_2 + \varphi_1^2)$$

故系统的总势能为

$$V = V_G + V_k$$

系统的拉氏函数为

$$L = T - V = \frac{1}{2}ml^2(\dot{\varphi}_1^2 + \dot{\varphi}_2^2) - \frac{1}{2}mgl(\varphi_1^2 + \varphi_2^2) - \frac{1}{2}ka^2(\varphi_2^2 - 2\varphi_1\varphi_2 + \varphi_1^2)$$

将 L 代入拉氏第二类方程

$$\left.\begin{aligned} \frac{\mathrm{d}}{\mathrm{d}t}\frac{\partial L}{\partial \dot{\varphi}_1} - \frac{\partial L}{\partial \varphi_1} = 0 \\ \frac{\mathrm{d}}{\mathrm{d}t}\frac{\partial L}{\partial \dot{\varphi}_2} - \frac{\partial L}{\partial \varphi_2} = 0 \end{aligned}\right\}$$

得

$$\left.\begin{aligned} ml^2\ddot{\varphi}_1 + (ka^2 + mgl)\varphi_1 - ka^2\varphi_2 = 0 \\ ml^2\ddot{\varphi}_2 - ka^2\varphi_1 + (ka^2 + mgl)\varphi_2 = 0 \end{aligned}\right\} \tag{a}$$

由式(a)知系统的质量矩阵和刚度矩阵分别为

$$\boldsymbol{M} = \begin{pmatrix} ml^2 & 0 \\ 0 & ml^2 \end{pmatrix},\quad \boldsymbol{K} = \begin{pmatrix} ka^2 + mgl & -ka^2 \\ -ka^2 & ka^2 + mgl \end{pmatrix}$$

式(a)改写为

$$\boldsymbol{M}\begin{pmatrix} \ddot{\varphi}_1 \\ \ddot{\varphi}_2 \end{pmatrix} + \boldsymbol{K}\begin{pmatrix} \varphi_1 \\ \varphi_2 \end{pmatrix} = 0 \tag{b}$$

设式(a)或式(b)的解为

$$\begin{pmatrix}\varphi_1\\ \varphi_2\end{pmatrix}=\begin{pmatrix}A_1\\ A_2\end{pmatrix}\sin(\omega_0 t+\alpha) \tag{c}$$

式中,A_1、A_2分别为两杆振幅。

将式(c)代入式(b),得齐次代数方程组为

$$(\boldsymbol{K}-\omega_0^2\boldsymbol{M})\begin{pmatrix}A_1\\ A_2\end{pmatrix}=\begin{pmatrix}0\\ 0\end{pmatrix} \tag{d}$$

式(d)有非零解的条件为

$$\begin{vmatrix}ka^2+mgl-ml^2\omega_0^2 & -ka^2\\ -ka^2 & ka^2+mgl-ml^2\omega_0^2\end{vmatrix}=0 \tag{e}$$

由此频率方程解得系统的固有频率为

$$\omega_{01}=\sqrt{\frac{g}{l}},\quad \omega_{02}=\sqrt{\frac{2ka^2+mgl}{ml^2}}$$

将主频率 ω_{01} 和 ω_{02} 分别代入式(d),得到的自由振动分别称为第一阶和第二阶主振动。每一阶主振动中各振幅的比值称为主振型,也叫主模态。完全由系统物理性质确定。

将 ω_{01} 代入式(d)得

$$\begin{pmatrix}ka^2 & -ka^2\\ -ka^2 & ka^2\end{pmatrix}\begin{pmatrix}A_1^{(1)}\\ A_2^{(1)}\end{pmatrix}=\begin{pmatrix}0\\ 0\end{pmatrix}$$

即

$$\frac{A_2^{(1)}}{A_1^{(1)}}=1\quad(\text{这就是系统的第一主振型})$$

同理将 ω_{02} 代入式(d)得

$$\frac{A_2^{(2)}}{A_1^{(2)}}=-1\quad(\text{这就是系统的第二主振型})$$

由系统的两阶主振型得系统的两个振型如图 b 所示。在第一阶主振动中弹簧不会发生变形;在第二阶主振动中,弹簧的中点保持不动。

9.3 碰撞系统的拉格朗日方程

运用拉氏方程处理约束系统碰撞问题时,在求解方程中不出现理想约束力的碰撞冲量,这对于分析受多个约束的复杂系统尤其简便。对于 k 个自由度的完整约束质点系,有

$$\frac{\mathrm{d}}{\mathrm{d}t}\left(\frac{\partial T}{\partial \dot{q}_j}\right)-\frac{\partial T}{\partial q_j}=F_{Q_j}\quad(j=1,2,\cdots,k)$$

将该方程两边同时乘以 $\mathrm{d}t$,在发生碰撞的 Δt 时间内积分,得

$$\int_0^{\Delta t} d\left(\frac{\partial T}{\partial \dot{q}_j}\right)-\int_0^{\Delta t}\frac{\partial T}{\partial q_j}\mathrm{d}t=\int_0^{\Delta t}F_{Q_j}\mathrm{d}t$$

式中，$\partial T/\partial \dot{q}_j$ 为广义动量，它在 Δt 时间内发生突变。上式左端第 2 项中的被积函数 $\partial T/\partial q_j$ 为有限量或零，它在微小的 Δt 时间内的积分可忽略不计。故有

$$\left(\frac{\partial T}{\partial \dot{q}_j}\right)_2-\left(\frac{\partial T}{\partial \dot{q}_j}\right)_1=I_j^* \quad (j=1,2,\cdots,k) \tag{9-13}$$

式中，$I_j^*=\int_0^{\Delta t} F_{Q_j}\mathrm{d}t$ 为主动广义碰撞冲量，它与广义力的求法类似。

式(9-13)即为**描述碰撞系统的拉格朗日方程：受完整约束质点系的广义动量在碰撞前后的改变量，等于相应的广义碰撞冲量。**

例 9-6 三根相互铰接的均质杆如图所示，杆 AB 和杆 BD 的长度均为 l，质量均为 m，杆 CD 的长度为 $l/2$，质量为 $m/2$，设在系统的静平衡状态，杆 AB 的 B 端作用一水平碰撞冲量 $\boldsymbol{I}$，求撞击结束瞬时杆 AB 的角速度 ω_1。

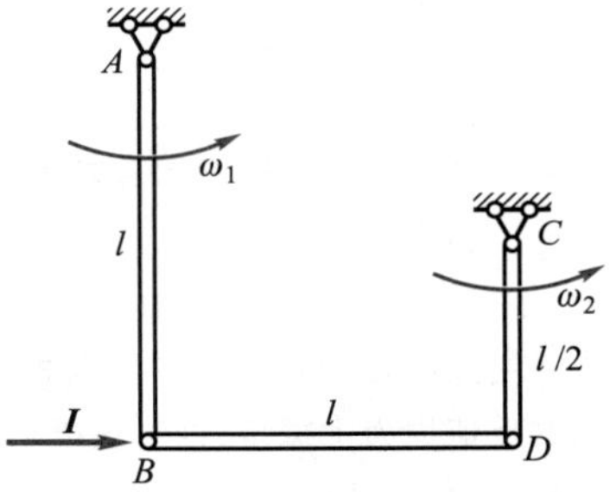

例 9-6 图

解：该系统自由度 $k=1$，选 AB 杆转角 φ_1 为广义坐标，且 $\dot{\varphi}_1=\omega_1$。碰撞后杆 BD 作瞬时平移。杆 CD 的角速度为 $\omega_2=2\omega_1$，点 B 的速度为 $v=\omega_1 l$。$J_1=ml^2/3$ 和 $J_2=ml^2/24$，分别为杆 AB 对轴 A 和杆 CD 对轴 C 的转动惯量。

系统动能为

$$T=\frac{1}{2}(J_1\omega_1^2+J_2\omega_2^2+mv^2)=\frac{3}{4}ml^2\omega_1^2$$

代入式(9-13)，即

$$\left(\frac{\partial T}{\partial \omega_1}\right)_2-\left(\frac{\partial T}{\partial \omega_1}\right)_1=I_1^*$$

注意到 $\left(\frac{\partial T}{\partial \omega_1}\right)_1=0$，$I_1^*=\frac{Il\delta\varphi_1}{\delta\varphi_1}=Il$，得

$$\frac{\partial T}{\partial \omega_1}=\frac{3}{2}ml^2\omega_1=Il$$

故

$$\omega_1=\frac{2I}{3ml}$$

注意：本题型特点为，理想完整约束多自由度系统碰撞问题，可应用碰撞系统拉氏方程整体求解，避免约束力，大为简化。

思考 9-8 例 9-6 中：

① 试用动量定理和动量矩定理求解，并比较两种方法的特点。

② 若冲量 $\boldsymbol{I}$ 作用于 AB 杆的中点处，结果如何？

③ 若将固定铰 C 改变为可水平移动铰，如何求解？

例 9-7 由四根长度为 l、质量为 m 的相同直杆铰接成的菱形框架以速度 $\boldsymbol{v}$ 铅垂地落到地面上，如图所示。分别求恢复系数 $e=0$，$e=1/2$ 和 $e=1$ 时的碰撞冲量及系统的动能变化。(设系统相对 AD 轴对称运动。)

解:系统自由度为2。选菱形中心 C 沿 y 方向坐标 y_C 和杆的转角 θ 为广义坐标。$\dot{y}_C$ 和 $\dot{\theta}$ 为广义速度,由 $y_C=y_A+l\cos\theta$,对时间求导后得到

$$\dot{y}_C=\dot{y}_A-l\dot{\theta}\sin\theta \tag{a}$$

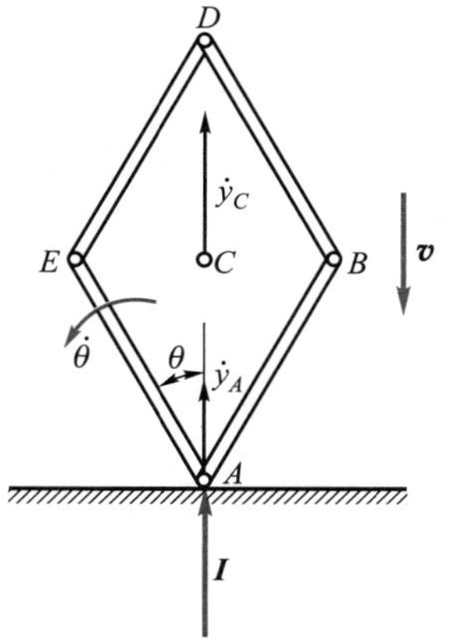

例 9-7 图

则系统的动能为

$$T=\frac{1}{2}(4m)\dot{y}_C^2+\frac{1}{2}\left(\frac{4}{3}ml^2\right)\dot{\theta}^2$$

广义碰撞冲量分别为

$$I_{y_C}^*=\frac{I\delta y_C}{\delta y_C}=I,\quad I_\theta^*=\frac{I\delta y_A}{\delta\theta}=Il\sin\theta$$

代入 $\left.\frac{\partial T}{\partial\dot{y}_C}\right|_1^2=I_{y_C}^*$ 和 $\left.\frac{\partial T}{\partial\dot{\theta}}\right|_1^2=I_\theta^*$,得

$$4m[\dot{y}_C-(-v)]=I \tag{b}$$

$$\frac{4}{3}ml\dot{\theta}=I\sin\theta \tag{c}$$

而 $\dot{y}_A=ev$,代入式(a)有

$$\dot{y}_C=ev-l\dot{\theta}\sin\theta \tag{d}$$

由式(b)、(c)、(d)解出

$$I=\frac{4m(1+e)v}{1+3\sin^2\theta} \tag{e}$$

根据碰撞系统的动能定理式(6-34),求出

$$\Delta T=T-T_0=\frac{1}{2}(\dot{y}_A-v)I=-\frac{1}{2}(1-e)vI=-\frac{2m(1-e^2)v^2}{1+3\sin^2\theta} \tag{f}$$

$e=0,1/2,1$ 时,分别有

$$I_1=\frac{4mv}{1+3\sin^2\theta},\quad \Delta T_1=-\frac{2mv^2}{1+3\sin^2\theta}$$

$$I_2=\frac{6mv}{1+3\sin^2\theta},\quad \Delta T_2=-\frac{3mv^2}{2(1+3\sin^2\theta)}$$

$$I_3=\frac{8mv}{1+3\sin^2\theta},\quad \Delta T_3=0$$

可见,随着恢复系数 e 的增大,碰撞冲量不断增大,而动能损失趋于减小。

思考 9-9 例 9-7 中:

① 试求碰撞时铰 D 处所受约束冲量。

② 试求碰撞后,四根杆的运动微分方程。

③ 若菱形框架铅垂落在倾角为30°的光滑斜面上,如何求解?

④ 若将菱形框架静止平放于光滑水平面上,在铰 A 处沿对角线 AD 作用一水平冲量 $\boldsymbol{I}$,若已知铰 A 速度大小为 v,如何求 $\boldsymbol{I}$ 及各杆角速度?

9.4 拉格朗日方程的首次积分

拉格朗日方程通常是一组关于广义坐标的二阶非线性常微分方程，寻求其解析解十分困难，但在势力场中，在某些物理条件下，经过首次积分，可将微分方程降为一阶，而且这些一阶方程本身带有明显的物理意义。对于具体问题，只要能判定系统具备这些首次积分条件，就不必通过拉氏方程积分，而直接写出这些积分形式的方程，使问题求解大为简化。

9.4.1 广义动量积分

对于完整、理想约束的保守系统，若其拉格朗日函数 L 中不显含某个广义坐标 q_r（q_r称为循环坐标），则有$\frac{\partial L}{\partial q_r}=0$，代入势力场拉氏方程

$$\frac{\mathrm{d}}{\mathrm{d}t}\frac{\partial L}{\partial \dot{q}_r}-\frac{\partial L}{\partial q_r}=0$$

得

$$\frac{\partial L}{\partial \dot{q}_r}=C(\text{常数}) \tag{9-14}$$

式(9-14)叫作循环积分。由于势能 V 与各广义速度 $\dot{q}_j$ 无关，故

$$\frac{\partial L}{\partial \dot{q}_r}=\frac{\partial T}{\partial \dot{q}_r}=P_r \tag{9-15}$$

P_r称为**广义动量**，因而循环积分又称为**广义动量积分，或对应于循环坐标的广义动量守恒**。这一结论包含了牛顿力学中的动量守恒与动量矩守恒定律。

拉格朗日函数 L 表征着系统固有的动力学性质。若有$\frac{\partial L}{\partial x}=0$，则有系统沿 x 方向的动量 P_x 守恒；若有$\frac{\partial L}{\partial \varphi}=0$，则有广义动量（动量矩）$P_\varphi$为常数。

例如某质点在重力场中运动，取 x、y、z 为广义坐标，则

$$L=\frac{1}{2}m(\dot{x}^2+\dot{y}^2+\dot{z}^2)-mgz$$

上式中不含 x 和 y，故有

$$\frac{\partial L}{\partial \dot{x}}=m\dot{x}=C(\text{常数}),\quad \frac{\partial L}{\partial \dot{y}}=m\dot{y}=C(\text{常数})$$

即质点在 x、y 两个方向的动量都守恒，与牛顿力学的相应结论显然一致。

问题 9-5 如图所示，质量为 m_2的某行星 A 受太阳的引力 $\boldsymbol{F}=\frac{Gm_1m_2}{r^2}\boldsymbol{e}_r$作用，$m_1$为太阳质量，$G$ 为万有引力常数，r 为极坐标的极轴，$\boldsymbol{e}_r$为其单位矢。试写出行星作平面曲线运动的循环积分。

答:系统有两个自由度,选 r、θ 为广义坐标,有

$$L=T-V=\frac{1}{2}m_2(\dot{r}^2+r^2\dot{\theta}^2)+\frac{Gm_1m_2}{r}$$

L 中不显含 θ,即 θ 是循环坐标,从而有循环积分

$$P_\theta=\frac{\partial T}{\partial\dot{\theta}}=m_2r^2\dot{\theta}=C(\text{常数})$$

该广义动量积分表明,行星 A 对点 O 的动量矩守恒。

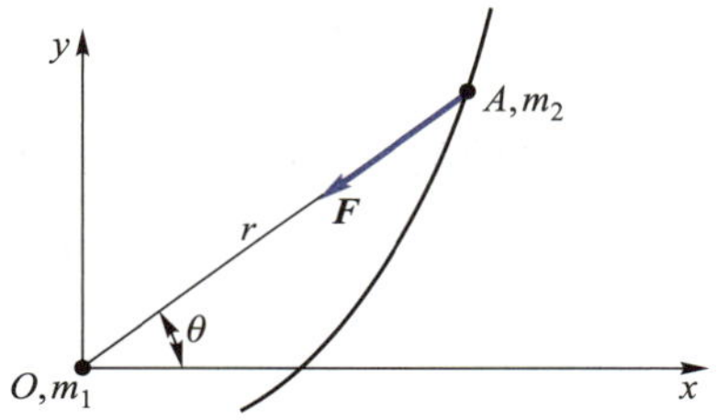

问题 9-5 图

思考 9-10 问题 9-5 图中,若选 x、y 为广义坐标,系统还有相应广义坐标的循环积分吗?

例 9-8 图示小车的车轮在水平地面上作纯滚动,每个轮子的质量为 m_1,半径为 r,考虑到对称性,研究只有前、后两个均质轮的 $\frac{1}{2}$ 车模型。不计车架质量,车上有质量-弹簧系统,弹簧刚度系数为 k,物块质量为 m_2,试分析系统有无循环积分。

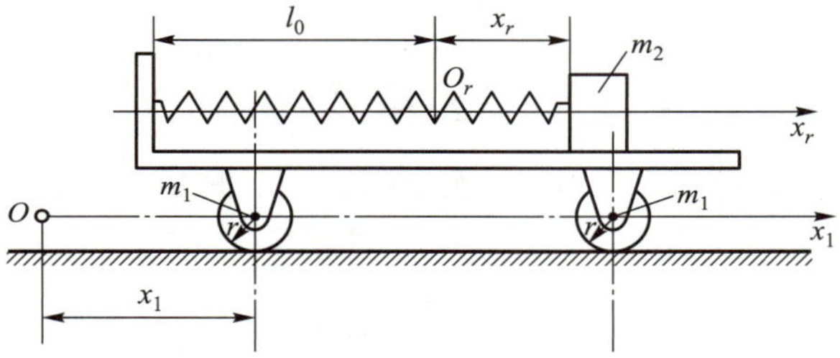

例 9-8 图

解:系统有 2 个自由度。选广义坐标 x_1、x_r。其中,Ox_1 为定坐标系,O_rx_r 为固结于小车上的动坐标系。系统的拉格朗日函数为

$$L=T-V=2\times\frac{3}{4}m_1\dot{x}_1^2+\frac{1}{2}m_2(\dot{x}_1+\dot{x}_r)^2-\frac{1}{2}kx_r^2$$

函数 L 中不显含 x_1,故 x_1 为循环坐标,从而有广义动量积分

$$P_{x_1}=\frac{\partial L}{\partial\dot{x}_1}=3m_1\dot{x}_1+m_2(\dot{x}_1+\dot{x}_r)=C(\text{常数})$$

注意:由于车轮在水平地面上作纯滚动,轮与地面之间存在静滑动摩擦力,上式并不表示系统在 x_1 方向动量守恒。一般说来,当系统的动量或动量矩守恒时,只要广义坐标选择恰当,就会有循环积分;反之,即使有循环积分,相应的广义动量守恒却不一定有明确物理意义。

9.4.2 广义能量积分

在具有 k 个自由度的定常、完整、理想约束保守系统(n 个质点组成)中,各质点位矢及系统势能分别表示为

$$\boldsymbol{r}_i=\boldsymbol{r}_i(q_1,q_2,\cdots,q_k),\quad V=V(q_1,q_2,\cdots,q_k)$$

则有

$$\boldsymbol{v}_i=\dot{\boldsymbol{r}}_i=\sum_{j=1}^{k}\frac{\partial \boldsymbol{r}_i}{\partial q_j}\dot{q}_j,\quad \frac{\partial V}{\partial \dot{q}_j}=0$$

可见该类系统的拉氏函数是广义坐标与广义速度的函数，即

$$L=L(q_1,q_2,\cdots,q_k,\dot{q}_1,\dot{q}_2,\cdots,\dot{q}_k)$$

故

$$\frac{\mathrm{d}L}{\mathrm{d}t}=\sum_{j=1}^{k}\left(\frac{\partial L}{\partial q_j}\dot{q}_j+\frac{\partial L}{\partial \dot{q}_j}\ddot{q}_j\right) \tag{1}$$

将势力场拉氏方程$\frac{\partial L}{\partial q_j}=\frac{\mathrm{d}}{\mathrm{d}t}\frac{\partial L}{\partial \dot{q}_j}$代入式(1)，有

$$\frac{\mathrm{d}L}{\mathrm{d}t}=\sum_{j=1}^{k}\left(\dot{q}_j\frac{\mathrm{d}}{\mathrm{d}t}\frac{\partial L}{\partial \dot{q}_j}+\frac{\partial L}{\partial \dot{q}_j}\ddot{q}_j\right)=\frac{\mathrm{d}}{\mathrm{d}t}\sum_{j=1}^{k}\left(\dot{q}_j\frac{\partial L}{\partial \dot{q}_j}\right) \tag{2}$$

系统动能

$$T=\sum_{i=1}^{n}\frac{1}{2}m_i v_i^2=\frac{1}{2}\sum_{i=1}^{n}m_i\left(\sum_{j=1}^{k}\frac{\partial \boldsymbol{r}_i}{\partial q_j}\dot{q}_j\right)^2 \tag{3}$$

显然，T 是广义速度 $\dot{q}_j$ 的二次齐次函数。根据欧拉公式，对 m 次齐次函数 $f(x_1,x_2,\cdots,x_n)$，有

$$\sum_{i=1}^{n}\frac{\partial f}{\partial x_i}x_i=mf \tag{9-16}$$

故

$$\sum_{j=1}^{k}\frac{\partial L}{\partial \dot{q}_j}\dot{q}_j=\sum_{j=1}^{k}\frac{\partial T}{\partial \dot{q}_j}\dot{q}_j=2T \tag{4}$$

将式(4)代入式(2)，有

$$\frac{\mathrm{d}}{\mathrm{d}t}(T-V)=\frac{\mathrm{d}}{\mathrm{d}t}(2T)$$

即

$$\frac{\mathrm{d}}{\mathrm{d}t}(T+V)=0$$

故

$$T+V=C(\text{常数}) \tag{9-17}$$

这就是第二类拉氏方程的**能量积分**，它表明，**具有定常、完整、理想约束的任何保守系统的机械能守恒。**

顺便指出，如果系统是非定常约束，只要 L 中不显含时间 t，也有广义能量积分存在。

注意： 拉氏方程的循环积分的条件与能量积分的条件具有彼此的独立性，系统具有循环积分，却不一定有能量积分，因为循环积分并不要求系统稳定，而狭义的能量积分只对稳定系统才有。反之，若系统具有能量积分，也不一定有循环积分，这要看 L 中是否有循环坐标存在。

问题 9-6 如图所示，半径为 R 的圆环在水平面内以匀角速度 ω 绕 O 轴转动，质量为 m 的

小球在环上运动。不计摩擦,试问对于小球的拉氏方程有无首次积分。

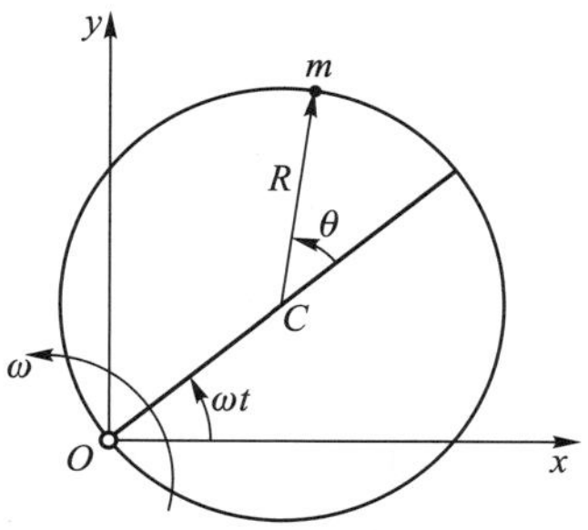

问题 9-6 图

答:取小球相对于圆环的 θ 角为广义坐标,则描述小球运动的直角坐标为

$$\left.\begin{aligned} x &= R[\cos \omega t+\cos(\omega t+\theta)] \\ y &= R[\sin \omega t+\sin(\omega t+\theta)] \end{aligned}\right\}$$

约束方程为

$$(x-R\cos \omega t)^2+(y-R\sin \omega t)^2=R^2$$

显然,这是非定常约束,故无能量积分。事实上,质点的动能变化而势能不变,机械能不守恒。而

$$L=T=\frac{1}{2}m(\dot{x}^2+\dot{y}^2)=\frac{1}{2}mR^2\dot{\theta}^2+mR^2\omega(\dot{\theta}+\omega)(1+\cos\theta)$$

上式中,θ 不是循环坐标,故亦无循环积分。

例 9-9 如图所示椭圆摆中,质量为 m_1 的滑块 B 可沿水平轴 x 滑动;质量为 m_2 的小球用长度为 l 的细杆与滑块铰接。设 $t=0$ 时,$\varphi=\varphi_0$(较小),$\dot{x}=\dot{\varphi}=0$,不计杆重和摩擦,试求系统的运动规律。

解:系统位置可由滑块位置坐标 x 和连杆转角 φ 确定,自由度为 2。取 x、φ 为广义坐标,取过 B 点的水平面为零势面。

$$L=T-V=\frac{1}{2}(m_1+m_2)\dot{x}^2+\frac{1}{2}m_2l^2\dot{\varphi}^2+$$
$$m_2l\dot{x}\dot{\varphi}\cos\varphi+m_2gl\cos\varphi$$

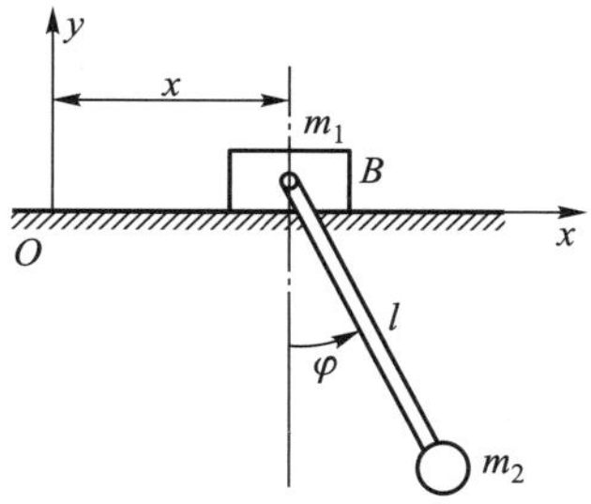

例 9-9 图

L 中不含 x,考虑到初始速度为零,有

$$P_x=\frac{\partial L}{\partial \dot{x}}=(m_1+m_2)\dot{x}+m_2l\dot{\varphi}\cos\varphi$$
$$=0 \tag{a}$$

又因为系统是定常、完整、理想约束的保守系统,故有 $T+V=$ 常数。考虑到初始条件,有

$$\frac{1}{2}(m_1+m_2)\dot{x}^2+\frac{1}{2}m_2l^2\dot{\varphi}^2+m_2l\dot{x}\dot{\varphi}\cos\varphi-m_2gl\cos\varphi=-m_2gl\cos\varphi_0 \tag{b}$$

由式(a)和式(b)消去 $\dot{x}$,得

$$(m_1+m_2\sin^2\varphi)l\dot{\varphi}^2=2(m_1+m_2)g(\cos\varphi-\cos\varphi_0) \tag{c}$$

因为最大摆角 φ_0 较小,故 φ 亦可视作微量,将式(c)按级数展开,保留到二阶微量,得

$$m_1l\dot{\varphi}^2=(m_1+m_2)g(\varphi_0^2-\varphi^2) \tag{d}$$

注意到 $\varphi=\varphi_0$ 时 $\dot{\varphi}=0$,可知初始阶段 $\dot{\varphi}<0$。将式(d)开平方后积分,得

$$-\int_{\varphi_0}^{\varphi}\frac{d\varphi}{\sqrt{\varphi_0^2-\varphi^2}}=\sqrt{\frac{g}{l}\frac{(m_1+m_2)}{m_1}}t$$

故

$$\varphi=\varphi_0\cos\left(\sqrt{\frac{g}{l}\frac{(m_1+m_2)}{m_1}}t\right) \tag{e}$$

再对式(a)求积分,并考虑初始条件,得

$$(m_1+m_2)x+m_2l\sin\varphi=m_2l\sin\varphi_0 \tag{f}$$

将式(e)代入式(f)便得 $x(t)$。

思考 9-11 例 9-9 中:

① 试求摆球在图示坐标中的轨迹方程。

② 如何求运动滑块 B 所受外力?

③ 滑块 B 变为均质滚轮时,相应结果如何?

例 9-10 如图所示,质量为 m、半径为 r 的均质轮在质量为 m_0、半径为 R 的薄壁筒内无滑动地滚动,设起始时系统静止,且 OC 与重力方向的夹角 $\varphi=\varphi_0$,试求运动中圆筒转角 θ 与 φ 的关系。

解: 系统保守且约束完整、定常,自由度为 2,取 θ 与 φ 为广义坐标。设轮的角速度为 ω,则从轮 C 的速度分析,有 $(R-r)\dot{\varphi}=\dot{\theta}R+r\omega$。设 O 为零势能位置,系统的动势为

$$L=\frac{1}{2}m_0R^2\dot{\theta}^2+\frac{1}{2}m[(R-r)\dot{\varphi}]^2+\frac{1}{4}mr^2\left[\frac{(R-r)\dot{\varphi}-R\dot{\theta}}{r}\right]^2+mg(R-r)\cos\varphi \tag{a}$$

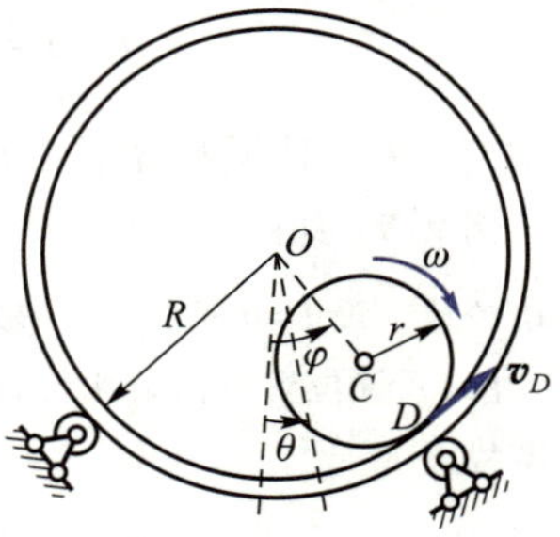

例 9-10 图

因 L 不含 θ(其中 θ 为循环坐标),故相应的广义动量守恒,并考虑到 $t=0$ 时 $\dot{\theta}=\dot{\varphi}=0$,故

$$\frac{\partial L}{\partial\dot{\theta}}=m_0R^2\dot{\theta}+\frac{1}{2}m[R\dot{\theta}-(R-r)\dot{\varphi}]R=0$$

即

$$\left(m_0R^2+\frac{1}{2}mR\right)\dot{\theta}=(R-r)\dot{\varphi}\quad\frac{1}{2}mR \tag{b}$$

由式(b)积分,并注意到 $t=0$ 时 $\theta=0,\varphi=\varphi_0$,得

$$\theta=\frac{(R-r)(\varphi-\varphi_0)m}{R(2m_0+m)}$$

注意: 此处利用了拉氏方程的循环积分,直接得出式(b),使问题求解大为简化。

思考 9-12 若结合系统的能量积分,即 $T+V=C$(常数),如何求出例 9-10 中 θ 与 φ 的变化规律?

9.5 拉格朗日第一类方程

拉格朗日第二类方程只适用于完整约束系统且不能直接求约束力。在具体应用时,由于广义坐标的选择并不唯一,导致描述同一系统的运动微分方程形式不同,不利于计算机的程式化处理。拉格朗日第一类方程使用直角坐标来描述非自由质点系的位形,所有约束都用约束力代替,

不但可求约束力，而且便于用程式化方程模拟和处理非自由质点系的动力学问题，不仅适用于完整约束系统，也适用于一阶线性非完整约束系统。随着计算机技术的发展，拉格朗日第一类方程得到了越来越广泛的工程应用。

9.5.1 拉格朗日第一类方程的建立

设一质点系由 n 个质点组成，并用每个质点的 3 个直角坐标来确定系统的位形，统一用 $3n$ 个坐标 $x_i(i=1,2,\cdots,3n)$ 表示。设系统受到如下 l 个完整约束：

$$\varphi_\alpha(x_1,x_2,\cdots,x_{3n},t)=0 \quad (\alpha=1,2,\cdots,l) \tag{9-18}$$

和 h 个一阶线性非完整约束，即

$$\sum_{i=1}^{3n} a_{\alpha i}\dot{x}_i+a_\alpha=0 \quad (\alpha=l+1,l+2,\cdots,l+h) \tag{9-19}$$

式中，系数 $a_{\alpha i}$、a_α 为坐标 $x_i(i=1,2,\cdots,3n)$ 和时间 t 的函数。式(9-18)和式(9-19)对坐标变分的约束条件分别为

$$\sum_{i=1}^{3n}\frac{\partial\varphi_\alpha}{\partial x_i}\delta x_i=0 \quad (\alpha=1,2,\cdots,l)$$

$$\sum_{i=1}^{3n}a_{\alpha i}\delta x_i=0 \quad (\alpha=l+1,l+2,\cdots,l+h)$$

或统一写成

$$\sum_{i=1}^{3n}a_{\alpha i}\delta x_i=0 \quad (\alpha=1,2,\cdots,l+h) \tag{1}$$

式中，前 l 个方程中的系数 $a_{\alpha i}=\dfrac{\partial\varphi_\alpha}{\partial x_i}$。

仿照拉氏第二类方程的推导过程，可得用 $x_i(i=1,2,\cdots,3n)$ 表示的动力学普遍方程为

$$\sum_{i=1}^{3n}\left[F_{Q_i}-\frac{\mathrm{d}}{\mathrm{d}t}\left(\frac{\partial T}{\partial\dot{x}_i}\right)+\frac{\partial T}{\partial x_i}\right]\delta x_i=0 \tag{2}$$

式中，F_{Q_i}为与坐标 x_i对应的广义主动力。

由于 $3n$ 个 δx_i并不是彼此独立的，其中只有 $k=3n-l-h$ 个是独立的，不能得出式(2)中每个方括号内的表达式都等于零的结论。若引进 $l+h$ 个不定乘子 $\lambda_\alpha(\alpha=1,2,\cdots,l+h)$，称为**拉格朗日乘子**，将式(1)中每个方程都乘以下标相同的不定乘子 λ_α，并依次与式(2)相加得

$$\sum_{i=1}^{3n}\left[F_{Q_i}-\frac{\mathrm{d}}{\mathrm{d}t}\left(\frac{\partial T}{\partial\dot{x}_i}\right)+\frac{\partial T}{\partial x_i}+\sum_{\alpha=1}^{l+h}\lambda_\alpha a_{\alpha i}\right]\delta x_i=0 \tag{3}$$

将上式中 $3n$ 个变分 $\delta x_i(i=1,2,\cdots,3n)$ 中 $l+h$ 个不独立的变分记为 $\delta x_j^{(u)}(j=1,2,\cdots,l+h)$，而余下的 $3n-l-h$ 个变分是独立的，将它们记为 $\delta x_k^{(v)}(k=1,2,\cdots,s-l-h)$，于是式(3)可相应地变为

$$\sum_{k=1}^{3n-l-h}\left[F_{Q_k}^{(\mathrm{v})}-\frac{\mathrm{d}}{\mathrm{d}t}\left(\frac{\partial T}{\partial \dot{x}_k^{(\mathrm{v})}}\right)+\frac{\partial T}{\partial x_k^{(\mathrm{v})}}+\sum_{\alpha=1}^{l+h}\lambda_\alpha a_{\alpha k}^{(\mathrm{v})}\right]\delta x_k^{(\mathrm{v})}+$$

$$\sum_{j=1}^{l+h}\left[F_{Q_j}^{(\mathrm{u})}-\frac{\mathrm{d}}{\mathrm{d}t}\left(\frac{\partial T}{\partial \dot{x}_j^{(\mathrm{u})}}\right)+\frac{\partial T}{\partial x_j^{(\mathrm{u})}}+\sum_{\alpha=1}^{l+h}\lambda_\alpha a_{\alpha j}^{(\mathrm{u})}\right]\delta x_j^{(\mathrm{u})}=0 \tag{4}$$

选取不定乘子 $\lambda_\alpha(\alpha=1,2,\cdots,l+h)$，使得 $\delta x_j^{(\mathrm{u})}(j=1,2,\cdots,l+h)$ 前的系数都为零，即

$$F_{Q_j}^{(\mathrm{u})}-\frac{\mathrm{d}}{\mathrm{d}t}\left(\frac{\partial T}{\partial \dot{x}_j^{(\mathrm{u})}}\right)+\frac{\partial T}{\partial x_j^{(\mathrm{u})}}+\sum_{\alpha=1}^{l+h}\lambda_\alpha a_{\alpha j}^{(\mathrm{u})}=0 \quad (j=1,2,\cdots,l+h) \tag{5}$$

将式(5)代入式(4)，再由 $\delta x_k^{(\mathrm{v})}(k=1,2,\cdots,s-l-h)$ 的独立性得

$$F_{Q_k}^{(\mathrm{v})}-\frac{\mathrm{d}}{\mathrm{d}t}\left(\frac{\partial T}{\partial \dot{x}_k^{(\mathrm{v})}}\right)+\frac{\partial T}{\partial x_k^{(\mathrm{v})}}+\sum_{\alpha=1}^{l+h}\lambda_\alpha a_{\alpha k}^{(\mathrm{v})}=0 \quad (k=1,2,\cdots,3n-l-h) \tag{6}$$

式(5)和式(6)表明，适当选取不定乘子 $\lambda_\alpha(\alpha=1,2,\cdots,l+h)$ 可使式(4)各 $\delta x_i(i=1,2,\cdots,3n)$ 的系数都为零，即

$$\frac{\mathrm{d}}{\mathrm{d}t}\left(\frac{\partial T}{\partial \dot{x}_i}\right)-\frac{\partial T}{\partial x_i}=F_{Q_i}+\sum_{\alpha=1}^{l+h}\lambda_\alpha a_{\alpha i} \quad (i=1,2,\cdots,3n) \tag{9-20}$$

式(9-20)称为**系统的拉格朗日第一类方程**，是一个关于 $3n$ 个直角坐标的二阶常微分方程组，与式(9-18)、式(9-19)联立，可确定 $3n$ 个坐标 $x_i(i=1,2,\cdots,3n)$ 和 $l+h$ 个不定乘子 $\lambda_\alpha(\alpha=1,2,\cdots,l+h)$。式(9-20)与拉格朗日第二类方程比较，等号右边第二项为 $l+h$ 个作用于质点系的相应完整和非完整约束力。所以，拉格朗日待定乘子法的实质是，**解除完整和非完整约束，代以相应约束力，使系统成为自由质点系。**

问题 9-7 试建立思考 9-4 图所示运动系统的拉氏第一类方程，并指出其含拉格朗日乘子项所对应的约束力。

答：在图示坐标中，设滑块 m_1 的坐标为 x_1、y_1，小球 m_2 的坐标为 x_2、y_2，系统的约束方程为

$$\left.\begin{aligned}&\varphi_1=y_1=0\\&\varphi_2=(x_2-x_1)^2+(y_2-y_1)^2-l^2=0\end{aligned}\right\} \tag{a}$$

所以

$$\left.\begin{aligned}&\frac{\partial\varphi_1}{\partial x_1}=0,\frac{\partial\varphi_1}{\partial y_1}=1,\frac{\partial\varphi_1}{\partial x_2}=0,\frac{\partial\varphi_1}{\partial y_2}=0\\&\frac{\partial\varphi_2}{\partial x_1}=2(x_1-x_2),\frac{\partial\varphi_2}{\partial y_2}=2(y_1-y_2),\frac{\partial\varphi_2}{\partial x_2}=2(x_2-x_1),\frac{\partial\varphi_2}{\partial y_2}=2(y_2-y_1)\end{aligned}\right\} \tag{b}$$

系统动能为

$$T=\frac{1}{2}m_1\dot{x}_1^2+\frac{1}{2}m_2(\dot{x}_2^2+\dot{y}_2^2)$$

所以

$$
\left.\begin{aligned}
&\frac{\partial T}{\partial x_1}=\frac{\partial T}{\partial y_1}=\frac{\partial T}{\partial x_2}=\frac{\partial T}{\partial y_2}=0\\
&\frac{\partial T}{\partial \dot{x}_1}=m_1\dot{x}_1,\frac{\partial T}{\partial \dot{y}_1}=0,\frac{\partial T}{\partial \dot{x}_2}=m_2\dot{x}_2,\frac{\partial T}{\partial \dot{y}_2}=m_2\dot{y}_2\\
&F_{Q_1}=0,F_{Q_2}=m_1g,F_{Q_3}=0,F_{Q_4}=m_2g
\end{aligned}\right\}\tag{c}
$$

将式(b)和式(c)代入式(9-20),得该系统第一类拉氏方程组

$$
\left.\begin{aligned}
&m_1\ddot{x}_1=2\lambda_2(x_1-x_2)\\
&m_1\ddot{y}_1=\lambda_1+2\lambda_2(y_1-y_2)+m_1g\\
&m_2\ddot{x}_2=2\lambda_2(x_2-x_1)\\
&m_2\ddot{y}_2=2\lambda_2(y_2-y_1)+m_2g
\end{aligned}\right\}\tag{d}
$$

将式(a)对时间 t 求二阶导数,得

$$
\begin{aligned}
&\ddot{y}_1=0,(x_2-x_1)(\ddot{x}_2-\ddot{x}_1)+(\dot{x}_2-\dot{x}_1)^2+(\ddot{y}_2-\ddot{y}_1)(y_2-y_1)+(\dot{y}_2-\dot{y}_1)^2\\
&=0
\end{aligned}\tag{e}
$$

式(d)和式(e)联立,可得

$$m_1\ddot{x}_1+m_2\ddot{x}_2=0$$

$$\ddot{y}_1=0$$

$$\frac{y_2-y_1}{x_2-x_1}m_1\ddot{x}_1+m_2\ddot{y}_2-m_2g=0$$

$$(x_2-x_1)(\ddot{x}_2-\ddot{x}_1)+(\dot{x}_2-\dot{x}_1)^2+(y_2-y_1)(\ddot{y}_2-\ddot{y}_1)+(\dot{y}_2-\dot{y}_1)^2=0$$

且

$$\lambda_1=m_1g+m_2g-m_1\ddot{y}_1-m_2\ddot{y}_2$$

$$\lambda_2=\frac{m_2\ddot{x}_2}{2(x_1-x_2)}$$

这里前四式是系统运动微分方程,后二式为相应拉格朗日乘子,与牛顿力学动力学方程相比较可知,$-\lambda_1$是光滑约束面的约束力,$2\lambda_2 l$是无重杆的内力。

思考 9-13 试由动力学普遍方程(9-1),导出具有 s 个完整约束的质点系如下形式的拉氏第一类方程

$$\boldsymbol{F}_i-m\ddot{\boldsymbol{r}}_i-\sum_{k=1}^{s}\lambda_k\frac{\partial\varphi_k}{\partial\boldsymbol{r}_i}=0\quad(i=1,2,\cdots,n)$$

式中

$$\frac{\partial\varphi_k}{\partial\boldsymbol{r}_i}=\frac{\partial\varphi_k}{\partial x_i}\boldsymbol{i}+\frac{\partial\varphi_k}{\partial y_i}\boldsymbol{j}+\frac{\partial\varphi_k}{\partial z_i}\boldsymbol{k}$$

拉格朗日第一类方程是描述质点系运动的直角坐标形式的微分方程,其优点是既能确定系统的运动规律,又能求出约束力,而且便于程式化处理。其缺点是方程个数增多,给求解带来困

难。拉格朗日第二类方程采用广义坐标,方程数目减少,但不适用于非完整系统,这是因为非完整约束的存在使广义坐标变分不再全部独立。罗斯应用不定乘子法得到了广义坐标形式的适用于非完整系统的罗斯方程,有关内容请参阅相关分析力学书籍。

9.5.2 拉格朗日第一类方程的应用

例 9-11 如图所示,两质点由长度为 l 的无质量刚杆相连,杆以匀角速度 ω 在水平面内转动。假定每个质点都不能具有沿杆方向的速度分量,但都可以沿垂直于杆方向无摩擦地滑动。试用拉格朗日第一类方程求系统的运动方程和约束力。已知开始时系统的质心在坐标系原点 O 处,并具有沿 y 轴正向的初速率 v_0,两质点的质量均为 m。

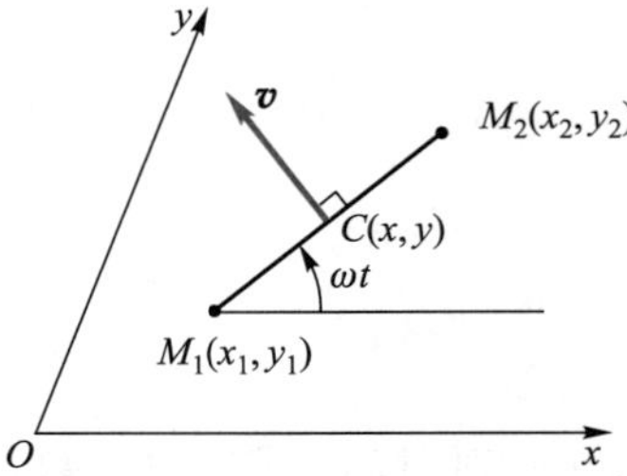

例 9-11 图

解:这是一个非定常非完整约束系统,并有如下两个完整约束:

$$\varphi_1=(x_2-x_1)^2+(y_2-y_1)^2-l^2=0 \tag{a}$$

$$\varphi_2=(y_2-y_1)\cos\omega t-(x_2-x_1)\sin\omega t=0 \tag{b}$$

因为两质点速度垂直于杆,故质心速度垂直于杆,由此推出一个非完整约束,即

$$(\dot{x}_1+\dot{x}_2)\cos\omega t+(\dot{y}_1+\dot{y}_2)\sin\omega t=0 \tag{c}$$

由式(9-20),并引进三个拉格朗日乘子 λ_1,λ_2和 λ_3,得

$$\left.\begin{aligned}m\ddot{x}_1&=-2\lambda_1(x_2-x_1)-\lambda_2\sin\omega t+\lambda_3\cos\omega t\\m\ddot{y}_1&=-2\lambda_1(y_2-y_1)+\lambda_2\cos\omega t+\lambda_3\sin\omega t\\m\ddot{x}_2&=2\lambda_1(x_2-x_1)+\lambda_2\sin\omega t+\lambda_3\cos\omega t\\m\ddot{y}_2&=2\lambda_1(y_2-y_1)-\lambda_2\cos\omega t+\lambda_3\sin\omega t\end{aligned}\right\} \tag{d}$$

设质心 C 坐标为(x,y),则有

$$\left.\begin{aligned}x_1+x_2&=2x\\y_1+y_2&=2y\end{aligned}\right\}$$

式(c)成为

$$\dot{x}\cos\omega t+\dot{y}\sin\omega t=0 \tag{e}$$

在式(d)中,将第一个方程和第三个方程相加,第二个方程和第四个方程相加,并注意到

$$\left.\begin{aligned}\ddot{x}_1+\ddot{x}_2&=2\ddot{x}\\\ddot{y}_1+\ddot{y}_2&=2\ddot{y}\end{aligned}\right\}$$

得到

$$\left.\begin{aligned}m\ddot{x}&=\lambda_3\cos\omega t\\m\ddot{y}&=\lambda_3\sin\omega t\end{aligned}\right\} \tag{f}$$

将式(e)两边对时间 t 求导,有

$$\ddot{x}\cos\omega t+\ddot{y}\sin\omega t-\dot{x}\omega\sin\omega t+\dot{y}\omega\cos\omega t=0 \tag{g}$$

由式(f)得到

$$\lambda_3=m(\ddot{x}\cos\omega t+\ddot{y}\sin\omega t) \tag{h}$$

将式(g)代入式(h),得

$$\lambda_3=m\omega(\dot{x}\sin\omega t-\dot{y}\cos\omega t) \tag{i}$$

将式(i)代回式(f),得微分方程

$$\left.\begin{aligned} m\ddot{x}&=m\omega\cos\omega t(\dot{x}\sin\omega t-\dot{y}\cos\omega t)\\ m\ddot{y}&=m\omega\sin\omega t(\dot{x}\sin\omega t-\dot{y}\cos\omega t)\end{aligned}\right\} \tag{j}$$

将式(e)代入式(j),得

$$\left.\begin{aligned} \ddot{x}&=-\omega\dot{y}\\ \ddot{y}&=\omega\dot{x}\end{aligned}\right\} \tag{k}$$

由初始条件 $t=0,\ \dot{x}=0,\ \dot{y}=v_0$,求出式(k)的解

$$\left.\begin{aligned} \dot{x}&=-v_0\sin\omega t\\ \dot{y}&=v_0\cos\omega t\end{aligned}\right\}$$

将此结果代入式(i),求得拉格朗日乘子

$$\lambda_3=m\omega(\dot{x}\sin\omega t-\dot{y}\cos\omega t)=-m\omega v_0$$

再利用初始条件 $t=0,x=0,y=0$,容易求出

$$\left.\begin{aligned} x&=\frac{v_0}{\omega}(\cos\omega t-1)\\ y&=\frac{v_0}{\omega}\sin\omega t\end{aligned}\right\}$$

由于两质点是用刚性杆联结,可直接由几何关系求得系统运动方程为

$$\left.\begin{aligned} x_1&=x-\frac{l}{2}\cos\omega t=\frac{v_0}{\omega}(\cos\omega t-1)-\frac{l}{2}\cos\omega t\\ y_1&=y-\frac{l}{2}\sin\omega t=\frac{v_0}{\omega}\sin\omega t-\frac{l}{2}\sin\omega t\\ x_2&=x+\frac{l}{2}\cos\omega t=\frac{v_0}{\omega}(\cos\omega t-1)+\frac{l}{2}\cos\omega t\\ y_2&=y+\frac{l}{2}\sin\omega t=\frac{v_0}{\omega}\sin\omega t+\frac{l}{2}\sin\omega t\end{aligned}\right\}$$

将此结果代入式(d)中任意两个方程,并利用已求得的 λ_3值,可算出另外两个拉格朗日乘子为

$$\lambda_1=-\frac{1}{4}m\omega^2,\quad \lambda_2=0$$

最后求得作用于两个质点的约束力分别为

$$\boldsymbol{F}_{\mathrm{R}1}=m(\ddot{x}_1\boldsymbol{i}+\ddot{y}_1\boldsymbol{j})=m\omega\left(\frac{1}{2}\omega l-v_0\right)(\cos\omega t\boldsymbol{i}+\sin\omega t\boldsymbol{j})$$

$$\boldsymbol{F}_{\mathrm{R}2}=m(\ddot{x}_2\boldsymbol{i}+\ddot{y}_2\boldsymbol{j})=-m\omega\left(\frac{1}{2}\omega l-v_0\right)(\cos\omega t\boldsymbol{i}+\sin\omega t\boldsymbol{j})$$

从该表达式看出,约束力均沿杆方向,而且两质点约束力之和等于零,与无质量杆的运动相一致。

9.6 哈密顿正则方程

一般来说,第二类拉格朗日方程是一组非线性常微分方程,解析积分十分困难。哈密顿利用

勒让德(Legendre)变换,将该方程组的 k 个二阶方程变换为 $2k$ 个结构简单、形式对称的一阶方程,即**哈密顿正则方程**,简称**正则方程**,为这组微分方程的积分创造了有利条件,开拓了在力学和近代物理学中的应用前景。

9.6.1 正则方程的建立

对于主动力均有势的 k 个自由度的完整约束系统,其拉格朗日方程为

$$\frac{\mathrm{d}}{\mathrm{d}t}\left(\frac{\partial L}{\partial \dot{q}_j}\right)-\frac{\partial L}{\partial q_j}=0 \quad (j=1,2,\cdots,k) \tag{9-21}$$

引入广义动量

$$p_j=\frac{\partial L}{\partial \dot{q}_j} \quad (j=1,2,\cdots,k) \tag{9-22}$$

并将其代入式(9-21),有

$$\dot{p}_j=\frac{\partial L}{\partial q_j} \quad (j=1,2,\cdots,k) \tag{9-23}$$

设拉格朗日函数 L 满足下列系数行列式

$$\det\left(\frac{\partial^2 L}{\partial q_j \partial q_k}\right)\neq 0$$

于是,可由式(9-22)反解出广义速度

$$\dot{q}_j=f_j(q_1,\cdots,q_k,p_1,\cdots,p_k,t) \quad (j=1,2,\cdots,k) \tag{9-24}$$

这样,式(9-23)和式(9-24)就把式(9-21)由 k 个二阶微分方程化为 $2k$ 个一阶微分方程,但其中方程组式(9-24)并非正则形式。引入**哈密顿函数**

$$H(q_j,p_j,t)=\left[\sum_{j=1}^{k} p_j\dot{q}_j-L\right]_{\dot{q}_j=f_j(q_j,p_j,t)} \tag{9-25}$$

按照数学上的勒让德变换规则,将 $\dot{q}_j$ 变换成 $p_j(j=1,2,\cdots,k)$,而 q_j 和 t 仍然保持不变,则有

$$\dot{q}_j=\frac{\partial H}{\partial p_j} \tag{9-26}$$

$$\frac{\partial L}{\partial q_j}=-\frac{\partial H}{\partial q_j} \quad (j=1,2,\cdots,k) \tag{9-27}$$

$$\frac{\partial L}{\partial t}=-\frac{\partial H}{\partial t} \tag{9-28}$$

将式(9-27)代入式(9-23),并与式(9-26)联立,得

$$\left.\begin{aligned}\dot{q}_j&=\frac{\partial H}{\partial p_j}\\ \dot{p}_j&=-\frac{\partial H}{\partial q_j} \quad (j=1,2,\cdots,k)\end{aligned}\right\} \tag{9-29}$$

式(9-29)就是**哈密顿正则方程**,是以广义坐标 q_j 和广义动量 p_j 为独立变量的 $2k$ 个一阶常微分方程,q_j 和 p_j 称为**正则变量**,或**哈密顿变量**。哈密顿正则方程给出了一种对称的数学结构体系,不但可推广应用到力学的各个领域,还可拓展到物理学的许多领域。

9.6.2 正则方程的初积分

哈密顿正则方程也有类似拉氏方程的循环积分和能量积分。由式(9-25)可见,如果 $L(q_j,\dot{q}_j,t)$ 中不显含某广义坐标,则 $H(q_j,p_j,t)$ 中也不显含该广义坐标 q_α。因此,循环坐标的定义可拓展为不显含于函数 H 或 L 之中的广义坐标。

若 q_α 为循环坐标,则有 $\dfrac{\partial H}{\partial q_\alpha}=0$,由式(9-29)知,$\dot{p}_\alpha=0$,从而有循环积分

$$p_\alpha=C_\alpha(\text{常数}) \tag{9-30}$$

同样,当 H 中不显含时间变量 t 时,有 $\dfrac{\partial H}{\partial t}=0$,于是

$$\frac{\mathrm{d}H}{\mathrm{d}t}=\sum_{j=1}^{k}\left(\frac{\partial H}{\partial q_j}\dot{q}_j+\frac{\partial H}{\partial p_j}\dot{p}_j\right)$$

将式(9-29)代入上式,得 $\mathrm{d}H/\mathrm{d}t=0$,因此,有能量积分,$H=C$(常数)。注意到定常约束系统中动能 T 为广义速度 $\dot{q}_j$ 的二次齐次函数,由式(9-25)有

$$H=\sum_{j=1}^{k}\frac{\partial T}{\partial \dot{q}_j}\dot{q}_j-L=2T-(T-V)=T+V=C(\text{常数}) \tag{9-31}$$

该式表明对于完整定常约束系统,有机械能守恒;对于完整非定常约束系统,常有广义动量守恒。

例 9-12 试写出图示球面摆的正则方程及其首次积分。已知球面摆摆长为 l,摆锤质量为 m。

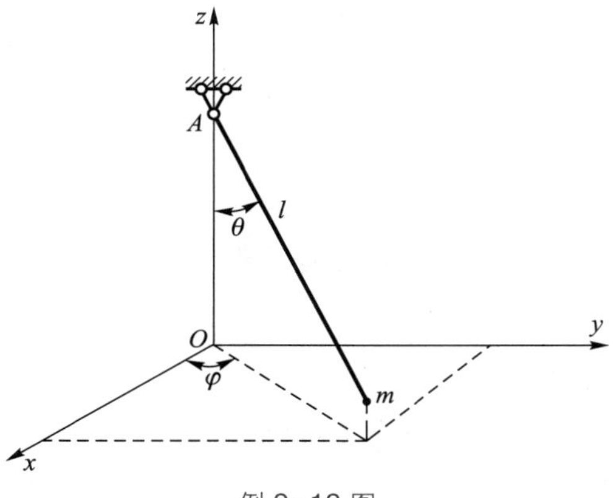

例 9-12 图

解:取图示角 θ 和 φ 为广义坐标,A 为重力势能零位置,则系统的格拉朗日函数为

$$L=T-V=\frac{1}{2}ml^2(\dot{\theta}^2+\dot{\varphi}^2\sin^2\theta)+mgl\cos\theta$$

广义动量分别为

$$p_\theta=\frac{\partial L}{\partial \dot\theta}=ml^2\dot\theta$$

$$p_\varphi=\frac{\partial L}{\partial \dot\varphi}=ml^2\dot\varphi\sin^2\theta$$

解得

$$\dot\theta=\frac{p_\theta}{ml^2}$$

$$\dot\varphi=\frac{p_\varphi}{ml^2\sin^2\theta}$$

按定义式(9-25),系统的哈密顿函数为

$$H=p_\theta\dot\theta+p_\varphi\dot\varphi-L=\frac{p_\theta^2}{ml^2}+\frac{p_\varphi^2}{ml^2\sin^2\theta}-\frac{1}{2}ml^2\left(\frac{p_\theta^2}{m^2l^4}+\frac{p_\varphi^2}{m^2l^4\sin^2\theta}\right)-mgl\cos\theta$$

$$=\frac{p_\theta^2}{2ml^2}+\frac{p_\varphi^2}{2ml^2\sin^2\theta}-mgl\cos\theta$$

正则方程式(9-29)成为

$$\dot\theta=\frac{\partial H}{\partial p_\theta}=\frac{p_\theta}{ml^2}$$

$$\dot\varphi=\frac{\partial H}{\partial p_\varphi}=\frac{p_\varphi}{ml^2\sin^2\theta}$$

$$\dot p_\theta=-\frac{\partial H}{\partial\theta}=\frac{p_\varphi^2\cos\theta}{ml^2\sin^3\theta}-mgl\sin\theta$$

$$\dot p_\varphi=-\frac{\partial H}{\partial\varphi}=0$$

故循环积分为

$$p_\varphi=C_\varphi(\text{常数})$$

能量积分为

$$H=C(\text{常数})$$

即

$$\frac{p_\theta^2}{2ml^2}+\frac{p_\varphi^2}{2ml^2\sin^2\theta}-mgl\cos\theta=C$$

思考 9-14 例 9-12 中:

① 试说明 P_φ 和 H 为常数的物理意义。

② 能否直接由式(9-30)和式(9-31)导出该结果?

9.7 哈密顿原理

由动力学普遍方程对时间积分,导出一个重要的力学变分原理——哈密顿原理,这是 1834 年由哈密顿完成的。该原理提出了一个将真实运动与同样条件下的可能运动区分开来的准则,

并化为求泛函的极值问题。对于有限过程，提供了一种动力学问题的直接近似解法。

9.7.1 完整系统的哈密顿原理

对于受理想约束的质点系（n 个质点），其真实运动满足动力学普遍方程

$$\sum_{i=1}^{n}(\boldsymbol{F}_i-m_i\boldsymbol{a}_i)\cdot\delta\boldsymbol{r}_i=0$$

将上式对时间 t 积分，则有

$$\int_{t_1}^{t_2}\sum_{i=1}^{n}(\boldsymbol{F}_i-m_i\boldsymbol{a}_i)\cdot\delta\boldsymbol{r}_i\mathrm{d}t=0 \tag{1}$$

其中，主动力系的虚功之和为

$$\sum_{i=1}^{n}\boldsymbol{F}_i\cdot\delta\boldsymbol{r}_i=\delta W \tag{2}$$

而

$$\sum_{i=1}^{n}m_i\boldsymbol{a}_i\cdot\delta\boldsymbol{r}_i=\sum_{i=1}^{n}m_i\frac{\mathrm{d}\boldsymbol{v}_i}{\mathrm{d}t}\cdot\delta\boldsymbol{r}_i=\sum_{i=1}^{n}m_i\frac{\mathrm{d}(\boldsymbol{v}_i\cdot\delta\boldsymbol{r}_i)}{\mathrm{d}t}-\sum_{i=1}^{n}m_i\boldsymbol{v}_i\frac{\mathrm{d}}{\mathrm{d}t}(\delta\boldsymbol{r}_i)$$

对于完整约束系统，“d”和“δ”的运算顺序具有互换性（对于非完整系统，“d”和“δ”的运算一般不具互换性），上式化为

$$\begin{aligned}\sum_{i=1}^{n}m_i\boldsymbol{a}_i\cdot\delta\boldsymbol{r}_i&=\mathrm{d}\left(\sum_{i=1}^{n}m_i\boldsymbol{v}_i\cdot\delta\boldsymbol{r}_i\right)/\mathrm{d}t-\sum_{i=1}^{n}m_i\boldsymbol{v}_i\cdot\delta\boldsymbol{v}_i\\&=\mathrm{d}\left(\sum_{i=1}^{n}m_i\boldsymbol{v}_i\cdot\delta\boldsymbol{r}_i\right)/\mathrm{d}t-\delta\left(\sum_{i=1}^{n}\frac{1}{2}m_i\boldsymbol{v}_i^2\right)\\&=\mathrm{d}\left(\sum_{i=1}^{n}m_i\boldsymbol{v}_i\cdot\delta\boldsymbol{r}_i\right)/\mathrm{d}t-\delta T\end{aligned} \tag{3}$$

将式（3）和式（2）代入式（1），得

$$\int_{t_1}^{t_2}(\delta W+\delta T)\mathrm{d}t-\sum_{i=1}^{n}m_i\boldsymbol{v}_i\cdot\delta\boldsymbol{r}_i\Big|_{t_1}^{t_2}=0 \tag{4}$$

当可能运动与真实运动的始末位置相同时，有

$$\delta\boldsymbol{r}_i\big|_{t=t_1}=\delta\boldsymbol{r}_i\big|_{t=t_2}=0 \tag{5}$$

式（4）化为

$$\int_{t_1}^{t_2}(\delta W+\delta T)\mathrm{d}t=0 \tag{9-32}$$

这就是一般完整约束系统的哈密顿原理。

对于主动力均有势的完整系统，存在势能函数 V，且 $\delta W=-\delta V$。式（9-32）变为

$$\int_{t_1}^{t_2}(\delta T-\delta V)\mathrm{d}t=\int_{t_1}^{t_2}\delta(T-V)\mathrm{d}t=\int_{t_1}^{t_2}\delta L\mathrm{d}t=\delta\int_{t_1}^{t_2}L\mathrm{d}t=0$$

引入哈密顿作用量 $S=\int_{t_1}^{t_2}L(q_j,\dot{q}_j,t)\mathrm{d}t$，则对于真实运动，有

$$\delta S=\delta\int_{t_1}^{t_2}L\mathrm{d}t=0 \tag{9-33}$$

这就是势力场完整系统的哈密顿原理：在势力场中，具有理想完整约束的质点系在满足起止位置相同的所有可能运动中，真实运动使哈密顿作用量取极值，即对哈密顿作用量的变分等于零。

9.7.2 哈密顿原理的应用

应用哈密顿原理可以建立动力系统的运动微分方程，也可直接求解相应动力学问题。

例 9-13 试用哈密顿原理推导例 9-10 所示系统的运动微分方程。

解：由例 9-10 解答中可知，该系统的拉格朗日函数为

$$L=T-V=\frac{1}{4}(2m_0+m)R^2\dot{\theta}^2+\frac{3}{4}m(R-r)^2\dot{\varphi}^2-\frac{1}{2}mR(R-r)\dot{\varphi}\dot{\theta}+mg(R-r)\cos\varphi$$

将其代入哈密顿原理表达式(9-33)，有

$$\begin{aligned}\int_{t_1}^{t_2}\delta L\mathrm{d}t=&\int_{t_1}^{t_2}\Big[\frac{1}{2}(2m_0+m)R^2\dot{\theta}\delta\dot{\theta}+\frac{3}{2}m(R-r)^2\dot{\varphi}\delta\dot{\varphi}-\\&\frac{1}{2}mR(R-r)\dot{\varphi}\delta\dot{\theta}-\frac{1}{2}mR(R-r)\dot{\theta}\delta\dot{\varphi}-\\&mg(R-r)\sin\varphi\delta\varphi\Big]\mathrm{d}t\\=&\int_{t_1}^{t_2}\Big\{\frac{\mathrm{d}}{\mathrm{d}t}\Big[\frac{1}{2}(2m_0+m)R^2\dot{\theta}\delta\theta-\frac{1}{2}(2m_0+m)R^2\ddot{\theta}\delta\theta+\\&\frac{\mathrm{d}}{\mathrm{d}t}\Big[\frac{3}{2}m(R-r)^2\dot{\varphi}\delta\varphi-\frac{3}{2}m(R-r)^2\ddot{\varphi}\delta\varphi-\\&\frac{\mathrm{d}}{\mathrm{d}t}\Big[\frac{1}{2}mR(R-r)\dot{\varphi}\delta\theta\Big]+\frac{1}{2}mR(R-r)\ddot{\varphi}\delta\theta-\\&\frac{\mathrm{d}}{\mathrm{d}t}\Big[\frac{1}{2}mR(R-r)\dot{\theta}\delta\varphi\Big]+\frac{1}{2}mR(R-r)\ddot{\theta}\delta\varphi-\\&mg(R-r)\sin\varphi\delta\varphi\Big\}\mathrm{d}t\\=&\Big[\frac{1}{2}(2m_0+m)R^2\dot{\theta}-\frac{1}{2}mR(R-r)\dot{\varphi}\Big]\delta\theta\Big|_{t_1}^{t_2}+\\&\Big[\frac{3}{2}m(R-r)^2\dot{\varphi}-\frac{1}{2}mR(R-r)\dot{\theta}\Big]\delta\varphi\Big|_{t_1}^{t_2}+\\&\int_{t_1}^{t_2}\Big\{\Big[-\frac{1}{2}(2m_0+m)R^2\ddot{\theta}+\frac{1}{2}mR(R-r)\ddot{\varphi}\Big]\delta\theta\Big\}\mathrm{d}t+\\&\Big\{\Big[-\frac{3}{2}m(R-r)^2\ddot{\varphi}+\frac{1}{2}mR(R-r)\ddot{\theta}-\\&mg(R-r)\sin\varphi\Big]\delta\varphi\Big\}\mathrm{d}t\\=&0\end{aligned}$$

由于各变量在相对于时间 t_1 和 t_2 的端点的变分等于零，故上式前两项均为零，剩下的第 3 项和第 4 项中 $\delta\theta$ 和 $\delta\varphi$ 是独立的任意变量，因此只有它们的系数分别等于零，此二积分才为零，于是得

$$
\left.\begin{aligned}
-\frac{1}{2}(2m_0+m)R^2\ddot{\theta}+\frac{1}{2}mR(R-r)\ddot{\varphi}=0\\
-\frac{3}{2}m(R-r)^2\ddot{\varphi}+\frac{1}{2}mR(R-r)\ddot{\theta}-mg(R-r)\sin\varphi=0
\end{aligned}\right\}
$$

化简得系统的运动微分方程为

$$
\left.\begin{aligned}
\left(m_0+\frac{1}{2}m\right)R\ddot{\theta}-\frac{1}{2}m(R-r)\ddot{\varphi}=0\\
\frac{3}{2}(R-r)\ddot{\varphi}-\frac{1}{2}R\ddot{\theta}+g\sin\varphi=0
\end{aligned}\right\}
$$

思考 9-15 试用哈密顿原理导出一般完整系统的如下拉格朗日方程：

$$
\frac{\mathrm{d}}{\mathrm{d}t}\left(\frac{\partial T}{\partial \dot{q}_j}\right)-\frac{\partial T}{\partial q_j}=F_{Q_j}\qquad (j=1,2,\cdots,k)
$$

例 9-14 一张紧的钢弦如图 a 所示。设在振动过程中钢弦的张力 F 的数值保持不变，单位长度钢弦的质量为 m，试用哈密顿原理建立钢弦的横向振动微分方程。

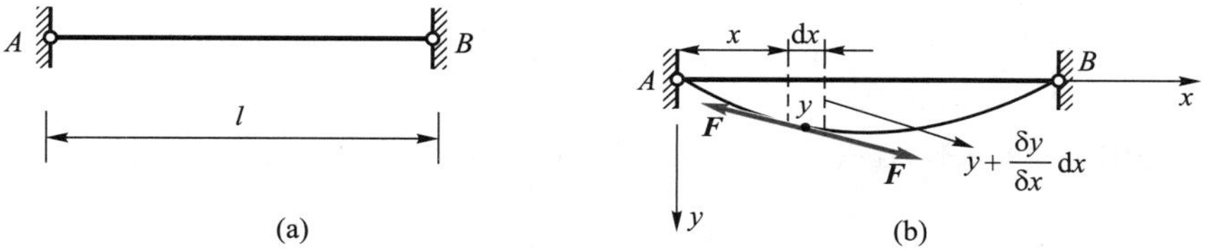

例 9-14 图

解：① 判定系统的自由度和选取广义坐标。

这是一个势力场完整连续系统，具有无限多个自由度。取坐标系 Axy 如图 b 所示。设钢弦振动时，在 x 处相对平衡位置的位移为 $y(x,t)$，并以此为广义坐标。

② 列写系统的拉格朗日函数。

钢弦微段 $\mathrm{d}x$ 动能为

$$
\mathrm{d}T=\frac{1}{2}(m\mathrm{d}x)\left(\frac{\partial y}{\partial t}\right)^2
$$

$\mathrm{d}x$ 段变形势能为

$$
\mathrm{d}V=F\left[\sqrt{(\mathrm{d}x)^2+\left(\frac{\partial y}{\partial x}\mathrm{d}x\right)^2}-\mathrm{d}x\right]\approx F\left[\mathrm{d}x+\frac{1}{2}\left(\frac{\partial y}{\partial x}\right)^2\mathrm{d}x-\mathrm{d}x\right]=\frac{1}{2}F\left(\frac{\partial y}{\partial x}\right)^2\mathrm{d}x
$$

整个钢弦的动能和应变能分别为

$$
T=\int_0^l\frac{1}{2}m\left(\frac{\partial y}{\partial t}\right)^2\mathrm{d}x
$$

$$
V=\int_0^l\frac{1}{2}F\left(\frac{\partial y}{\partial x}\right)^2\mathrm{d}x
$$

钢弦的拉格朗日函数为

$$
L=T-V=\int_0^l\frac{1}{2}\left[m\left(\frac{\partial y}{\partial t}\right)^2-F\left(\frac{\partial y}{\partial x}\right)^2\right]\mathrm{d}x \tag{a}
$$

③ 运用哈密顿原理

$$
\delta\int_{t_1}^{t_2}L\mathrm{d}t=0
$$

即

$$\int_{t_1}^{t_2}\int_0^l\left[m\frac{\partial y}{\partial t}\delta\left(\frac{\partial y}{\partial t}\right)-F\frac{\partial y}{\partial x}\delta\left(\frac{\partial y}{\partial x}\right)\right]\mathrm{d}x\mathrm{d}t=0 \tag{b}$$

式(b)的第一项对时间 t 作分部积分,并考虑到在 t_1 和 t_2 时 $\delta y=0$,则

$$\begin{aligned}\int_{t_1}^{t_2} m\frac{\partial y}{\partial t}\delta\left(\frac{\partial y}{\partial t}\right)\mathrm{d}t&=\int_{t_1}^{t_2} m\frac{\partial y}{\partial t}\frac{\partial}{\partial t}(\delta y)\mathrm{d}t=\left[m\frac{\partial y}{\partial t}\delta y\right]_{t_1}^{t_2}-\int_{t_1}^{t_2} m\frac{\partial^2 y}{\partial t^2}\delta y\mathrm{d}t\\&=-\int_{t_1}^{t_2} m\frac{\partial^2 y}{\partial t^2}\delta y\mathrm{d}t\end{aligned} \tag{c}$$

式(b)的第二项对坐标 x 作分部积分,并考虑到 A 端 B 端都是固定不动的,即在 $x=0$ 和 $x=l$ 处 $\delta y=0$,则

$$\begin{aligned}\int_0^l F\frac{\partial y}{\partial x}\delta\left(\frac{\partial y}{\partial x}\right)\mathrm{d}x&=\int_0^l F\frac{\partial y}{\partial x}\frac{\partial}{\partial x}(\delta y)\mathrm{d}x=\left[F\frac{\partial y}{\partial x}\delta y\right]_0^l-\int_0^l F\frac{\partial^2 y}{\partial x^2}\delta y\mathrm{d}x\\&=-\int_0^l F\frac{\partial^2 y}{\partial x^2}\delta y\mathrm{d}x\end{aligned} \tag{d}$$

将式(c)和式(d)代入式(b),可得

$$\int_{t_0}^{t_1}\int_0^l\left(F\frac{\partial^2 y}{\partial x^2}-m\frac{\partial^2 y}{\partial t^2}\right)\delta y\mathrm{d}x\mathrm{d}t=0 \tag{e}$$

因为 $\delta y=\varepsilon\eta(x,t)$ 为任意小量函数,且积分区间 t_1 到 t_2 都是任意的,所以式(e)成立时必有

$$m\frac{\partial^2 y}{\partial t^2}=F\frac{\partial^2 y}{\partial x^2} \tag{f}$$

这就是钢弦的横向振动微分方程。

哈密顿原理只涉及系统的状态函数,如系统的总动能和总势能,不涉及用多少个广义坐标来表达,因此哈密顿原理不仅能用于离散系统(有限自由度系统),而且能用于连续系统(无限自由度系统),这是哈密顿原理的优点之一。哈密顿原理作为一个变分原理,能用变分学的方法提供动力学问题的直接近似解法,如里茨法、伽辽金法等。

哈密顿原理比拉格朗日方程更具有概括性,只用一个泛函极值就可表示完整保守系统的运动规律。非完整系统具有不可积分的微分约束,可用第一类拉格朗日方程描述。

分析力学是经典物理学的基础之一,也是整个力学学科的基础,广泛应用于结构分析、机器动力学与振动、航天力学、天体力学、自动控制及各种复杂的工程问题,也可推广应用于连续介质力学、相对论力学和量子力学的广泛领域。

习　题

9-1　例 9-2 所示动力系统中,ω_1 和 ω_2 均不为零。求解时为什么可令虚位移 $\delta\varphi_1=0$ 或 $\delta\varphi_2=0$?

9-2　如图所示单摆,取 φ 为广义坐标,则动能 $T=\frac{G}{2g}(l\dot{\varphi})^2$。给出虚位移 $\delta\varphi$,则广义力 $F_{Q_\varphi}=\frac{\sum\delta W_F}{\delta\varphi}=Gl\sin\varphi$ 代入拉氏方程 $\frac{\mathrm{d}}{\mathrm{d}t}\frac{\partial T}{\partial\dot{\varphi}}-\frac{\partial T}{\partial\varphi}=F_{Q_\varphi}$ 得 $\ddot{\varphi}-\frac{g}{l}\sin\varphi=0$。其中错误在哪里?

9-3 如图所示系统,AB 杆长为 l,重量为 G,在铅垂平面内摆动,且随物块 A 滑动。不计物块 A 质量和摩擦,求广义力 F_{Q_x}、F_{Q_φ}。

9-4 刚体绕定轴转动时,已知 J_O 与 ω,若取转角 φ 为广义坐标,则其广义动量 p_φ 是多少?

9-5 具有循环积分和能量积分的动力系统应具备下列哪些条件?

① 理想约束;

② 定常约束;

③ 完整约束;

④ 主动力有势;

⑤ L 中不含某广义坐标。

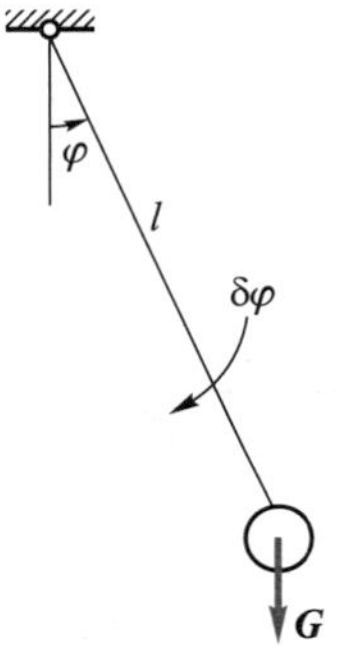

题 9-2 图

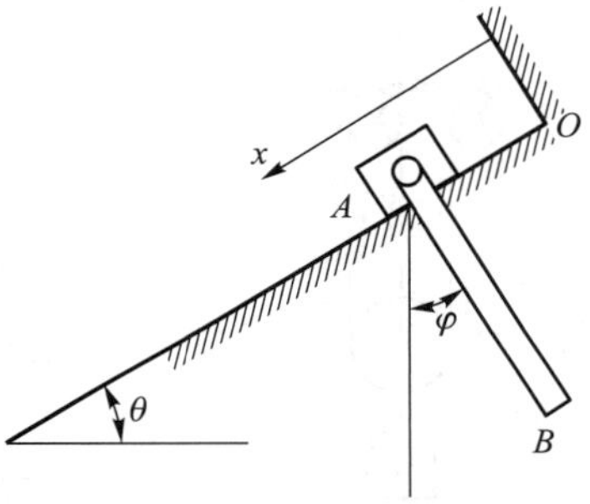

题 9-3 图

9-6 质量为 m_1 和 m_2 的两物体分别以弹簧刚度系数为 k_1 和 k_2 的弹簧铅垂悬挂,如图所示。试写出两物体的运动微分方程。

9-7 如图所示,质量为 m、半径为 r 的均质圆轮沿水平面纯滚动。均质杆 OA 长度为 $3r$,铰接于轮心 O,可在铅垂平面内摆动,杆质量也为 m。试求系统作微幅摆动时的运动微分方程。

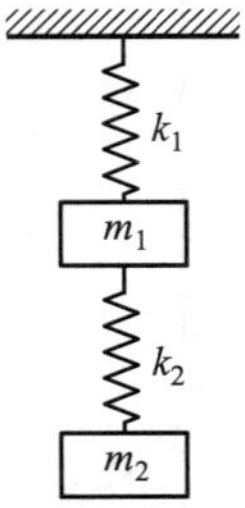

题 9-6 图

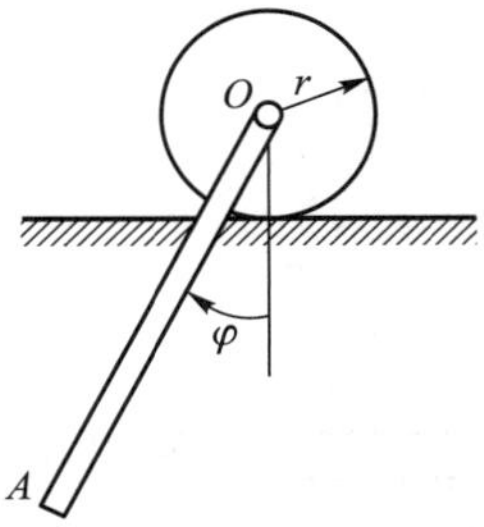

题 9-7 图

9-8 图示系统中,起始时弹簧处于原长状态,系统静止于光滑水平轨道上。

① 受干扰后,系统发生自由振动,写出振动微分方程;

② 受 $\boldsymbol{F}_1(t)$ 激励后,系统发生强迫振动,写出受迫振动微分方程。

9-9 如图所示,杆长为 l 的两根相同均质杆 OA 与 AB 以铰链 A 连接并以铰链 O 固定,求从水平位置开始运动时两杆的角加速度。

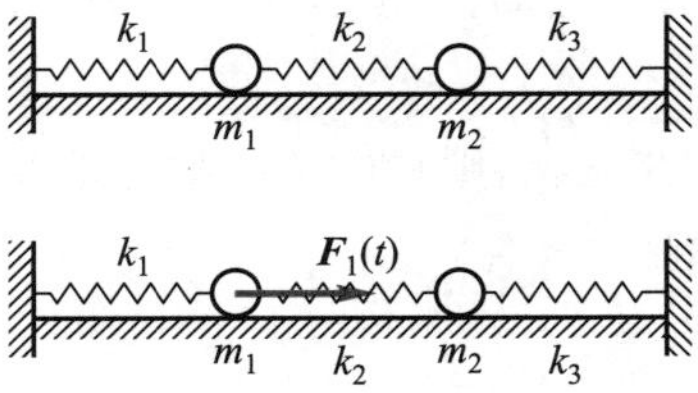

题 9-8 图

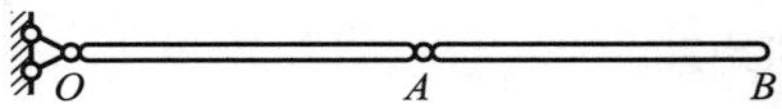

题 9-9 图

9-10 如图所示系统中，已知物块 A 的重量为 G_1，物块 B 的重量为 G_2，不计滑轮与绳的质量。试求物块 A 下降的加速度。

9-11 如图所示系统中，物 A、B、C 的重量分别为 G_1、G_2、G_3，在物 A 上作用水平力为 $\boldsymbol{F}$，不计摩擦与滑轮质量。试求物 A 的加速度。

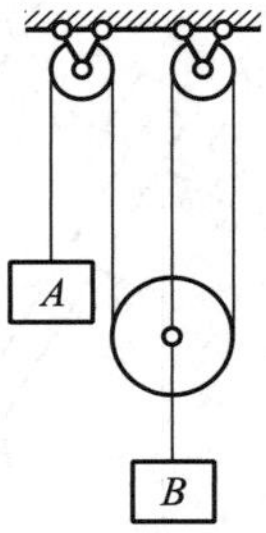

题 9-10 图

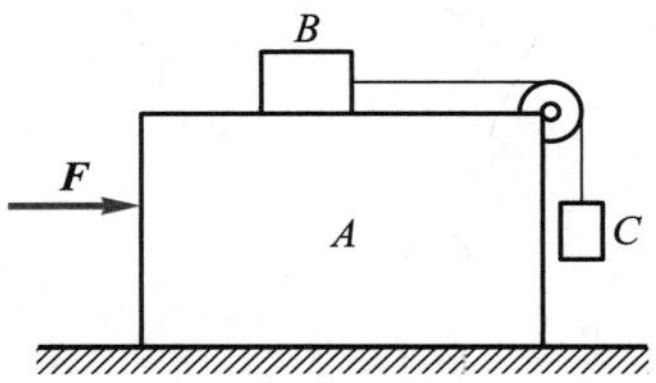

题 9-11 图

9-12 如图所示，重为 G 的重物 A 放在 n 个各重为 G_0 的圆滚子上。设滚子可以看作均质圆柱，滚子与重物及滚子与地面间均无相对滑动，求重物受到一水平力 $\boldsymbol{F}$ 作用时的加速度。

9-13 平台 N 由等长而且平行的均质杆 AB、CD 支持，如图所示，平台上有一方块 M。设 AB、CD、M 及 N 的重量相等。求从图示位置开始运动时 M 的加速度。不计所有摩擦力。

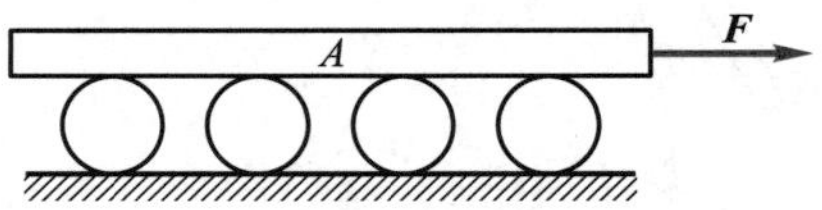

题 9-12 图

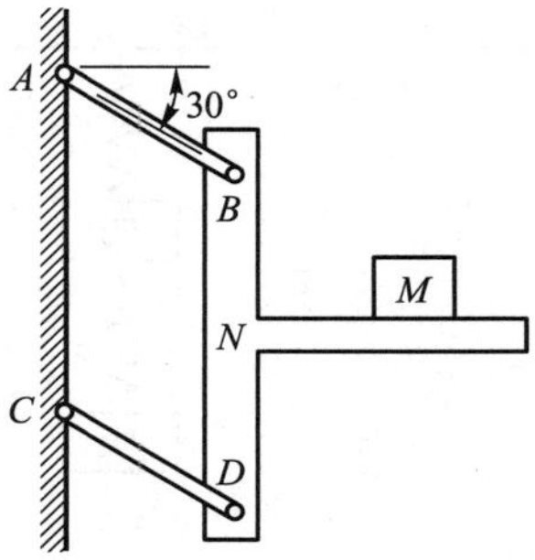

题 9-13 图

9-14 一薄板搁在粗糙的半圆柱上，如图所示。写出薄板的运动微分方程，并求其作微摆动的周期。薄板长度为 l，半圆柱的半径为 r。

9-15 一半径为 r 的均质圆盘在半径为 R 的固定圆柱面内运动，如图所示。设接触处的摩擦阻力足以阻止相动滑动。写出圆盘的运动微分方程。

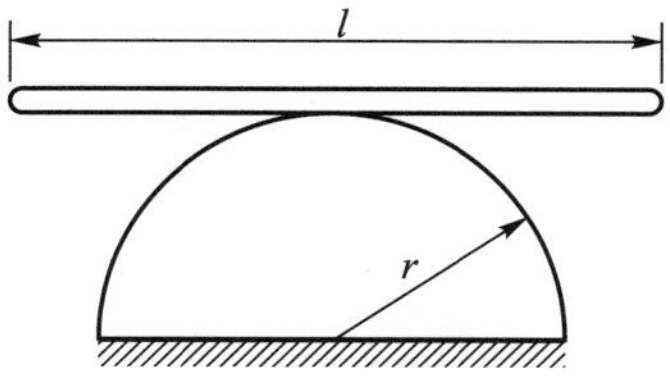

题 9-14 图

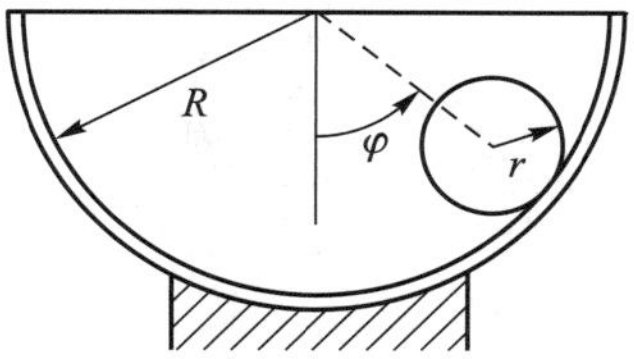

题 9-15 图

9-16 如图所示，半圆盘放在一光滑水平面上，写出其运动微分方程。设半圆盘对于其质心 C 的回转半径为 ρ_C，$CO=e$。

9-17 如图所示双轮小车，轮 1 沿水平面纯滚动，轮 2 又滚又滑。两轮均质，半径为 R，质量分别为 m_1、m_2。已知摩擦因数为 f，不计杆 3 的质量。求杆 3 的加速度与轮 2 的角加速度。

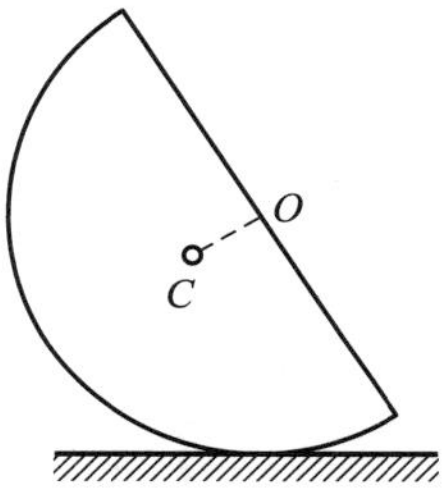

题 9-16 图

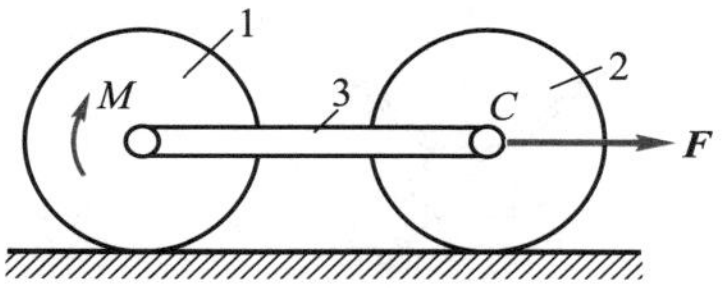

题 9-17 图

9-18 如图所示，三棱柱置于光滑水平面上，质量为 m_1。圆柱质量为 m_2，在光滑斜面上绕线下滑，A 端固连于斜面。若 $m_2=2m_1$，$m_1=5.1\ \mathrm{kg}$，$\theta=30°$。试求棱柱加速度及圆心 C 相对棱柱的加速度。

9-19 在图所示系统中，棱柱 1、圆轮 2、物块 3 的质量分别为 $m_1=10\ \mathrm{kg}$，$m_2=0.6m_1$，$m_3=0.4m_1$，$\theta=60°$。轮 2 在平台上纯滚动。不计各处摩擦和轮 4 质量，求运动时棱柱的加速度及其对地面的压力。

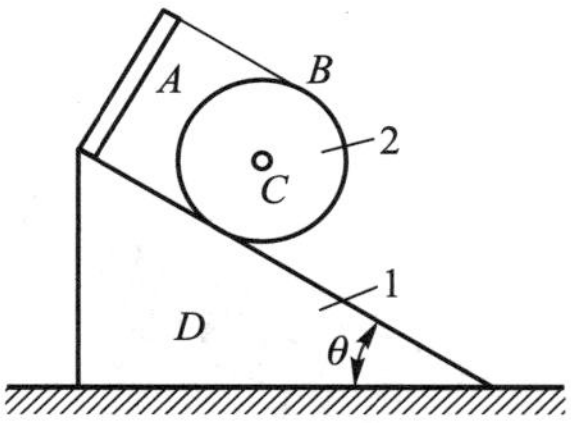

题 9-18 图

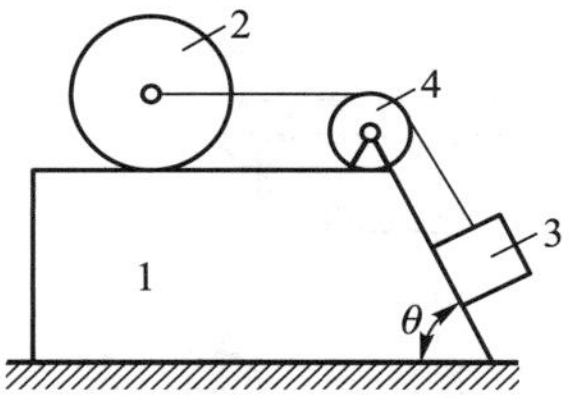

题 9-19 图

9-20 在图示系统中，轮 1 在斜面上纯滚动。已知：$m_2=m_3=0.5m_1$，$\theta=30°$，不计滑轮与绳的质量。试求圆轮中心 C 及物 3 的加速度。

9-21 如图所示均质杆 AB 长度为 $2a$，置于光滑水平面上（题图为俯视图）。OA 绳长为 c，O 端固定。开始时，O、A、B 共线。给 AB 杆以平动速度 $\boldsymbol{v}$ 抛出，试求运动中杆与线的夹角 θ 的最大值。

9-22 如图所示，4 根长度为 $2a$ 的均质杆铰连，A 端固定，套筒 C 可在光滑铅垂轴上运动。开始时，C 与 A 重合，整个系统以角速度 $\boldsymbol{\omega}$ 转动。试证：若在后续运动中 2θ 是上面两杆的最小夹角，则有 $a\omega^2\sin 2\theta=3g\sin\theta$。

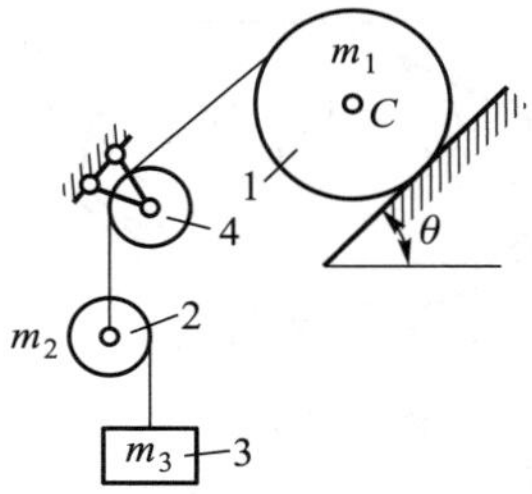

题 9-20 图

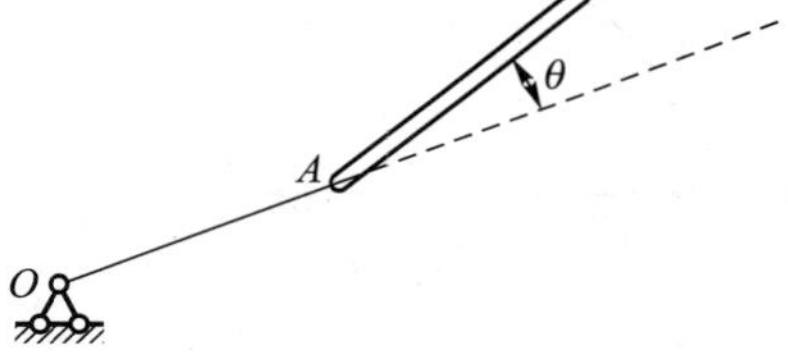

题 9-21 图

9-23 如图所示三角块置于光滑水平面上,重为 G_1。均质圆柱重为 G_2,弹簧刚度系数为 k,θ 已知。若初瞬时系统静止,弹簧无变形,试求三角块的运动方程。设圆柱与斜面间无滑动。

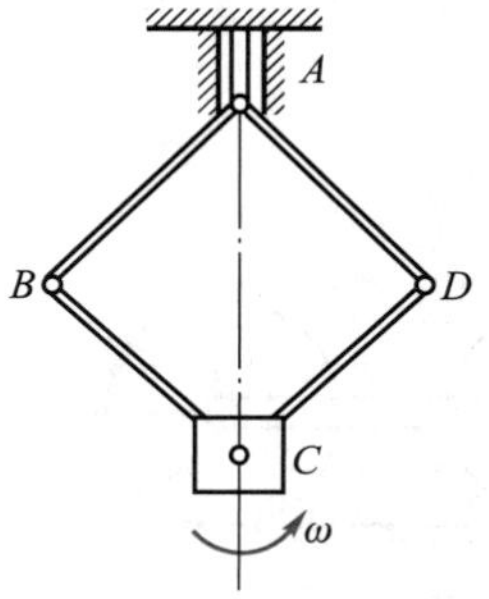

题 9-22 图

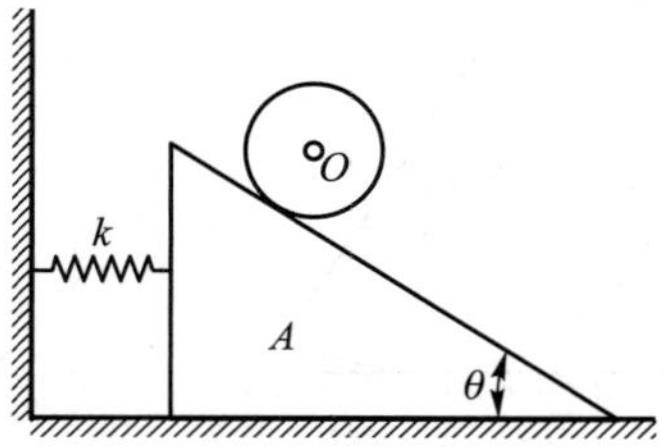

题 9-23 图

9-24 在图所示系统中,物体 M_1、M_2、M_3 重分别为 G_1、G_2、G_3,略去滑轮与绳的重量及摩擦。求重物 M_1、M_2、M_3 的加速度。

9-25 在图所示系统中,方块 A 的质量为 m,小车 B 的质量为 m_1,弹簧刚度系数为 k,不计摩擦阻力及轮子的质量,求系统的振动周期。

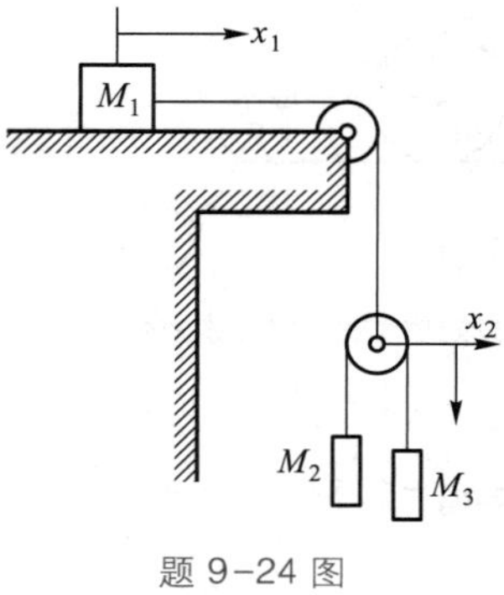

题 9-24 图

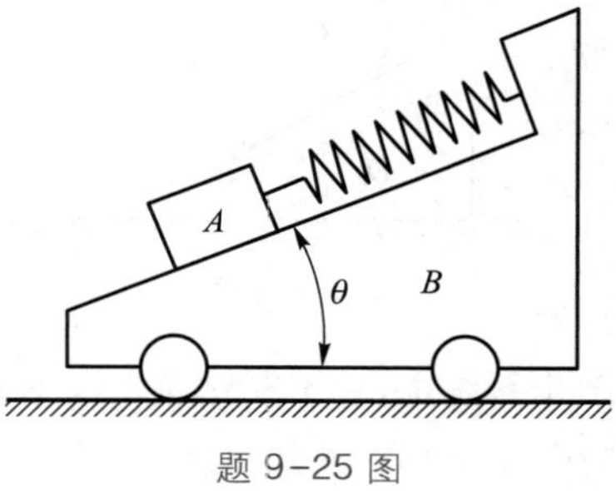

题 9-25 图

9-26 如图所示,为消除弹性支架顶端质量为 m_1 的物块横向振动,采用单摆式减振器,设作用于物块上的干扰力 $F=H\sin\omega t$。不计支架及摆杆质量。试求当摆长为多少时可使物块的振幅为零。

9-27 一质量为 m_2 的机器,安装在质量为 m_1 的柜内。柜子的重心为 C,两弹簧的间距为 l,机器受一简谐力矩 $M=M_0\sin\omega t$ 的作用,其中 M_0 与 ω 均为常数。试问:

① 欲使柜子不产生摆动,k 应为多少?

② 欲使柜子不产生垂直振动,机器应安装在什么位置?

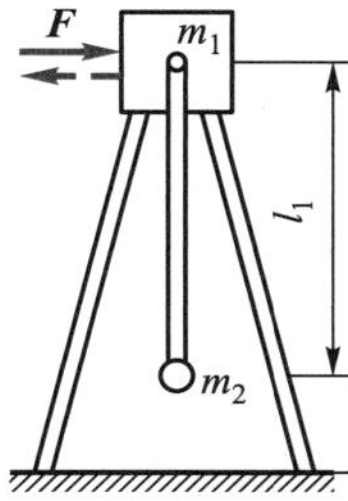

题 9-26 图

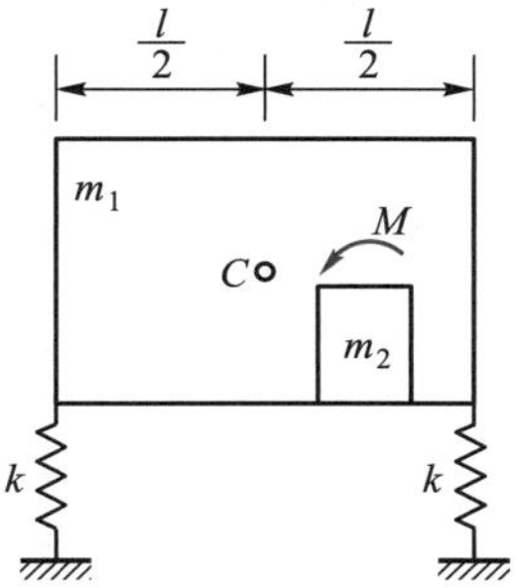

题 9-27 图

9-28 两个相同的圆轮由一平行杆 AB 相连,在水平面上左右摆动,如图所示。设圆轮重为 G_1,半径为 r,可以看作均质圆盘,在水平面上作纯滚动;杆 AB 重为 G_2;$O_1A=O_2B=b$。写出系统摆动时的微分方程,并求微摆动的周期。

9-29 如图所示,两个质量均为 m 的质点 M_1和 M_2,由长度为 l 的无重刚杆连接。系统仅在铅垂面内运动,且杆中心的速度恒沿杆向。试用第一类拉格朗日方程求系统的运动微分方程。

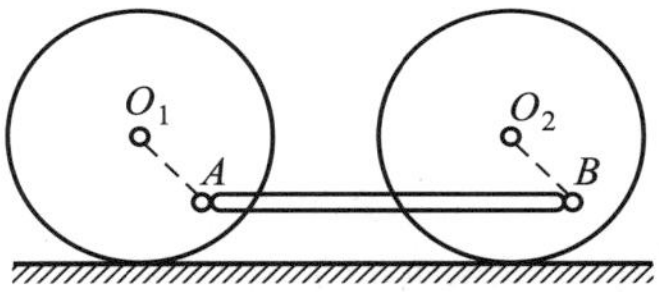

题 9-28 图

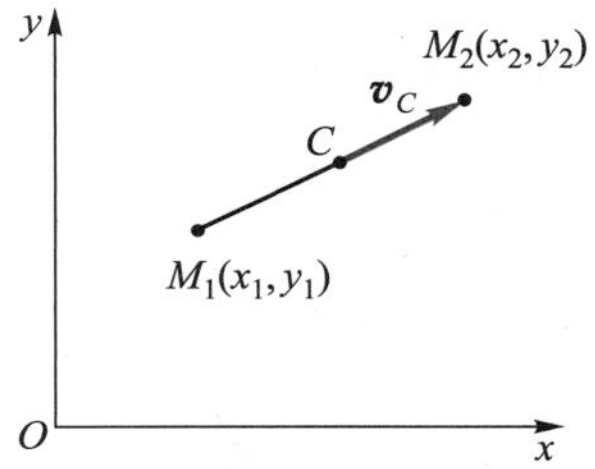

题 9-29 图

9-30 如图所示,质量分别为 m_1、m_2的两个质点,以长度为 l 的无重刚杆连接,放在固定的光滑球壳内。已知:$m_1>m_2$,$2R>l$,R 为球壳半径。试用第一类拉格朗日方程建立系统的运动微分方程。

9-31 试用哈密顿原理建立质点在平方反比引力作用下的运动微分方程。

9-32 试用哈密顿原理建立图示末端有集中质量的悬链振动微分方程。

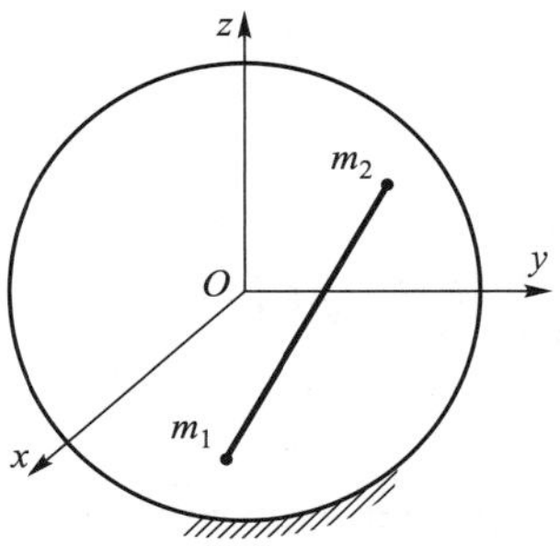

题 9-30 图

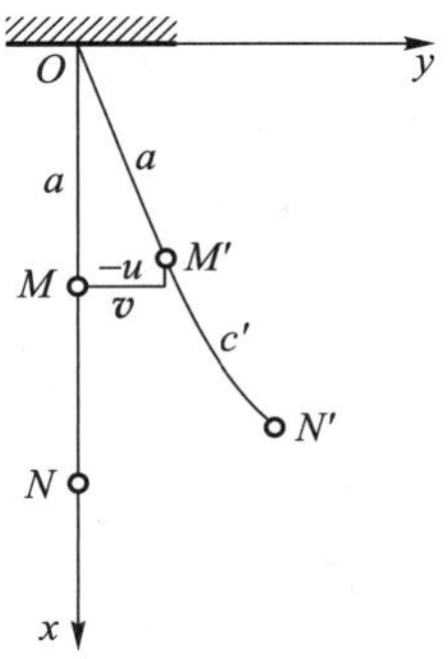

题 9-32 图

9-33 如图所示，弹簧摆由刚度系数为 k、自然长度为 r_0的弹簧及质量为 m 的小球构成。试用哈密顿原理建立小球的运动微分方程。弹簧的质量不计。

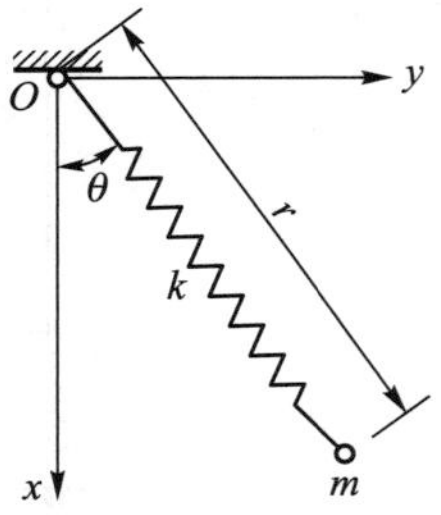

题 9-33 图

9-34 试用哈密顿原理导出哈密顿正则方程。

讨论题

9-35 如图所示半径均为 r 的两个均质圆柱 1、2，用不可伸长的绳子相连，绳子一端与圆柱 1 的中心相连，另一端多圈缠绕在圆柱 2 上（绳与滑轮 A 的重量不计）。圆轮 2 吊绳始终铅垂向下。圆柱 1 沿斜面只滚不滑，且滚动摩阻不计。两个圆柱及斜面 B 的质量均为 m，且不计斜面与水平面摩擦。求：

① 运动过程中斜面与轮心 O 的加速度大小关系；

② 轮心 O 的加速度大小；

③ 斜面的加速度大小；

④ 若圆柱 1 沿斜面只滚不滑时，其与支承面之间的滑动摩擦因数 f 的取值范围。

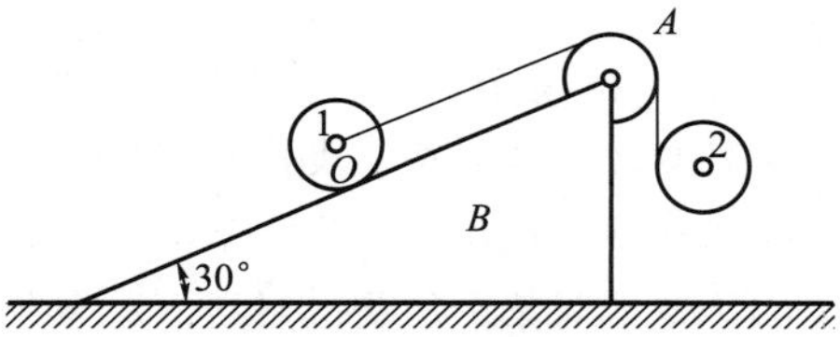

题 9-35 图

9-36 如图 a 与 b 所示，已知 A 为均质圆盘，质量为 m_A，小车 B 质量为 m_B，弹簧刚度系数为 k，圆盘在车上只能作纯滚动，而轨道摩擦力可以不计。

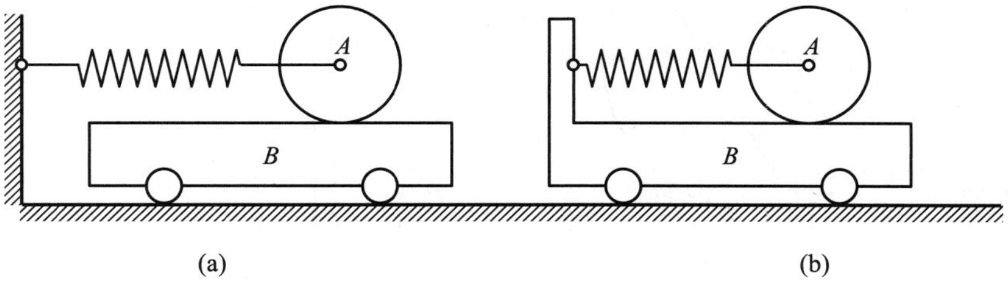

题 9-36 图

① 求两个系统的振动周期。

② 设开始运动时，系统处于静止而弹簧有一伸长量 λ，求此时两系统中小车 B 的加速度。

③ 求当弹簧回到原长时两系统中小车的速度。

9-37 如图所示，一半径为 R 的空心薄壁圆柱可以绕通过其中心的水平轴转动。试研究一半径为 r 的圆球在圆柱内的运动。设空心圆柱的质量为 m_0，对其转动轴的转动惯量为 m_0R^2；圆球的质量为 m，对于其直径的转动惯量为 $2mr^2/5$；圆球在圆柱内作纯滚动。

① 以圆柱的转角 θ 及圆球中心 O' 和圆柱中心 O 的连线与铅垂线的交角 φ 为广义坐标，写出系统的拉格朗日函数和运动微分方程，并求出其初积分。

② 计算圆球在其平衡位置附近所作微幅振动的周期。

③ 开始时，OO' 在水平位置而系统处于静止，求运动开始时圆球中心 O' 的加速度。

④ 系统从上述起始条件开始运动，求当 OO' 经过铅垂位置时，空心圆柱转动的角速度。

9-38 一质量为 m_0 的大圆环放在一粗糙的水平面上，在大圆环内有一质量为 m 的小圆环，如图所示。设大、小圆环间的摩擦力可以不计。开始时，两个圆环中心的连线位于水平位置而系统处于静止。求当小环经过最低位置时大环中心的速度。

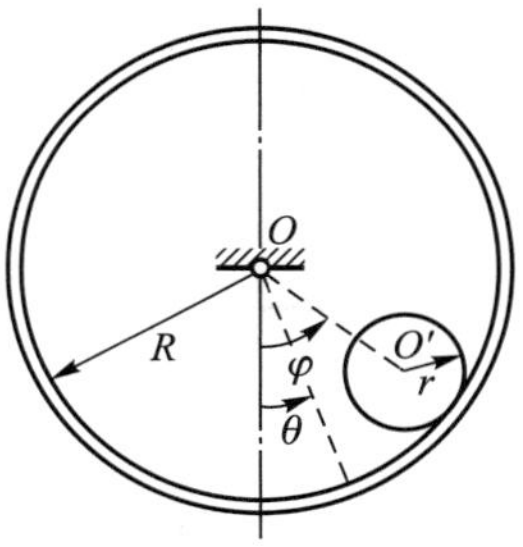

题 9-37 图

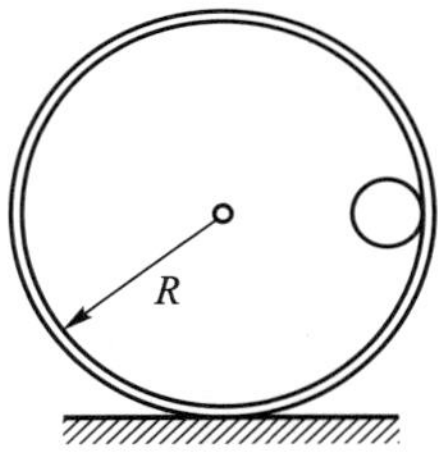

题 9-38 图

9-39 图示动力吸振器模型，设刚度系数为 k_1 的弹簧支承的质量为 m_1 的物体上受到简谐力 $F_0\sin\omega t$ 的激励。此物体上安装由质量为 m_2 的小物体和刚度系数为 k_2 的弹簧。试证明在一定条件下吸振器能消除质量为 m_1 的物体的受迫振动，并求出该条件。

9-40 图示刚度系数均为 k 的两个弹簧连接三个相同单摆，单摆摆长为 l，质量为 m。求系统的固有频率和模态。

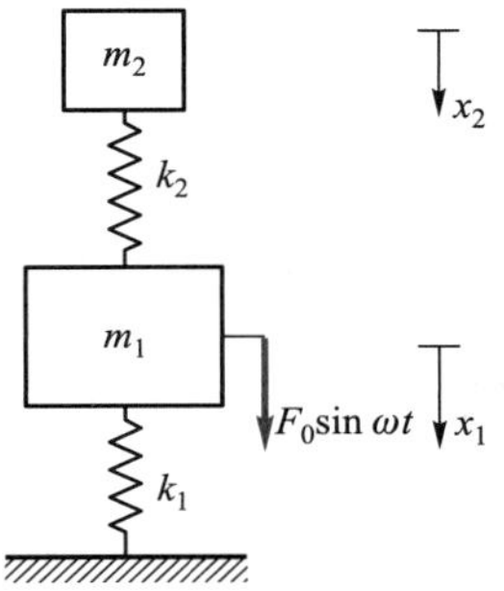

题 9-39 图

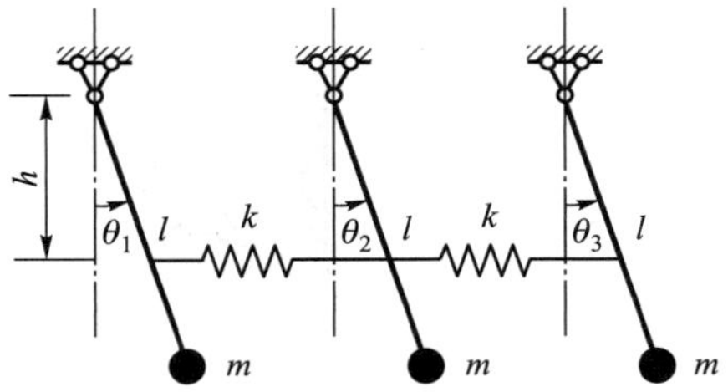

题 9-40 图

9-41 如图所示，在同一铅垂面内的四连杆机构中，均质杆 AB 的质量为 m_1，长度为 l_1；均质杆 BC 的质量为 m_2，长度为 l_2；均质杆 CD 的质量为 m_3，长度为 l_3。已知 $AD=l$，在重力作用下下落。若用笛卡儿广义坐标描述系统的位形，试写出系统的加速度约束方程和第一类拉格朗日方程。

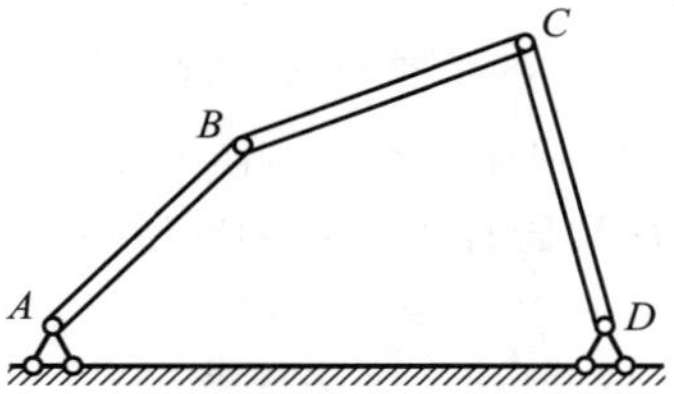

题 9-41 图

9-42 如图所示，冰刀在倾角为 β 的冰面上运动，设冰刀质量为 m，可简化为长度为 l 的均质杆 AB，其中点 C 的速度始终沿 AB 方向，试以 x_C、y_C 及 AB 杆与 x 轴夹角 φ 为描述坐标，写出冰刀的加速度约束方程和第一类拉格朗日方程。若初始条件为 $x_C=y_C=\varphi=0$，$\dot{x}_C=\dot{y}_C=0$，$\dot{\varphi}=-\omega$，试求 C 点的运动规律。

9-43 如图所示，质量均为 m 的三根相同的均质杆，用光滑铰链连接成一开链，静止地放在光滑水平面上，AB 杆垂直于 BC 杆，BC 杆垂直于 CD 杆。今有一冲量 $\boldsymbol{I}$ 横向作用在 A 端，试用拉格朗日方法确定冲击后三根杆所获得的运动初始条件。三根杆长均为 $2l$。

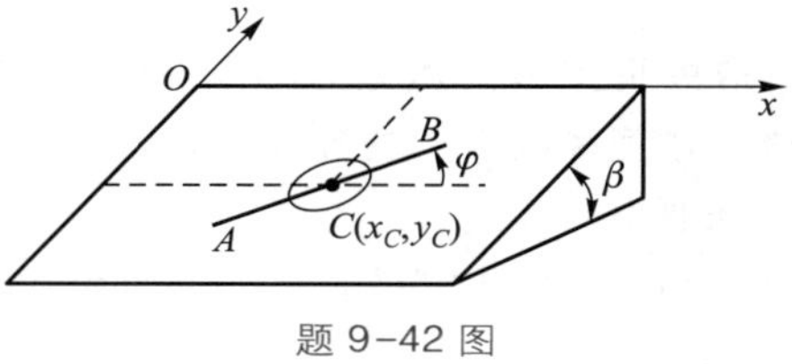

题 9-42 图

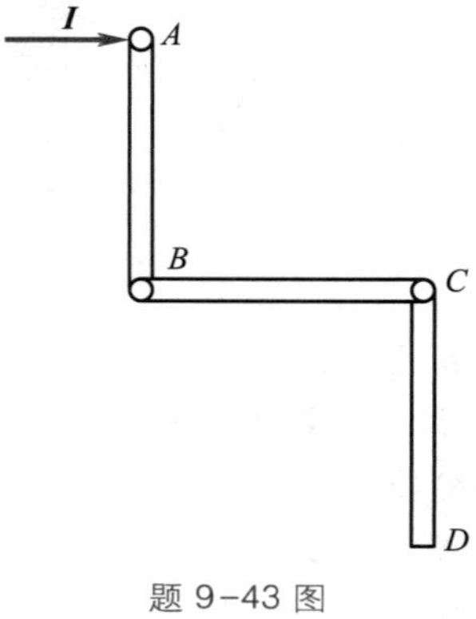

题 9-43 图

9-44 试导出题 9-35 所讨论系统的哈密顿正则方程及其初积分。

9-45 试导出题 9-36 所讨论系统的哈密顿正则方程及其初积分。

第 9 章思考解析　　第 9 章习题参考答案

参考文献

[1] 哈尔滨工业大学理论力学教研组.理论力学[M].5版.北京:高等教育出版社,1997.
[2] 刘延柱,杨海兵,朱本华.理论力学[M].2版.北京:高等教育出版社,2001.
[3] 洪嘉振,杨长俊.理论力学[M].2版.北京:高等教育出版社,2002.
[4] 贾书惠,李万琼.理论力学[M].北京:高等教育出版社,2002.
[5] 梅凤翔.工程力学[M].北京:高等教育出版社,2003.
[6] 范钦珊.工程力学教程[M].北京:高等教育出版社,1998.
[7] 谢传锋.动力学[M].2版.北京:高等教育出版社,2004.
[8] 李俊峰.理论力学[M].北京:清华大学出版社,2001.
[9] 郝桐生.理论力学[M].北京:高等教育出版社,1984.
[10] 吴镇.理论力学[M].上海:上海交通大学出版社,1990.
[11] 赵凯华,罗蔚茵.力学[M].北京:高等教育出版社,1995.
[12] 武清玺,冯奇.理论力学[M].北京:高等教育出版社,2003.
[13] 刘又文,彭献.理论力学[M]. 长沙:湖南大学出版社,2002.
[14] 李俊峰,张雄.理论力学[M].3版. 北京:清华大学出版社,2021.

附录 A
简单均质几何体的重心和转动惯量

物体	简图	重心 C 的位置	转动惯量与惯性积
细直杆	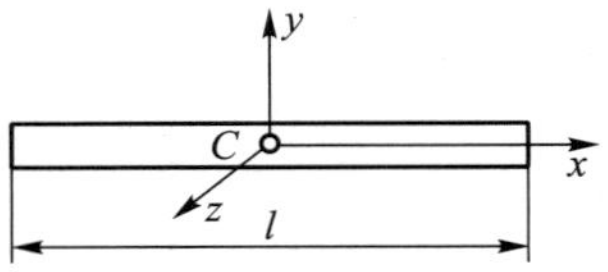	杆的中点	$J_x=0$ $J_y=J_z=\frac{1}{12}ml^2$
任意三角板	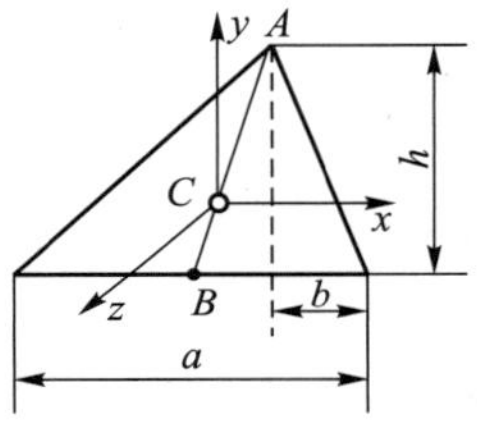	底边中线 AB 的 $\frac{2}{3}$ 处	$J_x=\frac{1}{18}mh^2$ $J_y=\frac{1}{18}m(a^2+b^2-ab)$ $J_z=\frac{1}{18}m(a^2+b^2+h^2-ab)$ $J_{xy}=\frac{1}{36}mh(2b-a)$
矩形板	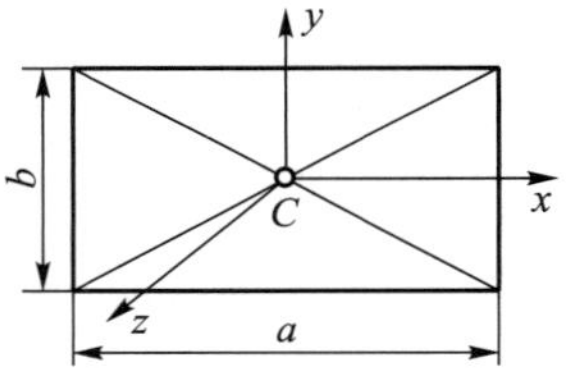	对角线的中点	$J_x=\frac{1}{12}mb^2$ $J_y=\frac{1}{12}ma^2$ $J_z=\frac{1}{12}m(a^2+b^2)$
圆板	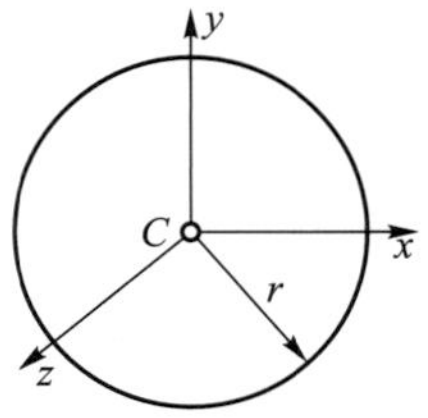	圆心	$J_x=\frac{1}{4}mr^2$ $J_y=\frac{1}{4}mr^2$ $J_z=\frac{1}{2}mr^2$

续表

物体	简图	重心 C 的位置	转动惯量与惯性积
半圆板	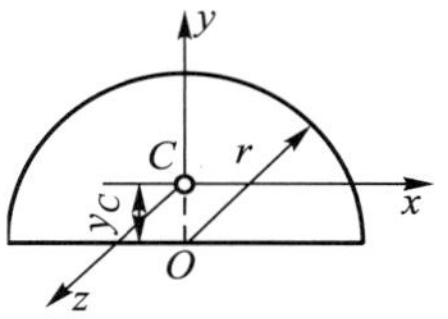	$y_C=\dfrac{4r}{3\pi}$	$J_x=\dfrac{1}{36\pi^2}mr^2(9\pi^2-64)$ $J_y=\dfrac{1}{4}mr^2$ $J_z=\dfrac{1}{18\pi^2}mr^2(9\pi^2-32)$
椭圆板	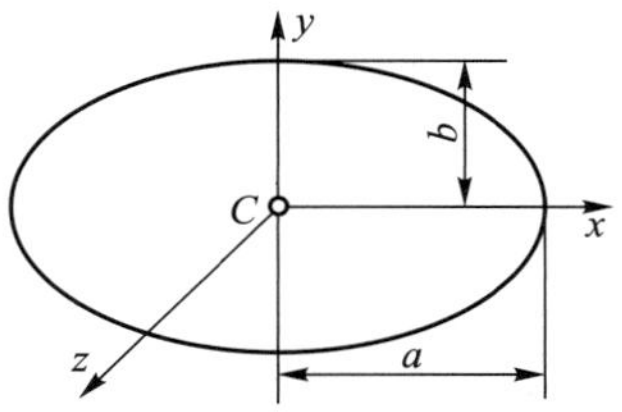	椭圆中心	$J_x=\dfrac{1}{4}mb^2$ $J_y=\dfrac{1}{4}ma^2$ $J_z=\dfrac{1}{4}m(a^2+b^2)$
长方体	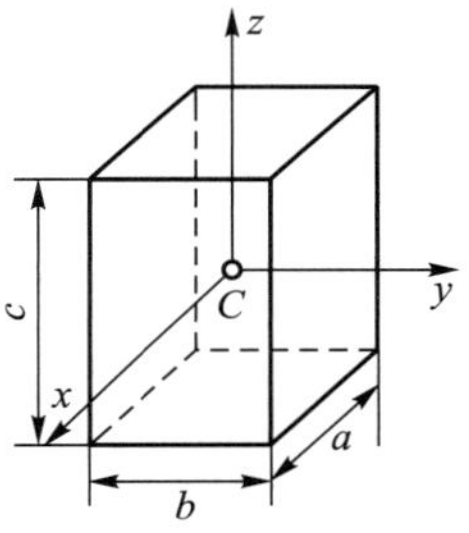	对角线交点	$J_x=\dfrac{1}{12}m(b^2+c^2)$ $J_y=\dfrac{1}{12}m(c^2+a^2)$ $J_z=\dfrac{1}{12}m(a^2+b^2)$
圆柱	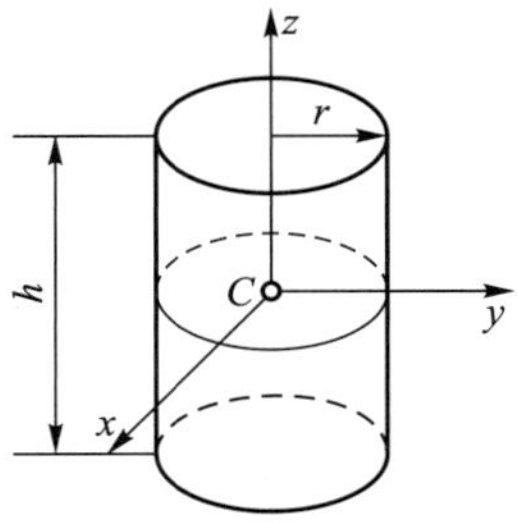	上、下底圆的 圆心连线中点	$J_x=J_y=\dfrac{1}{12}m(3r^2+h^2)$ $J_z=\dfrac{1}{2}mr^2$

续表

物体	简图	重心 C 的位置	转动惯量与惯性积
中空圆柱	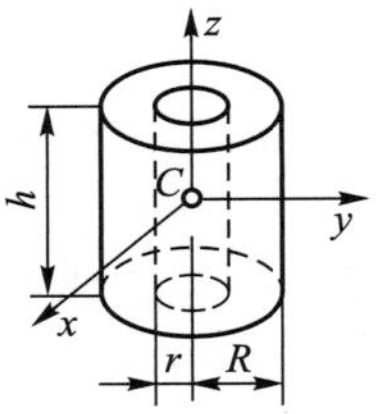	上、下底圆的圆心连线中点	$J_x=J_y$ $=\frac{1}{12}m(3R^2+3r^2+h^2)$ $J_z=\frac{1}{12}m(R^2+r^2)$
圆环 $R>r$	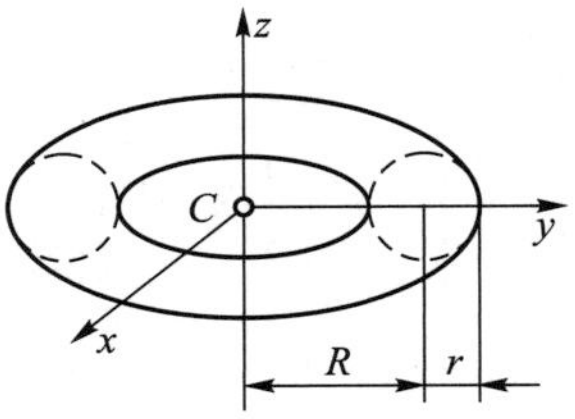	圆环中心线的圆心	$J_x=J_y=\frac{1}{2}m\left(R^2+\frac{5}{4}r^2\right)$ $J_z=m\left(R^2+\frac{3}{4}r^2\right)$
圆锥	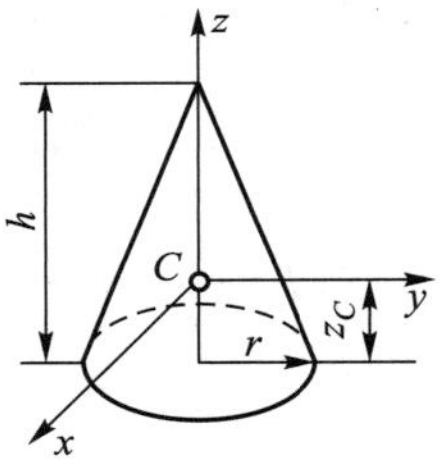	$z_C=\frac{1}{4}h$	$J_x=J_y=\frac{3}{80}m(4r^2+h^2)$ $J_z=\frac{3}{10}mr^2$
球	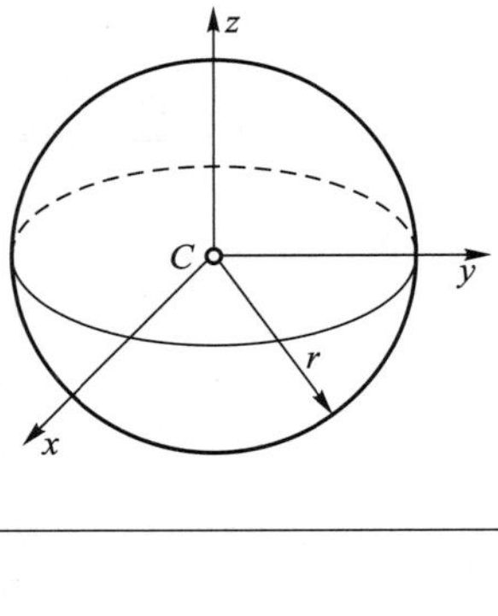	球心	$J_x=J_y=J_z=\frac{2}{5}mr^2$

续表

物体	简图	重心 C 的位置	转动惯量与惯性积
椭球	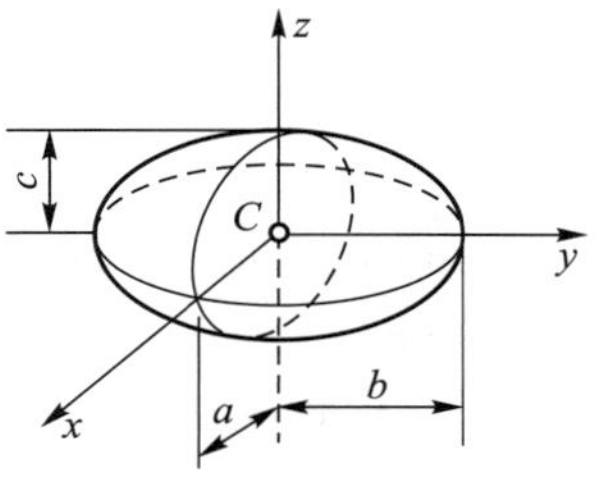	椭球中心	$J_x=J_y=\frac{1}{5}m(b^2+c^2)$ $J_z=\frac{1}{5}m(a^2+b^2)$
半球	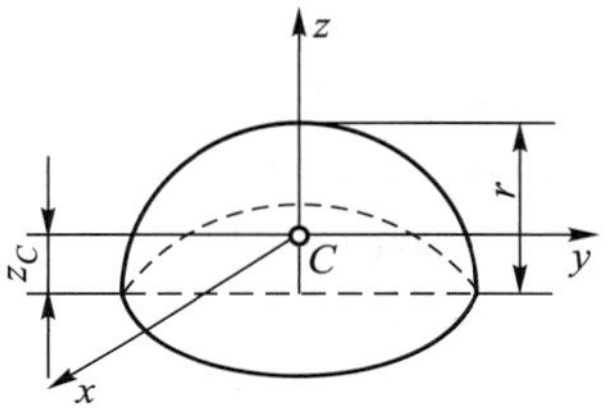	$z_C=\frac{3}{8}r$	$J_x=J_y=\frac{83}{320}mr^2$ $J_z=\frac{2}{5}mr^2$
半球形壳	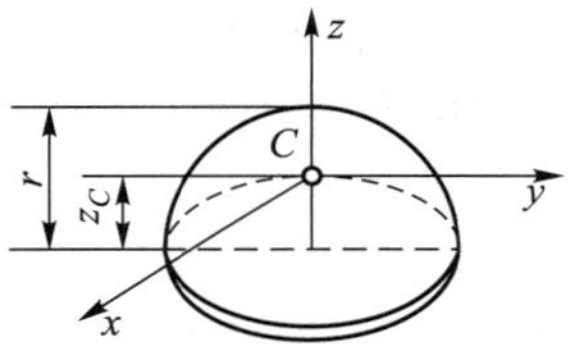	$z_C=\frac{r}{2}$	$J_x=J_y=\frac{5}{12}mr^2$ $J_z=\frac{2}{3}mr^2$

附录 B 索引

G

H

J

S

W

X

Y

Z

附录 C
英文简介

This book is one of the key textbooks for the 11th Five-year plan of the Education Ministry of China . The book is compiled according to the basic requirements of theoretical mechanics teaching declared recently by the Ministry of Education and it includes all the compulsory contents of the subject and almost all elective parts of the special contents . This book has the following characteristics: It takes particle systems as a model, emphasizing the catholicity of theoretical mechanics. It takes rigid bodies as major objects of study and at the same time it refers to some problems concerning fluids and distortional solids, and is well connected with the follow-up mechanics courses. This book distinguishes itself from the other engineering textbooks in the following aspects: first, the theoretical system of each chapter goes from general to special, all chapters start from a higher level of knowledge of mechanics and presses precise theories, strict configurations, concise formulations, profound contents; second, besides laying emphases on theory analysis, it especially pays attention to the application of theories, such as the induction and analysis of questions, the anatomy and hackling of difficult points, the simplification and explanation of problems; third, the book runs through innovative trainings: text and content lead to explorative thinking, problem analysis inspires intuition and inspiration, the transform of questions exercises exhale and association. Many of the problems, examples and questions discussed in the book are the author's teaching and research fruits.

This book consists of three parts in all 9 chapters, including statics, kinematics and danamics. The statics deals with reduction and equilibrium of force systems; the kinematics part contains resultant motion of a point and plane motion of a rigid body; the dynamics part contains theorem of momentum and theorem of angular of momentum; theorem of kinetic energy, D'Alembert's principle, principle of virtual displacement and energy method, elements of analytical dynamics.

The contents of the book is composed of two parts , one is compulsory for all specialties of engineering ; the other marked with * provides some special contents to be selected by those students who demand more knowledge of mechanics in this specialities for each specialty selecting. This book can be used as a teaching material or a reference book for undergraduates who major in engineering mechanics, mechanical engineering, vehicles, civil engineering, transportion, water conservancy, geology and mining, materials, energy, power, etc.

附录 D 英文目录